# 항공기정비
## 기능사 필기

시대에듀

합격에 **윙크[Win-Q]** 하다!

# Win-Q

Win Qualification

## Always with you

사람이 길에서 우연하게 만나거나 함께 살아가는 것만이 인연은 아니라고 생각합니다.
책을 펴내는 출판사와 그 책을 읽는 독자의 만남도 소중한 인연입니다.
**시대에듀**는 항상 독자의 마음을 헤아리기 위해 노력하고 있습니다.
늘 독자와 함께하겠습니다.

자격증・공무원・금융/보험・면허증・언어/외국어・검정고시/독학사・기업체/취업
이 시대의 모든 합격! 시대에듀에서 합격하세요!
www.youtube.com  시대에듀 ➜ 구독

# PREFACE

## 항공정비 분야의 전문가를 향한 첫 발걸음!

우리가 흔히 항공기와 관련된 일을 한다면 많이 생각나는 직업은 파일럿이다. 그리고 하늘의 꽃이라고 불리는 스튜어디스가 있다. 이들은 소위 선망의 직업이어서 경쟁이 치열하고 어릴 적부터 꿈을 키우고 준비하는 이들이 많다. 하지만 항공 분야에 있어서 이들보다 더욱 중요한 직업은 바로 항공기의 안전을 점검하고 최적의 운항 상태로 유지하는 항공정비 기술자이다. 세계화가 진전되면서 항공수요가 많아지고 다국적 항공사의 국내 진출과 저가 항공사가 많아지는 요즘 항공정비 기술자의 수요는 점차 늘고 있다. 일반적으로 항공정비 기술자가 되는 길은 많지만, 가장 보편적인 방법은 항공 관련 2년제 전문대학이나 4년제 대학을 졸업하는 것이다. 그 과정에서 항공기정비기능사 자격증을 통해 기초적인 실력을 검증받는다면 취업에 도움이 될 것이다. 아쉬운 점은 자격증의 중요성이 매우 높아진 반면 시중에 발간된 시험 준비 교재가 그다지 많지 않다는 점이다.

시대에듀에서는 효과적인 자격증 학습대비서로 기존의 부담스러웠던 수험서에서 과감하게 군살을 제거하여 합격에 필요한 공부만 할 수 있도록 Win-Q(윙크) 시리즈를 출간하였다. 이 교재는 Win-Q 시리즈의 기본 포맷으로 출간되는 교재이다. 따라서 수험생들이 합격할 수 있도록 철저히 준비하고 기획하였으며, 집필과정에 있어 중요한 부분을 모두 넣을 수 있도록 심혈을 기울였다.

무엇보다 기능사 시험에 두꺼운 이론중심의 교재는 실질적인 시험 준비교재라 할 수 없다. 문제은행식으로 출제되는 기능사 시험은 자주 출제되는 기출문제를 정확히 습득하고 최근 몇 년간의 기출문제만 학습하면 합격은 충분하다고 생각된다. 수험생은 많은 양을 공부하는 것 못지않게 정확한 정보로 효율적으로 공부하는 것이 중요하기 때문에 본 도서는 남들보다 더 빠르게, 높은 점수로 합격하길 원하는 분들에게 적합하다.

수험생 여러분들의 건승을 기원한다.

*편저자 씀*

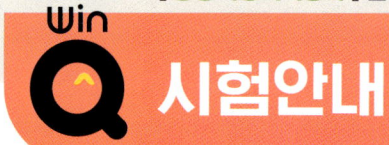

[항공기정비기능사] 필기

## 개요

항공기는 기계, 전기, 전자 등 다양한 분야의 정밀한 부품이 결합되어 만들어진 종합기계로서 항공기 운항의 안전성을 확보하기 위해서 꾸준한 점검과 정비가 요구된다. 이에 따라 항공서비스를 향상시키고 안전한 운항을 확보하기 위하여 항공기 정비 및 수리 업무를 수행하는 데 필요한 기능인력을 양성하고자 자격제도를 제정하였다.

## 수행직무

항공기 기체 및 엔진에 대한 숙련된 기능을 바탕으로 규정된 정비 절차에 따라서 항공기 등의 구성품과 계통을 분해, 수리, 교환, 조립, 검사 및 시험하여 감항성이 유지되도록 정비하는 직무이다.

## 진로 및 전망

❶ 항공기 운항업체의 정비부서나 항공기 생산업체로 진출할 수 있다.
❷ 항공산업은 세계경제규모가 증가함에 따라 꾸준히 발전하였고 수요도 증가하고 있다. 국내 항공사의 항공기 보유 대수도 증가하는 추세로 항공기를 운영하는 회사와 단체도 증가하고 있다. 또한 각종 미래의 유망직종으로 손꼽히고 있어 항공 정비사의 수요는 증가할 것으로 예상된다.

## 시험일정

| 구분 | 필기원서접수<br>(인터넷) | 필기시험 | 필기합격<br>(예정자)발표 | 실기원서접수 | 실기시험 | 최종 합격자<br>발표일 |
|---|---|---|---|---|---|---|
| 제1회 | 1월 초순 | 1월 하순 | 2월 초순 | 2월 초순 | 3월 중순 | 4월 중순 |
| 제2회 | 3월 중순 | 4월 초순 | 4월 중순 | 4월 하순 | 5월 하순 | 7월 중순 |
| 제3회 | 6월 초순 | 6월 하순 | 7월 중순 | 7월 하순 | 8월 하순 | 9월 하순 |

※ 상기 시험일정은 시행처의 사정에 따라 변경될 수 있으니, www.q-net.or.kr에서 확인하시기 바랍니다.

## 시험요강

❶ 시행처 : 한국산업인력공단
❷ 시험과목
  ㉠ 필기 : 1. 항공기 일반, 2. 기체 정비, 3. 기관 정비
  ㉡ 실기 : 항공기 정비 실무
❸ 검정방법
  ㉠ 필기 : 객관식 4지 택일형 60문항(1시간)
  ㉡ 실기 : 작업형(3시간 정도)
❹ 합격기준 : 100점을 만점으로 하여 60점 이상

## 출제기준

| 필기과목명 | 주요항목 | 세부항목 | 세세항목 | |
|---|---|---|---|---|
| 항공기 일반, 기체 정비, 기관 정비 | 항공역학 | 비행원리 | • 대기의 구성<br>• 날개 모양과 특성<br>• 항력과 동력<br>• 운동 및 조종면<br>• 헬리콥터의 공기역학 | • 공기 흐름의 법칙<br>• 날개의 공기력<br>• 일반 성능<br>• 비행 안정성<br>• 헬리콥터의 비행 및 조종 |
| | 항공기 측정작업 | 측정기기의 원리, 종류, 구조 및 측정 | • 버니어캘리퍼스<br>• 다이얼게이지<br>• 피치게이지<br>• 센터게이지<br>• 구멍용 한계게이지<br>• 블록게이지 | • 마이크로미터<br>• 필러게이지<br>• 와이어간극게이지<br>• 축용 한계게이지<br>• 나사산 한계게이지 |
| | 항공기기체 기본작업 | 항공기 기계 요소 체결, 안전 및 고정 | • 볼트<br>• 와셔<br>• 토크렌치<br>• 코터핀 | • 너트<br>• 스크루<br>• 안전결선<br>• 일반 공구 및 특수 공구 |
| | 항공기 지상취급 | 항공기 지상유도 및 지원 | • 항공기 지상 유도<br>• 항공기 이동 및 계류<br>• 항공 연료 보급, 배유, 비상절차<br>• 3점 접지 설치<br>• 윤활유, 작동유 보급 및 비상절차<br>• 지상 동력 공급 장치(GPU, GTC) 지원<br>• 잭 장비의 설치 | |
| | 항공기 안전관리 | 안전관리 일반 | • 정비 매뉴얼 안전 절차<br>• 화재 및 예방<br>• 산업안전보건법(항공기 지상안전 분야)<br>• 항공안전관리시스템(SMS ; Safety Management System) 기본 개요 | |
| | 항공기 자재·보급관리 | 자재·보급관리 일반 | • 정비의 개념 및 종류<br>• 항공기 자재 분류<br>• 부품의 신청<br>• 부품의 저장 및 보관<br>• 항공기 부품 취급<br>• AOG, 부품유용, 정비이월, AWP 개념<br>• 보급관리 정보체계 활용 | |

# 시험안내

[항공기정비기능사] 필기

| 필기과목명 | 주요항목 | 세부항목 | 세세항목 |
|---|---|---|---|
| 항공기 일반,<br>기체 정비,<br>기관 정비 | 항공기 판금작업 | 판금 작업 | • 전개도 작성<br>• 판재 성형<br>• 마름질 절단 |
| | | 리벳 작업 | • 리벳의 종류와 재료<br>• 리벳의 식별과 규격 표시<br>• 리벳 지름, 길이, 배열<br>• 판재 이음 작업<br>• 드릴건의 사용법<br>• 리벳 건, 버킹바 종류<br>• 리벳 체결방법<br>• 리벳 제거 절차, 방법<br>• 리벳 검사 방법 |
| | 항공기 복합재료<br>수리작업 | 복합재료<br>구조재 수리 | • 복합재료의 종류 및 특징<br>• 복합재 장비 공구<br>• 복합재 수리 방법<br>• 복합재 검사 방법 |
| | 항공기 배관작업 | 튜브 성형 작업 | • 튜브 재질 및 식별<br>• 굽힘 성형<br>• 플레어리스 작업<br>• 튜브 성형 공구<br>• 플레어 작업 |
| | | 호스 연결 | • 호스 종류 및 식별<br>• 호스 장착방법<br>• 호스의 규격 표시 |
| | 항공기 조종케이블 ·<br>로드 작업 | 조종케이블 ·<br>로드 작업 | • 턴버클<br>• 조종로드<br>• 케이블 장력 측정(T-5, C-8) 및 조절<br>• 케이블 검사(손상, 윤활, 오염)<br>• 케이블 종류 및 연결 공구<br>• 케이블 스웨이징 |
| | 항공기 기체<br>구조 점검 | 항공기 기체 구조 | • 기체 구조 일반<br>• 동체<br>• 주날개 및 꼬리날개<br>• 착륙장치<br>• 기관 마운트 및 나셀<br>• 도어 및 윈도우<br>• 여압 및 공기조화계통<br>• 방 · 제빙 및 제우계통 |

| 필기과목명 | 주요항목 | 세부항목 | 세세항목 |
|---|---|---|---|
| 항공기 일반,<br>기체 정비,<br>기관 정비 | 항공기 엔진 일반 | 항공기 엔진 기초 | • 열역학 기초 이론<br>• 항공기엔진의 분류<br>• 왕복엔진의 구조 및 작동원리<br>• 가스터빈엔진의 작동원리(시동 및 점화 장치) |
| | 항공기 가스터빈엔진<br>부품 세척 | 부품 세척 | • 세제의 종류와 취급법<br>• 세척 장비와 장구<br>• 일반 세척<br>• 기계 세척<br>• 약품 세척<br>• 세척작업 환경과 위생환경<br>• 세척 후 품질검사 방법 |
| | 항공기 가스터빈엔진<br>점검 | 가스터빈엔진<br>구조 점검 | • 흡입구   • 압축기<br>• 연소실   • 터빈<br>• 배기노즐 |
| | 항공기 가스터빈엔진<br>계통 점검 | 가스터빈엔진<br>계통 점검 | • 엔진 연료 계통<br>• 엔진 오일 계통<br>• 기어박스<br>• 공압 및 브리드 계통<br>• 유압 계통 |
| | 항공기 왕복엔진<br>외부검사 | 왕복엔진<br>외부검사 | • 카울링 육안검사<br>• 배기관 육안검사<br>• 윤활유 누설 육안검사<br>• 전기배선 육안검사<br>• 보기류 장착상태 점검 |
| | 항공기 왕복엔진<br>냉각계통 점검 | 왕복엔진<br>냉각계통 점검 | • 냉각 핀 점검   • 냉각 배플 점검<br>• 플랩 점검 |
| | 항공기 왕복엔진<br>시동계통 점검 | 왕복엔진<br>시동계통 점검 | • 시동기 점검   • 시동기 릴레이 교환<br>• 시동 스위치 점검   • 전기배선 점검 |

[항공기정비기능사] 필기

# CBT 응시 요령

기능사 종목 전면 CBT 시행에 따른
## CBT 완전 정복!

"CBT 가상 체험 서비스 제공"
한국산업인력공단
(http://www.q-net.or.kr) 참고

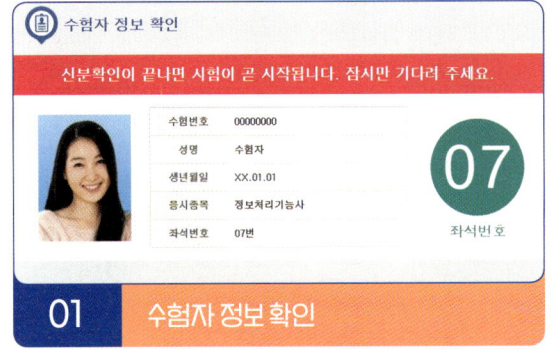

### 01 수험자 정보 확인

시험장 감독위원이 컴퓨터에 나온 수험자 정보와 신분증이 일치하는지를 확인하는 단계입니다. 수험번호, 성명, 생년월일, 응시종목, 좌석번호를 확인합니다.

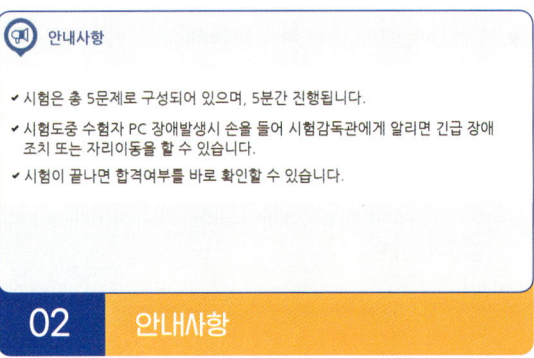

### 02 안내사항

시험에 관한 안내사항을 확인합니다.

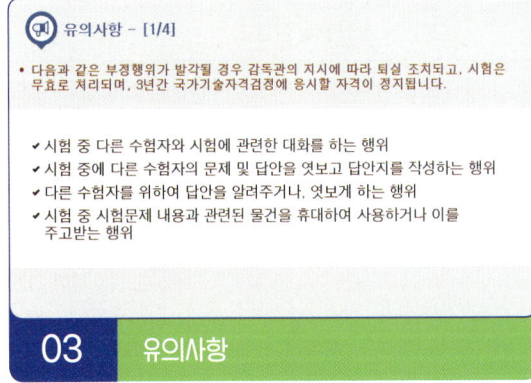

### 03 유의사항

부정행위에 관한 유의사항이므로 꼼꼼히 확인합니다.

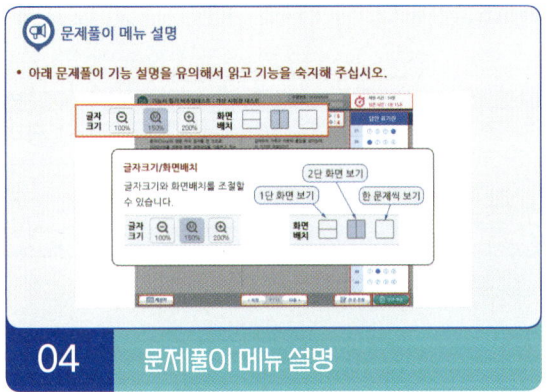

### 04 문제풀이 메뉴 설명

문제풀이 메뉴의 기능에 관한 설명을 유의해서 읽고 기능을 숙지해 주세요.

CBT GUIDE

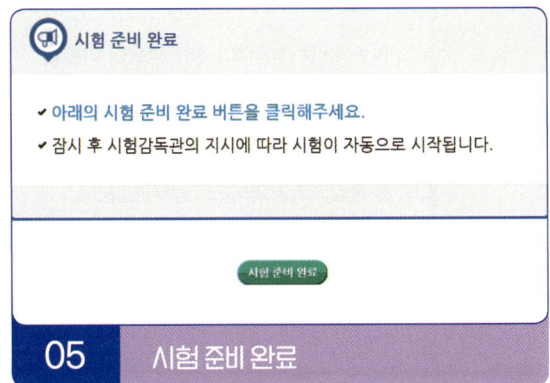

## 05 시험 준비 완료

시험 안내사항 및 문제풀이 연습까지 모두 마친 수험자는 시험 준비 완료 버튼을 클릭한 후 잠시 대기합니다.

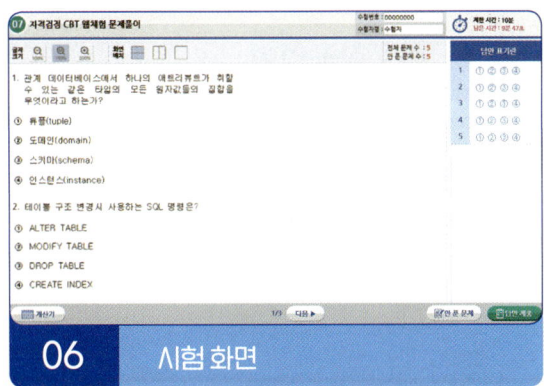

## 06 시험 화면

시험 화면이 뜨면 수험번호와 수험자명을 확인하고, 글자크기 및 화면배치를 조절한 후 시험을 시작합니다.

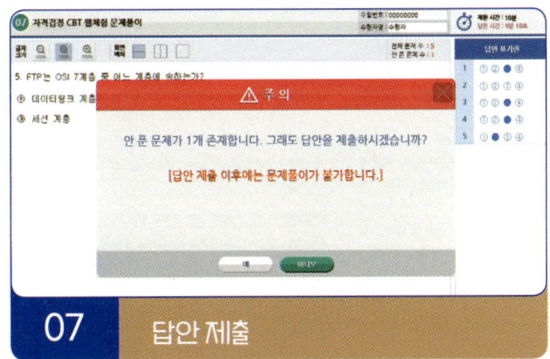

## 07 답안 제출

[답안 제출] 버튼을 클릭하면 답안 제출 승인 알림창이 나옵니다. 시험을 마치려면 [예] 버튼을 클릭하고 시험을 계속 진행하려면 [아니오] 버튼을 클릭하면 됩니다. 답안 제출은 실수 방지를 위해 두 번의 확인 과정을 거칩니다. [예] 버튼을 누르면 답안 제출이 완료되며 득점 및 합격여부 등을 확인할 수 있습니다.

## CBT 완전 정복  Tip

### 내 시험에만 집중할 것
CBT 시험은 같은 고사장이라도 각기 다른 시험이 진행되고 있으니 자신의 시험에만 집중하면 됩니다.

### 이상이 있을 경우 조용히 손을 들 것
컴퓨터로 진행되는 시험이기 때문에 프로그램상의 문제가 있을 수 있습니다. 이때 조용히 손을 들어 감독관에게 문제점을 알리며, 큰 소리를 내는 등 다른 사람에게 피해를 주는 일이 없도록 합니다.

### 연습 용지를 요청할 것
응시자의 요청에 한해 연습 용지를 제공하고 있습니다. 필요시 연습 용지를 요청하며 미리 시험에 관련된 내용을 적어놓지 않도록 합니다. 연습 용지는 시험이 종료되면 회수되므로 들고 나가지 않도록 유의합니다.

### 답안 제출은 신중하게 할 것
답안은 제한 시간 내에 언제든 제출할 수 있지만 한 번 제출하게 되면 더 이상의 문제풀이가 불가합니다. 안 푼 문제가 있는지 또는 맞게 표기하였는지 다시 한 번 확인합니다.

[ 항공기정비기능사 ] 필기

# 구성 및 특징

## 핵심이론

필수적으로 학습해야 하는 중요한 이론들을 각 과목별로 분류하여 수록하였습니다. 시험과 관계없는 두꺼운 기본서의 복잡한 이론은 이제 그만! 시험에 꼭 나오는 이론을 중심으로 효과적으로 공부하십시오.

## 10년간 자주 출제된 문제

출제기준을 중심으로 출제 빈도가 높은 기출문제와 필수적으로 풀어보아야 할 문제를 핵심이론당 1~2문제씩 선정했습니다. 각 문제마다 핵심을 찌르는 명쾌한 해설이 수록되어 있습니다.

FORMULA OF PASS · SDEDU.CO.KR

# STRUCTURES

## 2015년 제1회 과년도 기출문제

**01** 비행기의 종극속도(Terminal Velocity)는 어느 비행 상태에서 주로 나타날 수 있는가?
① 급강하 시
② 이륙 시
③ 수평비행 시
④ 착륙 시

**해설**
비행기가 급강하할 때 속도를 종극속도라고 한다.
종극속도 $V_D = \sqrt{\dfrac{2W}{\rho S C_D}}$

**02** 비행기의 동적세로 안정에서 받음각이 거의 일정하며 주기가 매우 길고 조종사가 쉽게 느끼지 못하는 운동은?
① 장주기 운동
② 단주기 운동
③ 플래핑 운동
④ 승강키 자유운동

**해설**
동적세로 안정에는 진동주기가 매우 긴 장주기 운동과 상대적으로 진동주기가 짧은 단주기 운동, 그리고 승강키 자유 시에 발생되는 승강키 자유운동(진동주기 매우 짧음) 등이 있다.

**03** 플랩의 변위에 따른 양력계수의 변화량을 나타내는 값은?
① 상승계수
② 날개 효율계수
③ 항력계수
④ 조종면 효율계수

**해설**
플랩의 변위에 따른 날개골 전체의 양력계수 증가량 $\left(\dfrac{dC_L}{d\delta_f}\right)$을 조종면 효율변수(계수)라고 한다.
※ 2024년 개정된 출제기준에서는 삭제된 내용

**04** 다음 중 유도항력이 가장 작은 날개의 모양은?
① 직사각형 날개
② 타원형 날개
③ 테이퍼형 날개
④ 앞젖힘형 날개

**해설**
유도항력계수는 $C_{D_i} = \dfrac{C_L^2}{\pi e AR}$로 정의되는데, 타원형 날개는 $e$(스팬 효율계수)가 1이 되고, 그 밖의 날개는 $e$의 값이 1보다 작다. 즉, 타원형 날개의 유도항력이 가장 작다.

**05** 비행 중...
① 형상...
② 압력...
③ 압력...
④ 형상...

**해설**
항력 = 형상...
형상항력...
따라서...

### 과년도 기출문제
지금까지 출제된 과년도 기출문제를 수록하였습니다. 각 문제에는 자세한 해설이 추가되어 핵심이론만으로는 아쉬운 내용을 보충 학습하고 출제경향의 변화를 확인할 수 있습니다.

## 2025년 제1회 최근 기출복원문제

**01** 비행기의 받음각이 일정 각도 이상되어 최대 양력값을 얻었을 때에 대한 설명으로 틀린 것은?
① 이때의 고도를 최고고도라 한다.
② 이때의 받음각을 실속받음각이라 한다.
③ 이때의 비행기 속도를 실속속도라 한다.
④ 이때의 양력계수값을 최대양력계수라 한다.

**해설**
받음각이 증가하면 양력도 따라서 증가하지만, 어느 각도 이상에서는 양력이 갑자기 감소하면서 항력이 증가하는 이 현상을 실속(Stall)이라 하고 이때의 받음각을 실속각이라고 하며, 이때의 속도를 실속속도라고 한다. 또한 실속각에서 최대양력계수를 가진다.

**02** 항공기 조종성 요소와 주된 조종장치의 연결이 틀린 것은?
① 롤링 조종성 : 에일러론(Aileron)
② 방향 조종성 : 러더(Rudder)
③ 세로 조종성 : 엘리베이터(Elevator)
④ 피칭 조종성 : 스로틀(Throttle)

**해설**
피칭(Pitching)은 키놀이 운동으로서 승강키의 작동과 관계있다.

**03** 비행기 날개의 양력을 구하는 식 $\dfrac{1}{2}\rho V^2 S C_L$에서 $S$가 의미하는 것은?(단, $\rho$ : 밀도, $V$ : 속도, $C_L$ : 양력계수이다)
① 날개의 속도
② 날개의 면적
③ 날개 주변의 공기속도
④ 날개의 형상계수

**해설**
양력과 항력의 크기는 둘 다 날개 면적($S$)에 비례한다.

**04** 해면고도의 기온이 15℃, 항공기의 비행고도가 8,000m 일 때 외기온도는 몇 ℃인가?(단, 대류권에서는 고도가 1,000m씩 증가할 때마다 6.5℃가 감소한다)
① -37
② -15
③ 0
④ 15

**해설**
1,000m 올라갈수록 6.5℃씩 기온이 낮아지므로, 8,000m 고도에서는 52℃가 낮아진다. 따라서 15℃ - 52℃ = -37℃

**05** 공기의 동점성계수를 구하는 식으로 옳은 것은? (단, $\rho$는 공기밀도, $\mu$는 절대점성계수이다)
① $\rho \cdot \mu$
② $\mu/\rho$
③ $\rho + \mu$
④ $\rho/\mu$

**해설**
동점성계수는 점성계수를 밀도로 나눈 값으로 레이놀즈수($Re$)를 계산하는 데 있어 중요한 요소이며, 단위는 $cm^2/s$로 나타낸다.

**정답** 1 ① 2 ④ 3 ② 4 ① 5 ②

### 최근 기출복원문제
최근에 출제된 기출문제를 복원하여 가장 최신의 출제경향을 파악하고 새롭게 출제된 문제의 유형을 익혀 처음 보는 문제들도 모두 맞힐 수 있도록 하였습니다.

[ 항공기정비기능사 ] 필기

# 이 책의 목차

## 빨리보는 간단한 키워드

### PART 01 | 핵심이론

| CHAPTER 01 | 항공역학 | 002 |
| CHAPTER 02 | 항공기 정비 | 024 |
| CHAPTER 03 | 항공기체 | 043 |
| CHAPTER 04 | 항공엔진 | 067 |

### PART 02 | 과년도 기출복원문제

CHAPTER 01     항공기관정비기능사 기출복원문제

                   2015~2016년 과년도 기출문제     094

                   2017~2022년 과년도 기출복원문제     159

CHAPTER 02     항공기체정비기능사 기출복원문제

                   2015~2016년 과년도 기출문제     308

                   2017~2022년 과년도 기출복원문제     375

### PART 03 | 항공기정비기능사 기출복원문제

| 2024년 과년도 기출복원문제 | 526 |
| 2025년 최근 기출복원문제 | 551 |

# 빨간키

빨리보는 간단한 키워드

# CHAPTER 01 항공역학

■ **대기**
- 질소($N_2$) : 78.09%
- 산소($O_2$) : 20.95%
- 아르곤(Ar) : 0.93%
- 이산화탄소($CO_2$) : 0.03%

■ **보일의 법칙**
일정한 온도에서 기체의 부피는 기체의 압력에 반비례한다.

■ **절대압력**
- 진공상태를 기준으로 하여 측정한 압력
- 절대압력 = 계기압력 + 대기압

■ **대기권**
대류권, 성층권, 중간권, 열권

■ **대류권 온도변화**
대류권에서는 올라갈수록 1,000m당 6.5℃씩 감소

■ **유체의 흐름**
- 층류 : 유체의 각 부분이 질서유지, 층 모양
- 난류 : 유체가 불규칙적으로 혼합, 소용돌이 모양

## 레이놀즈수($Re$)

$$Re = \frac{\rho VL}{\mu}$$

여기서, $Re$ : 레이놀즈수
$\rho$ : 밀도
$V$ : 공기속도
$L$ : 길이
$\mu$ : 점성계수

## 연속의 법칙

$$A_1 V_1 = A_2 V_2$$

여기서, $A_1$, $A_2$ : 단면적
$V_1$, $V_2$ : 유체 속도

## 베르누이의 정리

- 비점성, 비압축성 유동의 에너지 보존법칙
- 전압($P_t$) = 정압($P$) + 동압($q$) = 일정

## 동압($q$)

동압은 속도의 제곱에 비례하고, 밀도에 비례한다.

$$q = \frac{1}{2}\rho V^2$$

## 음속($C$)

음속은 절대온도의 제곱근에 비례한다.

$$C = \sqrt{\gamma RT}$$

여기서, $\gamma$ : 공기비열비
$R$ : 공기기체상수
$T$ : 공기절대온도

## 충격파

공기의 압력, 온도, 밀도는 증가하고 속도는 감소한다.

■ 비행기에 작용하는 항력
- 유도항력 : 가로세로비에 반비례
- 유해항력 : 형상항력(압력항력 + 마찰항력)
- 조파항력 : 충격파 영향

■ NACA 5자 계열의 날개골

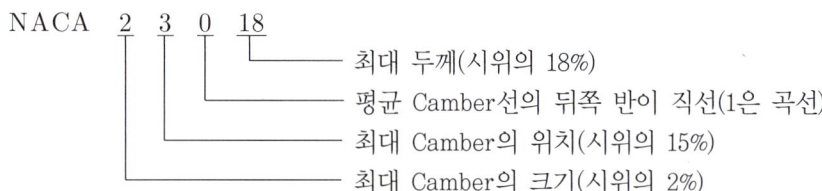

- 최대 두께(시위의 18%)
- 평균 Camber선의 뒤쪽 반이 직선(1은 곡선)
- 최대 Camber의 위치(시위의 15%)
- 최대 Camber의 크기(시위의 2%)

■ 시위(Chord)
날개의 앞전과 뒷전을 이은 직선

■ 날개의 가로세로비

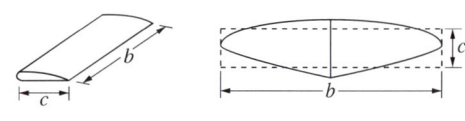

$$AR = \frac{b}{c} = \frac{b}{c} \cdot \frac{b}{b} = \frac{b^2}{S}$$

여기서, AR : 가로세로비
 $b$ : 날개길이
 $c$ : 시위길이
 $S$ : 날개면적

■ 수평비행을 위한 조건
양력과 무게가 같아야 한다.

■ 비행기의 양력

양력 $L = \frac{1}{2} C_L \rho V^2 S$

여기서, $C_L$ : 양력계수
 $\rho$ : 공기밀도
 $V$ : 비행기의 속도
 $S$ : 날개의 면적

## ▌ 양항비

$$\frac{C_L}{C_D} = \frac{수평\ 활공거리}{고도}$$

## ▌ 마력

- 필요마력 $= \dfrac{DV}{75}$

- 이용마력 $= \dfrac{TV}{75}$

  $P_a = \eta \times bHP$

  여기서, $\eta$ : 프로펠러 효율
  
  $bHP$ : 제동마력

## ▌ 비행기의 상승률

- $\dfrac{P_a - P_r}{W}$

  여기서, $P_r$ : 필요마력
  
  $P_a$ : 이용마력
  
  $W$ : 항공기의 무게

- $R.C = V\sin\gamma$

  여기서, $V$ : 속도
  
  $\gamma$ : 상승각

- $\dfrac{여유마력 \times 75}{W}$ (1PS = 75kg · m/s)

## ▌ 평균상승률

$$평균상승률 = \frac{고도변화}{상승시간}$$

## ▌ 비행기의 상승한계

절대상승한계, 실용상승한계, 운용상승한도

■ 항공기 진행방향에 대한 힘의 평형식

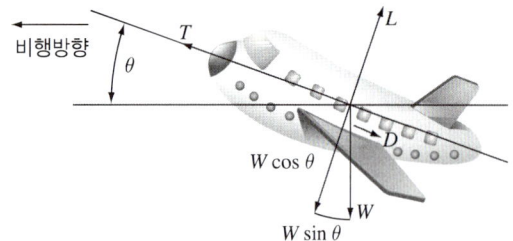

$T = D + W\sin\theta$
  = 항력 + 직선 비행경로의 중력성분

■ 비행기에 작용하는 힘

중력($W$), 양력($L$), 항력($D$), 추력($T$)

■ 항공기 기준축

가로축($y$축), 세로축($x$축), 수직축($z$축)

■ 3축 운동

- 키놀이(Pitch)와 승강키(Elevator)
- 옆놀이(Roll)와 도움날개(Aileron)
- 빗놀이(Yaw)와 방향키(Rudder)

■ 항공기의 조종면

- 주조종면 : 도움날개, 승강키, 방향키
- 부조종면 : 플랩, 스포일러, 탭

■ 비행기의 안정성과 조종성

안정성과 조종성은 서로 상반되는 관계

■ 정적안정

평형상태에서 벗어난 뒤 다시 평형상태로 되돌아가는 현상

■ 헬리콥터의 조종

동시적 피치제어간, 주기적 피치제어간, 방향 조종페달

▎ 동적 안정
   시간이 지남에 따라 진폭이 감소하는 현상

▎ 헬리콥터 주회전날개의 운동
   • 플래핑(Flapping)
   • 페더링(Feathering)
   • 리드-래그(Lead-lag)

▎ 헬리콥터 특징
   • 지면 효과(Ground Effect)
   • 자동 회전(Auto Rotation)

# CHAPTER 02 항공기 정비

- **측정기기**
    - 버니어캘리퍼스, 마이크로미터 눈금 읽는 법
    - 다이얼 게이지, 블록 게이지 용도
    - 한계 게이지 특징

- **볼트 종류와 식별**
    - 클레비스 볼트 : 드라이버 사용
    - 볼트머리 식별 : 내식강 볼트, 특수 볼트, 정밀공차 볼트 등

- **볼트 규격(지름, 길이)**
    - AN 규격
    - NAS 규격

- **너트의 종류와 특징**
    캐슬 너트, 체크 너트, 윙 너트, 파이버 너트 등의 특징

- **와셔**
    - 와셔 역할
    - 셰이크 프루프 로크 와셔

- **토크렌치**
    - 토크렌치 종류
    - 연장공구 사용 시 토크값 계산법

    $$T_W = T_A \times \frac{l}{l+a}$$

    여기서, $T_W$ : 토크렌치 지시값
    $T_A$ : 실제 조이는 토크값
    $l$ : 토크렌치 길이
    $a$ : 연장공구 길이

■ 안전결선
- 결선용 와이어 규격
- 안전결선 시 주의사항
- 단선식과 복선식 구분

■ 코터핀
- 우선식, 차선식 방법의 차이점
- 코터핀 작업 시 주의사항

■ 주요 공구
- 플라이어 종류(롱노즈 플라이어, 스냅링 플라이어, 바이스 그립 플라이어, 다이애거널 플라이어 등)
- 렌치 종류(오픈엔드 렌치, 박스 렌치, 콤비네이션 렌치, 스트랩 렌치, 조합 렌치 등)
- 핸들 종류(힌지 핸들(브레이커 바), 스피드 핸들, 래칫 핸들 등)
- 해머 종류(보디 해머, 클로 해머, 맬릿 해머, 볼핀 해머 등)
- 기타 공구(오프셋 스크루 드라이버, 마그네틱 핑거, 기어 풀러, 플렉시블 소켓 등)

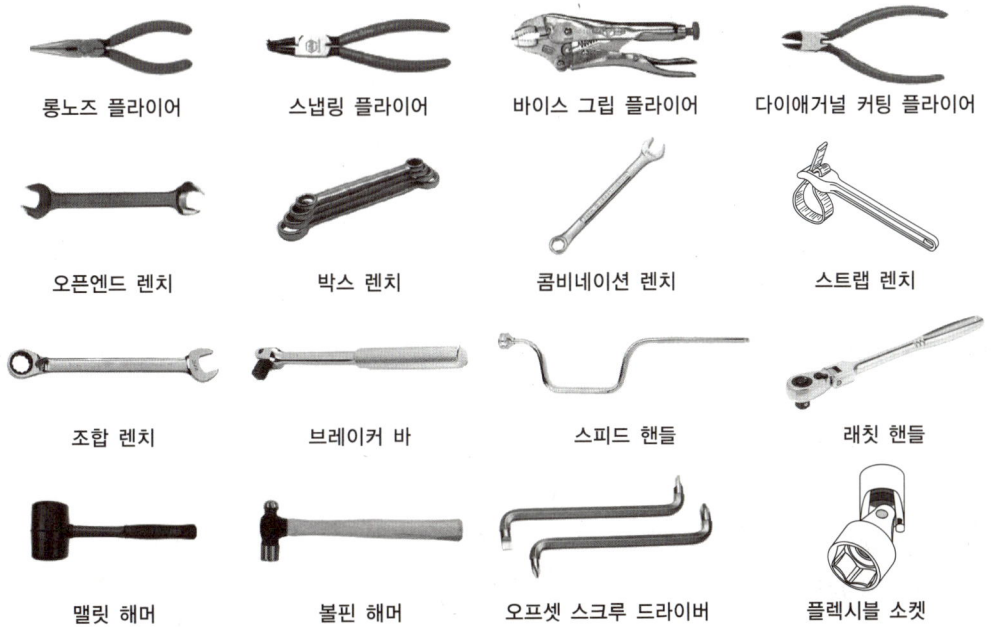

■ 항공기 지상 취급
- 다양한 항공기 유도 신호 이해
- 견인작업, 잭작업, 계류작업 개념 및 유의 사항

■ **연료보급 및 항공기 지원 장비**
- 급유 시 안전사항
- 3점 접지
- GPU, GTC, APU 특징

■ **화재의 종류 및 소화기의 적용**
- A급(일반)화재 : 물 사용
- B급(유류)화재 : 이산화탄소 소화기, 할로겐화합물 소화기
- C급(전기)화재 : 이산화탄소 소화기, 할로겐화합물 소화기
- D급(금속)화재 : 건조사, 팽창질석

■ **안전색채**
- 녹색 : 응급처치 장비, 구급용 치료 설비
- 파란색 : 장비 수리 검사
- 빨간색 : 위험물, 위험상태
- 노란색 : 충돌, 추락 등 유사한 사고 위험
- 주황색 : 기계, 전기 설비의 위험위치

■ **항공안전관리시스템**
목적 및 개요 파악

■ **정비작업 구분**
계획 정비, 비계획 정비, 특별 정비 개념 구분

■ **정비 방식 개념**
- 시한성 정비(Hard Time)
- 상태 정비(On Condition)
- 정비(Condition Monitoring)

■ **기체 점검**
- 비행 전후 점검
- 정시점검 : A, B, C, D점검 및 ISI 검사
- 오버홀 개념 : 사용시간 0으로 환원

■ 자재관리
자재관리 목표, 기능, 원칙, 자재 분류번호 부여 방법

■ 정비 관련 용어
- 자재 관련 정비 용어(MRP, RTS, TRP, TBO, Lead Time, MEL 등)
- 감항성 개선 지시(AD), 정비 개선 회보(SB)
- AOG(Aircraft On Grond), AWP(AWaiting for Parts), 정비이월(Defer)

■ 항공기 부품 손상 종류
소손, 용착, 밀림, 마모, 긁힘, 스코어, 가우징 등

# CHAPTER 03 항공기체

▎ 전개도 작성
- 도면에서 선의 종류
- 전개도법 종류

▎ 판금 공구
- 판금용 공구와 절단용 공구 구분
- 손잡이 색에 따른 항공가위 구분
- 펀치 종류 파악

▎ 판재 성형
- 굽힘여유(BA)

$$BA = \frac{굽힘각도}{360°} \times 2\pi \left(R + \frac{T}{2}\right)$$

- 세트백(SB)

$$SB = \tan\frac{\theta}{2}(R + T)$$

여기서, $\theta$ : 굽힘각도
   $R$ : 굽힘 반지름
   $T$ : 판재의 두께
- 중립선 및 릴리프 홀 의미

▎ 리벳 작업
- 솔리드 리벳과 블라인드 리벳 개념
- 아이스 박스 리벳 개념
- 리벳 재질과 머리 식별부호 파악
- 리벳 식별 방법
- 리벳 지름 및 길이 구하는 법
- 피치, 횡단피치, 끝거리 의미

- 리벳 작업 시 사용되는 공구
  버킹바, 마이크로 스톱, 시트 파스너, 드릴 가이드, 드릴 부싱, 드릴 스톱 등
- 카운터 싱크와 딤플링 차이
- 리벳 제거 작업 순서
  리벳머리 펀칭 → 리벳머리 드릴 작업 → 핀 펀치로 리벳머리 제거 → 리벳 몸통 제거
- 리벳 검사 내용

## ▌ 복합재료
- 복합재료 특징(장단점)
- 보강용 파이버 종류 및 특징(유리 섬유, 탄소 섬유, 아라미드 섬유, 세라믹 섬유 등)
- 복합 소재 가압 방법
- 복합재 수리 방법
- 복합재 검사 방법(코인 테스트 등)

## ▌ 튜브
- 금속 튜브 재질과 종류
- 튜브 성형 공구
- 플레어 작업 개념 및 사용 공구
- 플레어리스 작업 개념
- 튜브 피팅 종류 파악

## ▌ 호스
- 호스 식별 및 규격
- 호스의 올바른 장착 방법 이해

## ▌ 턴버클
- 턴버클의 구성
- 턴버클의 기능
- 턴버클 작업 시 유의 사항

▊ 케이블 작업
- T-5, C-8 장력계 구분 및 사용법 숙지
- 케이블 종류(7×7, 7×19 등)
- 케이블 단자 연결법 및 특징(스웨이징, 5단 엮기, 납땜 이음, 니코프레스 연결 등)
- 케이블 손상 종류(킹크 케이블, 버드 케이지 개념)
- 케이블 세척 및 윤활작업 시 유의 사항

▊ 동체의 구조 형식
- 모노코크 구조와 세미코노코크 구조
- 샌드위치 구조 장점
- 페일세이프 구조 종류

▊ 항공기 날개
- 날개의 구성(리브, 스트링어, 스파, 외피 등)
- 고양력 장치(뒷전 플랩과 앞전 플랩 종류)
- 스포일러 역할

▊ 착륙장치
- 타이어 치수
- 착륙장치 구성품
- 브레이크 종류
- 시미현상 이해, 센터링 캠 역할

▊ 다양한 기체 구성품
- 기관 마운트 및 나셀의 기능
- 여압 및 벌크 헤드
- 공기조화계통 기능
- 항공기 방빙 및 제빙 방법

# CHAPTER 04 항공엔진

## ▌ 열역학 기초
- 비열의 개념 이해
- 압력 단위(hPa, psi, kgf/cm² 등)
- 오토 사이클과 브레이턴 사이클 비교
- 이상기체 상태방정식

## ▌ 항공기 엔진
- 엔진의 분류 방식
- 가스터빈엔진 종류 및 특징

## ▌ 실린더와 밸브 기구
- 실린더의 구조와 명칭
- 실린더 압축시험 시 피스톤 위치
- 흡기밸브와 배기밸브의 재질 및 형태
- 밸브 오버랩 개념
- 밸브기구 구성품의 명칭 및 역할

## ▌ 피스톤
- 피스톤 역할
- 피스톤 링의 기능
- 피스톤 링의 종류

## ▌ 왕복엔진 시동 및 점화장치
- 왕복엔진 시동 방식 및 시동기 구조(왕복엔진은 대부분 직접구동 전기식)
- 외부점화시기와 내부점화시기 개념(마그네토 구성 및 특징과 E-gap 위치 개념)
- 점화플러그 종류
- 시동기 상태 점검(링기어는 그리스나 그래파이트 윤활제 사용 금지)
- 시동스위치 점검
- 시동계통의 다양한 고장 탐구

▎ 왕복엔진 냉각계통
- 냉각 핀, 배플, 카울 플랩의 역할
- 냉각핀 점검 및 수리
- 배플 점검 및 수리
- 카울 플랩 점검 및 수리

▎ 가스터빈엔진 시동 및 점화
- 공기터빈식 시동기 특징 이해 : 압축공기 공급(APU, 다른 엔진의 압축공기, GTC)
- 가스터빈엔진 시동 절차 파악(점화스위치 ON이 연료공급보다 우선)
- 용량형 점화계통 구성품
- 가스터빈엔진과 왕복엔진 점화계통 차이점 구분

▎ 세척
- 세척의 목적과 세척의 종류 이해 : 일반 세척, 기계적 세척, 화학적 세척 등
- 일반세척 후 처리 : 압력 헹구기, 담금 헹구기, 증기 헹구기
- 증기세척용 용액 관리 : 오염도(비중 측정, 용액이 분홍이나 적색이면 용액 교환)
- 건식 블라스트 세척과 습식 블라스트 세척 특징 이해
- 약품세척 개요와 약품 종류(세척 시 물에 약품 첨가)

▎ 가스터빈엔진 흡입구
- 터보팬 엔진 공기 흐름 순서 파악
- 공기 흐름 종류(1차 공기, 2차 공기, 기생 공기 구분)

▎ 가스터빈엔진 압축기
- 압축기 구성품
- N1, N2의 의미
- 엔진 블리드 공기의 이용
- 보어스코프 검사 개요 파악

▎ 연소실
- 연소실 종류와 특징
- 연소실 내 손상 원인

### ▎ 터빈
- 터빈의 구성과 역할(고압터빈, 저압터빈)
- 보어스코프를 이용한 터빈 검사

### ▎ 팬(Fan) 배기계통 구성품 기능
- 가변 블리드 밸브(VBV)
- 팬 아웃렛 가이드 베인(Fan OGV)

### ▎ 가스터빈엔진 연료 및 오일계통
- 연료계통 구성품 명칭 및 기능
- 오일계통 구성품 명칭 및 기능

### ▎ 가스터빈엔진 기어박스
- 기어박스 종류
- 액세서리 기어박스의 장착 장비
- 내부기어박스와 레이디얼 구동축은 내부검사 불가

### ▎ 공압 및 블리드 계통
- 압축기 블리드 공기가 이용되는 곳 파악
- 가변 블리드 밸브와 가변 스테이터 베인 역할
- 터빈 케이스 및 통합 발전기(IDG) 냉각

### ▎ 왕복엔진 육안검사
- 카울링 육안검사 안전 및 유의사항
- 배기관 점검 시 주의사항
- 건식 윤활과 습식 윤활 차이점
- 윤활유 배관 데칼(Decal) 형태
- 항공기 전기 도선 연결 장치 종류와 특징

### ▎ 왕복엔진 윤활계통
- 윤활계통 구성품 명칭과 기능
- 오일 냉각기의 열교환 기능 이해

얼마나 많은 사람들이 책 한권을 읽음으로써

인생에 새로운 전기를 맞이했던가.

– 헨리 데이비드 소로 –

# PART 01

# 핵심이론

| | |
|---|---|
| CHAPTER 01 | 항공역학 |
| CHAPTER 02 | 항공기 정비 |
| CHAPTER 03 | 항공기체 |
| CHAPTER 04 | 항공엔진 |

# CHAPTER 01 항공역학

**핵심키워드** 자주 출제되는 대기와 특성, 항공기 안정에서의 세로안정과 가로안정에 대한 이론은 꼭 숙지해야 한다. 또한 양항비, 날개이론, 비행성능에서의 양력, 항력에 대한 내용 및 상승률에 관한 문제도 출제될 가능성이 높으니 많은 연습을 통해 미리 습득해 두어야 좋은 성과를 얻을 수 있다.

## 핵심이론 01 대기 중의 공기 조성분포

| 성분 | 비율(체적 %) |
| --- | --- |
| 질소($N_2$) | 78.09 |
| 산소($O_2$) | 20.95 |
| 아르곤(Ar) | 0.93 |
| 이산화탄소($CO_2$) | 0.03 |

### 10년간 자주 출제된 문제

다음 중 대기 중에 가장 많이 포함되어 있는 성분은?
① 산소
② 질소
③ 수소
④ 이산화탄소

**해설**

① 산소(21%)
② 질소(78%)
③ 수소(0.00005%)
④ 이산화탄소(0.03%)

**정답** ②

## 핵심이론 02 고도와 밀도, 압력, 온도

① 동일한 높이의 고도에서 밀도는 압력에 비례하고, 온도에 반비례한다.
  ∴ 기체의 부피 × 기체의 압력 = 항상 일정
② 대류권에서 고도가 높아지면 공기의 밀도, 온도, 압력이 모두 감소한다.

### 10년간 자주 출제된 문제

다음 중 동일한 높이의 고도에서 대기밀도에 대한 설명으로 가장 옳은 것은?
① 대기압과 온도가 낮을수록 커진다.
② 대기압과 온도가 높을수록 커진다.
③ 대기압이 낮을수록, 온도가 높을수록 커진다.
④ 대기압이 높을수록, 온도가 낮을수록 커진다.

**해설**

동일한 높이의 고도에서 밀도는 압력에 비례하고, 온도에 반비례한다.

**정답** ④

## 핵심이론 03 절대압력

① 절대압력은 완전진공을 0(Zero) 압력으로 하여 측정한 압력이다.
② 절대압력은 계기압력에 대기압을 더한 값과 같다 (= 계기압력 + 대기압).
③ 절대압력(Absolute Pressure) : 진공상태를 기준으로 하여 측정한 압력
④ 계기압력은 표준대기압을 기준으로 하여 압력을 측정

### 10년간 자주 출제된 문제

**절대압력(Absolute Pressure)을 가장 올바르게 설명한 것은?**

① 표준대기상태에서 해면상의 대기압을 기준값 0으로 하여 측정한 압력이다.
② 계기압력(Gauge Pressure)에 대기압을 더한 값과 같다.
③ 계기압력으로부터 대기압을 뺀 값과 같다.
④ 해당 고도에서의 대기압을 기준값 0으로 하여 측정한 압력이다.

[해설]

절대압력(Absolute Pressure)은 진공상태를 기준으로 하여 측정한 압력으로 계기압력(Gauge Pressure)에 대기압을 더한 값과 같다.

정답 ②

## 핵심이론 04 대기권의 구조

① 대류권(지표에서부터 약 10km 높이까지의 구간)
  ㉠ 전체 공기의 70~80%를 차지한다.
  ㉡ 공기밀도가 높다.
  ㉢ 높이 올라갈수록 지구 복사에너지(지구에서 나오는 열)를 덜 받게 되어 온도가 낮아진다.
  ㉣ 높이 올라갈수록 기온이 낮아져 공기의 대류현상이 일어난다.
② 성층권(지표에서부터 약 10~50km까지의 구간)
  ㉠ 대류현상이 없어 공기층이 안전하다.
  ㉡ 비행기의 항로로 이용된다(공기층이 안전하기 때문).
  ㉢ 높이 20~30km에 오존층이 존재한다.
  ㉣ 오존층이 자외선을 흡수하여 높이 올라갈수록 기온이 올라간다.
    ※ 대류권과 성층권의 경계면 부근 : 대기가 안정하여 구름이 없고, 기온이 낮으며, 공기가 희박하여 제트기의 순항고도로 적합한 곳
③ 중간권(지표에서부터 약 50~80km까지의 구간)
  ㉠ 유성이 중간권 상층부에 나타난다.
  ㉡ 대기권 중 최저기온이다(약 -90℃).
  ㉢ 대류현상이 일어난다(올라갈수록 기온이 낮아져서).
  ㉣ 수증기가 거의 없어서 기상현상이 일어나지는 않는다.
④ 열권(지표에서부터 약 80~1,000km까지의 구간)
  ㉠ 극지역의 상공에서 오로라가 나타난다.
  ㉡ 대기의 양이 매우 적어 낮과 밤의 기온차가 매우 크다.
  ㉢ 전파를 흡수하거나 차단하는 전리층(이온층)이 존재한다.
  ㉣ 태양의 열을 직접적으로 흡수하므로 올라갈수록 기온이 올라간다.

#### 10년간 자주 출제된 문제

**다음 중 대기권에서 전리층이 존재하는 곳은?**
① 열권  ② 중간권
③ 극외권  ④ 성층권

**|해설|**
열권에는 전파를 흡수하거나 차단하는 전리층(이온층)이 존재한다.

**정답** ①

## 핵심이론 05 공기의 흐름과 레이놀즈수

① 점성
  ㉠ 실제유체와 이상유체를 구분하는 주된 요인은 점성이다.
  ㉡ 이상유체가 아닌 모든 실제유체는 점성이라는 성질을 가지며, 점성은 유체 흐름에 저항하는 값의 크기로 측정된다.

② 층류와 난류
  ㉠ 층류 : 유체의 각 부분이 질서를 유지하면서 층모양으로 흐르는 상태
  ㉡ 난류 : 유체가 불규칙적으로 혼합하여 소용돌이를 일으키면서 흐르는 상태
  ㉢ 유량의 어떤 값을 초과하고, 층류가 난류로 변화되는 한계의 값은 유체의 밀도, 점도, 관로 안지름에 의해서 달라지게 된다. 즉, 관로 내 흐름상태를 수치로 표현한 것이 레이놀즈수이다.
  ㉣ 유체의 흐름이 층류에서 난류로 바뀌는 것을 천이(Transition)라 하고, 천이가 일어나는 레이놀즈수를 임계 레이놀즈수(Critical Reynolds Number)라 한다. 즉, 레이놀즈수가 어느 정도를 넘으면 층류는 난류로 변한다. 레이놀즈수는 이러한 유체 흐름의 특성을 규정할 때 사용한다.

③ 층류와 난류의 차이점
  ㉠ 난류는 층류에 비해서 마찰력이 크다.
  ㉡ 층류에서는 근접하는 두 개의 층 사이에 혼합이 없고 난류에서는 혼합이 있다.
  ㉢ 박리는 난류에서보다 층류에서 더 잘 일어난다.
  ㉣ 박리점은 항상 천이점보다 뒤에 있다.
  ㉤ 층류는 항상 난류 앞에 있다.

④ 레이놀즈수의 정의 : 흐름의 관성력과 점성력(粘性力)의 비(比)이며 유체(流體)의 밀도, 흐름의 속도, 흐름 속에 둔 물체의 길이에 비례하고 유체의 점성계수에 반비례한다.

⑤ 레이놀즈수($R_e$ : Reynolds Number)는 다음과 같다.

$$R_e = \frac{\rho VL}{\mu}$$

여기서, $R_e$ : 레이놀즈수
$\rho$ : 밀도
$V$ : 공기속도
$L$ : 특성길이(보통 시위로 표시)
$\mu$ : 점성계수

위 공식에서 레이놀즈수는 공기밀도, 공기속도, 시위가 클수록 커지고, 점성계수가 클수록 작아짐을 알 수 있다.

⑥ 동점성계수 : 점성계수를 그 액체의 밀도로 나눈 것
※ 단위 : m²/s, ft²/s, cm²/s 등이 쓰이며 특히 cm²/s를 Stokes라 하여 동점성계수의 단위로 많이 쓰고 있다.

### 10년간 자주 출제된 문제

**5-1. 실제유체와 이상유체를 구분하는 주된 요인은?**

① 운동에너지
② 점성
③ 유체의 압력
④ 유체의 속도

**5-2. 다음 중 레이놀즈수의 정의를 옳게 나타낸 것은?**

① 마찰력과 항력의 비
② 양력과 항력의 비
③ 관성력과 점성력의 비
④ 항력과 관성력의 비

**[해설]**

**5-1**
이상유체가 아닌 모든 실제유체는 점성이라는 성질을 가지며, 점성은 유체 흐름에 저항하는 값의 크기로 측정된다.

**5-2**
**레이놀즈수** : 흐름의 관성력과 점성력(粘性力)의 비(比)이며 유체(流體)의 밀도, 흐름의 속도, 흐름 속에 둔 물체의 길이에 비례하고 유체의 점성계수에 반비례한다.

**정답** 5-1 ② 5-2 ③

## 핵심이론 06 베르누이의 정리

① 베르누이 정리 : 단면적이 다른 관(管) 내의 유체의 흐름은 항상 전압(Total Pressure), 즉 정압(Static Pressure)과 동압(Dynamic Pressure)의 합이 일정하다는 것이다.

② 정압($P$) + 동압($q$) = 전압($P_t$) = 일정
  ㉠ 이상 유체의 정상 흐름에서 정압과 동압의 합은 전압이며 일정하다.
  ㉡ 동압은 유체의 운동에너지가 압력으로 변환된 것이다.
  ㉢ 동압은 속도의 제곱에 비례하고, 밀도에 비례한다.

  $$동압(q) = \frac{1}{2}\rho V^2$$

  여기서, $\rho$ : 밀도
  $V$ : 속도

  ㉣ 동압과 정압의 단위는 같다.

③ 베르누이 정리의 가정으로는 유선을 따라 흐르고, 정상류이며, 비점성체여야 하며, 제일 중요한 것은 비압축성이어야 한다.

### 10년간 자주 출제된 문제

**다음 중 베르누이의 정리의 가정을 옳게 나타낸 것은?**

① 점성 및 압축성 유동
② 비점성 및 압축성 유동
③ 점성 및 비압축성 유동
④ 비점성 및 비압축성 유동

**[해설]**

베르누이의 정리의 가정으로는 유선을 따라 흐르고, 정상류이며, 비점성체여야 하며, 제일 중요한 것은 비압축성이어야 한다.

**정답** ④

## 핵심이론 07　마하수, 음속

① 마하수(M.N)
　㉠ 물체의 속도와 그 고도에서의 소리의 속도와의 관계
　㉡ 마하수 = 물체의 속도($V$) / 소리의 속도($C$)
② 음속
　㉠ 고속비행영역은 천음속(Transonic), 초음속(Supersonic), 극초음속(Hypersonic) 세 가지 속도영역으로 구분한다.
　　• 천음속(Transonic) : 항공기 비행속도가 음속보다 낮을지라도 날개 위를 지나는 공기흐름 일부가 음속보다 빠르게 되는 영역으로, 비행속도는 마하수 0.75~1.2이다. 즉, 천음속 영역에서는 항공기 주위를 흐르는 공기의 흐름속도가 일부는 음속보다 느리고, 일부는 음속보다 빠르다.
　　• 초음속(Supersonic) : 항공기 비행속도와 항공기 주위 공기흐름속도 모두 항상 음속보다 빠른 영역으로서, 비행속도는 마하수 1.2~5.0이다.
　　• 극초음속(Hypersonic) : 초음속보다 더 빠른 영역으로서, 비행속도는 마하수 5.0 이상이다.
　㉡ 표준 해면고도에서의 음속은 340m/s이다. 음속의 공식은 다음과 같다.
　　$C = \sqrt{\gamma RT} = 20.05\sqrt{T}$
　　여기서, $C$ : 음속(m/s)
　　　　　　$T$ : 절대온도(K)

### 10년간 자주 출제된 문제

**대기 중 음속의 크기와 가장 밀접한 것은?**
① 대기의 밀도
② 대기의 비열비
③ 대기의 온도
④ 대기의 기체상수

**[해설]**
음속은 절대온도의 제곱근에 비례한다.
음속($C$) = $\sqrt{\gamma RT}$
여기서, $\gamma$ : 공기비열비
　　　　$R$ : 공기기체상수
　　　　$T$ : 공기의 절대온도

**정답** ③

## 핵심이론 08 충격파

① 물체의 속도가 소리속도보다 늦으면 압력의 전파는 물체보다 앞서서 전파되지만 물체의 속도가 소리속도보다 빠르면 물체 자신이 만든 압력파(Pressure Wave)보다 앞서서 가기 때문에 압력파는 계속 쌓이게 되어 좁은 띠모양이 된다. 이 압력의 좁은 띠를 충격파(Shock Wave)라고 한다.

② 충격파를 지난 공기흐름은 압력, 온도, 밀도는 급격히 증가하고 속도는 급격히 감소한다. 충격파에서 전후의 압력차가 바로 충격파의 강도를 나타낸다.

③ 날개 상면을 흐르는 공기흐름이 아음속에서 가속되어 초음속이 되고 이 초음속 공기흐름은 흐름에 수직으로 충격파를 형성하며 이 충격파를 수직충격파(Normal Shock Wave)라 한다. 초음속 흡입구에서는 여러 개의 경사충격파(Oblique Shock Wave)를 발생시켜서 속도를 감소시키게 된다.

④ 경사충격파는 초음속 흐름에서 생기고, 수직충격파는 천음속 흐름에서 생긴다.

⑤ 경사충격파와 수직충격파의 주요한 차이점은 경사충격파 뒤의 공기는 초음속이지만, 수직충격파 뒤는 아음속보다 저속이라는 점이다.

⑥ 경사충격파는 이름처럼 경사지게 생기는 충격파인데 이것을 지난 초음속 흐름은 속도가 느려지지만 여전히 초음속으로 흐른다.

⑦ 수직충격파를 지난 공기는 원래 속도가 얼마나 빨랐던 간에 무조건 마하 1 미만의 아음속으로 떨어진다.

---

**10년간 자주 출제된 문제**

**충격파를 지나온 공기에 일어나는 현상을 가장 올바르게 설명한 것은?**

① 압력이 증가하고, 속도는 감소한다.
② 밀도는 감소하고, 속도가 증가한다.
③ 압력이 감소하고, 속도가 증가한다.
④ 압력과 속도가 감소한다.

**[해설]**

충격파를 지난 공기흐름은 압력, 온도, 밀도는 급격히 증가하고 속도는 급격히 감소한다. 충격파에서 전후의 압력차가 바로 충격파의 강도를 나타낸다.

**정답** ①

## 핵심이론 09 항력

① 개념
  ㉠ 항력(Drag)이란, 항공기가 전방으로 움직이는 데 대한 저항력으로서 항공기의 전진운동을 방해한다. 양력에 도움을 주지 않는 항력을 유해항력(Parasite Drag)이라 한다.
  ㉡ 항력(Drag)의 크기
  $$D = C_D \cdot q \cdot S$$
  즉, $D = C_D \dfrac{1}{2} \rho V^2 S$

  여기서, $D$ : 항력(lb)
  $C_D$ : 항력계수
  $\rho$ : 밀도(slug/ft$^3$)
  $V$ : 속도(ft/s)
  $S$ : 날개면적(ft$^2$)

② 유도항력
  ㉠ 비행기의 날개에서 발생하는 양력으로 인하여 생긴 항력
  ㉡ 유도항력계수는 양력계수의 제곱에 비례하며 날개의 가로세로비(Aspect Ratio)에 반비례한다. 그러므로 가로세로비가 클수록 유도항력이 작아진다.

③ 유해항력 : 양력에 관계하지 않고 유도항력을 제외한 비행을 방해하는 모든 항력
  ㉠ 형상항력 : 압력항력 + 마찰항력
  ㉡ 조파항력 : 초음속 이상으로 비행하는 항공기에서 발생하는 충격파의 영향으로 발생하는 항력

---

### 10년간 자주 출제된 문제

**다음 중 항력에 대한 설명으로 가장 관계가 먼 내용은?**
① 형상항력은 물체의 모양에 따라 달라진다.
② 유해항력이 클수록 비행성능이 좋아진다.
③ 압력항력과 마찰항력을 합쳐서 형상항력이라 한다.
④ 양력에 관계하지 않고 비행을 방해하는 모든 항력을 통틀어 유해항력이라 한다.

**해설**

유해항력 : 양력을 발생시키지는 않지만 비행기의 운동을 방해하는 항력을 통틀어 말하며, 유도항력을 제외한 모든 항력을 유해항력이라 한다.
※ 최소유해항력계수($C_{dp\min}$) : 고속비행일수록 최소유해항력계수는 큰 영향을 미치므로 항공기를 가능한 유선형으로 하여 이 값을 줄이는 것이 중요하다.

정답 ②

## 핵심이론 10 날개골의 표시

① 4자 계열 날개골

NACA 2412

- ㉠ 2 : 최대 캠버의 크기가 시위의 2%
- ㉡ 4 : 최대 캠버의 위치가 시위의 40%
- ㉢ 12 : 최대 두께가 시위 길이의 12%

② 5자 계열 날개골

NACA 24120

- ㉠ 2 : 최대 캠버의 크기가 시위의 2%
- ㉡ 4 : 최대 캠버의 위치가 시위의 20%
- ㉢ 1 : 평균 캠버선의 뒤쪽 반이 곡선이다(만약 0일 경우는 뒤쪽 반이 직선이다).
- ㉣ 20 : 최대 두께가 시위 길이의 20%

③ 6자 계열 날개골

NACA 651-215

- ㉠ 6 : 6자 계열 날개골
- ㉡ 5 : 받음각 α = 0일 때 최소압력의 위치(시위의 50%)
- ㉢ 1 : 항력 버킷의 폭이 ±0.1(설계양력계수를 중심으로)
- ㉣ 2 : 설계양력계수가 0.2
- ㉤ 15 : 최대 두께(시위의 15%)

### 10년간 자주 출제된 문제

NACA 5자 계열의 날개골을 표시한 다음의 [예]에서 밑줄 친 '18'이 의미하는 것은?

|예|

NACA 230<u>18</u>

① 최대 두께가 시위의 18%이다.
② 최대 두께의 크기가 시위의 18%이다.
③ 최대 캠버의 위치가 시위의 18%이다.
④ 평균 캠버선의 뒤쪽 18%가 직선이다.

**해설**

5자 계열(4자 계열을 개선)

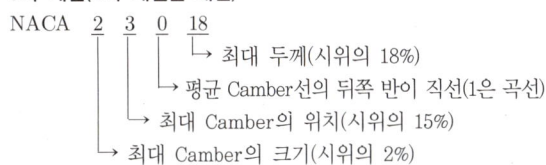

→ 최대 두께(시위의 18%)
→ 평균 Camber선의 뒤쪽 반이 직선(1은 곡선)
→ 최대 Camber의 위치(시위의 15%)
→ 최대 Camber의 크기(시위의 2%)

**정답** ①

## 핵심이론 11 날개골의 명칭

① 평균 캠버선(Mean Camber Line) : 위 캠버와 아래 캠버의 평균선으로 두께의 중심선이다. 평균 캠버선의 앞끝을 앞전(Leading Edge), 뒤끝을 뒷전(Trailing Edge)이라 한다.

② 캠버 또는 최대 캠버(Camber or Maximum Camber) : 시위선에서 평균 캠버선까지의 최대 거리로 보통 시위선에 대해 백분율(%)로 표시한다.

③ 시위(Chord) : 날개의 앞전과 뒷전을 이은 직선. 평균 캠버선의 양 끝

④ 최대 두께(Thickness) : 시위선에서 수직방향으로 잰 윗면과 아랫면까지의 높이. 즉, 에어포일의 최대 두께이다.

⑤ 앞전 반지름(Leading Edge Radius) : 앞전에서 평균 캠버선에 접하도록 그은 직선 위에 중심을 가지고 날개골 상하면에 접하는 원의 반지름

⑥ 아래 캠버(Lower Camber) : 시위선으로부터 아랫면(Lower Surface)까지의 거리

⑦ 위 캠버(Upper Camber) : 시위선으로부터 윗면(Upper Surface)까지의 거리

#### 10년간 자주 출제된 문제

**날개골(Airfoil) 각 부분의 명칭 중 앞전과 뒷전을 연결하는 직선을 무엇이라 하는가?**

① 시위(Chord)
② 캠버(Camber)
③ 받음각(Angle of Attack)
④ 날개골 두께(Airfoil Thickness)

**[해설]**

② 캠버(Camber) : 날개골의 윗면과 아랫면의 표면 굴곡 상태를 말하며, 두 표면의 중간지점과 시위선과의 거리이다.
③ 받음각(Angle of Attack) : 날개의 중심선(Chord Line)이 불어오는 바람과 이루는 각

정답 ①

## 핵심이론 12 가로세로비와 양항비

① 가로세로비(Aspect Ratio)란 날개의 길이($b$ : Wing Span)와 시위($c$ : Chord)의 비를 말한다. 시위(Chord)는 직사각형 날개의 경우 일정하나, 테이퍼 날개(Taper Wing)나 타원형 날개의 경우 평균시위를 적용한다.

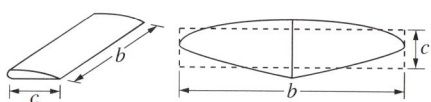

[가로세로비(Aspect Ratio)]

② 가로세로비(AR ; Aspect Ratio)는 다음과 같다.

$$\mathrm{AR} = \frac{b}{c} = \frac{b}{c} \cdot \frac{b}{b} = \frac{b^2}{S}$$

여기서, AR : 가로세로비
$b$ : 날개길이(Wing Span)
$c$ : 시위길이(Chord Length)
$S$ : 날개면적(Wing Area)

③ 일반적으로 하향공기흐름은 가로세로비가 작을수록 많이 일어나고, 가로세로비가 작을수록 날개 전체에 작용하는 항력은 더욱더 커진다.

※ 항공기가 비행할 때 날개 끝에는 소용돌이(Vortex)가 발생하고 날개를 내리누르는 하향공기흐름(Downward Air Flow)이 발생한다. 이 하향공기흐름에 의해 유도되는 항력을 유도항력이라 한다.

④ 양항비(활공비)
  ㉠ 양항비[L/D(Lift/Drag)]란 양력 대 항력의 비율로서 활공기의 기본적 활공성능을 나타낸다.
  ㉡ 양항비의 값이 클수록 프로펠러 비행기는 적은 동력으로 장거리 비행이 가능하다.
  ㉢ 양항비 $= \dfrac{C_L(\text{양력계수})}{C_D(\text{항력계수})} = \dfrac{\text{수평 활공거리}}{\text{고도}}$

## 10년간 자주 출제된 문제

**12-1.** 날개면적이 80m²이고 날개뿌리 시위가 5m, 평균공력시위가 4m인 테이퍼 날개에서의 가로세로비는 얼마인가?

① 4
② 5
③ 16
④ 20

**12-2.** 활공기가 1,000m 상공에서 양항비 20인 상태로 활공한다면 도달할 수 있는 수평 활공거리는 몇 m인가?

① 50
② 1,000
③ 10,000
④ 20,000

**[해설]**

**12-1**
테이퍼형 날개 가로세로비
$$A = \frac{b}{C_m} = \frac{S}{C_m^2} = \frac{b^2}{S}$$
여기서, $b$ : 날개길이
$C_m$ : 기하학적 평균시위
$S$ : 날개면적

가로세로비 $= \frac{80}{4^2} = 5$

**12-2**
양항비 $= \frac{활공거리}{활공고도}$ → 활공거리 = 양항비 × 활공고도
$= 20 \times 1,000 = 20,000(\mathrm{m})$

**정답** 12-1 ② 12-2 ④

---

## 핵심이론 13 양력, 항공기 수평비행 조건

① 양력은 속도의 제곱과 날개면적, 유체의 밀도에 비례한다. 항력도 마찬가지이다.

② 양력 $L = \frac{1}{2} C_L \rho V^2 S$

여기서, $C_L$ : 양력계수
$\rho$ : 공기밀도
$V$ : 비행기의 속도
$S$ : 날개의 면적

③ 항공기가 등속도 수평비행을 하는 조건식
$L = W$, $T = D$

④ 비행기 날개 끝의 양·항력 특성이 좋다는 것은 $C_{L\max}$(최대양력계수)가 크고, $C_{D\min}$(최소항력계수)가 작다는 뜻이다.

⑤ 수평선회비행을 위한 조건으로 양력의 수직방향 분력과 항공기의 무게가 같아야 한다.

⑥ 평형상태 : 항공기에 작용하는 모든 외력과 외부모멘트의 합이 각각 0이 되는 상태

## 10년간 자주 출제된 문제

양력계수($C_L$) 0.5, 날개면적($S$)이 10m²인 비행기가 밀도($\rho$) 0.1kgf·s²/m⁴인 공기 중을 50m/s로 비행하고 있다. 이때 날개에 발생하는 양력은 약 몇 kgf인가?

① 425
② 527
③ 625
④ 728

**[해설]**

양력$(L) = \frac{1}{2} C_L \rho V^2 S = \frac{1}{2} \times 0.5 \times 0.1 \times 50^2 \times 10 = 625(\mathrm{kgf})$

**정답** ③

## 핵심이론 14 날개 모양의 종류와 특성

① 직사각형 날개(구형익) : 이 날개는 제작이 쉽기 때문에 초기의 비행기에서 많이 볼 수 있으나, 구조적으로는 테이퍼가 있는 날개에 비해 약한 편이다. 그러나 날개 끝에서의 실속 경향이 없기 때문에 소형으로 가격이 싼 비행기의 경우 이용되고 있다.

② 테이퍼 날개 : 날개끝과 날개뿌리의 시위길이가 다른 날개이다. 날개끝과 날개뿌리의 시위길이의 비를 테이퍼비라 하며 직사각형 날개는 테이퍼비가 1인 경우에 해당된다. 이 날개는 날개끝보다 날개뿌리의 시위길이가 길기 때문에 날개뿌리부분이 동체에 장착될 때 직사각형 날개보다 강도가 더 크다. 현재 하늘을 날고 있는 대부분의 소형비행기들은 테이퍼가 있는 날개를 사용하고 있다.

③ 타원 날개 : 날개가 위에서 볼 때 타원형 모양을 하고 있다. 날개길이 방향의 양력계수 분포가 일률적이고 유도항력이 최소인 날개이다.

④ 앞젖힘 날개 : 날개가 앞쪽으로 향한 모양 때문에 앞젖힘 날개라 불린다. 날개끝이 앞쪽으로 향하여 있기 때문에 날개끝 실속이 쉽게 일어나지 않는 특성을 지니고 있다.

⑤ 뒤젖힘 날개 : 날개끝이 뒤쪽으로 향하고 있기 때문에 뒤젖힘 날개라 불린다. 날개끝이 뒤로 향하고 있기 때문에 고속 비행 시에 충격파의 발생을 지연시킬 수 있고, 저항도 감소시킬 수 있기 때문에 음속에 가까운 속도로 비행하는 제트기에 사용된다.

⑥ 삼각 날개 : 위에서 본 모양이 삼각형으로 삼각 날개라 한다. 이 날개는 날개에 뒤젖힘을 많이 둘 경우 생기는 구조적인 문제를 해결하기 위해 만들어졌다. 이 날개는 고속에서 유리한 장점을 많이 갖고 있기 때문에 주로 초음속 비행을 하는 비행기에 달려 있다. 그러나 이 날개를 단 비행기가 저속으로 비행하기 위해서는 받음각을 크게 해야 하므로 이착륙 시에는 조종사의 시야가 좁아지는 단점이 있다.

⑦ 이중 삼각 날개 : 미국의 우주 왕복선에 이용되고 있다.

⑧ 오지(Ogee) 날개 : 초음속 여객기인 콩코드의 날개가 이와 같은 형태를 갖고 있다.

⑨ 가변 날개 : 날개가 비행속도에 따라 모양을 바꿀 수 있도록 만들어진 날개이다.

### 10년간 자주 출제된 문제

**날개에 충격파를 지연시키고 고속 시에 저항을 감소시킬 수 있으며, 음속으로 비행하는 제트 항공기에 가장 많이 사용되는 날개는?**

① 직사각형 날개  ② 타원 날개
③ 테이퍼 날개  ④ 뒤젖힘 날개

**[해설]**

① 직사각형 날개 : 비행기가 처음 등장한 옛날에 주로 사용된 것으로 공기역학적인 구조로는 비효율적이지만 제작이 쉽고 비용이 싸서 초경량 비행기나 저속 항공기 등에 많이 사용된다.

② 타원 날개 : 비행 구조학적으로 매우 안정된 형태를 가지고 있으며, 날개에서 발생하는 양력이 뛰어나 추력에 대한 항력이 작게 발생하며 매우 이상적이다. 하지만 제작과 관리·유지가 어려우며 고속으로 비행할 경우 공기의 압력을 견뎌내는 구조역학적 구조가 그리 뛰어나지 않아 특수한 경우가 아니면 거의 사용하지 않는다.

③ 테이퍼 날개 : 타원형 날개의 장점은 그대로 유지하고 단점을 보완했다. 날개 끝으로 갈수록 폭이 좁아지는 형태로 최적의 양력을 얻을 수 있을 뿐만 아니라 제작이나 구조역학적 장점도 가지고 있다.

**정답** ④

## 핵심이론 15  날개의 와류

① 출발 와류(Starting Vortex) : 날개 뒷전에서 흐름의 떨어짐이 있게 되어 생기게 되는 와류
② 속박 와류(Bound Vortex) : 출발 와류가 생기면 날개 주위에 발생하는 크기가 같고 방향이 반대인 와류
③ 말굽형 와류(Horse Shoe Vortex) : 테이퍼 날개에서 날개끝 와류가 날개 길이 중간에도 발생하는 말굽모양의 와류
④ 날개끝 와류(Wing Tip Vortex) : 날개를 지나는 흐름은 윗면에서 부압(-), 아랫면에서 정압(+)이기 때문에 날개끝의 아랫면에서 윗면으로 말려드는 와류
⑤ 내리흐름(Down Wash) : 날개끝 와류와 속박 와류에 의해 수평비행 시 날개 뒷전 부근을 밑(아래 방향)으로 향하게 하는 흐름으로 수직방향의 속도를 유도속도라 한다.
⑥ 유효 받음각(Ae) : 내리흐름에 의해 날개흐름에 대한 받음각은 겉보기(원래 받음각)보다 작아지는데 이 받음각을 유효 받음각이라 한다.

### 10년간 자주 출제된 문제

날개의 뒷전에 출발 와류가 생기게 되면 앞전 주위에도 이것과 크기가 같고 방향이 반대인 와류가 생기는데 이것을 무엇이라 하는가?

① 속박 와류
② 말굽형 와류
③ 유도 와류
④ 날개끝 와류

**해설**

날개가 움직이면 날개 뒷전에 출발 와류가 생기는데 날개 주위에도 이것과 크기가 같고 방향이 반대인 와류가 생긴다. 날개 주위에 생기는 이 순환은 항상 날개에 붙어 다니므로 속박 와류라 하고 이 와류로 인하여 날개에 양력이 발생하게 된다.

정답 ①

## 핵심이론 16  날개의 받음각

① 받음각(Angle of Attack)이란, 상대풍(Relative Wind)과 시위선(Chord Line)이 이루는 각이다. 받음각은 수평비행 시 시위선과 수평선이 이루는 각이 아니라 시위선과 불어오는 바람의 방향이 이루는 각이다.
② 받음각을 크게 하면 양력은 증가하고 속도는 감소한다.
③ 날개의 받음각($\alpha$)이 커지면 항력계수($C_D$)는 증가하고, 실속각을 넘으면 급격히 증가한다.
④ 비행기 날개에서 양력계수가 0이 될 때, 이때의 받음각을 0양력 받음각(Zero Lift Angle of Attack)이라 한다.

### 10년간 자주 출제된 문제

비행기가 정상 수평비행상태에서 받음각을 증가시킬 때 비행기의 속도에 대한 설명으로 옳은 것은?(단, 받음각은 실속각의 범위 내에서 증가시키는 것으로 한다)

① 양력이 증가하므로 속도는 증가한다.
② 양력계수가 증가하고 속도는 감소한다.
③ 속도는 받음각의 증가 여부에 관계없이 일정하게 유지된다.
④ 받음각이 실속각 이내에서 증가하면 속도는 감소하지 않는다.

**해설**

비행기는 받음각이 증가할수록 양력도 증가하나 일정 이상 받음각이 커질 경우 날개 상면에서 박리현상이 일어나면서 실속(Stall)하게 된다.
※ 실속(Stall) : 비행기의 날개 표면을 흐르는 기류의 흐름이 날개 윗면으로부터 박리되어, 그 결과 양력(揚力)이 감소되고 항력(抗力)이 증가하여 비행을 유지하지 못하는 현상

정답 ②

## 핵심이론 17 양력계수와 항력계수와 받음각의 관계

① 영양력 받음각으로부터 받음각을 증가시키면 $C_L$은 증가하고 실속각(최대 받음각)을 넘으면 $C_L$은 급격히 감소한다.
② 최대양력계수 : $C_L$이 최대일 때의 양력계수
③ 실속각 : $C_{L\max}$ 일 때의 받음각
④ 실속(Stall) : 양력계수는 급격히 감소하고, 항력은 급격히 증가할 때의 현상
⑤ 최소항력계수($C_{D\min}$) : $C_D$가 최소일 때의 항력계수

### 10년간 자주 출제된 문제

**비행기의 받음각이 일정 각도 이상되어 최대양력값을 얻었을 때에 대한 설명 중 틀린 것은?**

① 이때의 받음각은 실속 받음각이라 한다.
② 이때의 양력계수값을 최대양력계수라 한다.
③ 이때의 고도를 최고고도라 한다.
④ 이때의 비행기 속도를 실속속도라 한다.

**해설**

일정 각도 이상의 받음각(AOA)에서는 날개를 지나는 공기의 정상적인 흐름이 흐트러져 그 상태에서는 충분한 양력을 더 이상 얻을 수가 없다. 이러한 받음각의 한계를 임계 받음각이라고 한다.

**정답** ③

## 핵심이론 18 필요마력과 이용마력

① 항공기가 항력을 이기고 전진하는 데 필요한 마력이다.
② 수평비행하는 비행기가 받음각이 일정한 상태에서 고도가 높아지면 속도($V$)와 필요마력($P_r$)은 증가한다.
③ 필요마력 $= \dfrac{DV}{75}$
④ 이용마력($P_a$) $= \dfrac{TV}{75}$

$P_a = \eta \times bHP$

여기서, $\eta$ : 프로펠러 효율
$bHP$ : 제동마력

### 10년간 자주 출제된 문제

**18-1.** 75m/s로 비행하는 비행기의 항력이 1,000kgf라면, 이때 비행기의 필요마력은 약 몇 HP인가?

① 530　② 660
③ 725　④ 1,000

**18-2.** 비행기가 항력을 이기고 전진하는 데 필요한 마력을 무엇이라 하는가?

① 이용마력　② 여유마력
③ 필요마력　④ 제동마력

**해설**

**18-1**

필요마력 $= \dfrac{DV}{75} = \dfrac{1,000 \times 75}{75} = 1,000(\text{HP})$

**18-2**

① 이용마력 : 비행기를 가속 또는 상승시키기 위하여 기관으로부터 발생시킬 수 있는 출력
② 여유마력 : 이용마력과 필요마력의 차이
④ 제동마력 : 실제 기관이 프로펠러 축을 회전시키는 데 든 마력

**정답** 18-1 ④　18-2 ③

## 핵심이론 19  상승률

① 비행기 상승률 "0"에 대한 등식
  ㉠ 이용마력 > 필요마력 → 상승비행
  ㉡ 이용마력 = 필요마력 → 상승률이 0m/s

② 비행기의 상승률 $= \dfrac{P_a - P_r}{W}$

  여기서, $P_r$ : 필요마력
  $P_a$ : 이용마력
  $W$ : 항공기의 무게

③ 평균상승률 $R.C_m = \dfrac{고도변화}{상승시간}$

④ 상승한도
  ㉠ 절대상승한도(Absolute Ceiling) : 상승률이 "0"이 되는 고도(실제 측정 불가)로 최고도에 올라가 더 이상 상승이 되지 않는 지점을 말한다.
  ㉡ 실용상승한도(Service Ceiling) : 상승률이 100ft/min가 되는 고도(실측 가능)
  ㉢ 운용상승한도(Operating Ceiling) : 상승률이 500ft/min가 되는 고도(실측 가능)

### 10년간 자주 출제된 문제

무게가 600kg인 비행기가 이륙하여 1분 후에 고도 600m로 비행하고 있다면 이 비행기의 상승률은 몇 m/s인가?

① 1   ② 10
③ 60  ④ 600

**[해설]**

평균상승률 $R.C_m = \dfrac{고도변화}{상승시간} = \dfrac{600}{60} = 10 \text{m/s}$

정답 ②

## 핵심이론 20  항공기의 진행방향에 대한 힘의 평형식

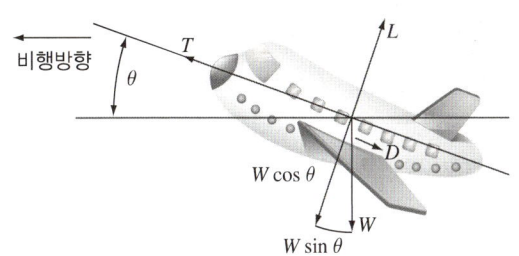

① 항공기의 진행방향에 대한 힘의 평형식 : 항력 + 직선 비행경로의 중력 성분
  $T = D + W\sin\theta$

② 항공기가 수평 비행할 때 날개의 상부와 하부 그리고 단면에 작용하는 응력
  ㉠ 상부 : 압축
  ㉡ 하부 : 인장
  ㉢ 단면 : 전단

③ 비행기가 공기 중을 수평 등속도로 비행할 때 비행기에 작용하는 힘 : 중력($W$), 양력($L$), 항력($D$), 추력($T$)

### 10년간 자주 출제된 문제

비행기가 그림과 같이 $\theta$만큼 경사진 직선 비행경로를 따라 등속도로 상승할 때, 비행기에 작용하는 비행방향의 추력을 옳게 나타낸 것은?

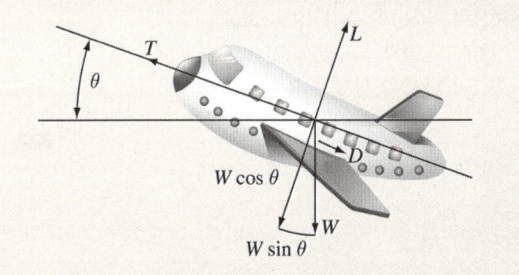

① 직선 비행경로의 수평 중력 성분
② 직선 비행경로의 수직 중력 성분
③ 양력 + 직선 비행경로의 중력 성분
④ 항력 + 직선 비행경로의 중력 성분

**[해설]**

항공기의 진행방향에 대한 힘의 평형식 : $T = D + W\sin\theta$

정답 ④

## 핵심이론 21  항공기 기준축

① 가로축($y$축) : 날개 길이 방향의 축, 가로축(좌우축, 횡축)을 중심으로 하는 회전운동을 키놀이(Pitching) 운동이라 하며 승강키(Elevator)를 조작한다.
② 세로축($x$축) : 기체의 앞·뒤를 연결한 축, 세로축(종축, 전·후축)을 중심으로 하는 회전운동을 옆놀이(Rolling) 운동이라고 하고 도움날개(Aileron)로 조작한다.
③ 수직축($z$축) : 비행기의 위, 아래 방향의 축, 수직축(상하축)을 중심으로 하는 회전운동을 빗놀이(Yawing) 운동이라 하고, 방향키(Rudder)를 조작하여 운동한다.

### 10년간 자주 출제된 문제

비행기의 3축 운동과 조종면과의 상관관계를 가장 옳게 연결한 것은?

① 키놀이(Pitch)와 승강키(Elevator)
② 옆놀이(Roll)와 방향키(Rudder)
③ 빗놀이(Yaw)와 승강키(Elevator)
④ 옆놀이(Roll)와 승강키(Elevator)

해설

**3축 운동**
- 키놀이(Pitch)와 승강키(Elevator)
- 옆놀이(Roll)와 도움날개(Aileron)
- 빗놀이(Yaw)와 방향키(Rudder)

정답 ①

## 핵심이론 22  동적 세로 안정

① 단주기 운동 : 항공기 진동에서 빠른 주파수가 빠르게 진폭이 감쇠함
 ※ 대처법 : 조종간을 자유로이 하여 필요한 감쇠를 갖도록 해야 한다. 단주기 진동 시 조종사는 1~2s 내에 반응해야 하는데, 그렇지 못한 경우의 조종간 고정은 오히려 더 큰 동적 불안정 운동을 유발할 수 있다.
② 장주기 운동 : 피치의 변화가 서서히 일어나면서 진폭의 감쇠율도 느려지고 조종간을 움직이지 않으면서도 수분 동안 진동이 남아 있는 현상

### 10년간 자주 출제된 문제

동적 세로 안정의 단주기 운동 발생 시 조종사가 대처해야 하는 방법으로 가장 옳은 것은?

① 즉시 조종간을 작동시켜야 한다.
② 받음각이 작아지도록 조작해야 한다.
③ 조종간을 자유롭게 놓아야 한다.
④ 비행 불능상태이므로 즉시 탈출하여야 한다.

해설

**단주기 운동 발생 시 대처법** : 조종간을 자유로이 하여 필요한 감쇠를 갖도록 해야 한다. 단주기 진동 시 조종사는 1~2s 내에 반응해야 하는데, 그렇지 못한 경우의 조종간 고정은 오히려 더 큰 동적 불안정 운동을 유발할 수 있다.

정답 ③

## 핵심이론 23  세로 안정

① 정적 세로 안정 : 돌풍 등의 외부 영향을 받아 키놀이 모멘트가 변화된 경우 비행기가 평형상태로 되돌아가려는 초기 경향이고 비행기의 받음각과 키놀이 모멘트의 관계에 의존한다.
② 동적 세로 안정 : 외부의 영향을 받아 키놀이 모멘트가 변화된 경우 비행기에 나타나는 시간에 따른 진폭변위에 관계된 것이고, 비행기의 키놀이 자세, 받음각, 비행속도, 조종간 자유 시 승강키의 변위에 관계된다.
③ 비행기의 세로 안정을 좋게 하기 위한 방법
  ㉠ 무게중심이 날개의 공기역학적 중심보다 앞에 위치하도록
  ㉡ 무게중심이 공기역학적 중심과의 수직거리값이 (+)가 될수록
  ㉢ 꼬리날개 부피가 클수록
  ㉣ 꼬리날개 효율이 클수록

---

**10년간 자주 출제된 문제**

**다음 중 비행기의 정적 세로 안정을 좋게 하기 위한 설명으로 틀린 것은?**
① 꼬리날개효율이 클수록 좋아진다.
② 꼬리날개면적을 작게 할 때 좋아진다.
③ 날개가 무게중심보다 높은 위치에 있을 때 좋아진다.
④ 무게중심이 날개의 공기역학적 중심보다 앞에 위치할수록 좋아진다.

**[해설]**
② 수평꼬리날개의 면적을 크게 할 때 좋아진다.

정답 ②

---

## 핵심이론 24  수직·수평 안정판, 수직 꼬리날개, 쳐든각

① 수평 안정판 – 항공기의 세로 안정성, 승강키 – 키놀이
② 수직 안정판 – 항공기의 방향 안정성, 방향키 – 빗놀이
③ 수직 안정판은 항공기의 방향 안정성을 제공하고 대형 고속제트기의 경우 수평 안정판은 비행 중 비행기의 세로 안정을 위한 것으로서 대형 고속제트기의 경우 조종계통의 트림(Trim) 장치에 의해 움직인다.
④ 수직 꼬리날개
  ㉠ 수직 안정판과 방향키로 구성되어 있다.
  ㉡ 항공기의 방향 안정성을 주기 위해 도살 핀을 부착
⑤ 상반각(쳐든각)
  ㉠ 상반각(쳐든각)은 항공기의 가로 안정성을 확보하기 위해서 고려되었다.
  ㉡ 옆놀이(Rolling) 안정성이 증가하고 옆미끄러짐을 방지한다.

## 10년간 자주 출제된 문제

**24-1.** 비행 중 비행기의 세로 안정을 위한 것으로서 대형 고속 제트기의 경우 조종계통의 트림(Trim) 장치에 의해 움직이도록 되어 있는 것은?

① 수직 안정판
② 방향키
③ 수평 안정판
④ 도움날개

**24-2.** 항공기 날개에 상반각을 주는 주된 목적은?

① 가로 안정성을 증가시키기 위한 것이다.
② 세로 안정성을 증가시키기 위한 것이다.
③ 배기가스의 온도를 높이기 위한 것이다.
④ 배기가스의 온도를 낮추기 위한 것이다.

**[해설]**

**24-1**
항공기의 자세 안정성
- 수평 안정판 : 항공기의 세로 안정성, 승강키 – 키놀이
- 수직 안정판 : 항공기의 방향 안정성, 방향키 – 빗놀이

**24-2**
상반각은 항공기의 가로 안정성을 주는 역할로, 비행기가 갑자기 바람이 불었을 때 좌, 우가 기울어질 때, 상반각이 있을 경우 수평으로 되돌아오게 한다.

정답 24-1 ③  24-2 ①

## 핵심이론 25  항공기의 조종면

① 주조종면 : 도움날개, 승강키, 방향키
② 부조종면 : 플랩, 스포일러, 탭
③ 방향 조종 – 방향키, 세로 조종 – 승강키, 가로 조종 – 도움날개
④ 도움날개(Aileron)
   ㉠ 한쪽이 올라가면 다른 쪽은 내려가는 서로 상반된 움직임을 보인다.
   ㉡ 조종간을 좌측으로 내리면, 좌측 도움날개는 올라가고, 우측 도움날개는 내려가며 비행기는 좌측으로 경사지게 된다.
   ㉢ 도움날개는 차동 도움 날개를 사용한다. 이는 좌, 우 날개에 발생하는 유도항력의 크기가 서로 같지 않음으로 인해 역빗놀이가 발생하는 것을 줄이기 위한 것이다.
⑤ 승강키(Elevator)
   ㉠ 주로 가로축을 중심으로 한 비행기의 운동을 조종하는 데 사용한다.
   ㉡ 비행조건의 다양화에 따라 수평 안정판 전체를 움직이게 하여 승강키의 역할을 하는 방법도 있다(전가동식 수평 안정판).
⑥ 방향키(Rudder) : 수직축을 중심으로 한 비행기의 운동을 조종하며, 좌우 방향전환뿐 아니라 측풍이나 도움날개의 조종에 따른 빗놀이 모멘트를 상쇄하기 위해서도 사용된다.

## 10년간 자주 출제된 문제

**25-1.** 다음 중 주조종면의 종류가 아닌 것은?
① 플랩
② 승강키
③ 도움날개
④ 방향키

**25-2.** 항공기에서 2차 조종계통에 속하는 조종면은?
① 도움날개(Aileron)
② 방향키(Rudder)
③ 슬랫(Slat)
④ 승강키(Elevator)

**25-3.** 다음 중 도움날개(Aileron)에 대한 설명으로 옳은 것은?
① 정속 비행 시 추진력을 증가시켜주며 비상사태 시 비상추진 날개로 사용된다.
② 비행기의 가로축(Lateral Axis)을 중심으로 한 운동(Pitching)을 조종하는 데 주로 사용되는 조종면이다.
③ 비행기의 세로축(Longitudinal Axis)을 중심으로 한 운동(Rolling)을 조종하는 데 주로 사용되는 조종면이다.
④ 수직축(Vertical Axis)을 중심으로 한 비행기의 운동(Yawing), 즉 좌우 방향전환에 사용하는 것이다.

**|해설|**

**25-1**
주조종면과 부조종면의 구분
- 주조종면 : 도움날개, 승강키, 방향키
- 부조종면 : 플랩, 스포일러, 탭
※ 방향키 : 수직 꼬리날개의 뒷부분에 위치하여 좌우 방향 전환의 조종뿐만 아니라 도움날개의 조종에 따른 빗놀이 모멘트를 상쇄하기 위해 사용되는 장치

**25-3**
비행기의 축과 운동
- 세로축 – 롤링(Rolling) 운동 – 도움날개(Aileron) 조작
- 가로축 – 피칭(Pitching) 운동 – 승강키(Elevator) 조작
- 수직축 – 요잉(Yawing) 운동 – 방향키(Rudder) 조작

**정답 25-1** ① **25-2** ③ **25-3** ③

## 핵심이론 26  고속 비행기의 불안정

① 세로 불안정 : 턱 언더(Tuck Under), 피치 업(Pitch Up), 디프 실속(Deep Stall)
② 가로 불안정 : 날개 드롭(Wing Drop), 관성 커플링(Inertia Coupling), 공력 커플링(Aerodynamic Coupling), 옆놀이 커플링(Roll Coupling)
   ㉠ 관성 커플링 : 비행기가 고 받음각 자세에서 옆놀이 할 때 옆놀이 운동과 함께 키놀이 운동이 발생하는 현상
   ㉡ 공력 커플링 : 방향키만을 조작하거나, 옆미끄럼을 했을 때 빗놀이 운동과 동시에 옆놀이 운동이 일어나는 현상. 이것은 비행기가 옆미끄럼각을 가지게 된 경우, 쳐든각 효과에 의해 옆놀이 모멘트뿐만 아니라 동체와 수직 꼬리날개에 공기력이 작용하여 빗놀이 모멘트를 생기게 한다.

## 10년간 자주 출제된 문제

고속 비행기의 세로 불안정에 포함되지 않는 것은?
① 턱 언더
② 피치 업
③ 디프 실속
④ 날개 드롭

**|해설|**

고속 비행기의 불안정
- 세로 불안정 : 턱 언더(Tuck Under), 피치 업(Pitch Up), 디프 실속(Deep Stall)
- 가로 불안정 : 날개 드롭(Wing Drop), 관성 커플링(Inertia Coupling), 공력 커플링(Aerodynamic Coupling), 옆놀이 커플링(Roll Coupling)

**정답** ④

## 핵심이론 27  비행기의 안정성과 조종성

① 안정
  ㉠ 정적 안정 : 비행기가 평형상태에서 벗어난 뒤에 다시 평형상태로 되돌아가려는 초기의 경향
  ㉡ 동적 안정 : 평형상태에서 벗어나면 시간이 지남에 따라 진폭이 감소되는 경향
    ※ 동적 안정이 양(+)이면 정적 안정은 반드시 양(+)이다.

② 안정성과 조종성
  ㉠ 안정성(Stability)과 조종성(Control)은 항상 상반된 관계를 가진다.
  ㉡ 안정성이란 평형이 깨져 무게중심에 대한 힘과 모멘트가 0에서 벗어났을 때 비행기 스스로가 다시 평형이 되는 방향으로 운동이 일어나는 경향성을 말한다.
  ㉢ 조종성은 교란을 주어서 항공기를 원 평형상태에서 교란된 상태로 만들어 주는 행위이다.
  ㉣ 안정성과 조종성 사이에는 적절한 조화를 유지하는 것이 필요하다.
  ㉤ 안정성이 작아지면 조종성은 증가되나, 평형을 유지시키기 위해 조종사에게 계속적인 주의를 요한다.

---

### 10년간 자주 출제된 문제

**27-1.** 어떤 물체가 평형상태로부터 벗어난 뒤에 다시 평형상태로 되돌아가려는 경향을 의미하는 것은?
① 가로 안정
② 세로 안정
③ 정적 안정
④ 동적 안정

**27-2.** 비행기의 안정성 및 조종성의 관계에 대한 설명으로 틀린 것은?
① 안정성이 클수록 조종성은 증가된다.
② 안정성과 조종성은 서로 상반되는 성질을 나타낸다.
③ 안정성과 조종성 사이에는 적절한 조화를 유지하는 것이 필요하다.
④ 안정성이 작아지면 조종성은 증가되나, 평형을 유지시키기 위해 조종사에게 계속적인 주의를 요한다.

**해설**

**27-1**
**정적 안정** : 비행기가 돌풍을 받은 후 진동을 하지 않고 원래 상태로 되돌아가는 경우로 평형상태에서 벗어난 뒤 다시 평형상태로 되돌아가려는 경향을 의미한다.

**27-2**
안정성과 조종성은 서로 상반되는 것으로, 비행기의 최대 안정성은 조종성이 최소로 허용되는 데서 정하여지고, 최소 안정성은 최대 조종성의 한계에서 정해질 수 있다.

**정답** 27-1 ③  27-2 ①

## 핵심이론 28 헬리콥터의 호버링과 지면효과

① 호버링 상태에서 추력을 증가시켜 양력과 추력의 합이 항력과 무게의 합보다 크게 되면 헬리콥터는 상승비행을 시작하고, 반대로 추력을 감소시켜 양력과 추력의 합이 항력과 무게의 합보다 작게 되면 헬리콥터는 하강비행을 시작한다.

② 헬리콥터의 호버링(Hovering) 조건

호버링하는 동안 양력 $L$과 추력 $T$, 항력 $D$와 무게 $W$는 동일 방향으로 작용하며, 양력 $L$과 추력 $T$의 합은 무게 $W$와 항력 $D$의 합과 같다.

③ 지면효과(Ground Effect)

비행기가 지표면 바로 위에서 비행을 했을 때 비행능력이 증가하게 되는데 이를 지면효과라고 한다(지표면 가까이에서는 비행물체가 마치 공기쿠션 위에 놓인 것과 같이 지면 위를 붕 떠서 미끄러져가듯이 되는 현상).

### 10년간 자주 출제된 문제

**28-1.** 헬리콥터의 호버링(Hovering) 조건을 옳게 나타낸 것은?(단, 헬리콥터의 무게 $W$, 추력 $T$, 양력 $L$, 항력 $D$이다)

① $L = W$, $T < D$
② $L = W$, $T = D = 0(\text{Zero})$
③ $L > W$, $D < T$
④ $L = W$, $D = L$

**28-2.** 다음 중 헬리콥터와 제트기관항공기에서 모두 발생하는 현상은?

① 플래핑(Flapping)
② 페더링(Feathering)
③ 지면효과(Ground Effect)
④ 자동회전(Auto Rotation)

**[해설]**

**28-1**

호버링(정지비행)하는 동안 양력 $L$과 추력 $T$, 항력 $D$와 무게 $W$는 동일 방향으로 작용하며, 양력 $L$과 추력 $T$의 합은 무게 $W$와 항력 $D$의 합과 같다.

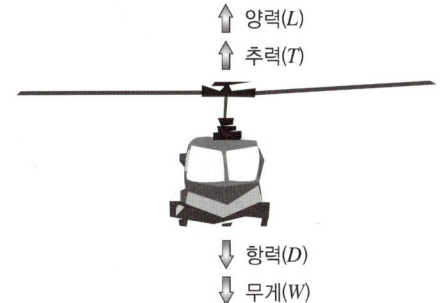

**28-2**

**지면효과**: 헬리콥터가 지면에 접근하면 회전날개는 그 영향을 받아 성능면에서 좋은 효과를 나타내며 회전면의 고도가 회전날개의 지름보다 더 크면 지면효과는 없어지고, 회전 날개의 반지름 정도에 있을 때 추력증가는 5~10% 정도이다.

**정답** 28-1 ② 28-2 ③

## 핵심이론 29  헬리콥터의 회전익의 피치각, 페더링 운동

① 헬리콥터 회전익의 피치각 : 회전깃 시위선과 기준면이 이루는 각도이다.
② 헬리콥터가 전진비행을 할 때 회전날개 깃에 발생하는 양력분포의 불균형을 해결할 수 있는 방법은 전진하는 깃의 받음각은 감소시키고, 후퇴하는 깃의 받음각은 증가시키는 것이다.
③ 페더링(Feathering) 운동 : 전진하는 깃의 양력감소와 후퇴하는 깃의 양력증가를 위해 깃의 피치각을 주기적으로 변화시키는 운동으로, 전진하는 깃은 피치각을 감소시키고 후퇴하는 깃은 반대로 하여 양쪽에 생기는 양력의 불균형을 어느 정도 해소시키기 위함이다.

#### 10년간 자주 출제된 문제

헬리콥터 회전익의 피치각을 가장 옳게 나타낸 것은?
① 상대풍과 회전면이 이루는 각도
② 익형의 시위선과 상태풍이 이루는 각도
③ 회전깃 시위선과 상대풍이 이루는 각도
④ 회전깃 시위선과 기준면이 이루는 각도

**[해설]**
피치각은 기준면에 대한 각도, 받음각은 상대풍에 대한 각도이다.

**정답** ④

## 핵심이론 30  헬리콥터 주회전날개 형식과 운동

① 헬리콥터 주회전날개 형식
  ㉠ 고정형 회전날개 : 페더링 힌지만 있는 것
  ㉡ 관절형 회전날개 : 헬리콥터의 회전날개가 항력 힌지, 플래핑 힌지, 페더링 힌지에 의해 허브에 연결되어 있는 형식
② 헬리콥터의 주회전날개 운동
  ㉠ 플래핑 효과 : 헬리콥터의 주회전날개 깃의 피치각이 같을 때 양력의 불균형으로 인해 회전날개가 위아래로 움직이는 현상
  ㉡ 페더링 : 헬리콥터에서 전진과 후퇴 시에 깃의 피치각을 변화시키는 운동
  ㉢ 리드-래그 힌지(Lead Lag Hinge) : 회전날개가 회전할 때 회전면 내에서 앞, 뒤 방향으로 움직일 수 있도록 한 힌지

#### 10년간 자주 출제된 문제

헬리콥터의 회전날개가 항력 힌지, 플래핑 힌지, 페더링 힌지에 의해 허브에 연결되어 있는 형식은?
① 관절형 회전날개
② 반고정형 회전날개
③ 고정형 회전날개
④ 베어링리스 회전날개

**[해설]**
관절형 로터의 경우 로터 블레이드가 $x$, $y$, $z$ 3축 방향으로 자유롭게 움직일 수 있는 구조로 되어 있다. 즉, 로터 블레이드가 위아래로 움직여 수직방향 경사를 조절하는 플래핑(Flapping) 힌지($x$축), 로터의 피치를 변경해주는 페더링(Feathering) 힌지($y$축), 수평방향 움직임을 가능하게 해 주는 리드-래그 힌지($z$축) 등이 장착되어 있다.

**정답** ①

## 핵심이론 31 헬리콥터의 조종

① 동시 피치 제어간(Collective Pitch Control Lever) : 주회전날개의 피치를 동시에 크게 하거나 작게 해서 기체를 수직으로 상승 또는 하강시킨다.
   ※ 헬리콥터의 동시 피치 제어간을 위로 움직이면 회전날개의 피치가 증가한다.
② 주기 피치 제어간(Cyclic Pitch Control Lever) : 주회전날개의 피치를 주기적으로 변하게 하여 추력의 방향을 경사지게 해서 전진과 후진 및 횡진비행을 한다.
③ 방향 조정 페달 : 꼬리회전날개의 피치가 조절되어 방향이 조종된다.

#### 10년간 자주 출제된 문제

헬리콥터에서 주기적 피치 제어간(Cyclic Pitch Control)을 사용하여 조종할 수 없는 비행은 어느 것인가?
① 전진비행
② 상승비행
③ 측면비행
④ 후퇴비행

**[해설]**

헬리콥터의 조종
- 동시적 피치 제어간 : 기체를 수직으로 상승 또는 하강시킨다.
- 주기적 피치 제어간 : 전진과 후진 및 횡진비행을 한다.
- 방향 조정 페달 : 좌우방향이 조종된다.

**정답 ②**

## 핵심이론 32 헬리콥터의 주요사항

① 헬리콥터의 수직 꼬리날개를 장착한 이유 : 빗놀이 모멘트로 반작용 토크를 상쇄시키기 위하여, 즉 헬리콥터가 빠른 속력으로 비행할 때에는 수직 꼬리날개 주위로 공기가 강하게 흐르면서 이 공기가 수직 꼬리날개를 강하게 잡아주게 되며 꼬리가 반작용에 의해 돌아가는 것을 막아준다.
② 헬기의 고속비행이 불가능한 이유
   ㉠ 후퇴하는 깃뿌리의 역풍범위가 속도에 따라 증가하기 때문이다.
   ㉡ 전진하는 깃 끝의 마하수가 1 이상이 되면 깃에 충격 실속이 생기기 때문이다.
   ㉢ 후퇴하는 깃의 날개 끝에 실속이 발생하기 때문이다.
③ 헬리콥터에서 균형(Trim)이란 직교하는 3개의 축에 대하여 힘과 모멘트의 합이 각각 "0"이 되는 것이다.

#### 10년간 자주 출제된 문제

헬리콥터가 비행기와 같은 고속도를 낼 수 없는 원인으로 가장 거리가 먼 것은?
① 회전하는 날개깃의 수가 많기 때문이다.
② 후퇴하는 깃뿌리의 역풍범위가 속도에 따라 증가하기 때문이다.
③ 전진하는 깃 끝의 마하수가 1 이상이 되면 깃에 충격 실속이 생기기 때문이다.
④ 후퇴하는 깃의 날개 끝에 실속이 발생하기 때문이다.

**[해설]**

헬기의 고속비행이 불가능한 이유
헬리콥터는 다음의 세 가지 이유로 비행기와 같은 고속비행이 불가능하며, 수평최대속도에 제한을 받게 된다. 헬리콥터의 비행속도 한계는 대개 300km/h 정도이다.
- 후퇴하는 깃(블레이드)의 익단 실속(Blade Tip Stall)
- 후퇴하는 깃(블레이드) 뿌리의 역류범위(Reverse Flow Region)
- 전진하는 깃(블레이드)의 익단 충격파(Blade Tip Shock Wave)

**정답 ①**

# CHAPTER 02 항공기 정비

**핵심키워드** 공구 사용 및 측정 방법, 항공기용 기계요소, 항공기 지상 취급의 기본 내용을 숙지하여야 하며 항공기 정비, 안전관리 및 자재 보급관리의 개념과 용어도 미리 체크해야 한다.

## 핵심이론 01 측정기기 I

① 마이크로미터
  ㉠ 정확한 피치의 나사를 이용하여 실제의 길이를 측정하는 측정용 기기이다.
  ㉡ 눈금 읽는 방법은 먼저 슬리브의 눈금을 읽고 심블의 눈금과 기선이 만나는 심블의 눈금을 읽어 슬리브의 읽음값을 더하면 된다.

② 버니어 캘리퍼스의 눈금읽기
  ㉠ 아들자의 0점 기선 바로 왼쪽의 어미자의 눈금을 읽는다.
  ㉡ 어미자와 아들자의 눈금이 일치하는 아들자의 눈금을 읽는다.

### 10년간 자주 출제된 문제

최소 측정값이 1/1,000in인 버니어캘리퍼스의 그림과 같은 측정값은 몇 in인가?

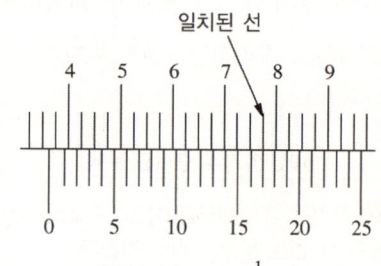

아들자의 눈금 : $\frac{1}{1,000}$

① 0.366　　　② 0.367
③ 0.368　　　④ 0.369

**해설**

아들자 0눈금이 0.35in를 지났다(어미자 작은 눈금 하나는 0.025in). 아들자와 어미자가 일치된 곳의 아들자 눈금값은 $\frac{17}{1,000}$ = 0.017in이므로, 최종 측정값은 0.35 + 0.017 = 0.367in이다.

**정답** ②

## 핵심이론 02  측정기기 Ⅱ

① 두께 게이지, 필러 게이지 : 피스톤 링 끝, 옆간격을 조절하는 기구이다.
② 다이얼 게이지 : 기준 게이지와의 비교측정, 축의 휨, 회전체의 편심, 흔들림, 기어의 백래시, 표면거칠기, 평면 상태 검사, 원통의 진원 등을 측정할 때 사용한다.
③ 실린더 게이지
　㉠ 칼마형 게이지는 지름이 작고 깊은 구멍의 지름을 측정한다.
　㉡ 아메스형 게이지는 얕은 곳의 측정에 좋으며 직각이 자연스럽게 맞추어진다.
④ 블록 게이지
　㉠ 측정기구를 사용할 때 치수의 기준으로 사용한다.
　㉡ 공구, 다이, 부품 등의 정밀도를 측정한다.
　㉢ 검사계기의 측정, 기계조립에서 제작 중인 부품과 제작된 부품의 점검을 한다.

### 10년간 자주 출제된 문제

**다음 중 실린더 게이지에 대한 설명으로 옳은 것은?**
① 칼마형 게이지는 지름이 작고 깊은 구멍의 지름을 측정할 수 있다.
② 아메스형 게이지는 블록 게이지를 측정할 실린더 안에 직접 밀어 넣을 수 있다.
③ 칼마형 게이지는 다이얼 게이지를 측정할 실린더 안에 직접 밀어 넣을 수 있다.
④ 아메스형 게이지는 두께 게이지를 측정할 실린더 안에 직접 밀어 넣을 수 있다.

**해설**

**실린더 보어 게이지의 종류**
- 칼마형 : 깊은 곳까지 측정이 가능하나 직각으로 맞추기가 힘들다.
- 아메스형 : 얕은 곳의 측정에 좋으며 직각이 자연스럽게 맞추어진다. 다이얼 게이지를 측정할 실린더 안에 직접 밀어 넣을 수 있다.

정답 ①

## 핵심이론 03  측정기기 Ⅲ

① 나사 피치 게이지(Screw Pitch Gauge)
　㉠ 나사의 피치를 측정할 때 사용하며, 여러 가지 피치의 나사 모양으로 된 얇은 날이 여러 장으로 구성되어 있다.
　㉡ 각 장에는 피치의 숫자가 새겨져 있고, 인치용은 1in당 나사산 수로 되어 있다.
　㉢ 미터용 나사산의 각도는 60°이고, 인치용 나사산의 각도는 55~60°이다.
② 와이어 게이지(Wire Gauge)는 와이어의 지름을 측정하는 측정기기이다.
③ 센터 게이지(Center Gauge)는 나사 절삭 바이트의 기준 측정에 사용되며, 게이지 위에 있는 스케일은 1in당 나사 수를 정하는 데 사용된다.
④ 한계 게이지(Limit Gauge)는 제품이 허용 최댓값과 최솟값 사이의 범위에 드는지의 여부만을 확인하기 위한 측정기기이다. 취급이 쉽고, 측정 시간이 짧으며, 많은 양의 제품을 검사하기 좋다는 장점을 가진다.

### 10년간 자주 출제된 문제

**다음 중 눈금이나 치수를 직접 읽는 측정기기가 아닌 것은?**
① 한계 게이지
② 다이얼 게이지
③ 마이크로미터
④ 버니어캘리퍼스

정답 ①

## 핵심이론 04  볼트의 종류와 식별

① 아이 볼트 : AN42~AN49로 분류되고 특수한 목적으로 사용되는 볼트로서, 외부에서 인장하중이 작용되는 곳에 사용된다.
② 클레비스 볼트 : AN21~AN36으로 분류되고, 머리 형태가 둥글고 스크루 드라이버를 사용하도록 머리에 홈이 파여 있는 모양의 볼트
③ 인터널 렌칭 볼트 : NAS144~NAS158과 MS20004~MS20024로 구분되며 인장력이나 전단력을 받는 곳에 고강도 볼트로 사용된다.
④ 육각 볼트 : AN3~AN20으로 분류되고, 재질은 니켈강이며, 인장과 전단하중을 받는 구조 부분에 사용되는 볼트
⑤ 볼트머리 기호의 식별
  ㉠ 알루미늄 합금 볼트 : 쌍 대시(- -)
  ㉡ 내식강 볼트 : 대시(-)
  ㉢ 특수 볼트 : SPEC 또는 S
  ㉣ 정밀공차 볼트 : ⚠
  ㉤ 합금강 볼트 : +
  ㉥ 열처리 볼트 : R

### 10년간 자주 출제된 문제

항공기용 볼트(Bolt) 중 조종 케이블이나 턴 버클(Turn Buckle)과 같이 외부 특수한 목적으로 사용되며, 특히 인장하중을 주로 받는 곳에 사용되는 것은?
① 정밀공차 볼트
② 아이 볼트
③ 내부렌치 볼트
④ 클레비스 볼트

**해설**

① 정밀공차 볼트 : 정밀가공, 심한 진동이나 운동부분에 사용
③ 내부렌치 볼트 : 고강도의 합금강으로 만들며, 인장 하중이 주로 작용하는 부분에 사용
④ 클레비스 볼트 : 머리 형태가 둥글고 스크루 드라이버를 사용하도록 머리에 홈이 파여 있는 모양의 볼트

정답 ②

## 핵심이론 05  볼트의 규격과 기호

① AN 3 DD H 10 A의 예
  ㉠ AN : 규격명
  ㉡ 3 : 계열, 지름(3/16in)
  ㉢ DD : 볼트 재질
  ㉣ H : 볼트 머리 구멍 관련 기호
  ㉤ 10 : 볼트 길이(10/8in)
  ㉥ A : 섕크 구멍 관련 기호
② 볼트의 호칭 기호가 "AN 4 3 - 6"일 때 지름과 길이 : 지름은 $\frac{3}{16}$in, 길이는 $\frac{6}{8}$in이다.

### 10년간 자주 출제된 문제

볼트의 부품기호가 AN 3 DD 5 A로 표시되어 있다면 3이 의미하는 것은?
① 볼트 길이가 3/8in
② 볼트 지름이 3/8in
③ 볼트 길이가 3/16in
④ 볼트 지름이 3/16in

**해설**

AN 3 DD 5 A
- AN : 규격명
- 3 : 계열, 지름(3/16in)
- DD : 볼트 재질
- 5 : 볼트 길이(5/8in)
- A : 섕크 구멍 관련 기호

정답 ④

## 핵심이론 06  너트

① 캐슬 너트 : 육각머리 볼트 중에서 섕크에 구멍이 나 있는 볼트나 아이 볼트, 스터드 볼트 등과 함께 사용되는 큰 인장하중에 잘 견디며 코터 핀 작업 시 사용되는 너트
② 파이버 너트 : 너트의 윗부분이 파이버로 된 칼라(Collar)를 가지고 있어, 이 칼라가 볼트를 고정하여 120℃ 이내까지가 실용 범위인 너트
③ 너트의 규격번호
  ㉠ 평형(Plain) 너트 : AN 315
  ㉡ 캐슬(Castle) 너트 : AN 310
  ㉢ 전단(Shear) 너트 : AN 320
  ㉣ 체크(Check) 너트 : AN 316
  ㉤ 윙(Wing) 너트 : AN 350
  ㉥ 평형 육각 너트 : AN 335
  ㉦ 자체 고정(Self-locking) 너트 : AN 365

### 10년간 자주 출제된 문제

너트의 윗부분이 파이버로 된 칼라(Collar)를 가지고 있어, 이 칼라가 볼트를 고정하여 120℃ 이내까지가 실용 범위인 너트는?
① 캐슬 너트
② 나비 너트
③ 체크 너트
④ 파이버 너트

**[해설]**

① 캐슬 너트 : 육각머리 볼트 중에서 섕크에 구멍이 나 있는 볼트나 아이 볼트, 스터드 볼트 등과 함께 사용되고 큰 인장하중에 잘 견디며 코터 핀 작업 시 사용되는 너트
② 나비 너트 : 맨손으로 쥘 정도로 빈번하게 장탈하는 곳에 사용
③ 체크 너트(잼 너트) : 평 너트나 세트 스크루 끝부분의 나사가 난 로드에 장착하는 너트로 풀림방지용 너트로 쓰인다.

**정답 ④**

## 핵심이론 07  와셔

① 와셔의 역할
  ㉠ 진동을 흡수하고, 너트가 풀리는 것을 방지한다.
  ㉡ 볼트나 스크루의 그립 길이를 조정 가능하도록 한다.
  ㉢ 볼트와 너트에 의한 작용력을 고르게 분산되도록 한다.
② 셰이크 프루프 로크 와셔(Shake Proof Lock Washer)는 고열에 잘 견딜 수 있고, 심한 진동에도 안전하게 사용할 수 있으므로 조종계통(Control System) 및 엔진계통에 사용한다.

### 10년간 자주 출제된 문제

다음 중 항공기용 볼트 체결 작업에서 와셔의 역할로 가장 올바른 것은?
① 볼트의 죄는 부분의 기계적인 손상과 구조재의 부식을 방지하는 데 사용된다.
② 볼트가 미끄러지는 것을 방지한다.
③ 볼트가 녹스는 것을 방지한다.
④ 볼트가 파손되는 것을 방지한다.

**[해설]**

와셔는 볼트 구멍이 클 때, 너트가 닿는 자리면이 거칠거나 기울어져 있을 때, 자리면의 재료가 경금속, 플라스틱 및 나무 등과 같이 연질이어서 볼트의 체결압력을 지탱하기 어려울 때 사용한다.

**정답 ①**

## 핵심이론 08 스크루

① 볼트보다 저강도 재질로 만들며 나사가 좀 헐겁다. 머리 모양이 드라이버를 사용할 수 있도록 되어 있으며, 그립에 해당되는 부분을 명확하게 구분할 수 없다.
② 구조용 스크루는 인장강도가 높고, 머리 모양만 볼트와 다르다. 동일 치수의 볼트와 같은 전단강도를 가지며 명확한 그립을 가지고 있다.
③ 기계용 스크루는 일반적으로 항공기에서 많이 사용되며, 그립이 없고 구조용 스크루에 비하여 강도가 약하다.
④ 자동 태핑 스크루(Self Tapping Screw)는 스크루를 강제로 진행시켜 체결하도록 만든 고정용 부품으로 표준 스크루, 볼트, 너트 및 리벳을 대신하여 사용할 수 없다.

#### 10년간 자주 출제된 문제

구조용 스크루에 대한 설명 중 옳지 않은 것은?
① 높은 인장강도를 가진다.
② 명확한 그립을 가지고 있다.
③ 동일 치수의 볼트와 같은 전단강도를 가진다.
④ 강제로 진행시켜 부품과 체결되도록 만든 스크루이다.

|해설|

강제로 진행시켜 부품과 체결되도록 만든 스크루는 자동 태핑 스크루이다.

**정답** ④

## 핵심이론 09 토크렌치

① 토크렌치 개요 : 볼트나 너트의 조임 정도가 느슨해지면 체결 부품의 피로(Fatigue)현상을 촉진시키거나 체결 부품의 마모를 초래하게 된다. 반대로 조임 정도가 과하면 체결 부품에 큰 하중이 걸려 나사를 손상시키거나 볼트가 절단된다. 이와 같은 현상을 방지하기 위해 토크렌치를 사용한다.
② 연장공구 사용 시 토크값 계산법 :

$$T_W = T_A \times \frac{l}{l+a}$$

여기서, $T_W$ : 토크렌치 지시값
$T_A$ : 실제 조이는 토크값
$l$ : 토크렌치 길이
$a$ : 연장공구 길이

#### 10년간 자주 출제된 문제

토크렌치와 연장공구를 이용하여 볼트를 400in·lbs로 체결하려 한다. 토크렌치와 연장 공구의 유효길이가 각각 25in와 15in이라면 토크렌치의 지시값이 몇 in·lbs를 지시할 때까지 죄어야 하는가?

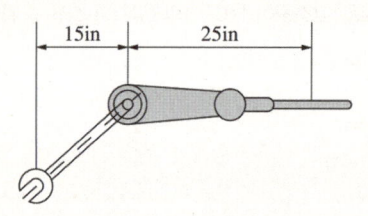

① 150
② 200
③ 240
④ 250

|해설|

**연장공구 사용 시 토크값**

$$T_W = T_A \times \frac{l}{l+a} = 400 \times \frac{25}{25+15} = 250$$

여기서, $T_W$ : 토크렌치 지시값
$T_A$ : 실제 조이는 토크값
$l$ : 토크렌치 길이
$a$ : 연장공구 길이

**정답** ④

## 핵심이론 10 안전결선

① 안전결선 개요
  ㉠ 안전결선용 와이어의 지름은 최저 0.8mm(0.032in)가 되어야 한다. 특수한 경우에는 지름이 0.5mm(0.020in)인 와이어를 사용한다.
  ㉡ 단선식 안전결선법은 주로 전기 계통에서 3개 또는 그 이상의 부품이 좁은 간격으로 폐쇄된 삼각형, 사각형, 원형 등의 고정 작업에 적용한다. 또한 비상구, 비상용 제동 레버, 산소 조정기, 소화제 발사 장치 등의 비상용 장치 등에 사용한다.
  ㉢ 복선식 안전결선
    • 넓은 간격(4~6in)으로 여러 개가 모인 부품을 복선식 안전결선법으로 결선할 때 연속으로 결합할 수 있는 최대 부품의 개수는 3개이다.
    • 6in 이상 떨어져 있는 파스너 또는 피팅 사이에 안전결선 작업을 하면 안 된다.
    • 좁은 간격으로 여러 개가 모인 부품에 연속으로 안전결선을 할 경우, 와이어의 길이는 60cm(24in)를 넘으면 안 된다.

② 안전결선 방법
  ㉠ 안전결선은 한 번 사용한 것은 다시 사용하지 못한다.
  ㉡ 와이어를 꼬을 때는 팽팽한 상태가 되도록 한다.
  ㉢ 안전결선의 절단은 직각이 되도록 자른다.
  ㉣ 안전결선을 신속하게 하기 위해서는 안전결선용 플라이어(와이어 트위스터)를 사용한다.
  ㉤ 끝부분을 3~6회 정도 꼬아 날카롭지 않게 직각으로 절단한 후 바깥 방향으로 돌출되지 않도록 구부려야 한다. 꼬는 횟수는 1in당 6~8회이다.

---

### 10년간 자주 출제된 문제

**10-1. 단선식 안전결선법이 사용되는 곳이 아닌 것은?**
① 비상용 장치
② 산소조정기
③ 비상용 제동장치레버
④ 유압 실(Seal)이나 공기 실(Seal)을 부착하는 부품

**10-2. 안전결선 작업방법에 대한 설명 중 가장 관계가 먼 내용은?**
① 3개 이상의 부품이 기하학적으로 밀착되어 있을 때에는 단선식 결선법을 사용하는 것이 좋다.
② 안전결선의 끝부분은 1~2회 정도 꼬아 끝을 대각선 방향으로 전달한다.
③ 안전결선을 신속하게 하기 위해서는 안전결선용 플라이어(와이어 트위스터)를 사용한다.
④ 안전결선에 사용된 와이어는 다시 사용해서는 안 된다.

**[해설]**

**10-1**
유압 실이나 공기 실을 부착하는 부품이나 유압을 받는 부품에는 나사가 좁은 간격으로 배치되었더라도 복선식 안전결선을 사용한다.

**10-2**
끝부분을 3~6회 정도를 꼬아 날카롭지 않게 직각으로 절단한 다음 바깥 방향으로 돌출되지 않도록 구부려야 한다. 꼬는 횟수는 1in당 6~8회이다.

**정답 10-1 ④  10-2 ②**

## 핵심이론 11 코터핀

① 코터핀은 캐슬너트나 핀 등의 풀림을 방지할 때에 사용되는 것으로 탄소강이나 내식강으로 만든다.
② 코터핀 끝을 구부릴 때는 위아래로 구부리는 것이 우선적인 방법이나 다른 물체에 닿거나 걸리기 쉬운 경우에는 좌우로 구부리는 대체 방법을 쓴다.
③ 코터핀 사용 시 주의 사항
　㉠ 코터핀은 재사용해서는 안 된다.
　㉡ 볼트 끝 위의 굽힘 길이는 볼트 지름을 초과해서는 안 된다.

### 10년간 자주 출제된 문제

**다음 중 코터핀을 사용해서 풀림을 방지하는 너트는?**
① 평너트
② 캐슬너트
③ 나비너트
④ 고정단너트

**정답** ②

## 핵심이론 12 주요 공구 Ⅰ

① 래칫(Ratchet) 핸들 : 잠금장치를 이용하여 볼트나 너트를 공구와 분리하지 않고 더욱 빠르게 풀고 조이기 위해 만들어진 공구
② 조합 렌치 : 볼트나 너트를 죌 때 먼저 개구 부위로 조이고 마무리는 박스 부분으로 조이도록 된 공구
③ 오프셋 박스 렌치 : 볼트나 너트의 헤드 부위가 망가지지 않도록 6각형 혹은 12각형의 모양으로 되어 있으며 볼트나 너트를 조이거나 푸는 데 사용하는 공구
④ 오디블 인디케이팅 토크 렌치(Audible Indicating Torque Wrench)
　㉠ 크리크식이라고도 하며 다이얼이 보이지 않는 장소에 사용한다.
　㉡ 토크값은 눈금으로 조정하게 되어 있으며, 규정값의 토크가 걸리면 소리가 나게 된다.
　㉢ Lock를 풀고 손잡이를 좌 또는 우로 풀어서 원하는 토크를 맞추고 다시 Lock하고 돌리면 된다.
⑤ 크로 풋(Crow Foot) : 오픈엔드 렌치(Open End Wrench)로 작업할 수 없는 좁은 공간에서 작업할 때 연장공구와 함께 사용한다.

### 10년간 자주 출제된 문제

**다음 중 잠금장치를 이용하여 볼트나 너트를 공구와 분리하지 않고 더욱 빠르게 풀고 조이기 위해 만들어진 공구는?**
① 박스 렌치
② 오픈엔드 렌치
③ 조합 렌치
④ 래칫 핸들

**|해설|**
① 박스 렌치 : 볼트나 너트의 머리를 완전히 둘러싸는 형태로 풀거나 조일 때 사용되는 공구
② 오픈엔드 렌치 : 박스 렌치나 소켓 렌치를 사용할 수 없는 파이프의 고정작업 등에 사용
③ 조합 렌치 : 핸들이 한쪽 끝은 개구(Open End)로 되어 있고, 다른 한쪽은 박스 머리로 되어 있으며, 죌 때에는 먼저 개구부분으로 죄고, 마무리할 때에는 박스 부분으로 죈다.

**정답** ④

## 핵심이론 13  주요 공구 Ⅱ

① 스트랩 렌치(Strap Wrench) : 오일 필터(Oil Filter), 연료 필터(Fuel Filter) 등의 원통 모양의 물건을 장・탈착할 때 표면에 손상을 주지 않도록 사용되는 공구
② Gear Puller : 축에 장착된 기어나 베어링 등을 빼낼 때 사용하는 공구
③ Connector Plier : 전기 커넥터를 접속하거나 분리할 때 사용
④ Diagonal Cutter : 전선, 안전철사, 리벳, 스크루 및 코터핀 등을 자르는 데 사용
⑤ Internal Ring Plier : 스냅 링(Snap Ring)과 같은 종류를 오므릴 때 사용하는 공구
⑥ Combination Plier : 금속조각이나 전선을 잡거나 구부리는 데 사용
⑦ External Ring Plier : 스냅 링과 같은 종류를 벌려 줄 때 사용
⑧ 바이스 그립 플라이어(Vise Grip Plier) : 물림 턱에 잠금장치가 있어 작은 바이스처럼 부품을 잡아주면 부러진 스터드나 꼭 낀 코터핀을 장탈하는 데 가장 적합하게 사용되는 공구

#### 10년간 자주 출제된 문제

축에 장착된 기어나 베어링 등을 빼낼 때 사용하는 공구로 가장 올바른 것은?
① Adjustable Wrench
② Socket
③ Gear Puller
④ Ratchet Handle

|해설|

① Adjustable Wrench : 볼트나 너트의 크기에 따라서 입의 크기를 임의로 조절하여 사용하는 공구
④ Ratchet Handle : 볼트나 너트를 풀거나 조일 때 한쪽 방향으로만 힘이 작용하여 가장 많이 사용되는 공구

정답 ③

## 핵심이론 14  주요 공구 Ⅲ

① 보디(Body) 해머 : 한쪽 또는 양쪽이 평평한 면의 금속으로 이루어져 판재를 고르게 펼 때 사용할 수 있는 해머
② 클로(Claw) 해머 : 쇠망치라고 하는 가장 일반적인 망치로 보통 장도리라고도 하는 망치
③ 맬릿(Mallet) 해머 : 판재를 범핑 가공할 때 판재에 손상을 주지 않고 충격을 가할 수 있는 해머
④ 볼핀(Ball Peen) 해머 : 항공정비사가 가장 많이 쓰는 해머로 한쪽 날은 평평하고 한쪽은 볼 형태로 되어 있어 항공기 판금 작업에 사용되는 해머

#### 10년간 자주 출제된 문제

해머와 같은 목적으로 사용되며, 타격부위에 변형을 주지 않아야 할 가벼운 작업에 사용되는 공구는 어느 것인가?
① 탭
② 맬릿
③ 텅
④ 스패너

|해설|

맬릿 : 판재를 범핑 가공할 때 판재에 손상을 주지 않고 충격을 가할 수 있는 망치

정답 ②

## 핵심이론 15  항공기 지상 유도

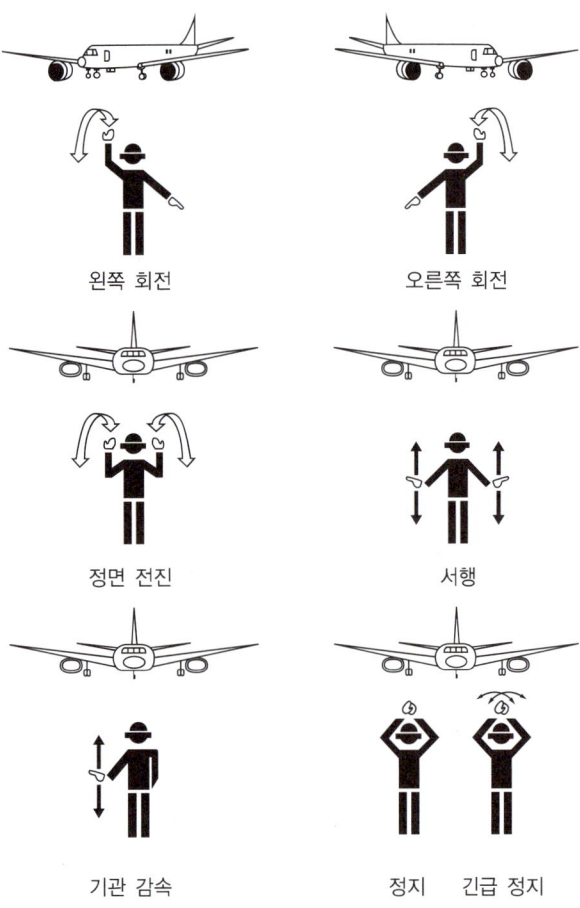

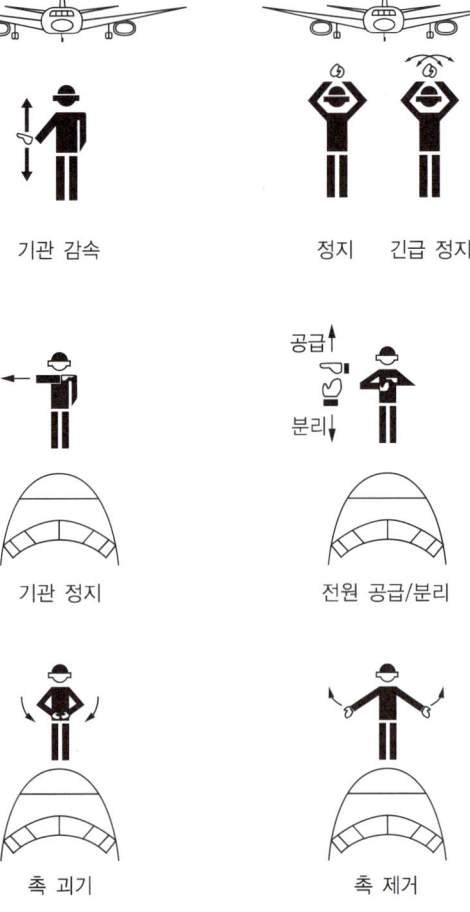

---

**10년간 자주 출제된 문제**

그림과 같은 항공기 표준 유도신호의 의미는?

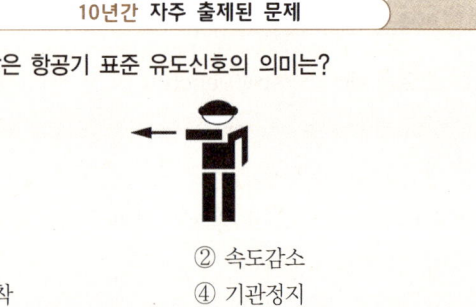

① 후진  ② 속도감소
③ 촉 장착  ④ 기관정지

정답 ④

## 핵심이론 16  항공기 견인 및 계류

① 견인 작업(Towing)
  ㉠ 견인 차량의 운전자는 견인 자격을 갖추고 있어야 하며, 항공기 조종석에도 유자격 정비사가 탑승해야 한다.
  ㉡ 안전을 위해 날개 양쪽과 꼬리날개 쪽에도 감시자를 배치할 수 있다.
  ㉢ 수동으로 견인할 때 견인 속도는 사람의 보행 속도를 기준으로 한다.

② 계류 작업(Mooring)
  ㉠ 항공기의 주기 장소의 바닥에 로프나 케이블로 붙잡아 고정하는 작업이다.
  ㉡ 소형 항공기는 비행 종료 시마다 굄목(Chock)을 괸 후 양쪽 날개와 꼬리 부분에 3지점을 계류시켜야 한다.
  ㉢ 항공기를 계류시킬 때는 바람이 부는 방향을 향하게 하고, 로프나 체인 등으로 주기 장소(Ramp)에 설치된 계류 앵커(Tie Down Anchor)에 묶는다.
  ㉣ 강풍이 예상될 때는 연료 탱크에 연료를 가득 채우고, 날개 앞전 날개보(Spar) 위쪽에 모래주머니를 올려놓기도 한다.

### 10년간 자주 출제된 문제

항공기가 강풍에 의해 파손되는 것을 방지하기 위해 항공기를 고정시키는 작업은?
① Mooring   ② Jacking
③ Servicing  ④ Parking

**해설**

Mooring : 계류작업

**정답** ①

## 핵심이론 17  항공기 연료 보급, 배유

① 연료 보급
  ㉠ 주기장 급유 시설(Hydrant)의 연료 압력은 항공기에 보급하는 연료 압력보다 높으므로 급유 차량에서 적합한 압력으로 조정하여 항공기에 급유한다.
  ㉡ 항공기 급유 패널의 유량 게이지는 연료 탱크의 유량 측정 장치 및 조종실의 연료 지시 장치와 상호 연결되어 있다. 정해진 유량에 도달하면 자동으로 급유 밸브를 차단한다.

② 급유 시 안전사항
  ㉠ 급유 장소에는 소화기를 비치한다.
  ㉡ 급유 시작 전에 항공기와 급유 차량을 접지한다.
  ㉢ 급유 시작 전에 급유 차량의 수분 유입 상태를 검사한다.
  ㉣ 급유 중에는 항공기의 통신 장비나 레이더 장비 사용을 금지한다.
  ㉤ 급유 중에는 항공기의 전기와 관련된 스위치를 조작하지 않는다.

③ 연료의 배유 및 방출
  ㉠ 연료를 배유하는 목적은 정비나 수분의 유입과 같은 오염된 연료를 배출하거나 과적된 연료를 배출하기 위함이다.
  ㉡ 연료의 방출 장치는 제티슨 펌프를 사용하거나 트랜스퍼 펌프를 사용하기도 한다.
  ㉢ 제티슨 펌프는 계통이 고장 나도 연료가 어느 정도 이상 방출되지 않도록 연료 탱크의 아래 높이에 장착한다. 연료의 방출구는 방출되는 연료가 엔진으로 유입되지 않도록 날개 양쪽 끝에 위치한다.

### 10년간 자주 출제된 문제

**항공기 급유 시 안전 사항으로 옳지 않은 것은?**

① 급유 장소에는 소화기를 비치한다.
② 급유 시작 전에 항공기와 급유 차량을 접지한다.
③ 급유 시작 전에 급유 차량의 수분 유입 상태를 검사한다.
④ 급유 중에는 통신 장비를 이용하여 조종실의 조종사와 소통한다.

**|해설|**

항공기 급유 중에는 항공기의 통신 장비나 레이더 장비 사용을 금지한다.

정답 ④

## 핵심이론 18  항공기 지상 동력 공급 장치

① 윤활유 탱크의 윤활유 보급 장비는 중력식과 압력식이 있다.
② GPU는 항공기에 전기적인 동력을 공급하여 주는 장비이다.
③ 항공기의 기상 발전기에서 생산되는 전기는 전압 115/200V, 주파수가 400Hz인 3상 교류 전력이다.
④ GTC는 다량의 저압공기를 배출하여 항공기 가스터빈 기관의 시동계통에 압축공기를 공급하는 장비이다.
⑤ 지상에서 항공기를 시동할 경우에 지상발전기로부터 전원을 공급받는 가장 큰 이유는 축전지의 전력을 보유하기 위함이다.

### 10년간 자주 출제된 문제

**다음 중 지상 보조장비가 아닌 것은?**

① APU     ② GPU
③ GTC     ④ HYD Tester

**|해설|**

② GPU(Ground Power Unit) : 지상동력장치
① APU(Auxiliary Power Unit) : 보조동력장치로 항공기꼬리 부분에 장착
③ GTC(Gas Turbine Compressor) : 가스터빈 공기압력장치. 항공기 엔진 시동 시 사용하는 압축 공기 발생장치로 APU 장치가 없는 항공기에 사용
④ HYD Tester : 항공기의 동력 필요 없이 지상의 장비로 유압 압력을 생성하게 하여 작동기들을 작동시킨다.

정답 ②

## 핵심이론 19  잭 작업(Jacking)

① 잭 작업은 항공기의 정비 작업이나 항공기의 무게 측정을 위하여 항공기를 들어 올리는 작업이다.
② 항공기를 전체적으로 들어 올릴 때는 삼각 잭(Tripod Jack)을 이용하며, 최소한 3곳의 잭 작업이 필요하다.
③ 항공기의 잭 포인트(Jack Point)에 잭 받침(Jack Pad)을 장착하고 잭을 잭 받침에 위치시킨다.
④ 타이어를 교환하거나 제동 장치의 공기 뽑기 작업(Bleeding)을 할 때에는 차축 잭(Axle Jack)을 이용하여 잭 작업을 수행한다. 이때 다른 쪽의 바퀴는 반드시 굄목을 괴어 움직이지 않도록 해야 한다.

### 10년간 자주 출제된 문제

항공기 잭 작업 시 잭을 받치는 지점은?

① Jack Pad
② Jack Point
③ Tripod Point
④ Bleeding Point

**정답** ②

## 핵심이론 20  화재 및 예방

| 화재의 종류 | 화재의 명칭 | 소화기 표시 | 소화재 또는 소화기 |
|---|---|---|---|
| A급 화재 | 일반화재 | 백색 | 냉각소화 / 물, 산알칼리, 탄산칼륨 |
| B급 화재 | 유류화재 | 황색 | 질식소화 / 포, $CO_2$소화기, 분말 |
| C급 화재 | 전기화재 | 청색 | 질식, 냉각소화 / 분말, $CO_2$소화기, 할론 |
| D급 화재 | 금속화재 | 무색 | 질식고화 / 건조사, 팽창질석, 팽창진주암 |
| E급 화재 | 가스화재 | 황색 | 냉각소화 |

### 10년간 자주 출제된 문제

소화기의 종류에 따른 취급방법에 대한 설명으로 가장 올바른 내용은?

① 물 펌프 소화기 : A급 화재의 진화에 사용되며 전기화재에 사용되기도 한다.
② 이산화탄소 소화기 : B급 및 C급 화재의 진화에 사용되고, 취급 시 인체에 묻어도 무해하다.
③ 브로모 클로로메탄 소화기 : D급 화재에만 사용되고 밀폐된 공간에서 취급해야 한다.
④ 분말 소화기 : B급 및 C급 화재의 진화에 사용되며 분말형태의 소화제를 실린더 속에서 가압상태로 보관하여 사용한다.

**해설**

① 물 펌프 소화기 : A급 화재의 진화에 사용되며 전기, 유류화재에 사용을 금지한다.
② 이산화탄소 소화기 : B, C급 화재의 진화에 사용되고, 취급 시 인체에 묻지 않도록 주의한다.
③ 브로모 클로로메탄 소화기 : B, C급 화재에만 사용되고 인체에는 큰 피해를 주지 않으나 밀폐된 곳에서 장시간 사용하는 것은 위험하다.

**정답** ④

## 핵심이론 21  안전색채

① 빨간색(Red, 위험표시) : 빨간색 및 빨간색 등(燈)을 이용하여 위험물 또는 위험상태를 표시한 고압선·폭발물·기계류·인화성 물질 등의 비상정지 스위치, 소화기·소화전·화재경보장치 등의 방화설비를 취급하거나 접근할 때에는 항상 주의해야 한다.

② 노란색(Yellow, 주의표시) : 충돌, 추락, 전복 및 이에 유사한 사고의 위험이 있는 장비 및 시설물에 표시한다. 보통 검은색과 노란색을 교대로 칠한다.

③ 녹색(Green, 안전 및 구급 표시) : 안전에 직접 관련된 설비 및 구급용 치료 설비 등을 쉽게 알아보게 하기 위하여 표시한다.

④ 파란색(Blue, 수리 및 조절 표시) : 장비 및 기기가 수리, 조절 또는 검사 중일 때 이들 장비의 작동을 방지하기 위하여 표시한다.

※ 파란색 안전색채를 칠하는 장비 및 기기에는 공작기계, 통신전자장비, 각종 탱크, 보일러, 승강기, 전원스위치, 지하실 출입구, 발판 및 사다리 등이 있다.

⑤ 주황색(Orange, 기계의 위험 경고 표시) : 기계 또는 전기 설비의 위험 위치를 주황색으로 칠함으로써 기계 및 전기 설비상에 노출된 위험성을 알게 하여 사고를 미연에 방지할 수 있다.

⑥ 보라색(Purple, 방사능 유출의 위험 경고 표시)

⑦ 검은색(Black) 또는 흰색(White) : 건물 내부 관리 또는 통로·방향 지시 등에 사용한다.

---

**10년간 자주 출제된 문제**

비행장에 설치된 시설물, 장비 및 각종 기기 등에 색채를 이용하여 작업자로 하여금 사고를 미연에 방지할 수 있도록 하는데 파란색의 안전색채가 의미하는 것은?

① 방사능 유출위험이 있는 것을 의미한다.
② 수리 및 조절 검사 중인 장비를 의미한다.
③ 기계 또는 전기 설비의 위험 위치를 의미한다.
④ 충돌, 추락, 전복 등의 위험 장비를 의미한다.

[해설]
② 파란색
① 보라색
③ 주황색
④ 노란색

정답 ②

## 핵심이론 22 항공안전관리시스템

① 안전관리시스템의 정의
  ㉠ ICAO : 안전관리시스템(SMS : Safety Management System)이란 필요한 조직 구조, 책무, 책임 정책 및 절차를 포함해 안전을 관리하는 체계적인 접근법이다.
  ㉡ 국토교통부 : 항공교통업무기관이 국가항공안전프로그램에 따라 자체적인 안전관리를 위하여 요구되는 조직, 책임과 의무, 안전정책, 안전관리절차 등을 포함하는 안전관리체계이다.

② 항공안전관리시스템 개요
  ㉠ 항공법에 의거하여 항공기 정비업의 등록을 하고, 사업을 하고자 하는 자는 항공안전관리시스템을 마련하여 국토교통부 장관의 승인을 받아 운용하여야 한다.
  ㉡ 항공안전프로그램에 포함되어야 할 사항
    • 국가의 항공안전에 관한 목표
    • 국가의 항공안전 목표를 달성하기 위한 항공기 운항, 항공교통업무, 항행 시설 운영, 공항 운영 및 항공기 정비 등 세부 분야별 활동에 관한 사항
    • 항공기사고, 항공기준사고 및 항공안전장애 등에 대한 보고체계에 관한 사항
    • 항공안전을 위한 자체 조사활동 및 자체 안전 감독에 관한 사항
    • 잠재적인 항공안전 위험요소의 식별 및 개선조치의 이행에 관한 사항
    • 지속적인 자체 감시와 정기적인 자체 안전평가에 관한 사항

### 10년간 자주 출제된 문제

**다음 내용의 ( ) 안에 들어갈 알맞은 용어는?**

> 항공법에 의거하여 항공기 정비업의 등록을 하고, 사업을 하고자 하는 자는 항공안전관리시스템을 마련하고 ( )의 승인을 받아 운용하여야 한다.

① 대통령
② 국토교통부 장관
③ 한국교통안전공단 이사장
④ 한국공항공사 사장

**정답** ②

## 핵심이론 23  정비 작업의 구분

① 계획 정비(Scheduled Maintenance) : 항공기 및 항공기자재에 대하여 비행 시간, 비행 횟수 또는 날짜 등을 기준으로 실시 시기를 정하고 계획에 의거하여 실시하는 정비이다. 일상 정비(Daily Maintenance)와 정시 점검(Scheduled Check)으로 구분한다.

② 비계획 정비(Unscheduled Maintenance) : 항공기에 고장이 발생하거나 각종 점검이나 검사 결과에서 불량한 상태를 발견했을 때 실시하는 정비 작업이다. 또한 기타 항공 기자재의 상황이 특정 조건에 해당되어 항공기의 감항성을 회복하기 위해 필요한 정비 작업이다.

③ 특별 정비 작업(Project Work) : 감항성 개선 지시, 기술 지시 및 특별 점검 지시 등에 의하여 항공기의 안전성 및 기능을 향상하기 위한 개조 작업이나 일시적으로 불량 상태를 점검하기 위하여 실시하는 정비 작업이다.

### 10년간 자주 출제된 문제

항공기에 고장이 발생하거나 각종 점검이나 검사 결과에서 불량 상태를 발견했을 때 실시하는 정비는?

① 일상 정비
② 정시 점검
③ 비계획 정비
④ 특별 정비 작업

**[해설]**

비계획 정비(Unscheduled Maintenance) : 항공기에 고장이 발생하거나 각종 점검이나 검사 결과에서 불량한 상태를 발견했을 때 실시하는 정비 작업이다. 또한 기타 항공 기자재의 상황이 특정 조건에 해당되어 항공기의 감항성을 회복하기 위해 필요한 정비 작업이다.

**정답 ③**

## 핵심이론 24  정비 방식

① 시한성 정비(Hard Time Maintenance) : 장비나 부품의 상태는 관계하지 않고 정비시간의 한계 및 폐기시간의 한계를 정하여 정기적으로 분해, 점검하거나 폐기 한계에 도달한 장비나 부품을 새로운 것으로 교환하는 방식
예 오버홀, TRP(시한성 교환품목)

② 상태 정비(On Condition Maintenance) : 정기적인 육안검사나 측정 및 기능시험 등의 수단에 의해 장비나 부품의 감항성이 유지되고 있는지를 확인하는 정비 방식으로, 이 정비는 성능허용한계, 마멸한계, 부식한계 등을 가지는 장비나 부품에 활용된다.

③ 신뢰성 정비(Condition Monitoring Maintenance) : 항공기의 안정성에 직접 영향을 주지 않으며 정기적인 검사나 점검을 하지 않은 상태에서 고장을 일으키거나 그 상태가 나타났을 때 하는 정비

### 10년간 자주 출제된 문제

정기적인 육안검사나 측정 및 기능시험 등의 수단에 의해 장비나 부품의 감항성이 유지되고 있는지를 확인하는 정비방식으로, 이 정비는 성능허용한계, 마멸한계, 부식한계 등을 가지는 장비나 부품에 활용된다. 이것은 다음 중 어떤 정비인가?

① 시한성 정비(Hard Time Maintenance)
② 상태 정비(On Condition Maintenance)
③ 예비품 정비(Reserve Part Maintenance)
④ 신뢰성 정비(Condition Monitoring Maintenance)

**[해설]**

상태 정비 : 기체로부터 분리나 분해수리를 하는 것보다는 기체에 장착된 채로 외부검사나 시험을 정기적으로 반복함으로써 그 상태의 양부를 판정하는 것이 적당한 기체구조, 제 계통, 엔진 및 장비품 등에 적용하는 방식

**정답 ②**

## 핵심이론 25 항공기 정비, 보수, 수리 및 개조

① 정비 : 고장의 발생요인을 미리 발견하여 제거함으로써 항상 지속적으로 완전한 기능을 유지할 수 있도록 하는 것으로 예방정비, 보수, 수리, 개조 등이 있다.
② 보수
  ㉠ 경미한 보수 : 항공기의 지상 취급, 세척, 보급 등 어느 정도 경험과 지식 및 기능을 가진 작업자가 유자격 정비사의 감독하에서 할 수 있는 작업
  ㉡ 일반적인 보수 : 감항성에 영향을 끼치는 항공기 각 부분의 점검, 조절, 검사 및 부품의 교환 등 반드시 유자격 정비사의 확인을 받아야 하는 작업
③ 수리 : 항공기나 부품 및 장비의 손상이나 기능 불량 등을 원래의 상태로 회복시키는 작업
  ※ 대수리는 감항성에 큰 영향을 끼치는 복잡한 수리 작업과 내부 부분 부품을 분해하는 작업
④ 개조 : 항공기의 중량, 강도, 동력 장치 기능, 비행성, 기타 감항성에 중대한 영향을 미치는 작업

---

**10년간 자주 출제된 문제**

항공기의 중량, 강도, 기관의 성능 등 감항성에 중대한 영향을 주는 작업은 다음 중 어디에 속하는가?
① 경미한 정비
② 예방 정비
③ 수리
④ 개조

정답 ④

---

## 핵심이론 26 기체 정비 작업

① 지상정비지원
  ㉠ 지상취급 : 견인, 계류, 호이스트, 지상유도작업, 잭 작업 등
  ㉡ 보급 : 연료, 작동유, 윤활유, 압축공기, 액체산소, 기체산소, 물 등
  ㉢ 세척 및 부식처리 : 수명 연장을 위한 적극적인 방법
② 기체의 점검
  ㉠ 비행 전후 점검
  ㉡ 정시점검 : 일정한 점검주기를 가지며, A, B, C, D, ISI 점검이 있다.
  ㉢ 정기점검 : 비행시간과 관계없이 일정한 시간이 지나면 정기적으로 하는 검사
③ 기체의 오버홀 : 항공기 기체 및 각 계통의 수리 순환 품목을 분해, 세척, 수리, 조립하여 새것과 같은 상태로 사용시간을 0으로 환원하는 것이다.

---

**10년간 자주 출제된 문제**

기체의 점검 중 정시점검에 해당하지 않는 것은?
① ISI 점검
② C 점검
③ D 점검
④ E 점검

**해설**
정시점검은 운항정비 기간에 축적된 불량상태의 수리 및 운항저해의 가능성이 많은 기능적 제계통의 예방정비 및 감항성의 확인을 하는 것을 주임무로 하여 A, B, C, D, ISI 점검으로 구분한다.

정답 ④

## 핵심이론 27  자재 관리

① 자재 관리 개요
  ㉠ 자재관리 목표 : 적기(Right Time), 적소(Right Place), 적량(Right Quantity)
  ㉡ 자재관리 기능 : 소요, 조달, 저장 및 분배, 정비, 처리
② 자재 분류의 원칙
  ㉠ 자재 가감의 융통성
  ㉡ 분류 집계의 포괄성
  ㉢ 해독성 또는 용이성
  ㉣ 상호 배제성
③ 자재 분류 번호 부여 방법
  ㉠ 대분류(군 : Group, 급 : Class) : 자재의 성격, 자재의 성질을 나타낸다.
  ㉡ 중분류 : 기능별 특성, 용도별 특성을 나타낸다.
  ㉢ 소분류 : 규격 순위, 공정 순위를 나타낸다.

**10년간 자주 출제된 문제**

항공기 자재 관리의 목표로 옳지 않은 것은?
① 적기(Right Time)
② 적소(Right Place)
③ 적량(Right Quantity)
④ 적가(Right Price)

**정답** ④

## 핵심이론 28  자재 관련 정비 용어

① MRP(Material Requirements Planning) : 자재 소요 계획
② RTS(Repairable at This Station) : 자체 수리가 가능한 상태의 물품
③ NRTS(Non Repairable at This Station) : 해당 기지 또는 자체에서 수리가 불가능한 상태의 물품
④ 오버홀(Overhaul) : 정비 단계 중 최고의 단계로, 사용 시간을 0으로 환원시키는 대수리 작업 행위
⑤ TRP(Time Regulated Part) : 항공기의 감항성 유지에 중요한 역할을 하는 부품에 대해서 미리 사용 한계 시간을 부여하여 일정 시간이 경과하면 무조건 오버홀(Overhaul)을 수행하도록 정비 규정에 정해진 품목
⑥ TBO(Time Between Overhaul) : TRP 품목에 주어진 사용 한계 시간
⑦ TSO(Time Since Overhaul) : 오버홀 작업을 수행한 후 항공기에 장착하여 사용한 누계 시간
⑧ TSN(Time Since New) : 해당 파트(Part)가 제작된 이후의 총사용 누계 시간
⑨ 리드 타임(Lead Time) : 부품을 주문하여 입고하는 데 걸리는 기간
⑩ CDL(Configuration Deviation List) : 외형변경목록으로 항공기 안전상 보장 한도 내에서 정시성 준수를 위해 기체 외부구성 부품이 훼손, 탈락된 상태로도 운항할 수 있는 기준 목록
⑪ MEL(Minimum Equipment List) : 항공기 장비나 부품 일부가 작동하지 않을 때에도 운항할 수 있도록 지정된 최소장비목록

### 10년간 자주 출제된 문제

**리드 타임(Lead Time)에 대한 설명으로 옳은 것은?**

① TRP 품목에 주어진 사용 한계 시간
② 부품을 주문하여 입고하는 데 걸리는 기간
③ 해당 파트(Part)가 제작된 이후의 총 사용 누계 시간
④ 오버홀 작업을 수행한 후 항공기에 장착하여 사용한 누계 시간

**|해설|**

① TBO(Time Between Overhaul)
③ TSN(Time Since New)
④ TSO(Time Since Overhaul)

**정답 ②**

## 핵심이론 29 항공기 부품 취급

① 부품 상태에 따른 분류
  ㉠ 사용 가능 부품 : 사용 가능 표찰(Serviceable Tag)이 부착
  ㉡ 수리 요구 부품 : 사용 불가능 표찰(Unserviceable Tag)이 부착
  ㉢ 폐기품 : 폐기품 표찰(Discard Tag)이 부착

② AD/SB 개요
  ㉠ 감항성 개선 지시(AD ; Airworthiness Directives) : 항공 제품에 불안전한 상태가 존재하거나 발생될 가능성이 있는 것으로 판단될 때 국토교통부 장관이 해당 항공 제품에 대한 검사, 부품의 교환, 수리·개조를 지시하거나 운영상 준수하여야 할 절차 또는 조건과 한계사항 등을 정하여 지시하는 문서이다.
  ㉡ 정비 개선 회보(SB ; Service Bulletin) : 장비품의 감항성 유지 및 안전성 확보, 신뢰도 개선 등을 위하여 항공 제품의 제작사에서 정기적으로 발행하는 회보이다.

### 10년간 자주 출제된 문제

**다음 중 정비 개선 회보를 나타내는 용어는?**

① SB                  ② AD
③ AIM                 ④ OAG

**|해설|**

② AD(Airworthiness Directives) : 감항성 개선 지시
③ AIM(Aeronautical Information Manual, 항공정보관리) : 항행 정보 간행물
④ OAG(Official Airline Guide) : 항공편 스케줄, 운임, 통화 등의 자료를 수록한 간행물

**정답 ①**

## 핵심이론 30 정비 관련 용어

① AOG(Aircraft On Ground) : 항공기가 정비 등의 문제로 비행하지 못하는 상태이다.
② AWP(AWaiting for Parts) : 구성품(Components)의 수리에 소요되는 기자재(Part)의 부족이나 고갈로 인해 수리 대기된 보기류이다.
③ 정비이월(Defer) : 감항성에 영향을 주지 않는 범위 내에서 정비 작업을 다음 정비 기지나 이후 정시 점검 시까지 보류하는 것이다.
④ 벤치 체크(Bench Check) : 정비 공장(Shop Bench)에서 부품 또는 구성품의 사용 가능 여부 또는 수리, 오버홀 등이 필요한지의 여부를 결정하기 위해 행하는 기능 점검이다.
⑤ ISI 점검 : 감항성에 영향을 줄 수 있는 기체 내부 구조에 대한 표본 검사이다.

### 10년간 자주 출제된 문제

**감항성에 영향을 줄 수 있는 기체 내부 구조에 대한 표본 검사는?**

① SOAP
② TR Check
③ Overhaul
④ ISI Inspection

**정답** ④

## 핵심이론 31 항공기 손상의 종류

① 소손(Burning) : 국부적으로 색깔이 변했거나 심한 경우 재료가 떨어져 나간 형태로 과열에 의해 손상되는 상태
② 용착(Gall) : 접촉되어 있는 2개의 재료가 녹아서 다른 쪽에 들러붙은 형태의 손상
③ 밀림(Galling) : 베어링의 육안검사로 식별 가능한 결함 중에서 베어링이 미끄러지면서 접촉하는 표면의 윤활 상태가 좋지 않을 때 생기며, 표면에 밀려 다른 부분에 층이 지는 형태의 결함
④ 마모(Abrasion) : 외부 물체에 끌리거나 긁혀져서 표면이 거칠고 불균일하게 된 현상
⑤ 긁힘(Scratch) : 날카로운 물체와 접촉되어 발생하는 결함으로 길이, 깊이를 가지며, 단면적의 변화를 초래한 선 모양의 긁힘 현상
⑥ 스코어(Score) : 부품의 손상형태에서 깊게 긁힌 형태로, 표면이 예리한 물체와 닿았을 때 생긴 것
⑦ 가우징(Gouging) : 거칠고 큰 압력 등에 의한 금속표면이 일부 없어지는 것

### 10년간 자주 출제된 문제

**베어링의 육안검사로 식별 가능한 결함 중에서 베어링이 미끄러지면서 접촉하는 표면의 윤활 상태가 좋지 않을 때 생기며, 표면에 밀려 다른 부분에 층이 지는 형태의 결함은?**

① 균열(Crack)
② 닉킹(Nicking)
③ 밀림(Galling)
④ 스코어링(Scoring)

**해설**

① 균열(Crack) : 재료에 부분적 또는 완전하게 불연속이 생긴 현상
② 닉킹(Nicking) : 재료의 표면이나 모서리가 외부 물체의 충격을 받아 소량의 재료가 떨어져 나갔거나 찍힌 현상
④ 스코어링(Scoring) : 깊게 긁힌 형태로 움직이는 부품이 외부 물체에 부딪혀서 생기는 손상

**정답** ③

# CHAPTER 03 항공기체

**핵심키워드** 판금 작업과 배관 작업 및 케이블 등에 대한 정확한 이해와 용어를 알아야 하며, 항공기 기체 구조에 대한 문제는 기본 숙지사항이니 반드시 알아둔다. 또한 복합재료에 대한 특성을 시험 전 반드시 체크해 두길 바란다.

## 핵심이론 01 전개도 작성

① 항공기 도면의 개요 : 도면은 항공기의 유지・보수 등에 필요한 정보를 전달하기 위해 물품의 부품이나 구성을 선(Line), 주(Note), 약어, 기호(Symbol) 등으로 알리는 방법이다.

② 도면에서의 선의 종류

| 명 칭 | 선의 종류 | 모양 | 용도 |
|---|---|---|---|
| 외형선 | 굵은 실선 | ——— | 물체의 보이는 부분의 형상을 나타내는 선 |
| 은 선 | 중간 굵기의 파선 | ------ | 물체의 보이지 않는 부분의 형상을 표시하는 선 |
| 중심선 | 가는 일점 쇄선 혹은 가는 실선 | —・—・— | 도형의 중심을 나타내는 선 |
| 치수선 & 치수보조선 | 가는 실선 | ——— | 치수를 기입하기 위하여 쓰는 선 |
| 지시선 | 가는 실선 | ——— | 지시하기 위하여 쓰는 선 |
| 파단선 | 가는 실선 | ∿∿ | 도시된 물체의 앞면을 표시하는 선 |
| 가상선 | 가는 이점 쇄선 | —・・—・・— | 인접 부분을 참고로 표시하는 선 |
| 해칭선 | 가는 실선 | ////// | 절단면 등을 명시하기 위하여 쓰는 선 |

③ 설계 도면의 구성
　㉠ 도면의 윤곽 : 제도 용지의 윤곽을 표시하여 정보 전달 내용의 한계 구역을 표시한다.
　㉡ 표제란 : 회사명, 도면 번호, 명칭, 작성 연・월・일, 설계자, 검도자, 승인자, 척도 등을 표시한다.
　㉢ 부품란 : 도면 요소에 대한 부품 번호, 사양, 명칭, 재질, 수량, 공정, 비고 등을 표시한다.
　㉣ 개정란(Revision History) : 도면의 개정 번호, 개정 일자, 개정 사유, 개정 연・월・일, 개정 기안자, 검도자, 승인자 등을 표시한다.
　㉤ 도면부(Drawing Area) : 실제 제품의 형상, 치수, 허용 공차 등을 표시한다.
　㉥ 주기란 : 도면부에 대한 보충 설명의 내용을 표시한다.
　㉦ 요목표 : 치수, 절삭, 조립 등 필요 사항을 기재한다.

④ 항공기 도면의 종류 : 조립도, 세부도, 장착도, 단면도, 부품 배열도, 계통도 등이 있다.

⑤ 투상도
　㉠ 등각 투영도 : 항공기 제도에 가장 많이 사용되며 3개의 투상도로 완전하게 투시할 수 있는 3면도를 이용한다. 즉, 정면도, 평면도, 우측면도를 선택한다.
　㉡ 전개도법
　　• 입체의 표면을 한 표면 위에 펼쳐 놓은 도형으로 각 면의 모양, 면적 관계를 알 수 있다.
　　• 전개도를 그리는 방법에는 평행선법, 방사선법, 삼각형법이 있다.

### 10년간 자주 출제된 문제

**항공기 도면에서 실제 제품의 형상, 치수, 허용 공차 등을 표시한 것은?**

① 부품란
② 표제란
③ 도면부
④ 요목표

**|해설|**

① 부품란 : 도면 요소에 대한 부품 번호, 사양, 명칭, 재질, 수량, 공정, 비고 등을 표시한다.
② 표제란 : 회사명, 도면 번호, 명칭, 작성 연·월·일, 설계자, 검도자, 승인자, 척도 등을 표시한다.
④ 요목표 : 치수, 절삭, 조립 등 필요 사항을 기재한다.

**정답** ③

## 핵심이론 02 마름질 절단

① 판금용 공구

㉠ 마름질 공구에는 금긋기 바늘, 센터 펀치, 컴퍼스, 디바이더 등이 있다.

㉡ 센터 펀치는 보통 공구강으로 만들며, 주로 어떤 판재의 마름질을 확실하게 나타내기 위해 또는 드릴 작업을 하기 위한 구멍의 중심을 잡기 위해 사용한다.

㉢ 컴퍼스는 판재에 원호를 그리거나 선분을 옮기거나 등분할 때 사용한다.

㉣ 디바이더는 두 점 간의 거리를 측정하거나 측정값을 옮길 때 또는 원호, 반지름, 원을 그릴 때 사용한다.

② 절단용 공구

㉠ 판금 가위는 판금 재료를 자르는 데 사용하는 공구로 직선 가위, 곡선 가위, 복합 가위, 항공 가위 등이 있다.

㉡ 항공 가위
  • 항공 가위는 날이 약간 구부러져 있으며, 날 끝이 짧고 뾰족하여 원이나 직각 또는 복잡한 곡선 부분도 쉽게 자를 수 있도록 고안되었다.
  • 항공 가위는 왼쪽(손잡이가 빨간색), 오른쪽(초록색), 직선용(노란색)의 3가지가 있다.

㉢ 판금 펀치(Metal Plate Punch) : 솔리드 펀치에는 드릴 작업 시 사용하는 센터 펀치와 리벳 제거에 사용하는 핀 펀치, 황동 등의 연한 금속의 표시에 주로 사용하는 프릭 펀치가 있다. 중공 펀치는 개스킷, 가죽, 종이, 얇은 금속판 등에 구멍을 뚫을 때 사용한다.

㉣ 정(Chisel) : 정은 줄 또는 기계 작업으로 하기 어려운 부분을 따내거나 줄로 다듬질하기 전에 거스러미를 따낼 때, 박판 절단, 구멍 뚫기 및 따내기 등의 용도에 쓰인다. 코킹 정(Caulking Chisel)은 리벳 이음의 코킹 작업 시 사용한다.

ⓜ 줄(File) : 줄은 탄소 공구강이나 합금 공구강으로 만들며, 금속을 절삭하거나 표면을 매끈하게 다듬질하는 경우에 사용된다.

---

**10년간 자주 출제된 문제**

다음 중 리벳을 제거할 때 사용하는 판금 펀치는?
① 핀 펀치
② 센터 펀치
③ 프릭 펀치
④ 중공 펀치

**|해설|**
② 센터 펀치 : 드릴 작업 시 사용한다.
③ 프릭 펀치 : 황동 등의 연한 금속의 표시에 주로 사용한다.
④ 중공 펀치 : 개스킷, 가죽, 종이, 얇은 금속판 등에 구멍을 뚫을 때 사용한다.

**정답** ①

---

## 핵심이론 03 판재 성형

① 판금 설계 : 판금 설계에는 평면 설계와 모형 뜨기 및 모형 전개도법 등이 있다.

ⓘ 평면 설계(Flat Layout) : 판재의 두께와 굽힘 각도에 따른 최소 굴곡 반지름과 굴곡 허용량(Bend Allowance) 등을 고려하여 평면 모형을 설계한다.

ⓛ 모형 뜨기(Duplication of Pattern) : 설계도가 없거나 항공기 부품으로부터 직접 모형을 떠야 할 필요가 있을 때 실물과 모형면에 기준을 잡고 적당한 간격으로 똑같은 원호를 그리면서 윤곽을 잡아가는 설계 방식이다.

ⓒ 모형 전개도법(Method of Pattern Development) : 도관이나 원통 및 파이프 접합 등과 같은 부품을 제작할 때 사용하는 평행선 전개도법과 원뿔이나 삼각뿔 형태의 부품을 제작할 때에 사용하는 방사선 전개도법 등이 있다.

② 판금 설계 관련 용어

ⓘ 중립선(Neutral Line) : 평판을 굴곡 가공하여도 치수가 변화하지 않는 부분으로, 중립선은 응력에 대한 아무런 영향을 받지 않는다.

ⓛ 최소 굽힘 반지름 : 판재가 본래의 강도를 유지한 상태로 구부러질 수 있는 최소의 굽힘 반지름

ⓒ 굽힘여유(BA ; Bend Allowance)

$$BA = \frac{굽힘각도}{360°} \times 2\pi \left(R + \frac{T}{2}\right)$$

ⓔ 세트백(Set Back) : 성형 점에서 굴곡 접선까지의 거리

$$SB = \tan\frac{\theta}{2}(R + T)$$

여기서, $\theta$ : 굽힘각도
$R$ : 굽힘 반지름
$T$ : 판재의 두께

ⓜ 릴리프 홀(Relief Hole) : 굽힘 가공에 앞서 응력 집중이 일어나는 교점에 뚫는 응력 제거 구멍

③ 판재 굽힘 작업 시 주의 사항
  ㉠ 작업 표시는 되도록 유성펜을 사용하며 알클래드(Alclad)면은 비교적 부드러워 긁힘 등의 손상을 입기 쉬우므로 작업대는 항상 깨끗한 상태를 유지해야 한다.
  ㉡ 금긋기 바늘(Scriber)은 절단 부위 이외에는 사용하지 않는다.

> **10년간 자주 출제된 문제**

기체 판금작업에서 두께가 0.06in인 금속판재를 굽힘 반지름 0.135in으로 하여 90°로 굽힐 때 세트백은 몇 in인가?

① 0.195  ② 0.125
③ 0.051  ④ 0.017

**|해설|**

세트백(SB ; Set Back)
$$SB = \tan\frac{\theta}{2}(R+T) = \tan\frac{90°}{2}(0.135+0.06) = 0.195(\text{in})$$

정답 ①

## 핵심이론 04 리벳의 종류와 재질

① 리벳 종류
  ㉠ 솔리드 섕크 리벳 : 항공기 구조 부재에 사용되는 가장 일반적인 리벳으로, 머리 모양에 따라 둥근머리, 접시머리, 납작머리, 브래지어 머리, 유니버설 머리 등으로 구분한다.
  ㉡ 블라인드 리벳 : 한정된 공간이나 접근이 불가능한 공간의 뒷면에 버킹 바를 댈 수 없어 한쪽 면에서만 체결 작업을 할 수밖에 없는 곳에 사용하는 특수 리벳이다.
  ㉢ 아이스박스 리벳 : 상온 상태에서는 자연적으로 시효경화가 생기기 때문에 아이스 박스에 보관해야 하는 리벳이다. 2024(DD), 2017(D) 재질의 리벳이 여기에 속한다.

② 리벳의 재질과 머리 식별 표시

| 재질 기호 | 합금 | 머리 표시 |
|---|---|---|
| A | 1100 | 표시 없음 |
| AD | 2117 | 오목한 점 |
| D | 2017 | 볼록한 점 |
| DD | 2024 | 두 개의 대시 |
| B | 5056 | + 표시 |

> **10년간 자주 출제된 문제**

리벳종류 중 2017, 2024 리벳을 열처리 후 냉장보관하는 주된 이유는?

① 부식방지  ② 시효경화 지연
③ 강도강화  ④ 강도변화 방지

**|해설|**

2017, 2024 리벳과 같이 열처리한 후 시간이 지남에 따라 원래의 강도가 회복되는 특성을 시효경화라고 한다. 시효경화의 특성을 지닌 리벳은 냉장고에 보관하여 경화되는 것을 지연시키는데, 이러한 리벳을 아이스박스 리벳(Icebox Rivet)이라고 한다.

정답 ②

## 핵심이론 05 리벳의 식별방법

> MS 20470 D-6-16

① MS : Military Standard 미국 군용 항공기관에 의해 주어진 표준 부품 기호
② 20470 : 계열번호로 유니버설 헤드 리벳
③ D : 리벳의 재질로 알루미늄 합금 2117
④ 6 : 리벳의 지름으로 6/32in
⑤ 16 : 리벳의 길이로 16/16in

### 10년간 자주 출제된 문제

「MS20426AD4-4」 리벳을 사용한 리벳 배치 작업 시 최소 끝거리는 몇 in인가?
① 5/16
② 3/8
③ 1/4
④ 7/32

**[해설]**

리벳의 최소 끝거리는 리벳 지름의 2배이며, 접시머리 리벳의 최소 끝거리는 리벳 지름의 2.5배이다. 한편, MS20426 AD4-4는 접시머리 리벳으로서 지름은 4/32in, 즉 1/8in이다. 따라서 이 리벳의 최소 끝거리는 1/8in의 2.5배에 해당되는 5/16in이다.

**정답 ①**

## 핵심이론 06 리벳 지름, 길이, 배열

① 리벳 작업에서의 치수
  ㉠ 리벳 지름 : 수리를 위해 사용되는 리벳의 지름은 접합할 판재 중 두꺼운 판재의 3배($D = 3T$)로 한다.
  ㉡ 리벳 길이 : 리벳 길이는 결합 판재의 두께에다 리벳 지름의 1.5배를 합한 길이를 선택한다.
② 리벳 작업의 배열
  ㉠ 리벳의 횡단 피치는 열과 열 사이의 거리이다.
  ㉡ 리벳의 피치란 같은 리벳 열에서 인접한 리벳 중심 간의 거리이다.
  ㉢ 리벳의 끝거리는 판재의 가장자리에서 첫 번째 리벳까지의 거리로 사용 리벳지름의 2.5배로 한다.
  ㉣ 리벳의 열이란 판재의 인장력을 받는 방향에 대하여 직각방향으로 배열된 리벳 집합이다.

### 10년간 자주 출제된 문제

응력 외피가 손상을 받으면 상실된 강도의 크기를 결정하고 그 강도를 회복할 수 있도록 패치(Patch)를 설계한다. 이때 판재의 가장자리에서 첫 번째 리벳까지의 거리를 리벳 끝거리라고 하는데 리벳 끝거리로 옳은 것은?
① 사용 리벳지름의 1.5배로 한다.
② 사용 리벳지름의 2.5배로 한다.
③ 사용 리벳지름의 4배로 한다.
④ 사용 리벳지름의 6배로 한다.

**[해설]**

**피치(Pitch)** : 리벳중심 간 사이의 거리
- 최소 피치 : 리벳지름의 2.5배 이상
- 표준 피치 : 리벳지름의 4배 이상

**정답 ②**

## 핵심이론 07  판재 이음 작업

① 홀 가공용 수공구
  ㉠ 에어 드릴 건(Air Drill Gun)
  ㉡ 드릴 모터(Drill Motor) : 너트 플레이트(Nut Plate)를 장착하기 위한 구멍을 가공하기 위해 사용한다.
  ㉢ 스페이스메틱 드릴 모터(Spacematic Drill Motor) : 동일한 크기의 구멍을 다량 가공할 때 사용하며, 클램핑(Clamping) 후 자동으로 구멍 및 접시머리 작업(Countersinking)이 가능하다.
② 절삭 공구(Drill Bit) : 드릴 작업에는 고속도강이나 특수 공구강 재질의 드릴 날을 많이 사용하며, 드릴 날끝 각도는 보통 118°를 사용한다.

#### 10년간 자주 출제된 문제

**드릴 작업 시 사용하는 드릴 날의 재질로 적당한 것은?**
① 저탄소강
② 고속도강
③ 모넬 합금
④ 알루미늄 합금

|해설|
실내에 화재가 발생하면 기압은 증가하고 산소는 감소한다.

**정답** ②

## 핵심이론 08  드릴 건 및 리벳 작업 사용 공구

① 드릴 건 작업 방법
  ㉠ 드릴 건과 작업할 가공면이 90°가 유지되도록 한다. 이를 위하여 드릴 부싱(Drill Bushing)을 사용한다.
  ㉡ 드릴 가이드(Drill Guide)를 사용하면 보다 좋은 상태의 홀 가공을 할 수 있다.
  ㉢ 드릴 날이 깊숙이 들어가는 것을 방지하기 위해서는 드릴 스톱(Drill Stop)을 사용한다.
② 가공 홀의 기본 요소 : 홀의 지름, 홀의 직각도, 접시머리 구멍 깊이
③ 리벳 작업에 사용되는 공구
  ㉠ 마이크로 스톱 카운터 싱크(Micro Stop Counter Sink)는 리벳의 구멍 언저리를 원뿔모양으로 절삭하는 데 사용한다.
  ㉡ 버킹바(Bucking Bar)는 리벳의 벅테일을 만들 때 리벳 섕크 끝을 받치는 공구이다.
  ㉢ C-클램프는 활 모양의 본체에 나사가 부착되어 있는 공구로, 재료나 공작물을 일시적으로 고정할 때 쓰는 바이스의 일종이다.
  ㉣ 딤플링(접시머리성형)은 판금 수리작업에서 판재가 얇아 접시머리 파기(마이크로 스톱 카운터싱크)를 사용할 수 없을 때 대신 접시머리 형태를 만드는 방법이다.
  ㉤ 시트 파스너(Sheet Fastener)는 리벳 작업을 할 때 판재와 판재를 서로 고정하는 공구
  ※ 블라인드 리벳 : 작업자가 리벳 작업하는 반대쪽에 접근할 수 없는 경우와 같이 일반 리벳을 사용하기에 부적합한 곳에 사용한다.

ⓗ 시트 파스너 종류(클레코형)

| 클레코 색상 | 사용 드릴 사이즈 |
|---|---|
| 은색 | 2.4mm(3/32in) |
| 구리색 | 3.2mm(1/8in) |
| 검은색 | 4.0mm(5/32in) |
| 노란색 | 4.8mm(3/16in) |

**10년간 자주 출제된 문제**

드릴 작업 시 드릴 날이 깊숙이 들어가는 것을 방지하기 위해서 사용하는 것은?

① 클레코
② 드릴 부싱
③ 드릴 스톱
④ 마이크로스톱

정답 ③

## 핵심이론 09 리벳 체결 및 리벳 제거 방법

① 리벳 작업 순서
  ㉠ 드릴 작업 전에 센터 펀치를 이용하여 드릴 작업 위치에 펀칭한다.
  ㉡ 판재는 시트 파스너를 이용하여 고정한다.
  ㉢ 드릴 작업 시 공기압은 90~100psi를 유지한다.
  ㉣ 리머를 이용하여 홀 안쪽 면을 다듬고, 디버링 공구를 이용하여 판재 표면의 버(Burr)를 제거한다.
  ㉤ 접시머리 리벳의 경우는 카운터싱크 작업을 수행한다.
  ㉥ 리벳 건을 이용하여 리벳 작업을 한다. 공기압은 90~100psi로 조절한다.
  ㉦ 리벳 작업이 완료되면 자를 이용하여 리벳의 치수와 배치 상태를 확인한다.
  ㉧ 판재의 손상 유무를 확인한다.
  ㉨ 접시머리 리벳의 경우에는 리벳의 머리가 판재의 평면과 일치하는지 확인한다.

② 리벳 제거 작업 순서
  ㉠ 리벳머리를 평평하게 줄질한다. 접시머리, 유니버설 리벳과 AD 리벳은 하지 않아도 된다.
  ㉡ 리벳머리 중간부분에 센터펀치로 중심을 잡는다.
  ㉢ 드릴로 중심부분을 뚫는다.
  ㉣ 펀치로 리벳 잔여 부분을 제거한다.
  ㉤ 리벳 구멍이 손상되지 않도록 주의한다.

| 10년간 자주 출제된 문제 |

**리벳 제거를 위한 그림의 각 과정을 순서대로 나열한 것은?**

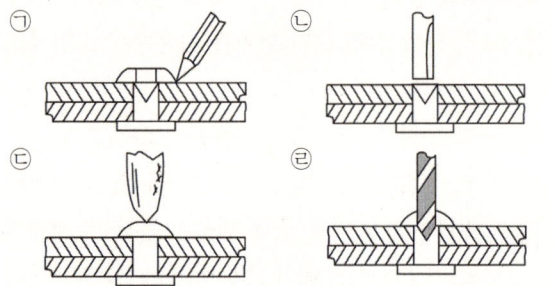

① ㉠ → ㉢ → ㉣ → ㉡
② ㉢ → ㉠ → ㉣ → ㉡
③ ㉠ → ㉣ → ㉢ → ㉡
④ ㉢ → ㉣ → ㉠ → ㉡

**|해설|**

**리벳 제거 순서**

리벳머리 펀칭 → 리벳머리 드릴 작업 → 핀 펀치로 리벳머리 제거 → 리벳 몸통 제거

정답 ④

## 핵심이론 10  리벳의 검사 방법

① 리벳 작업 후 점검 사항
   ㉠ 리벳머리, 벅테일(Buck Tail), 판재의 손상 여부 확인
   ㉡ 판재와 리벳 사이의 틈새 여부 확인
   ㉢ 기밀이 필요한 곳인 경우 기밀 상태 확인
② 부적절한 리베팅의 원인
   ㉠ 부적절한 리벳 세트와 버킹 바의 사용
   ㉡ 잘못된 리베팅 각도
   ㉢ 잘못된 리벳과 구멍의 사이즈
   ㉣ 고정이 잘못된 판재
   ㉤ 과도한 힘을 가한 리베팅
   ㉥ 규정보다 긴 치수의 리벳

| 10년간 자주 출제된 문제 |

**리벳 작업 후 리벳의 벅테일이 다음과 같이 휘어져 있었다면 그 원인은?**

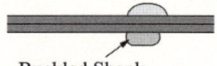

Buckled Shank

① 잘못된 리베팅 각도
② 과도한 힘을 가한 리베팅
③ 부적절한 리벳 세트 사용
④ 규정보다 긴 치수의 리벳 사용

정답 ④

## 핵심이론 11  복합재료의 종류 및 특징

① 보강용 파이버(Reinforcing Fiber)의 종류

| 글래스 파이버 (Glass Fiber) | • 이용성이 넓고 가격이 저렴해서 가장 많이 사용됨<br>• 밝은 흰색의 천으로 식별 가능 |
|---|---|
| 아라미드 파이버 (Aramid Fiber) | • 높은 강도와 내열성 및 뛰어난 인장강도를 가진 섬유<br>• 밀도가 낮으며 가볍고, 유연성이 좋음<br>• 높은 진동을 받는 항공기 부품에 많이 사용<br>• 외형상 노란색 천으로 구분<br>• 케블러(Kevlar)는 듀퐁사의 등록 상표 |
| 카본/그래파이트 파이버 (Carbon/Graphite Fiber) | • 열팽창 계수가 작기 때문에 온도 변화에도 치수의 안정성이 뛰어남<br>• 강도와 견고성이 크기 때문에 항공기의 1차 구조재 제작에 사용<br>• 물·염기·산의 영향에 의한 부식이나 열화 현상이 없음<br>• 취성이 크고 가격이 비쌈<br>• 외형상 검은색 천으로 구분 |
| 세라믹 파이버 (Ceramic Fiber) | • 열 저항이 크고 열의 분산이 빨라서 높은 온도가 요구되는 곳에 사용됨<br>• 우주 왕복선의 타일 및 항공기의 방화벽 제작에 사용됨 |

② 복합재료의 특징

㉠ 장점
- 높은 비강도(무게에 대한 강도)를 갖는다.
- 이방성 : 원하는 방향으로 강도를 조절할 수 있어 재료 절감 효과가 크다.
- 제조 방법이 용이하다.
- 자동화가 가능하다.
- 내부식성이 강하며 긴 피로수명을 갖는다.

㉡ 단점
- 자재가 고가이다.
- 설계 조건 및 해석이 복잡하다.
- 탄소 섬유는 금속과 접촉하면 부식(Galvanic Corrosion)이 발생한다.
- 고온에서 구조물의 강도가 저하된다.
- 검사 방법이 복잡하고, 비용이 많이 소요된다.

### 10년간 자주 출제된 문제

**11-1.** 높은 강도와 내열성 및 뛰어난 인장강도를 가졌으며, 외형상 노란색 천으로 구분되는 강화 섬유는?

① 유리 섬유
② 탄소 섬유
③ 세라믹 섬유
④ 아라미드 섬유

**11-2.** 복합재료의 장점이 아닌 것은?

① 자동화가 가능하다.
② 높은 비강도를 갖는다.
③ 설계 조건이나 해석이 간단하다.
④ 내식성이 강하며 높은 피로강도를 갖는다.

정답 11-1 ④  11-2 ③

## 핵심이론 12  복합재의 장비 및 공구

① 복합재 사용 공구
　㉠ 복합소재의 가압 방법
　　• 숏백 : 클램프로 고정할 수 없는 대형 윤곽의 표면에 가압 용도로 사용하면 매우 효과적이다.
　　• 클레코 : 수리 부위의 뒷부분을 지탱하는 카울판에 주로 사용된다.
　　• 진공백 : 진공백은 복합 소재의 수리작업 시 압력을 가하는 데 가장 효과적인 방법이다. 특히, 습도가 높은 장소에서는 공기를 제거하고 습도를 낮출 수 있으므로 수지를 경화시키는 데 매우 효과적이다.
　㉡ 복합재 사용 시 드릴의 종류
　　• 아라미드 섬유 : 특수하게 제작된 브래드 포인트 드릴 날을 사용한다.
　　• 유리 섬유 및 탄소 섬유 : 카바이드 드릴 날을 사용한다.

② 복합재 관련 장비
　㉠ 복합 자재 절단-NC Ply Cutter : 컴퓨터를 통하여 2차원 평면으로 데이터를 생성한 후 이 데이터를 절단 장비가 인식할 수 있는 데이터로 변환하여 자재를 절단한다.
　㉡ 경화 및 성형-오토클레이브(Autoclave) : 압력 용기, 가압 장치, 기체 가열 및 순환 장치, 진공 가압 장치 등을 갖춘 장비이다.
　㉢ 특수 소재 절단-워터 제트 장비(Water Jet M/C) : 절단 조건이 까다로운 소재를 초고압, 초고속의 물줄기를 쏘아서 절단하는 장비이다.

### 10년간 자주 출제된 문제

복합재료의 가압방법(Applying Pressure) 중 숏백(Shot Bag)에 대한 설명으로 옳은 것은?
① 미리 성형된 카울 플레이트(Caul Plate)와 함께 사용되어 수리 부분의 뒤쪽을 지지한다.
② 수리한 곳에 압력을 가하는 가장 효과적인 방법이다.
③ 넓은 곡면이 있어서 클램프를 사용할 수 없는 곳에 적합하다.
④ 나일론 직물로 진공 백을 사용할 때 블리더 재료(Bleeder Material) 등의 제거를 용이하게해 준다.

**[해설]**

숏백은 넓은 곡면이 있어서 클램프를 사용할 수 없는 곳에 적합하다. 그러나 중력 때문에 모든 부품의 아랫면에는 사용할 수 없는 단점이 있다.

**정답** ③

## 핵심이론 13 복합재의 수리 방법

① 적층판 수리
  ㉠ 손상된 적층판을 제거하고, 교체된 적층판은 열과 압력에 의하여 경화시킴으로써 원래의 복합 구조재의 강도를 회복시킨다.
  ㉡ 절단한 수지 침투 패치(Impregnated Patch)를 손상이 연마된 위치에 차례로 덮는다(새로운 패치의 섬유 방향은 원래 재료의 방향과 일치시킨다).
  ㉢ 수리 적층판 위에 1in 더 큰 오버랩 패치(Overlap Patch)를 덮는다.
  ㉣ 오버랩 패치는 경화 기간에 열과 압력에 의하여 원래 재료의 표면 상태로 압착된다.
② 샌드위치 구조재의 적층 분리 수리 방법
  ㉠ 외피에 구멍을 뚫고 적층 분리된 공간에 수지를 주입한 뒤 경화시킨다.
  ㉡ 외피를 스카프 절단하고, 코어 부분에 충진재를 채운 다음 수리용 부분에 충진재를 겹쳐 쌓은 후 열과 압력으로 경화(적극적 수리 방법)시킨다.

**10년간 자주 출제된 문제**

복합재 적층판 수리 시 적층판 위에 덮는 오버랩 패치의 크기는?

① $\frac{1}{2}$in　　② 1in
③ $1\frac{1}{2}$in　　④ 2in

**정답** ②

## 핵심이론 14 복합재료의 검사 방법

① 육안 검사 : 주로 표면의 흠을 확대경 등을 사용하여 검사한다.
② 탭 또는 코인 테스트(Tap or Coin Test)
  ㉠ 탭 또는 동전 등으로 두들겨 경쾌한 소리가 나면 정상이고, 둔탁한 음이 들리면 적층판 분리(Delamination) 또는 적층 분리(Disbond)이다.
  ㉡ 검사원의 경험에 의해 정확도가 좌우된다.
③ 초음파 검사(Ultrasonic Inspection) : 부품에 고주파를 보내고 오실로스코프에서 에코 패턴(Echo Pattern)을 관찰한다.
④ 온도 기록(Thermography) 검사
  ㉠ 손상된 부품의 표면에서 온도가 변화하는 것을 통해 흠집을 찾는다.
  ㉡ 부품에 열을 가하고 적외선 카메라와 필름을 사용해서 온도의 변화를 측정한다.
⑤ 레이저 사진 검사
  ㉠ 의심되는 부품을 가열한 다음 레이저 빛과 특수 카메라를 이용해서 촬영한다.
  ㉡ 접착 부분의 분리, 허니콤에의 물의 침투, 충격 손상 등을 찾아낸다.
⑥ 방사선(Radiography) 검사
  ㉠ 표면 균열 뿐만 아니라 육안으로 찾을 수 없는 내부 균열도 검사이다.
  ㉡ 허니콤 코어 셀에 있는 수분을 탐지한다.
⑦ 경도 시험(Hardness Testing)
  ㉠ 수지(Resin)가 적절한 강도에 도달했는지를 판단한다.
  ㉡ 모재(Matrix)의 강도를 측정한다.

## 10년간 자주 출제된 문제

**표면 균열뿐만 아니라 육안으로 찾을 수 없는 내부 균열도 검사가 가능한 복합재료의 검사 방법은?**

① 코인 테스트
② 방사선 검사
③ 온도 기록 검사
④ 레이저 사진 검사

**|해설|**

① 코인 테스트 : 동전 등으로 두들겨 경쾌한 소리가 나면 정상이고, 둔탁한 음이 들리면 적층판 분리(Delamination) 또는 적층 분리(Disbond)이다.
③ 온도 기록 검사 : 손상된 부품의 표면에서 온도가 변화하는 것을 통해 흠집을 찾아내며, 부품에 열을 가하고 적외선 카메라와 필름을 사용해서 온도의 변화를 측정한다.
④ 레이저 사진 검사 : 의심되는 부품을 가열한 다음 레이저 빛과 특수 카메라를 이용해서 촬영하며 접착 부분의 분리, 허니콤에의 물의 침투, 충격 손상 등을 찾아낸다.

**정답 ②**

## 핵심이론 15 튜브의 재질 및 식별

① 금속 튜브의 재질

㉠ 구리
- 내식성을 가지고 있으며, 수명이 길고 전도성과 기계적 성질이 우수하다.
- 진동을 받으면 경화되고 취약해지는 단점으로 인해 최근에는 알루미늄 합금 또는 내식강 튜브로 대체한다.

㉡ 알루미늄 합금
- 작업을 손쉽게 할 수 있으며, 가볍고 부식에 강한 성질을 가지고 있어 항공기에 많이 사용된다.
- 2024-T3, 5052-O, 6061-T6 등의 튜브는 1,000~1,500psi 정도의 저압 및 중압용에 사용한다.

㉢ 내식강
- 인장강도가 크며 충격에 강하고, 튜브 이음도 비교적 쉽다.
- CRES 304, CRES 321 등의 내식강 튜브는 3,000psi 이상의 고압 유압 계통에 사용한다.

㉣ 타이타늄
- 1,500psi 이상의 운송용 항공기나 고성능 항공기의 고압 계통 등에 광범위하게 사용한다.
- 타이타늄은 강관보다 50% 가벼우면서 강도는 30% 더 강하다.
- 타이타늄 튜브는 산소 계통의 튜브와 피팅에는 함께 사용하지 않는다(타이타늄은 산소와 반응해서 연소가 발생할 수 있다).

② 알루미늄 합금 튜브의 식별 : 크기가 작은 알루미늄 튜브는 튜브의 양 끝단 또는 튜브의 중간 위치에 4in 폭을 넘지 않는 컬러 코드로 표시한다.

| Aluminium Alloy Number | Color of Band |
|---|---|
| 1100 | White |
| 3003 | Green |
| 2014 | Gray |
| 2024 | Red |
| 5052 | Purple |
| 6053 | Black |
| 6061 | Blue and Yellow |
| 7075 | Brown and Yellow |

### 10년간 자주 출제된 문제

항공기에서 3,000psi 이상의 고압 유압 계통에 사용하는 튜브는?

① 내식강
② 구리 합금
③ 니켈 합금
④ 알루미늄 합금

**해설**

내식강
- 인장강도가 크며 충격에 강하고, 튜브 이음도 비교적 쉽다.
- CRES 304, CRES 321 등의 내식강 튜브는 3,000psi 이상의 고압 유압 계통에 사용한다.

정답 ①

## 핵심이론 16 튜브 성형 공구 및 굽힘 성형

① 튜브 성형 공구

  ㉠ 튜브 절단 공구 : 절단하는 방법에는 쇠톱을 이용한 절단, 파이프 커터(Pipe Cutter)를 이용한 절단, 튜브 커터(Tube Cutter)를 이용한 절단 방법 등이 있으나 대부분 튜브 커터를 이용한 방법을 사용한다.

  ㉡ 튜브 굽힘 공구 : 지름이 1/4in 이하의 튜브는 수공구 없이 손으로 작업하며, 1/4~1/2in일 경우에는 튜브 벤더(Tube Bender)를 사용한다.

  ㉢ 디버링 공구(Deburring Tool) : 공구를 회전시키면서 버(Burr)를 제거한다.

② 굽힘 성형 작업

  ㉠ 튜브 지름이 1/4in 미만인 튜브는 굽힘 공구를 사용하지 않고 수작업으로 굽힘 가공을 할 수 있다.

  ㉡ 굽힘 가공을 할 때는 튜브가 납작해지거나(Flattened) 비틀림(Kinked) 또는 주름이 잡히지(Wrinkled) 않도록 조심스럽게 구부린다.

  ㉢ 튜브의 납작해진 부분이 본래 바깥지름의 75%보다 작으면 안 된다(납작하게 굽힘 가공된 튜브는 피로파괴의 원인이 된다).

### 10년간 자주 출제된 문제

다음 중 튜브 성형 공구가 아닌 것은?

① 가스 토치
② 튜브 커터
③ 튜브 벤더
④ 디버링 공구

**해설**

② 튜브 커터 : 튜브 절단 공구 중 가장 많이 사용된다.
③ 튜브 벤더 : 튜브 굽힘 공구 중 하나로, 지름이 1/4~1/2in일 경우에 사용한다.
④ 디버링 공구 : 공구를 회전시키면서 버(Burr)를 제거한다.

정답 ①

## 핵심이론 17 플레어 및 플레어리스 작업

① **배관의 연결 방법** : 항공기 튜브 및 호스의 연결 방법에는 플레어에 의한 방법, 플레어리스에 의한 방법, 비드와 클램프(Bead & Clamp), 스웨이지 피팅 방법(Swage Fitting) 등이 있다.

② **플레어 작업((Flaring)**
  ㉠ 플레어란 플레어 피팅을 연결할 수 있도록 공구를 이용하여 튜브 끝을 일정한 각도로 벌리는 것으로, 일반적으로 튜브의 지름이 3/4in 이하인 경우에 사용한다.
  ㉡ 단일 플레어는 일반적으로 널리 사용되는 방식이며, 이중 플레어 방식은 심한 진동이나 높은 압력을 받는 배관에 적용하는 방식으로 1/8~3/8in까지의 5052-O와 6061-T 알루미늄 합금 튜브에 적용된다.
  ㉢ 자동차 피팅(45°)과 구분하기 위하여 항공기용 플레어의 각도는 37°를 적용한다.
  ㉣ 단일 플레어 수공구는 그립 다이(Grip Die), 요크(Yoke), 플레어링 핀(Flaring Pin), 고정 핸들(Fixed Handle) 등으로 구성되어 있다.
  ㉤ 이중 플레어 수공구는 단일 플레어 수공구와 유사하나 이중 성형을 위한 어댑터가 별도로 구성되어 있다.
  ㉥ 플레어에 의한 튜브 연결은 튜브, 수나사 피팅(유니언 등), 슬리브(Sleeve), 너트(Nut)가 결합된 구조로 되어 있다.

③ **플레어리스(Flareless) 작업** : 플레어 작업을 하지 않고 튜브 피팅(Tube Fitting)에 곧바로 튜브를 연결하는 방식이다. 플레어 연결 방식보다 안전하고 견고하며 신뢰성이 있어 고압(3,000psi 이상)과 진동이 있는 곳에 주로 사용된다.

④ **튜브 피팅의 종류**

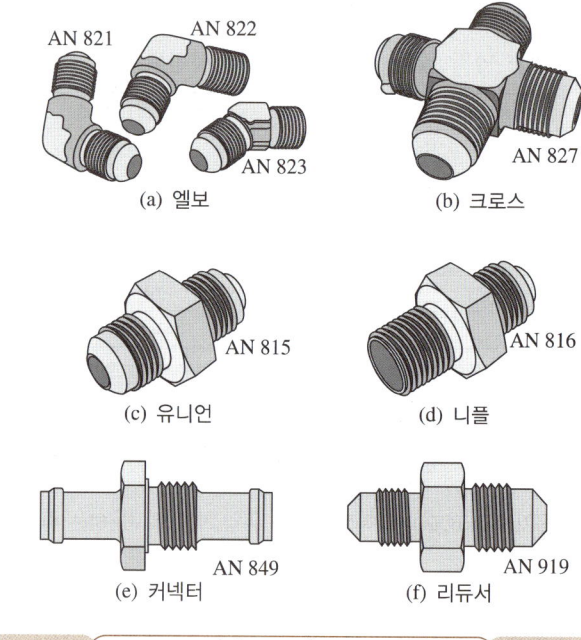

(a) 엘보 — AN 821, AN 822, AN 823
(b) 크로스 — AN 827
(c) 유니언 — AN 815
(d) 니플 — AN 816
(e) 커넥터 — AN 849
(f) 리듀서 — AN 919

---

**10년간 자주 출제된 문제**

항공기용 튜브에 적용되는 플레어의 각도는?
① 37°   ② 45°
③ 60°   ④ 90°

정답 ①

## 핵심이론 18 호스의 종류와 식별 및 규격 표시

① 가요성 호스의 종류
  ㉠ 고무호스 : 합성 고무로 만들며 저압(300psi 이하), 중압(1,500~3,000psi), 고압 호스(3,000psi 이상)로 구분한다.
  ㉡ 테플론 호스
    - 항공기에 사용되는 연료, 석유류, 오일, 알코올, 솔벤트, 냉각제 등 모든 종류의 액체에 영향을 받지 않는다.
    - 진동과 피로에 높은 저항력을 가지고 있으며 강도가 매우 크다.
    - 호스의 사용이 가능한 온도는 54~232℃이다.

② 호스의 식별 및 규격
  ㉠ 호스 번호는 일반적으로 MIL 규격을 적용한다.
  ㉡ 가요성 호스의 크기를 표시하는 방법은 호스의 안지름으로 표시하며, 1in의 16분비로 표시한다. 예를 들면, No.6인 호스는 지름이 $\frac{6}{16}\left(\frac{3}{8}\right)$in인 호스를 의미한다.

MIL-H-8794-SIZE-6-2/92 MFG SYMBOL

| MIL-H-8794 | 호스 번호 |
|---|---|
| -6 | 호스 사이즈 - 6/16(3/8in) |
| 2/92 | 제조 연/분기(92년 2/4분기) |

### 10년간 자주 출제된 문제

항공기 호스의 규격이 다음과 같다면 이 호스의 지름 크기는?

MIL-H-8794-SIZE-6-2/92 MFG SYMBOL

① 0.6in  
② $\frac{3}{8}$in  
③ 0.8794in  
④ 2in

**[해설]**

SIZE-6-2/92에서 숫자 6은 호스 안지름이 6/16in, 즉 3/8in를 뜻하며, 2/92는 호스가 1992년도 2분기에 제작되었음을 표시한다.

**정답** ②

## 핵심이론 19 호스의 장착 방법

| 설치 방법 | 예시 |
|---|---|
| 호스가 꼬이지 않게 설치한다. | |
| 두 피팅 사이에 움직임이 가능하도록 길이의 5~8% 여유 있게 설치한다. | |
| 작동 중에 굽힘이 급격하지 않도록 굽힘 반지름을 크게 설치한다. | |
| 고온부를 피하여 설치하거나 열 차단판(Shroud)을 설치한다. | |
| 작동 범위에 호스가 여유가 있도록 설치한다. | |
| 호스와 호스가 서로 접촉하지 않아야 하며, 서로 구분하기 쉽도록 연결해야 한다. | |

### 10년간 자주 출제된 문제

**다음 중 호스의 장착 방법에 대한 설명으로 옳지 않은 것은?**

① 호스가 꼬이지 않게 설치한다.
② 길이의 5~8% 여유 있게 설치한다.
③ 고온부를 피하여 설치한다.
④ 굽힘 반지름을 최대한 작게 설치한다.

**정답** ④

## 핵심이론 20 턴 버클과 조종 로드

① 턴 버클(Turn Buckle)
  ㉠ 케이블을 연결해 주는 부품으로 조종 케이블의 장력을 조절해 주는 역할도 하며 가운데에 배럴이 있다.
  ㉡ 턴 버클의 양쪽에 각각 오른나사와 왼나사가 있어 이 너트를 오른쪽으로 돌리면 양 끝의 수나사가 안으로 끌리게 되어 막대나 로프 등을 조이는 데 편리하다.
  ㉢ 턴 버클의 안전결선 이용
    • 복선식 : 1/8″ 이상, 단선식 : 1/8″ 이하
    • 안전한 잠김 상태 : 나사산이 3~4개 이상 보여서는 안 된다.
    • 턴 버클 섕크 주위로 와이어를 4회 이상 감는다.
    • 검사구멍에 핀이 들어가서는 안 된다.

② 조종 로드(Control Rod)
  ㉠ 튜브에 로드 단자를 부착한 것으로 직선운동으로 힘을 전달한다.
  ㉡ 재질은 철강 재료나 알루미늄 합금으로 되어 있다.
  ㉢ 양 끝단은 길이 조절을 위해 나사산으로 되어 있고 체크 너트는 피팅이 회전하지 않도록 고정한다.
  ㉣ 압축력에 의한 휨과 진동을 방지하기 위하여 길이를 짧게 제한한다.

### 10년간 자주 출제된 문제

Turn Buckle의 나사는 일반적으로 어떻게 되어 있는가?
① 한쪽은 오른나사, 한쪽은 왼나사
② 양쪽 모두 왼나사
③ 양쪽 모두 오른나사
④ 나사는 한쪽만 있으면 오른나사

**[해설]**
턴 버클(Turn Buckle) : 양쪽에 각각 오른나사와 왼나사가 있어 이 너트를 오른쪽으로 돌리면 양 끝의 수나사가 안으로 끌리게 되어 막대나 로프 등을 조이는 데 편리하다.

정답 ①

## 핵심이론 21 케이블의 장력 측정

① T-5 장력 측정기
  ㉠ 라이저(Riser) : 환산표를 보고 케이블의 지름에 맞는 라이저를 선택한다.
  ㉡ 케이블은 앤빌과 라이저 사이에 고정한다.
  ㉢ 트리거를 아래로 내리면 라이저가 위로 올라오면서 케이블 장력을 측정한다.
  ㉣ 포인터 로크 : ON시키면 측정한 바늘이 고정된다.
  ㉤ 장력 측정기의 눈금값은 환산표(Calibration Card)를 보고 실제 장력값으로 환산한다.

② C-8 장력 측정기
  ㉠ 장력 측정기 손잡이 : 위아래로 내릴 수 있고 아래로 내려서 손잡이 고정 장치(Handle Lock)로 고정시킬 수 있다.
  ㉡ 섹터(Sector)와 플런저(Plunger) : 장력을 측정하고자 하는 케이블을 물리는 부분이다.
  ㉢ 케이블 지름 지시계 : 반시계 방향으로 멈출 때까지 돌리고, 케이블을 물린 후 손잡이를 약간 눌렀다가 천천히 놓으면서 눈금을 고정시킨 후 지시계의 케이블 지름을 읽는다.
  ㉣ 눈금판 : 측정기의 눈금이 표시되어 있으며, 장력 측정 단위는 파운드(lbs)이다.

### 10년간 자주 출제된 문제

다음 중 T-5 장력 측정기에서 볼 수 없는 것은?
① 앤빌
② 라이저
③ 트리거
④ 케이블 지름 지시계

**[해설]**
케이블 지름 지시계는 C-8 장력 측정기에 해당한다.

정답 ④

## 핵심이론 22 케이블 검사

① 조종 케이블의 상태 검사
  ㉠ 조종 케이블의 와이어 잘림, 마멸, 부식 등을 검사한다.
  ㉡ 케이블의 잘린 선을 검사할 때는 천으로 케이블을 감싸고 밀어내면서 검사한다.
  ㉢ 풀리와 페어리드(Fairlead)에 닿는 부분을 세밀히 검사한다.
    ※ 케이블의 피닝(Peening) : 케이블이 반복하여 페어리드 등에 부딪히면 케이블이 닿았던 곳만 마모되어 평평하게 넓어지면서 그 부분만 부분적으로 가공경화를 일으키고 피로가 일어나는 상태가 된다.
  ㉣ 7×7 케이블은 1in당 3가닥, 7×19 케이블은 1in당 6가닥 이상 잘렸으면 교환해야 한다.

② 조종 케이블 손상의 종류
  ㉠ 와이어 절단 : 페어리드 및 풀리 등의 케이블이 통과하는 부분은 케이블 손상이나 와이어 절단이 발생하기 쉬운 부분이다.
  ㉡ 마모
  ㉢ 부식
  ㉣ 킹크 케이블(Kink Cable) : 와이어나 스트랜드가 굽어져 영구 변형되어 있는 상태로, 케이블을 교환해야 한다.
  ㉤ 버드 케이지(Bird Cage) : 케이블이 부분적으로 풀려 새장처럼 부푼 상태로, 항공기에 장착되어 있을 때처럼 장력이 작용하고 있는 상태에서는 발생하지 않는다.

③ 조종 케이블의 세척
  ㉠ 케이블의 고착되지 않은 녹, 먼지 등은 마른 헝겊을 이용해서 닦아낸다.
  ㉡ 증기 그리스 제거, 수증기 세척, 메틸에틸케톤(MEK) 또는 그 외의 용제를 사용할 경우에는 케이블 내부의 윤활유까지 제거하기 때문에 사용해서는 안 된다.

④ 조종 케이블의 윤활
  ㉠ 케이블 윤활은 마모 방지, 방청, 동결 방지를 목적으로 한다.
  ㉡ 케이블 세척 후에는 윤활유를 칠해 주어야 하지만 과도한 윤활유는 모래나 먼지가 달라붙을 수 있고, 케이블 마모의 원인이 될 수 있으므로 주의해야 한다.
  ㉢ 솔벤트나 케로신을 사용하여 세척하면 케이블 내부의 방청유가 제거되어 녹이 발생할 수 있다.

---

**10년간 자주 출제된 문제**

**다음 중 와이어나 스트랜드가 굽어져 영구 변형되어 있는 상태의 손상은?**

① 마모
② 부식
③ 킹크 케이블
④ 버드 케이지

**[해설]**
③ 킹크 케이블(Kink Cable) : 와이어나 스트랜드가 굽어져 영구 변형되어있는 상태로, 케이블을 교환한다.
④ 버드 케이지(Bird Cage) : 케이블이 부분적으로 풀려 새장처럼 부푼 상태로, 항공기에 장착되어 있을 때처럼 장력이 작용하고 있는 상태에서는 발생하지 않는다.

**정답 ③**

## 핵심이론 23  케이블의 종류 및 연결

① 조종 케이블의 종류
- ㉠ 케이블은 가닥수에 따라 7×7 케이블, 7×19 케이블, 1×7 케이블, 1×19 케이블 등으로 구분한다.
- ㉡ 항공기에는 주로 7×19 케이블을 사용한다.
- ㉢ 케이블의 재질은 탄소강이 일반적이며 부식 방지를 위하여 표면에 아연이나 주석으로 도금한다.

② 케이블 단자의 연결 방법
- ㉠ 스웨이징 연결 방법(Swaging Terminal) : 스웨이징 케이블 단자 속에 케이블을 끼우고 스웨이징 공구와 유압기계로 압착하여 케이블을 결합하는 방법으로, 원래 강도의 100%를 보장한다.
- ㉡ 5단 엮기 연결 방법(5-Tuck Woven Splice) : 케이블을 손으로 엮은 후 철사로 감싸 결합하는 방법이다. 케이블의 지름이 3/32in 이상인 경우에 사용하며, 원래 강도의 75%를 보장한다.
- ㉢ 납땜 이음 연결 방법(Wrap Solder Cable Splice) : 납땜액이 케이블 사이에 스며들게 하는 방법으로, 케이블의 지름이 3/32in 이하인 경우에 사용한다. 원래 강도의 90%를 보장하지만, 고온 부분에 사용해서는 안 된다.
- ㉣ 니코프레스 연결 방법 : 케이블 주위에 구리로 된 니코프레스 슬리브를 특수 공구로 압착하여 케이블을 결합하는 방법으로, 원래 강도의 100%를 보장한다.

③ 케이블 작업 시 팁
- ㉠ 케이블을 자를 때에는 절단면에 테이프를 감는다(절단 후 케이블이 풀리는 것을 방지한다).
- ㉡ 스웨이징 작업 시 케이블을 약간 굽혀서 끼워 넣는다(스웨이징 작업이 이루어지는 동안 터미널 안쪽에서 잡아 주기 위한 충분한 마찰력을 제공한다).

### 10년간 자주 출제된 문제

스웨이징 연결 방법은 원래 케이블 강도의 몇 %를 보장하는가?
① 70
② 80
③ 90
④ 100

**해설**

**스웨이징 연결 방법**(Swaging Terminal) : 스웨이징 케이블 단자 속에 케이블을 끼우고 스웨이징 공구와 유압기계로 압착하여 케이블을 결합하는 방법으로, 원래 강도의 100%를 보장한다.

정답 ④

## 핵심이론 24  동체의 구조

① 트러스형 동체 : 세로대를 동체 단면의 네 모서리에 앞뒤 방향으로 설치하고, 수평 부재, 수직 부재 및 대각선 부재 등으로 트러스를 만든 다음, 그 위에 외피인 우포나 얇은 금속판을 씌운 구조이다.

② 응력 외피형 동체 : 외피가 항공기의 형태를 이루면서 항공기에 작용하는 하중의 일부분을 담당하기 때문에 응력 외피형 동체라고 한다.
  ㉠ 모노코크 구조 : 정형재와 벌크헤드 및 외피로 구성되며, 대부분의 하중을 외피가 담당한다.
  ㉡ 세미모노코크 구조 : 모노코크 구조에 프레임과 세로대, 스트링어 등을 보강하고, 그 위에 외피를 얇게 입힌 구조이다.

③ 샌드위치 구조 : 항공기 복합소재 중 강성이 있는 판 두장 사이에 가벼운 코어를 끼워 접착하여 만든 구조이다. 굽힘하중과 피로하중에 강하며, 항공기의 무게를 감소시킨다.

④ 페일 세이프(Fail-Safe) 구조 : 균열이 더 이상 확대되지 않도록 순간적으로 파열력을 분산시키는 구조의 특수 내장재가 외판을 지지하도록 설계되어 있는 것이다.

---

### 10년간 자주 출제된 문제

**모노코크(Monocoque) 구조인 동체에서 외피(Skin)의 가장 중요한 역할은?**

① 모양을 형성하는 외형구조물로 힘을 받지 않는다.
② 대기의 압축력만 견디는 구조물이다.
③ 대부분의 하중을 외피가 담당한다.
④ 인장력만 담당하는 구조물이다.

**해설**

**모노코크 구조(Monocoque Structure)**
- 하중 대부분 외피(Skin)가 담당하는 구조
- 구성 : 외피, 벌크헤드, 정형재
- 장점 : 내부 공간 마련이 쉽다.
- 단점 : 외피의 두께가 두꺼워 무겁고 균열 등의 작은 손상에도 구조 전체를 약화시킨다.

**정답** ③

## 핵심이론 25  항공기 주날개

① 항공기 날개
- ㉠ 날개를 구성하는 주요 구성 부재 : 리브(Rib), 스트링어(Stringer), 외피(Skin), 날개보(Spar)
- ㉡ 리브(Rib) : 날개 단면이 공기 역학적인 날개골(Airfoil)을 유지하도록 날개의 모양을 형성해주며, 날개 외피에 작용하는 하중을 날개보에 전달하는 역할을 한다.
- ㉢ 스트링어(Stringer) : 날개의 휨 강도나 비틀림 강도를 증가시켜 주는 역할을 하며 날개의 길이 방향으로 리브 주위에 배치되는 부재

② 고양력 장치
- ㉠ 크루거 플랩(Krueger Flap) : 앞전 플랩의 한 종류로 날개 밑면에 접혀져 날개의 일부를 구성하고 있으나, 조작하면 앞쪽으로 꺾여 구부러지고 앞전 반지름을 크게 하는 효과를 얻는 장치
- ㉡ 스플릿 플랩 : 뒷전 플랩 중 하나로 날개의 일부가 쪼개진 모양으로 내림으로써 날개 윗면의 흐름을 강제적으로 빨아들여 흐름의 떨어짐을 지연시키는 플랩
- ㉢ 탭 : 조종면의 뒷전 부분에 부착시키는 작은 플랩의 일종으로 큰 받음각에서 캠버를 증가시켜 수평꼬리날개의 효율을 증가시키는 역할을 하는 장치
- ㉣ 파울러 플랩 : 플랩의 종류 중 캠버의 증가뿐만 아니라 날개의 면적까지 증가되어 양력의 증가가 가장 큰 형태의 플랩
- ㉤ 앞전 플랩(Flap) : 슬롯과 슬랫, 크루거 플랩, 드루프 앞전
- ㉥ 뒷전 플랩 : 파울러 플랩, 스플릿 플랩

③ 스포일러
- ㉠ 착륙 시 항력을 증가시켜 착륙거리를 단축시킨다.
- ㉡ 고속 비행 중 대칭적으로 작동하여 에어브레이크의 기능을 한다.
- ㉢ 도움날개와 연동하여 작동하면서 도움날개의 역할을 보조한다.

### 10년간 자주 출제된 문제

**25-1. 날개 외피에 작용하는 하중을 전달하며, 공기 역학적인 날개골(캠버)을 유지시키는 날개 구조 부재는?**

① 리브   ② 벌크헤드
③ 날개보  ④ 스트링어

**25-2. 앞전 플랩(Flap)의 종류가 아닌 것은?**

① 슬롯과 슬랫   ② 크루거 플랩
③ 드루프 앞전   ④ 파울러 플랩

|해설|

25-1
② 벌크헤드 : 동체가 비틀림 하중에 의해 변형되는 것을 막아주며, 동체에 작용하는 집중 하중을 외피로 전달하여 분산시키기도 한다.
③ 날개보 : 날개에 작용하는 하중의 대부분을 담당
④ 스트링어 : 날개의 휨 강도나 비틀림 강도를 증가시켜 주는 역할

25-2
파울러 플랩, 스플릿 플랩은 뒷전 플랩에 속한다.

정답 25-1 ①  25-2 ④

## 핵심이론 26 꼬리날개

① T형 꼬리날개는 동체의 후류로부터 영향을 받지 않아 꼬리날개의 공기 흐름을 양호하게 하고 꼬리날개에서 발생하는 진동을 감소시킨다.
② 수평 안정판은 비행 중 항공기의 세로 안정성을 담당한다.
③ 꼬리날개는 항공기의 안정을 유지하고 기체의 자세나 비행 방향을 변화시키는 역할을 한다.
④ 도살 핀은 방향 안정성 증가가 목적이지만 가로 안정성 증가에도 도움이 된다.

**10년간 자주 출제된 문제**

항공기 날개에 앞내림(Wash Out)을 주는 직접적인 이유는?
① 날개의 방빙을 위하여
② 양력을 증가시키기 위하여
③ 세로 안정성을 좋게 하기 위하여
④ 실속이 날개뿌리에서부터 시작하도록 하기 위하여

|해설|

**워시 아웃(Wash Out)** : 날개 끝으로 감에 따라 받음각이 작아지도록 날개에 앞 내림을 줌으로서 실속이 날개뿌리에서부터 시작하도록 하는 것이다.

정답 ④

## 핵심이론 27 착륙장치

① 착륙장치
  ㉠ 착륙장치의 주요 구성품 : 바퀴, 제동장치, 충격흡수장치
  ㉡ 랜딩 기어의 부주의한 접힘을 방지하는 안전 장치 : 다운 로크(Down Lock), 안전 스위치, 그라운드 로크(Ground Lock)
  ㉢ 브레이크의 분류 : 작동과 구조형식에 따른 분류
    • 팽창 튜브식, 싱글 디스크식 : 소형 항공기에 사용
    • 멀티 디스크식, 시그먼트 로터식 : 대형 항공기에 사용
  ㉣ 항공기의 바퀴에 장착되어 있는 퓨즈 플러그의 주된 역할은 부적절한 브레이크 사용으로 과열 시 타이어를 보호한다.
  ㉤ 타이어의 호칭치수는 타이어의 폭, 타이어의 안지름 또는 바깥지름 및 플라이수로 표시한다.
② 착륙장치 관련 용어
  ㉠ 사이드월(Sidewall) : 항공기용 타이어 구조에서 코드가 손상을 받거나 노출되는 것을 방지하기 위하여 코드바디의 측면을 일차적으로 덮는 역할을 한다.
  ㉡ 시미(Shimmy) : 항공기가 지상 활주 중 지면과 타이어 사이의 마찰에 의하여 착륙장치의 바퀴선 회축 좌우 방향으로 진동이 발생하는데 이 진동을 시미라 한다.
  ㉢ 안티스키드 장치 : 착륙 시 브레이크 효율을 높이기 위하여 미끄럼이 일어나는 현상을 방지하는 장치
  ㉣ 제동 평형 로드(Break Equalizer Load) : 착륙 시 항공기 무게가 지면에 가해지는 앞·뒤 바퀴의 달라진 하중을 균등하게 작용하도록 하는 장치

ⓜ 카커스(Carcass) : 타이어의 뼈대가 되는 가장 중요한 부분으로서 플라이(Ply)라 부르는 섬유층 전체를 말한다.
ⓗ 정(+)의 캠버(Camber) : 양쪽의 주바퀴 아래쪽 폭이 위쪽 폭보다 좁은 상태를 일컫는 용어

### 10년간 자주 출제된 문제

**27-1. 랜딩 기어의 부주의한 접힘을 방지하는 안전 장치가 아닌 것은?**

① 다운 로크(Down Lock)
② 안전 스위치
③ 시미 댐퍼(Shimmy Damper)
④ 그라운드 로크(Ground Lock)

**27-2. 착륙 시 브레이크 효율을 높이기 위하여 미끄럼이 일어나는 현상을 방지시켜주는 것은?**

① 오토 브레이크
② 조향 장치
③ 팽창 브레이크
④ 안티스키드 장치

|해설|

**27-1**
시미 댐퍼(Shimmy Damper)는 앞착륙장치에서 불안전한 공진 현상을 방지하는 장치이다.

**27-2**
**안티스키드 장치** : 항공기가 착륙 접지하여 활주 중에 갑자기 브레이크를 밟으면 바퀴에 제동이 걸려 회전하지 않고 지면과 마찰을 일으키면서 타이어에 마찰이 생기게 되어 미끄러진다. 이러한 현상을 스키드(Skid)라 하는데 스키드가 일어나면서 타이어가 부분적으로 닳게 되어 터지는 것을 방지하는 장치이다.

정답 27-1 ③ 27-2 ④

## 핵심이론 28 기관 마운트 및 나셀

① 기관 마운트 : 기관의 무게를 지지하고 기관의 추력을 기체에 전달한다.
② 나셀
  ㉠ 항공기 기체에서 나셀(Nacelle)이란 기체에 장착된 기관을 둘러싼 부분이다.
  ㉡ 나셀의 카울링 입구에는 방빙장치가 되어 있어 얼음이 어는것을 방지한다.
  ㉢ 나셀 뒤쪽에는 활주거리를 감소시키기 위해 역추력장치가 장착되어 있다.

### 10년간 자주 출제된 문제

**항공기 기관 마운트의 역할에 대한 설명으로 가장 옳은 것은?**

① 기관의 무게를 지지하고 기관의 추력을 기체에 전달한다.
② 항공기의 착륙장치를 지지 수용한다.
③ 보조날개를 지지하여 항공기의 선회를 도모한다.
④ 동체와 날개의 연결부로 날개의 하중을 지지한다.

|해설|

**기관 마운트의 역할** : 구조적으로 기관을 항공기 기체에 장착시키는 구조재

정답 ①

## 핵심이론 29  여압 및 공기 조화 계통

① 동체 여압실의 압력 유지 방법
  ㉠ 기체의 내부와 외부 밀폐를 위한 스프링과 고무실(Seal)에 의한 방법
  ㉡ 조종 로드의 통과 부분에 그리스와 와셔 등의 실(Seal)을 사용한 기밀 유지 방법
  ㉢ 고무 콘을 사용하여 기체 내부와 외부를 밀폐시키는 방법
② 벌크헤드(Bulkhead)
  ㉠ 동체가 비틀림에 의해 변형되는 것을 막아준다.
  ㉡ 프레임, 링 등과 함께 집중 하중을 받는 부분으로부터 동체의 외피로 응력을 확산시킨다.
  ㉢ 날개, 착륙장치 등의 장착부를 마련해 주는 역할을 한다.
  ㉣ 벌크헤드는 동체 앞, 뒤에 하나씩 있는데 이것은 여압실 동체에서 객실 내의 압력을 유지하기 위하여 밀폐하는 격벽판으로 이용되기도 한다.
③ 윈드실드 패널 : 조종실 앞쪽의 창문은 여압에 견딜 수 있으며, 외부 이물질이 충돌하더라도 손상되지 않는 구조와 강도를 가져야 하는데 이런 구조의 부재를 윈드실드 패널이라 한다.
④ 공기조화계통의 주된 기능 : 가열공기의 공급, 객실 내의 환기, 냉각공기의 공급 등

### 10년간 자주 출제된 문제

**여압계통의 차압(Differential Pressure)은 다음 중에서 어느 것에 가장 큰 제한을 받는가?**
① 사람의 인내심   ② 기체 강도
③ 가압장치의 능력   ④ 항공기 항속거리

**|해설|**
비행고도와 객실고도와의 차이로 인하여 기체 외부와 내부에는 다른 압력이 작용하는데 이 압력차를 차압이라 하며 비행기 구조가 견딜 수 있게 차압은 설계할 때 정해지게 된다.

**정답** ②

## 핵심이론 30  제빙 및 방빙 계통

① 항공기의 결빙으로 발생되는 현상 : 항력 증가, 양력 감소, 성능 저하
② 항공기의 방빙방법
  ㉠ 화학적 방빙 계통 : 프로펠러 깃, 윈드실드 등에 알코올을 분사하여 어는점을 낮추어 방빙
  ㉡ 열적 방빙 계통 : 날개 앞전 등의 내부에 가열공기를 통과시켜 방빙
  ㉢ 전기적 방빙 계통 : 전열기를 이용하여 방빙
③ 방빙장치(Anti Icing System) : 전열식과 가열공기식이 있으며 항공기의 앞전을 미리 가열하여 결빙을 방지하는 계통
④ 제빙 장치 공기 펌프 : 제빙 부츠를 팽창시키기 위한 공기를 공급하는 부품

### 10년간 자주 출제된 문제

**항공기 제트 기관의 구성품 중 방빙장치가 장착되어 있는 부분은?**
① 엔진 앞 카울링(Engine Front Cowling)
② 장착 장치(Landing Gear)
③ 기관 마운트(Engine Mount)
④ 역추력 장치(Trust Reverse)

**|해설|**
기관의 열 방빙장치
- 왕복기관에서 결빙되는 부분은 기화기 및 연소용 공기흡입구이다.
- 나셀이나 기관 카울(Cowl)은 가스터빈 기관이나 터보프롭 등 기관에서 결빙되기 쉽다.

**정답** ①

# CHAPTER 04 항공엔진

**핵심키워드** 항공기엔진의 기본이론, 작동원리, 구조를 파악하고 항공기엔진의 부품에 대한 세척방법과 여러 계통의 점검 및 검사방법에 대해 이해해야 한다.

## 핵심이론 01 열역학 기초 이론과 사이클

① 비열은 어떤 물질 1kg을 1℃ 올리는 데 필요한 열량(1cal)을 말하며, 비열 단위는 kcal/kg·℃이다.

② 압력은 단위 면적에 작용하는 힘의 수직 분력이다. 압력 단위는 kgf/cm², Pa, psi, bar, mmHg 등이다.

③ 물질의 비체적은 단위 질량당 체적이다. 비체적 단위는 m³/kg이다.

④ 밀도는 단위 체적당 질량이다. 밀도 단위는 kg/m³이다.

⑤ 이상기체 상태방정식

$PV = nRT$

여기서, $P$ : 압력
$V$ : 부피
$n$ : 기체의 몰수
$R$ : 기체상수
$T$ : 온도(K)

⑥ 정적비열 : 체적을 일정하게 유지시키면서 단위 질량을 단위 온도로 올리는 데 필요한 열량

⑦ 오토 사이클(정적 사이클) : 항공기용 왕복기관의 기본 사이클
   ㉠ 2개의 단열과정과 2개의 정적과정으로 이루어진다.
   ㉡ 단열압축 → 정적가열 → 단열팽창 → 정적방열

⑧ 브레이턴 사이클(정압 사이클) : 가스터빈의 이상적인 열역학적 사이클
   ㉠ 2개의 단열과정과 2개의 정압과정으로 이루어진다.
   ㉡ 항공기용 가스터빈 기관의 사이클

⑨ 사바테 사이클 : 2개의 단열, 정적과정, 1개의 정압과정(정적, 정압 사이클)

### 10년간 자주 출제된 문제

**1-1.** 다음 중 압력을 표시하는 단위가 아닌 것은?
① N/m²
② mmHg
③ lb-in
④ hPa

**1-2.** 브레이턴 사이클에 대한 설명으로 옳은 것은?
① 압축기의 이상적인 사이클이다.
② 가스터빈 기관의 이상적인 사이클이다.
③ 왕복기관의 이상적인 열팽창 사이클이다.
④ 왕복기관과 가스터빈 기관 등의 실제동력기관 사이클이다.

**해설**

**1-1**
압력 : 단위면적 1cm²(또는 1in²)에 작용하는 힘(kg)(또는 lb), 단위는 kg/cm², lb/in² 등

**정답** 1-1 ③　1-2 ②

## 핵심이론 02 항공기 엔진의 분류

① 기관의 분류
  ㉠ 사용연료에 따른 분류 : 가솔린 엔진, 디젤엔진
  ㉡ 피스톤 운동방식에 따른 분류 : 왕복엔진, 회전엔진
  ㉢ 사이클에 따른 분류 : 2행정기관, 4행정기관
  ㉣ 연료분사방식에 따른 분류 : 카뷰레터식 연료분사장치, 전자식 연료분사장치
  ㉤ 실린더의 수와 배열에 따른 분류 : 대향형 기관, 성형 기관
  ㉥ 연소방식에 의한 분류 : 정적사이클, 정압사이클, 복합사이클
  ㉦ 점화방식에 의한 분류 : 스파크 점화식, 압축 착화식

② 가스터빈 기관의 종류
  ㉠ 터보팬 기관
    • 연료 소비율이 적고, 아음속에서 효율이 좋다.
    • 대형 여객기 및 군용기에 널리 사용된다.
  ※ 터보팬 기관에서의 바이패스 비 : 가스발생기를 통과한 공기의 유량과 팬을 통과한 공기유량과의 비
  ㉡ 터보프롭 기관 : 가스터빈의 출력을 축 동력으로 빼낸 다음, 감속 기어를 거쳐 프로펠러를 구동하여 추력을 얻는다. 중속, 중고도 비행에서 큰 효율을 얻을 수 있다.
  ㉢ 터보제트 기관 : 적은 소량의 공기를 고속으로 분출시켜 큰 출력을 얻을 수 있으며 초음속에서 우수한 성능을 나타낸다.
  ㉣ 터보축 기관 : 가스터빈의 출력을 100% 모두 축동력으로 발생시킬 수 있도록 설계된 기관으로 주로 헬리콥터용 동력 장치로 사용된다.

### 10년간 자주 출제된 문제

**2-1.** 항공기기관을 동력이 발생되는 방법에 따라 분류한 것은?
① 공랭식 기관, 액랭식 기관
② 대향형 기관, 성형 기관
③ 왕복 기관, 가스터빈 기관
④ 소형 기관, 대형 기관

**2-2.** 다음 중 터보팬 기관에 대한 설명으로 틀린 것은?
① 연료 소비율이 적다.
② 아음속에서 효율이 좋다.
③ 헬리콥터의 회전 날개에 가장 적합하다.
④ 대형 여객기 및 군용기에 널리 사용된다.

|해설|

**2-1**
① 냉각방식에 의한 분류
② 실린더 배열에 따른 분류

**2-2**
헬리콥터 엔진으로 사용되는 기관은 터보 샤프트 기관이다.

정답 2-1 ③  2-2 ③

# 핵심이론 03  실린더와 밸브 기구

① 실린더
  ㉠ 왕복기관의 실린더 압축시험에서 시험을 할 실린더의 피스톤 위치 : 압축상사점
  ㉡ 피스톤 랜드 : 피스톤에서 피스톤 링이 끼워지는 홈과 홈 사이
    ※ 피스톤 헤드의 모양에 따라 평형(Flat), 오목형(Recessed), 컵형(Cup, Concave), 볼록형(Dome, Convex), 모서리 잘린 원뿔형(Truncated Cone)이 있다.

② 밸브 기구
  ㉠ 밸브 지연과 밸브 앞섬은 크랭크 축의 회전각도로 표시한다.
  ㉡ 배기 밸브(Exhaust Valve) 내에 냉각 효과를 얻기 위하여 들어가는 물질은 금속나트륨이다.
  ㉢ 밸브간극은 로커 암과 밸브 스템 사이에 조금의 여유를 두는 것으로서 이 간격이 없으면 밸브가 닫힐 때 밸브가 알맞게 닫히지 않는다.
  ㉣ 밸브
    - 밸브 앞섬(Valve Lead) : 흡입밸브가 상사점 전에 열리는 것
    - 밸브간격 : 밸브간극이 너무 크면 밸브가 늦게 열리고 빨리 닫히게 되어 밸브 오버랩이 줄어들게 되고, 밸브간격이 너무 작다면 밸브가 빨리 열리고 늦게 닫히게 된다.
    - 흡입밸브가 열리는 시기를 상사점 전 10~25°로 하는 주된 이유는 배기가스가 밖으로 나가는 배출관성을 이용하여 흡입효과를 높이기 위해서이다.
  ㉤ 밸브기구의 구성품
    - 캠 : 밸브 리프팅(Lifting) 기구를 작동시키는 장치
    - 밸브 리프터 또는 태핏 : 캠의 힘을 푸시로드로 전달하는 장치
    - 푸시로드 : 밸브 리프터의 움직임을 전달하는 로드 또는 튜브
    - 로커 암 : 밸브를 열고 닫게 하며 실린더 헤드에 장착되어 있다.

### 10년간 자주 출제된 문제

**3-1.** 배기 밸브의 밸브간격을 냉간 간격으로 조절해야 하는데 열간 간격으로 조절하였을 경우 배기 밸브의 개폐시기로 옳은 것은?

① 늦게 열리고, 일찍 닫힌다.
② 늦게 열리고, 늦게 닫힌다.
③ 일찍 열리고, 늦게 닫힌다.
④ 일찍 열리고, 일찍 닫힌다.

**3-2.** 실린더 헤드에 장착되어 있는 밸브 구성품 중에서 한쪽 끝은 밸브 스템에 접촉되어 있고, 다른 한쪽 끝은 푸시로드와 접촉되어 밸브를 열고 닫게 하는 구성품은?

① 캠
② 밸브 스프링
③ 밸브
④ 로커 암

**|해설|**

**3-1**
밸브간격이 너무 크다면 밸브가 늦게 열리고 빨리 닫히게 되어 밸브 오버랩이 줄어들게 되고, 밸브간격이 너무 작다면 밸브가 빨리 열리고 늦게 닫히게 된다.

**3-2**
밸브는 실린더 아래쪽으로 움직여야 열리므로, 푸시로드의 움직임을 반대 방향으로 바꿔주는 로커 암이 필요하다.

**정답** 3-1 ① 3-2 ④

## 핵심이론 04 왕복엔진 피스톤 링

① 피스톤 링의 기능
  ㉠ 연소실 내의 압력을 유지하기 위해 밀폐한다.
  ㉡ 과도한 윤활유가 연소실로 들어가는 것을 방지한다.
  ㉢ 피스톤의 열을 실린더에 전달한다.
  ㉣ 실린더 벽에 윤활유를 공급한다.
  ㉤ 가스의 누설을 방지한다.
  ※ 왕복엔진의 실린더 내에서 피스톤이 이동한 거리를 행정(Stroke)이라 한다.

② 피스톤 링의 종류
  ㉠ 압축링 : 기관 작동 시 가스가 피스톤을 지나 누설되는 것을 방지하기 위한 것
  ㉡ 오일링 : 실린더 벽에 공급되는 윤활유의 양을 조절하고, 윤활유가 연소실로 들어가는 것을 방지하는 것
    • 오일 조절 링 : 실린더 벽에 유막의 두께를 조종하는 역할, 즉 압축 링 바로 밑 홈에 장착되며, 여분의 오일을 피스톤의 안쪽 구멍으로 내보내어 실린더 벽면에 유막의 두께를 조절하는 역할을 한다.
    • 오일 와이퍼 링, 오일 스크레이퍼 링 : 피스톤 스커트와 실린더 벽 사이에 흐르는 오일의 양을 조절

### 10년간 자주 출제된 문제

**왕복엔진에서 피스톤 링의 기능이 아닌 것은?**
① 열전도 작용
② 누설방지 작용
③ 충격흡수 작용
④ 윤활유 조절 작용

**|해설|**

**피스톤 링의 기능**
• 연소실 내의 압력을 유지하기 위한 밀폐기능
• 과도한 윤활유가 연소실로 들어가는 것을 막는 방지기능
• 피스톤으로부터 실린더 벽으로 열을 전도하는 기능
• 가스 누설방지 기능

**정답** ③

## 핵심이론 05 왕복엔진 시동 및 점화계통

① 항공기 왕복엔진을 시동한 후 제일 먼저 점검해야 되는 것은 오일 압력이다.
② 프라이머(Primer) : 항공용 왕복엔진을 시동할 때, 직접 연료를 분사시켜 농후한 혼합가스를 만들어 줌으로써 시동을 쉽게 하는 장치이다.
③ 보조점화장치 : 부스터 코일, 임펄스 커플링, 유도바이브레이터, 점화부스터 등
④ 왕복엔진의 점화플러그
  ㉠ 점화플러그의 절연체는 중심 전극을 보호한다.
  ㉡ 플러그의 온도가 너무 높으면 조기점화를 일으킨다.
  ㉢ 점화플러그는 주로 전극, 절연체, 몸통으로 구성되어 있다.
  ㉣ 고온 플러그는 나사산의 길이가 짧은 것으로, 냉각이 잘 되지 않기 때문에 냉각이 잘 되는 엔진 혹은 작동 온도가 높지 않은 엔진에 사용하여야 한다. 그러므로 저압축비의 기관에 사용하여야 한다.
⑤ 점화시기
  ㉠ 내부 점화시기 조정 : 마그네토의 E-갭(Gap) 위치와 브레이커 포인터가 열리는 순간 맞춤
  ㉡ 외부 점화시기 조정 : 마스터 실린더가 점화진각에 있을 때 크랭크 축의 위치와 마그네토의 점화시기를 일치시키는 것

### 10년간 자주 출제된 문제

**항공용 왕복엔진을 시동할 때, 직접 연료를 분사시켜 농후한 혼합가스를 만들어 줌으로써 시동을 쉽게 하는 장치는?**

① 프라이머(Primer)
② 부스터 펌프(Booster Pump)
③ 다이내믹 댐퍼(Dynamic Damper)
④ 인덕션 바이브레이터(Induction Vibrator)

**[해설]**

프라이머는 엔진을 시동할 때에 흡입밸브 입구나 실린더 안에 연료탱크로부터 프라이머 펌프를 통하여 직접 연료를 분사시켜 농후한 혼합가스를 만들어 줌으로써 시동을 쉽게 하는 장치이다.

**정답** ①

## 핵심이론 06 왕복엔진 냉각계통

① 냉각 핀 : 냉각 면적을 넓게 하여 열을 대기 중으로 방출하여 냉각을 촉진, 즉 실린더 외부에 지느러미 모양의 얇은 판을 부착하여 표면적을 넓혀 열 발산이 잘 되도록 한 장치이다.
② 배플 : 항공엔진의 냉각 계통 중에서 실린더의 위치에 관계없이 공기를 고르게 흐르도록 유도하여 냉각효과를 증진하는 역할을 한다.
③ 카울 플랩 : 냉각공기의 유량을 조절함으로써 엔진의 냉각효과를 조절하는 장치

### 10년간 자주 출제된 문제

**공랭식 왕복엔진의 구성품에 대한 설명으로 가장 적당한 것은?**
① 라이너는 냉각공기의 흐름 방향을 유도한다.
② 카울 플랩은 냉각공기가 넓게 흐르도록 유도한다.
③ 배플은 엔진으로 유입되는 냉각공기의 흐름량을 조절한다.
④ 냉각 핀의 재질은 실린더 헤드와 같은 재질로 제작한다.

|해설|

**공랭식 왕복엔진**
- 냉각 핀 : 실린더로부터 열을 흡수하여 대기 중으로 방출
- 카울 플랩 : 항공기 엔진의 작동온도 조절
- 배플 : 공기가 실린더 주위로 고르게 흐르도록 유도하여 냉각효과 증대

**정답** ④

## 핵심이론 07 가스터빈엔진 시동 계통

① 가스터빈엔진 시동 방식 : 대형 가스터빈엔진에 일반적으로 많이 사용되는 시동기(Starter)는 뉴매틱형(Pneumatic Type) 시동기이다.
② 공기터빈식 시동기 특징
  ㉠ 전기식에 비해 가벼우며 대형기에 많이 쓰인다.
  ㉡ 많은 양의 압축 공기를 필요로 한다.
  ㉢ 압축 공기의 공급원은 APU, 지상 시동보조장치, 다발 항공기인 경우에는 작동중인 엔진의 블리드 공기 등이다.
③ 가스터빈엔진의 비정상 시동
  ㉠ 과열시동 : 배기가스 온도(EGT)가 규정 한곗값 이상으로 증가하는 현상
  ㉡ 결핍시동 : 엔진의 회전수(RPM)가 완속회전수에 도달하지 못하는 상태
  ㉢ 시동불능 : 규정된 시간 안에 시동되지 않는 현상
④ 가스터빈엔진의 시동 절차
  점화 스위치 'ON' → 연료 공급 → 불꽃 발생 → 자립 회전 속도 도달 → 점화 스위치 'OFF' → 시동기 'OFF' → 아이들 rpm

### 10년간 자주 출제된 문제

**7-1.** 현대 대형 항공기에서 일반적으로 많이 쓰이는 시동기 형식은?

① 전동기식
② 시동기-발전기식
③ 공기터빈식
④ 가스터빈식

**7-2.** 엔진 시동 시 과열시동에 대한 설명으로 가장 올바른 것은?

① 시동 중 윤활유 압력이 규정된 한곗값을 초과하는 현상
② 시동 중 EGT가 규정된 한곗값을 초과하는 현상
③ 시동 중 RPM이 규정된 한곗값을 초과하는 현상
④ 엔진 압력비가 규정된 한곗값을 초과하는 현상

|해설|

**7-2**
과열시동(Hot Start) : 농후한 공기-연료 혼합비에 의해 지정된 한계치 이상으로 배기가스 온도가 상승하는 불만족스러운 시동

정답 7-1 ③ 7-2 ②

## 핵심이론 08 가스터빈엔진 점화 장치

① 가스터빈엔진 점화계통 종류

㉠ 유도형 점화계통 : 초창기 가스터빈엔진의 점화장치로 점화 계전기와 변압기 등으로 구성되었다.
 • 직류 유도형 점화장치
 • 교류 유도형 점화장치 : 가스터빈엔진의 점화장치 중에서 가장 간단한 점화장치

㉡ 용량형 점화계통 : 대부분의 가스터빈엔진에 사용하며, 콘덴서와 저항기, 바이브레이터, 블리더 저항 등으로 구성되었다.
 • 직류 고전압 용량형 점화장치
 • 교류 고전압 용량형 점화장치

② 가스터빈 점화계통의 왕복엔진과의 차이점

㉠ 시동할 때만 점화가 필요
㉡ 점화시기 조절장치가 없어 구조와 작동이 간편
㉢ 점화기의 교환이 빈번하지 않다.
㉣ 점화기가 엔진 전체에 두 개 정도만 필요
㉤ 교류전력을 이용할 수 있다.

### 10년간 자주 출제된 문제

다음 중 유도형 점화계통에서 변압기의 역할로 옳은 것은?

① 고전압 유도
② 점화기의 방전 방지
③ 고저항 유도
④ 점화기의 승압 방지

|해설|
유도형 점화계통은 점화 계전기와 변압기로 구성되며, 변압기는 이그나이터의 넓은 간극 사이에 점화 불꽃이 일어나도록 높은 전압을 유도시키는 역할을 한다.

정답 ①

## 핵심이론 09 세척의 목적과 종류

① 부품 세척의 목적
  ㉠ 부품의 성능과 품질을 유지한다.
  ㉡ 흠집, 균열, 마멸 등의 결함을 쉽게 발견한다.
  ㉢ 도금, 용접, 페인트의 작업을 용이하게 한다.
  ㉣ 부식을 제거하여 부품의 수명과 질을 보장한다.

② 세척의 종류
  ㉠ 일반 세척 : 기계 세척이나 약품 세척을 수행하기 위해서 부품에 묻어 있는 먼지, 그리스, 윤활유, 탄소 퇴적물 등을 솔벤트나 증기 세척기로 세척하는 방법이다.
  ㉡ 기계적 세척 방법
    • 부품에 응고된 탄소 퇴적물이나 산화물을 제거하기 위해 와이어 브러시를 이용한다.
    • 연마재를 공기압으로 분사시켜 오염 물질을 제거하는 블라스트 세척 및 전동기로 연마재를 진동시켜 세척하는 진동 세척 방법이다.
  ㉢ 화학적 세척 방법 : 부품에 고착된 오염 물질을 산이나 알칼리 용액을 사용하여 무르게 만든 후 세척하는 방법이다.

③ 일반 세척 후 처리
  ㉠ 압력 헹구기 : 물과 공기의 압력을 사용하여 세척된 부품에 남아 있는 불순물과 잔유 화합물을 물리적 충격으로 씻어서 제거한다.
  ㉡ 담금 헹구기
    • 주로 알칼리 약품으로 세척한 부품에 사용한다.
    • 헹굼 탱크는 세척수가 오염되는 것을 방지하기 위해서 계속 물이 흘러넘치도록 하며, 온수 온도는 77~82℃를 유지한다.
  ㉢ 증기 헹구기 : 물과 비누로 혼합된 세척제와 증기 압력을 노즐로 분사시켜 큰 부품을 세척한다.

### 10년간 자주 출제된 문제

항공기 부품을 세척하는 목적이 아닌 것은?
① 부품의 성능과 품질을 유지한다.
② 흠집, 균열, 마멸 등의 결함을 쉽게 발견한다.
③ 먼지와 때를 제거하여 기체 표면 광택을 유지한다.
④ 부식을 제거하여 부품의 수명과 질을 보장한다.

**해설**

부품 세척의 목적
• 부품의 성능과 품질을 유지한다.
• 흠집, 균열, 마멸 등의 결함을 쉽게 발견한다.
• 도금, 용접, 페인트의 작업을 용이하게 한다.
• 부식을 제거하여 부품의 수명과 질을 보장한다.

정답 ③

## 핵심이론 10  증기 세척

① 증기 세척의 원리 : 염소가 포함된 탄화수소 용제의 물리·화학적 특성을 이용하여 그리스와 윤활유로 오염된 부품을 신속하고 효과적으로 세척하기 위한 방법이다.

② 용액의 관리
　㉠ 용액으로는 테트라클로로에틸렌 용액, 트라이클로로에틸렌 용액 등이 사용된다.
　㉡ 용액이 30% 이상 오염이 되면 용제를 증류시키거나 교환한다.
　㉢ 오염도는 비중계로 비중을 측정한다.
　㉣ 트라이클로로에틸렌은 산의 함유량을 주기적으로 점검해야 한다.
　㉤ 시료용 용액이 황색이나 오렌지색인 경우에는 사용이 가능하지만, 분홍색이나 적색이면 용액을 교환해야 한다.

---

**10년간 자주 출제된 문제**

**증기 세척 시 세척 용액의 오염도를 측정하기 위한 방법은?**
① 용액의 비중을 측정한다.
② 용액의 투명도를 측정한다.
③ 용액의 산성도를 측정한다.
④ 용액의 전기 저항값을 측정한다.

**[해설]**
증기 세척 시 세척용액의 오염도는 비중계로 비중을 측정한다.

**정답** ①

---

## 핵심이론 11  기계 세척

① 건식 블라스트 세척
　㉠ 여러 종류의 작은 알맹이 형태의 연마재를 높은 공기 압력으로 분사하여 오염 물질을 떨어지게 하는 기계적 세척 방법이다.
　㉡ 왕복엔진의 실린더 냉각핀, 가스터빈엔진의 고열 부분 등 노출된 부품에 주로 사용한다.
　㉢ 사용되는 연마재
　　• 유기질 연마재 : 곡식알, 과일의 씨, 호두껍질, 쌀겨 등과 같은 연한 재료
　　• 무기질 연마재 : 산화알루미늄, 노배큐라이트, 가루엣(Garuet-Gemstone), 유리알 등과 같은 강한 재료
　㉣ 주의 사항
　　• 분사 노즐은 한 부분에 2초 이상 머무르지 않는다.
　　• 노즐의 각도는 작업물의 표면과 90°가 되지 않도록 한다(표면 손상 방지).
　　• 블라스트 세척은 타이타늄 합금에 사용해서는 안 된다(합금의 피로강도 약화).

② 습식 블라스트 세척
　㉠ 연마재와 물을 섞어 만든 혼합물이나 화학 에멀션(Emulsion) 제품을 분사하여 오염을 제거하는 기계적 세척 방법이다.
　㉡ 정전기가 발생하지 않고 표면이 매끄럽게 다듬어지지만 건식 블라스트 세척에 비해 가공 능력은 떨어진다.
　㉢ 직접 분사식 장치와 흡입 분사식 장치로 구분한다.
　㉣ 습식 블라스트 세척의 장점
　　• 연마재의 크기, 모양, 종류의 선택 범위가 넓다.
　　• 정밀한 유체 제어가 가능하다.
　　• 연마재의 잔여물이 적다.
　　• 얇은 재료도 세척이 가능하다.

### 10년간 자주 출제된 문제

**실린더 냉각핀이나 가스터빈엔진의 고열 부분 부품에 주로 사용하는 세척 방법은?**

① 증기 세척
② 화학 약품 세척
③ 알칼리 세제 세척
④ 건식 블라스트 세척

**|해설|**

건식 블라스트 세척
- 여러 종류의 작은 알맹이 형태의 연마재를 높은 공기 압력으로 분사하여 오염 물질을 떨어지게 하는 기계적 세척 방법이다.
- 왕복엔진의 실린더 냉각핀, 가스터빈엔진의 고열 부분 등 노출된 부품에 주로 사용한다.

**정답** ④

---

## 핵심이론 12 약품 세척

① 약품 세척의 개요
  ㉠ 부품에 생성·고착된 산화물을 약품 탱크에서 다양한 화학 용액을 사용하여 제거한다.
  ㉡ 엔진의 거의 모든 부품에 대해 광범위하게 적용이 가능하다.
  ㉢ 과하면 부품을 손상시킬 수 있으므로 필요한 정도만큼 세척해야 한다.
  ㉣ 세척 시 약품에 물을 첨가하지 말고 물에 약품을 첨가해야 한다.

② 세척 약품의 종류
  ㉠ 알칼리성 녹 제거제
  ㉡ 탄소 제거제
  ㉢ 알칼리성 열비늘(Heat Scale) 제거제
  ㉣ 크로뮴산 용액

  ※ 열비늘(Heat Scale) : 항공기 부품의 표면이 열에 의해 녹(Rust)처럼 층으로 갈라지고 들뜨면서 분리되는 현상으로, 일종의 산화피막이다. 금속 표면의 산화물 층이 두꺼운 것을 스케일(Scale)이라 한다.

### 10년간 자주 출제된 문제

**다음 중 항공기 엔진 부품 세척용 약품의 종류가 아닌 것은?**

① 탄소 제거제
② 산화 알루미늄
③ 크로뮴산 용액
④ 알칼리성 열비늘 제거제

**|해설|**

세척 약품의 종류
- 알칼리성 녹 제거제
- 탄소 제거제
- 알칼리성 열비늘(Heat Scale) 제거제
- 크로뮴산 용액

**정답** ②

## 핵심이론 13  가스터빈엔진의 흡입구

① 터보 팬 엔진의 공기 흐름 순서 : 흡입구(Inlet) → 저압 압축기(LPC ; Low Pressure Compressor) → 고압 압축기(HPC ; High Pressure Compressor) → 연소실(Combustion Chamber) → 고압 터빈 노즐 → 고압 터빈(HPT ; High Pressure Turbine) → 저압 터빈(LPT ; Low Pressure Turbine)

② 공기 흐름의 종류
  ㉠ 1차 공기 흐름 : 1차 공기는 팬 블레이드를 통과한 후 압축기, 연소실 및 터빈을 통과하고 배기노즐을 통해서 배출된다. 엔진 추력의 25% 이내가 1차 공기 흐름에서 발생한다.
  ㉡ 2차 공기 흐름 : 2차 공기는 팬 블레이드를 통과한 후 압축기를 통과하지 않고 바이패스(Bypass)하여 팬 엑시트 가이드 베인(Fan Exit Guide Vane)을 거쳐서 외부로 배출된다. 엔진 추력의 75% 이상이 2차 공기 흐름에서 발생한다.
  ㉢ 기생 공기 흐름(Parasitic Airflow) : 기생 공기 흐름은 엔진 추력 발생에 관계없이 엔진의 오일 섬프(Oil Sump) 기밀 유지, 엔진 내부의 냉각 및 밸런스 체임버(Balance Chamber) 압력 유지 등에 사용된다.

### 10년간 자주 출제된 문제

기생 공기 흐름(Parasitic Airflow)의 용도로 맞지 않는 것은?
① 엔진 추력 발생
② 엔진 내부의 냉각
③ 오일 섬프(Oil Sump) 기밀 유지
④ 밸런스 체임버(Balance Chamber) 압력 유지

**해설**

기생 공기 흐름(Parasitic Airflow) : 기생 공기 흐름은 엔진 추력 발생에 관계없이 엔진의 오일 섬프(Oil Sump) 기밀 유지, 엔진 내부의 냉각 및 밸런스 체임버(Balance Chamber) 압력 유지 등에 사용된다.

정답 ①

## 핵심이론 14  가스터빈엔진 압축기

① 코어 엔진(Core Engine) : 고압 압축기(HPC), 연소실(Combustor), 고압 터빈(HPT)

② 압축기 구성품
  ㉠ 고압 압축기 로터 : 고압 압축기는 고압 터빈과 N2축으로 연결되며 고압 터빈의 회전력은 고압 압축기, 기어박스 등을 구동시킨다.
  ㉡ 고압 압축기 스테이터
    • 고압 압축기 깃에 의해서 생성된 공기 압력을 다음 단계의 깃에 적당한 속도와 각도로 전환하여 공급한다.
    • 스테이터 케이스의 내부에는 스테이터 베인이 장착되어 있고, 외부에는 기어박스, 연료계통, 오일계통, 공기압 계통 및 현장 교환품(LRU ; Line Replacement Unit)과 튜브, 호스, 전기 배선 등이 장착되어 있다.
  ㉢ 엔진 블리드 공기(Engine Bleed Air)의 사용
    • 연소실, 터빈 로터 및 블레이드, 터빈 베인 및 케이스의 냉각
    • 흡입구 방빙
    • 오일 섬프 가압, 기밀 유지 및 냉각
    • 항공기 여압 및 온도 조절
    • 다른 엔진 시동

### 10년간 자주 출제된 문제

가스터빈엔진 블리드 공기의 사용처로 옳지 않은 것은?
① 흡입구 방빙  ② 엔진 오일 가열
③ 항공기 여압 및 온도 조절  ④ 터빈 베인 및 케이스 냉각

**해설**

엔진 블리드 공기(Engine Bleed Air)의 사용
• 연소실, 터빈 로터 및 블레이드, 터빈 베인 및 케이스의 냉각
• 흡입구 방빙
• 오일 섬프 가압, 기밀 유지 및 냉각
• 항공기 여압 및 온도 조절
• 다른 엔진 시동

정답 ②

## 핵심이론 15 점검 관련 용어의 구분

① 점검(Check) : 어떤 구성품, 장치 또는 측정값이 사양에 맞는지를 판단(Examine by Sight and Touch)한다.
② 검사(Inspection) : 어떤 구성품의 일반적인 상태나 기능을 판단(Examine to Establish Conformity with Approved Standard)한다.
③ 작동 점검(Operational Check) : 큰 단위에서 하나의 계통이나 구성 요소에 대한 점검과 정확한 범위의 움직임 여부를 점검한다.
④ 기능 점검(Functional Check) : 여러 시스템이 같이 작동하도록 파워를 공급하여 정확한 범위의 작동 여부를 검사한다.

#### 10년간 자주 출제된 문제

여러 시스템이 같이 작동하도록 파워를 공급하여 정확한 범위의 작동여부를 검사하는 것은?

① 점검(Check)
② 검사(Inspection)
③ 작동 점검(Operational Check)
④ 기능 점검(Functional Check)

|해설|

① 점검(Check) : 어떤 구성품, 장치 또는 측정값이 사양에 맞는지를 판단(Examine by Sight and Touch)한다.
② 검사(Inspection) : 어떤 구성품의 일반적인 상태나 기능을 판단(Examine to Establish Conformity with Approved Standard)한다.
③ 작동 점검(Operational Check) : 큰 단위에서 하나의 계통이나 구성 요소에 대한 점검과 정확한 범위의 움직임 여부를 점검한다.

정답 ④

## 핵심이론 16 압축기 검사

① 보어스코프 검사
  ㉠ 고압 압축기의 스테이터 케이스는 육안 검사를 수행한다.
  ㉡ 저압 압축기 및 고압 압축기의 로터 블레이드(Rotor Blades)와 스테이터 베인(Stator Vanes)은 보어스코프를 사용하여 검사한다.
  ㉢ 막대형 프로브는 로터 블레이드의 보어스코프 검사와 같이 프로브는 고정되어 있고, 로터 블레이드를 회전시키면서 검사하는 방식에 사용한다.
  ㉣ 가요성 케이블 프로브는 스테이터 베인의 보어스코프 검사와 같이 베인은 고정되어 있고, 프로브가 이동하면서 검사하는 방식에 사용한다.

② 압축기 블레이드, 베인 등의 검사 : 균열(Crack), 찢어짐(Tear), 찍힘(Nick), 움푹 파임(Dent), 침식(Erosion), 긁힘(Scratch), 둥글게 감김(Tip Curl), 굽음(Bent), 닳음(Rub) 등의 여부를 확인한다.

#### 10년간 자주 출제된 문제

압축기 내부의 로터 블레이드나 스테이터 베인의 손상을 검사하는 데 사용하는 장비는?

① 확대경
② 블랙 라이트
③ 보어스코프
④ 텔레스코핑 게이지

정답 ③

## 핵심이론 17  연소실 검사

① 연소실의 개요
　㉠ 고압 압축기 → 연료 노즐 → 연소실 내 연소 → 고압 터빈 회전 → 저압 터빈 회전
　㉡ 고압 터빈은 고압 압축기를 회전시키고, 저압 터빈은 저압 압축기를 회전시킨다.
　㉢ 연소실 사전 점검 : 연소실 및 연료 노즐은 보어스코프 검사를 하고 외부 연소실 케이스는 육안 검사를 한다.

② 연소실의 검사 장비 및 공구
　㉠ 연소실 내부의 보어스코프 검사는 1인으로도 검사가 가능하며 반드시 가요성 케이블 프로브(Flexible Cable Probe)를 사용한다.
　㉡ 연소실 케이스의 육안 검사에는 일반 공구 박스, 손전등, 10배 확대경, 6in 자, 깊이 마이크로미터, 버니어 캘리퍼스, 디지털카메라 등을 준비한다.

③ 연소실에서 발생할 수 있는 손상 원인 : 엔진 과열(Over Temperature), 엔진의 연소 정지(Flame Out), 외부 물질에 의한 손상(FOD) 및 조류의 유입(Bird Ingestion) 등

> **10년간 자주 출제된 문제**
>
> 연소실에서 발생할 수 있는 손상 원인으로 옳지 않은 것은?
> ① FOD
> ② 엔진 과열
> ③ 엔진 연소 정지
> ④ EGT의 점진적 증가
>
> **[해설]**
> 연소실에서 발생할 수 있는 손상 원인 : 엔진 과열(Over Temperature), 엔진의 연소 정지(Flame Out), 외부 물질에 의한 손상(FOD) 및 조류의 유입(Bird Ingestion) 등
>
> **정답 ④**

## 핵심이론 18  터빈 검사

① 터빈의 개요
　㉠ 터빈 계통은 고압 터빈과 저압 터빈으로 구성되어 있다.
　㉡ 고압 터빈은 연소실로부터 전달된 혼합가스의 운동에너지를 고압 압축기를 구동시키는 기계적 에너지로 전환하여 고압 압축기를 회전시킨다.
　㉢ 고압 터빈에서 배출된 팽창된 연소 가스는 저압 터빈을 회전시킨다.
　㉣ 저압 터빈은 저압 압축기와 팬 블레이드를 회전시킨다.

② 터빈 계통의 검사
　㉠ 고압 터빈의 로터 블레이드에 대한 보어스코프 검사는 2인 1조로 수행한다.
　㉡ 한 명은 기어박스를 회전시켜 고압 터빈 로터를 회전시키고, 다른 한 명은 보어스코프 장비로 로터 블레이드를 검사한다.
　㉢ 스테이터 노즐(Stator Nozzles)의 보어스코프 검사는 가요성 케이블 프로브를 사용하여 한 명이 검사한다.

③ 고압 터빈에서 발생할 수 있는 손상 원인 : 엔진 과열, 엔진 실속, 배기 가스 온도(EGT)의 점진적 증가, 과속(N2 Over Speed), 진동(Core Vibration), 경착륙(Hard Landing), 외부 이물질, 조류 유입 등

> **10년간 자주 출제된 문제**
>
> 가스터빈엔진 터빈 스테이터 노즐의 보어스코프 검사 방법으로 옳은 것은?
> ① 1인, 막대형 프로브 사용
> ② 1인, 가요성 프로브 사용
> ③ 2인 1조, 막대형 프로브 사용
> ④ 2인 1조, 가요성 프로브 사용
>
> **정답 ②**

## 핵심이론 19 배기구 검사

① 배기구의 공기 흐름
  ㉠ 1차 공기 흐름의 배기구 : 터빈 배기 노즐 및 슬리브(Turbine Exhaust Nozzle & Sleeve), 배기 센터 보디 및 플러그(Exhaust Center Body & Exhaust Plug)로 구성된다.
  ㉡ 터보팬 엔진 추력의 25%는 1차 공기 배출을 통해서 얻어진다.
  ㉢ 2차 공기 흐름의 배기구는 팬을 통과한 압축 공기를 엔진 외부로 배출시키며, 필요한 터보팬 엔진 추력의 75% 이상을 2차 공기 배출을 통해 얻어진다.

② 팬 배기(Fan Exhaust) 계통 구성품
  ㉠ 가변 블리드 밸브(VBV ; Variable Bleed Valve) : 엔진이 저회전 속도일 때 저압 압축기의 과다한 압축 공기가 고압 압축기로 유입되지 않고 팬 배기 공기 흐름과 함께 외부로 배출되도록 하여 고압 압축기의 작동 효율과 안정성을 향상시킨다.
  ㉡ 팬 아웃렛 가이드 베인(Fan OGV) : 팬 블레이드에서 압축된 2차 배기 가스 공기 흐름이 부드럽게 외부로 배출될 수 있는 출구(Smooth Exit Path)역할을 한다.

③ 배기구(Exhaust Section) 검사 장비 및 공구 준비하기
  ㉠ 배기 노즐, 배기 보디 센터 플러그 등은 이물질에 의한 육안 검사와 흡음판의 박리현상에 대한 탭 테스트(Tap Test)를 수행한다.
  ㉡ 탭 테스트용 장비 : 망치(Tap Hamer) 또는 앞부분 끝이 둥근 강철봉(지름 1cm, 길이 5cm)

### 10년간 자주 출제된 문제

가스터빈엔진의 배기 노즐의 박리 여부를 확인하기 위한 검사 방법은?
① 탭 테스트
② 확대경 검사
③ 자분탐상검사
④ X-ray 검사

**정답** ①

## 핵심이론 20 연료 계통의 구성

① 연료 펌프(Fuel Pump) : 항공기 연료 탱크로부터 공급된 연료를 원심식 펌프에서 1차 가압 후 기어 펌프에서 2차로 가압하여 각종 엔진 연료 계통에 연료를 공급한다.
② 연료 노즐(Fuel Nozzles) : 연소실의 효율적인 연소를 위하여 계량되고, 분무화된 연료를 연소실에 분사한다.
③ 유압 및 연료 계량 장치(HMU ; Hydro-Mechanical Unit) : 전자엔진제어장치(ECU ; Electronic Engine Control Unit)의 전기 신호를 유압으로 전환하여 엔진 제어에 사용되는 서보 메커니즘의 액추에이터와 밸브에 서보 연료를 공급한다.
④ 연료/오일 열교환기(MFOHE ; Main Fuel/Oil Heat Exchanger) : 차가운 연료를 통과시켜 고온의 배유 오일(Scavenged Oil)은 냉각시키고, 연료의 온도는 높여 준다.
⑤ 연료 유량 전송기(Fuel Flow Transmitter) : 엔진에 공급되는 연료의 총량을 측정하여 연소에 사용되는 연료량에 관한 정보를 전자엔진제어장치(ECU)에 제공한다.
⑥ 연료 매니폴드(Fuel Manifold) : 연료 노즐이 연결되어 있으며, 연료계량장치(HMU)로부터 계량된 연료를 연료 노즐에 분배한다.
⑦ 연료 필터(Fuel Filter) : 연료펌프의 출구에서 연료계량장치(HMU)로 보내기 전에 오염 물질을 여과하고 제거한다.

### 10년간 자주 출제된 문제

가스터빈엔진의 연료/오일 열교환기에서의 온도 변화는?
① 연료와 오일 모두 온도가 증가한다.
② 연료와 오일 모두 온도가 감소한다.
③ 연료 온도는 증가하고, 오일 온도는 감소한다.
④ 연료 온도는 감소하고, 오일 온도는 증가한다.

**정답** ③

## 핵심이론 21  오일 계통의 구성

① 오일 탱크(Oil Tank) : 엔진 오일을 저장하며, 탱크 안의 가압 밸브가 탱크 내의 오일을 지속적으로 오일 펌프에 공급한다.
② 오일 압력 센서(Oil Pressure Sensor) : 오일 윤활 펌프의 출구 오일 압력을 측정한다.
③ 오일 유량 송신기(Oil Quantity Transmitter) : 오일 탱크의 오일 유량을 측정한다.
④ 자기 칩 탐지기(MCD ; Magnetic Chip Detector) : 오일 배유 펌프에 입력 스크린 및 자기 칩 탐지기가 있으며 엔진 오일에 포함되어 있는 철분 오염물들을 탐지한다.
⑤ 오일 배유 필터(Oil Scavenge Filter) : 엔진 오일이 오일 탱크로 돌아가기 전에 이물질들을 걸러 준다.

### 10년간 자주 출제된 문제

**가스터빈엔진의 오일 압력 센서가 감지하는 것은?**
① 배유 펌프의 입구 오일 압력
② 배유 펌프의 출구 오일 압력
③ 윤활 펌프의 입구 오일 압력
④ 윤활 펌프의 출구 오일 압력

**[해설]**
오일 압력 센서(Oil Pressure Sensor) : 오일 윤활 펌프의 출구 오일 압력을 측정한다.

정답 ④

## 핵심이론 22  기어박스

① 항공기 기어박스 개요
  ㉠ 엔진 공기압 시동기는 외부 공압의 힘으로 액세서리 기어박스를 구동하고 수평 구동축, 트랜스퍼 기어박스, 레이디얼 구동축, 내부 기어박스에서 N2축을 회전시켜 코어 엔진(Core Engine)을 작동시킨다.
  ㉡ 엔진 작동 중에는 코어 엔진의 구동력이 기어박스 계통 부품과 액세서리 기어박스에 장착되어 있는 부품 및 각종 항공기 액세서리를 구동한다.
② 액세서리 기어박스(AGB ; Accessory GearBox) : 액세서리 기어박스에 장착된 장비로는 연료 펌프, 오일 펌프, 유압 펌프, 엔진 공기압 시동기, 통합 발전기(IDG ; Integrated Drive Generator), 연료계량장치(HMU), 영구 자석 교류 발전기 등이 있다.
③ 내부 기어박스(IGB ; Inlet GearBox) : 고압 압축기 전방 축에서 받은 회전력을 레이디얼 구동축으로 전달한다. 내부 기어박스는 엔진 내부에 위치하므로 사전 검사를 할 수 없다.
④ 전달 기어박스(TGB ; Transfer Gearbox) : 레이디얼 구동축에서 회전력을 전달받아 회전속도를 줄이고 수평 방향으로 회전력을 전환시켜 수평 구동축에 전달한다.
⑤ 레이디얼 구동축(RDS ; Radial Drive Shaft) : 내부 기어박스로부터의 회전력을 전달 기어박스에 전달한다. 레이디얼 구동축도 팬 케이스 내부에 위치하므로 사전 검사를 할 수 없다.
⑥ 수평 구동축(HDS ; Horizontal Drive Shaft) : 전달 기어박스로부터의 회전력을 액세서리 기어박스에 전달한다.

⑦ 액세서리 기어박스 방열판(AGB Heat Shield) : 액세서리 기어박스가 엔진 코어에 장착된 경우 코어 엔진의 열로부터 액세서리 기어박스 및 장착된 구성품을 보호하고, 가연성 유체가 고온의 코어 엔진 케이스에 직접 분사되지 않도록 한다.

---

**10년간 자주 출제된 문제**

**다음 중 엔진 내부에 위치하므로 사전검사를 할 수 없는 것은?**

① 수평 구동축
② 전달 기어박스
③ 내부 기어박스
④ 액세서리 기어박스

**|해설|**

③ 내부 기어박스 : 고압 압축기 전방 축에서 받은 회전력을 레이디얼 구동축으로 전달한다. 내부 기어박스는 엔진 내부에 위치하므로 사전검사를 할 수 없다.
① 수평 구동축 : 전달 기어박스로부터의 회전력을 액세서리 기어박스에 전달한다.
② 전달 기어박스 : 레이디얼 구동축에서 회전력을 전달받아 회전속도를 줄이고 수평 방향으로 회전력을 전환시켜 수평 구동축에 전달한다.
④ 액세서리 기어박스 : 액세서리 기어박스가 엔진 코어에 장착된 경우, 코어 엔진의 열로부터 액세서리 기어박스 및 장착된 구성품을 보호하고, 가연성 유체가 고온의 코어 엔진 케이스에 직접 분사되지 않도록 한다.

**정답** ③

---

## 핵심이론 23 공압 및 블리드 계통

① 압축기 제어
  ㉠ 가변 블리드 밸브(VBV ; Variable Bleed Valve) : 고압 압축기에 들어가는 공기 흐름의 양을 조절한다.
  ㉡ 가변 스테이터 베인(VSV ; Variable Stator Vane) : 고압 압축기의 회전 속도에 따라 가변 스테이터 베인의 각도를 조절하여 고압 압축기의 공기 압력을 조절한다.

② 압축기 블리드 공기 : 압축기에서 가압된 공기를 추출하여 엔진의 냉각, 방빙, 오일 섬프를 가압한다. 일부 엔진에서는 고압 압축기에서 서지(Surge) 발생 시 후방의 압축 공기를 일시적으로 배출하여 고압 압축기의 서지(Surge)를 방지한다. 또한 고압 압축기에서 가압된 공기는 항공기 객실, 화물칸의 여압 및 온도 조절 계통, 다른 엔진의 시동, 날개 전방 방빙 계통 등에 사용되는 공기를 공급한다.

③ 터빈 케이스 냉각 계통(TCC ; Turbine Case Cooling system) : 고압 및 저압 터빈 케이스의 냉각은 간극 제어(ACC ; Active Clearance Control) 장치가 터빈 블레이드와 케이스 슈라우드의 간격을 조절함으로써 이루어진다. 이때 터빈 효율을 높여서 연료 소모를 줄인다.

④ 베어링 섬프 가압 및 냉각 : 주베어링 섬프의 주변 챔버에 가압 공기를 공급하여 섬프의 냉각 및 오일의 누설을 방지한다.

⑤ 액세서리 부품 냉각 계통
  ㉠ 통합 발전기(IDG ; Integrated Drive Generator) 냉각 : 공기/오일 열교환기에서 팬에서 방출된 공기로 IDG 오일을 냉각시킨다.
  ㉡ 외부 액세서리 부품 냉각 : 팬에서 방출된 공기로 점화 도선, 점화 익사이터, 점화 플러그 및 시동기 밸브 등을 냉각시킨다.

### 10년간 자주 출제된 문제

**항공기에 장착된 통합 발전기(IDG)의 냉각 방법으로 옳은 것은?**

① 물분사를 통해 냉각시킨다.
② 전기적인 장치로 냉각시킨다.
③ 배기 가스를 이용해서 냉각시킨다.
④ 팬에서 방출된 공기로 냉각시킨다.

[해설]

항공기에 장착된 통합 발전기(IDG ; Integrated Drive Generator)의 냉각 방법은 공기/오일 열교환기에서 팬에서 방출된 공기로 IDG 오일을 냉각시킨다.

정답 ④

## 핵심이론 24 유압 계통(Hydraulic System)

① 엔진의 유압 계통 부품으로는 1차 동력 공급원으로 사용되는 유압 펌프(EDP ; Engine Driven Pump)가 있으며, 일반적으로 액세서리 기어박스에 장착되어 있다.
② 유압 펌프는 엔진이 작동하는 동안 지속적으로 작동하며, 엔진 분당 회전수(RPM)에 따라 펌프의 유출량이 결정된다.
③ 유압 펌프는 빠른 엔진 교환 키트(QEC ; Quick Engine Change kit) 품목으로 항공기에서 엔진 장탈 시 엔진에서 장탈하여 재사용할 수 있다.

### 10년간 자주 출제된 문제

**가스터빈엔진의 유압 펌프에 대한 설명으로 옳지 않은 것은?**

① 보통 액세서리 기어박스에 장착된다.
② 유압펌프는 엔진 시동 초기에만 작동한다.
③ 엔진 분당 회전수에 따라 펌프의 유출량이 결정된다.
④ 빠른 엔진 교환 키트(QEC ; Quick Engine Change kit) 품목에 속한다.

[해설]

유압 펌프는 엔진이 작동하는 동안 지속적으로 작동한다.

정답 ②

## 핵심이론 25  카울링 육안검사

① 카울링(Cowling)의 기능
　㉠ 엔진을 감싸고 있는 덮개이다.
　㉡ 엔진을 보호하고 정비나 점검 시 손쉽게 장탈 및 장착한다.
　㉢ 공기의 저항을 감소시킬 수 있도록 유선형으로 만든다.
② 카울링의 손상 상태 식별하기
　㉠ 피아노 힌지 마모 상태
　㉡ 체결된 리벳 상태 확인
　㉢ 턴 로크 파스너(Turn Lock Fastener)나 래치 상태
　㉣ 과열로 인한 변색이나 부식 발생 여부 확인
③ 안전 및 유의사항
　㉠ 항공기 전원을 OFF한다.
　㉡ 시동기 및 점화 스위치를 OFF하고 작동 금지 표찰을 부착한다.
　㉢ 카울링을 열고 카울링 받침대(Support Rod)로 확실히 고정시킨다.
　㉣ 규격에 맞는 공구를 사용한다.

### 10년간 자주 출제된 문제

**항공기 왕복 엔진을 둘러싸고 있는 덮개로 엔진을 보호하는 역할을 하는 것은?**
① 플랩
② 카울링
③ 카울플랩
④ 엔진 마운트

**[해설]**

카울링(Cowling)의 기능
- 엔진을 감싸고 있는 덮개이다.
- 엔진을 보호하고 정비나 점검 시 손쉽게 장탈 및 장착한다.
- 공기의 저항을 감소시킬 수 있도록 유선형으로 만든다.

**정답** ②

## 핵심이론 26  배기관 육안검사

① 배기관의 기능
　㉠ 배기가스 배출 기능을 한다.
　㉡ 난방용 객실 공기 가열 기능 : 엔진의 배기관 주위에 객실로 들어가는 공기(Ram Air)를 통과시켜 가열된 공기를 만들어 공급하는 히터 역할을 한다.
② 배기관의 재질 : 내열성, 내식성 및 진동에 강하고 가벼운 금속 재질인 타이타늄 합금강, 모넬 등이 사용된다.
③ 배기관 점검 시 주의 사항
　㉠ 아연 도금이나 아연 금속제 공구 사용을 금지한다.
　㉡ 배기 계통 부품에 그리스 펜(Lead Pencil)으로 마킹하지 않는다. 납, 아연 혹은 아연 도금된 마킹은 배기관이 열을 받았을 때 녹으면서 화학 반응을 일으켜 균열 및 부식을 발생시킨다.

### 10년간 자주 출제된 문제

**항공기 왕복엔진 배기관의 재질로 주로 사용되는 것은?**
① 연강
② 구리 합금
③ 타이타늄 합금
④ 마그네슘 합금

**[해설]**

배기관의 재질 : 내열성, 내식성 및 진동에 강하고 가벼운 금속 재질인 타이타늄 합금강, 모넬 등이 사용된다.

**정답** ③

## 핵심이론 27 윤활유 누설 육안 검사

① 윤활유의 종류 : 윤활유의 종류로는 동물성 기름, 식물성 기름, 광물성 기름 등이 있지만 항공기 내연 기관에 광범위하게 사용하는 것은 광물성 기름이며 고체, 반고체, 유체로 분류한다.
② 건식 윤활 계통 : 건식 윤활 계통은 엔진에 별도의 오일 탱크가 설치되어 있다. 엔진을 순환한 윤활유는 크랭크 케이스 하부에 있는 오일 섬프(Sump)에 모여 배유 펌프에 의해 윤활유 냉각기로 보내지고, 여기서 냉각된 윤활유는 윤활유 탱크로 모인다.
③ 윤활유 배관에 부착되는 데칼(Decal)

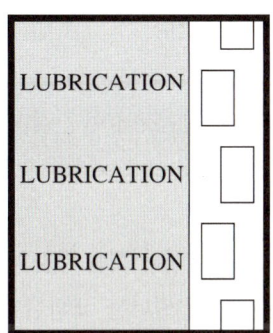

### 10년간 자주 출제된 문제

건식 윤활계통에 대한 설명으로 옳은 것은?
① 윤활유 탱크에 건조기가 부착되어 있다.
② 윤활유 섬프에 건조기가 부착되어 있다.
③ 윤활유 섬프가 윤활유 탱크 역할을 겸한다.
④ 윤활유 섬프와 별도로 윤활유 탱크가 설치되어 있다.

정답 ④

## 핵심이론 28 전기 배선 육안 검사

① 항공기용 전선의 종류
  ㉠ 일반 전선 : 구리선 주위에 약 0.2~0.25mm의 두께로 폴리아미드 수지(테플론)가 입혀져 있다.
  ㉡ 특수 전선
    • 엔진과 같이 주변 온도가 높은 고온 부위에는 고온용 전선이 사용된다.
    • 구리선에 니켈을 입히고 테플론으로 절연된 전선으로 약 260℃까지 사용한다.
    • 화재경보장치감지기 주변의 전선은 약 350~1,000℃를 견딜 수 있어야 한다.

② 도선의 연결
  ㉠ 도선의 연결 장치로는 터미널(Terminal)과 스플라이스(Splice), 커넥터(Connector), 정크션 박스(Junction Box) 등이 있다.
  ㉡ 터미널에 전선을 접속시킬 때는 전선의 재질과 터미널의 재질이 동일한 것을 사용(이질 금속 간 부식 방지)한다.
  ㉢ 터미널은 한쪽만 전선과 접속되는 반면, 스플라이스는 양쪽 모두 전선을 접속시킨다.
    ※ 스플라이스 : 바깥 면에 플라스틱과 같은 절연물로 절연되어 있는 금속 튜브

### 10년간 자주 출제된 문제

항공기 전기 도선의 연결 장치가 아닌 것은?
① 터미널   ② 커넥터
③ 스플라이스   ④ 케이블 클램프

**[해설]**

항공기 전기 도선의 연결 장치로는 터미널(Terminal)과 스플라이스(Splice), 커넥터(Connector), 정크션 박스(Junction Box) 등이 있다.

정답 ④

## 핵심이론 29  왕복엔진 윤활 계통

① 여과기(Oil Filter)
  ㉠ 윤활유에 섞인 불순물을 걸러내는 역할을 한다.
  ㉡ 여과기가 막힐 경우 바이패스 밸브가 열리면서 윤활유가 우회하여 엔진에 윤활유를 공급한다.
② 엔진 오일 펌프
  ㉠ 엔진에 필요한 윤활유를 공급하는 장치이다.
  ㉡ 기어형(Gear Type)과 베인형(Vane Type)이 있으며, 대부분의 왕복엔진에서는 기어형 펌프를 사용한다.
  ㉢ 2개의 기어 가운데 1개는 반시계 방향(CCW), 다른 1개는 시계 방향(CW)으로 회전하여 오일을 운반한다.
③ 오일 탱크(Oil Tank)
  ㉠ 오일 탱크는 0.5gal 혹은 탱크 용량의 10%보다 적지 않은 확장 공간을 가져야 한다.
  ㉡ 오일 탱크의 재질은 일반적으로 알루미늄 합금으로 제작한다.
④ 오일 냉각기(Oil Cooler)
  ㉠ 공기-오일 열교환기를 통해 윤활유가 흡수한 열을 공기와 열교환을 통해 항공기 기내의 난방에 사용한다.
  ㉡ 연료-오일 열교환기를 통해 윤활유가 흡수한 열을 연료와 열교환을 통해 연료 계통의 결빙을 예방하는 데 사용된다.

### 10년간 자주 출제된 문제

**항공기 왕복엔진의 오일 펌프로 많이 쓰이는 형태는?**

① 기어형  ② 베인형
③ 지로터형  ④ 피스톤형

**해설**

항공기 엔진 오일 펌프에는 기어형(Gear Type)과 베인형(Vane Type)이 있으며, 대부분의 왕복엔진에서는 기어형 펌프를 사용한다.

정답 ①

## 핵심이론 30  냉각 핀의 점검

① 공랭식 냉각 계통
  ㉠ 냉각 핀(Cooling Fin), 배플(Baffle), 카울 플랩(Cowl Flap) 등으로 구성된다.
  ㉡ 냉각 핀은 실린더 바깥 부분에 얇은 금속 핀을 부착시켜 냉각 면적을 넓게 함으로써 열을 대기 중으로 방출하여 냉각을 촉진시킨다.
  ㉢ 냉각 핀을 실린더와 다른 재질로 사용할 경우 열팽창계수 차이에서 오는 재질의 변형이나 파손의 우려 때문에 실린더와 같은 재질로 만든다.
  ㉣ 냉각 핀은 단조하여 기계 가공을 하거나 주물 제작을 하여 제작한다.
② 냉각 핀 점검 및 수리
  ㉠ 냉각 핀의 홈 길이가 깊어 간격이 좁아지면 핀 스테빌라이저(Fin Stabilizer)를 덧붙여 공진을 방지한다.
  ㉡ 냉각 핀의 균열이나 절단 부분의 손상이 10% 이상일 경우에는 실린더를 교환한다.
  ㉢ 파손된 냉각 핀은 부러진 끝을 고운 눈줄로 갈아서 둥글게 하여 더 이상의 균열이 발생되지 않도록 수리한다.

### 10년간 자주 출제된 문제

**냉각 핀의 균열이나 절단 부분의 손상 발생 시 실린더를 교환해야 하는 손상 범위는?**

① 5%  ② 10%
③ 15%  ④ 20%

**해설**

냉각 핀의 균열이나 절단 부분의 손상이 10% 이상일 경우에는 실린더를 교환한다.

정답 ②

## 핵심이론 31 냉각 배플 점검

① 배플(Baffle)의 특징
  ㉠ 배플은 찬 공기가 실린더 헤드 방향으로 흐르도록 유도하여 실린더 냉각을 돕는다.
  ㉡ 재질은 일반적으로 알루미늄 합금(5052-H34 또는 6061-T1)판으로 제작한다.

② 배플의 점검, 수리 및 제작
  ㉠ 재질이 약해 작업 시 구부러지거나 변형될 수 있으므로, 엔진의 장·탈착이나 엔진 분해 조립 시 가장 먼저 장탈하고 가장 나중에 장착한다.
  ㉡ 배플에 미세한 균열이 있을 경우에는 균열 끝에 작은 드릴로 구멍을 뚫어(Stop Drilling) 균열이 더 이상 진전되지 않도록 수리한다.
  ㉢ 배플 판을 굽힐 때 균열이 발생하지 않도록 가능한 한 곡선 반지름을 크게 하는 것이 좋다.
  ㉣ 배플 제작 시 굽힘이 교차하는 부분에는 구멍(Relief Hole)을 뚫어 판재의 응력을 없애야 한다.

### 10년간 자주 출제된 문제

배플 제작 시 굽힘이 교차하는 부분에는 구멍을 뚫는 이유는?
① 응력 집중을 방지하기 위해
② 판재의 무게를 경감하기 위해
③ 굽힘 작업을 용이하게 하기 위해
④ 균열 발생 시 균열의 진전 방지를 위해

정답 ①

## 핵심이론 32 카울 플랩 점검

① 카울 플랩의 특징
  ㉠ 카울 플랩은 카울링 후방에 설치되어 있으며 엔진의 온도에 따라 열고 닫을 수 있어서 냉각 공기의 유량을 조절한다.
  ㉡ 지상 운전의 경우 램 압력이 없어서 냉각 공기 유입량이 상대적으로 적기 때문에 카울 플랩을 완전히 열고 운전한다.
  ㉢ 이륙 시에는 최소한의 카울 플랩만 열어 항력을 줄인다.

② 카울 플랩의 부식
  ㉠ 경미한 부식(Light Corrosion) : 일반적으로 부식이 침투한 두께가 0.001″ 이하인 경우이다.
  ㉡ 중간 정도 부식(Moderate Corrosion) : 부식으로 인한 패임이나 떨어져 나간 정도가 재료 두께의 약 10%까지 진행된 정도이다.
  ㉢ 심한 부식(Severe Corrosion) : 부식으로 인한 패임이나 떨어져 나간 정도가 재료 두께의 약 15%까지 진행된 경우로, 부품을 교환하는 것이 바람직하다.

### 10년간 자주 출제된 문제

항공기 카울 플랩의 용도는?
① 항공기 엔진 덮개 역할
② 항공기 항력 감소 역할
③ 엔진룸 내부 온도 조절
④ 항공기 양력 증대 효과

**해설**

카울 플랩은 카울링 후방에 설치되어 있으며 엔진의 온도에 따라 열고 닫을 수 있어서 냉각 공기의 유량을 조절한다.

정답 ③

## 핵심이론 33  시동기 점검

① 시동기의 개요
  ㉠ 항공기 왕복엔진의 시동기는 대부분 직접 구동 전기식(Direct Cranking Electric Type)이다.
  ㉡ 직접 구동 시동기
    • 직접 구동 시동기는 전동기, 감속기어, 자동 연결 기구로 구성된다.
    • 전동기의 회전력을 감속기로 감속시킨 후 자동 연결 기구에 의해 크랭크축으로 전달한다.

② 시동기의 상태 점검
  ㉠ 시동기에 연결된 전선 상태를 점검한다.
  ㉡ 시동기의 솔레노이드와 스위치의 상태를 점검한다.
  ㉢ 시동기의 외부 상태 점검 시 시동기의 피니언 기어와 맞물리는 링 기어의 마모 상태와 윤활 상태를 검사한다. 이때 그리스나 오일 혹은 그래파이트(Graphite) 윤활제를 사용하면 안 되고, 정비지침서에 제시된 실리콘 스프레이(Silicon Spray) 윤활제를 사용해야 한다.
  ㉣ 감속기어가 있는 시동기는 특별히 시동기 드라이브 기어와 엔진 크랭크축 링 기어의 마모가 빈번하므로 세심한 검사가 필요하다.

#### 10년간 자주 출제된 문제

**시동기 피니언 기어와 엔진 링 기어의 윤활제로 쓰이는 것은?**
① 그리스
② 합성 오일
③ 실리콘 스프레이
④ 그래파이트 윤활제

**[해설]**
시동기 피니언 기어와 맞물리는 링 기어의 마모 상태와 윤활 상태 검사 시 그리스나 오일 혹은 그래파이트(Graphite) 윤활제를 사용하면 안 되고, 정비지침서에 제시된 실리콘 스프레이(Silicon Spray) 윤활제를 사용해야 한다.

**정답 ③**

## 핵심이론 34  시동기 릴레이의 교환

① 메인 스위치 및 배터리 스위치가 OFF 상태인지 확인한다.
② 엔진 카울링을 제거하고, 시동기 릴레이 위치를 확인한다.
③ 안전을 위해 엔진 및 프로펠러 주위를 정리한다.
④ 나셀 벽에 장치된 시동기 릴레이에 연결된 전선 커넥터들을 분리한다.
⑤ 시동기 릴레이의 장착 너트는 공구를 사용해서 분리한다.
⑥ 장착할 릴레이와 장탈한 릴레이의 부품 번호를 확인한다(만약 부품 번호가 다른 경우 호환성 관계를 반드시 확인).
⑦ 부품 번호를 확인했으면 릴레이를 장착하고, 규정 토크값으로 너트를 죈다.
⑧ 배선 커넥터를 연결하고 필요하면 안전결선한다.
⑨ 엔진 카울링을 장착하고 모든 공구 및 작업대 등을 정리한다.
⑩ 엔진 시동 절차에 따라 시동한다.

#### 10년간 자주 출제된 문제

**시동기 릴레이 교환 작업에 대한 설명으로 옳지 않은 것은?**
① 메인 스위치 및 배터리 스위치는 OFF 상태로 한다.
② 프로펠러를 회전시키면서 릴레이 작동 상태를 확인한다.
③ 시동기 릴레이에 연결된 전선 커넥터들을 분리시킨다.
④ 장착할 릴레이와 장탈한 릴레이의 부품 번호가 일치하는지 확인한다.

**[해설]**
시동기 릴레이 교환 작업 시 안전을 위해 엔진 및 프로펠러 주위를 정리해야 한다.

**정답 ②**

## 핵심이론 35  시동기 스위치 점검

① 스위치 코일 접지 테스트(Coil Ground Test)
  ㉠ 멀티미터 혹은 저항계를 사용해서 No.1 터미널과 스위치 하우징의 금속 표면을 리드선으로 각각 연결하여 측정한다.
  ㉡ 측정 결과, 낮은 저항값을 지시하면(10kΩ보다 낮으면) 스위치 어셈블리를 교환한다.
② 스위치 코일 저항 테스트(Coil Resistance Test)
  ㉠ 저항계 리드선과 터미널 No.3, No.4를 연결하여 측정한다.
  ㉡ 측정 결과, 저항값이 3.5~4.5Ω 이내인지 확인하고 규정된 저항값을 벗어나면 스위치를 교환한다.

### 10년간 자주 출제된 문제

**시동기 스위치 코일 점검 시 멀티미터로 측정해야 하는 것은?**
① 저항
② 전류
③ 전압
④ 주파수

**|해설|**
시동기 스위치 코일 점검 시 멀티미터 혹은 저항계를 사용해서 No.1 터미널과 스위치 하우징의 금속 표면을 리드선으로 각각 연결하여 측정한다.

**정답 ①**

## 핵심이론 36  시동계통 고장 탐구

① 시동기의 작동 불능 원인
  ㉠ 마스터 스위치의 고장 혹은 회로상의 고장
  ㉡ 시동기 스위치 및 스위치 도선의 고장
  ㉢ 시동기 모터의 고장
② 시동기는 작동하나 크랭크축이 회전하지 않는 원인
  ㉠ 벤딕스 드라이브(Bendix Drive)의 고장
  ㉡ 시동기의 피니언 기어 혹은 링 기어의 손상
③ 시동기 모터의 드래그(Drag, 시간이 걸리고 느리게 회전함) 현상의 원인
  ㉠ 배터리가 약한 경우
  ㉡ 시동기 스위치 혹은 릴레이(Relay)가 소손 또는 오염된 경우
  ㉢ 시동기 모터의 파워 케이블(Power Cable)에 결함이 있는 경우
  ㉣ 커넥터에서 배선이 풀리거나 오염된 경우
  ㉤ 시동기 모터에 결함이 있는 경우
  ㉥ 정류자(Commutator)가 오염 혹은 마모된 경우
④ 시동기에서 지나치게 심한 소음이 들리는 원인 : 시동기 피니언 기어가 마모되었거나 링기어 이가 깨진 경우

### 10년간 자주 출제된 문제

**시동기 모터에서 드래그(Drag) 현상이 발생되는 원인이 아닌 것은?**
① 배터리가 약함
② 시동기 릴레이의 소손
③ 시동기 모터의 결함
④ 엔진 링기어의 이가 깨짐

**|해설|**
엔진 링기어의 이가 깨지면 시동기에서 지나치게 심한 소음이 들린다.

**정답 ④**

교육이란 사람이 학교에서 배운 것을 잊어버린 후에 남은 것을 말한다.

– 알버트 아인슈타인 –

# PART 02

# 과년도 기출복원문제

CHAPTER 01　　항공기관정비기능사 기출복원문제
CHAPTER 02　　항공기체정비기능사 기출복원문제

※ 본문 중 삭제된 내용이라고 표기한 문제는 2024년 개정된 출제 기준에서 삭제된 내용이므로 학습에 참고하시기 바랍니다.

※ 2024년부터 항공기관정비기능사, 항공기체정비기능사
→ 항공기정비기능사로 통합 변경됩니다.

# CHAPTER 01

# 항공기관정비기능사 기출복원문제

2015~2016년      과년도 기출문제

2017~2022년      과년도 기출복원문제

※ 본문 중 삭제된 내용이라고 표기한 문제는 2024년 개정된 출제기준에서 삭제된 내용이므로 학습에 참고하시기 바랍니다.

※ 2024년부터 항공기관정비기능사, 항공기체정비기능사
→ 항공기정비기능사로 통합 변경됩니다.

# 2015년 제1회 과년도 기출문제

## 01 비행기의 종극속도(Terminal Velocity)는 어느 비행 상태에서 주로 나타날 수 있는가?
① 급강하 시  ② 이륙 시
③ 수평비행 시  ④ 착륙 시

**해설**
비행기가 급강하할 때 속도를 종극속도라고 한다.
종극속도 $V_D = \sqrt{\dfrac{2W}{\rho S C_D}}$

## 02 비행기의 동적세로 안정에서 받음각이 거의 일정하며 주기가 매우 길고 조종사가 쉽게 느끼지 못하는 운동은?
① 장주기 운동  ② 단주기 운동
③ 플래핑 운동  ④ 승강키 자유운동

**해설**
동적세로 안정에는 진동주기가 매우 긴 장주기 운동과 상대적으로 진동주기가 짧은 단주기 운동, 그리고 승강키 자유 시에 발생되는 승강키 자유운동(진동주기 매우 짧음) 등이 있다.

## 03 플랩의 변위에 따른 양력계수의 변화량을 나타내는 값은?
① 상승계수  ② 날개 효율계수
③ 항력계수  ④ 조종면 효율계수

**해설**
플랩의 변위에 따른 날개골 전체의 양력계수 증가량 $\left(\dfrac{dC_L}{d\delta_f}\right)$을 조종면 효율변수(계수)라고 한다.
※ 2024년 개정된 출제기준에서는 삭제된 내용

## 04 다음 중 유도항력이 가장 작은 날개의 모양은?
① 직사각형 날개  ② 타원형 날개
③ 테이퍼형 날개  ④ 앞젖힘형 날개

**해설**
유도항력계수는 $C_{Di} = \dfrac{C_L^2}{\pi e AR}$로 정의되는데, 타원형 날개는 $e$(스팬 효율계수)가 1이 되고, 그 밖의 날개는 $e$의 값이 1보다 작다. 즉, 타원형 날개의 유도항력이 가장 작다.

## 05 비행 중 날개전체에 생기는 항력을 옳게 나타낸 것은?
① 형상항력 + 마찰항력 + 유도항력
② 압력항력 + 마찰항력 + 형상항력
③ 압력항력 + 마찰항력 + 유도항력
④ 형상항력 + 압력항력 + 유해항력

**해설**
항력 = 형상항력 + 유도항력
형상항력 = 압력항력 + 마찰항력
따라서 항력 = 압력항력 + 마찰항력 + 유도항력

**정답** 1 ①  2 ①  3 ④  4 ②  5 ③

**06** 평균 캠버선에 대한 설명으로 옳은 것은?
① 날개골 앞부분의 끝
② 날개골 뒷부분의 끝
③ 앞전과 뒷전을 연결하는 직선
④ 날개 두께의 2등분점을 연결한 선

**해설**
① 날개골 앞부분의 끝 : 앞전
② 날개골 뒷부분의 끝 : 뒷전
③ 앞전과 뒷전을 연결하는 직선 : 시위

**07** 날개의 시위 길이가 3m, 공기의 흐름 속도가 360 km/h, 공기의 동점성계수가 0.15cm²/s일 때 레이놀즈수는 얼마인가?
① $2 \times 10^9$
② $2 \times 10^8$
③ $2 \times 10^7$
④ $2 \times 10^6$

**해설**
레이놀즈수 $Re = \dfrac{Vd}{\nu}$ 에서
$V$ = 360km/h = 100m/s = 10,000cm/s, $d$ = 3m = 300cm, $\nu$ = 0.15cm²/s를 대입하면 $Re = 2 \times 10^7$이 된다.

**08** 구름의 생성, 비, 눈, 안개 등의 기상현상이 일어나는 대기권은?
① 성층권
② 대류권
③ 중간권
④ 극외권

**해설**
• 대류권 : 기상현상이 발생하는 곳
• 중간권 : 대기권 중 최저기온(약 –90℃)을 보임
• 열권 : 전파를 흡수하거나 차단하는 전리층이 있음
※ 높이에 따른 대기권의 구분
　대류권 – 성층권 – 중간권 – 열권 – 극외권

**09** 유체관의 입구 단면적은 8cm², 출구 단면적은 16cm²이며, 이때 관의 입구 속도가 10m/s인 경우 출구에서의 속도는 몇 m/s인가?(단, 유체는 비압축성유체이다)
① 2
② 5
③ 8
④ 10

**해설**
연속의 법칙
$A_1 V_1 = A_2 V_2$
여기서, $A_1$ : 입구 단면적
　　　　$V_1$ : 입구에서의 유체속도
　　　　$A_2$ : 출구 단면적
　　　　$V_2$ : 출구에서의 유체속도
$V_2 = \left(\dfrac{A_1}{A_2}\right) V_1$
∴ $V_2 = \dfrac{8}{16} \times 10 = 5 (\text{m/s})$

**10** 활공각이 90°로 무동력 급강하(Diving) 비행 시 비행기의 속도는 어떻게 되는가?

① 계속적으로 속도가 증가한다.
② 점차로 속도가 증가하다가 다시 속도가 줄어든다.
③ 점차로 속도가 증가하다가 일정한 속도로 하강한다.
④ 비행기의 무게에 따라 속도가 증가할 수도 있고 감소할 수도 있다.

**해설**
비행기가 수평상태로부터 급강하로 들어갈 때의 급강하 속도는 차차 증가하게 되어 끝에 가서는 일정한 속도에 가까워지며, 이 속도 이상 증가하지 않는다. 이 속도를 종극속도라고 한다.

**11** 가로방향 불안정에 대한 설명으로 틀린 것은?

① 가로진동과 방향진동이 결합되어 발생한다.
② 가로방향 불안정은 더치 롤(Dutch Roll)이라 한다.
③ 동적으로는 안정하지만 진동하는 성질 때문에 문제가 된다.
④ 정적방향 안정보다 쳐든각 효과가 작을 때 일어난다.

**해설**
가로방향 불안정은 정적방향 안정보다 쳐든각 효과가 클 때 일어난다.

**12** 프로펠러 회전수(rpm)가 $n$일 때, 프로펠러가 1회전하는 데 소요되는 시간(s)을 나타낸 식으로 옳은 것은?

① $\dfrac{60}{n}$  ② $\dfrac{n}{60}$
③ $\dfrac{60}{2\pi n}$  ④ $\dfrac{2\pi n}{60}$

**해설**
rpm은 1분(60초)당 회전수이므로, $n$회전 : 60초 = 1회전 : $x$초
따라서 프로펠러가 1회전하는 데 소요되는 시간은 $60/n$초가 된다.
※ 2024년 개정된 출제기준에서는 삭제된 내용

**13** 충격파의 강도는 충격파 전·후 어떤 것의 차를 표현한 것인가?

① 온도  ② 압력
③ 속도  ④ 밀도

**해설**
초음속 흐름에서 흐름 방향의 급격한 변화로 인하여 압력이 급격히 증가하고, 밀도와 온도 역시 불연속적으로 증가하게 되는데, 이 불연속면을 충격파(Shock Wave)라고 한다.

**14** 헬리콥터에서 회전날개가 최대 양력계수를 발생시키는 받음각보다 큰 값으로 회전 시 회전날개 안쪽 25% 정도의 영역을 무엇이라 하는가?

① 실속 영역
② 와류 영역
③ 항력 영역
④ 양력 영역

10 ③  11 ④  12 ①  13 ②  14 ①  **정답**

**15** 프로펠러 항공기 추력이 3,000kgf이고, 360km/h 비행 속도로 정상수평비행 시 이 항공기 제동마력은 몇 마력인가?(단, 프로펠러 효율은 0.8이다)

① 3,000
② 4,000
③ 5,000
④ 6,000

**해설**
$P_a = \eta \times bHP$
여기서, $P_a$ : 이용마력
$\eta$ : 프로펠러 효율
$bHP$ : 제동마력
또한 $P_a = \dfrac{TV}{75}$
여기서, $T$는 추력, $V$는 비행속도
비행속도 360km/h를 초속으로 환산하여 이용마력을 구하면
$P_a = \dfrac{3,000 \times 100}{75} = 4,000(\text{PS})$
따라서 $bHP = \dfrac{4,000}{0.8} = 5,000(\text{PS})$

**16** 판재의 가장자리에서 첫 번째 리벳 중심까지의 거리를 무엇이라 하는가?

① 끝거리
② 리벳 간격
③ 열간격
④ 가공거리

**해설**
리벳의 배열
• 끝거리(연거리) : 판재의 가장자리에서 첫 번째 리벳 구멍 중심까지의 거리
• 피치 : 같은 리벳 열에서 인접한 리벳 중심 간의 거리
• 게이지 또는 횡단피치 : 리벳 열 간의 거리

**17** 항공기 견인 시 준수해야 할 안전사항으로 옳은 것은?

① 야간 견인 시 전방등 외의 조명은 소등한다.
② 견인 차량과 항공기의 연결 상태를 확인한다.
③ 안전사고 예방을 위해 견인차에 2인 이상 탑승한다.
④ 공항 내 교통상황을 고려하여 견인 시 최대한 빠른 속도로 이동한다.

**해설**
견인 작업 시 견인속도는 시속 8km(5mph) 이내로 하고, 견인차에는 1명만 탑승하며, 긴급상황을 제외하고는 제동장치를 사용해서는 안 된다.

**18** 불이 지속적으로 탈 수 있는 조건을 만들어 주는 화재의 3요소가 아닌 것은?

① 빛
② 산소
③ 열
④ 연료

**19** 다음 문장에서 밑줄 친 부분에 해당하는 내용으로 옳은 것은?

"The primary flight control surfaces, located on the wings and empennage, are aileron, elevators, and rudder."

① 날개(주익)
② 보조날개
③ 꼬리날개(미익)
④ 도움날개

**해설**
"주날개와 꼬리날개에 위치하는 1차 조종면에는 도움날개, 승강키, 방향키 등이 있다."
※ 2024년 개정된 출제기준에서는 삭제된 내용

정답 15 ③ 16 ① 17 ② 18 ① 19 ③

**20** 다음 중 피로균열 등과 같이 표면결함 및 표면 바로 밑의 결함을 발견하는 데 효과적이며 높은 숙련도를 지닌 검사원이 필요 없고, 강자성체에만 적용될 수 있는 비파괴검사 방법은?

① 자분탐상검사
② 형광침투검사
③ 염색침투검사
④ 와전류탐상검사

**해설**
자분탐상검사는 철, 코발트, 니켈 등 강자성체에만 검사가 적용되는 특징이 있다.
※ 2024년 개정된 출제기준에서는 삭제된 내용

**21** 항공기의 배관 재료 중 내식성이 우수하고 내열성이 강하며 인장강도가 높고 두께가 얇아 항공기의 무게를 줄일 수 있어 많이 사용되는 것은?

① 주철관
② 알루미늄 튜브
③ 경질염화비닐 튜브
④ 스테인리스 강관

**22** 항공기를 활주로나 유도로 상에서 견인할 때 유도선을 따라 견인하게 되는데, 이때 유도선(Taxing Line)은 일반적으로 어떤 색인가?

① 검정색
② 녹색
③ 황색
④ 흰색

**23** 두께 1mm와 2mm의 판재를 리베팅 작업할 때 리벳의 지름($D$)은 몇 mm로 하는가?

① 1
② 2
③ 3
④ 6

**해설**
리벳의 지름은 접합할 판재 중에서 가장 두꺼운 판재의 3배로 선택한다. 따라서 두꺼운 판재 두께 2mm의 3배이므로 6mm가 정답이다.

**24** 다음 중 항공기의 감항성을 유지하기 위한 행위에 해당하는 것은?

① 항공기 제작
② 항공기 개발
③ 항공기 시험
④ 항공기 정비

**해설**
항공기 정비작업의 목적 : 감항성 유지

**25** 볼트의 호칭기호가 "AN 43-6"일 때 볼트의 지름과 길이로 옳은 것은?

① 지름은 $\frac{4}{8}$ in, 길이는 $\frac{6}{16}$ in이다.
② 지름은 $\frac{3}{16}$ in, 길이는 $\frac{6}{8}$ in이다.
③ 지름은 $\frac{6}{8}$ in, 길이는 $\frac{3}{16}$ in이다.
④ 지름은 $\frac{6}{16}$ in, 길이는 $\frac{4}{8}$ in이다.

**해설**
AN 볼트에서 앞쪽 숫자는 볼트 지름을 나타내며 1/16in씩 증가하고, 뒤쪽 숫자는 볼트 길이를 나타내며 1/8in씩 증가한다.

**26** 최소측정값이 1/1,000in인 버니어 캘리퍼스로 측정한 그림과 같은 측정값은 몇 in인가?

① 0.366  ② 0.367
③ 0.368  ④ 0.369

**해설**
아들자 0눈금이 0.35in를 지났음(어미자 작은 눈금 하나는 0.25 in). 아들자와 어미자가 일치된 곳의 아들자 눈금값은 $\frac{18}{1,000}$ = 0.018in이므로, 최종 측정값은 0.35 + 0.018 = 0.368(in)

**27** 항공기의 예방 정비 개념을 기본으로 하여 정비시간의 한계 및 폐기시간의 한계를 정해서 실시하는 정비방식은?

① 상태 정비
② 시한성 정비
③ 벤치 정비
④ 신뢰성 정비

**해설**
정비방식의 종류
- 시한성 정비(Hard Time) : 장비나 부품의 상태는 관계하지 않고 정비시간의 한계 및 폐기시간의 한계를 정하여 정기적으로 분해 점검하거나 새로운 것으로 교환하는 방식
- 상태 정비(On Condition) : 정기적인 육안검사나 측정 및 기능시험 등의 수단에 의해 장비나 부품의 감항성이 유지되는가를 확인하는 정비방식
- 신뢰성 정비(Condition Monitoring) : 항공기의 안정성에 직접 영향을 주지 않으며 정기적인 검사나 점검을 하지 않은 상태에서 고장을 일으키거나 그 상태가 나타났을 때 하는 정비방식

**28** 다음 괄호 안에 들어갈 알맞은 용어는?

"The front edge of the wing is called the ( )."

① Cord
② Leading Edge
③ Camber
④ Trailing Edge

**해설**
"날개의 앞쪽 끝부분을 앞전이라고 부른다."
※ 2024년 개정된 출제기준에서는 삭제된 내용

정답  25 ②  26 ③  27 ②  28 ②

**29** 영상을 통해 보이는 주물, 단조, 용접부품 등의 내부 균열을 탐지하는 데 특히 효과적인 비파괴검사 방법은?

① X-Ray 검사
② 초음파탐상검사
③ 자분탐상검사
④ 액체침투탐상검사

**[해설]**
※ 2024년 개정된 출제기준에서는 삭제된 내용

**30** 안전관리의 목적으로 틀린 것은?

① 산업재해예방
② 재산의 보호
③ 사회적 신뢰도 향상
④ 책임자 규명

**31** 측정기기의 구조에 따른 분류에 의해 아메스형과 칼마형으로 분류되는 측정기기는?

① 실린더 게이지
② 두께 게이지
③ 버니어 캘리퍼스
④ 텔레스코핑 게이지

**[해설]**
실린더 게이지는 보어 게이지(Bore Gage)라고도 하며, 아메스형과 칼마형이 있는데 다음 그림과 같은 칼마형이 주로 쓰인다.

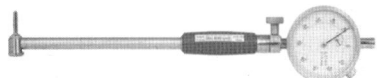

**32** 강관 구조부재의 수리 방법에 대한 설명으로 틀린 것은?

① 균열이 존재하면 정비 드릴로 뚫어 균열의 진행을 차단한다.
② 덧붙임하는 관의 부재는 손상된 강판과 동일한 재질과 두께를 가진 것을 선택한다.
③ 스카프 수리방식은 손상의 끝에서부터 양쪽으로 강관 지름의 1.5배만큼의 치수를 가지는 크기의 관을 덧붙임하는 방법이다.
④ 강관의 우그러진 깊이가 지름의 1/10 이상이고, 범위가 강관 원주의 1/4 이상의 경우에는 패치 수리를 한다.

**[해설]**
패치 수리는 강관의 우그러진 깊이가 지름의 1/10 이내이고, 범위가 강관 원주의 1/4 이내의 경우에 적용한다.
※ 2024년 개정된 출제기준에서는 삭제된 내용

**33** 항공기 세척에 사용하는 솔벤트 세제 중의 하나로 페인트칠을 하기 직전에 표면을 세척하는 데 사용되며, 80°F에서 인화하므로 아크릴과 고무 제품을 세척할 때는 주의해서 사용해야 하는 세제는?

① 케로신
② 에멀션 세제
③ 지방족 나프타
④ 건식 세척 솔벤트

**[해설]**
항공기 세척제로는 솔벤트 세제, 유화세제 및 비누와 같은 청정세제 등이 있으며 솔벤트 세제에는 다음과 같은 종류가 있다.
• 건식 세척 솔벤트
• 지방족 나프타와 방향족 나프타
• 안전 솔벤트(메틸클로로폼)
• 메틸에틸케톤(MEK)

**34** 물림 턱에 로크 장치가 있어 로크되면 바이스처럼 잡아주게 되어 부러진 스터드 등을 떼어낼 때 사용하는 그림과 같은 공구의 명칭은?

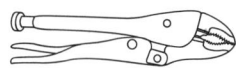

① 커넥터 플라이어
② 바이스 그립 플라이어
③ 롱노즈 플라이어
④ 콤비네이션 플라이어

**35** 외부전원 공급장치에서 항공기에 공급되는 교류전원은?

① 115/200V, 400Hz, 단상
② 110/220V, 60Hz, 단상
③ 115/200V, 400Hz, 3상
④ 110/220V, 60Hz, 3상

**해설**
※ 2024년 개정된 출제기준에서는 삭제된 내용

**36** 가스터빈기관에서 기관이 정지할 때 매니폴드나 연료 노즐에 남아있는 연료를 외부로 방출하는 역할을 하는 장치는?

① Dump Valve     ② FCU
③ Fuel Nozzle    ④ Fuel Heater

**해설**
Dump Valve는 배출(방출) 밸브를 뜻한다.

**37** 다음 중 왕복기관의 성능향상에 가장 큰 영향을 미치는 것은?

① 점화 장치
② 커넥팅 로드
③ 크랭크 축
④ 실린더의 압축비

**해설**
실린더 압축비가 증가할수록 왕복기관의 성능 및 효율은 상승하지만 압축비를 증가시키는 데는 한계가 있다.
※ 2024년 개정된 출제기준에서는 삭제된 내용

**38** 가스터빈기관의 원심식(Centrifugal Type) 압축기의 주요 구성품으로만 나열된 것은?

① 로터, 스테이터, 디퓨저
② 로터, 스테이터, 매니폴드
③ 임펠러, 디퓨저, 매니폴드
④ 임펠러, 스테이터, 디퓨저

정답 34 ② 35 ③ 36 ① 37 ④ 38 ③

**39** 항공기 왕복기관의 실린더 재료가 갖추어야 할 조건으로 틀린 것은?

① 제작이 용이하고 값이 싸야 한다.
② 중량을 줄이기 위하여 가벼워야 한다.
③ 냉각을 좋게 하기 위하여 열전도도가 낮아야 한다.
④ 작동 중의 내압에 견딜 수 있는 강성을 가져야 한다.

**해설**
냉각을 좋게 하기 위해서는 열전도도가 높아야 한다.

**40** 연료의 옥탄값은 무엇으로 나타내는 수치인가?

① 연료의 소모량
② 노크의 가능성
③ 연료의 비등점
④ 연료의 최대 토크값

**해설**
연료의 옥탄가가 높을수록 노크를 일으키기 어려운 성질(안티노크성)도 커진다.
※ 2024년 개정된 출제기준에서는 삭제된 내용

**41** 일반적으로 항공용 왕복기관(Reciprocating Engine)에서 사용하지 않는 냉각장치는?

① 냉각 핀
② 배플
③ 물 자켓
④ 카울 플랩

**해설**
물 자켓은 수랭식 냉각장치이므로 공랭식 냉각방식을 쓰는 항공용 왕복기관에는 사용하지 않는다.

**42** 다음 중 플로트식 기화기가 장착된 왕복기관 항공기가 비행 중 기관의 작동이 불규칙하게 변하는 현상의 주된 원인은?

① 저속장치가 열려 있어서
② 플로트실의 연료 유면의 높이가 변화되어서
③ 에어블리드에 의해 연료에 공기가 섞여 분사되어서
④ 이코노마이저장치가 순항출력 이상에서 연료를 공급해서

**43** 가스터빈기관의 디퓨저 부분(Diffuser Section)에 대한 설명으로 옳은 것은?

① 압력을 감소시키고 속도를 높인다.
② 디퓨저 내의 압력을 균일하게 한다.
③ 위치에너지를 운동에너지로 바꾼다.
④ 속도에너지를 압력에너지로 바꾸어 연소실로 보낸다.

**해설**
디퓨저 부분은 압축기 끝부분과 연소실 입구를 연결하는 일종의 확산통로로서, 압축기에서 발생한 속도에너지를 압력에너지로 바꾸어(공기속도가 감소하는 대신 공기압력은 상승) 연소실로 보내는 역할을 한다.

**44** 다음 중 가장 간단한 가스터빈기관의 점화장치는?

① 직류 유도형 점화장치
② 교류 유도형 점화장치
③ 교류 유도형 반대극성 점화장치
④ 직류 유도형 반대극성 점화장치

**45** 가스터빈기관에서 일반적으로 사용되는 터빈깃의 형식은?

① 접선 – 반동형
② 오목 – 반동형
③ 충동 – 반동형
④ 블록 – 충동형

**해설**
터빈 종류
- 반동 터빈 : 터빈 고정자 및 회전자깃에서 동시에 팽창이 이루어지는 터빈
- 충동 터빈 : 반동도가 0인 터빈으로 가스의 팽창은 고정자에서만 이루어지고 회전자깃에서는 이루어지지 않는 터빈
- 실제 터빈깃 : 깃뿌리에서는 충동 터빈으로 하고, 깃 끝으로 갈수록 반동 터빈이 되도록 제작함

**46** 항공용 왕복기관에서 냉각 핀의 방열량 변화에 직접적으로 영향을 미치는 것이 아닌 것은?

① 실린더의 크기
② 공기유량
③ 냉각 핀의 재질
④ 냉각 핀의 모양

**47** 항공기 제트기관에서 1차 연소영역의 공기 연료비로 가장 적합한 것은?

① 2~6 : 1
② 8~12 : 1
③ 14~18 : 1
④ 20~24 : 1

**해설**
가스터빈기관에서 연소실을 통과하는 공기의 25% 정도만 연소되는데 이 부분을 1차 연소영역이라고 하고, 나머지 공기는 연소에 쓰이지 않고 연소실 주변으로 흘러 냉각을 돕는데 이 부분을 2차 연소영역이라고 한다.

**48** 다음 중 두 값의 관계가 틀린 것은?

① $1W = 1J/s^2$
② $1N = 1kg \cdot m/s^2$
③ $1J = 1N \cdot m$
④ $1Pa = 1N/m^2$

**해설**
1W(전력) = 1J(일의 양)/1s(시간)

**정답** 44 ② 45 ③ 46 ① 47 ③ 48 ①

**49** 터보제트기관의 특징으로 옳은 것은?

① 소음이 작다.
② 주로 헬리콥터기관에 이용된다.
③ 비행속도가 느릴수록 기관의 효율이 좋다.
④ 배기가스분출로 인한 반작용으로 추진한다.

**해설**
터보제트기관은 비행속도가 빠를수록 효율이 좋으며, 소음이 큰 편이고, 주로 속도가 빠른 군용항공기에 사용된다.

**50** 내부에너지가 30kcal인 정지상태의 물체에 열을 가했더니 내부에너지가 40kcal로 증가하고, 외부에 대해 854kg·m의 일을 했다면 외부에서 공급된 열량은 몇 kcal인가?

① 12   ② 20
③ 30   ④ 40

**해설**
$$Q = (U_2 - U_1) + \frac{W}{J}$$
여기서, $U$ : 내부에너지
$W$ : 외부에 한 일
$J$ : 427kg·m/kcal ($J$ : 열의 일당량)
∴ $Q = (40-30) + \frac{854}{427} = 10 + 2 = 12\,(\text{kcal})$

**51** 왕복기관에서 "시동불능"의 고장원인이 아닌 것은?

① 기화기 고장
② 점화 스위치의 고장
③ 시동기 스위치 고장
④ 점화 플러그의 간극상태 불량

**52** 추력 비연료 소비율(TSFC)의 단위로 옳은 것은?

① kg/h
② kg/kg·h
③ kg/s²
④ kg·kg/s

**해설**
추력 비연료 소비율은 가스터빈기관에서 1kgf의 추력을 발생하기 위하여 1시간 동안 소비하는 연료의 중량을 말한다.
※ 2024년 개정된 출제기준에서는 삭제된 내용

**53** 왕복기관의 윤활유 분광시험 결과 구리금속입자가 많이 나오는 경우 예상되는 결함부분은?

① 마스터로드 실
② 피스톤 링
③ 크랭크축 베어링
④ 부싱 및 밸브 가이드

**해설**
윤활유 분광시험 성분별 이상 위치
• 철 : 피스톤 링, 밸브 스프링, 베어링 등
• 주석 : 납땜 부위
• 은 입자 : 마스터 로드 실(Seal)
• 구리 입자 : 부싱, 밸브 가이드
• 알루미늄 합금 : 피스톤, 기관 내부

**54** 가스터빈기관에서 역추력 장치에 대한 설명으로 틀린 것은?

① 역추력 장치의 사용절차는 착지 후 아이들 속도에서 역추력 모드를 사용한다.
② 상업용 항공기에서 역추력 장치의 구동방법은 주로 전기모터형식이 사용되고 있다.
③ 역추력 장치는 비상 착륙 시나 이륙포기 시에 제동 거리를 짧게 한다.
④ 캐스케이드 리버서(Cascade Reverser)와 클램셀 리버서(Clamshell Reverser) 등이 많이 사용된다.

[해설]
상업용 항공기에서 역추력 장치의 구동방법은 주로 압축기 공기압을 이용한 형식이 사용되고 있다.
※ 2024년 개정된 출제기준에서는 삭제된 내용

**55** 항공기용 왕복기관에서 크랭크축의 변형이나 비틀림 진동을 막아주는 역할을 하는 것은?

① 카운터 웨이트
② 다이내믹 댐퍼
③ 스테이틱 밸런스
④ 밸런스 웨이트

[해설]
- 평형추(Counter Weight) : 크랭크축에 정적 평형을 준다. 즉, 회전력을 일정하게 한다.
- 다이내믹 댐퍼(Dynamic Damper) : 크랭크축의 변형, 비틀림 및 진동을 감소시킨다.

**56** 다음 중 내연기관에 속하지 않는 것은?

① 왕복기관
② 회전기관
③ 증기터빈기관
④ 가스터빈기관

[해설]
증기터빈기관은 외연기관에 속한다.

**57** 비행 중인 프로펠러에 작용하는 하중이 아닌 것은?

① 압축하중
② 굽힘하중
③ 비틀림 하중
④ 인장하중

[해설]
※ 2024년 개정된 출제기준에서는 삭제된 내용

**58** 출력 정격에 관한 설명 중 아이들(Idle)출력에 대한 설명으로 옳은 것은?

① 항공기 상승 시 사용되는 최대 출력이다.
② 시간제한 없이 사용할 수 있는 최대 출력이다.
③ 기관이 이륙 시 발생할 수 있는 최대 출력이다.
④ 지상이나 비행 중 기관이 자립 회전할 수 있는 최저 회전 상태이다.

[정답] 54 ② 55 ② 56 ③ 57 ① 58 ④

**59** 가스터빈기관에서 연료 노즐에 대한 설명으로 틀린 것은?

① 1차 연료는 아이들 회전속도 이상이 되면 더 이상 분사되지 않는다.
② 2차 연료는 고속회전 작동 시 비교적 좁은 각도로 멀리 분사된다.
③ 연료 노즐에 압축 공기를 공급하는 것은 연료가 더욱 미세하게 분사되는 것을 도와준다.
④ 1차 연료는 시동할 때 이그나이터에 가깝게 넓은 각도로 연료를 분무하여 점화를 쉽게 한다.

**해설**
기관이 아이들 회전속도 이상이 되면 1차 연료와 함께 2차 연료도 분사하기 시작한다.

**60** Bendix에서 제작한 마그네토에 "DF18RN"이라는 기호가 표시되어 있다면 이에 대한 설명으로 옳은 것은?

① 시계방향으로 회전하게 설계된 18실린더 기관에 사용되는 복식플랜지 부착형 마그네토이다.
② 시계방향으로 회전하게 설계된 18실린더 기관에 사용되는 단식플랜지 부착형 마그네토이다.
③ 시계 반대방향으로 회전하게 설계된 18실린더 기관에 사용되는 복식플랜지 부착형 마그네토이다.
④ 시계 반대방향으로 회전하게 설계된 18실린더 기관에 사용되는 단식플랜지 부착형 마그네토이다.

**해설**
마그네토 표시 "DF18RN" 의미
- D : 복식 마그네토
- F : 플랜지 장착 타입
- 18 : 실린더 수
- R : 오른쪽 회전
- N : 제작회사(Bendix)

## 2015년 제4회 과년도 기출문제

**01** 고도 1,000m에서 공기의 밀도가 0.1kgf·s²/m⁴이고 비행기의 속도가 1,018km/h일 때, 압력을 측정하는 비행기의 피토관 입구에 작용하는 동압은 약 몇 kgf/m²인가?

① 1,557   ② 2,000
③ 2,578   ④ 3,998

**해설**
속도 1,018km/h = 282.78m/s이므로
동압 $q = \dfrac{1}{2}\rho V^2 = \dfrac{1}{2}\times 0.1 \times 282.78^2 ≒ 3,998.23\,(\text{kgf/cm}^2)$

**02** 무게가 $W$인 활공기 또는 기관이 정지된 비행기가 일정한 속도($V$)와 활공각 $\theta$로 활공 비행을 하고 있을 때의 양력($L$)방향과 항력($D$)방향으로 힘을 옳게 나타낸 것은?

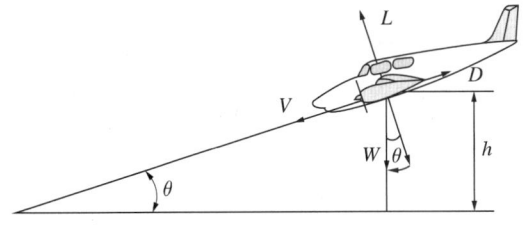

① $L = W\sin\theta$, $D = W\cos\theta$
② $L = W\cos\theta$, $D = W\sin\theta$
③ $L = W\tan\theta$, $D = W\tan\theta$
④ $L = \dfrac{W}{\cos\theta}$, $D = \dfrac{W}{\sin\theta}$

**03** 비압축성 흐름에서의 형상항력, 압력항력 및 마찰항력의 관계를 옳게 나타낸 것은?

① 형상항력 = 압력항력 + 마찰항력
② 형상항력 = 압력항력 − 마찰항력
③ 형상항력 = 마찰항력 − 압력항력
④ 형상항력 = (압력항력 + 마찰항력)/2

**해설**
항공기에 작용하는 항력에는 유도항력과 형상항력이 있으며 형상항력은 마찰항력과 압력항력으로 나뉜다.

**04** 대기권에서 전리층이 존재하며 전파를 흡수·반사하는 작용을 하여 통신에 영향을 끼치는 층은?

① 열권   ② 성층권
③ 대류권   ④ 중간권

**해설**
대기권은 높이에 따라 대류권-성층권-중간권-열권-극외권으로 나뉘며, 기상현상이 발생하는 곳은 대류권이고, 대기권 중 최저기온은 중간권(약 −90℃)이며, 전파를 흡수하거나 차단하는 전리층이 있는 곳은 열권이다.

**정답** 1 ④  2 ②  3 ①  4 ①

## 05 항공기의 상승률에 대한 설명으로 옳은 것은?

① 중량이 적을수록 상승률은 감소한다.
② 이용마력이 클수록 상승률은 감소한다.
③ 필요마력이 클수록 상승률은 감소한다.
④ 프로펠러의 효율이 클수록 상승률은 감소한다.

**해설**

상승률 = $\dfrac{\text{이용마력} - \text{필요마력}}{\text{항공기무게}} = \dfrac{\text{여유마력}}{\text{항공기무게}}$

상승률은 이용마력이 크고 필요마력이 작을수록, 항공기 무게가 가벼울수록 커진다.

## 06 프로펠러에서 유효피치를 가장 옳게 설명한 것은?

① 비행기가 최저속도에서 프로펠러가 1초간 전진한 거리
② 비행기가 최고속도에서 프로펠러가 1초간 전진한 거리
③ 공기 중에서 프로펠러가 1회전할 때 실제로 전진한 거리
④ 공기를 강체로 가정하고 프로펠러를 1회전할 때 이론적으로 전진한 거리

**해설**

프로펠러가 실제 공기 중에서 1회전했을 때 진행하는 거리를 유효피치라고 하며 비행속도($V$)를 회전수($n$)로 나눈 값이다.
※ 2024년 개정된 출제기준에서는 삭제된 내용

## 07 공기에 압력을 가하면 공기의 체적이 감소되고, 체적에 반비례하는 밀도는 증가되는 성질의 관계식을 무엇이라 하는가?

① 운동방정식
② 상태방정식
③ 연속방정식
④ 파스칼방정식

**해설**

이상기체 상태방정식
$PV = nRT$
여기서, $P$ : 압력
$V$ : 부피
$n$ : 기체의 몰수
$R$ : 기체상수
$T$ : 온도(K)

## 08 대형 제트기에서 착륙 시 스포일러를 사용하는 가장 큰 이유는?

① 항력을 증가시키기 위하여
② 저항을 감소시키기 위하여
③ 버핏(Buffet) 현상을 방지하기 위하여
④ 비행기의 착륙 무게를 가볍게 하기 위하여

**해설**

스포일러는 착륙 시 항력을 증가시켜 착륙활주거리를 줄일 수 있으며, 비행 중에는 도움날개와 연동해서 비대칭으로 작동함으로써 옆놀이 보조장치로 사용된다.

09 항공기 동안정성 중 세로면에서의 진동에 따라 나타나는 현상은?

① 더치롤 - 나선 운동
② 단주기 운동 - 롤 운동
③ 장주기 운동 - 나선 운동
④ 단주기 운동 - 장주기 운동

해설
비행기의 동적 세로 안정은 일반적으로 장주기 운동, 단주기 운동 및 승강키 자유운동과 같은 세 가지의 기본 진동 형태로 구성된다.

10 다음 중 항공기의 부조종면은?

① 플랩(Flap)
② 승강키(Elevator)
③ 방향키(Rudder)
④ 도움날개(Aileron)

해설
방향키, 승강키, 도움날개 등은 1차 조종면(주조종면)에 속하며, 플랩은 2차 조종면(부조종면)에 속한다.

11 비교적 두꺼운 날개를 사용한 비행기가 천음속 영역에서 비행할 때 발생하는 가로 불안정의 특별한 현상은?

① 커플링(Coupling)
② 더치롤(Dutch Roll)
③ 디프스톨(Deep Stall)
④ 날개드롭(Wing Drop)

해설
비행기의 가로 불안정 현상으로는 날개드롭(Wing Drop), 옆놀이 커플링(Roll Coupling) 등이 있고, 세로 불안정에는 턱 언더 현상(Tuck Under), 피치 업(Pitch Up), 디프스톨(Deep Stall) 등이 있다.

12 2개의 주회전 날개를 비행방향에 대하여 앞뒤로 배열시킨 것으로서 대형 헬리콥터에 적합하며 회전날개의 회전방향은 서로 반대인 헬리콥터는?

① 병렬식 회전날개 헬리콥터
② 직렬식 회전날개 헬리콥터
③ 병렬교차식 회전날개 헬리콥터
④ 동축역회전식 회전날개 헬리콥터

해설
동축역회전식 헬리콥터(예 CH-47)

※ 2024년 개정된 출제기준에서는 삭제된 내용

13 날개단면의 받음각이 0°인 경우, 양력계수가 0이 되지 않는 날개단면은?

① 무양력 날개단면
② 영양력 날개단면
③ 대칭 날개단면
④ 비대칭 날개단면

**14** 헬리콥터 비행 시 역풍지역이 가장 커지게 되는 비행 상태는?

① 정지비행
② 상승가속비행
③ 자동회전비행
④ 전진가속비행

해설
헬리콥터 전진비행 시, 회전날개의 방위각이 270°일 때 깃의 회전 속도와 전진속도의 차이 때문에 깃의 앞전이 아닌 뒷전에서 상대풍이 불어오는 상태가 되는데, 이와 같은 부분을 역풍지역이라고 한다.

**15** 600m 상공에서 글라이더가 수평활공거리 6,000m 만큼 활공하였다면 이때 양항비는?

① 0.06
② 6
③ 10
④ 100

해설
양항비 $\dfrac{C_L}{C_D} = \dfrac{1}{\tan\theta} = \dfrac{수평활공거리}{높이}$

따라서 양항비 $= \dfrac{6,000}{600} = 10$

**16** 알루미늄 합금의 방식처리방법 중 화학적 피막처리 방법으로 가장 옳은 것은?

① 알로다인 처리
② 프라이머
③ 알칼리 착색법
④ 침탄처리

해설
알로다인(Alodine) 처리
전기를 사용하지 않고 알로다인이라는 크롬산 계열의 화학 약품 속에서 알루미늄에 산화피막을 입히는 공정
※ 2024년 개정된 출제기준에서는 삭제된 내용

**17** 그림과 같은 항공기 유도 수신호의 의미로 옳은 것은?

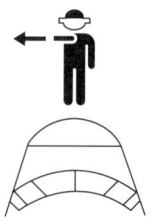

① 도착
② 정면 전진
③ 촉 괴기
④ 기관 정지

**18** 항공기의 주요 부품 등의 검출이 곤란한 구멍 안쪽의 균열, 시험편 속의 불순물, 도금 두께 등을 검사하는 데 가장 많이 사용되는 비파괴 검사 방법은?

① 방사선 검사
② 자분 탐상 검사
③ 와전류 검사
④ 침투 탐상 시험

해설
와전류 탐상 검사는 주로 재료의 표면층 결함 검출법에 많이 사용되며, 형상이 간단한 제품의 고속 자동화 검사에 유리하다.
※ 2024년 개정된 출제기준에서는 삭제된 내용

정답 14 ④ 15 ③ 16 ① 17 ④ 18 ③

**19** 직류 전기회로 측정에 관한 설명으로 옳은 것은?

① 배율기는 전압계와 직렬로 접속시킨다.
② 전류계는 부하 및 전원과 병렬로 접속시킨다.
③ 전압측정은 작은 범위에서 시작해서 큰 범위로 높여가면서 측정한다.
④ 계기를 회로에 연결할 때에는 단자를 느슨하게 죄어 접속 저항이 최대가 되도록 한다.

**해설**
전류계는 직렬로, 전압계는 병렬로 연결하며 측정 범위는 큰 범위에서 시작해서 점차 작은 범위로 낮춰가며 측정한다.
※ 2024년 개정된 출제기준에서는 삭제된 내용

**20** 항공기 기체의 개조작업 사항이 아닌 것은?

① 날개 형태의 변경
② 중량 및 중심한계 변경
③ 기관이나 장비의 기능 변경
④ 기체 내부 일부 부품의 분해

**21** 두께 0.2cm의 판을 굽힘 반지름 24.8cm, 90°로 굽히려고 할 때 세트백(Set Back)은 몇 cm인가?

① 24.8
② 25.0
③ 25.2
④ 25.8

**해설**
세트백(SB ; Set Back)
$SB = \tan\frac{\theta}{2}(R+T) = \tan\frac{90°}{2}(24.8+0.2) = 25(cm)$

**22** 항공기 배관 계통에 알루미늄합금 튜브의 이중 플레어링을 적용하기에 가장 적당한 곳은?

① 튜브 연결 부위의 길이가 짧은 곳
② 배관 계통에 열이 많이 발생하는 곳
③ 심한 진동을 받거나 압력이 높은 곳
④ 튜브의 꺾어진 곳이 많고 복잡한 곳

**23** 다음과 같은 리벳의 규격에 대한 설명으로 옳은 것은?

MS 20470 D 6 − 16

① 접시머리 리벳이다.
② 특수 표면처리 되어 있다.
③ 리벳의 지름은 $\frac{6}{16}$in이다.
④ 리벳의 길이는 $\frac{16}{16}$in이다.

**해설**
MS 20470 D 6 − 16
• 유니버설 리벳
• 재질은 D(2017알루미늄 합금)
• 지름은 6/32in
• 길이는 16/16in

정답 19 ① 20 ④ 21 ② 22 ③ 23 ④

**24** 온 컨디션(On-condition) 정비방식에 대한 설명으로 옳은 것은?

① 부품의 신뢰도가 일정한 품질 수준 이하로 떨어질 때 적절한 대책 조치가 취해진다.
② 고장을 일으키더라도 안전성에 직접 문제가 없는 일반적인 부품에 적용된다.
③ 상태의 불량을 판정하기 용이한 기체구조 및 각 계통의 장비품에 적용된다.
④ 감항성에 영향을 주는 부품을 분해하여 고장 상태를 발견할 수 있다.

**해설**
정비방식의 종류
- 시한성 정비(Hard Time) : 장비나 부품의 상태는 관계하지 않고 정비시간의 한계 및 폐기시간의 한계를 정하여 정기적으로 분해 점검하거나 새로운 것으로 교환하는 방식
- 상태 정비(On Condition) : 정기적인 육안검사나 측정 및 기능시험 등의 수단에 의해 장비나 부품의 감항성이 유지되는가를 확인하는 정비방식
- 신뢰성 정비(Condition Monitoring) : 항공기의 안전성에 직접 영향을 주지 않으며 정기적인 검사나 점검을 하지 않은 상태에서 고장을 일으키거나 그 상태가 나타났을 때 하는 정비방식

**25** 인화성 액체에 의한 화재의 종류는?

① A급 화재
② B급 화재
③ C급 화재
④ D급 화재

**해설**
화재의 종류
① A급 화재 : 일반화재
② B급 화재 : 유류, 가스화재
③ C급 화재 : 전기화재
④ D급 화재 : 금속화재

**26** 작업대상물의 모서리를 가공하는 데 사용되는 (A)와 같은 공구의 명칭은?

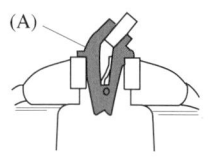

① 평행 클램프
② 앵글
③ 샤핑 바이스
④ 클램프 바

**27** 다음 중 안전에 관한 색의 설명으로 틀린 것은?

① 노란색은 경고 또는 주의를 의미한다.
② 보호구의 착용을 지시할 때에는 초록과 흰색을 사용한다.
③ 위험장소를 나타내는 안전표시는 노랑과 검정의 조합으로 한다.
④ 금지표지의 바탕은 흰색, 기본모형은 빨강을 사용한다.

**해설**
- 빨간색 : 위험물 또는 위험상태 표시
- 주황색 : 기계 또는 전기설비의 위험 위치 식별
- 녹색 : 안전에 관련된 설비 및 구급용 치료시설 식별
- 노란색 : 사고의 위험이 있는 장비나 시설물에 표시

**28** 밑줄 친 부분을 의미하는 단어는?

> The take off is the movement of the aircraft from it's starting position on the runway to the point where the climb is established.

① 이륙　　② 착륙
③ 순항　　④ 급강하

**해설**
① 이륙 : Take Off
② 착륙 : Landing
③ 순항 : Cruising
④ 급강하 : Diving
※ 2024년 개정된 출제기준에서는 삭제된 내용

**29** 지상에서 객실 여압 장치를 갖추고 있는 항공기에 냉·난방 공기를 공급할 때 항공기의 출입구를 열어 놓거나, Cabin Pressurization Panel의 Out-flow Valve를 열어 놓는 이유는?

① 동체 파손을 방지하기 위해
② 객실 잔여 냉·난방 공기를 배출하기 위해
③ 객실 여압 조절 장치의 기능을 점검하기 위해
④ 객실 냉·난방 공기 공급 온도를 맞추기 위해

**30** 유압계통에서 튜브의 크기로 무엇을 표기하는가?

① 튜브의 안지름(ID)과 두께
② 튜브의 바깥지름(OD)과 두께
③ 튜브의 안지름(ID)과 바깥지름(OD)
④ 튜브의 바깥지름(OD)과 피팅의 크기

**31** 주로 구조물에 가해지는 과도한 응력의 집중에 의해 재료에 부분적으로 또는 완전하게 불연속이 생긴 현상을 무엇이라고 하는가?

① 긁힘(Scratch)
② 균열(Crack)
③ 좌굴(Buckling)
④ 찍힘(Nick)

**해설**
② 균열(Crack) : 재료에 가해지는 과도한 응력 집중에 의해 발생하는 부분적 또는 완전하게 불연속이 생기는 현상
① 긁힘(Scratch) : 날카로운 물체와 접촉되어 발생하는 결함으로 길이와 깊이를 가지는 선모양의 긁힘 현상
④ 찍힘(Nick) : 재료의 표면이나 모서리가 외부 충격을 받아 소량의 재료가 떨어져 나갔거나 찍힌 현상

**32** 다음 ( ) 안에 알맞은 것은?

> "( ) should never deflect the alignment of a cable more than 3°."

① Fairleads　　② Pulley
③ Stopper　　④ Hinge

**해설**
페어리드(Fairlead)는 케이블이 벌크헤드의 구멍이나 다른 금속이 지나가는 곳에 사용되며, 케이블의 느슨함을 막고 다른 구조와의 접촉을 방지한다.
※ 2024년 개정된 출제기준에서는 삭제된 내용

정답　28 ①　29 ①　30 ②　31 ②　32 ①

**33** 토크렌치의 사용방법에 대한 설명으로 틀린 것은?

① 적정 토크범위에 해당하는 토크렌치만 사용한다.
② 사용하던 토크렌치를 다른 토크렌치와 교환해서 사용하지 않는다.
③ 정기적으로 교정되는 측정기이므로 사용 시 유효한 것인지 확인한 후 사용한다.
④ 사용 중 떨어뜨리면 외관의 오물만 제거하는 등 최대한 빨리 다시 사용한다.

해설
토크렌치는 사용 중 떨어뜨리면 사용을 중지해야 하며, 교정을 새로 받아야 한다.

**34** 다음 중 작업공간이 좁거나 버킹바를 사용할 수 없는 곳에 사용되는 블라인드 리벳(Blind Rivet)의 종류가 아닌 것은?

① 리브너트  ② 체리 리벳
③ 폭발 리벳  ④ 솔리드 섕크 리벳

해설
솔리드 섕크 리벳은 내부가 꽉 차있는 리벳으로 버킹바를 사용하여 벅테일을 만든다.

**35** 중력식 연료 보급법과 비교하여 압력식 연료 보급법의 특징으로 틀린 것은?

① 주유시간이 절약된다.
② 연료 오염 가능성이 적다.
③ 항공기 접지가 불필요하다.
④ 항공기 표피 손상 가능성이 적다.

해설
연료 보급 시 항공기 3점 접지는 필수적이다.

**36** 항공용 기관에서 내부에 기계적 기구를 갖지 않고 디퓨저, 밸브망, 연소실 및 분사노즐로 구성된 기관은?

① 램제트기관
② 펄스제트기관
③ 로켓기관
④ 프롭팬기관

해설
밸브망을 갖춘 기관은 펄스제트기관이다.

**37** 왕복기관에서 냉각공기의 유량을 조절함으로써 기관의 냉각효과를 조절하는 장치는 무엇인가?

① 카울플랩  ② 배플
③ 피스톤 링  ④ 커프

해설
카울플랩(Cowl Flap)은 여닫는 형태로 되어 있어 냉각이 필요할 때 엔진실 내부로 유입되는 공기의 양을 조절할 수 있다.

33 ④  34 ④  35 ③  36 ②  37 ①  정답

**38** 터보제트기관에서 연료를 1차, 2차 연료로 분류시키는 장치는?

① FCU
② 연료노즐
③ P&D 밸브
④ 연료히터

**해설**
P&D Valve(Pressurizing&Dump Valve)는 연료조정장치와 연료 매니폴드 사이에 위치하여 연료의 흐름을 1차 연료와 2차 연료로 분리시키고, 기관이 정지되었을 때에 매니폴드나 연료노즐에 남아 있는 연료를 외부로 방출한다.

**39** 마그네토에서 중립위치와 접촉점(Breaker Point)이 열리는 위치 사이의 크랭크축 회전각도를 부르는 명칭은?

① C-GAP
② D-GAP
③ E-GAP
④ F-GAP

**해설**
E-GAP = Efficiency Gap

**40** 복식형(Duplex Type)의 연료노즐에서 1차와 2차 연료의 흐름을 분리하는 것은?

① 연료여과기
② 주연료펌프
③ 연료차단밸브
④ 연료흐름분할기

**해설**
복식 노즐에서 시동 시에는 1차 연료만 흐르고, 완속회전속도 이상에서는 흐름분할기(Fuel Flow Divider)의 밸브가 열려 2차 연료가 분사된다.

**41** 기관이 최대출력 또는 그 근처에서 작동될 때 수동 혼합 조종 장치의 위치는?

① 희박(Lean)위치
② 최대 농후(Full Rich)위치
③ 외기 온도에 따라 위치 변화
④ 외기 습도에 따라 위치 변화

**42** 다음 중 열역학 제2법칙에 대한 설명으로 옳은 것은?

① 온도계의 원리를 규정한 것이다.
② 에너지의 변화량을 규정한 것이다.
③ 열은 스스로 저온에서 고온으로 이동할 수 있다는 법칙이다.
④ 열과 일의 변환에 일정한 방향이 있다는 것을 설명한 것이다.

**해설**
열역학 제2법칙은 열과 일의 변환에 있어서 어떠한 방향이 있다는 것을 설명한 것이고, 열역학 제1법칙은 에너지 보존법칙으로 열과 일은 서로 변환될 수 있다는 것을 설명한 것으로 열과 일에 대한 양적인 개념을 설명한 것이다.

정답  38 ③  39 ③  40 ④  41 ②  42 ④

**43** 기관의 출력 중 시간제한 없이 작동할 수 있는 최대 출력으로 이륙 추력의 90% 정도에 해당하는 출력의 명칭은?

① 순항 출력
② 최대 상승 출력
③ 아이들 출력
④ 최대 연속 출력

**해설**
사용시간 제한 없이 장시간 연속 작동을 보증할 수 있는 마력을 연속 최대 마력이라고 하며, 정격마력(Rated Horse Power)이라고도 하는데 이것에 따라 그 기관의 임계고도가 정해진다. 임계고도(Critical Altitude)란, 고도의 영향 때문에 어느 고도 이상에서는 기관이 정격 마력을 낼 수 없는 고도를 말한다.

**44** 18기통 2열 성형기관에서 점화장치를 복식 저압 점화장치로 사용하였다면 장착되는 변압기는 몇 개인가?

① 18
② 36
③ 54
④ 72

**해설**
항공용 왕복기관은 단식, 복식에 상관없이 실린더 하나당 2개의 점화플러그가 필요하고, 저압 점화계통은 점화플러그 한 개마다 각각 하나의 변압기가 필요하므로 필요한 총 변압기 수는 18×2 = 36개이다.

**45** 4행정 기관의 밸브개폐 시기가 다음과 같을 때 밸브 오버랩은 몇 도인가?

- 흡입 밸브 열림(I.O) 20°BTC
- 흡입 밸브 닫힘(I.C) 50°ABC
- 배기 밸브 열림(E.O) 60°BBC
- 배기 밸브 닫힘(E.C) 10°ATC

① 30°
② 60°
③ 180°
④ 240°

**해설**
밸브 오버랩
흡기 밸브와 배기 밸브가 동시에 열려있는 구간을 의미하며, 위 문제에서 흡입밸브가 상사점 전 20°에서 열리고, 배기밸브가 하사점 후 10°에서 닫히므로 밸브 오버랩은 30°이다.

**46** 축류형 터빈에서 터빈의 반동도를 옳게 나타낸 것은?

① $\dfrac{\text{로터깃에 의한 팽창}}{\text{단의 팽창}} \times 100$

② $\dfrac{\text{단의 팽창}}{\text{로터깃에 의한 팽창}} \times 100$

③ $\dfrac{\text{스테이터깃에 의한 팽창}}{\text{단의 팽창}} \times 100$

④ $\dfrac{\text{단의 팽창}}{\text{스테이터깃에 의한 팽창}} \times 100$

**47** 가스터빈기관의 연소실 내에서 화염이 지연되거나 공기의 흐름속도가 클수록 연소실의 길이가 길어져야 하는데 그 이유로 옳은 것은?

① 연소화염이 터빈까지 들어가지 않게 하기 위해
② 연소가 시작되는 곳에서 연소화염 확산을 빠르게 하기 위해
③ 공기와 연료의 혼합을 촉진시켜 신속한 연소가 이루어지게 하기 위해
④ 터빈에 작용하는 연소가스 흐름을 균일하게 하기 위해

**48** 결핍시동인 헝스타트(Hung Start)에 대한 설명으로 옳은 것은?

① 오일 압력이 늦게 상승한다.
② 배기가스의 온도가 계속 낮아진다.
③ 시동 시 EGT가 규정치 이상 상승한다.
④ 시동 시 아이들(Idle) RPM까지 증가하지 않는다.

[해설]
가스터빈기관의 비정상 시동
- 과열시동(Hot Start) : 시동 시 배기가스의 온도가 규정값 이상으로 증가하는 현상
- 결핍시동(Hung Start) : 시동이 시작된 다음 기관 회전수가 완속 회전수까지 증가하지 않고 이보다 낮은 회전수에 머무르는 현상
- 시동불능(No Start) : 기관이 규정된 시간 안에 시동되지 않는 현상

**49** 가스터빈기관의 점화장치에서 유도형 점화장치가 아닌 것은?

① 직류 유도형
② 반대직류 유도형
③ 교류 유도형
④ 교류 유도형 반대극성

**50** 다음 중 공기와 연료를 적당한 비율의 혼합 가스로 만들어 주는 장치는?

① 과급기  ② 매니폴드
③ 기화기  ④ 공기 덕트

**51** 플로트식 기화기에서 스로틀 밸브(Throttle Valve)가 설치되는 위치는?

① 벤투리와 초크 밸브 다음에
② 초크 밸브와 연료 노즐 사이에
③ 연료 분사 노즐과 벤투리 다음에
④ 연료 분사 노즐과 벤투리 사이에

[정답] 47 ① 48 ④ 49 ② 50 ③ 51 ③

**52** 터빈 입구의 압력이 7, 터빈 출구의 압력이 3, 로터 입구의 압력이 4인 가스터빈기관에서 축류형 터빈의 반동도는?(단, 공기의 비열비는 1.4이다)

① 20%  ② 25%
③ 30%  ④ 35%

**해설**

$$\text{터빈반동도} = \frac{\text{터빈로터에 의한 팽창량}}{\text{단의 팽창량}} \times 100\%$$

$$= \frac{P_2 - P_3}{P_1 - P_3} \times 100\%$$

$$= \frac{4-3}{7-3} \times 100\%$$

$$= 25\%$$

**53** 가스터빈기관의 공기흡입도관으로 초음속의 공기가 흡입될 때 도관의 단면적과 공기속도와의 관계를 옳게 설명한 것은?

① 속도는 단면적 감소에 따라 감소하고, 단면적 증가에 따라 증가한다.
② 속도는 단면적 감소에 따라 증가하고, 단면적 증가에 따라 감소한다.
③ 속도는 단면적 감소에 따라 감소 후에 증가하고, 단면적 증가에 따라 감소한다.
④ 초음속의 공기가 흡입도관을 흐를 경우 단면적과 공기속도와의 관계가 없다.

**해설**

아음속 흐름에서 공기 속도는 단면적의 크기에 반비례하지만, 초음속 흐름에서의 공기 흐름 속도는 단면적 크기에 비례한다.

**54** 항공기 왕복기관의 실린더 압축시험에서 시험을 할 실린더의 피스톤 위치로 옳은 것은?

① 압축행정 하사점 전
② 압축행정 하사점
③ 압축행정 상사점 전
④ 압축행정 상사점

**해설**

외부 점화시기 조절은 압축행정 상사점 전에서 실시하지만 실린더 압축시험은 압축 상사점에서 실시한다.

**55** 프로펠러 깃 버트(Butt)와 인접한 부분을 말하며 강도를 주기 위해 두껍게 되어 있고 허브 배럴에 꼭 맞게 되어 있는 부분의 명칭은?

① 프로펠러 팁(Tip)
② 프로펠러 허브(Hub)
③ 프로펠러 섕크(Shank)
④ 프로펠러 허브 보어(Hub Bore)

**해설**

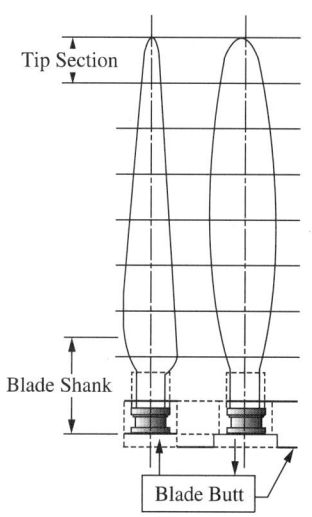

※ 2024년 개정된 출제기준에서는 삭제된 내용

**56** 항공용 왕복기관 연료계통의 구성 중에서 기관을 시동할 때 실린더 안에 직접 연료를 분사시켜주는 장치는?

① 프라이머
② 연료선택밸브
③ 주연료펌프
④ 비상연료펌프

[해설]
프라이머(Primer)는 기관 시동 시 흡입밸브 입구나 실린더 안에 직접 연료를 분사시켜 농후한 혼합가스를 만들어줌으로써 시동을 쉽게 하는 장치이다.

**57** 가스터빈기관에서 연료-오일냉각기(Fuel-oil Cooler)의 기능으로 옳은 것은?

① 연료와 오일을 모두 냉각시킨다.
② 오일과 연료를 혼합하여 사용한다.
③ 오일을 냉각시키고 연료는 뜨겁게 한다.
④ 연료를 냉각시키고 오일은 뜨겁게 한다.

[해설]
연료-오일 냉각기는 일종의 열교환기로서, 기관을 순환한 후 뜨거워진 오일의 열을 이용하여, 연료는 덥혀주고 대신 오일의 온도는 식혀주는 역할을 한다.

**58** 브레이턴사이클의 열효율을 구하는 식은?(단, $\gamma_p$ : 압력비, $\kappa$ : 비열비이다)

① $1-\left(\dfrac{1}{\gamma_p}\right)^{\frac{\kappa-1}{\kappa}}$

② $1-\left(\dfrac{1}{\gamma_p}\right)^{\frac{\kappa}{\kappa-1}}$

③ $\dfrac{1}{(1-\gamma_p)^{\frac{\kappa-1}{\kappa}}}$

④ $\dfrac{1}{(1-\gamma_p)^{\frac{\kappa}{\kappa-1}}}$

**59** 항공기 왕복기관이 저속, 저출력으로 작동할 때 가장 농후한 혼합비를 사용하는 이유로 옳은 것은?

① 배기가스의 배출이 원활하지 못해 실린더 온도가 높기 때문에
② 배기가스 배출이 많아 혼합가스의 누설이 되기 때문에
③ 실린더 온도 영향으로 연료의 기화가 너무 잘되기 때문에
④ 실린더 온도 영향으로 연료의 기화가 잘 안되기 때문에

**60** 가스터빈기관의 추력에 영향을 미치는 요인 중 대기온도와 대기압력에 대한 설명으로 옳은 것은?

① 대기온도가 증가하면 추력은 증가하고, 대기압력이 증가하면 추력은 감소한다.
② 대기온도가 증가하면 추력은 감소하고, 대기압력이 증가하면 추력은 증가한다.
③ 대기온도가 증가하면 추력은 증가하고, 대기압력이 증가하면 추력은 증가한다.
④ 대기온도가 증가하면 추력은 감소하고, 대기압력이 증가하면 추력은 감소한다.

[해설]
대기온도가 올라가면 공기 밀도가 감소하여 추력은 감소하고, 대기 압력이 증가하면 공기 밀도가 증가하여 추력이 증가한다.

[정답] 56 ① 57 ③ 58 ① 59 ④ 60 ②

# 2015년 제5회 과년도 기출문제

**01** 비행기의 착륙거리를 짧게 하기 위한 조건으로 가장 거리가 먼 것은?

① 접지속도를 크게 한다.
② 착륙 시 무게를 가볍게 한다.
③ 착륙 활주 중 양력을 작게 한다.
④ 착륙 활주 중 항력을 크게 한다.

**해설**
항공기의 접지속도가 커지면 착륙거리가 늘어나므로 항공기는 접지속도를 줄이면서 플랩을 펼쳐서 착륙거리를 줄인다.

**02** 가로축은 비행기 주날개 방향의 축을 가리키며 $y$축이라 하는데, 이 축에 관한 모멘트를 무엇이라 하는가?

① 선회 모멘트
② 키놀이 모멘트
③ 빗놀이 모멘트
④ 옆놀이 모멘트

**해설**
항공기의 3축 운동(모멘트)은 다음과 같다.

| 기준축 | $x$(세로축) | $y$(가로축) | $z$(수직축) |
|---|---|---|---|
| 운동(모멘트) | 옆놀이 | 키놀이 | 빗놀이 |
| 조종면 | 도움날개 | 승강키 | 방향키 |

**03** 비행기의 날개끝 실속(Tip Stall)을 방지하기 위한 방법으로 틀린 것은?

① 날개의 테이퍼비를 크게 한다.
② 날개끝 받음각이 날개뿌리 받음각보다 작아지도록 기하학적 비틀림을 준다.
③ 날개끝 부분의 날개 앞전 안쪽에 슬롯을 설치한다.
④ 날개끝에 캠버나 두께비가 큰 날개골을 사용한다.

**해설**
날개끝 실속 방지방법
• 날개의 테이퍼비를 너무 크게 하지 않는다.
• 날개끝으로 감에 따라 받음각이 작아지도록 기하학적 비틀림을 준다.
• 날개끝 부분에 두께비, 앞전 반지름, 캠버 등이 큰 날개골을 사용함으로써 실속각을 크게 한다.
• 날개 뿌리에 실속판(Strip)을 붙여 받음각이 클 때 날개끝보다 날개 뿌리 부분이 먼저 실속이 일어나게 한다.
• 날개끝 부분의 날개 앞전 안쪽에 슬롯을 설치하여 흐름의 떨어짐을 방지한다.

**04** 평균 캠버선으로부터 시위선까지의 거리가 가장 먼 곳을 무엇이라 하는가?

① 캠버  ② 최대 캠버
③ 두께  ④ 평균시위

**[해설]**
날개단면의 모양 및 명칭

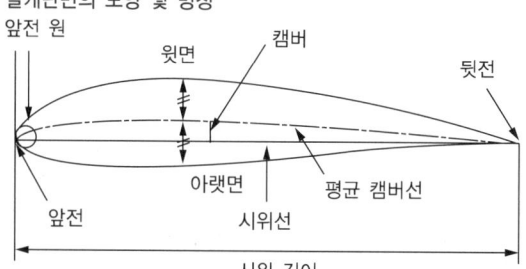

**05** 정적안정과 동적안정에 대한 설명으로 옳은 것은?

① 동적안정이 양(+)이면 정적안정은 반드시 양(+)이다.
② 정적안정이 음(-)이면 동적안정은 반드시 양(+)이다.
③ 정적안정이 양(+)이면 동적안정은 반드시 양(+)이다.
④ 동적안정이 음(-)이면 정적안정은 반드시 음(-)이다.

**[해설]**
정적안정이면서도 동적으로 중립이거나 불안정할 수 있다. 반면, 동적으로 안정이면 정적으로 안정하다.

**06** 비행기의 속도가 200km/h이며 상승각이 6°라면 상승률은 약 몇 m/s인가?

① 5.8   ② 18.7
③ 20.9  ④ 60.2

**[해설]**
상승률 $= V\sin\gamma$
$= 200 \times \sin 6°$
$= 200 \times 0.104$
$= 20.8 \text{(km/h)}$
$= 5.78 \text{(m/s)}$

**07** 비행기가 항력을 이기고 앞으로 움직이기 위한 동력은?(단, $T$ : 추력, $V$ : 비행기 속도이다)

① $\dfrac{T}{V}$   ② $\dfrac{V}{T}$

③ $TV$   ④ $\dfrac{TV}{2}$

**[해설]**
동력 = 힘×속도 = $T$(추력) × $V$(속도)

**08** 압력의 변화에 관계없이 밀도가 일정한 유체를 무엇이라 하는가?

① 항밀도 유체
② 점성 유체
③ 비점성 유체
④ 비압축성 유체

**해설**
밀도 변화가 아주 작아서 무시될 수 있는 유체를 비압축성 유체라고 하고 액체가 여기에 속한다. 한편 반대되는 개념은 압축성 유체로서 공기를 포함한 대부분의 기체가 여기에 속한다.

**09** 그림과 같은 유체 흐름에서 $A_1$ 지점의 단면적은 32m²이고, $A_2$ 지점의 단면적은 8m²이다. 이때 $A_1$ 지점의 속도는 10m/s일 때, $A_2$ 지점의 속도는 몇 m/s인가?(단, 각 지점의 유체밀도는 같다)

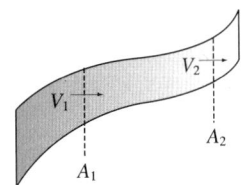

① 8
② 10
③ 32
④ 40

**해설**
연속의 법칙에서 $A_1 V_1 = A_2 V_2$
여기서, $A_1$ : 입구 단면적
$V_1$ : 입구에서의 유체속도
$A_2$ : 출구 단면적
$V_2$ : 출구에서의 유체속도
$V_2 = \left(\dfrac{A_1}{A_2}\right) V_1$
∴ $V_2 = \left(\dfrac{32}{8}\right) \times 10 = 40 (\mathrm{m/s})$

**10** 날개의 뒷전에 출발 와류가 생기게 되면 앞전 주위에도 이것과 크기가 같고 방향이 반대인 와류가 생기는데 이것을 무엇이라 하는가?

① 말굽형 와류
② 속박 와류
③ 날개끝 와류
④ 유도 와류

**해설**
출발 와류와 속박 와류

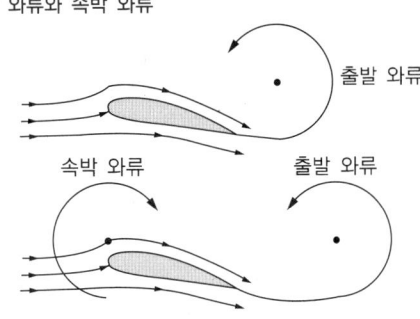

**11** 비행기의 동적 가로 안정의 특성과 가장 관계가 먼 것은?

① 방향 불안정
② 더치롤
③ 세로 불안정
④ 나선 불안정

**해설**
동적가로 안정의 종류
• 방향 불안정
• 가로방향 불안정(더치롤)
• 나선 불안정

**12** 다음 중 기하학적으로 날개의 가로 안정에 가장 중요한 영향을 미치는 요소는?

① 가로세로비 ② 상반각
③ 수평 안정판 ④ 승강키

**해설**
비행기의 가로 안정을 좋게 하려면 쳐든각(상반각)을 주고, 방향 안정을 좋게 하려면 후퇴각을 준다.

**13** 다음 괄호 안에 알맞은 말을 순서대로 나열한 것은?

"초음속 흐름은 통로의 면적이 좁아지면 속도는 ( )하고 압력은 ( )한다. 그리고 통로의 면적이 변화하지 않으면 속도는 ( )"

① 증가 – 감소 – 감소한다.
② 감소 – 증가 – 증가한다.
③ 감소 – 증가 – 변화하지 않는다.
④ 증가 – 감소 – 변화하지 않는다.

**해설**
아음속 흐름에서 공기 속도는 단면적에 반비례하지만, 초음속 흐름에서의 공기 흐름 속도는 단면적에 비례한다.

**14** 헬리콥터에서 페더링(Feathering) 운동은 1차적으로 어떤 각을 변화시키는가?

① 원추각 ② 코닝각
③ 받음각 ④ 피치각

**해설**
페더링 운동을 하기 위해서는 동시피치레버를 움직여 주회전날개의 피치각을 변화시킨다.

**15** 회전익 항공기에서 자동회전(Autorotation)이란?

① 꼬리 회전날개에 의해 항공기의 방향조종을 하는 것이다.
② 주회전날개의 반작용 토크에 의해 항공기 기체가 자동적으로 회전하려는 경향이다.
③ 회전날개 축에 토크가 작용하지 않는 상태에서도 일정한 회전수를 유지하는 것이다.
④ 전진하는 깃(Blade)과 후퇴하는 깃의 양력차이에 의하여 항공기 자세에 불균형이 생기는 것이다.

**16** 한쪽 방향으로만 움직이고 반대쪽 방향은 로크(Lock)되며 오프셋 박스 렌치를 사용하는 것보다 작업속도가 빠른 공구의 명칭은?

① 로크 렌치
② 소켓 렌치
③ 조절 렌치
④ 래칫 박스-엔드 렌치

**해설**
Ratchet Box End Wrench

**17** 다음 중 자분탐상검사의 특징이 아닌 것은?

① 강자성체에 적용된다.
② 자동화 검사가 가능하다.
③ 표면결함 탐지에 사용된다.
④ 검사원의 높은 숙련도가 필요 없다.

> **해설**
> 주로 재료의 표면층 결함 검출법에 많이 사용되며, 형상이 간단한 제품의 고속 자동화 검사에 유리한 것은 와전류 탐상검사이다.
> ※ 2024년 개정된 출제기준에서는 삭제된 내용

**18** 정밀공차 볼트의 식별을 용이하게 하기 위하여 볼트 머리에 표시하는 기호는?

① 삼각형　　② 일자형
③ 원형　　　④ 사각형

> **해설**
> • 내식강 볼트 : −표시
> • 합금강 볼트 : ×표시
> • 정밀공차 볼트 : △

**19** 금속표면을 도장 작업하기 전에 적절한 전처리 작업을 하여 금속표면과 도료의 마감칠(Top Coats) 사이에 접착성을 높이기 위한 도료는?

① 아크릴 래커
② 프라이머
③ 합성 에나멜
④ 폴리우레탄

> **해설**
> ※ 2024년 개정된 출제기준에서는 삭제된 내용

**20** 좁은 공간의 작업 시 굴곡이 필요한 경우에 스피드 핸들, 소켓 또는 익스텐션바와 함께 사용하는 그림과 같은 공구는?

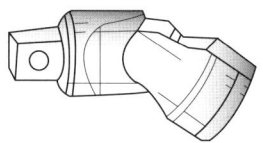

① 익스텐션 댐퍼　　② 어댑터
③ 유니버설 조인트　④ 크로풋

**21** 유리섬유와 수지를 반복해서 겹쳐놓고 가열장치나 오토클레이브 안에 그것을 넣고 열과 압력으로 경화시켜 복합소재를 제작하는 방법은?

① 유리섬유적층방식
② 압축주형방식
③ 필라멘트권선방식
④ 습식적층방식

**22** 다음 중 녹색의 안전색채 표시를 해야 하는 공항시설물과 각종 장비는?

① 보일러
② 전원스위치
③ 응급처치장비
④ 소화기 및 화재경보장치

> **해설**
> **안전색채**
> • 빨간색 : 위험물 또는 위험상태 표시
> • 주황색 : 기계 또는 전기설비의 위험 위치 식별
> • 녹색 : 안전에 관련된 설비 및 구급용 치료시설 식별
> • 노란색 : 사고의 위험이 있는 장비나 시설물에 표시

정답　17 ②　18 ①　19 ②　20 ③　21 ①　22 ③

**23** 특수고정 부품 중 정비와 검사를 목적으로 쉽고 신속하게 점검창을 장·탈착 할 수 있도록 만들어진 부품은?

① 조 볼트
② 블라인드 리벳
③ 테이퍼 로크
④ 턴 로크 파스너

**해설**
턴 로크 파스너(Turn Lock Fastener)
항공기 기관의 카울링, 기체의 점검창 등의 검사와 정비 목적으로 신속히 판을 부착하거나 떼어 내는 데 사용되는 고정용 부품으로 주스 파스너, 캠 로크 파스너, 에어 로크 파스너 등이 있다.

**24** 다음 ( ) 안에 알맞은 내용은?

"Aspect ratio of a wing is defined as the ratio of the ( )."

① wing span to the wing root
② wing span to the wing span
③ wing span to the mean chord
④ square of the chord to the wing span

**해설**
"날개의 가로세로비는 날개 길이(Span)와 시위(Chord)의 비로 정의된다."
※ 2024년 개정된 출제기준에서는 삭제된 내용

**25** 항공기 정비 용어 중 MEL의 의미로 옳은 것은?

① 기관고장항목(Missing Engine List)
② 장비고장항목(Missing Equipment List)
③ 최소점검기관목록(Minimum Engine List)
④ 최소구비장비목록(Minimum Equipment List)

**26** 다음 중 항공기의 지상취급작업에 속하지 않는 것은?

① 견인작업
② 세척작업
③ 계류작업
④ 지상유도작업

**해설**
항공기 지상취급(Ground Handling)에는 지상유도, 견인작업, 계류작업, 잭 작업 등이 있다.

**27** 그림과 같은 종류의 너트 명칭은?

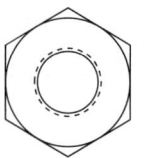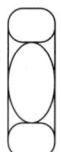

① 캐슬너트
② 평너트
③ 체크너트
④ 캐슬전단너트

## 28  밑줄 친 부분을 의미하는 단어는?

> "An aircraft will stall anytime its critical angle of attack is exceeded."

① 받음각   ② 실속각
③ 스핀각   ④ 공격각

**해설**
"항공기는 항공기의 한계 받음각이 초과되면 언제든 실속을 일으킬 수 있다."
※ 2024년 개정된 출제기준에서는 삭제된 내용

## 29  항공기 정비와 관련된 용어를 설명한 것으로 옳은 것은?

① 사용 시간 한계를 정해놓은 것을 하드타임이라 한다.
② 항공기 기관이 작동하면서부터 멈출 때까지의 총 시간을 항공기의 비행시간이라 한다.
③ 항공기의 부품 또는 구성품이 목적한 기능을 상실하는 것을 결함이라 한다.
④ 항공기의 구성품 또는 부품 고장으로 계통이 비정상적으로 작동하는 상태를 기능불량이라 한다.

**해설**
비행시간(Time In Service)
항공기가 비행을 목적으로 이륙(바퀴가 땅에서 떨어지는 순간)부터 착륙(바퀴가 땅에 닿는 순간)할 때까지의 경과 시간을 말하며, 항공기의 부품 또는 구성품이 목적한 기능을 상실하는 것은 기능불량(Malfunction)이라 하고, 항공기의 구성품 또는 부품 고장으로 계통이 비정상적으로 작동하는 상태를 고장(Trouble)이라고 한다.

## 30  측정물의 평면 상태검사, 원통 진원검사 등에 이용되는 측정기기는?

① 높이 게이지
② 마이크로미터
③ 깊이 게이지
④ 다이얼 게이지

**해설**
다이얼 게이지는 길이의 비교 측정에 사용되며 평면도, 원통의 진원도, 축의 휨 등의 측정에 사용된다.

## 31  주변의 산소농도를 묽게 하는 효과로 화재의 전반에 걸쳐 사용할 수 있으며 화재 진압 후 2차 피해가 우려될 때 사용할 수 있는 소화기는?

① 할론 소화기
② $CO_2$ 소화기
③ 포 소화기
④ CBM 소화기

## 32  항공기 급유 시 3점 접지를 해야 하는 주된 이유는?

① 연료와 급유관과의 마찰에 의한 열방지
② 연료와 급유관과의 제한 범위 이탈방지
③ 연료와 급유관과의 상대운동의 진동방지
④ 연료와 급유관과의 마찰에 의한 정전기방지

**33** 다음 중에서 부품의 불연속을 찾아내는 방법으로 고주파 음속 파장을 사용하는 비파괴검사는?

① 자기탐상검사
② 초음파탐상검사
③ 형광침투탐상검사
④ 와전류탐상검사

**해설**
비파괴 검사(NDT ; Non-Destructive Test)의 종류
- 방사선투과검사(RT ; Radiographic Testing)
- 자분탐상검사(MT ; Magnetic Particle Testing)
- 침투탐상검사(PT ; Liquid Penetrant Testing)
- 초음파탐상검사(UT ; Ultrasonic Testing)
- 와전류탐상검사(ET ; Eddy Current Testing)
- 누설검사(LT ; Leak Testing)
※ 2024년 개정된 출제기준에서는 삭제된 내용

**34** 고압가스 취급 시 주의할 사항 중 틀린 것은?

① 충전용기는 직사광선을 받지 않도록 조치한다.
② 충전용기와 잔가스용기는 구분 없이 같이 보관한다.
③ 비어 있는 용기라도 충격을 받지 않도록 주의한다.
④ 용기 보관장소에는 작업에 필요한 물건 외에는 두지 않는다.

**해설**
충전용기와 잔가스용기는 각자 구분하여 따로 보관해야 한다.

**35** 길이가 10in인 토크렌치와 길이가 2in인 어댑터를 직선으로 연결하여 볼트를 252in-lbs로 조이려고 한다면 토크렌치에 지시되어야 할 토크값은 몇 in-lbs인가?

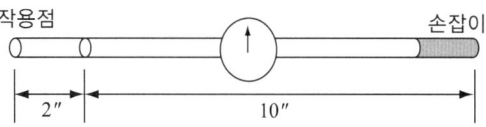

① 150   ② 180
③ 210   ④ 220

**해설**
연장공구 사용 시 토크값
$$T_W = T_A \times \frac{l}{l+a} = 252 \times \frac{10}{10+2} = 210(\text{in}-\text{lbs})$$
여기서, $T_W$ : 토크렌치 지시값
$T_A$ : 실제 조이는 토크값
$l$ : 토크렌치 길이
$a$ : 연장공구 길이

**36** 축류식 압축기의 실속방지 구조가 아닌 것은?

① 시라우드
② 가변 안내깃
③ 가변 고정자 깃
④ 블리드 밸브

**해설**
압축기 실속 방지책에는 다축식 구조, 가변 고정자 깃 및 블리드 밸브 설치 등이 있다.

**37** 세계 최초로 민간 항공용 운송기에 장착하여 운항한 가스터빈기관은?

① 터보프롭기관
② 터보팬기관
③ 터보샤프트기관
④ 터보제트기관

**38** 다음 중 항공용 윤활유의 점도 측정에 사용하는 것은?

① CFR 점도계
② 맴돌이 점도계
③ 레이드 증기 점도계
④ 세이볼트 유니버설 점도계

**39** 항공기용 왕복기관의 공기덕트 구성품이 아닌 것은?

① 공기 여과기
② 다이내믹 댐퍼
③ 기화기 공기히터
④ 알터네이트 공기밸브

해설
다이내믹 댐퍼(Dynamic Damper)는 크랭크축 구성품으로서 크랭크 축의 진동을 감소시키는 역할을 한다.

**40** 가스터빈기관 애뉼러형 연소실의 구성요소가 아닌 것은?

① 연소실 라이너
② 이그나이터
③ 바깥쪽 케이스
④ 화염 전파관

해설
화염 전파관은 캔형(Can Type) 연소실에서 볼 수 있는 구성품이다.

**41** 항공기가 강하 또는 착륙(Let Down or Landing) 시 수동 혼합 조종 장치의 위치는?

① 희박(Lean) 위치
② 최대 농후(Full Rich) 위치
③ 외기 온도에 따라 수동 혼합 조종 장치의 위치를 변화시킨다.
④ 외기 습도에 따라 수동 혼합 조종 장치의 위치를 변화시킨다.

**42** 왕복기관에서 발생하는 비정상 작동이 아닌 것은?

① 디토네이션(Detonation)
② 조기 점화(Pre-Ignition)
③ 후기 연소(After Firing)
④ 엔진 스톨(Engine Stall)

해설
엔진 스톨은 가스터빈기관에서 발생하는 비정상 작동에 속한다.

**43** 다음 중 열기관의 이론 열효율을 구하는 식으로 옳은 것은?

① 공급 압력÷유효 압력
② 유효한 체적÷공급된 일
③ 유효한 일÷공급된 열량
④ 유효한 압력÷공급된 압력

**해설**
$\eta = \dfrac{W}{Q}$
여기서, $Q$는 공급 열량, $W$는 유효 일이다.

**44** 가스터빈기관의 교류 점화계통에 사용되는 전원의 주파수(Hz)로 옳은 것은?

① 300  ② 400
③ 500  ④ 600

**해설**
항공기에 사용되는 교류 전력은 115/200V, 400Hz, 3상이다.

**45** 실린더의 안지름이 15.0cm, 행정거리가 0.155m, 실린더 수가 4개인 기관의 총행정체적은 약 몇 cm³인가?

① 730  ② 2,737
③ 10,956  ④ 16,426

**해설**
총행정체적 $= \dfrac{\pi d^2}{4} \times L \times K$
$= \dfrac{\pi \times 15^2}{4} \times 15.5 \times 4$
$= 10,956.3 (\text{cm}^3)$

**46** 다음 중 가스터빈기관의 연료계통에 관련된 용어가 아닌 것은?

① PLA(Power Lever Angle)
② FMU(Fuel Metering Unit)
③ TCC(Turbine Case Cooling)
④ FADEC(Fuel Authority Data Electronic Control)

**해설**
TCC(Turbine Case Cooling)는 연료계통이 아닌 터빈케이스 냉각에 대한 용어이다.

**47** 가스터빈기관에서 배기가스 소음을 줄이는 방법으로 틀린 것은?

① 배기가스의 상대속도를 줄여준다.
② 배기가스가 대기와 혼합되는 면적을 넓게 한다.
③ 배기소음의 고주파수를 저주파수로 바꿔준다.
④ 다로브(Multi Lobed)형의 배기관을 장착한다.

**해설**
배기소음의 주된 원인은 저주파수이다.
※ 2024년 개정된 출제기준에서는 삭제된 내용

**48** 항공기 연료 조절 장치에서 수감하는 기관의 주요 작동 변수가 아닌 것은?

① 기관 회전수
② 연료유량
③ 압축기 출구 압력
④ 압축기 입구 온도

**해설**
연료조절장치의 수감 내용
- 기관 회전수(rpm)
- 압축기 출구 압력(CDP)
- 압축기 입구 온도(CIT)
- 동력 레버의 위치

**49** 다음 중 반동도가 "0"이며 가스의 팽창은 터빈 스테이터에서만 이루어지고 로터 깃에서는 팽창이 이루어지지 않는 축류 터빈 로터는?

① 반동 터빈
② 충동 터빈
③ 반동-충동 터빈
④ 레이디얼 플로 터빈

**해설**
터빈의 구분
- 반동 터빈 : 고정자 및 회전자 깃에서 동시에 연소가스가 팽창하여 압력의 감소가 이루어 진다.
- 충동 터빈 : 반동도가 0인 터빈으로서, 가스의 팽창은 터빈 고정자에서만 이루어지고, 회전자 깃에서는 전혀 팽창이 이루어지지 않는다. 다만 회전자 깃에서는 상대 속도의 방향 변화로 인한 반작용력으로 터빈이 회전력을 얻는다.

**50** "에너지는 여러 가지 형태로 변환이 가능하나, 절대적인 양은 일정하다." 라는 내용은 어떤 법칙을 설명하고 있는가?

① 뉴턴의 제1법칙
② 열역학 제0법칙
③ 열역학 제1법칙
④ 열역학 제2법칙

**해설**
열역학 제1법칙은 에너지 보존법칙으로 열과 일은 서로 변환될 수 있다는 것을 설명한 것으로 열과 일에 대한 양적인 개념을 설명한 것이고, 열과 일의 변환에 있어서 어떠한 방향이 있다는 것을 설명한 것이 열역학 제2법칙이다.

**51** 다음 중 후기연소기의 구성에 포함되지 않는 것은?

① 배기노즐
② 화염 유지기
③ 연료분무막대
④ 예열 플러그

**해설**
예열 플러그는 디젤기관의 구성품에 속한다.
※ 2024년 개정된 출제기준에서는 삭제된 내용

48 ② 49 ② 50 ③ 51 ④

**52** 왕복기관의 냉각에 주로 사용되는 공랭식기관의 구조에 해당되지 않는 것은?

① 배플
② 카울플랩
③ 냉각핀
④ 공기덕트

**해설**
공기덕트는 냉각과는 관련이 없으며 공기 흡입 계통의 구성품에 속한다.

**53** 그림과 같은 고정 피치 프로펠러에서 (A)의 명칭은?

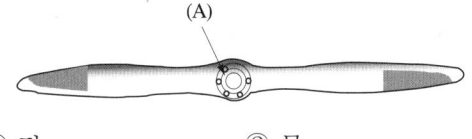

① 팁
② 목
③ 허브
④ 깃

**해설**
프로펠러 중심 부분을 허브(Hub)라고 하고 깃 끝부분을 팁(Tip)이라고 한다.
※ 2024년 개정된 출제기준에서는 삭제된 내용

**54** 가스터빈기관의 터빈깃에 직각으로 머리카락 모양의 형태로 균열이 나타날 때 이 결함의 원인으로 가장 옳은 것은?

① 과부식
② 과하중
③ 과냉각
④ 열응력

**해설**
터빈 깃은 작동 시 항상 고열에 노출되므로 열과 관련된 결함이 나타난다.

**55** 왕복기관 점화계통에 사용되는 승압코일(Booster Coil)의 목적은?

① 2차 코일에 맥류를 공급한다.
② 기관 시동 시 고압의 불꽃을 발생한다.
③ 회전자석 마그네토의 1차 코일에 맥류를 공급한다.
④ 브레이커 포인트에 고압 불꽃을 발생하게 한다.

**해설**
왕복기관 시동 시에는 기관 회전속도가 규정 속도 이하이므로 고압 불꽃을 발생하기 어려운데, 이때 승압코일에 의해 고전압을 발생시킬 수 있다.

**56** 터보제트기관에서 저발열량이 12,000kcal/kg인 연료를 1초 동안에 0.13kg씩 소모한다고 할 때 추력 비연료 소비율(TSFC)은 약 몇 kg/kg·h인가?(단, 진추력은 6,000kg, 비행속도는 200m/s이다)

① 0.08
② 0.16
③ 0.20
④ 0.76

**해설**
추력 비연료 소비율은 가스터빈기관에서 1kgf의 추력을 발생하기 위하여 1시간 동안 소비하는 연료의 중량을 말한다.
$$\text{TSFC} = \frac{0.13 \times 3,600}{6,000} = 0.078 (\text{kg/kg} \cdot \text{h})$$

정답 52 ④ 53 ③ 54 ④ 55 ② 56 ①

**57** 항공용 왕복기관에서 과급기를 사용하는 주된 목적은?

① 출력 증대
② 냉각 효율 향상
③ 연료 소비량 감소
④ 기관 구조의 단순화

**해설**
과급기는 실린더로 흡입되는 공기의 압력을 증가시켜 출력을 증대시키는 데 목적이 있으며, 기계식 과급기(Supercharger)와 배기가스식 과급기(Turbocharger)로 나눌 수 있다.

**58** 밸브 개폐 시기를 나타내는 용어 및 약자에서 "상사점 후"를 나타내는 것은?

① ATC  ② BTC
③ ABC  ④ BBC

**해설**
- 상사점(Top Dead Center) : TC, TDC
- 전(Before) : B
- 후(After) : A

따라서 상사점 후는 ATC이다.

**59** 왕복기관과 비교한 가스터빈기관의 특성이 아닌 것은?

① 연료의 소모량이 많고 소음이 심하다.
② 회전수에 제한을 받기 때문에 큰 출력을 내기가 어렵다.
③ 왕복운동 부분이 없어 기관의 진동이 적다.
④ 비행속도가 커질수록 효율이 높아져 초음속 비행도 가능하다.

**해설**
가스터빈기관은 왕복기관에 비해 회전수 제한이 없기 때문에 큰 출력을 낼 수가 있다.

**60** 브레이턴 사이클(Brayton Cycle)에 대한 설명으로 옳은 것은?

① 2개의 단열과정과 2개의 정압과정으로 이루어진다.
② 2개의 단열과정과 2개의 정적과정으로 이루어진다.
③ 2개의 정압과정과 2개의 정적과정으로 이루어진다.
④ 2개의 등온과정과 2개의 정적과정으로 이루어진다.

**해설**
브레이턴 사이클(Brayton Cycle)은 2개의 단열과정과 2개의 정압과정으로 이루어지며, 오토 사이클(Otto Cycle)은 2개의 단열과정과 2개의 정적과정으로 이루어진다.

# 2016년 제1회 과년도 기출문제

**01** 정상 수평선회하는 비행기의 경사각이 45°일 때 하중배수는 얼마인가?

① 1
② $\sqrt{2}$
③ $\sqrt{3}$
④ 2

**해설**
수평선회 비행 시 하중배수($n$)
$n = \dfrac{L}{W} = \dfrac{1}{\cos\phi} = \dfrac{1}{\cos 45°} = \sqrt{2}$

**02** 비행기가 정지상태로부터 등가속도 20m/s²로 20초 동안 지상 활주를 하였다면 이 비행기의 지상 활주거리는 몇 km인가?

① 2
② 3.5
③ 4
④ 4.5

**해설**
$S = \dfrac{1}{2}at^2 = \dfrac{1}{2} \times 20 \times 20^2 = 4,000(\text{m}) = 4(\text{km})$

**03** 다음 괄호에 알맞은 용어들이 순서대로 나열된 것은?

> "레이놀즈수가 증가하면 유체 흐름은 ( )에서 ( )로 전환되는데 이 현상을 ( )라 하며, 이 현상이 일어나는 때의 레이놀즈수를 ( )레이놀즈수라 한다."

① 난류 − 층류 − 박리 − 임계
② 층류 − 난류 − 천이 − 임계
③ 층류 − 난류 − 임계 − 박리
④ 난류 − 층류 − 천이 − 임계

**04** 날개의 공기역학적 중심이 비행기 무게중심 앞의 $0.2\bar{c}$에 있으며, 공기역학적 중심주위의 키놀이 모멘트계수가 −0.015이다. 만일 양력계수가 0.3이라면 무게중심 주위의 모멘트계수는 약 얼마인가?(단, 공기역학적 중심과 무게중심은 같은 수평선상에 놓여 있다)

① 0.015
② −0.015
③ 0.045
④ −0.045

**해설**
$C_{Mc.g\,wing} = C_{Ma.c} + C_L\dfrac{a}{c} - C_D\dfrac{b}{c}$ 에서
공기역학중심($a.c$)와 무게중심($c.g$)가 수평선상에 있으므로 $b = 0$
따라서 $C_{Mc.g\,wing} = C_{Ma.c} + C_L\dfrac{a}{c}$

$C_{Mc.g\,wing} = -0.015 + 0.3 \times \dfrac{0.2\bar{c}}{\bar{c}} = 0.045$

※ 2024년 개정된 출제기준에서는 삭제된 내용

**정답** 1 ② 2 ③ 3 ② 4 ③

**05** 비압축성 유체의 연속방정식을 옳게 나타낸 것은?(단, $A_1$은 흐름의 입구면적, $V_1$은 흐름의 입구속도, $A_2$는 흐름의 출구면적, $V_2$는 흐름의 출구속도이다)

① $A_1 \times V_1 = A_2 \times V_2$
② $A_1 \times V_2 = A_2 \times V_1$
③ $A_1 \times V_1^2 = A_2 \times V_2^2$
④ $A_1 \times V_2^2 = A_2 \times V_1^2$

**해설**
연속방정식 $A_1 V_1 = A_2 V_2 = \cdots = A_n V_n$

**06** 비행기의 안정성을 향상시키기 위한 방법으로 틀린 것은?

① 꼬리날개 효율이 클수록 안정성에 좋다.
② 꼬리날개 면적을 크게 할수록 안정성에 좋다.
③ 날개가 항공기 무게 중심보다 높은 위치에 있을 때가 안정성이 좋다.
④ 항공기 무게 중심이 날개의 공기역학적 중심보다 뒤에 위치하는 것이 안정성에 좋다.

**해설**
비행기의 세로 안정성 향상 방법
• 꼬리날개의 효율을 크게 한다(꼬리날개의 면적을 크게 하거나, 주날개와의 떨어진 간격을 크게 함).
• 날개가 항공기 무게중심보다 높은 위치에 있게 한다(High Wing).
• 항공기 무게중심이 날개의 공기역학적 중심보다 앞에 위치하게 한다.

**07** 날개 끝 실속을 방지하기 위해 날개끝의 붙임각을 날개 뿌리의 붙임각보다 작거나 크게 한 것을 무엇이라 하는가?

① 처든각   ② 뒤젖힘각
③ 기하학적 비틀림   ④ 테이퍼비

**08** 프로펠러 깃의 시위선과 깃의 회전면이 이루는 각을 무엇이라고 하는가?

① 깃각   ② 유입각
③ 받음각   ④ 피치각

**해설**
• 깃각 : 프로펠러 회전면과 깃의 시위선이 이루는 각
• 피치각(유입각) : 비행속도와 깃의 회전 선속도와의 합성속도가 프로펠러 회전면과 이루는 각
• 받음각 : 깃각에서 피치각을 뺀 각도

**09** 헬리콥터에서 주회전 날개에 의해 발생하는 토크를 상쇄시키는 기능을 하는 것은?

① 허브
② 꼬리 회전 날개
③ 수평 안정판
④ 수직 꼬리날개

**해설**
헬리콥터는 꼬리 회전 날개의 피치가 변하면서 주회전 날개에 의해 발생되는 토크가 조절이 되어 헬리콥터의 방향을 전환할 수 있다.

**10** 날개의 앞전 반지름을 크게 하는 것과 같은 효과를 내거나, 날개 앞전에서 흐름의 떨어짐을 지연시키는 장치가 아닌 것은?

① 파울러 플랩(Fowler Flap)
② 크루거 플랩(Krueger Flap)
③ 슬롯과 슬랫(Slot and Slat)
④ 드루프 앞전(Drooped Leading Edge)

[해설]
문제에서 제시한 것은 앞전 플랩인데, 파울러 플랩은 뒷전 플랩에 속한다.

**11** 다음 중 오토자이로가 할 수 있는 비행은?

① 수직착륙  ② 정지비행
③ 수직이륙  ④ 선회비행

[해설]
오토자이로는 헬리콥터와는 달리 수직 이착륙이나 정지비행이 불가능하다.

**12** 초음속 흐름에서 통로가 일정 단면적을 유지하다가 급격히 좁아질 때 흐름의 압력, 밀도, 속도의 변화로 옳은 것은?

① 압력과 밀도는 감소하고, 속도는 증가한다.
② 압력은 감소하고, 밀도와 속도는 증가한다.
③ 압력과 밀도는 증가하고, 속도는 감소한다.
④ 압력은 증가하고, 밀도와 속도는 감소한다.

[해설]
초음속 흐름에서의 성질은 아음속 흐름과 정반대이다. 즉, 통로가 좁아지면 속도가 감소하고 압력이 증가한다.

**13** 비행기가 공기 중을 수평 등속도로 비행할 때 등속도 비행에 관한 비행기에 작용하는 힘의 관계가 옳은 것은?

① 추력 = 항력
② 추력 > 항력
③ 양력 = 중력
④ 양력 > 중력

[해설]
추력이 항력보다 크면 가속도 비행이, 추력과 항력이 같으면 등속도 비행이, 추력보다 항력이 크면 감속도 비행이 이루어진다.

**14** 날개골(Airfoil)의 모양을 결정하는 요소가 아닌 것은?

① 두께  ② 받음각
③ 캠버  ④ 시위선

[해설]
날개골의 명칭

**15** 트림탭(Trim Tab)에 대한 설명으로 가장 옳은 것은?

① 스프링을 설치하여 태브의 작용을 배가시키도록 한 장치이다.
② 조종석의 조종 장치와 직접 연결되어, 태브만 작동시켜서 조종면이 움직이도록 설계된 것으로 주로 대형 비행기에 사용된다.
③ 조종면이 움직이는 방향과 반대방향으로 움직이도록 기계적으로 연결되어 있으며, 태브가 위쪽으로 올라가면 태브에 작용하는 공기력 때문에 조종면이 반대방향으로 움직여서 내려오게 된다.
④ 조종면의 힌지 모멘트를 감소시켜서 조종사의 조종력을 0으로 조정해주는 역할을 하며, 조종석에서 그 위치를 조절할 수 있도록 되어 있다.

**[해설]**
④ 트림탭
① 스프링탭
② 서보탭
③ 평형탭
※ 2024년 개정된 출제기준에서는 삭제된 내용

**16** 항공기 잭 작업에 대한 설명이 아닌 것은?

① 정해진 위치에 잭 패드를 부착하고 잭을 설치한다.
② 항공기를 들어 올린 후 안전 고정 장치를 설치한다.
③ 로프나 체인의 고정 위치는 운전자를 중심으로 설치한다.
④ 단단하고 평평한 장소에서 최대 허용풍속 이하에서 잭을 설치한다.

**[해설]**
잭 작업에는 로프나 체인이 필요하지 않고 호이스트 작업에서 필요하다.

**17** 다음 영문의 내용을 옳게 번역한 것은?

"A lead is a wire connecting a spark plug to a magneto."

① 점화 플러그는 마그네토에 포함된다.
② 처음 작동의 연결은 축전지와 마그네토 플러그에 연결된 도선에 의한다.
③ 마그네토는 점화 플러그에 의해 작동된다.
④ 도선은 점화 플러그와 마그네토를 연결하는 선이다.

**[해설]**
• Lead : 도선, 전선
• Connecting : 연결하는, 잇는
※ 2024년 개정된 출제기준에서는 삭제된 내용

**18** 다음 중 항공기 정비 방식이 아닌 것은?

① 하드 타임
② 리딩 컨디션
③ 온 컨디션
④ 컨디션 모니터링

**[해설]**
정비 방식의 종류
• 시한성 정비(HT ; Hard Time)
• 상태 정비(OC ; On Condition)
• 신뢰성 정비(CM ; Condition Monitoring)

**19** 알루미늄합금의 표면에 생긴 부식을 제거하기 위하여 철솔(Wire Brush)이나 철천(Steel Wool)을 사용하면 안 되는 가장 큰 이유는?

① 표면이 거칠어지기 때문
② 알루미늄 금속까지 제거되기 때문
③ 부식 제거 후 세척작업을 방해하기 때문
④ 철분이 표면에 남아 전해부식을 일으키기 때문

[해설]
※ 2024년 개정된 출제기준에서는 삭제된 내용

**20** 안전에 직접 관련된 설비 및 구급용 치료 설비 등을 쉽게 알아보기 위하여 칠하는 안전색채는 무엇인가?

① 청색  ② 황색
③ 녹색  ④ 주황색

[해설]
• 녹색 : 안전에 관련된 설비 및 구급용 치료시설 식별
• 빨간색 : 위험물 또는 위험상태 표시
• 주황색 : 기계 또는 전기설비의 위험 위치 식별
• 노란색 : 사고의 위험이 있는 장비나 시설물에 표시

**21** 나사산에 기름이나 그리스가 묻어있을 경우 정상적인 규정 토크로 작업을 한다면 볼트의 조임 상태는 어떠한가?

① 정밀 토크
② 과다 토크
③ 과소 토크
④ 드라이 토크

**22** 버니어캘리퍼스로 측정한 결과 어미자와 아들자의 눈금이 그림과 같이 화살표로 표시된 곳에서 일치하였다면 측정값은 몇 mm인가?(단, 최소 측정값이 $\frac{1}{20}$mm이다)

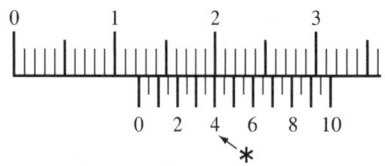

① 12.4  ② 12.8
③ 14.0  ④ 18.0

[해설]
아들자의 0눈금이 12mm를 지났고, 어미자와 아들자의 눈금이 일치하는 곳의 눈금이 $0.4\left(=\frac{8}{20}\right)$이므로 눈금값은 12 + 0.4 = 12.4mm이다.

**23** 리벳 제거를 위한 그림의 각 과정을 순서대로 나열한 것은?

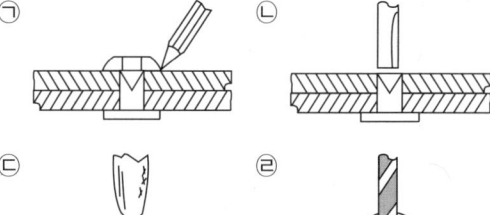

① ㉠ → ㉢ → ㉣ → ㉡
② ㉢ → ㉠ → ㉣ → ㉡
③ ㉠ → ㉣ → ㉢ → ㉡
④ ㉢ → ㉣ → ㉠ → ㉡

[해설]
리벳 제거 순서
리벳머리 펀칭 → 리벳머리 드릴 작업 → 핀 펀치로 리벳머리 제거 → 리벳 몸통 제거

[정답] 19 ④  20 ③  21 ②  22 ①  23 ④

**24** 항공기의 장비품이나 부품이 정상적으로 작동하지 못할 경우 자료수집, 모니터링, 자료분석의 절차를 통하여 원인을 파악하고 조치를 취하는 정비관리 방식은?

① 예방 정비관리  ② 특별 정비관리
③ 신뢰성 정비관리  ④ 사후 정비관리

**해설**
- 신뢰성 정비(Condition Monitoring) : 항공기의 안전성에 직접 영향을 주지 않으며, 정기적인 검사나 점검을 하지 않은 상태에서 고장을 일으키거나 그 상태가 나타났을 때 하는 정비방식
- 시한성 정비(Hard Time) : 장비나 부품의 상태는 관계하지 않고 정비시간의 한계 및 폐기시간의 한계를 정하여 정기적으로 분해점검하거나 새로운 것으로 교환하는 방식
- 상태 정비(On Condition) : 정기적인 육안검사나 측정 및 기능시험 등의 수단에 의해 장비나 부품의 감항성이 유지되는가를 확인하는 정비방식

**25** 볼트 머리나 너트 쪽에 부착시켜 체결 하중 분산, 그립 길이 조정, 풀림을 방지하는 목적으로 사용하는 것은?

① 핀  ② 와셔
③ 턴버클  ④ 캐슬 전단 너트

**26** 볼트의 부품기호가 AN3DD5A로 표시되어 있다면 AN3이 의미하는 것은?

① 볼트 길이가 3/8in
② 볼트 지름이 3/8in
③ 볼트 길이가 3/16in
④ 볼트 지름이 3/16in

**해설**
AN3DD5A 볼트의 지름은 3/16in, 볼트 길이는 5/8in, 재질은 2024 알루미늄 합금이다.

**27** 항공기 급유 및 배유 시 안전사항에 대한 설명으로 옳은 것은?

① 작업장 주변에서 담배를 피우거나 인화성 물질을 취급해서는 안 된다.
② 사전에 안전조치를 취하더라도 승객 대기 중 급유해서는 안 된다.
③ 자동제어시스템이 설치된 항공기에 한하여 감시요원배치를 생략할 수 있다.
④ 3점 접지 시 안전 조치 후 항공기와 연료차의 연결은 생략할 수 있지만 각각에 대한 지면과의 연결은 생략할 수 없다.

**28** 원통형 물체(대구경 튜브, Filter Bowl 등)의 표면에 손상을 입히지 않고 장·탈착할 수 있는 공구는?

① 스트랩 렌치(Strap Wrench)
② 캐논 플라이어(Cannon Plier)
③ 오픈 엔드 렌치(Open End Wrench)
④ 어저스터블 렌치(Adjustable Wrench)

**해설**
스트랩 렌치

**29** 초음파 검사에 대한 설명으로 틀린 것은?

① 고주파 음속파장을 이용한다.
② 검사부위의 페인트는 음파를 흡수하므로 검사 전 제거해야 한다.
③ 결함의 종류 판단에 고도의 숙련이 필요하다.
④ 검사대상 재료의 조직이 미세하면 검사가능 두께는 작아진다.

[해설]
※ 2024년 개정된 출제기준에서는 삭제된 내용

**30** 항공기의 지상 보조장비에 대한 설명으로 틀린 것은?

① 윤활유 탱크의 윤활유 보급 장비는 수동식과 진공식이 있다.
② GPU는 항공기에 전기적인 동력을 공급하여 주는 장비이다.
③ 항공기의 지상 전력 공급 장비는 교류 400Hz, 3상이다.
④ GTC는 다량의 저압공기를 배출하여 항공기 가스터빈기관의 시동계통에 압축공기를 공급하는 장비이다.

**31** 항공기에 관한 영문 용어가 한글과 옳게 짝지어진 것은?

① Airframe - 원동기
② Unit - 단위 구성품
③ Structure - 장비품
④ Power Plant - 기체구조

[해설]
① Airframe : 기체
③ Structure : 구조
④ Power Plant : 동력장치
※ 2024년 개정된 출제기준에서는 삭제된 내용

**32** 단단히 조여있는 너트나 볼트를 풀 때 지렛대 역할을 하는 그림과 같은 공구의 명칭은?

① 래칫 핸들
② 브레이커 바
③ 슬라이딩 T 핸들
④ 익스텐션 바

[해설]
브레이커 바(Breaker Bar)는 힌지 핸들(Hinge Handle)이라고도 한다.

**33** 다음 중 항공기 구조물 균열(Crack)의 원인으로 가장 거리가 먼 것은?

① 도료에 의한 균열
② 피로에 의한 균열
③ 과부하에 의한 균열
④ 응력 부식에 의한 균열

**34** CO₂소화기와 CBM소화기의 단점을 보완하여 개발된 소화기는?

① 포 소화기
② 분말 소화기
③ 할론 소화기
④ 중탄 소화기

**해설**
할론 소화기는 주변의 산소농도를 묽게 하는 효과로 화재의 전반에 걸쳐 사용할 수 있으며, 화재 진압 후 2차 피해가 우려될 때 사용할 수 있다.

**35** 다음 중 단순한 치수검사를 위한 검사방법으로 효율적인 검사법은?

① 와류검사법
② 몰입검사법
③ 비교검사법
④ 침투측정법

**36** 지시마력을 나타내는 $iHP = \dfrac{PLANK}{75 \times 2 \times 60}$ 에서 $P$에 대한 설명으로 옳은 것은?(단, $L$ : 행정길이, $A$ : 피스톤 면적, $N$ : 실린더의 분당 출력 행정 수, $K$ : 실린더 수이다)

① 평균지시마력이며 kg·m/s로 표시한다.
② 평균지시마력이며 kgi·m/s로 표시한다.
③ 지시평균유효압력이며 kgf/cm²로 표시한다.
④ 지시평균유효압력이며 kg/m·s²로 표시한다.

**37** 왕복기관이 순항(Cruises)출력에서 작동될 때 수동 혼합기 조종 장치의 위치는?

① 희박(Lean) 위치
② 외기 습도에 따라 변화
③ 외기 온도에 따라 변화
④ 최대 농후(Full Rich) 위치

**해설**
수동 혼합기 조종 장치의 위치는 시동 시에는 농후 위치, 순항 시에는 희박 위치에 놓는다.

**38** 가스터빈기관의 주연료 펌프는 항상 기관이 필요로 하는 연료보다 더 많은 양을 공급하는데 연료 조정장치에서 연소실에 필요한 만큼의 연료를 계량한 후 여분의 연료를 어떻게 하는가?

① 연료펌프 입구로 보낸다.
② 바이패스 밸브를 통해 밖으로 배출한다.
③ 연료 매니폴드를 통해 연료탱크로 보낸다.
④ 차압조절밸브를 통해 연료 매니폴드 입구로 보낸다.

**39** 항공기 왕복기관에 부착되어 있는 딥스틱(Dipstick)의 용도는?

① 윤활유량 측정
② 윤활유 온도 측정
③ 윤활유 점도 측정
④ 윤활유 압력 측정

**해설**
왕복기관의 딥스틱은 윤활유의 양을 측정하거나, 윤활유의 오염 정도를 가늠할 수 있다.

**40** 가스터빈기관 축류식 압축기의 1단당 압력비가 1.4이고, 압축기가 4단으로 되어 있다면 전체 압력비는 약 얼마인가?

① 2.8
② 3.8
③ 5.6
④ 6.6

**해설**
전체 압력비 $\gamma = (\gamma_s)^n = (1.4)^4 = 3.8416$

**41** 단위 질량을 단위 온도로 올리는 데 필요한 열량을 무엇이라 하는가?

① 밀도
② 비열
③ 엔탈피
④ 엔트로피

**42** 항공기기관 중 바이패스 공기(By-pass Air)에 의해 추력의 일부를 얻는 기관은?

① 터보제트기관
② 터보팬기관
③ 터보프롭기관
④ 램제트기관

**43** 터빈기관의 성능에 관한 설명으로 옳은 것은?

① 전효율은 추진효율과 열효율의 합이다.
② 대기온도가 낮을 때 진추력이 감소한다.
③ 총추력은 Net Thrust로서 진추력과 램항력의 차를 말한다.
④ 기관추력에 영향을 끼치는 요소는 주변온도, 고도, 비행속도, 기관 회전수 등이 있다.

**해설**
전효율은 추진효율과 열효율의 곱이며 대기온도가 낮을 때는 진추력이 증가한다.

**44** 가스터빈기관의 연료 중 JP-5와 비슷하며 어는점이 약간 높은 연료는?

① JP-6, 제트 B형
② 제트 A형, 제트 B형
③ 제트 A형, 제트 A-1형
④ 제트 A-1형, 제트 B형

[정답] 40 ② 41 ② 42 ② 43 ④ 44 ③

**45** 공랭식 왕복기관의 각 구성품에 대한 설명으로 옳은 것은?

① 라이너(Liner)는 냉각공기의 흐름 방향을 유도한다.
② 카울플랩(Cowl Flap)은 냉각공기가 넓게 흐르도록 유도한다.
③ 냉각 핀(Cooling Fin)의 재질은 실린더 헤드와 같은 재질로 제작한다.
④ 배플(Baffle)은 기관으로 유입되는 냉각공기의 흐름량을 조절한다.

**해설**
기관으로 유입되는 냉각공기의 흡입량을 조절하는 것은 카울플랩이며, 배플은 냉각공기가 엔진 주변으로 잘 흐르도록 유도해주는 역할을 한다.

**46** 가스터빈기관을 장착한 항공기에 역추력장치를 설치하는 주된 이유는?

① 상승 출력을 최대로 하기 위하여
② 하강 비행 안정성을 도모하기 위하여
③ 착륙 시 착륙거리를 짧게 하기 위하여
④ 이륙 시 최단시간 내에 기관의 정격속도에 도달하기 위해서

**해설**
역추력장치는 항공기 착륙 시에 활주거리를 짧게 하기 위하여 배기가스 분사방향을 변환시켜주는 장치이다.
※ 2024년 개정된 출제기준에서는 삭제된 내용

**47** 금속제 프로펠러의 허브나 버트(Butt) 부분에 주어지는 정보가 아닌 것은?

① 사용시간
② 생산 증명번호
③ 일련번호
④ 형식 증명번호

**해설**
※ 2024년 개정된 출제기준에서는 삭제된 내용

**48** 항공기에 장착한 왕복기관이 고도의 변화에 따라 벨로스(Bellows)의 수축과 팽창으로 혼합비가 자동으로 조정되는 장치는?

① 가속 혼합비 조정 장치
② 자동 혼합비 조정 장치
③ 초크 혼합비 조정 장치
④ 이코너마이저 혼합비 조정 장치

**49** 항공기 왕복기관의 마그네토를 형식별로 분류하는 방법으로 틀린 것은?

① 저압과 고압 마그네토
② 단식과 복식 마그네토
③ 회전 자석과 유도자 로터 마그네토
④ 스플라인과 테이퍼 장착 마그네토

**해설**
스플라인이나 테이퍼 방식으로 부착하는 것은 마그네토가 아니고 프로펠러이다.

**50** 구조가 간단하고 길이가 짧으며 연소 효율이 좋으나 정비하는 데 불편한 결점이 있는 가스터빈기관의 연소실은?

① 캔형
② 애뉼러 형
③ 역류 형
④ 캔-애뉼러 형

**51** 가스터빈기관의 윤활유 펌프로 사용되지 않는 펌프는?

① 기어형
② 베인형
③ 지로터형
④ 스크루형

**52** 왕복기관에 사용되는 지시계기가 아닌 것은?

① 회전(Rpm)계
② 윤활유량(Oil Quantity)계
③ 윤활유 온도(Oil Temperature)계
④ 실린더 헤드 온도(Cylinder Head Temperature)계

**해설**
왕복기관에서 윤활유량은 딥스틱(Dipstick)으로 측정할 수 있다.

**53** 다음 중 정적과정(Constant Volume Process)의 특징으로 틀린 것은?

① 열을 가하면 압력이 증가한다.
② 열을 가하면 체적이 증가한다.
③ 열을 가하면 온도가 증가한다.
④ 압력을 증가시키면 온도가 증가한다.

**해설**
정적과정은 용어가 뜻하는 그대로 체적이 일정한 과정이며, 열을 가하면 압력이 증가되고 온도 또한 증가한다.

**54** 항공기용 왕복기관의 밸브개폐시기에서 밸브 오버랩에 관한 설명으로 틀린 것은?

① 연료소비를 감소시킬 수 있다.
② 배기행정 말에서 흡입행정 초기에 발생한다.
③ 조정이 잘못될 경우 역화(Back Fire)현상을 일으킬 수도 있다.
④ 충진밀도의 증가, 체적효율 증가, 출력증가의 효과가 있다.

**해설**
밸브 오버랩이란 흡기 밸브와 배기 밸브가 동시에 열려있는 구간을 말하며, 실린더의 체적효율을 증가시켜 기관 출력을 증대시킨다.

**55** 항공기 터보프롭기관에서 프로펠러의 진동이 가스 발생부로 직접 전달되지 않으며, 기관을 정지하지 않고도 프로펠러를 정지시킬 수 있는 이유는?

① 감속기가 장착되었기 때문
② 프로펠러 구동 샤프트가 단축 샤프트로 연결되었기 때문
③ 프리터빈이 장착되어서 로터 브레이크를 사용하기 때문
④ 타기관과 비교하여 프로펠러의 최고 회전속도가 낮기 때문

해설
※ 2024년 개정된 출제기준에서는 삭제된 내용

**56** 항공기기관의 윤활유 소기펌프(Scavenge Pump)가 압력펌프(Pressure Pump)보다 용량이 큰 이유는?

① 소기펌프가 파괴되기 쉬우므로
② 압력펌프보다 압력이 높으므로
③ 압력펌프보다 압력이 낮으므로
④ 공기가 혼합되어 체적이 증가하고 윤활유가 고온이 되어 팽창하므로

**57** 바람방향이 기수를 기준으로 뒤쪽에서 불어 올 경우 가스터빈기관의 시동 및 작동 시에 발생되는 현상 및 조치사항으로 틀린 것은?

① 아이들 출력 이상의 비교적 낮은 출력범위에서 기관의 배기가스 온도가 비정상적으로 높게 되는 경우가 있다.
② 높은 기관출력 범위에서는 압축기 실속이 발생될 수 있다.
③ 가스터빈기관 시동 및 작동 중 배기가스가 한계 온도를 초과된 경우 추력레버를 아이들 위치로 내리고 정상절차에 따라 기관을 정지시킨다.
④ 가스터빈기관 시동 및 작동 중 압축기 실속이 발생하면 즉시 기관을 정지시킨다.

**58** 원심식 압축기의 구성품을 옳게 나열한 것은?

① 흡입구, 디퓨저, 노즐
② 임펠러, 노즐, 매니폴드
③ 임펠러, 로터, 스테이터
④ 임펠러, 디퓨저, 매니폴드

해설
원심식 압축기

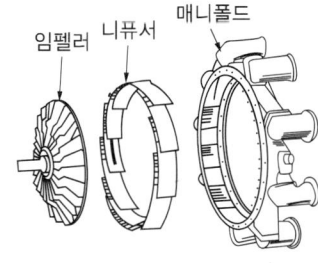

**59** 대향형 왕복기관 실린더 헤드의 원통형 연소실과 비교하여 반구형 연소실의 장점이 아닌 것은?

① 화염의 전파가 좋아 연소효율이 높다.
② 동일 용적에 대해 표면적을 최소로 하기 때문에 냉각 손실이 적다.
③ 흡·배기 밸브의 지름을 크게 하므로 체적 효율이 증가한다.
④ 실린더 헤드의 제작이 쉽고 밸브 작동기구가 간단하다.

[해설]
실린더 헤드의 제작이 쉽고 밸브 작동기구가 간단한 실린더 헤드 형태는 원통형 연소실이다.

**60** 변압기의 1차 코일에 감은 수가 100회, 2차 코일에 감은 수가 300회인 변압기의 1차 코일에 100V 전압을 가할 시 2차 코일에 유기되는 전압은 몇 볼트(V)인가?

① 100
② 200
③ 300
④ 400

[해설]
$$\frac{N_2}{N_1} = \frac{V_2}{V_1}$$
$$V_2 = V_1 \times \frac{N_2}{N_1} = 100 \times \frac{300}{100} = 300\,(\text{V})$$

※ 2024년 개정된 출제기준에서는 삭제된 내용

# 2016년 제4회 과년도 기출문제

**01** 일반적인 경비행기의 아음속 순항 비행에서는 발생되지 않는 항력은?

① 유도항력  ② 압력항력
③ 조파항력  ④ 마찰항력

**해설**
조파항력은 초음속 비행 시에 발생하는 항력이다.

**02** 항공기 날개의 단면형상을 나타낸 NACA 24120에 대한 설명으로 옳은 것은?

① 최대두께가 시위의 10%이다.
② 평균캠버선의 뒤쪽 반이 곡선이다.
③ 마지막 두 자리 숫자가 의미하는 것은 4자 계열의 것과 다르다.
④ 첫째 자리 숫자와 셋째 자리 숫자가 의미하는 것은 4자 계열의 것과 같다.

**해설**
평균캠버선의 뒤쪽 반이 곡선이면 세 번째 숫자가 1이고, 직선인 경우는 0이다.

**03** 그림과 같이 각각의 1회전당 이동거리를 갖는 (a), (b) 두 프로펠러를 비교한 설명으로 옳은 것은?

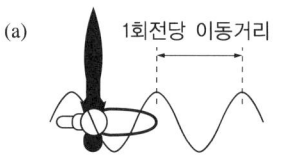
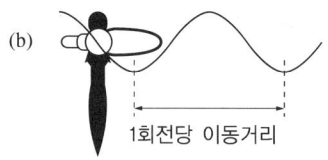

① (a)프로펠러의 피치각이 (b)프로펠러보다 작다.
② (a)프로펠러의 피치각이 (b)프로펠러보다 크다.
③ 거리와 상관없이 (a)프로펠러가 (b)프로펠러보다 회전속도가 항상 빠르다.
④ 동일한 회전속도로 구동하는 데 있어서 (a)프로펠러에 더 많은 동력이 요구된다.

**해설**
프로펠러 피치각이 크면 1회전당 이동거리가 크고 프로펠러 구동에 더 많은 동력이 요구된다.
※ 2024년 개정된 출제기준에서는 삭제된 내용

정답 1 ③ 2 ② 3 ①

**04** 다음 중 항공기의 평형상태에 대한 설명으로 가장 옳은 것은?

① 모든 힘의 합이 0인 상태
② 모든 모멘트의 합이 0인 상태
③ 모든 힘의 합이 0이고, 모멘트의 합은 1인 상태
④ 모든 힘의 합이 0이고, 모멘트의 합도 0인 상태

**해설**
힘의 평형상태가 되기 위한 조건
$\Sigma F_x = 0$, $\Sigma F_y = 0$, $\Sigma M = 0$

**05** 직사각형 비행기 날개의 가로세로비(Aspect Ratio)를 옳게 표현한 것은?(단, $S$ : 날개면적, $b$ : 날개길이, $c$ : 시위이다)

① $\dfrac{b}{S}$   ② $\dfrac{bc}{S}$
③ $\dfrac{b^2}{S}$   ④ $\dfrac{c}{S}$

**해설**
날개길이를 $b$, 평균시위길이를 $c$, 날개면적을 $S$라고 할 때
가로세로비(AR) $= \dfrac{b}{c} = \dfrac{b \times b}{c \times b} = \dfrac{b^2}{S}$

**06** 비행기가 가속도 없이 등속 수평 비행할 경우 하중배수는 얼마인가?

① 0   ② 0.5
③ 1.0   ④ 1.5

**해설**
하중배수는 비행기에 작용하는 힘을 비행기 무게로 나눈 값으로, 예를 들어 수평 비행을 하고 있을 때에는 양력과 비행기 무게가 같으므로 하중배수는 1이 된다.

**07** 날개골의 받음각이 크게 증가하여 흐름의 떨어짐 현상이 발생하면 양력과 항력의 변화는?

① 양력과 항력 모두 증가한다.
② 양력과 항력 모두 감소한다.
③ 양력은 증가하고 항력은 감소한다.
④ 양력은 감소하고 항력은 증가한다.

**해설**
받음각이 일정 각도 이상 증가하면 흐름의 떨어짐(박리현상)이 발생하게 되면서 양력은 감소하고 항력은 증가하게 된다.

**08** 헬리콥터에서 코닝은 주 회전날개의 어떤 힘의 합성력으로 발생하는가?

① 양력과 항력
② 양력과 원심력
③ 회전력과 원심력
④ 회전력과 항력

**해설**
코닝각(Coning Angle)은 원추각이라고도 하며, 원심력과 양력의 합에 의해 결정된다.

**09** 헬리콥터 조종장치페달은 주회전 날개가 회전함으로써 발생되는 토크를 상쇄하기 위하여 꼬리회전 날개의 무엇을 조절하는가?

① 코드   ② 피치
③ 캠버   ④ 두께

**해설**
방향조종페달을 작동시키게 되면 꼬리회전날개의 피치가 변하고 이에 따라 토크가 조절됨으로써 헬리콥터의 기수방향이 좌우로 조절된다.

정답  4 ④  5 ③  6 ③  7 ④  8 ②  9 ②

## 10
항공기가 선회각 60°로 정상 수평선회비행 시 하중배수는?(단, cos60°는 0.5이다)

① 1
② 1.5
③ 2
④ 2.5

**해설**
수평선회비행 시 하중배수($n$)
$n = \dfrac{L}{W} = \dfrac{1}{\cos\phi} = \dfrac{1}{\cos 60°} = 2$

## 11
표준대기에서 약 10,000m 상공의 대기온도는 약 몇 ℃인가?

① -50
② -40
③ -30
④ -20

**해설**
표준대기의 온도는 15℃이고, 1,000m 올라갈 때 마다 6.5℃씩 온도가 감소하므로 지상 10,000m에서의 온도는 15 - 65 = -50℃ 이다.

## 12
비행기가 수평비행이나 급강하로 속도가 증가하여 천음속영역에 도달하게 되면 한쪽 날개가 충격 실속을 일으켜서 갑자기 양력을 상실하여 급격한 옆놀이를 일으키는 현상은?

① 피치업(Pitch Up)
② 턱언더(Tuck Under)
③ 디프스톨(Deep Stall)
④ 날개드롭(Wing Drop)

**해설**
비행기의 가로 불안정 현상으로는 날개드롭(Wing Drop), 옆놀이 커플링(Roll Coupling) 등이 있고, 세로 불안정에는 턱언더 현상(Tuck Under), 피치업(Pitch Up), 디프실속(Deep Stall) 등이 있다.

## 13
항력 $D$(kgf)인 비행기가 정상 수평비행을 할 때 속도 $V$(m/s)를 내기 위한 필요마력을 구하는 식은? (단, $T$는 이용추력(kgf)이다)

① $\dfrac{TV}{75}$
② $\dfrac{DV}{75}$
③ $75T \cdot V$
④ $75D \cdot V$

**해설**
필요마력($P_r$)
$P_r = \dfrac{DV}{75}$
여기서, 75로 나눈 이유는 단위를 마력의 단위로 변환하기 위해서다.

## 14
날개의 시위 길이가 4m, 공기의 흐름속도가 720 km/h, 공기의 동점성계수가 0.2cm²/s일 때 레이놀즈수는 약 얼마인가?

① $2 \times 10^6$
② $4 \times 10^6$
③ $2 \times 10^7$
④ $4 \times 10^7$

**해설**
레이놀즈수 $Re = \dfrac{Vd}{\nu}$ 에서
$V = 720\text{km/h} = 200\text{m/s} = 20,000\text{cm/s}$, $d = 4\text{m} = 400\text{cm}$, $\nu = 0.2\text{cm}^2/\text{s}$ 를 대입하면 $Re = 4 \times 10^7$ 이 된다.

**15** 수직축을 중심으로 빗놀이(Yawing) 모멘트를 발생시키기 위해 필요한 조종면은?

① 방향키(Rudder)
② 승강키(Elevator)
③ 도움날개(Aileron)
④ 스포일러(Spoiler)

**해설**
비행기의 3축 운동

| 기준축 | $x$(세로축) | $y$(가로축) | $z$(수직축) |
|---|---|---|---|
| 운동 | 옆놀이 | 키놀이 | 빗놀이 |
| 조종면 | 도움날개 | 승강키 | 방향키 |

**16** 육안검사 시 사용되는 보어스코프 중 거꾸로 비추어 뒤쪽을 볼 수 있는 것은?

① Retrospective Borescope
② Direct-vision Borescope
③ Right Angle Borescope
④ Foroblique Borescope

**해설**

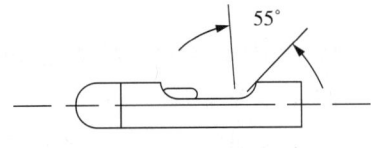

Retrospective

※ 2024년 개정된 출제기준에서는 삭제된 내용

**17** 마이크로 스톱 카운터 싱크(Micro Stop Counter Sink)의 용도로 옳은 것은?

① 리벳의 구멍을 늘리는 데 사용
② 리벳이나 스크루를 절단하는 데 사용
③ 리벳의 구멍 언저리를 원뿔모양으로 절삭하는 데 사용
④ 리베팅하고 밖으로 튀어나온 부분을 연마하는 데 사용

**해설**
마이크로 스톱 카운터 싱크

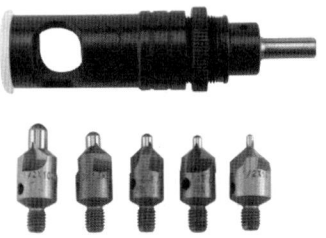

**18** 다음 중 항공기 형식승인이 면제되지 않는 기술표준품은?

① 감항증명을 받은 항공기에 포함되어 있는 기술표준품
② 형식증명을 받은 항공기에 포함되어 있는 기술표준품
③ 형식증명승인을 받은 항공기에 포함되어 있는 기술표준품
④ 시험 또는 연구·개발 목적으로 설계·제작을 하지 않는 기술표준품

**해설**
※ 2024년 개정된 출제기준에서는 삭제된 내용

정답  15 ①  16 ①  17 ③  18 ④

**19** 안전결선 작업방법에 대한 설명으로 틀린 것은?

① 안전결선에 사용된 와이어는 다시 사용해서는 안 된다.
② 안전결선의 끝부분은 1~2회 정도 꼬아 끝을 대각선 방향으로 절단한다.
③ 3개 이상의 부품이 폐쇄된 기하학적인 형상일 때는 단선식 결선법을 사용한다.
④ 안전결선을 신속하게 하기 위해서는 안전결선용 플라이어 또는 와이어 트위스터를 사용한다.

> **해설**
> 안전결선의 끝부분은 3~4회 꼰 다음 끝부분은 직각 단면 형상으로 절단한다.

**20** 항공기 견인 시 지켜야 할 안전사항으로 틀린 것은?

① 견인할 부근에 장애물이 없는지 확인한다.
② 견인 차량과 항공기와의 연결상태 및 안전장치를 확인한다.
③ 견인차에는 운전자 외에 어떤 사람도 탑승해서는 안 된다.
④ 규정 속도를 초과해서는 안 되고 야간에는 필요한 조명장치를 해야 한다.

**21** 강관 구조부재의 수리 방식이 아닌 것은?

① 적층 구조재 수리 방식
② 피시 마우스 수리 방식
③ 안쪽 슬리브 보강 방식
④ 바깥쪽 슬리브 보강 방식

> **해설**
> 적층 구조재 수리 방식은 복합 소재 수리 방식에 속한다.
> ※ 2024년 개정된 출제기준에서는 삭제된 내용

**22** 사고예방대책의 기본원리 5단계 중 제2단계인 "사실의 발견"에서의 조치사항이 아닌 것은?

① 기술개선
② 작업공정분석
③ 자료수집
④ 점검·조사실시

> **해설**
> 사고예방대책의 기본원리
> • 제1단계 : 조직
> • 제2단계 : 사실의 발견(현상 파악)
> • 제3단계 : 분석(원인 규명)
> • 제4단계 : 대책의 선정
> • 제5단계 : 대책의 적용(목표 달성)

**23** 토크값의 적용 방법에 관한 설명으로 옳은 것은?

① 일반적으로 볼트쪽에서 적용한다.
② 연장공구를 사용 시 토크값의 조절은 필요하지 않다.
③ 너트쪽에서 토크값을 적용할 상황에는 토크값을 기준보다 작게 해야 한다.
④ 동일한 부위라도 항공기 제작회사별로 다르게 적용된다.

정답  19 ② 20 전항정답 21 ① 22 ① 23 ④

**24** 항공기의 지상취급에 해당하지 않는 것은?

① 바퀴에 촉을 괴는 일
② 착륙장치에 안전핀을 꽂는 일
③ 항공기를 이동시키기 위하여 견인하는 일
④ 항공기의 수용에 따른 운항노선을 결정하는 일

해설
항공기 지상취급(Ground Handling)에는 지상유도, 견인작업, 계류작업, 잭작업 등이 있다.

**25** 래칫핸들(Ratchet Handle)에 대한 설명으로 옳은 것은?

① 정확한 토크로 볼트나 너트를 조이도록 토크값을 지시한다.
② 볼트나 너트를 조이거나 풀 때 연장공구의 장착을 유용하게 한다.
③ 볼트나 너트를 조이거나 풀 때 한쪽방향으로만 움직이도록 한다.
④ 원통 모양의 물건을 표면에 손상을 주지 않고 돌리기 위해 사용한다.

해설
③ 래칫핸들
① 토크렌치
② 연장대(익스텐션 바)
④ 스트랩렌치

**26** 항공기 계통 및 장비품에 대하여 작동 상태, 유량, 온도, 압력 및 각도 등이 허용 한곗값 이내에 있는지 확인하는 점검은?

① 기능점검
② 작동점검
③ 육안점검
④ 특수상세점검

해설
기능점검은 항공기에 장착된 상태로 계통 및 구성품이 규정된 지시대로 정상기능을 발휘하고, 허용 한곗값 내에 있는가를 점검하는 것이다.

**27** 최소 측정값 $\frac{1}{100}$ mm인 마이크로미터로 측정한 그림과 같은 결과의 측정값은 몇 mm인가?

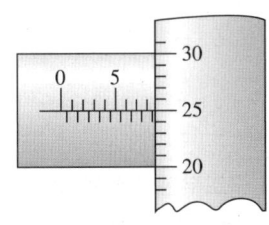

① 5.25
② 6.75
③ 8.75
④ 9.00

해설
슬리브 위의 눈금값이 8.5mm를 지났고, 심블 눈금이 25에 일치하므로 눈금값은 8.5 + 0.25 = 8.75mm

## 28 다음 물음에 옳은 것은?

> "How come to the flight if the control stick is moved to right?"

① Nose Up
② Bank To The Left
③ Nose Down
④ Bank To The Right

**해설**
"조종 스틱을 오른쪽으로 움직이면 비행기는 어떻게 움직이는가?"에 대한 질문의 답은 "오른쪽으로 선회(Bank)한다."가 답이 된다.
※ 2024년 개정된 출제기준에서는 삭제된 내용

## 29 밑줄 친 부분이 의미하는 것은?

> "Falling objects can cause injury to personnel."

① 부품을 선별하는 것
② 부품을 교체하는 것
③ 부품을 떨어뜨리는 것
④ 수리장비를 취급하는 것

**해설**
"부품을 떨어뜨리는 것은 사람에게 부상을 입히는 원인이 된다."
※ 2024년 개정된 출제기준에서는 삭제된 내용

## 30 항공기 구조부분 손상 수리 시 기본적으로 고려해야 할 사항으로 가장 거리가 먼 것은?

① 본래의 윤곽 유지
② 도색의 보호
③ 본래의 강도 유지
④ 부식에 대한 보호

## 31 수세성 형광침투검사에서 기름성분의 침투제를 물로 세척할 수 있게 해 주는 것은?

① 유화제
② 현상제
③ 염색제
④ 자화제

**해설**
형광침투검사에서 침투 처리 후에 물로 세척을 실시하는 방법을 수세성 침투검사라고 하는데, 침투액에는 물 세척이 잘되게 하기 위하여 침투액에 유화제가 첨가된다.
※ 2024년 개정된 출제기준에서는 삭제된 내용

## 32 금속 표면이 공기 중의 산소와 직접 반응을 일으켜 생기는 부식은?

① 입자 간 부식
② 표면 부식
③ 응력 부식
④ 찰과 부식

**해설**
부식의 종류
- 응력 부식 : 장시간 표면에 가해진 정적인 응력의 복합적 효과로 인해 발생
- 이질 금속 간 부식 : 두 종류의 다른 금속이 접촉하여 생기는 부식으로 동전지 부식, 갈바닉 부식이라고도 함
- 입자 간 부식 : 금속의 입자 경계면을 따라 생기는 선택적인 부식
- 점 부식 : 금속 표면이 국부적으로 깊게 침식되어 작은 점 형태로 만들어지는 부식
- 찰과 부식 : 마찰로 인한 부식으로 밀착된 구성품 사이에 작은 진폭의 상대 운동으로 인해 발생
- 표면 부식 : 산소와 반응하여 생기는 가장 일반적인 부식
- 피로 부식 : 금속에 가해지는 반복 응력에 의해 발생
※ 2024년 개정된 출제기준에서는 삭제된 내용

28 ④  29 ③  30 ②  31 ①  32 ②

**33** C급 화재에 사용되는 소화 방법으로 가장 부적합한 것은?

① $CO_2$ 소화기　② 물
③ 분말 소화기　④ CBM 소화기

**해설**
물은 일반화재(A급 화재)의 소화에 적합하다.

**34** 다음 중 노란색 안전색채의 의미로 옳은 것은?

① 위험물 위험상태 표시
② 작업절차, 안전지시 준수
③ 응급처치장비, 액체산소장비 표시
④ 인체에 직접 위험은 없으나, 주의하지 않으면 사고의 위험 표시

**해설**
안전색채
• 빨간색 : 위험물 또는 위험상태 표시
• 주황색 : 기계 또는 전기설비의 위험 위치 식별
• 녹색 : 안전에 관련된 설비 및 구급용 치료시설 식별
• 노란색 : 사고의 위험이 있는 장비나 시설물에 표시

**35** 기체 판금작업에서 두께가 0.06in인 금속판재를 굽힘 반지름 0.135in로 하여 90°로 굽힐 때 세트백은 몇 in인가?

① 0.017　② 0.051
③ 0.125　④ 0.195

**해설**
세트백(SB ; Set Back)
$$SB = \tan\frac{\theta}{2}(R+T) = \tan\frac{90°}{2}(0.135+0.06) = 0.195(in)$$

**36** 항공기용 마그네토 몸체에 "DF14RN"이라는 기호가 부착되어 있다면 이 마그네토에 대한 설명으로 옳은 것은?

① 시계방향으로 회전하게 설계된 14실린더 기관에 사용을 위한 복식 플랜지장착 마그네토이다.
② 반시계방향으로 회전하게 설계된 14실린더 기관에 사용을 위한 단식 플랜지장착 마그네토이다.
③ 시계방향으로 회전하게 설계된 14실린더 기관에 사용을 위한 단식 베이스장착 마그네토이다.
④ 반시계방향으로 회전하게 설계된 14실린더 기관에 사용을 위한 복식 베이스장착 마그네토이다.

**해설**
마그네토 표시 DF14RN 의미
• D : 복식 마그네토
• F : 플랜지 장착 타입
• 14 : 실린더 수
• R : 오른쪽 회전
• N : 제작회사(Bendix)

**37** 그림과 같은 $P-V$ 선도에서 나타난 사이클이 한 일은 몇 J인가?

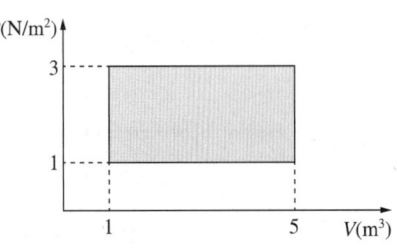

① 1　② 3
③ 8　④ 15

**해설**
사이클이 한 일은 $PV$이므로 $2 \times 4 = 8(J)$

**38** 기관 부품에 윤활이 적절하게 될 수 있도록 윤활유의 최대 압력을 제한하고 조절하는 윤활계통장치는?

① 윤활유 냉각기
② 윤활유 여과기
③ 윤활유 압력 게이지
④ 윤활유 압력 릴리프밸브

**39** 가스터빈기관의 연소실이 갖추어야 할 조건으로 틀린 것은?

① 가능한 큰 크기
② 안정되고 효율적인 연소
③ 양호한 고공 재시동 특성
④ 작동 범위 내의 최소 압력 손실

**해설**
연소실의 크기는 되도록 작아야 한다(무게 및 부피 경감).

**40** 겨울철 왕복기관의 예열 시 권장 사항으로 틀린 것은?

① 좋은 상태의 가열기만 사용하며 작동 중 가열기에 재급유를 하지 않는다.
② 캔버스 기관 덮개, 연료라인, 유압라인, 오일라인, 기관 기화기의 순서로 직접 가열한다.
③ 가능하면 항공기를 가열된 격납고에 보관하여 예열한다.
④ 가열 과정 중에는 반드시 소화기를 비치한다.

**41** 공랭식 기관에서 냉각 핀의 재질과 같아야 하는 것은?

① 밸브
② 커넥팅 로드
③ 실린더
④ 크랭크 케이스

**해설**
연소가스에 의해 발생된 높은 온도의 열을 냉각시키기 위하여 실린더 헤드와 같은 재질로 만든 냉각 핀이 부착된다.

**42** 흡입밸브가 열리는 시기를 상사점 전 10~25°로 하는 주된 이유는?

① 배기가스가 안으로 들어오는 배출 관성을 이용하여 출력 효과를 높이기 위하여
② 배기가스가 밖으로 나가는 배출 관성을 이용하여 혼합비를 낮추기 위하여
③ 배기가스가 밖으로 나가는 배출 관성을 이용하여 배기 효과를 높이기 위하여
④ 배기가스가 밖으로 나가는 배출 관성을 이용하여 흡입 효과를 높이기 위하여

**해설**
흡입밸브가 열려 있는 동시에 배기밸브가 열려 있는 밸브 오버랩 구간(흡입행정 초기)에는 배기가스의 배출 관성을 이용하여 흡입 가스의 흡입용량을 증가시킬 수가 있다. 즉, 체적 효율이 향상된다.

**43** 완속(Idle)상태에서 과도하게 농후한 혼합비의 원인이 아닌 것은?

① 연료 압력이 너무 높다.
② 연료 여과기(Fuel Filter)가 막혔다.
③ 완속 혼합비 조절이 정확하게 맞지 않았다.
④ 프라이머 라인(Primer Line)이 개방(Open)되어 있다.

**해설**
연료 여과기가 막히면 연료 공급이 원활하지 않으므로 혼합비가 묽어질 수 있다.
※ 2024년 개정된 출제기준에서는 삭제된 내용

**44** 기관시동 시 과열시동(Hot Start)은 어떤 값이 규정된 한곗값을 초과하는 현상인가?

① 윤활유 압력
② 배기가스온도
③ 기관 회전수
④ 엔진 압력비

**해설**
시동할 때에 배기가스온도(EGT)가 규정된 한곗값 이상으로 증가하는 현상을 과열시동이라고 한다. 이런 현상은 연료조정장치의 고장, 결빙 및 압축기 입구 부분에서의 공기 흐름 제한 등에 의해 발생한다.

**45** 항공기관 윤활유의 기능이 아닌 것은?

① 냉각작용
② 밀봉작용
③ 세정작용
④ 부식작용

**해설**
윤활유의 기능 중 하나는 부식을 방지하기 위한 기능, 즉 방식기능이다.

**46** 속도 360km/h로 비행하는 항공기에 장착된 터보제트기관이 196kgf/s인 중량 유량의 공기를 흡입하여 200m/s의 속도로 배기시킬 경우 총추력은 몇 N인가?

① 1,000
② 2,000
③ 4,000
④ 6,000

**해설**
터보제트기관의 총추력은 배기가스 속도에 공기 질량 유량을 곱한 값이다. 질량 유량은 공기 중량 유량을 9.8로 나눈 값이므로
$196\text{kgf/s} = 20\text{kg/s}$
따라서 $F_g = 200\text{m/s} \times 20\text{kg/s} = 4,000\text{kg} \cdot \text{m/s}^2 = 4,000\text{N}$

**47** 왕복엔진 공기흡입계통에서 혼합가스를 각 실린더에 일정하게 분배, 운반하는 통로 역할을 하는 것은?

① 과급기
② 매니폴드
③ 기화기
④ 공기 스쿠프

**48** 과급기(Supercharger)에서 디퓨저(Diffuser)의 기능은?

① 온도를 상승시킨다.
② 압축된 공기에 와류를 준다.
③ 속도에너지를 열에너지로 바꾼다.
④ 속도에너지의 일부를 압력에너지로 변환한다.

**해설**
디퓨저는 확산 통로이므로 그곳을 지나가는 유체의 속도는 감소하지만 압력이 증가한다.
※ 2024년 개정된 출제기준에서는 삭제된 내용

정답 43 ② 44 ② 45 ④ 46 ③ 47 ② 48 ④

**49** 다음과 같은 가스터빈기관의 터빈부 조립 작업 중 가장 먼저 해야 하는 작업은?

① 동적 평형 점검
② 터빈 축에 터빈 깃 조립
③ 터빈 케이스에 터빈 조립
④ 터빈 깃과 시라우드와의 간격 측정

**50** 터빈 깃 내부를 중공으로 하여 이곳으로 냉각공기를 통과시켜 터빈 깃을 냉각하는 가장 단순한 방법은?

① 대류냉각　　② 충돌냉각
③ 표면냉각　　④ 증발냉각

**해설**
터빈 깃 냉각방법
- 대류냉각(Convection Cooling) : 터빈 내부에 공기 통로를 만들어 이곳으로 차가운 공기가 지나가게 함으로써 터빈을 냉각
- 충돌냉각(Impingement Cooling) : 터빈 깃 내부에 작은 공기 통로를 설치한 후 냉각 공기를 충돌시켜 깃을 냉각
- 공기막냉각(Air Film Cooling) : 터빈 깃의 표면에 작은 구멍을 통하여 나온 찬 공기의 얇은 막이 터빈 깃을 둘러싸서 터빈 깃을 냉각
- 침출냉각(Transpiration Cooling) : 터빈 깃을 다공성 재료로 만들고 깃 내부에 공기 통로를 만들어 차가운 공기가 터빈 깃을 통하여 스며나오게 함으로써 터빈 깃을 냉각

**51** 연료계통의 증기폐색현상을 방지하는 방법이 아닌 것은?

① 부스터 펌프를 장착한다.
② 베이퍼 세퍼레이터를 장착한다.
③ 휘발성이 높은 연료를 사용한다.
④ 연료튜브를 열원에서 멀리하고 급격한 휨을 피한다.

**해설**
증기폐색은 기화성이 높은 연료에서 발생하므로 휘발성이 높은 연료는 증기폐색을 일으키기 쉽다.

**52** 열역학과 관련된 단위에 대한 설명으로 옳은 것은?

① 단위 시간당 행해진 일을 동력이라고 한다.
② 15℃ 물 1g의 온도를 1℃ 높이는 데 필요한 에너지의 양은 1kcal이다.
③ 1N의 힘이 그 힘의 방향으로 물체를 1m 움직이게 할 때 일은 1W이다.
④ 단위 질량의 물질을 단위 온도 상승시키는 데 필요한 에너지를 완전가스라고 한다.

**해설**
동력은 단위 시간당 이루어진 일, 즉 $\frac{\text{힘} \times \text{거리}}{\text{시간}}$을 의미하며, 단위로는 마력(PS), 와트(W) 등이 있다.

**53** 가스터빈기관에서 원심형 압축기의 단점에 해당하는 것은?

① 회전속도 범위가 좁다.
② 무게가 무겁고 시동 출력이 높다.
③ 축류형 압축기와 비교해 제작이 어렵고 가격이 비싸다.
④ 동일 추력에 대하여 전면 면적을 많이 차지한다.

**해설**
- 원심식 압축기 장점
  - 단당 압력비가 높다.
  - 제작이 쉽고 구조가 튼튼하고 값이 싸다.
- 원심식 압축기 단점
  - 압축기 입구와 출구의 압력비가 낮고 효율이 낮다.
  - 많은 양의 공기를 처리할 수 없다.
  - 추력에 비해 기관의 전면 면적이 넓기 때문에 항력이 크다.

**54** 다음 중 고정 피치 목재 프로펠러의 구조에서 찾을 수 없는 것은?

① 목        ② 깃
③ 팁        ④ 니들

**해설**
니들(Needle) : 바늘, 침
※ 2024년 개정된 출제기준에서는 삭제된 내용

**55** [보기]에서 설명하는 엔진은?

┌보기┐
- 팬을 지나는 공기유량과 압축기를 지나는 공기유량이 비슷한 엔진
- 풀 팬 덕트기관에서 주로 사용

① 저바이패스 엔진
② 중바이패스 엔진
③ 고바이패스 엔진
④ 동축 바이패스 엔진

**해설**
팬을 지나는 공기유량과 압축기를 지나는 공기유량이 비슷하다는 것은 바이패스비가 1 : 1을 의미하며 이런 바이패스비의 엔진을 저바이패스 엔진이라고 한다. 이런 저바이패스 엔진은 팬의 지름이 작기 때문에 한 덕트 내에 팬을 설치할 수 있다.

**56** 다음 중 가스터빈기관의 작동에 대한 설명으로 틀린 것은?

① 원칙적으로 기관 작동 시 항공기의 기수는 바람에 대하여 정면으로 향해야 한다.
② 기관 작동 중 압축기 실속이 발생되었다면 추력 레버를 최대한 천천히 아이들 위치로 내려야 한다.
③ 배기가스는 높은 속도와 온도 및 유독성을 가지고 있으므로 주의하여야 한다.
④ 기관 모터링(Motoring) 수행 시 시동기의 보호를 위하여 규정된 시동기 냉각시간을 반드시 지켜야 한다.

**해설**
압축기 실속이 발생하면 압축기나 터빈 부품 손상과 함께 중대한 사고가 발생할 수 있으므로 추력 레버를 최대한 빨리 아이들 위치로 내려야 한다.

정답  53 ④  54 ④  55 ①  56 ②

**57** 가스터빈기관의 오일 계통에 대한 설명으로 옳은 것은?

① 오일 탱크의 용량은 팽창에 비하여 약 50% 또는 2갤런의 여유 공간을 확보해야 한다.
② 오일 섬프 안의 압력이 너무 높을 때는 섬프 벤트 체크밸브(Sump Vent Check Valve)가 열려 대기가 섬프(Sump)로 유입된다.
③ 오일 냉각기가 열 교환 방식(Fuel-oil Cooler)인 경우 내부에 파손이 생겼을 때 오일양이 급격히 증가하고 점도가 낮아진다.
④ 콜드 타입(Cold Type) 오일 탱크는 오일 냉각기가 펌프 출구에 위치하고, 공기의 분리성이 좋다.

**해설**
① 오일 탱크는 용량의 10% 또는 0.5갤런보다 큰 팽창공간을 가져야 한다.
② 섬프 안의 압력이 탱크 압력보다 높으면 섬프 벤트 체크밸브가 열려서 섬프 안의 공기를 탱크로 배출시킨다.
④ 콜드 타입 오일 탱크는 오일 냉각기가 배유 펌프와 윤활유 탱크 사이에 위치한다.

**58** 다음 중 가스터빈기관에서 실질적으로 가장 높은 압력이 나타나는 곳은?

① 압축기 출구
② 터빈 입구
③ 연소기 출구
④ 배기노즐 입구

**해설**
압축기 출구 디퓨저 부분에서 높은 압력이 나타난다.

**59** 가스터빈기관 FCU(Fuel Control Unit)의 수감신호가 아닌 것은?

① 외기 온도
② 기관 회전수
③ 배기가스 온도
④ 압축기 출구 압력

**해설**
FCU 수감부
• 기관 회전수
• 압축기 출구 압력(CDP)
• 압축기 입구 온도(CIT)
• 스로틀 레버 위치

**60** 다음 중 크랭크 축의 주요 부품이 아닌 것은?

① 주저널
② 크랭크 핀
③ 크랭크 로드
④ 크랭크 암

**해설**
크랭크 축의 구성

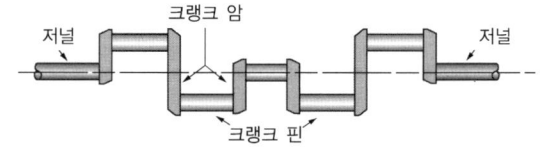

# 2017년 제3회 과년도 기출복원문제

※ 2017년부터는 CBT(컴퓨터 기반 시험)로 진행되어 수험자의 기억에 의해 문제를 복원하였습니다. 실제 시행문제와 일부 상이할 수 있음을 알려드립니다.

**01** 헬리콥터에서 주기적 피치 제어간(Cyclic Pitch Control Lever)으로 조종할 수 없는 비행은?

① 전진비행
② 상승비행
③ 측면비행
④ 후퇴비행

**해설**
헬리콥터의 조종
- 동시적 피치 제어간 : 기체를 수직으로 상승 또는 하강을 시킨다.
- 주기적 피치 제어간 : 전진과 후진 및 횡진비행을 한다.
- 방향 조정 페달 : 좌우방향이 조종된다.

**02** 배기 밸브의 밸브간격을 냉간간격으로 조절해야 하는데 열간간격으로 조절하였을 경우 배기 밸브의 밸브 개폐시기에 대한 설명으로 옳은 것은?

① 늦게 열리고, 일찍 닫힌다.
② 늦게 열리고, 늦게 닫힌다.
③ 일찍 열리고, 늦게 닫힌다.
④ 일찍 열리고, 일찍 닫힌다.

**해설**
밸브간격이 너무 크다면 밸브가 늦게 열리고 빨리 닫히게 되어 밸브 오버랩이 줄어들게 되고, 밸브간격이 너무 작다면 밸브가 빨리 열리고 늦게 닫히게 된다.

**03** 최근의 터보팬 기관의 역추력장치로 팬 역추력장치를 주로 사용하는 이유가 아닌 것은?

① 무게 감소
② 연료소모 감소
③ 고장 감소
④ 역추력 효과의 증가

**해설**
역추력장치를 설치하면 그로 인해 발생하는 추력이 역추력장치 자중으로 인한 단점을 극복하지 못하므로 정착하지 않는다.
※ 2024년 개정된 출제기준에서는 삭제된 내용

**04** 비행기에 발생하는 항력 중 충격파가 생기는 초음속 흐름에서만 발생하는 것은?

① 압력항력
② 마찰항력
③ 유도항력
④ 조파항력

**해설**
조파항력 : 초음속 이상으로 비행하는 항공기에서 발생하는 충격파의 영향으로 발생하는 항력

정답  1 ②  2 ①  3 ④  4 ④

## 05 왕복기관에서 발생하는 노킹현상의 원인이 아닌 것은?

① 부적절한 연료를 사용할 때
② 실린더 헤드가 과랭되었을 때
③ 혼합가스의 화염전파속도가 느릴 때
④ 흡입공기의 온도와 압력이 너무 높을 때

**해설**
노킹 : 폭발적인 자연 발화 현상에 의해 생기는 진동 현상으로 압력이 증가하여 기관의 무리가 오고 출력이 떨어진다.

## 06 다음 중 역화(Back Fire)가 일어날 수 있는 주된 조건은?

① 과희박 혼합기
② 과도한 실린더 압력
③ 빠른 화염전파속도
④ 과도한 실린더 온도

**해설**
과희박한 혼합기는 역화(Back Fire)가 발생되기 쉬우며, 과농후한 혼합기는 후화(After Fire)가 발생되기 쉽다.

## 07 왕복기관에서 임계고도는 어떤 마력에 의해 정하여 지는가?

① 이륙마력  ② 정격마력
③ 순항마력  ④ 경제마력

**해설**
임계고도(Critical Altitude) : 기관이 정격마력을 유지할 수 있는 최고고도

## 08 항공기 견인 시 설명으로 옳은 것은?

① 항공기 견인 시 준비사항으로 반드시 항공기에 접지선을 접지한다.
② 견인 중에는 반드시 착륙장치(Landing Gear)에 지상 안전핀이 장탈되어야 한다.
③ 견인속도의 규정 최대속도는 견인차 운전자가 결정한다.
④ 야간에 견인할 때는 항법등 외에도 필요한 조명 장치를 해야 한다.

**해설**
견인작업
• 견인 인원은 3~7명이다.
• 트랙터(터크 카)속도는 8km/h를 유지한다.
• 날개 끝이 고정 물체에 닿지 않게 한다.
• 활주로, 유도로 진입시는 관제탑의 지시를 받는다.

## 09 가스터빈기관에서 공기가 기관을 통과하면서 얻은 운동에너지에 의한 동력과 추진동력의 비를 무엇이라 하는가?

① 추진효율     ② 열효율
③ 추력중량비   ④ 전효율

## 10 다음 중 전기화학적 부식(Galvanic Corrosion)이 발생할 수 있는 경우는?

① 배터리 충전액이 넘쳐흐를 때
② 항공기 전기계통에 습기가 침투할 때
③ 서로 같은 금속 사이에 윤활유가 침투할 때
④ 서로 다른 금속 사이에 오염된 습기가 침투할 때

**해설**
전기화학적 부식 : 물과 습기 또는 다른 용액에 의하여 어느 한쪽의 재료가 먼저 부식되는데 이러한 금속 상호 간의 부식을 말한다.
※ 2024년 개정된 출제기준에서는 삭제된 내용

**정답** 5 ② 6 ① 7 ② 8 ④ 9 ① 10 ④

**11** 가스터빈 기관의 윤활계통에서 섬프(Sump) 안의 공기압이 높을 때, 탱크로 압력이 빠지게 하는 역할을 하는 것은?

① 드레인 밸브(Drain Valve)
② 릴리프 밸브(Relief Valve)
③ 바이패스 밸브(By-pass Valve)
④ 섬프 벤트 체크 밸브(Sump Vent Check Valve)

**해설**
- 섬프 벤트 체크 밸브(Sump Vent Check Valve) : 섬프 안의 공기압력이 너무 높을 때 탱크로 빠지게 하는 역할을 한다.
- 압력조절 밸브 : 탱크 안의 공기 압력이 너무 높을 때 공기를 대기 중으로 배출한다.

**12** 항공기 주기 시 주의해야 하는 사항이 아닌 것은?

① 기관 흡입구나 배기구 및 피토관 등은 막지 않도록 한다.
② 주기 중에 손상을 입지 않도록 비행조종계통은 중립 위치에 둔 상태에서 잠금 장치를 해야 한다.
③ 항상 주위를 청결히 해야 하며 겨울에는 눈이나 얼음을 제거해야 한다.
④ 플랩, 스포일러 및 수평 안정판 등은 주기 중에 취해야 할 조치를 규정에 따라 실시한다.

**13** 가스터빈 기관을 장착한 아음속 항공기의 공기 흡입관에서 아음속 공기 흐름 변화를 옳게 설명한 것은?

① 온도 감소, 압력 감소
② 온도 상승, 압력 감소
③ 속도 증가, 압력 상승
④ 속도 감소, 압력 상승

**해설**
아음속기의 흡입관은 면적이 넓어지는 형태이므로, 속도는 감소하고 압력은 증가하게 된다.

**14** 가스터빈 기관의 연소실 형식 중 애뉼러형 연소실의 특징이 아닌 것은?

① 정비가 용이하다.
② 연소실의 길이가 짧다.
③ 출구 온도 분포가 균일하다.
④ 연소실의 전체 표면적이 작다.

**해설**
애뉼러형 연소실은 정비하기 어렵다는 단점이 있다.

**15** 가스터빈 기관에서 여압 밸브와 드레인 밸브의 역할이 아닌 것은?

① 연료 계통 내의 불순물을 걸러주거나 제거한다.
② 연료의 흐름을 1차 연료와 2차 연료로 분리한다.
③ 연료 압력이 규정 압력 이상이 될 때까지 연료흐름을 차단한다.
④ 기관 정지 시 매니폴드나 연료노즐에 남아 있는 연료를 외부로 방출한다.

**해설**
불순물을 걸러주거나 제거하는 역할을 하는 것은 연료 필터이다.

정답 11 ④ 12 ① 13 ④ 14 ① 15 ①

**16** 기체 판금 작업 시 두께가 0.2cm인 판재를 굽힘반지름 40cm로 하여 60°로 굽힐 때 굽힘여유는 약 몇 cm인가?

① 32  ② 38
③ 42  ④ 48

> **해설**
> 굽힘여유(BA) : $BA = 2\pi\left(R + \dfrac{1}{2}T\right) \times \dfrac{\theta}{360°}$
> 여기서 $R=40cm$, $T=0.2cm$, $\theta=60°$를 대입하면 $BA = 42cm$

**17** 고온으로 작동하는 기관에 Hot 점화 플러그가 장착되었을 경우 기관에 나타날 수 있는 현상은?

① 조기점화  ② 실화
③ 역화  ④ 후화

> **해설**
> 고온작동기관에 Hot 점화 플러그가 장착되어 있으면 점화 플러그에서 점화가 이루어지기도 전에 미리 폭발해버리는 조기점화 현상이 발생할 우려가 있다.

**18** 항공기 유도 시 그림과 같은 동작의 의미는?

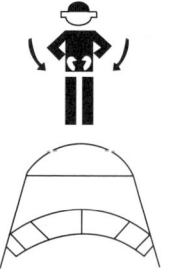

① 촉괴기  ② 기관정지
③ 준비완료  ④ 긴급정지

**19** 판금가공에서 사용되는 용어에 대한 설명으로 옳은 것은?

① 재료의 최소 굽힘 반지름이란 판재를 최소 예각으로 굽힐 수 있는 반지름이다.
② 세트백이란 판재를 두들겨서 모양을 성형하는 것이다.
③ 스프링 백이란 굽힘의 시작점과 끝점을 연결한 반지름이다.
④ 굽힘 여유란 굴곡된 판 바깥면의 연장선 교차점과 굽힘접선과의 거리이다.

> **해설**
> • 최소굽힘반지름 : 구부리는 판재의 안쪽에서 측정한 반지름
> • 굽힘 여유 : 일감을 구부릴 때 필요한 길이로서 굽힘 각도, 굽힘 반지름, 금속의 두께 등의 요소에 따라 결정된다.
> • 세트백 : 굽힘 접선에서 성형점까지의 길이

**20** 왕복기관을 작동할 때 반드시 점검해야 할 한계수치값이 아닌 것은?

① 대기 온도
② 윤활유 압력
③ 실린더 헤드 온도
④ 기관 회전수

> **해설**
> ※ 2024년 개정된 출제기준에서는 삭제된 내용

**21** 비행기의 받음각이 일정 각도 이상되어 최대 양력값을 얻었을 때에 대한 설명으로 틀린 것은?

① 이때의 고도를 최고고도라 한다.
② 이때의 받음각을 실속받음각이라 한다.
③ 이때의 비행기 속도를 실속속도라 한다.
④ 이때의 양력계수값을 최대양력계수라 한다.

**해설**
받음각이 증가하면 양력도 따라서 증가하지만, 어느 각도 이상에서는 양력이 갑자기 감소하면서 항력이 증가하는데 이 현상을 실속(Stall)이라 하고 이때의 받음각을 실속각이라고 하며, 이때의 속도를 실속속도라고 한다. 또한 실속각에서 최대양력계수를 가진다.

**22** 왕복기관의 윤활계통에서 릴리프 밸브(Relief Valve)의 주된 역할로 옳은 것은?

① 윤활유 온도가 높을 때는 윤활유를 냉각기로 보내고 낮을 때는 직접 윤활유 탱크로 가도록 한다.
② 윤활유 여과기가 막혔을 때 윤활유가 여과기를 거치지 않고 직접 기관의 내부로 공급되게 한다.
③ 기관의 내부로 들어가는 윤활유의 압력이 높을 때 작동하여 압력을 낮추어 준다.
④ 윤활유가 불필요하게 기관 내부로 스며들어가는 것을 방지한다.

**해설**
릴리프 밸브는 윤활유 압력이 규정값보다 높을 때 밸브가 열리면서 윤활유를 펌프 입구쪽으로 되돌려 보내 윤활유 압력을 낮추어 준다.

**23** 150℃, 공기 7kg을 부피가 일정한 상태에서 650℃까지 가열하는 데 필요한 열량은 몇 kcal인가?(단, 공기의 정적비열은 0.172kcal/kg·℃, 정압비열은 0.24kcal/kg·℃이다)

① 430  ② 600
③ 602  ④ 840

**해설**
$Q = mC_V(t_2 - t_1) = 7 \times 0.172 \times (650 - 150) = 602 \text{(kcal)}$

**24** 가스터빈기관의 구성품에 속하지 않는 것은?

① 실린더  ② 터빈
③ 연소실  ④ 압축기

**해설**
실린더는 왕복기관의 구성품에 속한다.

**25** 다음 중 배기가스온도(EGT)는 어느 부분에서 측정된 온도를 나타내는가?

① 연소실
② 터빈 입구
③ 압축기 출구
④ 터빈 출구

정답  21 ①  22 ③  23 ③  24 ①  25 ④

**26** 헬리콥터의 무게를 $W$, 회전날개의 반지름을 $R$, 회전날개의 지름을 $D$, 추력을 $T$라고 할 때 회전면 하중을 구하는 식은?

① $\dfrac{W}{\pi T}$ ② $\dfrac{T}{\pi R^2}$

③ $\dfrac{W}{\pi R^2}$ ④ $\dfrac{T}{\pi D}$

**해설**
헬리콥터의 회전면 하중 = $\dfrac{\text{헬리콥터 무게}}{\text{회전면의 면적}}$

**27** 프로펠러 깃의 시위선과 깃의 회전면이 이루는 각을 무엇이라고 하는가?

① 깃각 ② 유입각
③ 받음각 ④ 피치각

**해설**
- 깃각 : 프로펠러 회전면과 깃의 시위선이 이루는 각
- 피치각(유입각) : 비행속도와 깃의 회전선속도와의 합성속도가 프로펠러 회전면과 이루는 각
- 받음각 : 깃각에서 피치각을 뺀 각도
※ 2024년 개정된 출제기준에서는 삭제된 내용

**28** 그림과 같은 항공기 날개의 형태는?

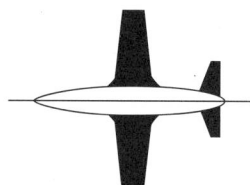

① 오지형 ② 테이퍼형
③ 삼각형 ④ 뒤젖힘형

**해설**
테이퍼형 날개는 타원형 날개의 장점을 살리려고 날개 끝으로 갈수록 날개폭을 좁게 만든 날개이다.

**29** 동체나 날개와 같은 판재의 표피 등에 나타나는 미세한 머리카락 모양의 표면 균열을 말하며, 균열이 성장하여 서로 합쳐지면 큰 파괴를 일으키는 원인이 될 수 있는 것은?

① 벌지(Bulge)
② 크레이징(Crazing)
③ 가우징(Gouging)
④ 브리넬링(Brinelling)

**30** 날개 면적이 80m², 무게가 7,500kgf인 비행기가 밀도 1/8kgf·s²/m⁴인 해면고도를 수평 비행할 때, 비행 속도는 몇 m/s인가?(단, 양력계수는 0.15이다)

① 80 ② 100
③ 120 ④ 150

**해설**
수평 비행 시 양력과 중력은 같다.
즉, $L = \dfrac{1}{2} C_L \rho V^2 S = W$

따라서 $V^2 = \dfrac{2W}{C_L \rho S}$

$V = \sqrt{\dfrac{2W}{C_L \rho S}} = \sqrt{\dfrac{2 \times 7{,}500}{0.15 \times \dfrac{1}{8} \times 80}} = 100 \text{(m/s)}$

26 ③  27 ①  28 ②  29 ②  30 ② **정답**

**31** 다음 중 스냅 링(Snap Ring)과 같은 종류를 벌려 줄 때 사용하는 공구는?

① External Ring Plier
② Connector Plier
③ Internal Ring Plier
④ Combination Plier

> **해설**
> 스냅 링을 벌릴 때는 External Ring Plier, 오므릴 때는 Internal Ring Plier를 사용한다.

**32** 다음 밑줄 친 용어의 의미로 알맞은 것은?

> Vertically Axis, <u>Yaw</u>

① 빗놀이  ② 옆놀이
③ 키놀이  ④ 앞놀이

> **해설**
> 비행기의 3축 운동
>
> | | | |
> |---|---|---|
> | 세로축 | $x$축 | 옆놀이(Rolling) |
> | 가로축 | $y$축 | 키놀이(Pitching) |
> | 수직축 | $z$축 | 빗놀이(Yawing) |
>
> ※ 2024년 개정된 출제기준에서는 삭제된 내용

**33** 다음 빈칸에 들어갈 단어를 순대대로 나열한 것은?

> 아이스박스 리벳(Icebox Rivet)은 열처리한 후 시간이 지남에 따라 원래의 강도가 회복되는 시효경화의 특성을 지니고 있어 냉장보관을 하여야 한다. 이 리벳에는 (   )와 (   )이 있다.

① 2017, 2018
② 2024, 2119
③ 1100, 1200
④ 2017, 2024

**34** 음속에 가까운 속도로 비행을 하게 되면 속도가 증가될수록 비행기의 기수가 내려가는 경향이 생겨 조종간을 당겨야 하는 현상이 발생하는데 이 현상을 무엇이라 하는가?

① 더치 롤(Dutch Roll)
② 내리 흐름(Down Wash)
③ 턱 언더(Tuck Under)
④ 마하 트림(Mach Trim)

> **해설**
> 턱 언더는 고속기의 세로 불안정 현상의 하나로, 음속에 가까운 비행을 하게 되면 속도를 증가시킬 때 기수가 오히려 내려가는 현상이 생기는 것을 말한다.

**35** 수리 및 조절, 검사 중인 장비에 붙이는 표지의 색은 무엇인가?

① 노란색　② 주황색
③ 보라색　④ 파란색

**해설**
- 파란색 : 수리 및 조절, 검사 중인 장비
- 노란색 : 충돌, 추락, 전복 등의 위험 장비
- 주황색 : 기계 또는 전기 설비의 위험 위치
- 보라색 : 방사능 유출위험이 있는 것

**36** 절대압력(Absolute Pressure)을 가장 올바르게 설명한 것은?

① 표준대기상태에서 해면상의 대기압을 기준값 0으로 하여 측정한 압력이다.
② 계기압력(Gauge Pressure)에 대기압을 더한 값과 같다.
③ 계기압력으로부터 대기압을 뺀 값과 같다.
④ 해당 고도에서의 대기압을 기준값 0으로 하여 측정한 압력이다.

**해설**
절대압력(Absolute Pressure) : 진공 상태를 기준으로 하여 압력을 측정한 것으로, 절대압력 = 대기압 + 계기압력(표준 대기압을 기준으로 하여 압력을 측정)이다.
※ 2024년 개정된 출제기준에서는 삭제된 내용

**37** 100kg의 하중이 5m²의 면적에 가해질 때 압력은 몇 kgf/cm²인가?

① 10　② 20
③ 30　④ 40

**해설**
압력 $P = \dfrac{F}{A} = \dfrac{100\,\text{kgf}}{5\,\text{cm}^2} = 20\,\text{kgf} \cdot \text{cm}^2$

**38** 다음 중 항공기의 중량, 강도, 동력 장치 기능, 비행성, 기타 감항성에 중대한 영향을 미치는 작업은 무엇인가?

① 개조　② 수리
③ 정비　④ 보수

**해설**
- 개조 : 항공기의 중량, 강도, 동력 장치 기능, 비행성, 기타 감항성에 중대한 영향을 미치는 작업
- 정비 : 고장의 발생 요인을 미리 발견하여 제거함으로써 항상 지속적으로 완전한 기능을 유지할 수 있도록 하는 것
- 수리 : 항공기나 부품 및 장비의 손상이나 기능 불량 등을 원래의 상태로 회복시키는 작업

정답　35 ④　36 ②　37 ②　38 ①

**39** 6각형 모양의 볼트나 너트를 조이거나 푸는 데 사용하는 공구는 무엇인가?

① 래칫 핸들 렌치
② 조합 렌치
③ 오프셋 박스 렌치
④ 크로 풋

해설
③ 오프셋 박스 렌치 : 볼트나 너트의 헤드 부위가 망가지지 않도록 6각형 혹은 12각형의 모양으로 되어 있으며 볼트나 너트를 조이거나 푸는 데 사용하는 공구
① 래칫(Ratchet) 핸들 렌치 : 잠금장치를 이용하여 볼트나 너트를 공구와 분리하지 않고 더욱 빠르게 풀고 조이기 위해 만들어진 공구
② 조합 렌치 : 볼트나 너트를 죌 때 먼저 개구 부위로 조이고 마무리는 박스 부분으로 조이도록 된 공구
④ 크로 풋(Crow Foot) : 오픈엔드 렌치(Open End Wrench)로 작업할 수 없는 좁은 공간에서 작업할 때 연장공구와 함께 사용한다.

**40** 가스터빈 기관에서 사용되는 윤활유의 구비 조건으로 옳은 것은?

① 인화점이 낮을 것
② 기화성이 높을 것
③ 점도지수가 높을 것
④ 산화 안정성이 낮을 것

해설
윤활유의 구비 조건
• 점성과 유동점이 어느 정도 낮아야 한다.
• 점도지수는 높고 인화점도 높아야 한다.
• 산화 안정성과 열적 안전성이 높아야 한다.
• 기화성이 낮고 윤활유와 공기의 분리성이 좋아야 한다.

**41** 다음 와전류탐상검사의 장점 중 틀린 것은?

① 강자성 금속에 적용이 쉽다.
② 응용분야가 광범위하다.
③ 결과를 기록하여 보존할 수 있다.
④ 표면결함에 대한 검출감도가 우수하다.

해설

| | |
|---|---|
| 장점 | • 응용분야가 광범위하다. 즉, 결함 크기, 변화, 재질 변화 등을 동시에 검사하는 것이 가능하다.<br>• 관, 환봉, 선 등에 대하여 자동화가 가능하며 On-Line 생산의 전수검사가 가능하다.<br>• 표면결함에 대한 검출감도가 우수하다.<br>• 고온하에서의 측정, 얇은 시험체, 가는 선, 구멍의 내부 등 다른 비파괴시험으로 검사하기 곤란한 대상물에도 적용할 수 있다.<br>• 비접촉 방법으로 프로브를 접근시켜 검사하는 것부터 원격조작으로 좁은 영역, 홈이 깊은 것의 검사가 가능하다.<br>• 결과를 기록하여 보존할 수 있다. |
| 단점 | • 표면 아래 깊은 곳에 있는 결함의 검출이 곤란하다(표피효과).<br>• 결함의 종류, 형상 등을 판별하기 어렵다.<br>• 검사 대상 이외의 재료적 인자의 영향에 의한 잡음이 검사의 방해가 되는 경우가 있다.<br>• 지시는 시험코일이 적용되는 전 영역의 적분치가 얻어지므로, 관통형코일의 경우 관의 원주상 어느 위치에 결함이 있는지를 알 수 없다.<br>• 검사의 숙련도가 요구된다. 특히, 신호 평가에 의한 판독에 대해 많은 경험이 요구된다.<br>• 강자성 금속에 적용이 어렵다. |

※ 2024년 개정된 출제기준에서는 삭제된 내용

**42** 표준 오토사이클은 어떤 과정으로 이루어지는가?

① 2개의 단열과정과 2개의 정압과정
② 2개의 단열과정과 2개의 정적과정
③ 2개의 정압과정과 2개의 등온과정
④ 2개의 정압과정과 2개의 정적과정

해설
정적사이클(오토사이클) : 단열압축 → 정적가열 → 단열팽창 → 정적방열

정답 39 ③ 40 ③ 41 ① 42 ②

**43** 항공기용 볼트 체결 작업에 사용되는 와셔의 주된 역할로 옳은 것은?

① 볼트의 위치를 쉽게 파악
② 볼트가 녹스는 것을 방지
③ 볼트가 파손되는 것을 방지
④ 볼트를 조이는 부분의 기계적인 손상과 구조재의 부식을 방지

**해설**
항공용 와셔의 기능으로는 하중분산, 볼트의 그립길이 조정, 부식방지, 풀림방지 등이 있다.

**44** 일반적으로 기관의 분류 방법으로 사용되지 않는 것은?

① 냉각 방법에 의한 분류
② 실린더 배열에 의한 분류
③ 실린더의 재질에 의한 분류
④ 행정(Cycle) 수에 의한 분류

**해설**
기관의 분류
- 사용연료에 따른 분류 : 가솔린엔진, 디젤엔진
- 피스톤 운동방식에 따른 분류 : 왕복엔진, 회전엔진
- 사이클에 따른 분류 : 2행정기관, 4행정기관
- 흡배기 밸브의 수에 따른 분류 : SV, OHC, DOHC
- 연료분사방식에 따른 분류 : 카뷰레터식 연료분사장치, 전자식 연료분사장치
- 실린더의 수와 배열 형식에 따른 분류
- 연소방식에 의한 분류 : 정적사이클, 정압사이클, 복합사이클
- 점화방식에 의한 분류 : 스파크 점화식, 압축 착화식

**45** 다음 중 왕복기관의 공기 흡입 계통이 아닌 것은?

① 머플러(Muffler)
② 기화기(Carburetor)
③ 공기 덕트(Air Duct)
④ 흡기 매니폴드(Intake Manifold)

**해설**
머플러(Muffler)는 배기가스가 배출될 때 나는 폭음을 줄이거나 없애는 장치이다.

**46** 그림과 같은 프로펠러의 구조에서 허브는 어느 곳인가?

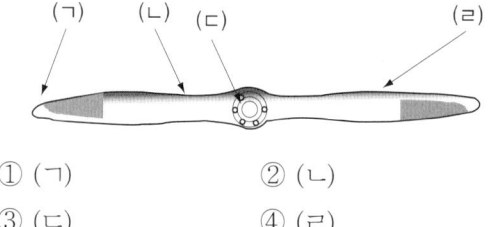

① (ㄱ)  ② (ㄴ)
③ (ㄷ)  ④ (ㄹ)

**해설**
허브는 프로펠러 중심부분 중앙이다.
※ 2024년 개정된 출제기준에서는 삭제된 내용

**47** 연료흐름에 따른 기관계통의 순서가 옳게 나열된 것은?

① 주 연료펌프 → 여과기 → P&D 밸브 → FCU → 연료매니폴드 → 연료노즐
② 주 연료펌프 → FCU → 여과기 → 연료매니폴드 → P&D 밸브 → 연료노즐
③ 주 연료펌프 → 여과기 → FCU → P&D 밸브 → 연료매니폴드 → 연료노즐
④ 주 연료펌프 → 여과기 → P&D 밸브 → 연료매니폴드 → FCU → 연료노즐

**48** 항공기용 왕복기관에서 공랭식 냉각 계통과 가장 관계가 먼 것은?

① 냉각 핀(Cooling Fin)
② 배플(Baffle)
③ 카울 플랩(Cowl Flap)
④ 라디에이터(Radiator)

**해설**
냉각 방법
- 액랭식(수랭식)
- 공랭식 : 냉각 핀, 배플(실린더 주위에 금속판을 설치), 카울 플랩(냉각공기량을 조절하며 지상에서 최대한 연다)

**49** 대형 가스터빈 기관에 일반적으로 많이 사용되는 시동기(Starter)는?

① 블리드(Bleed) 시동기
② 관성형(Inertia Type) 시동기
③ 탄약형(Cartridge Type) 시동기
④ 뉴매틱형(Pneumatic Type) 시동기

**50** 항공기 날개의 공기흐름에 대한 설명에서 빈칸에 알맞은 말로 옳게 짝지어진 것은?

> 일정 속도로 진행하는 비행기의 날개에서 윗면에서는 속도가 ( A )하여 압력이 ( B ), 압력계수는 대부분 ( C )의 값이 된다.

① A-감소, B-낮아지고, C-음(-)
② A-감소, B-높아지고, C-양(+)
③ A-증가, B-높아지고, C-양(+)
④ A-증가, B-낮아지고, C-음(-)

**해설**
날개 윗면에서 공기흐름 속도는 증가하고 베르누이 정리에 의해 압력은 감소한다. 따라서 날개 윗면의 압력계수는 대부분 (-)의 값을 가진다.

**51** 조종면을 조작하기 위한 조종력과 가장 관계가 먼 것은?

① 조종면의 폭
② 조종면의 평균 시위
③ 비행기의 속도
④ 조종면의 광도(光度)

**해설**
조종면에 발생되는 힌지 모멘트
$$H = C_h \frac{1}{2}\rho V^2 S_h h = C_h \frac{1}{2}\rho V^2 kh^2$$
여기서, $H$ : 힌지 모멘트
$C_h$ : 힌지 모멘트 계수
$V$ : 비행속도
$S_h$ : 조종면 면적
$h$ : 조종면의 평균 시위
$k$ : 조종면 스팬
※ 힌지 모멘트 : 조종면을 움직였을 때 공기력에 의해 원래의 위치로 되돌리려는 공기력에 의한 회전력
※ 2024년 개정된 출제기준에서는 삭제된 내용

정답 48 ④ 49 ④ 50 ① 51 ④

## 52 멀티미터(회로 시험기)로 측정할 수 없는 것은?

① 저항  ② 직류전류
③ 주파수  ④ 교류전압

**해설**
Multimeter : 전류, 전압, 저항을 하나의 계기로 측정할 수 있는 측정기

## 53 작동유(Hydraulic Fluid)가 항공기 타이어(Aircraft Tire)에 묻어 있어서 이것을 제거할 때 가장 적합한 세척제는?

① 알코올  ② 솔벤트
③ 휘발유  ④ 비눗물과 더운물

**해설**
비눗물과 더운물은 부드러운 세척용 물질로서, 항공기의 표면 세척용 세제이며, 먼지, 오일 및 그리스를 제거하기 위한 항공기 표면 세척에 사용된다.

## 54 다음 중 기하학적으로 날개의 가로 안정에 가장 중요한 영향을 미치는 요소는?

① 쳐든각  ② 세장비
③ 승강키  ④ 수평 안전판

**해설**
쳐든각(상반각)의 효과 : 옆미끄럼에 의한 옆놀이에 정적인 안정을 주며, 가로 안정에 가장 유리한 요소이다.

## 55 유도항력의 크기에 관한 설명으로 틀린 것은?

① 양력의 크기에 비례한다.
② 날개의 가로세로비에 비례한다.
③ 날개의 길이에 반비례한다.
④ 양력계수의 제곱에 비례한다.

**해설**
유도항력계수는 양력계수의 제곱에 비례하며 날개의 가로세로비(Aspect Ratio)에 반비례한다. 그러므로 가로세로비가 클수록 유도항력이 작아짐을 알 수 있다.
※ 유도항력 : 비행기의 날개에서 발생하는 양력으로 인하여 생긴 항력

## 56 안전관리의 목적으로 틀린 것은?

① 산업재해예방
② 재산의 보호
③ 사회적 신뢰도 향상
④ 책임자 규명

**57** 공기의 흐름상에 평판을 놓았을 때 평판에 작용하는 공기력은 어떤 값에 비례하는가?(단, $\rho$ : 공기밀도, $V$ : 공기의 흐름 속도, $S$ : 평판의 면적이다)

① $\dfrac{\rho}{V}$  ② $\dfrac{V}{S}$

③ $\dfrac{1}{\rho V^2 S}$  ④ $\rho V^2 S$

**해설**
평판에 작용하는 공기력은 밀도에 비례하고, 공기 흐름 속도의 제곱에 비례하며, 또한 평판의 면적에 비례한다.

**58** 다음 중 항공기의 평형상태에 대한 설명으로 가장 옳은 것은?

① 모든 힘의 합이 0인 상태
② 모든 모멘트의 합이 0인 상태
③ 모든 힘의 합이 0이고, 모멘트의 합은 1인 상태
④ 모든 힘의 합이 0이고, 모멘트의 합도 0인 상태

**해설**
평형상태 : 항공기에 작용하는 모든 외력과 외부 모멘트의 합이 각각 0이 되는 상태

**59** 프로펠러 비행기의 비행속도가 120m/s이고 프로펠러의 회전수가 1,200rpm, 프로펠러 지름이 3m일 때 이 프로펠러의 진행률은 약 얼마인가?

① 0.75  ② 1.00
③ 1.75  ④ 2.00

**해설**
진행률 $J = \dfrac{V}{nD} = \dfrac{120}{\left(\dfrac{1,200}{60}\right) \times 3} = 2$

※ 2024년 개정된 출제기준에서는 삭제된 내용

**60** 육안검사 시 사용되는 보어스코프 중 거꾸로 비추어 뒤쪽을 볼 수 있는 것은?

① Retrospective Borescope
② Direct-vision Borescope
③ Right Angle Borescope
④ Foroblique Borescope

**해설**

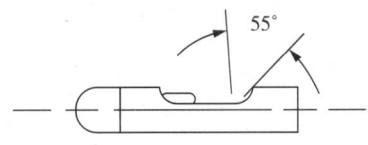

Retrospective

※ 2024년 개정된 출제기준에서는 삭제된 내용

# 2018년 제1회 과년도 기출복원문제

**01** 항공기용 볼트 체결 작업에 사용되는 와셔의 주된 역할로 옳은 것은?

① 볼트의 위치를 쉽게 파악
② 볼트가 녹스는 것을 방지
③ 볼트가 파손되는 것을 방지
④ 볼트를 조이는 부분의 기계적인 손상과 구조재의 부식을 방지

**해설**
항공용 와셔의 기능으로는 하중분산, 볼트의 그립길이 조정, 부식방지, 풀림방지 등이 있다.

**02** 고장의 발생 요인을 미리 발견하여 제거함으로써 항상 지속적으로 완전한 기능을 유지할 수 있도록 하는 작업은?

① 개조
② 수리
③ 정비
④ 보수

**03** 가스터빈기관의 구성품에 속하지 않는 것은?

① 실린더
② 터빈
③ 연소실
④ 압축기

**해설**
실린더는 왕복기관의 구성품에 속한다.

**04** 가스터빈 기관을 장착한 아음속 항공기의 공기 흡입관에서 아음속 공기 흐름 변화를 옳게 설명한 것은?

① 온도 감소, 압력 감소
② 온도 상승, 압력 감소
③ 속도 증가, 압력 상승
④ 속도 감소, 압력 상승

**해설**
아음속기의 흡입관은 면적이 넓어지는 형태이므로, 속도는 감소하고 압력은 증가하게 된다.

**05** 기관 부품에 윤활이 적절하게 될 수 있도록 윤활유의 최대 압력을 제한하고 조절하는 윤활계통장치는?

① 윤활유 냉각기
② 윤활유 여과기
③ 윤활유 압력 게이지
④ 윤활유 압력 릴리프 밸브

**해설**
규정값보다 높은 압력의 윤활유는 릴리프 밸브를 통해 다시 윤활유 압력 펌프 입구로 귀환됨으로써 윤활계통에 늘 규정 압력의 윤활유가 흐르도록 한다.

정답 1 ④ 2 ③ 3 ① 4 ④ 5 ④

**06** 항공기용 마그네토 몸체에 "DF16RN"이라는 기호가 부착되어 있다면 이 마그네토에 대한 설명으로 옳은 것은?

① 시계방향으로 회전하게 설계된 16실린더 기관에 사용을 위한 복식 플랜지장착 마그네토이다.
② 반시계방향으로 회전하게 설계된 16실린더 기관에 사용을 위한 단식 플랜지장착 마그네토이다.
③ 시계방향으로 회전하게 설계된 16실린더 기관에 사용을 위한 단식 베이스장착 마그네토이다.
④ 반시계방향으로 회전하게 설계된 16실린더 기관에 사용을 위한 복식 베이스장착 마그네토이다.

**해설**
마그네토 표시 DF16RN 의미
- D : 복식 마그네토
- F : 플랜지 장착 타입
- 16 : 실린더 수
- R : 오른쪽 회전
- N : 제작회사(Bendix)

**07** 위험물 또는 위험상태 표시를 나타내는 색은?

① 노란색   ② 빨간색
③ 녹색     ④ 주황색

**해설**
안전색채
- 빨간색 : 위험물 또는 위험상태 표시
- 노란색 : 사고의 위험이 있는 장비나 시설물에 표시
- 녹색 : 안전에 관련된 설비 및 구급용 치료시설 식별
- 주황색 : 기계 또는 전기설비의 위험 위치 식별

**08** 다음 중 전기화재 또는 유류화재에 가장 부적당한 소화기는?

① 물 소화기
② 이산화탄소 소화기
③ 분말 소화기
④ 브로모클로로메테인 소화기

**해설**
유류화재(B)급
$CO_2$ 소화기, 분말 소화기, 브로모클로로메테인 소화기, 할론 소화기

**09** 안전결선 작업방법에 대한 설명으로 틀린 것은?

① 안전결선에 사용된 와이어는 다시 사용해서는 안된다.
② 안전결선의 끝부분은 1~2회 정도 꼬아 끝을 대각선 방향으로 절단한다.
③ 3개 이상의 부품이 폐쇄된 기하학적인 형상일 때는 단선식 결선법을 사용한다.
④ 안전결선을 신속하게 하기 위해서는 안전결선용 플라이어 또는 와이어 트위스터를 사용한다.

**해설**
안전결선의 끝부분은 3~4회 꼰 다음 끝부분은 직각 단면 형상으로 절단한다.

정답  6 ①  7 ②  8 ①  9 ②

**10** 직사각형 비행기 날개의 가로세로비(Aspect Ratio)를 옳게 표현한 것은?(단, $S$ : 날개면적, $b$ : 날개길이, $c$ : 시위이다)

① $\dfrac{b}{S}$  ② $\dfrac{bc}{S}$

③ $\dfrac{b^2}{S}$  ④ $\dfrac{c}{S}$

**해설**
날개길이를 $b$, 평균시위길이를 $c$, 날개면적을 $S$라고 할 때
가로세로비$(AR) = \dfrac{b}{c} = \dfrac{b \times b}{c \times b} = \dfrac{b^2}{S}$

**12** 터빈기관의 성능에 관한 설명으로 옳은 것은?

① 전효율은 추진효율과 열효율의 합이다.
② 대기온도가 낮을 때 진추력이 감소한다.
③ 총추력은 Net Thrust로서 진추력과 램항력의 차를 말한다.
④ 기관추력에 영향을 끼치는 요소는 주변온도, 고도, 비행속도, 기관 회전수 등이 있다.

**해설**
전효율은 추진효율과 열효율의 곱이며 대기온도가 낮을 때는 진추력이 증가한다.

**11** 그림과 같이 각각의 1회전당 이동거리를 갖는 (a), (b) 두 프로펠러를 비교한 설명으로 옳은 것은?

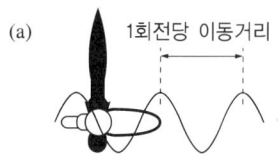
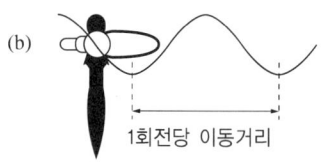

① (a)프로펠러의 피치각이 (b)프로펠러보다 작다.
② (a)프로펠러의 피치각이 (b)프로펠러보다 크다.
③ 거리와 상관없이 (a)프로펠러가 (b)프로펠러보다 회전속도가 항상 빠르다.
④ 동일한 회전속도로 구동하는 데 있어서 (a)프로펠러에 더 많은 동력이 요구된다.

**해설**
프로펠러 피치각이 크면 1회전당 이동거리가 크고 프로펠러 구동에 더 많은 동력이 요구된다.
※ 2024년 개정된 출제기준에서는 삭제된 내용

**13** 버니어캘리퍼스로 측정한 결과 어미자와 아들자의 눈금이 그림과 같이 화살표로 표시된 곳에서 일치하였다면 측정값은 몇 mm인가?(단, 최소 측정값이 $\dfrac{1}{20}$ mm이다)

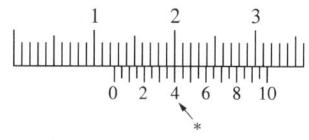

① 12.4  ② 12.8
③ 14.0  ④ 18.0

**해설**
아들자의 0눈금이 12mm를 지났고, 어미자와 아들자의 눈금이 일치하는 곳의 눈금이 $0.4\left(=\dfrac{8}{20}\right)$이므로 눈금값은 12 + 0.4 = 12.4mm이다.

**14** 항공기 잭(Jack) 사용에 대한 설명으로 옳은 것은?

① 잭 작업은 격납고에서만 실시한다.
② 항공기 옆면이 바람의 방향을 향하도록 한다.
③ 항공기의 안전을 위하여 최대 높이로 들어올린다.
④ 잭을 설치한 상태에서는 가능한 한 항공기에 작업자가 올라가는 것은 삼가해야 한다.

**15** 비행기가 공기 중을 수평 등속도로 비행할 때 등속도 비행에 관한 비행기에 작용하는 힘의 관계가 옳은 것은?

① 추력 = 항력
② 추력 > 항력
③ 양력 = 중력
④ 양력 > 중력

**해설**
추력이 항력보다 크면 가속도 비행이, 추력과 항력이 같으면 등속도 비행이, 추력보다 항력이 크면 감속도 비행이 이루어진다.

**16** 비행기의 기준축과 각축에 대한 회전 각운동에 대해 옳게 나열한 것은?

① 가로축 − $x$축 − 빗놀이(Yawing)
② 가로축 − $y$축 − 키놀이(Pitching)
③ 수직축 − $z$축 − 옆놀이(Rolling)
④ 수직축 − $z$축 − 키놀이(Pitching)

**해설**
비행기의 3축 운동

| 세로축 | $x$축 | 옆놀이(Rolling) |
|---|---|---|
| 가로축 | $y$축 | 키놀이(Pitching) |
| 수직축 | $z$축 | 빗놀이(Yawing) |

**17** 다음과 같은 리벳의 규격에 대한 설명으로 옳은 것은?

```
MS 20470 D 6 - 16
```

① 접시머리 리벳이다.
② 특수 표면처리 되어 있다.
③ 리벳의 지름은 $\dfrac{6}{32}$ in이다.
④ 리벳의 길이는 $\dfrac{16}{18}$ in이다.

**해설**
MS 20470 D 6 − 16
- MS20470 : 유니버셜 머리 리벳
- D : 리벳 재질(알루미늄 2017)
- 06 : 리벳 지름(6/32in)
- 16 : 리벳 길이(16/16in)

**18** 헬리콥터의 한 종류로 회전날개를 비행방향을 기준으로 좌·우에 배치한 형태이며 가로 안정이 가장 좋은 것은?

① 단일 회전날개 헬리콥터
② 동축 회전날개 헬리콥터
③ 병렬식 회전날개 헬리콥터
④ 직렬식 회전날개 헬리콥터

**해설**
**병렬식 회전날개 헬리콥터** : 가로 안정성이 좋고 기체의 전체길이가 짧아지며 양력발생이 큰 이점이 있으나 전면 면적이 넓어 항력이 커지고 세로 안정성의 개선을 위해 테일로터를 가진 직렬식과 같이 양쪽로터의 충돌을 막기 위한 동조장치가 필요해진다.
※ 2024년 개정된 출제기준에서는 삭제된 내용

정답 14 ④ 15 ① 16 ② 17 ③ 18 ③

**19** 비교적 두꺼운 날개를 사용한 비행기가 천음속 영역에서 비행할 때 발생하는 가로 불안정의 특별한 현상은?

① 커플링(Coupling)
② 더치롤(Dutch Roll)
③ 디프스톨(Deep Stall)
④ 날개드롭(Wing Drop)

**해설**
비행기의 가로 불안정 현상으로는 날개드롭(Wing Drop), 옆놀이 커플링(Roll Coupling) 등이 있고, 세로 불안정에는 턱 언더 현상(Tuck Under), 피치 업(Pitch Up), 디프스톨(Deep Stall) 등이 있다.

**20** 충격파의 강도는 충격파 전·후 어떤 것의 차를 표현한 것인가?

① 온도
② 압력
③ 속도
④ 밀도

**해설**
초음속 흐름에서 흐름 방향의 급격한 변화로 인하여 압력이 급격히 증가하고, 밀도와 온도 역시 불연속적으로 증가하게 되는데, 이 불연속면을 충격파(Shock Wave)라고 한다.

**21** 터보제트기관에서 추진효율이 80%, 열효율이 30%인 경우 이 기관의 전효율(Overall Efficiency)은 몇 %인가?

① 24
② 30
③ 40
④ 55

**해설**
전효율은 추진효율과 열효율을 곱한 값이다.
따라서 전효율 = 0.8 × 0.3 = 0.24 = 24(%)

**22** 항공기 육안검사 후 고온부에 발견된 결함의 식별 표시를 위해 사용 가능한 것은?

① 납 염색
② 탄소 염색
③ 특수 레이아웃 염색
④ 아연 염색

**해설**
백묵과 같은 특수 레이아웃 염색 펜으로 그어 표시한다.

**23** 활주로 횡단 시 관제탑에서 사용하는 신호등의 신호로 녹색등이 켜져 있을 때의 의미와 그에 따른 사항으로 옳은 것은?

① 위험 – 정차
② 안전 – 횡단 가능
③ 안전 – 빨리 횡단하기
④ 위험 – 사주를 경계한 후 횡단 가능

**해설**
관제탑 등화신호(Air Traffic Control Light Signals) : 우리나라 항공안전본부 비행안전 안내 지침서에 따른 신호

| 녹색점멸 | 착륙구역을 가로질러 유도로 방향으로 진행 |
|---|---|
| 적색연속 | 정지 |
| 적색점멸 | 착륙구역이나 유도로로부터 벗어나고 주변 항공기에 주의 |
| 백색점멸 | 관제지시에 따라 기동지역을 벗어날 것 |
| 활주로등 혹은 유도로등 점멸 | 활주로를 벗어나 관제탑의 등화신호를 준수할 것. 비상상황 혹은 위에서 언급된 등화신호가 보여질 경우 등화신호기를 갖춘 활주로 및 유도로에서 사용되어져야 한다. |

※ 2024년 개정된 출제기준에서는 삭제된 내용

**24** 여러 개의 얇은 금속편으로 이루어진 측정 기기로, 접점 또는 작은 홈의 간극 등을 측정하는 데 사용되는 것은?

① 두께 게이지  ② 센터 게이지
③ 피치 게이지  ④ 나사 게이지

**해설**
두께 게이지는 접점이나 작은 홈의 간극 등인 점검과 측정에 사용한다.

**25** 그림과 같은 날개골에서 ㉠~㉣이 지시하는 명칭의 연결이 틀린 것은?

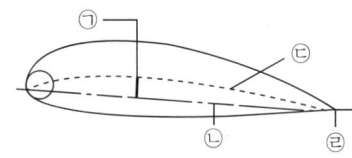

① ㉠ - 최대 두께
② ㉡ - 시위선
③ ㉢ - 평균캠버선
④ ㉣ - 뒷전

**해설**
㉠은 최대 캠버를 나타낸다.

**26** 다음 중 왕복기관과 비교하였을 때 가스터빈기관의 특징으로 틀린 것은?

① 초음속 비행이 가능하다.
② 기관 중량당 출력이 크다.
③ 추운 곳에서도 시동이 용이하다.
④ 연료의 소비량이 적고 소음이 적다.

**해설**
가스터빈기관은 왕복기관에 비해 연료 소비량이 많고 소음도 심하다.

**27** 왕복기관에서 직접 연료분사장치(Direct Fuel Injection System)의 장점이 아닌 것은?

① 비행자세에 의한 영향을 받지 않는다.
② 플로트식 기화기에 비하여 구조가 간단하다.
③ 흡입계통 내에는 공기만 존재하므로 역화의 우려가 없다.
④ 연료의 기화가 실린더 안에서 이루어지기 때문에 결빙의 위험이 거의 없다.

**해설**
직접 연료분사장치는 플로트식 기화기에 비해 장점이 많은 대신 구조가 복잡하다는 단점이 있다.

**28** 그림과 같은 형태의 흡·배기밸브 명칭은?

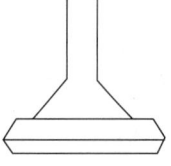

① 버섯형
② 튤립형
③ 반튤립형
④ 평두형

**29** 기관 검사 시 일반적으로 육안검사로 식별할 수 없는 금속 표면 결함은?

① 찍힘(Nicks)
② 밀림(Galling)
③ 스코어링(Scoring)
④ 금속 피로(Metal Fatigue)

**30** 조종면의 뒷전 부분에 부착하는 작은 플랩의 일종으로 조종면 뒷전 부분의 압력 분포를 변화시키는 역할을 함으로써 힌지 모멘트에 변화를 생기게 하는 장치는?

① 탭(Tab)
② 윙렛(Winglet)
③ 혼 밸런스(Horn Balance)
④ 앞전 밸런스(Leading Edge Balance)

> **해설**
> 윙렛은 유도항력을 줄이기 위해 날개 끝을 꺾어 올린 것이고, 혼 밸런스와 앞전 밸런스는 공기력 경감장치이다.
> ※ 2024년 개정된 출제기준에서는 삭제된 내용

**31** 제트기관(Jet Engine)의 연소실에서 가장 효율적인 공연비(Air Fuel Mixing Ratio)는 15 : 1인데 이것은 어떠한 단위의 비율인가?

① 압력의 단위
② 부피의 단위
③ 무게의 단위
④ 온도의 단위

> **해설**
> 1차 연소 영역은 공기 연료비는 14~18 : 1이며 2차 연소영역은 혼합, 냉각 부분으로 공기 연료비는 60~130 : 1이다.
> ※ 2024년 개정된 출제기준에서는 삭제된 내용

**32** 일반적인 아음속항공기 제트기관의 배기노즐 형상으로 가장 많이 사용되는 것은?

① 확산형 배기노즐
② 가변면적형 배기노즐
③ 수축형 배기노즐
④ 수축-확산형 배기노즐

> **해설**
> • 아음속항공기 배기노즐 : 면적이 일정한 고정면적노즐인 수축형 배기노즐이 사용된다.
> • 초음속 배기노즐 : 기관 회전수, 압력, 온도에 따라 완속 시 넓게, 최대 추력 시 좁게 움직이는 수축-확산형이다.

**33** 물체에 한 일($W$)을 옳게 나타낸 것은?

① $F \times a$
② $F \times L$
③ $F \times \dfrac{L}{S}$
④ $\dfrac{F}{L}$

> **해설**
> 일 = 힘 × 거리($W = F \times L$)

**34** 최소의 정비비용으로서 최대의 감항성을 확보하기 위하여 항공기에 부여하는 모든 정비작업을 계획, 통제, 집행 및 분석하는 일을 무엇이라 하는가?

① 정비관리  ② 항공기 운항
③ 정비검사  ④ 항공기 검사

**35** 알루미늄 또는 알루미늄합금의 표면을 화학적으로 처리해서 내식성을 증가시키고 도장작업의 접착효과를 증진시키기 위한 부식방지 처리작업은 무엇인가?

① 어닐링(Annealing)
② 플레이팅(Plating)
③ 알로다이닝(Alodining)
④ 파커라이징(Parkerizing)

**[해설]**
③ 알로다이닝 : 알루미늄에 산화피막을 입히는 방식법
① 어닐링 : 철강재료의 열처리 방법 중 풀림처리
② 플레이팅 : 철강재료 표면에 내식성이 강한 금속을 도금처리 하는 것
④ 파커라이징 : 철강재료 표면에 인산염을 형성시키는 방식법
※ 2024년 개정된 출제기준에서는 삭제된 내용

**36** 비행기의 이륙 활주거리를 짧게 하기 위한 조건으로 틀린 것은?

① 고양력 장치를 사용한다.
② 기관의 추력을 크게 한다.
③ 맞바람을 받지 않도록 한다.
④ 비행기 무게를 가볍게 한다.

**[해설]**
맞바람을 받으면 날개면의 공기속도($V$)가 상대적으로 증가하여 양력도 증가한다.

**37** 가스터빈 기관의 윤활유 압력에 이상이 생겼을 때 점검방법으로 틀린 것은?

① 압력이 낮을 때 압력 트랜스미터의 벤트 구멍이 막혔는지 점검한다.
② 압력이 낮을 때 탱크 여압 계통의 벤트 출구 밸브에 결함이 있는지 점검한다.
③ 압력이 높을 때 스로틀 레버가 잠겨 있는지 점검한다.
④ 압력이 높을 때 공급관이 베어링 레이스와 접촉되었는지 점검한다.

**[해설]**
엔진의 스로틀 레버(Throttle Lever)를 올려서 추력을 더 내게 만들고, 반대로 속도를 내리고 싶을 때는 받음각을 높이고 추력을 내린다.

**38** 항공기 견인 시 주의사항으로 틀린 것은?

① 항공기에 항법등과 충돌 방지등을 작동시킨다.
② 기어 다운 로크 핀들이 착륙 장치에 꽂혀 있는지를 확인한다.
③ 항공기 견인 속도는 사람의 보행 속도를 초과해서는 안 된다.
④ 제동 장치에 사용되는 유압압력은 제거되어야 한다.

**[해설]**
④ 항공기 체킹 시 리프트로 항공기를 들어올릴 때 제동장치의 유압압력을 제거하게 된다.

[정답] 34 ① 35 ③ 36 ③ 37 ③ 38 ④

**39** 리벳 작업 시 리벳 지름을 결정하는 설명으로 옳은 것은?

① 접합하여야 할 판 전체 두께의 3배 정도로 한다.
② 접합하여야 할 판재 중 두꺼운 판 두께의 3배 정도로 한다.
③ 접합하여야 할 판재들의 평균 두께의 3배 정도로 한다.
④ 접합하여야 할 판재 중 얇은 판 두께의 3배 정도로 한다.

**해설**
리벳의 치수
- 리벳의 지름 : 결합되는 판재 중에서 가장 두꺼운 판재의 3배
- 리벳의 길이 : 결합되는 판재의 두께와 리벳 지름의 1.5배를 합한 길이
- 성형머리 폭은 리벳 지름의 1.5배, 높이는 0.5배

**41** 밑줄친 부분을 의미하는 올바른 용어는?

> The Landing gear is the structure that the aircraft rests or moves on when in contact with the ground.

① 감속기어　　　② 고정장치
③ 계류장치　　　④ 착륙장치

**해설**
※ 2024년 개정된 출제기준에서는 삭제된 내용

**40** 그림과 같은 오토사이클의 $P-V$ 선도에서 b → c 는 무슨 과정인가?

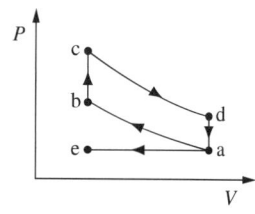

① 단열팽창　　　② 단열압축
③ 정적방열　　　④ 정적가열

**해설**
오토사이클의 과정 : 단열압축(a → b) → 정적가열(b → c) → 단열팽창(c → d) → 정적방열(d → a)

**42** 밝은 장소라면 실내, 실외에 관계없이 시험을 할 수 있는 침투탐상검사는?

① 형광침투탐상검사
② 염색침투탐상검사
③ 와전류침투탐상검사
④ 자분침투탐상검사

**해설**
※ 2024년 개정된 출제기준에서는 삭제된 내용

**43** 일반적으로 기관의 분류 방법으로 사용되지 않는 것은?

① 냉각 방법에 의한 분류
② 실린더 배열에 의한 분류
③ 실린더의 재질에 의한 분류
④ 행정(Cycle) 수에 의한 분류

**해설**
기관의 분류
- 사용연료에 따른 분류 : 가솔린엔진, 디젤엔진
- 피스톤 운동방식에 따른 분류 : 왕복엔진, 회전엔진
- 사이클에 따른 분류 : 2행정기관, 4행정기관
- 흡배기 밸브의 수에 따른 분류 : SY, OHC, DOHC
- 연료분사방식에 따른 분류 : 카뷰레터식 연료분사장치, 전자식 연료분사장치
- 실린더의 수와 배열 형식에 따른 분류
- 연소방식에 의한 분류 : 정적사이클, 정압사이클, 복합사이클
- 점화방식에 의한 분류 : 스파크 점화식, 압축 착화식

**44** 큰 날개와 수평꼬리날개에 의한 무게중심 주위의 키놀이 모멘트($M$) 관계식으로 옳은 것은?(단, $M_W$은 큰 날개만에 의한 키놀이 모멘트, $M_T$은 수평꼬리날개에 의한 키놀이 모멘트이다)

① $M = M_W + M_T$
② $M = M_W - M_T$
③ $M = M_W \times M_T$
④ $M = M_W \div M_T$

**45** 비행기의 무게가 1,500kgf이고, 여유마력이 150PS일 때 상승률은 몇 m/s인가?

① 0.75
② 7.5
③ 75
④ 750

**해설**
$$상승률 = \frac{이용마력 - 필요마력}{항공기무게} = \frac{여유마력}{항공기무게}$$
여기서, 여유마력은 PS 단위가 아닌 kg·m/s 단위여야 한다.
1PS = 75kg·m/s
따라서 상승률$(R/C) = \frac{150 \times 75}{1,500} = 7.5(m/s)$

**46** 다음 중 고항력 장치가 아닌 것은?

① 슬롯(Slot)
② 드래그슈트(Drag Chute)
③ 에어브레이크(Air Brake)
④ 역추력장치(Thrust Reverser)

**해설**
① 슬롯(Slot)은 고양력 장치에 속한다.

**47** 날개에 충격파를 지연시키고 고속 시에 저항을 감소시킬 수 있으며, 음속으로 비행하는 제트 항공기에 가장 많이 사용되는 날개는?

① 뒤젖힘 날개
② 타원날개
③ 테이퍼 날개
④ 직사각형 날개

**해설**
뒤젖힘 날개 : 날개끝이 뒤쪽으로 향하고 있기 때문에 뒤젖힘 날개라 불린다. 날개끝이 뒤로 향하고 있기 때문에 고속 비행 시에 충격파의 발생을 지연시킬 수 있고, 저항도 감소시킬 수 있어 음속에 가까운 속도로 비행하는 제트기에 사용된다.

**48** 항공기의 지상안전에서 안전색채는 작업자에게 여러 종류의 주의나 경고를 의미한다. 보라색(Purple)은 무엇을 의미할 때 표시하는가?

① 기계 설비의 위험이 있는 곳이다.
② 방사능 유출의 위험이 있는 곳이다.
③ 건물 내부의 관리를 위하여 표시한다.
④ 전기 설비상에 노출된 위험이 있는 곳이다.

**해설**
② 보라색(Purple)은 방사능의 위험을 경고하기 위해 사용한다.

**49** 접시머리 리벳작업에 필요치 않는 작업은?

① 탭 작업
② 리머 작업
③ 카운터 싱크 작업
④ 딤플 작업

**해설**
**탭 작업** : 구조물에 드릴 기초구멍을 뚫은 후 나사산을 내는 작업이며, 이때 탭핑드릴이라는 공구로 작업을 한다. 암나사를 가공할 때 사용한다.

**50** 다음 중 윤활유의 점도를 낮추는 장치는 무엇인가?

① 윤활유 온도 계기
② 윤활유 탱크
③ 윤활유 희석 장치
④ 윤활유 압력 펌프

**51** 왕복기관에서의 조기 점화(Preignition)를 가장 옳게 설명한 것은?

① 점화불꽃 없이 고온고압에 의하여 자체적으로 폭발하는 현상
② 혼합가스가 점화불꽃에 의하여 점화되기 전에 연소실 내부에서 형성된 열점(Hot Spot)에 의해 비정상적으로 연소하는 현상
③ 연소실 안의 연소가스 부위가 비정상적으로 고온고압이 되어 자연적으로 발화되는 현상
④ 배기행정에서 배기가스가 완전배기되기 전에 연소실 말단 부위에서 폭발을 일으키는 현상

**해설**
조기점화는 실린더의 과열 부분(Hot Spot), 즉 과열된 점화 플러그 전극이나 과열된 탄소 입자들이 혼합기를 점화 플러그의 정상 점화 전에 먼저 점화시켜서 일어나게 되는데, 그 결과 기관 작동이 거칠어지거나 출력 손실이 생기고, 실린더 헤드의 온도가 높아지게 된다.

**52** 프로펠러의 평형 작업 시 사용하는 아버(Arbor)의 용도는?

① 평형 스탠드를 맞춘다.
② 평형 칼날상의 프로펠러를 지지해준다.
③ 첨가하거나 제거해야 할 무게를 나타낸다.
④ 중량이 부가되어야 하는 프로펠러 깃을 표시한다.

**해설**
※ 2024년 개정된 출제기준에서는 삭제된 내용

**53** 가스터빈 기관에서 여압 밸브와 드레인 밸브의 역할이 아닌 것은?

① 연료 계통 내의 불순물을 걸러주거나 제거한다.
② 연료의 흐름을 1차 연료와 2차 연료로 분리한다.
③ 연료 압력이 규정 압력 이상이 될 때까지 연료흐름을 차단한다.
④ 기관 정지 시 매니폴드나 연료노즐에 남아 있는 연료를 외부로 방출한다.

**해설**
불순물을 걸러주거나 제거하는 역할을 하는 것은 연료 필터이다.

**54** 프로펠러에서 깃각(Blade Angle)을 옳게 설명한 것은?

① 비행 방향과 특정 깃 단면의 시위 사이의 각도
② 비행 방향과 프로펠러 깃의 회전면 사이의 각도
③ 깃의 중심선과 프로펠러 깃의 회전면 사이의 각도
④ 특정 깃 단면의 시위와 프로펠러 깃의 회전면 사이의 각도

**해설**
• 깃각 : 프로펠러 회전면과 깃의 시위선이 이루는 각
• 피치각 : 비행속도와 깃의 회전 선속도와의 합성속도가 프로펠러 회전면과 이루는 각
• 받음각 : 깃각-피치각
※ 2024년 개정된 출제기준에서는 삭제된 내용

**55** 다음 중 자분탐상검사의 특징이 아닌 것은?

① 검사 비용이 저렴하다.
② 강자성체에만 적용된다.
③ 자동화 검사가 가능하다.
④ 검사원의 높은 숙련도가 필요 없다.

**해설**
자분탐상검사는 결함부위를 검사원이 직접 확인해야 하므로 자동화 검사가 어렵다.
※ 2024년 개정된 출제기준에서는 삭제된 내용

**56** 항공기 정비 관련용어 중 "오버홀 시간 간격"을 의미하는 약어는?

① TRP
② MPL
③ TBO
④ FOD

**해설**
TBO : Time Between Overhaul

**57** 항공용 왕복기관의 일반적인 흡입계통을 공기 유입 순서대로 나열한 것은?

① 공기 여과기 → 공기 스쿠프 → 기화기 → 알터네이트 공기 밸브 → 흡기 밸브 → 매니폴드
② 기화기 → 공기 여과기 → 공기 스쿠프 → 알터네이트 공기 밸브 → 매니폴드 → 흡기 밸브
③ 매니폴드 → 공기 여과기 → 공기 스쿠프 → 알터네이트 공기 밸브 → 기화기 → 흡기 밸브
④ 공기 여과기 → 공기 스쿠프 → 알터네이트 공기 밸브 → 기화기 → 매니폴드 → 흡기 밸브

정답 53 ① 54 ④ 55 ③ 56 ③ 57 ④

**58** 그림과 같은 터빈깃의 냉각방법을 무엇이라 하는가?

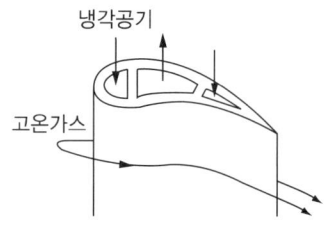

① 충돌냉각  ② 침출냉각
③ 공기막냉각  ④ 대류냉각

**해설**
터빈 깃 냉각방법
- 대류냉각 : 터빈 내부에 공기 통로를 만들어 이곳으로 차가운 공기가 지나가게 함으로써 터빈을 냉각
- 충돌냉각 : 터빈 깃 내부에 작은 공기 통로를 설치한 후 냉각 공기를 충돌시켜 깃을 냉각
- 공기막냉각 : 터빈 깃의 표면에 작은 구멍을 통하여 나온 찬 공기의 얇은 막이 터빈 깃을 둘러싸서 터빈 깃을 냉각
- 침출냉각 : 터빈 깃을 다공성 재료로 만들고 깃 내부에 공기 통로를 만들어 차가운 공기가 터빈 깃을 통하여 스며 나오게 함으로써 터빈 깃을 냉각

**59** 다음 중 대형 가스터빈기관의 시동기로 가장 적합한 것은?

① 전동기식 시동기
② 공기터빈식 시동기
③ 가스터빈식 시동기
④ 시동-발전기식 시동기

**해설**
소형기에서는 전동기식 시동기를 주로 사용하고, 대형 가스터빈기관의 시동기로는 공기터빈식 시동기가 주로 사용된다.

**60** 왕복기관에서 임계고도는 어떤 마력에 의해 정하여 지는가?

① 이륙마력  ② 정격마력
③ 순항마력  ④ 경제마력

**해설**
임계고도(Critical Altitude) : 기관이 정격마력을 유지할 수 있는 최고 고도

# 2018년 제3회 과년도 기출복원문제

**01** 항공기가 이륙하여 착륙을 완료하는 횟수를 뜻하는 용어는?

① Block Time
② Air Time
③ Time in Service
④ Flight Cycle

**02** 조파항력 발생의 주된 원인은?

① 시위선
② 아음속 흐름
③ 충격파
④ 비압축성 흐름

[해설]
조파항력은 비행기에 발생하는 항력 중 충격파가 생기는 초음속 흐름에서만 발생한다.

**03** 다음 중 대기 중에 가장 많이 포함되어 있는 성분은?

① 산소
② 질소
③ 수소
④ 이산화탄소

[해설]
② 질소(78%)
① 산소(21%)
③ 수소(0.00005%)
④ 이산화탄소(0.03%)

**04** 산소 용기를 취급하거나 보급 시 주의해야 할 사항으로 틀린 것은?

① 화재에 대비하여 소화기를 배치한다.
② 산소 취급 장비, 공구 및 취급자의 의류 등에 유류가 묻어 있지 않도록 해야 한다.
③ 항공기 정비 시 행하는 주유, 배유, 산소 보급은 항상 동시에 이루어져야 한다.
④ 액체 산소를 취급할 때에는 동상에 걸릴 수 있으므로 반드시 보호 장구를 착용해야 한다.

[해설]
급유·배유 또는 점화의 근원이 되는 정비 작업을 하는 동안에는 항공기의 산소 계통 작업을 하여서는 안 된다.

**05** 그림의 인치식 버니어캘리퍼스(최소 측정값 $\frac{1}{128}$ in.)에서 * 표시한 눈금을 옳게 읽은 것은?

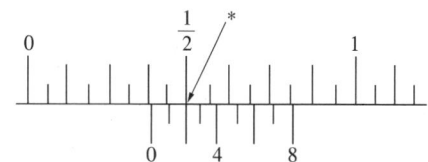

① $\frac{5}{32}$ in.
② $\frac{9}{32}$ in.
③ $\frac{20}{64}$ in.
④ $\frac{25}{64}$ in.

[해설]
최소 측정값 $\frac{1}{128}$ in.
버니어 캘리퍼스 눈금 읽기
$\frac{6}{16} + \frac{2}{128} = \frac{50}{128} = \frac{25}{64}$ in.

[정답] 1 ④  2 ③  3 ②  4 ③  5 ④

**06** 금속표면의 부식을 방지하기 위하여 수행하는 작업으로 적절하지 않은 것은?

① 세척
② 도장
③ 도금
④ 마그네슘 피막

**해설**
화학 피막 처리 : 금속의 피막을 만들기 위해, 또는 도료의 밀착성을 좋게 하는 밑바탕처리를 위해 용액을 사용해서 화학적으로 금속 표면에 산화막이나 무기염의 얇은 막을 만드는 방법(알로다인, 양극처리, 인산염 피막 처리)
※ 2024년 개정된 출제기준에서는 삭제된 내용

**07** 가스터빈 기관 연료계통의 일반적인 연료흐름을 순서대로 나열한 것은?

① 주연료탱크 → 연료여과기 → 연료펌프 → 연료조정장치 → 여압 및 드레인밸브 → 연료부스터펌프 → 연료매니폴드 → 연료노즐

② 주연료탱크 → 연료부스터펌프 → 연료여과기 → 연료펌프 → 여압 및 드레인밸브 → 연료매니폴드 → 연료조정장치 → 연료노즐

③ 주연료탱크 → 연료여과기 → 연료펌프 → 연료조정장치 → 여압 및 드레인 밸브 → 연료매니폴드 → 연료부스터펌프 → 연료노즐

④ 주연료탱크 → 연료부스터펌프 → 연료여과기 → 연료펌프 → 연료조정장치 → 여압 및 드레인 밸브 → 연료매니폴드 → 연료노즐

**해설**
가스터빈 기관 연료계통의 연료흐름
연료탱크 → 부스터펌프 → 비상 연료 차단 밸브 → 주연료펌프 → 연료조정장치 → 연료 유량계 → 연료·윤활유 냉각기 → 여압 및 드레인 밸브 → 연료노즐

**08** 항공기용 가스터빈 기관의 역추력장치에 대한 설명으로 틀린 것은?

① 추가적인 추력장치를 이용하여 정상 착륙 시 제동능력 및 방향 전환 능력을 돕는다.
② 일부 항공기에서는 스피드 브레이크로 사용해서 항공기의 강하율을 크게 한다.
③ 주기(Parking)해 있는 항공기에서 동력 후진할 때 사용한다.
④ 비상 착륙 시나 이륙 포기 시 제동능력 및 방향 전환능력을 향상시킨다.

**해설**
역추력장치 : 배기가스를 항공기의 역방향으로 분사시킴으로써 항공기에 제동력을 주는 장치로서 착륙 후의 항공기 제동에 사용된다.
※ 2024년 개정된 출제기준에서는 삭제된 내용

**09** 다음 중 공랭식 왕복기관 실린더의 냉각 핀(Cooling Fin)에 대한 설명으로 옳은 것은?

① 표면이 유선형으로 항공기의 항력을 줄이고 냉각 공기의 배출량을 조절하여 실린더의 온도를 조절한다.
② 피스톤 주위에 판을 설치하여 냉각공기가 실린더 주위로 흐를 수 있도록 유도하는 장치이다.
③ 실린더 외부에 지느러미 모양의 얇은 판을 부착하여 표면면적을 넓혀 열 발산이 잘 되도록 한 장치이다.
④ 카울링의 둘레에 열고 닫을 수 있는 플랩을 장치하여 실린더 주위의 공기 흐름양을 조절하는 장치이다.

**해설**
공랭식 왕복기관
• 냉각 핀 : 실린더로부터 열을 흡수하여 대기 중으로 방출한다.
• 카울 플랩 : 항공기 기관의 작동온도 조절
• 배플 : 공기가 실린더 주위로 고르게 흐르도록 유도하여 냉각 효과증대

**10** 압축기의 입구와 출구의 디퓨저 부분에 물이나 물-알코올의 혼합물을 분사함으로써 이륙할 때 추력을 증가시키는 것은?

① 워터 제트(Water Jet)
② 물 분사 장치(Water Injection)
③ 역추력 장치(Thrust Reverser)
④ 덕트 프로펠러(Ducted Propeller)

**해설**
※ 2024년 개정된 출제기준에서는 삭제된 내용

**11** 다음 중 터보 팬기관에 대한 설명으로 틀린 것은?

① 연료 소비율이 작다.
② 아음속에서 효율이 좋다.
③ 헬리콥터의 회전 날개에 가장 적합하다.
④ 대형 여객기 및 군용기에 널리 사용된다.

**해설**
헬리콥터 엔진으로 사용되는 기관은 터보 샤프트 기관이다.

**12** 가스터빈 기관에서 배기노즐의 역할로 옳은 것은?

① 고온의 배기가스 압력을 높여준다.
② 고온의 배기가스 속도를 높여준다.
③ 고온의 배기가스 온도를 높여준다.
④ 고온의 배기가스 질량을 증가시킨다.

**해설**
배기노즐은 배기가스의 속도를 증가시켜 추력을 얻는 역할을 한다.

**13** 프로펠러의 평형 작업 시 사용하는 아버(Arbor)의 용도는?

① 평형 스탠드를 맞춘다.
② 평형 칼날상의 프로펠러를 지지해준다.
③ 첨가하거나 제거해야 할 무게를 나타낸다.
④ 중량이 부가되어야 하는 프로펠러 깃을 표시한다.

**해설**
※ 2024년 개정된 출제기준에서는 삭제된 내용

**14** 피치 업(Pitch Up)이 발생하는 원인이 아닌 것은?

① 승강키 효율의 증가
② 뒤젖힘 날개의 비틀림
③ 뒤젖힘 날개의 날개끝 실속
④ 날개의 풍압중심이 앞으로 이동

**해설**
피치 업
하강비행 시 조종간을 당기면 기수가 올라가서 회복할 수 없는 상태이다. 피치 업의 원인으로 뒤젖힘 날개의 날개끝 실속, 뒤젖힘 날개의 비틀림, 풍압중심이 앞으로 이동, 승강키 효율의 감소 등이 있다.

정답 10 ② 11 ③ 12 ② 13 ② 14 ①

**15** 날개에 발생하는 유도항력을 줄이기 위한 장치는?

① 플랩(Flap)
② 슬롯(Slot)
③ 윙렛(Winglet)
④ 슬랫(Slat)

**해설**
플랩, 슬롯, 슬랫은 모두 비행기의 양력을 증가시켜주는 장치이다.

**16** 항공기의 급유 및 배유 시 유의사항으로 틀린 것은?

① 3점 접지를 해야 한다.
② 지정된 위치에 소화기를 배치해야 한다.
③ 지정된 위치에 감시요원을 반드시 배치해야 한다.
④ 연료 차량은 항상 항공기와 최대한 가까운 거리에 두어 관리를 해야 한다.

**해설**
항공기의 급유·배유 시 유의사항
- 전기장치, 화염물질을 100ft 이내 금지한다.
- 통신장비와 스위치는 Off 위치를 확인해야 한다.
- $CO_2$ 소화기 또는 할론 소화기를 준비한다.
- 항공기와 연료차, 지상접지로 3점 접지한다.

**17** 접근하기 어려운 작업공간에서 유용하게 사용하며 금속재질을 잡는 데 주로 사용하는 공구는?

① Bit Holder
② Hinged Mirror
③ Strap Wrench
④ Permanent Magnet

**해설**
마그네틱 바 : 좁은 공간에서 FOD 부분품 제거와 공구를 바로잡아 준다.

**18** 공항 시설물과 각종 장비에는 안전색채가 표시되어 사고를 미연에 방지한다. 다음 중 녹색의 안전색채표시를 해야 하는 장치는?

① 보일러
② 전원스위치
③ 응급처치장비
④ 소화기 및 화재경보장치

**해설**
- 파란색 : 장비 수리·검사
- 녹색 : 응급처치장비
- 빨간색 : 위험물, 위험상태
- 노란색 : 충돌, 추락 등 유사한 사고 위험
- 주황색 : 기계, 전기설비의 위험위치

**19** 왕복기관에서 과급기(Supercharge)가 없는 기관의 매니폴드 압력과 대기압과의 관계를 옳게 설명한 것은?

① 높은 고도에서 매니폴드 압력은 대기압보다 높다.
② 낮은 고도에서 매니폴드 압력은 대기압보다 높다.
③ 고도와 관계없이 매니폴드 압력은 대기압과 같다.
④ 고도와 관계없이 매니폴드 압력은 대기압보다 낮다.

**해설**
- 과급기 : 이륙 시 짧은 시간 동안에 최대 출력을 증가시키고 기압이 낮은 고도 비행 시 출력을 증가시켜 고도 증가를 기함
- 매니폴드 압력 : 과급기가 없는 경우 대기압보다 낮으며, 과급기가 있는 경우 대기압보다 높다.

**정답** 15 ③ 16 ④ 17 ④ 18 ③ 19 ④

**20** 헬리콥터의 프로펠러와 같이 회전하는 물체의 각속도($\omega$)와 회전반지름($r$) 및 선속도($v$)와의 관계로 옳은 것은?

① $\omega = \dfrac{r}{v}$
② $\omega = \dfrac{v}{r}$
③ $\omega = rv$
④ $\omega = r^2 v$

**해설**
각속도 = 선속도 / 회전반지름

**21** 각 구멍을 가진 볼트를 풀거나 조일 때 사용하는 공구의 명칭은?

① 박스 렌치
② 소켓 렌치
③ 알렌 렌치
④ 콤비네이션 렌치

**해설**
① 박스 렌치 : 보통 12각으로 되어 있으며, 소켓 렌치를 사용할 수 없는 협소한 공간에 사용하는 공구
② 소켓 렌치 : 볼트와 너트를 크기에 맞도록 맞추어 스피드핸들을 장착시켜 풀고 조이는 공구
④ 콤비네이션 렌치 : 한쪽에는 단구 렌치, 반대쪽에는 해머 렌치가 달려 있는 렌치

**22** 항공기 급유 또는 배유 시 화재와 관련된 안전사항으로 틀린 것은?

① 지정된 위치에 일정 용량 이상의 소화기 또는 할론 소화기를 비치한다.
② 급유나 배유 시 일정거리 이내에서 담배를 피우거나 인화성 물질을 취급해서는 안 된다.
③ 3점 접지에서 항공기와 연료차 사이는 안전조치 후 연결을 생략할 수 있지만 지면과는 각각 연결되어야만 한다.
④ 항공기 무선설비가 작동 중일 때는 일정 거리 이내에서 급유 또는 배유를 해서는 안 된다.

**해설**
• 전기 장치, 화염 물질을 100ft 이내 금지한다.
• 통신 장비와 스위치는 off 위치를 확인한다.
• $CO_2$ 소화기 또는 할론 소화기 배치한다.
• 항공기와 연료차, 지상 접지로 3점 접지한다.

**23** 여러 개의 얇은 금속편으로 이루어진 측정 기기로, 접점 또는 작은 홈의 간극 등을 측정하는 데 사용되는 것은?

① 두께 게이지
② 센터 게이지
③ 피치 게이지
④ 나사 게이지

**해설**
두께 게이지는 접점이나 작은 홈의 간극 등인 점검과 측정에 사용한다.

**24** 가스터빈 기관의 중요 3대 구성으로 옳은 것은?

① 압축기, 연소실, 터빈
② 압축기, 연소실, 기어박스
③ 흡입 부분, 확산 부분, 배기 부분
④ 압축 부분, 배기 부분, 구동 부분

**해설**
- 압축기 : 흡입구로 통과한 공기를 높은 압력으로 압축시켜 연소실에 공급시킨다.
- 연소실 : 압축된 공기와 연료가 혼합되어 연소가 이루어지는 곳이다.
- 터빈 : 터빈과 액세서리 등을 구동시키는 회전 동력을 얻는 부분이다.

**25** 비행기 수직 꼬리날개의 주된 역할을 옳게 설명한 것은?

① 실속을 방지한다.
② 비행기의 세로 안정에 영향을 준다.
③ 비행기의 수직 안정에 영향을 준다.
④ 비행기의 방향 안정에 영향을 준다.

**해설**
수직 꼬리날개는 비행기의 방향안정, 수평 꼬리날개는 비행기의 수직 안정과 관련 있다.

**26** 항공기 급유 시 3점 접지를 해야 하는 주된 이유는?

① 연료와 급유관과의 진동 방지
② 연료와 급유관과의 마찰에 의한 열방지
③ 연료와 급유관과의 상대운동의 진동방지
④ 연료와 급유관과의 마찰에 의한 정전기 방지

**해설**
3점 접지를 하는 이유는 정전기 발생으로 인한 유증기 폭발 및 화재를 방지하기 위해서이다.

**27** 가스터빈 기관의 회전력을 발생시키는 것은?

① 터빈
② 연소실
③ 공기 흡입 노즐
④ 압축기

**해설**
회전력을 발생시키는 것은 터빈이고 이 터빈의 회전력을 이용하여 압축기가 구동된다.

**28** 다음 중 단일 회전날개 헬리콥터가 추력의 수평성분을 얻는 방법은?

① 주회전날개의 회전면을 기울인다.
② 꼬리회전날개의 회전속도를 조절한다.
③ 꼬리회전날개의 피치각을 변화시킨다.
④ 주회전날개 전체의 피치각을 변화시킨다.

**해설**
주회전날개의 회전면을 기울이면 양력 성분은 수평방향의 추력성분과 수직방향의 양력성분으로 나뉜다.

**29** 산소 취급 시의 주의사항으로 틀린 것은?

① 산소 자체는 가연성 물질이므로 폭발의 위험보다는 화재에 의한다.
② 취급장소 근처에서 인화성 물질을 취급해서는 안 된다.
③ 취급자의 의류와 공구에 유류가 묻어있지 않도록 한다.
④ 액체산소를 취급할 때는 동상에 걸릴 위험이 있으므로 주의한다.

**30** 토크렌치와 연장 공구를 이용하여 볼트를 400in·lbs로 체결하려 한다. 토크렌치와 연장 공구의 유효길이는 각각 25in와 15in이라면 토크렌치의 지시값이 몇 in·lbs를 지시할 때까지 죄어야 하는가?

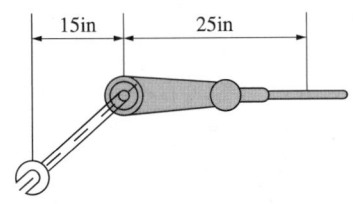

① 150　　② 200
③ 240　　④ 250

**해설**
연장공구 사용 시 토크값
$T_W = T_A \times \dfrac{l}{l+a} = 400 \times \dfrac{25}{25+15} = 250(\text{in}\cdot\text{lbs})$

**31** 다음과 같은 리벳의 규격에 대한 설명으로 옳은 것은?

MS 20470 D 6 – 16

① 접시머리 리벳이다.
② 특수 표면처리 되어 있다.
③ 리벳의 지름은 $\dfrac{6}{32}$ in이다.
④ 리벳의 길이는 $\dfrac{16}{18}$ in이다.

**해설**
MS 20470 D 6 – 16
• MS20470 : 유니버설 머리 리벳
• D : 리벳 재질(알루미늄 2017)
• 06 : 리벳 지름(6/32in)
• 16 : 리벳 길이(16/16in)

**32** 카르노사이클이 427℃와 77℃의 온도 범위에서 작동할 때 열효율은 몇 %인가?

① 0.3　　② 0.4
③ 0.5　　④ 0.6

**해설**
카르노 사이클 열효율
$\eta_{th} = 1 - \dfrac{T_2}{T_1}$
$= 1 - \dfrac{273+77}{273+427}$
$= 1 - \dfrac{350}{700}$
$= 0.5(\%)$

※ 2024년 개정된 출제기준에서는 삭제된 내용

정답　29 ①　30 ④　31 ③　32 ③

**33** 그림과 같은 날개골에서 ㉠~㉣이 지시하는 명칭의 연결이 틀린 것은?

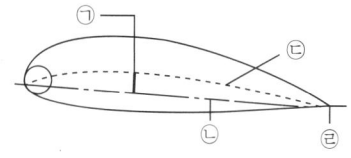

① ㉠ - 최대 두께
② ㉡ - 시위선
③ ㉢ - 평균캠버선
④ ㉣ - 뒷전

**해설**
㉠은 최대 캠버를 나타낸다.

**34** 헬리콥터의 수직 꼬리날개를 장착한 이유로서 가장 옳은 것은?

① 키놀이 모멘트로 기체의 피치업 현상을 감소시키기 위하여
② 키놀이와 옆놀이 모멘트로 기체의 추력을 감소시키기 위하여
③ 키놀이와 옆놀이 모멘트로 기체의 추력을 증가시키기 위하여
④ 빗놀이 모멘트로 기체에 대한 반작용 토크를 상쇄시키기 위하여

**35** 리벳의 부품번호 MS 20470 AD 6-6에서 리벳의 재질을 나타내는 "AD"는 어떤 재질을 의미하는가?

① 1100
② 2017
③ 2117
④ 모넬

**해설**
리벳 재질 기호
- A : 1100
- B : 5056
- AD : 2117
- D : 2017
- DD : 2024
- M : 모넬
- C : 내식강

**36** 활주로 횡단 시 관제탑에서 사용하는 신호등의 신호로 녹색등이 켜져 있을 때의 의미와 그에 따른 사항으로 옳은 것은?

① 위험 - 정차
② 안전 - 횡단 가능
③ 안전 - 빨리 횡단하기
④ 위험 - 사주를 경계한 후 횡단 가능

**해설**
관제탑 등화신호(Air Traffic Control Light Signals) : 우리나라 항공안전본부 비행안전 안내 지침서에 따른 신호

| 녹색점멸 | 착륙구역을 가로질러 유도로 방향으로 진행 |
|---|---|
| 적색연속 | 정지 |
| 적색점멸 | 착륙구역이나 유도로로부터 벗어나고 주변 항공기에 주의 |
| 백색점멸 | 관제지시에 따라 기동지역을 벗어날 것 |
| 활주로등 혹은 유도로등 점멸 | 활주로를 벗어나 관제탑의 등화신호를 준수할 것. 비상상황 혹은 위에서 언급된 등화신호가 보여질 경우 등화신호기를 갖춘 활주로 및 유도로에서 사용되어져야 한다. |

※ 2024년 개정된 출제기준에서는 삭제된 내용

**37** 대기권 중 대류권에서 고도가 높아질수록 대기의 상태를 옳게 설명한 것은?

① 온도, 밀도, 압력 모두 감소한다.
② 온도, 밀도, 압력 모두 증가한다.
③ 온도, 압력은 감소하고, 밀도는 증가한다.
④ 온도는 증가하고, 압력과 밀도는 감소한다.

**해설**
대류권에서는 고도가 증가하면 온도는 1,000m당 6.5℃씩 낮아지고, 공기 입자수가 감소하여 공기압력과 밀도도 감소한다.

**38** 다음 중 비행기의 가로 안정성에 기여하는 가장 중요한 요소는?

① 쳐든각
② 미끄럼각
③ 붙임각
④ 앞젖힘각

**해설**
가로 안정을 좋게 하려면 쳐든각(상반각)을 주고, 방향안정을 좋게 하려면 후퇴각을 준다.

**39** 금속 표면이 공기 중의 산소와 직접 반응을 일으켜 생기는 부식은?

① 입자 간 부식
② 표면 부식
③ 응력 부식
④ 찰과 부식

**해설**
부식의 종류
- 응력 부식 : 장시간 표면에 가해진 정적인 응력의 복합적 효과로 인해 발생
- 이질 금속 간 부식 : 두 종류의 다른 금속이 접촉하여 생기는 부식으로 동전지 부식, 갈바닉 부식이라고도 함
- 입자 간 부식 : 금속의 입자 경계면을 따라 생기는 선택적인 부식
- 점 부식 : 금속 표면이 국부적으로 깊게 침식되어 작은 점 형태로 만들어지는 부식
- 찰과 부식 : 마찰로 인한 부식으로 밀착된 구성품 사이에 작은 진폭의 상대 운동으로 인해 발생
- 표면 부식 : 산소와 반응하여 생기는 가장 일반적인 부식
- 피로 부식 : 금속에 가해지는 반복 응력에 의해 발생
※ 2024년 개정된 출제기준에서는 삭제된 내용

**40** 판재의 가장자리에서 첫 번째 리벳 중심까지의 거리를 무엇이라 하는가?

① 끝거리
② 피치
③ 게이지
④ 횡단 피치

**해설**
리벳의 배열
- 끝거리(연거리) : 판재의 가장자리에서 첫 번째 리벳 구멍 중심까지의 거리
- 피치 : 같은 리벳 열에서 인접한 리벳 중심 간의 거리
- 게이지 또는 횡단피치 : 리벳 열 간의 거리

**41** 항공기 이륙성능을 향상시키기 위한 가장 적절한 바람의 방향은?

① 정풍(맞바람)
② 좌측 측풍(옆바람)
③ 배풍(뒷바람)
④ 우측 측풍(옆바람)

**해설**
맞바람은 날개면을 지나는 흐름 속도를 증가시켜 날개의 양력을 향상시키므로 이륙성능이 향상되는 효과를 가진다.

**42** 다음 중 전기적인 화재는 어느 것인가?

① A급 화재
② B급 화재
③ C급 화재
④ D급 화재

**해설**
① A급 화재 : 일반화재
② B급 화재 : 유류, 가스화재
③ C급 화재 : 전기화재
④ D급 화재 : 금속화재

**43** 다음 중 유도항력이 가장 작은 날개의 모양은?

① 직사각형 날개
② 타원형 날개
③ 테이퍼형 날개
④ 앞젖힘형 날개

**해설**
유도항력계수는 $C_{Di} = \dfrac{C_L^2}{\pi e AR}$ 로 정의되는데, 타원형 날개는 $e$ (스팬 효율계수)가 1이 되고, 그 밖의 날개는 $e$ 의 값이 1보다 작다. 즉, 타원형 날개의 유도항력이 가장 작다.

**44** 비행 중인 프로펠러에 작용하는 하중이 아닌 것은?

① 압축하중
② 굽힘하중
③ 비틀림 하중
④ 인장하중

**해설**
※ 2024년 개정된 출제기준에서는 삭제된 내용

**45** 밑줄 친 부분을 의미하는 단어는?

> The take off is the movement of the aircraft from it's starting position on the runway to the point where the climb is established.

① 이륙
② 착륙
③ 순항
④ 급강하

**해설**
① 이륙 : Take Off
② 착륙 : Landing
③ 순항 : Cruising
④ 급강하 : Diving
※ 2024년 개정된 출제기준에서는 삭제된 내용

**46** 가로축은 비행기 주날개 방향의 축을 가리키며 $y$축이라 하는데, 이 축에 관한 모멘트를 무엇이라 하는가?

① 선회 모멘트
② 키놀이 모멘트
③ 빗놀이 모멘트
④ 옆놀이 모멘트

해설
항공기의 3축 운동(모멘트)은 다음과 같다.

| 기준축 | $x$(세로축) | $y$(가로축) | $z$(수직축) |
|---|---|---|---|
| 운동(모멘트) | 옆놀이 | 키놀이 | 빗놀이 |
| 조종면 | 도움날개 | 승강키 | 방향키 |

**47** 유리섬유와 수지를 반복해서 겹쳐놓고 가열장치나 오토클레이브 안에 그것을 넣고 열과 압력으로 경화시켜 복합소재를 제작하는 방법은?

① 유리섬유적층방식
② 압축주형방식
③ 필라멘트권선방식
④ 습식적층방식

**48** 그림과 같이 각각의 1회전당 이동거리를 갖는 (a), (b) 두 프로펠러를 비교한 설명으로 옳은 것은?

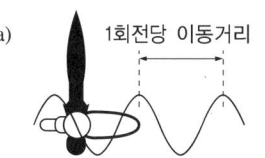
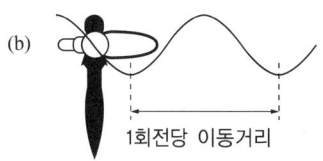

① (a)프로펠러의 피치각이 (b)프로펠러보다 작다.
② (a)프로펠러의 피치각이 (b)프로펠러보다 크다.
③ 거리와 상관없이 (a)프로펠러가 (b)프로펠러보다 회전속도가 항상 빠르다.
④ 동일한 회전속도로 구동하는 데 있어서 (a)프로펠러에 더 많은 동력이 요구된다.

해설
프로펠러 피치각이 크면 1회전당 이동거리가 크고 프로펠러 구동에 더 많은 동력이 요구된다.
※ 2024년 개정된 출제기준에서는 삭제된 내용

**49** C급 화재에 사용되는 소화 방법으로 가장 부적합한 것은?

① $CO_2$ 소화기
② 물
③ 분말 소화기
④ CBM 소화기

해설
물은 일반화재(A급 화재)의 소화에 적합하다.

**50** 왕복기관의 윤활계통에서 릴리프밸브(Relief Valve)의 주된 역할로 옳은 것은?

① 윤활유 온도가 높을 때는 윤활유를 냉각기로 보내고 낮을 때는 직접 윤활유 탱크로 가도록 한다.
② 윤활유 여과기가 막혔을 때 윤활유가 여과기를 거치지 않고 직접 기관의 내부로 공급되게 한다.
③ 기관의 내부로 들어가는 윤활유의 압력이 높을 때 작동하여 압력을 낮추어 준다.
④ 윤활유가 불필요하게 기관 내부로 스며들어가는 것을 방지한다.

**해설**
릴리프밸브는 윤활유 압력이 규정값보다 높을 때 밸브가 열리면서 윤활유를 펌프 입구쪽으로 되돌려 보내 윤활유 압력을 낮추어 준다.

**51** 비행기가 항력을 이기고 전진하는 데 필요한 마력을 무엇이라 하는가?

① 이용마력　　② 필요마력
③ 여유마력　　④ 제동마력

**해설**
② 필요마력 : 항공기가 항력을 이기고 전진하는데 필요한 마력
① 이용마력 : 비행기를 가속 또는 상승시키기 위하여 기관으로부터 발생시킬 수 있는 출력
③ 여유마력 : 이용마력과 필요마력의 차를 여유마력(잉여마력)이라고 하며, 비행기의 상승 성능을 결정하는 중요한 요소
④ 제동마력 : 실제 기관이 프로펠러 축을 회전시키는데 든 마력

**52** 다음 영문의 내용으로 가장 옳은 것은?

> "Personnel are cautioned to follow maintenance manual procedures."

① 정비를 할 때 상사의 자문을 구한다.
② 정비 교범절차에 꼭 따를 필요는 없다.
③ 정비 교범절차에 따라 주의를 해야 한다.
④ 정비를 할 때는 사람을 주의해야 한다.

**해설**
※ 2024년 개정된 출제기준에서는 삭제된 내용

**53** 다음 중 레이놀즈수의 정의를 옳게 나타낸 것은?

① 마찰력과 항력의 비
② 양력과 항력의 비
③ 관성력과 점성력의 비
④ 항력과 관성력의 비

**해설**
레이놀즈수란 흐름의 상태를 특징짓는 무차원의 양. 흐름의 관성력과 점성력의 비

정답 50 ③　51 ②　52 ③　53 ③

**54** 배기 밸브의 밸브간격을 냉간간격으로 조절해야 하는데 열간간격으로 조절하였을 경우 배기 밸브의 개폐시기로 옳은 것은?

① 늦게 열리고, 일찍 닫힌다.
② 늦게 열리고, 늦게 닫힌다.
③ 일찍 열리고, 늦게 닫힌다.
④ 일찍 열리고, 일찍 닫힌다.

**해설**
밸브간격이 너무 크다면 밸브가 늦게 열리고 빨리 닫히게 되어 밸브 오버랩이 줄어들게 되고, 밸브간격이 너무 작다면 밸브가 빨리 열리고 늦게 닫히게 된다.

**55** 가스터빈 기관에서 사용되는 윤활유의 구비 조건으로 옳은 것은?

① 인화점이 낮을 것
② 기화성이 높을 것
③ 점도지수가 높을 것
④ 산화 안정성이 낮을 것

**해설**
윤활유의 구비 조건
- 점성과 유동점이 어느 정도 낮아야 한다.
- 점도지수는 높고 인화점도 높아야 한다.
- 산화 안정성과 열적 안전성이 높아야 한다.
- 기화성이 낮고 윤활유와 공기의 분리성이 좋아야 한다.

**56** 시동이 시작된 다음 기관의 회전수(RPM)가 완속 회전수에 도달하지 못하는 상태를 무엇이라 하는가?

① 과열시동    ② 결핍시동
③ 시동불능    ④ 자동시동

**해설**
가스터빈기관의 비정상 시동
- 과열시동(Hot Start) : 시동 시 배기가스의 온도가 규정값 이상으로 증가하는 현상
- 결핍시동(Hung Start) : 시동이 시작된 다음 기관 회전수가 완속 회전수까지 증가하지 않고 이보다 낮은 회전수에 머무르는 현상
- 시동불능(No Start) : 기관이 규정된 시간 안에 시동되지 않는 현상

**57** 가스터빈 기관을 장착한 항공기에 역추력장치를 설치하는 이유로 가장 옳은 것은?

① 상승 출력을 최대로 하기 위하여
② 하강 비행 안정성을 도모하기 위하여
③ 착륙 시 착륙거리를 짧게 하기 위하여
④ 이륙 시 최단시간 내에 기관의 정격속도에 도달하기 위해서

**해설**
역추력장치는 항공기 착륙 시에 활주거리를 짧게 하기 위하여 배기가스 분사방향을 변환시켜주는 장치이다.
※ 2024년 개정된 출제기준에서는 삭제된 내용

**58** 가스터빈기관의 구성품에 속하지 않는 것은?

① 실린더    ② 터빈
③ 연소실    ④ 압축기

**해설**
실린더는 왕복기관의 구성품에 속한다.

**59** 직사각형 비행기 날개의 가로세로비(Aspect Ratio)를 옳게 표현한 것은?(단, $S$ : 날개면적, $b$ : 날개길이, $c$ : 시위이다)

① $\dfrac{b}{S}$  ② $\dfrac{bc}{S}$

③ $\dfrac{b^2}{S}$  ④ $\dfrac{c}{S}$

**해설**
날개길이를 $b$, 평균시위길이를 $c$, 날개면적을 $S$라고 할 때
가로세로비(AR) $= \dfrac{b}{c} = \dfrac{b \times b}{c \times b} = \dfrac{b^2}{S}$

**60** 그림과 같은 형태의 흡·배기밸브 명칭은?

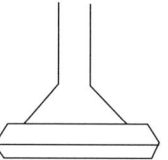

① 버섯형
② 튤립형
③ 반튤립형
④ 평두형

# 2019년 제2회 과년도 기출복원문제

**01** 프로펠러 허브(Hub) 중심에서 반지름 $R$(m)만큼 떨어진 위치에서 선속도 $V$(m/min)와 프로펠러 회전수 $n$(rpm)의 관계로 옳은 것은?

① $V = \dfrac{2\pi n R}{60}$

② $V = 2\pi n R$

③ $V = \dfrac{2\pi n \times 60}{R}$

④ $V = \dfrac{2\pi n}{R}$

**해설**
※ 2024년 개정된 출제기준에서는 삭제된 내용

**02** 날개에 충격파를 지연시키고 고속 시에 저항을 감소시킬 수 있으며, 음속으로 비행하는 제트 항공기에 가장 많이 사용되는 날개는?

① 뒤젖힘 날개
② 타원날개
③ 테이퍼 날개
④ 직사각형 날개

**해설**
뒤젖힘 날개 : 날개끝이 뒤쪽으로 향하고 있기 때문에 뒤젖힘 날개라고 한다. 날개끝이 뒤로 향하고 있기 때문에 고속 비행 시에 충격파의 발생을 지연시킬 수 있고, 저항도 감소시킬 수 있어 음속에 가까운 속도로 비행하는 제트기에 사용된다.

**03** 다음 중 대기 중에 가장 많이 포함되어 있는 성분은?

① 산소
② 질소
③ 수소
④ 이산화탄소

**해설**
② 질소(78%)
① 산소(21%)
③ 수소(0.00005%)
④ 이산화탄소(0.03%)

**04** 좁은 공간 작업 시 굴곡이 필요한 경우에 스피드 핸들, 소켓 또는 익스텐션 바와 함께 사용하는 그림과 같은 공구는?

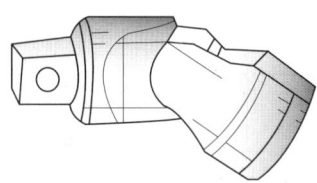

① 익스텐션 댐퍼
② 어댑터
③ 유니버설 조인트
④ 크로풋

정답 1 ② 2 ① 3 ② 4 ③

**05** 피치 업(Pitch Up)이 발생하는 원인이 아닌 것은?

① 승강키 효율의 증가
② 뒤젖힘 날개의 비틀림
③ 뒤젖힘 날개의 날개끝 실속
④ 날개의 풍압중심이 앞으로 이동

**해설**
피치 업
하강비행 시 조종간을 당기면 기수가 올라가서 회복할 수 없는 상태이다. 피치 업의 원인으로 ① 뒤젖힘 날개의 날개끝 실속, ② 뒤젖힘 날개의 비틀림, ③ 풍압중심이 앞으로 이동, ④ 승강키 효율의 감소 등이 있다.

**06** 날개를 지나는 흐름의 뒷부분에 발생하며 회전운동에 의하여 소용돌이치는 모양의 흐름은?

① 유도
② 와류
③ 분리
④ 박리

**해설**
회전운동에 의하여 소용돌이치는 모양의 흐름을 와류라고 하며, 층류에서 난류(와류)로 변하는 현상을 천이현상이라 한다.

**07** 항공기에서 사용되며 그 자체는 가연성 물질이 아니지만 다른 인화성 물질의 연소를 촉진하므로 특히 주의해야 하는 무색무취의 고압가스는?

① 염소
② 산소
③ 수소
④ 페놀

**08** 가스터빈기관의 효율을 향상시키는 방법이 아닌 것은?

① 기관의 압축비를 높인다.
② 흡입 공기의 중량유량을 증가시킨다.
③ 압축기 및 터빈의 단열 효율을 높인다.
④ 배기가스 속도와 비행속도의 차를 크게 한다.

**해설**
④ 배기가스 속도와 비행속도는 비례하기 때문에 가스터빈기관의 효율 향상과는 거리가 멀다.

**09** 항공기가 등속도 수평비행을 하는 조건식으로 옳은 것은?(단, 양력 = $L$, 항력 = $D$, 추력 = $T$, 중력 = $W$이다)

① $L > W$, $T > D$
② $L = T$, $W = D$
③ $L > D$, $W < T$
④ $L = W$, $T = D$

**해설**
등속도 수평비행이 이루어지려면 양력이 무게와 같고, 추력은 항력과 같아야 한다.

| $L = W$ | 수평비행 | $T = D$ | 등속도비행 |
| $L > W$ | 상승비행 | $T > D$ | 가속도비행 |
| $L < W$ | 하강비행 | $T < D$ | 감속도비행 |

5 ① 6 ② 7 ② 8 ④ 9 ④ **정답**

**10** 다음 중 공랭식 왕복기관 실린더의 냉각 핀(Cooling Fin)에 대한 설명으로 옳은 것은?

① 표면이 유선형으로 항공기의 항력을 줄이고 냉각공기의 배출량을 조절하여 실린더의 온도를 조절한다.
② 피스톤 주위에 판을 설치하여 냉각공기가 실린더 주위로 흐를 수 있도록 유도하는 장치이다.
③ 실린더 외부에 지느러미 모양의 얇은 판을 부착하여 표면 면적을 넓혀 열 발산이 잘되도록 한 장치이다.
④ 카울링의 둘레에 열고 닫을 수 있는 플랩을 장치하여 실린더 주위의 공기 흐름 양을 조절하는 장치이다.

**해설**
공랭식 왕복기관
• 냉각 핀 : 실린더로부터 열을 흡수하여 대기 중으로 방출한다.
• 카울 플랩 : 항공기 기관의 작동온도 조절
• 배플 : 공기가 실린더 주위로 고르게 흐르도록 유도하여 냉각 효과 증대

**11** 헬리콥터의 지면효과에 대한 설명으로 틀린 것은?

① 회전면의 고도가 회전날개의 지름보다 더 크게 되면 지면효과가 없어진다.
② 회전날개 회전면의 고도가 회전날개의 반지름 정도에 있을 때 생긴다.
③ 지면효과가 있는 경우 날개 회전면에서의 유도속도는 지면효과가 없는 경우에 비해 줄어든다.
④ 지면효과가 있는 경우 같은 기관의 출력으로 더 많은 중량을 지탱할 수 없다.

**해설**
지면효과는 지면 근처에서 양력이 커지는 현상이므로, 같은 기관의 출력으로 더 많은 중량을 지탱할 수 있다.

**12** 항공기용 볼트 체결 작업에 사용되는 와셔의 주된 역할로 옳은 것은?

① 볼트의 위치를 쉽게 파악
② 볼트가 녹스는 것을 방지
③ 볼트가 파손되는 것을 방지
④ 볼트를 조이는 부분의 기계적인 손상과 구조재의 부식을 방지

**해설**
항공용 와셔의 기능으로는 하중분산, 볼트의 그립길이 조정, 부식방지, 풀림방지 등이 있다.

**13** 가스터빈기관의 연소기에서 연소가 일어나고 있는 동안 연소기 내부 압력 변화에 대한 설명으로 옳은 것은?

① 연소가 발생한 곳에서 압력이 급격히 증가되지만 서서히 감소한다.
② 연소가 일어나면서 물이 생성되기 때문에 압력이 급격하게 저하된다.
③ 연소는 압력이 일정한 상태에서 일어나기 때문에 압력은 일정하다. 단, 내부 마찰 등으로 인하여 압력이 약간 저하된다.
④ 연소가 폭발적으로 일어나기 때문에 압력이 급격하게 증가한다.

**해설**
압력손실 : 연소실 입구와 출구의 전압력 차이를 압력손실이라 하며 약 5% 정도 압력손실이 있다.

정답 10 ③ 11 ④ 12 ④ 13 ③

**14** 비행기 상승률이 "0"일 때 관계식으로 옳은 것은?

① 이용마력 > 필요마력
② 여유마력 = 필요마력
③ 여유마력 < 이용마력
④ 이용마력 = 필요마력

**해설**
이용마력과 필요마력의 차이를 여유마력이라고 하며, 여유마력이 클수록 상승률이 커진다. 따라서 상승률이 0일 때는 이용마력과 필요마력이 같은 값을 가질 때(여유마력 = 0)이다.

**15** 다음 중 주 조종면에 해당하지 않는 것은?

① 탭
② 승강키
③ 도움날개
④ 방향키

**해설**
- 주조종계통 : 도움날개(Aileron), 승강키(Elevator), 방향키(Rudder)
- 부조종계통 : 플랩(Flap), 스포일러(Spoiler), 탭(Tap)

**16** 정기적인 육안검사나 측정 및 기능시험 등의 수단에 의해 장비나 부품의 감항성이 유지되고 있는지를 확인하는 정비방식으로, 이 정비는 성능허용한계, 마멸한계, 부식한계 등을 가지는 장비나 부품에 활용된다. 이것은 다음 중 어떤 정비인가?

① 시한성 정비(Hard Time Maintenance)
② 상태 정비(On Condition Maintenance)
③ 예비품 정비(Reserve Part Maintenance)
④ 신뢰성 정비(Condition Monitoring Maintenance)

**해설**
정비방식
- 시한성 정비(Hard Time Maintenance) : 기체로부터 분리해서 분해 수리하거나, 또는 폐기하는 것이 유효하다고 판단되는 부품이나 장비품에 대하여 축적된 경험을 기초로 정비의 시간한계를 설정하고 이를 기준으로 정기적인 정비를 실시하는 방식. 정기적으로 실시하는 Overhaul은 이러한 방식에 속한다.
- 신뢰성 정비(Condition Monitoring Maintenance) : 고장을 일으키더라도 감항성에 직접 문제가 없는 일반부품이나 장비품에 적용하는 정비방식

**17** 축류형 압축기를 가진 고성능 가스터빈기관에서 압축기 내부의 실속을 방지하는 것은?

① 실속 조절기
② 서비스 블리드 밸브
③ 압력조절 밸브
④ 가변 스테이터 베인

**해설**
가변 스테이터 베인은 압축기 앞쪽에 위치하고 있으며, 받음각을 고정하여 실속을 방지하는 역할을 한다.

**18** 화재의 분류 중 전기가 원인이 되어 전기기기 또는 전기계통에 일어나는 화재의 종류는?

① A급 화재  ② B급 화재
③ C급 화재  ④ D급 화재

**해설**
- A급 화재 : 일반화재
- B급 화재 : 유류, 가스화재
- C급 화재 : 전기화재
- D급 화재 : 금속화재

**19** 가스터빈기관의 점화계통에 대한 설명으로 틀린 것은?

① 시동 시에만 점화가 필요하다.
② 점화시기 조절 장치가 필요치 않다.
③ 왕복기관에 비해 구조와 작동이 복잡하다.
④ 연료와 연소실 공기 흐름특성으로 혼합가스의 점화가 어렵다.

**해설**
**가스터빈 점화계통의 왕복기관과의 차이점**
- 시동할 때만 점화가 필요하다.
- 점화시기 조절장치가 없어 구조와 작동이 간편하다.
- 점화기의 교환이 빈번하지 않다.
- 점화기가 기관 전체에 두 개 정도만 필요하다.
- 교류전력을 이용할 수 있다.

**20** 비행기가 아음속으로 비행할 때 날개에 발생되는 항력이 아닌 것은?

① 압력항력  ② 마찰항력
③ 유도항력  ④ 조파항력

**해설**
**조파항력** : 날개 표면의 초음속 흐름에서 충격파 발생으로 생기는 항력

**21** 왕복기관의 크랭크 축에 달려 있는 평형추(Counter Weight)의 주된 목적은?

① 크랭크 축의 균열을 방지한다.
② 크랭크 축의 비틀림을 방지한다.
③ 크랭크 축의 정적 평형을 유지한다.
④ 크랭크 축의 질량변화를 감소시켜 준다.

**해설**
- 평형추(Counter Weight) : 크랭크 축의 정적 평형을 맞춘다.
- 다이내믹 댐퍼(Dynamic Damper) : 크랭크 축의 변형과 비틀림 진동을 방지한다.

**22** 항공기의 견인작업 시 필요한 구성원이 아닌 것은?

① 감독자
② 조종실 감시자
③ 주변 감시자
④ 지상 유도 신호원

**해설**
지상 유도 신호원은 견인 작업(Towing)에 필요한 것이 아니라 유도작업(Marshalling)에 필요하다.

**23** 두께 0.1cm의 판을 굽힘 반지름 25cm, 90°로 굽히려고 할 때 세트백(Set Back)은 몇 cm인가?

① 19.95
② 20.1
③ 24.9
④ 25.1

**해설**
세트백(SB ; Set Back)
$SB = \tan\dfrac{\theta}{2}(R+T) = \tan\dfrac{90°}{2}(25+0.1) = 25.1(\mathrm{cm})$

**24** 가스터빈기관 연료계통의 일반적인 연료흐름을 순서대로 나열한 것은?

① 주연료탱크 → 연료여과기 → 연료펌프 → 연료조정장치 → 여압 및 드레인밸브 → 연료부스터펌프 → 연료매니폴드 → 연료노즐
② 주연료탱크 → 연료부스터펌프 → 연료여과기 → 연료펌프 → 여압 및 드레인밸브 → 연료매니폴드 → 연료조정장치 → 연료노즐
③ 주연료탱크 → 연료여과기 → 연료펌프 → 연료조정장치 → 여압 및 드레인 밸브 → 연료매니폴드 → 연료부스터펌프 → 연료노즐
④ 주연료탱크 → 연료부스터펌프 → 연료여과기 → 연료펌프 → 연료조정장치 → 여압 및 드레인 밸브 → 연료매니폴드 → 연료노즐

**해설**
가스터빈 기관 연료계통의 연료흐름
연료탱크 → 부스터펌프 → 비상연료 차단밸브 → 주연료펌프 → 연료조정장치 → 연료 유량계 → 연료·윤활유 냉각기 → 여압 및 드레인 밸브 → 연료노즐

**25** 판재를 겹쳐 놓고 리벳 구멍을 뚫을 때, 겹쳐진 판이 어긋나지 않도록 고정시키기 위해 사용되는 공구는?

① 버킹바
② 플라이어
③ 클레코
④ 스크레이퍼

**해설**
클레코는 클레코 플라이어를 사용하여 작업하며, 삽입 구멍 크기에 따라 각각 다른 색깔의 클레코로 구분한다.

**26** 다음 중 시위선에서 평균 캠버선까지의 길이를 의미하는 것은?

① 받음각
② 캠버
③ 앞전 반지름
④ 두께

**해설**
① 받음각(영각) : 공기흐름의 속도 방향과 날개골 시위선이 이루는 각
③ 앞전반지름 : 앞에서 평균 캠버선상에 중심을 두고 앞전 곡선에 내접하도록 그린 원의 반지름

**27** 항공기 사용시간에 대한 설명으로 옳은 것은?

① 항공기가 비행을 목적으로 램프에서 자력으로 움직이기 시작한 순간부터 착륙하여 정지할 때까지의 시간
② 항공기가 비행을 목적으로 활주로에서 이륙한 순간부터 착륙하여 정지할 때까지의 시간
③ 항공기가 비행을 목적으로 램프에서 자력으로 움직이기 시작한 순간부터 착륙하여 땅에 닿는 순간까지의 시간
④ 항공기가 비행을 목적으로 이륙하여 바퀴가 떨어진 순간부터 착륙하여 땅에 닿는 순간까지의 시간

**[해설]**
- 비행시간(사용시간, Time In Service)
  항공기가 비행을 목적으로 이륙(바퀴가 땅에서 떨어지는 순간)부터 착륙(바퀴가 땅에 닿는 순간)할 때까지의 경과시간
- 작동시간(Flight Time 또는 Block Time)
  항공기가 이륙을 하기 위하여 자력으로 움직이기 시작한 시각부터 비행 완료 후에 정지한 시각까지의 총시간

**28** 계의 내부에너지 변화는 계가 흡수한 열과 계가 한 일의 차이를 말하며 에너지 보존법칙의 한 종류라 볼 수 있는 열역학 이론은?

① 열역학 제0법칙   ② 열역학 제1법칙
③ 열역학 제2법칙   ④ 열역학 제3법칙

**[해설]**
열역학 제1법칙 : 에너지 보존법칙으로, 열과 일로 상호전환이며 밀폐계와 개방계의 열역학적 성질이다.
열역학 제2법칙
- 클라우지우스의 정의 : 열은 저온부로부터 고온부로 자연적으로 전달되지 않는다.
- 켈빈 − 플랑크의 정의 : 단지 하나만의 열원과 열교환을 함으로써 사이클에 의해 열을 일로 변화시킬 수 있는 열기관을 제작할 수 없다.

**29** 카르노 사이클에서 공급 열량이 100kcal이고 방출 열량이 40kcal일 때 열효율은?

① 0.4   ② 0.5
③ 0.6   ④ 0.8

**[해설]**
$$\eta = \frac{100-40}{100} = 0.6$$
※ 2024년 개정된 출제기준에서는 삭제된 내용

**30** 항공기의 급유 및 배유 시 유의사항으로 틀린 것은?

① 3점 접지를 해야 한다.
② 지정된 위치에 소화기를 배치해야 한다.
③ 지정된 위치에 감시요원을 반드시 배치해야 한다.
④ 연료 차량은 항상 항공기와 최대한 가까운 거리에 두어 관리를 해야 한다.

**[해설]**
항공기의 급유 · 배유 시 유의사항
- 전기장치, 화염물질을 100ft 이내 금지한다.
- 통신장비와 스위치는 Off 위치를 확인해야 한다.
- $CO_2$ 소화기 또는 할론 소화기를 준비한다.
- 항공기와 연료차, 지상접지로 3점 접지한다.

[정답] 27 ④  28 ②  29 ③  30 ④

**31** 그림과 같은 표시가 되어 있는 볼트는?

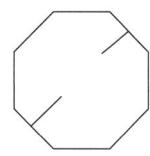

① 클레비스볼트
② 재가공볼트
③ 알루미늄합금볼트
④ 저강도볼트

**해설**
대시(-)가 두 개 있는 볼트는 알루미늄합금볼트(2024)를 나타낸다.

**32** 다음 중 알루미늄 양극산화처리법이 아닌 것은?

① 질산법  ② 황산법
③ 크롬산법  ④ 수산법

**해설**
양극처리(Anodizing, 애노다이징)
알루미늄합금, 마그네슘 합금을 양극으로 하여 황산, 크롬산 등의 전해액에 담근다. 양극에 수산화물 피막이 형성된다.
※ 2024년 개정된 출제기준에서는 삭제된 내용

**33** 밑줄 친 부분을 의미하는 올바른 용어는?

"An aluminum alloy bolts are marked with two raised dashes."

① 부식  ② 강도
③ 합금  ④ 응력

**해설**
• 강도 : 재료가 인장, 압축, 휨 하중에 견딜 수 있는 정도
• 경도 : 재료의 단단한 정도의 정적강도
• 합금 : 두 가지 이상의 금속을 혼합시킨 종류
※ 2024년 개정된 출제기준에서는 삭제된 내용

**34** 산소-아세틸렌 용접에서 사용되는 아세틸렌 호스 색은?

① 백색  ② 녹색
③ 적색  ④ 흑색

**해설**
• 산소 호스 : 녹색
• 아세틸렌 호스 : 적색
※ 2024년 개정된 출제기준에서는 삭제된 내용

**35** 항공기 잭(Jack) 사용에 대한 설명으로 옳은 것은?

① 잭 작업은 격납고에서만 실시한다.
② 항공기 옆면이 바람의 방향을 향하도록 한다.
③ 항공기의 안전을 위하여 최대 높이로 들어 올린다.
④ 잭을 설치한 상태에서는 가능한 한 항공기에 작업자가 올라가는 것은 삼가해야 한다.

**36** 다음 중 가스터빈기관의 기본 사이클은?

① 오토 사이클  ② 카르노 사이클
③ 디젤 사이클  ④ 브레이턴 사이클

**해설**
기관의 사이클
- 오토 사이클(정적사이클) : 열 공급이 정적과정. 항공기용 왕복기관의 기본 사이클
- 브레이턴 사이클(정압사이클) : 2개의 정압, 단열과정. 항공기용 가스터빈 기관의 사이클·사바테 사이클 : 2개의 단열, 정적과정, 1개의 정압과정(정적, 정압사이클)

**37** 제트기관의 압축비(Compressor Pressure Ratio)를 나타낸 식으로 옳은 것은?

① $\dfrac{압축기\ 배출압력}{압축기\ 흡입압력}$  ② $\dfrac{압축기\ 흡입압력}{압축기\ 배출압력}$

③ $\dfrac{압축기\ 흡입압력}{터빈\ 배출압력}$  ④ $\dfrac{터빈\ 배출압력}{압축기\ 흡입압력}$

**38** 대형 항공기에서 압축기 부분에 물분사나 물-알코올 분사를 하는 주된 목적으로 옳은 것은?

① 추력 증가를 위하여
② 부식 방지를 위하여
③ 기관 청결을 위하여
④ 기관 내구성 증가를 위하여

**해설**
- 이륙 시에만 사용하며 흡입공기의 온도를 감소시키며 공기 밀도가 증가하여 추력이 증가한다.
- 알코올을 사용하는 이유는 연소 온도를 높인다.
- 추력 증가는 10~30%이다.
※ 2024년 개정된 출제기준에서는 삭제된 내용

**39** 왕복기관에서 직접 연료분사장치(Direct Fuel Injection System)의 장점이 아닌 것은?

① 비행자세에 의한 영향을 받지 않는다.
② 플로트식 기화기에 비하여 구조가 간단하다.
③ 흡입계통 내에는 공기만 존재하므로 역화의 우려가 없다.
④ 연료의 기화가 실린더 안에서 이루어지기 때문에 결빙의 위험이 거의 없다.

**해설**
직접 연료분사장치는 플로트식 기화기에 비해 장점이 많은 대신 구조가 복잡하다는 단점이 있다.

**40** 금속표면의 부식을 방지하기 위하여 수행하는 작업으로 적절하지 않은 것은?

① 세척
② 도장
③ 도금
④ 마그네슘 피막

**해설**
화학 피막 처리 : 금속의 피막을 만들기 위해, 또는 도료의 밀착성을 좋게 하는 밑바탕 처리를 위해 용액을 사용해서 화학적으로 금속표면에 산화막이나 무기염의 얇은 막을 만드는 방법(알로다인, 양극 처리, 인산염 피막 처리)
※ 2024년 개정된 출제기준에서는 삭제된 내용

정답  36 ④  37 ①  38 ①  39 ②  40 ④

**41** 대형 가스터빈기관에 일반적으로 많이 사용되는 시동기(Starter)는?

① 블리드(Bleed) 시동기
② 관성형(Inertia Type) 시동기
③ 탄약형(Cartridge Type) 시동기
④ 뉴매틱형(Pneumatic Type) 시동기

**해설**
뉴매틱형 시동기(Pneumatic Type) : 공기식 시동기

**42** 가스터빈기관에서 사용되는 윤활유의 구비조건으로 옳은 것은?

① 인화점이 낮을 것
② 기화성이 높을 것
③ 점도지수가 높을 것
④ 산화 안정성이 낮을 것

**해설**
윤활유의 구비조건
• 점성과 유동점이 어느 정도 낮아야 한다.
• 점도지수는 높고 인화점도 높아야 한다.
• 산화 안정성과 열적 안정성이 높아야 한다.
• 기화성이 낮고 윤활유와 공기의 분리성이 좋아야 한다.

**43** 그림과 같은 터빈 깃의 냉각방법을 무엇이라 하는가?

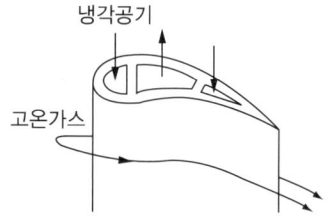

① 충돌냉각
② 침출냉각
③ 공기막냉각
④ 대류냉각

**해설**
터빈 깃 냉각방법
• 대류냉각 : 터빈 내부에 공기 통로를 만들어 이곳으로 차가운 공기가 지나가게 함으로써 터빈을 냉각
• 충돌냉각 : 터빈 깃 내부에 작은 공기 통로를 설치한 후 냉각 공기를 충돌시켜 깃을 냉각
• 공기막냉각 : 터빈 깃의 표면에 작은 구멍을 통하여 나온 찬 공기의 얇은 막이 터빈 깃을 둘러싸서 터빈 깃을 냉각
• 침출냉각 : 터빈 깃을 다공성 재료로 만들고 깃 내부에 공기 통로를 만들어 차가운 공기가 터빈 깃을 통하여 스며 나오게 함으로써 터빈 깃을 냉각

**44** 보어 스코프(Bore Scope)의 주된 용도는?

① 내부의 측정
② 내부 결함의 관찰
③ 외부의 측정
④ 외부 결함의 관찰

**해설**
육안검사의 일종으로 복잡한 구조물을 분해하지 않고 내부 결함을 외부에서 관찰하고 시기는 압축기, 터빈의 FOD 현상, 이상음 발생, 연소실의 과열 시동했을 때, 주기 검사를 할 때이다.

**45** 터보제트기관에서 추진효율이 80%, 열효율이 60%인 경우 이 기관의 전효율(Overall Efficiency)은 몇 %인가?

① 20　　② 40
③ 48　　④ 75

**해설**
전효율은 추진효율과 열효율을 곱한 값이다.
따라서 전효율 = 0.8 × 0.6 = 0.48 = 48(%)

**46** 항공기용 가스터빈기관의 역추력장치에 대한 설명으로 틀린 것은?

① 추가적인 추력장치를 이용하여 정상 착륙 시 제동 능력 및 방향 전환 능력을 돕는다.
② 일부 항공기에서는 스피드 브레이크로 사용해서 항공기의 강하율을 크게 한다.
③ 주기(Parking)해 있는 항공기에서 동력 후진할 때 사용한다.
④ 비상 착륙 시나 이륙 포기 시 제동능력 및 방향 전환 능력을 향상시킨다.

**해설**
역추력장치 : 배기가스를 항공기의 역방향으로 분사시킴으로써 항공기에 제동력을 주는 장치로서 착륙 후의 항공기 제동에 사용된다.
※ 2024년 개정된 출제기준에서는 삭제된 내용

**47** 다음 중 기관의 출력 정격에 대한 설명으로 틀린 것은?

① 최대 연속 출력 시 출력은 이륙 출력의 90% 정도이다.
② 아이들 출력이란 기관이 자립회전할 수 있는 최저회전상태이다.
③ 이륙출력이란 이륙 시 발생할 수 있는 최대 추력이며 사용시간에 제한이 없다.
④ 최대 상승 출력이란 항공기를 상승시킬 때 사용되는 최대 출력이다.

**해설**
③ 이륙출력의 최대상승 사용시간은 5~10분으로 제한을 둔다.

**48** 항공기의 주요 부품 등의 검출이 곤란한 구멍 안쪽의 균열, 시험편 곡의 불순물, 도금 두께 등을 검사하는 데 가장 많이 사용되는 비파괴검사방법은?

① 자분탐상검사
② 와전류검사
③ 침투탐상시험
④ 방사선검사

**해설**
와전류검사(맴돌이전류)
• Eddy Current로 전류가 흐르면 주위에 자장이 형성되어 교류자장에 유도된다.
• 고속자동화 검출이 좋다.
※ 2024년 개정된 출제기준에서는 삭제된 내용

정답　45 ③　46 ①　47 ③　48 ②

**49** 가스터빈기관의 디퓨저 부분(Diffuser Section)에 대한 설명으로 옳은 것은?

① 압력을 감소시키고 속도를 높인다.
② 디퓨저 내의 압력을 균일하게 한다.
③ 위치에너지를 운동에너지로 바꾼다.
④ 속도에너지를 압력에너지로 바꾸어 연소실로 보낸다.

**해설**
디퓨저 부분은 압축기 끝부분과 연소실 입구를 연결하는 일종의 확산통로로서, 압축기에서 발생한 속도에너지를 압력에너지로 바꾸어(공기속도가 감소하는 대신 공기압력은 상승) 연소실로 보내는 역할을 한다.

**50** 물 분사장치에 대한 설명으로 틀린 것은?

① 무게 증가와 복잡한 구조가 단점이다.
② 이륙 시에 추력 증가를 위해 사용된다.
③ 압축기 입구 또는 출구에서 물 분사가 이루어진다.
④ 물이 얼지 않게 하기 위해 에틸렌글리콜을 사용한다.

**해설**
물을 얼지 않게 하는 에틸렌글리콜은 주로 부동액의 첨가물로 사용된다.
※ 2024년 개정된 출제기준에서는 삭제된 내용

**51** 접시머리 리벳작업에 필요치 않는 작업은?

① 탭 작업　　② 리머 작업
③ 카운터 싱크 작업　　④ 딤플 작업

**해설**
**탭 작업** : 구조물에 드릴 기초구멍을 뚫은 후 나사산을 내는 작업이며, 이때 탭핑드릴이라는 공구로 작업을 한다. 암나사를 가공할 때 사용한다.

**52** 부피가 일정한 경우 공기 6kg을 100℃에서 600℃까지 가열하는 데 필요한 공급 열량은 몇 kcal인가? (단, 부피가 일정한 상태에서 기체의 온도를 1℃ 높이는 데 필요한 열량은 0.172kcal/kg·℃이다)

① 316　　② 416
③ 516　　④ 616

**해설**
$Q = mC_V(t_2 - t_1) = 6 \times 0.172 \times (600 - 100) = 516(\text{kcal})$

**53** 다음 중 유도형 점화계통의 구성품으로 옳은 것은?

① 바이브레이터
② 블리더 저항
③ 콘덴서와 저항기
④ 점화 계전기와 변압기

**해설**
가스터빈기관의 점화계통은 유도형 점화계통과 용량형 점화계통으로 나누어지는데, 유도형 점화계통은 점화 계전기와 변압기로 구성되어 있다.

**54** 가스터빈기관의 윤활계통에서 윤활유의 역류 방지 역할을 하는 것은?

① 니들 밸브
② 체크 밸브
③ 바이패스 밸브
④ 드레인 밸브

**해설**
② 체크 밸브(Check Valve) : 한쪽 방향으로만 흐르게 한 밸브, 역류방지 효과
① 니들 밸브(Needle Valve) : 바늘 형태로 생긴 밸브
③ 바이패스 밸브(By Pass Valve) : 다른 곳을 거치지 않고 바로 통과하도록 하는 밸브
④ 드레인 밸브(Drain Valve) : 유체를 배출시키는 목적의 밸브

**55** 항공용 가솔린이 갖추어야 할 조건으로 틀린 것은?

① 발열량이 커야 한다.
② 내한성이 작아야 한다.
③ 기화성이 좋아야 한다.
④ 부식성이 작아야 한다.

**해설**
구비조건
- 발열량이 커야 한다.
- 기화성이 좋아야 한다.
- 증기폐색(Vapor Lock)을 일으키지 않아야 한다.
- 안티 노크성이 높아야 한다.
- 부식성이 작아야 한다.
- 내한성이 커야 한다(응고점이 낮아야 한다).

**56** 대향형 기관의 밸브 기구에서 크랭크 축 기어의 잇수가 30개라면 맞물려 있는 캠 기어의 잇수는 몇 개이어야 하는가?

① 15          ② 30
③ 60          ④ 90

**해설**
대향형 기관에서 크랭크 축이 2회전할 때 캠축은 1회전해야 하므로, 캠 기어의 잇수는 크랭크 축 기어 잇수의 2배이다.

**57** 가스터빈기관 항공기에 사용되는 연료가 갖추어야 할 조건으로 옳은 것은?

① 어는점이 높아야 한다.
② 인화점이 낮아야 한다.
③ 증기압이 낮아야 한다.
④ 무게당 발열량이 작아야 한다.

**해설**
항공기는 고고도에서 대기압이 낮아지기 때문에 증기폐색의 위험성이 항상 존재하므로 이것을 방지하기 위해 가스터빈기관의 연료는 증기압이 낮아야 한다.

**58** 항공기 왕복기관의 시동계통에서 마그네토의 구성품이 아닌 것은?

① 코일 어셈블리
② 회전영구자석
③ 브레이커 어셈블리
④ 바이브레이터

정답  54 ②  55 ②  56 ③  57 ③  58 ④

**59** 베르누이 정리에 따라 관속을 흐르는 유체에서 속도가 빠른 곳의 압력은 속도가 느린 곳과 비교하여 어떠한가?

① 낮다.
② 동일하다.
③ 높다.
④ 일정하지 않다.

**해설**
압력과 속도(동압)는 서로 반비례된다.

**60** 저출력 항공기의 왕복기관에 사용되는 베어링으로 크랭크 축 또는 캠축에 주로 사용되는 것은?

① 볼 베어링
② 롤러 베어링
③ 테이퍼롤러 베어링
④ 평형 베어링

**해설**
- 평면 베어링 : 저출력엔진 크랭크 축, 캠축 등에 사용한다.
- 롤러 베어링 : 고출력엔진 크랭크 축을 지지하는 베어링이다.
- 볼 베어링 : 마찰이 적으며 대형 성형기관과 가스터빈기관에 사용한다.
※ 2024년 개정된 출제기준에서는 삭제된 내용

## 2019년 제4회 과년도 기출복원문제

**01** 양력계수 0.9, 가로세로비 6, 스팬 효율계수 1인 날개의 유도항력계수는 약 얼마인가?

① 0.034
② 0.043
③ 0.054
④ 0.061

**해설**
유도항력계수
$$C_{Di} = \frac{C_L^2}{\pi e AR} = \frac{0.9^2}{\pi \times 1 \times 6} ≒ 0.043$$
여기서, $C_{Di}$ : 유도항력계수
$C_L$ : 양력계수
$e$ : 날개효율(스팬 효율계수)
$AR$ : 날개의 가로세로비

**02** 다음 중 유해항력(Parasite Drag)이 아닌 것은?

① 압력항력
② 마찰항력
③ 유도항력
④ 형상항력

**해설**
유도항력은 양력발생에 관련한 항력이다.
유해항력의 종류 : 간섭항력, 냉각항력, 조파항력, 형상항력, 램항력

**03** 왕복엔진에서 역화(Back Fire)가 일어나는 가장 큰 원인은?

① 피스톤링(Piston Ring)의 절손된 원인으로
② 농후혼합기(Rich Mixture)의 원인으로
③ 희박혼합기(Lean Mixture)의 원인으로
④ 푸시로드(Push Rod)의 절손 때문에

**해설**
후화(After Fire)와 역화(Back Fire)
• 후화 : 과농후 혼합기에서 연소속도가 느려져 배기행정까지 연소
• 역화 : 희박혼합기에서 연소속도가 느려져 배기행정을 지나 흡입행정까지 연소

**04** 가스터빈엔진의 효율을 향상시키는 방법이 아닌 것은?

① 엔진의 압축비를 높인다.
② 흡입공기의 중량유량을 증가시킨다.
③ 압축기 및 터빈의 단열 효율을 높인다.
④ 배기가스 속도와 비행속도의 차를 크게 한다.

**해설**
④ 배기가스 속도와 비행속도는 비례하기 때문에 가스터빈엔진의 효율 향상과는 거리가 멀다.

정답 1 ② 2 ③ 3 ③ 4 ④

## 05 수직축($z$축)을 중심으로 빗놀이(Yawing) 모멘트를 주기 위해 필요한 조정면은?

① 방향키(Rudder)
② 승강키(Elevator)
③ 도움날개(Aileron)
④ 스포일러(Spoiler)

**해설**
- 도움날개 : 옆놀이(Rolling)
- 승강키 : 키놀이(Pitching)
- 방향키 : 빗놀이(Yawing)

## 06 비행기가 그림과 같이 $\theta$만큼 경사진 직선 비행경로를 따라 등속도로 상승할 때 비행기에 작용하는 비행 방향의 추력을 옳게 나타낸 것은?

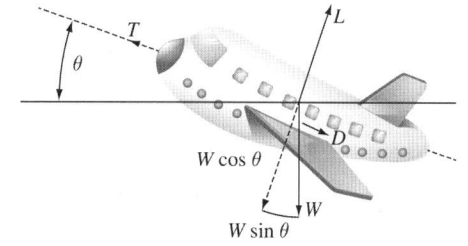

① 직선 비행경로의 수평 중력 성분
② 직선 비행경로의 수직 중력 성분
③ 항력 + 직선 비행경로의 중력 성분
④ 양력 + 직선 비행경로의 중력 성분

**해설**
경사진 비행 방향으로 등속도 운동을 하기 위해서, 항력과 중력에 의해 발생되는 비행 방향의 성분의 합은 추력과 같아야 한다.
즉, $T = D + W\sin\theta$

## 07 가스터빈엔진의 윤활계통에서 섬프(Sump) 안의 공기압이 높을 때, 탱크로 압력이 빠지게 하는 역할을 하는 것은?

① 드레인 밸브(Drain Valve)
② 릴리프 밸브(Relief Valve)
③ 바이패스 밸브(Bypass Valve)
④ 섬프 벤트 체크밸브(Sump Vent Check Valve)

**해설**
- 섬프 벤트 체크밸브(Sump Vent Check Valve) : 섬프 안의 공기 압력이 너무 높을 때 탱크로 빠지게 하는 역할을 한다.
- 압력조절밸브 : 탱크 안의 공기 압력이 너무 높을 때 공기를 대기 중으로 배출한다.

## 08 밑줄 친 부분의 내용으로 옳은 것은?

"All pressure and temperature equipment and gauges shall be tested and calibrated semiannually by qualified quality assurance personnel."

① 매 분기마다
② 매년
③ 시기에 맞게
④ 반년마다

**해설**
접두어 semi는 반(half)의 의미를 지닌다.
따라서 semiannually = semi(반) + annually(매년마다)
= 반년마다
※ 2024년 개정된 출제기준에서는 삭제된 내용

**09** 고온으로 작동하는 엔진에 Hot 점화플러그가 장착되었을 경우 엔진에 나타날 수 있는 현상은?

① 조기점화  ② 실화
③ 역화     ④ 후화

**해설**
고온 작동 엔진에 Hot 점화플러그가 장착되어 있으면 점화플러그에서 점화가 이루어지기도 전에 미리 폭발해 버리는 조기점화 현상이 발생할 우려가 있다.

**10** 왕복엔진의 작동원리를 설명하는 이상적인 사이클은?

① 오토 사이클
② 카르노 사이클
③ 랭킨 사이클
④ 브레이턴 사이클

**해설**
• 왕복엔진 : 오토 사이클(정적 사이클)
• 가스터빈엔진 : 브레이턴 사이클(정압 사이클)

**11** 왕복엔진의 공기흡입 계통 중에서 혼합가스를 각 실린더에 일정하게 분배, 운반하는 통로 역할을 하는 것은?

① 매니폴드
② 기화기
③ 공기 덕트
④ 과급기

**12** 다음 중 왕복엔진과 비교하였을 때 가스터빈엔진의 특징으로 틀린 것은?

① 초음속 비행이 가능하다.
② 엔진 중량당 출력이 크다.
③ 추운 곳에서도 시동이 용이하다.
④ 연료의 소비량이 적고 소음이 적다.

**해설**
가스터빈엔진은 왕복엔진에 비해 연료 소비량이 많고 소음도 심하다.

**13** 항공기재의 품질을 향상시키거나 항공기 및 관련 장비의 기능 변경을 목적으로 하여 설계 변경을 시키는 개조작업 및 일시적인 검사 등을 수행하는 것에 해당되는 것은?

① 정상 작업
② 특별 작업
③ 계획 정비
④ 비계획 정비

**14** 가스터빈엔진의 여압 및 드레인 밸브(P&D Valve)가 하는 역할이 아닌 것은?

① 연료흐름을 1, 2차로 분리한다.
② 연료와 공기의 혼합비를 일정하게 유지한다.
③ 엔진 정지 시 연료노즐에 있는 연료를 방출한다.
④ 일정압력이 될 때까지 연료의 흐름을 차단한다.

**15** 비행기의 안정성 및 조종성의 관계에 대한 설명으로 틀린 것은?

① 안정성이 클수록 조종성은 증가된다.
② 안정성과 조종성은 서로 상반되는 성질을 나타낸다.
③ 안정성과 조종성 사이에는 적절한 조화를 유지하는 것이 필요하다.
④ 안정성이 작아지면 조종성은 증가되나 평형을 유지시키기 위해 조종사에게 계속적인 주의를 요한다.

**해설**
안정성과 조종성은 서로 상반되는 성질을 가지고 있다. 즉, 안정성이 클수록 조종성은 떨어진다.

**16** 다음 중 안전결선작업에 대한 설명으로 틀린 것은?

① 복선식과 단선식 방법이 있다.
② 안전결선의 감기는 방향이 부품을 죄는 반대 방향이 되도록 한다.
③ 안전결선은 한 번 사용한 것은 다시 사용하지 않는다.
④ 2개의 유닛 사이에 안전결선 시 구멍의 위치는 통하는 구멍이 중심선에 대해 좌로 45° 기울어진 위치가 되는 것이 이상적이다.

**해설**
안전결선의 방향은 부품을 죄는 방향이 되어야 한다.

**17** 150℃, 공기 7kg을 부피가 일정한 상태에서 650℃까지 가열하는 데 필요한 열량은 몇 kcal인가?(단, 공기의 정적비열은 0.172kcal/kg · ℃, 정압비열은 0.24kcal/kg · ℃이다)

① 430        ② 600
③ 602        ④ 840

**해설**
$Q = mC_V(t_2 - t_1) = 7 \times 0.172 \times (650 - 150) = 602(\text{kcal})$

**18** 가스터빈엔진 연소실의 구비조건에 해당되지 않는 것은?

① 신뢰성이 높을 것
② 최소의 압력손실을 갖을 것
③ 가능한 한 큰 사이즈(Size)일 것
④ 안정되고 효율적으로 작동될 것

**해설**
연소실의 크기는 가능한 작은 것이 좋다.

**19** 가스터빈엔진의 구성품에 속하지 않는 것은?

① 실린더        ② 터빈
③ 연소실        ④ 압축기

**해설**
실린더는 왕복엔진의 구성품에 속한다.

**20** 여러 개의 얇은 금속편으로 이루어진 측정기기로, 접점 또는 작은 홈의 간극 등을 측정하는 데 사용되는 것은?

① 피치 게이지
② 센터 게이지
③ 두께 게이지
④ 나사 게이지

**해설**
두께 게이지

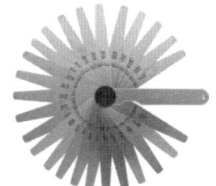

**21** 다음 중 안전에 관한 색의 설명으로 틀린 것은?

① 노란색은 경고 또는 주의를 의미한다.
② 보호구의 착용을 지시할 때에는 녹색과 흰색을 사용한다.
③ 위험장소를 나타내는 안전표시는 노랑과 검정의 조합으로 한다.
④ 금지표지의 바탕은 흰색, 기본모형은 빨간색을 사용한다.

**해설**
- 빨간색 : 위험물 또는 위험상태 표시
- 주황색 : 기계 또는 전기설비의 위험 위치 식별
- 녹색 : 안전에 관련된 설비 및 구급용 치료시설 식별
- 노란색 : 사고의 위험이 있는 장비나 시설물에 표시

**22** 버니어캘리퍼스로 측정한 결과 어미자와 아들자의 눈금이 그림과 같이 화살표로 표시된 곳에서 일치하였다면 측정값은 몇 mm인가?(단, 최소 측정값이 1/20mm이다)

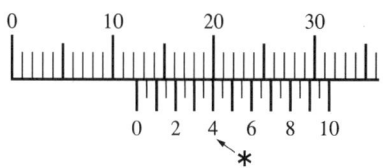

① 12.4
② 12.8
③ 14.0
④ 18.0

**해설**
아들자의 0눈금이 12mm를 지났고, 어미자와 아들자의 눈금이 일치하는 곳의 눈금이 0.4(= 8/20)이므로 눈금값은 12 + 0.4 = 12.4mm이다.

**23** 가스터빈엔진을 장착한 항공기에 역추력장치를 설치하는 주된 이유는?

① 상승 출력을 최대로 하기 위하여
② 하강 비행 안정성을 도모하기 위하여
③ 착륙 시 착륙거리를 짧게 하기 위하여
④ 이륙 시 최단시간 내에 엔진의 정격속도에 도달하기 위해서

**해설**
역추력장치는 항공기 착륙 시에 활주거리를 짧게 하기 위하여 배기가스 분사방향을 변환시켜 주는 장치이다.
※ 2024년 개정된 출제기준에서는 삭제된 내용

**24** 비행기가 가속도 없이 등속 수평비행할 경우 하중배수는 얼마인가?

① 0
② 0.5
③ 1.0
④ 1.5

**해설**
하중배수는 비행기에 작용하는 힘을 비행기 무게로 나눈 값으로, 예를 들어 수평비행을 하고 있을 때에는 양력과 비행기 무게가 같으므로 하중배수는 1이 된다.

**25** 그림과 같은 $P-V$선도에서 나타난 사이클이 한 일은 몇 J인가?

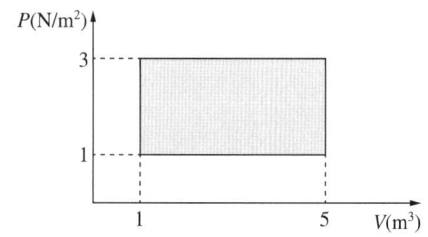

① 1
② 3
③ 8
④ 15

**해설**
사이클이 한 일은 $PV$이므로 $2 \times 4 = 8(J)$

**26** 엔진 부품에 윤활이 적절하게 될 수 있도록 윤활유의 최대 압력을 제한하고 조절하는 윤활계통장치는?

① 윤활유 냉각기
② 윤활유 여과기
③ 윤활유 압력 게이지
④ 윤활유 압력 릴리프 밸브

**27** 헬리콥터의 회전날개 각속도가 50rad/s이고, 회전축으로부터 깃 끝까지의 거리가 5m일 때 회전날개 깃 끝의 회전선속도는 약 몇 m/s인가?

① 125
② 250
③ 300
④ 500

**해설**
선속도 = 반지름 × 각속도 = 5 × 50 = 250(m/s)

**28** 활주로 횡단 시 관제탑에서 사용하는 신호등의 신호로 녹색등이 켜져 있을 때의 의미와 그에 따른 사항으로 옳은 것은?

① 위험 - 정차
② 안전 - 횡단 가능
③ 안전 - 빨리 횡단하기
④ 위험 - 사주를 경계한 후 횡단 가능

**해설**
- 녹색 : 횡단 가능
- 적색 : 정차
- 깜빡거림 적색 : 위치에서 빨리 벗어날 것
- 깜빡 흰색 : 출발지점으로 돌아갈 것
※ 2024년 개정된 출제기준에서는 삭제된 내용

**29** 다음 영문의 내용으로 가장 옳은 것은?

> "Personnel are cautioned to follow maintenance manual procedures."

① 정비를 할 때는 사람을 주의해야 한다.
② 정비교범절차에 따라 주의를 해야 한다.
③ 반드시 정비교범절차를 따를 필요 없다.
④ 정비를 할 때는 상사의 업무지시에 따른다.

**해설**
• Caution : 주의를 하다.
• Maintenance Manual Procedure : 정비교범절차
※ 2024년 개정된 출제기준에서는 삭제된 내용

**30** [보기]에서 격납고 내의 항공기에 배유 작업이나 정비 작업 중 접지(Ground)점을 모두 골라 나열한 것은?

┤보기├
항공기 기체, 연료차, 지면, 작업자

① 연료차, 지면
② 항공기 기체, 작업자
③ 항공기 기체, 연료차, 지면
④ 항공기 기체, 연료차, 지면, 작업자

**해설**
3점 접지 : 항공기 기체, 연료차, 지면

**31** 헬리콥터의 하중이 1,500kgf, 양력이 1,800kgf, 항력이 900kgf 그리고 추력이 2,100kgf이며, 엔진의 출력이 300HP일 때 헬리콥터의 마력하중은 몇 kgf/HP인가?

① 3
② 4
③ 5
④ 6

**해설**
헬리콥터의 마력하중은 하중을 출력(마력)으로 나눈 값이다.
마력하중 = 1,500/300 = 5(kgf/HP)

**32** 물림 턱의 벌림에 따라 손잡이를 잡을 수 있는 정도를 조절하는 그림과 같은 공구의 명칭은?

① 스냅 링 플라이어
② 슬립 조인트 플라이어
③ 워터 펌프 플라이어
④ 라운드 노즈 플라이어

**33** 관제탑에서 지시하는 신호의 종류 중 "활주로 유도로상에 있는 인원 및 차량은 사주를 경계한 후 즉시 본 장소를 떠나라"는 의미의 신호는?

① 녹색등
② 점멸 녹색등
③ 흰색등
④ 점멸 적색등

**해설**

관제탑 등화신호(항공안전본부 비행안전 안내 지침서에 따른 신호)

| 녹색점멸 | 착륙구역을 가로질러 유도로 방향으로 진행 |
|---|---|
| 적색연속 | 정지 |
| 적색점멸 | 착륙구역이나 유도로로부터 벗어나고 주변 항공기에 주의 |
| 백색점멸 | 관제지시에 따라 기동지역을 벗어날 것 |
| 활주로등 혹은 유도로등 점멸 | 활주로를 벗어나 관제탑의 등화신호를 준수할 것. 비상상황 혹은 위에서 언급된 등화신호가 보여질 경우 등화신호기를 갖춘 활주로 및 유도로에서 사용되어져야 한다. |

※ 2024년 개정된 출제기준에서는 삭제된 내용

**34** 3차원 날개에 양력이 발생하면 날개 끝에서 수직방향으로 하향흐름이 만들어지는데 이 흐름에 의해 발생하는 항력을 무엇이라 하는가?

① 형상항력
② 간섭항력
③ 조파항력
④ 유도항력

**해설**

날개 끝에서는 날개 끝 와류(Tip Vortex)로 인해 내리 흐름(Down Wash)이 발생하고, 이 흐름으로 인해 양력이 뒤쪽으로 기울게 되면서 수평성분의 항력 성분이 발생하는데 이를 유도항력이라고 한다.

**35** 화학적 피막 처리의 하나인 알로다인 처리에 사용되는 용제들 중 암적색 용재로 알루미늄합금으로 된 날개구조재의 안쪽과 바깥쪽의 도장 작업을 하기 전에 표피의 전처리 작업으로 활용되는 것은?

① 알로다인 600
② 알로다인 1000
③ 알로다인 1200
④ 알로다인 2000

**해설**

알로다인(Alodine) 공정은 전기를 사용하지 않고 알로다인이라는 크롬산 계열의 화학 약품 속에서 알루미늄에 산화피막을 입히는 공정을 말한다. 알로다인 600은 암적색, 알로다인 1,000은 투명, 알로다인 1,200은 황갈색을 띤다.

※ 2024년 개정된 출제기준에서는 삭제된 내용

**36** 다음 중 항공기의 평형상태에 대한 설명으로 가장 옳은 것은?

① 모든 힘의 합이 0인 상태
② 모든 모멘트의 합이 0인 상태
③ 모든 힘의 합이 0이고, 모멘트의 합은 1인 상태
④ 모든 힘의 합이 0이고, 모멘트의 합도 0인 상태

**해설**

힘의 평형상태가 되기 위한 조건
$\Sigma F_x = 0$, $\Sigma F_y = 0$, $\Sigma M = 0$

**37** 마이크로 스톱 카운터 싱크(Micro Stop Counter Sink)의 용도로 옳은 것은?

① 리벳의 구멍을 늘리는 데 사용
② 리벳이나 스크루를 절단하는 데 사용
③ 리벳의 구멍 언저리를 원뿔모양으로 절삭하는 데 사용
④ 리베팅하고 밖으로 튀어나온 부분을 연마하는 데 사용

해설
마이크로 스톱 카운터 싱크

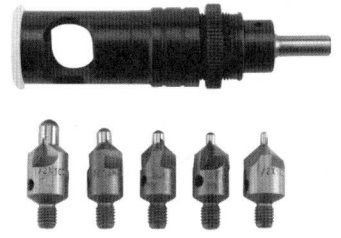

**38** 다음 중 가스터빈엔진에서 실질적으로 가장 높은 압력이 나타나는 곳은?

① 압축기 출구
② 터빈 입구
③ 연소기 출구
④ 배기노즐 입구

해설
압축기 출구 디퓨저 부분에서 높은 압력이 나타난다.

**39** 변압기의 1차 코일에 감은 수가 100회, 2차 코일에 감은 수가 300회인 변압기의 1차 코일에 100V 전압을 가할 시 2차 코일에 유기되는 전압은 몇 볼트(V)인가?

① 100
② 200
③ 300
④ 400

해설
$$\frac{N_2}{N_1} = \frac{V_2}{V_1}$$
$$V_2 = V_1 \times \frac{N_2}{N_1} = 100 \times \frac{300}{100} = 300(\text{V})$$

**40** 구조가 간단하고 길이가 짧으며 연소 효율이 좋으나 정비하는 데 불편한 결점이 있는 가스터빈엔진의 연소실은?

① 캔 형
② 애뉼러 형
③ 역류 형
④ 캔-애뉼러 형

**41** 터빈엔진의 성능에 관한 설명으로 옳은 것은?

① 전효율은 추진효율과 열효율의 합이다.
② 대기온도가 낮을 때 진추력이 감소한다.
③ 총추력은 Net Thrust로서 진추력과 램항력의 차를 말한다.
④ 엔진추력에 영향을 끼치는 요소는 주변온도, 고도, 비행속도, 엔진 회전수 등이 있다.

해설
전효율은 추진효율과 열효율의 곱이며, 대기온도가 낮을 때는 진추력이 증가한다.

**42** 가스터빈엔진 축류식 압축기의 1단당 압력비가 1.4이고, 압축기가 4단으로 되어 있다면 전체 압력비는 약 얼마인가?

① 2.8
② 3.8
③ 5.6
④ 6.6

**해설**
전체 압력비 $\gamma = (\gamma_s)^n = (1.4)^4 = 3.8416$

**43** 항공기에 관한 영문 용어가 한글과 옳게 짝지어진 것은?

① Airframe – 원동기
② Unit – 단위 구성품
③ Structure – 장비품
④ Power Plant – 기체구조

**해설**
① Airframe : 기체
③ Structure : 기체구조
④ Power Plant : 동력장치

**44** 그림과 같은 고정 피치 프로펠러에서 (A)의 명칭은?

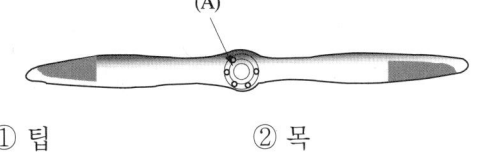

① 팁
② 목
③ 허브
④ 깃

**해설**
프로펠러 중심 부분을 허브(Hub)라고 하고, 깃 끝부분을 팁(Tip)이라고 한다.
※ 2024년 개정된 출제기준에서는 삭제된 내용

**45** 다음 중 열기관의 이론 열효율을 구하는 식으로 옳은 것은?

① 공급 압력 ÷ 유효 압력
② 유효한 체적 ÷ 공급된 일
③ 유효한 일 ÷ 공급된 열량
④ 유효한 압력 ÷ 공급된 압력

**해설**
$\eta = \dfrac{W}{Q}$
여기서, $Q$는 공급 열량, $W$는 유효 일이다.

**46** 평균 캠버선으로부터 시위선까지의 거리가 가장 먼 곳을 무엇이라 하는가?

① 캠버
② 최대 캠버
③ 두께
④ 평균 시위

**해설**
날개단면의 모양 및 명칭

**47** 비행기의 동적 가로 안정의 특성과 가장 관계가 먼 것은?

① 방향 불안정　② 더치롤
③ 세로 불안정　④ 나선 불안정

**해설**
동적 가로 안정의 종류
- 방향 불안정
- 가로방향 불안정(더치 롤)
- 나선 불안정

**48** 고도 1,000m에서 공기의 밀도가 0.1kgf·s²/m⁴이고 비행기의 속도가 1,018km/h일 때, 압력을 측정하는 비행기의 피토관 입구에 작용하는 동압은 약 몇 kgf/m²인가?

① 1,557　② 2,000
③ 2,578　④ 3,998

**해설**
속도 1,018km/h = 282.78m/s이므로
동압 $q = \dfrac{1}{2}\rho V^2 = \dfrac{1}{2} \times 0.1 \times (282.78)^2 = 3,998.23(\text{kgf/cm}^2)$

**49** 대기권에서 전리층이 존재하며 전파를 흡수·반사하는 작용을 하여 통신에 영향을 끼치는 층은?

① 열권　② 성층권
③ 대류권　④ 중간권

**해설**
대기권은 높이에 따라 대류권 – 성층권 – 중간권 – 열권 – 극외권으로 나뉘며, 기상현상이 발생하는 곳은 대류권이고, 대기권 중 최저기온은 중간권(약 –90℃)이며, 전파를 흡수하거나 차단하는 전리층이 있는 곳은 열권이다.

**50** 다음 중 항공기의 부조종면은?

① 플랩(Flap)
② 승강키(Elevator)
③ 방향키(Rudder)
④ 도움날개(Aileron)

**해설**
방향키, 승강키, 도움날개 등은 1차 조종면(주조종면)에 속하며, 플랩은 2차 조종면(부조종면)에 속한다.

**51** 600m 상공에서 글라이더가 수평 활공거리 6,000m만큼 활공하였다면 이때 양항비는?

① 0.06　② 6
③ 10　④ 100

**해설**
양항비 $\dfrac{C_L}{C_D} = \dfrac{1}{\tan\theta} = \dfrac{\text{수평 활공거리}}{\text{높이}}$

따라서 양항비 = $\dfrac{6,000}{600} = 10$

**정답** 47 ③　48 ④　49 ①　50 ①　51 ③

**52** 주로 구조물에 가해지는 과도한 응력의 집중에 의해 재료에 부분적으로 또는 완전하게 불연속이 생긴 현상을 무엇이라고 하는가?

① 긁힘(Scratch)　② 균열(Crack)
③ 좌굴(Buckling)　④ 찍힘(Nick)

**해설**
② 균열(Crack) : 재료에 가해지는 과도한 응력 집중에 의해 발생하는 부분적 또는 완전하게 불연속이 생기는 현상
① 긁힘(Scratch) : 날카로운 물체와 접촉되어 발생하는 결함으로 길이와 깊이를 가지는 선 모양의 긁힘 현상
④ 찍힘(Nick) : 재료의 표면이나 모서리가 외부 충격을 받아 소량의 재료가 떨어져 나갔거나 찍힌 현상

**53** 두께가 각각 1, 2mm인 판을 리베팅하려 할 때 리벳의 지름은 약 몇 mm가 가장 적당한가?

① 2　② 4
③ 6　④ 8

**해설**
리벳의 지름은 결합되는 판재 중에서 가장 두꺼운 판재의 3배로 선택한다. 따라서 2mm × 3 = 6mm

**54** What's not the primary group of the control surface?

① The aileron　② The elevators
③ The rudder　④ The tab

**해설**
문제 질문 : "어느 것이 1차 조종면이 아닌가?"
1차 조종면에는 도움날개(Aileron), 승강키(Elevator), 방향키(Rudder) 등이 속한다.
※ 2024년 개정된 출제기준에서는 삭제된 내용

**55** 가스터빈엔진에 사용하는 연료여과기 중 여과기의 필터가 종이로 되어 있어 주기적인 교환이 필요한 것은?

① 카트리지형
② 석면형
③ 스크린-디스크형
④ 스크린형

**해설**
연료여과기의 종류
① 카트리지형 : 필터는 종이로 되어 있고 보통 연료펌프의 입구 쪽에 장치한다. 주기적으로 필터를 교환해 주어야 한다.
③ 스크린-디스크형 : 보통 연료펌프의 출구 쪽에 장치하며, 매우 가는 강철망으로 되어 있고 주기적으로 세척하여 다시 사용할 수 있다.
④ 스크린형 : 저압용 연료여과기로 사용되며, 보통 스테인리스 강철망으로 만든다.

**56** 다음과 같은 방법을 사용하는 비파괴검사법은?

- 축통전법
- 프로드법
- 코일법
- 전류 관통법
- 요크법

① 방사선검사
② 자분탐상검사
③ 초음파검사
④ 침투탐상검사

**해설**
※ 2024년 개정된 출제기준에서는 삭제된 내용

정답　52 ②　53 ③　54 ④　55 ①　56 ②

**57** 다음 중 배기가스 온도(EGT)는 어느 부분에서 측정된 온도를 나타내는가?

① 연소실
② 터빈 입구
③ 압축기 출구
④ 터빈 출구

**58** 항공기 외부 세척작업의 종류가 아닌 것은?

① 습식 세척
② 건식 세척
③ 광택 작업
④ 블라스트 세척

> **해설**
> • 외부 세척 : 습식 세척, 건식 세척, 광택내기
> • 내부 세척
>   – 드롭클로드(Drop Cloth) : 내부구조 작업 상태 수행 시 파편조각을 받는 판
>   – 진공청소기 조종실과 객실 내부의 먼지, 오물 제거

**59** 기체 판금작업에서 두께가 0.06in인 금속판재를 굽힘 반지름 0.135in로 하여 90°로 굽힐 때 세트백은 몇 in인가?

① 0.017
② 0.051
③ 0.125
④ 0.195

> **해설**
> 세트백(SB ; Set Back)
> $SB = \tan\frac{\theta}{2}(R+T) = \tan\frac{90°}{2}(0.135+0.06) = 0.195(\text{in})$

**60** 그림과 같은 외측 마이크로미터를 보관할 때 또는 0점 조정 시 쓰이는 부품은?

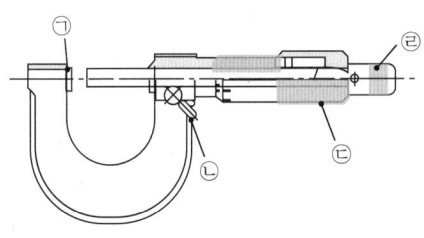

① ㉠
② ㉡
③ ㉢
④ ㉣

> **해설**
> ㉡ 클램프
> ㉠ 앤빌
> ㉢ 핸들
> ㉣ 래칫스톱

# 2020년 제2회 과년도 기출복원문제

**01** 직사각형 비행기 날개의 가로세로비(Aspect Ratio)를 옳게 표현한 것은?(단, $S$ : 날개면적, $b$ : 날개길이, $c$ : 시위이다)

① $\dfrac{b}{S}$  ② $\dfrac{bc}{S}$

③ $\dfrac{b^2}{S}$  ④ $\dfrac{c}{S}$

**해설**
날개길이를 $b$, 평균시위길이를 $c$, 날개면적을 $S$라고 할 때
가로세로비(AR) $= \dfrac{b}{c} = \dfrac{b \times b}{c \times b} = \dfrac{b^2}{S}$

**02** 가스터빈기관의 구성품에 속하지 않는 것은?

① 실린더  ② 터빈
③ 연소실  ④ 압축기

**해설**
실린더는 왕복기관의 구성품에 속한다.

**03** 가스터빈기관의 추력에 영향을 미치는 요인 중 대기온도와 대기압력에 대한 설명으로 옳은 것은?

① 대기온도가 증가하면 추력은 증가하고, 대기압력이 증가하면 추력은 감소한다.
② 대기온도가 증가하면 추력은 감소하고, 대기압력이 증가하면 추력은 증가한다.
③ 대기온도가 증가하면 추력은 증가하고, 대기압력이 증가하면 추력은 증가한다.
④ 대기온도가 증가하면 추력은 감소하고, 대기압력이 증가하면 추력은 감소한다.

**해설**
대기온도가 올라가면 공기 밀도가 감소하여 추력은 감소하고, 대기압력이 증가하면 공기 밀도가 증가하여 추력이 증가한다.

**04** 다음 중 베르누이 정리의 가정(假定)으로 옳은 것은?

① 점성 및 압축성 유동
② 비점성 및 압축성 유동
③ 점성 및 비압축성 유동
④ 비점성 및 비압축성 유동

**해설**
베르누이의 정리의 가정으로는 유선을 따라 흐르고, 정상류이며, 비점성체여야 하며, 가장 중요한 것은 비압축성이어야 한다.

## 05 가스터빈 기관의 애뉼러(Annular)형 연소실의 단점으로 옳은 것은?

① 정비성이 나쁘다.
② Flame Out을 일으키기 쉽다.
③ 출구온도 분포가 균일하지 않다.
④ 연소가 불안정하며 검은 연기를 낸다.

**해설**
장점은 구조가 간단, 짧은 전장, 연소 안정, 출구온도 분포 균일, 제작비가 저렴한 점이고, 단점은 구조가 약하고 정비가 불편하다는 점이다.

## 06 다음 중 스냅 링(Snap Ring)과 같은 종류를 오므릴 때 사용하는 공구는?

① Connector Plier
② Internal Ring Plier
③ Combination Plier
④ External Ring Plier

**해설**
① Connector Plier : 전기 커넥터를 접속하거나 분리할 때 사용
③ Combination Plier : 금속조각이나 전선을 잡거나 구부리는 데 사용
④ External Ring Plier : 스냅 링과 같은 종류를 벌려 줄 때 사용

## 07 다음 중 레이놀즈수의 정의를 옳게 나타낸 것은?

① 마찰력과 항력의 비
② 양력과 항력의 비
③ 관성력과 점성력의 비
④ 항력과 관성력의 비

**해설**
레이놀즈수란 흐름의 상태를 특징짓는 무차원의 양, 흐름의 관성력과 점성력의 비

## 08 산소 용기를 취급하거나 보급 시 주의해야 할 사항으로 틀린 것은?

① 화재에 대비하여 소화기를 배치한다.
② 산소 취급 장비, 공구 및 취급자의 의류 등에 유류가 묻어 있지 않도록 해야 한다.
③ 항공기 정비 시 행하는 주유, 배유, 산소 보급은 항상 동시에 이루어져야 한다.
④ 액체 산소를 취급할 때에는 동상에 걸릴 수 있으므로 반드시 보호 장구를 착용해야 한다.

**해설**
급유·배유 또는 점화의 근원이 되는 정비 작업을 하는 동안에는 항공기 산소 계통 작업을 하여서는 안 된다.

## 09 가로축은 비행기 주날개 방향의 축을 가리키며 $y$축이라 하는데, 이 축에 관한 모멘트를 무엇이라 하는가?

① 선회 모멘트
② 키놀이 모멘트
③ 빗놀이 모멘트
④ 옆놀이 모멘트

**해설**
항공기의 3축 운동(모멘트)은 다음과 같다.

| 기준축 | $x$(세로축) | $y$(가로축) | $z$(수직축) |
|---|---|---|---|
| 운동(모멘트) | 옆놀이 | 키놀이 | 빗놀이 |
| 조종면 | 도움날개 | 승강키 | 방향키 |

정답 5 ① 6 ② 7 ③ 8 ③ 9 ②

**10** 그림의 인치식 버니어 캘리퍼스(최소 측정값 $\frac{1}{128}$ in.)에서 * 표시한 눈금을 옳게 읽은 것은?

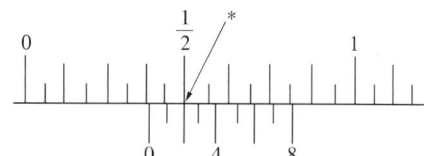

① $\frac{5}{32}$ in.  ② $\frac{9}{32}$ in.

③ $\frac{20}{64}$ in.  ④ $\frac{25}{64}$ in.

**해설**
최소 측정값 $\frac{1}{128}$ in.
버니어 캘리퍼스 눈금 읽기
$\frac{6}{16} + \frac{2}{128} = \frac{50}{128} = \frac{25}{64}$ in.

**11** 가스터빈기관의 윤활계통에서 윤활유의 역류 방지 역할을 하는 것은?

① 니들 밸브
② 체크 밸브
③ 바이패스 밸브
④ 드레인 밸브

**해설**
① 니들 밸브(Needle Valve) : 바늘형태로 생긴 밸브
③ 바이패스 밸브(By Pass Valve) : 다른 곳을 거치지 않고 바로 통과하도록 하는 밸브
④ 드레인 밸브(Drain Valve) : 유체를 배출시키는 목적의 밸브

**12** 다음 중 피스톤 핀의 종류가 아닌 것은?

① 고정식
② 반부동식
③ 평형식
④ 전부동식

**해설**
핀의 고정 방식에 따라 고정식, 반부동식, 전부동식으로 분류한다.

**13** 그림과 같이 각각의 1회전당 이동 거리를 갖는 (a), (b) 두 프로펠러를 비교한 설명으로 옳은 것은?

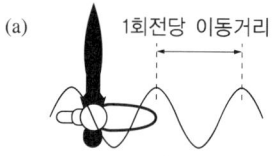

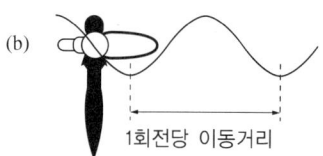

① (a)프로펠러의 피치각이 (b)프로펠러보다 작다.
② (a)프로펠러의 피치각이 (b)프로펠러보다 크다.
③ 거리와 상관없이 (a)프로펠러가 (b)프로펠러보다 회전속도가 항상 빠르다.
④ 동일한 회전속도로 구동하는 데 있어서 (a)프로펠러에 더 많은 동력이 요구된다.

**해설**
프로펠러 피치각이 크면 1회전당 이동거리가 크고 프로펠러 구동에 더 많은 동력이 요구된다.
※ 2024년 개정된 출제기준에서는 삭제된 내용

**14** 왕복기관에 사용되는 지시계기가 아닌 것은?

① 회전(RPM)계
② 윤활유량(Oil Quantity)계
③ 윤활유 온도(Oil Temperature)계
④ 실린더 헤드 온도(Cylinder Head Temperature)계

**해설**
왕복기관용 계기
회전계, 실린더 헤드 온도계, 연료 압력계, 윤활유 압력계, 윤활유 온도계

**15** 길이가 10in인 토크렌치와 길이가 2in인 어댑터를 직선으로 연결하여 볼트를 252in-lbs로 조이려고 한다면 토크렌치에 지시되어야 할 토크값은 몇 in-lbs인가?

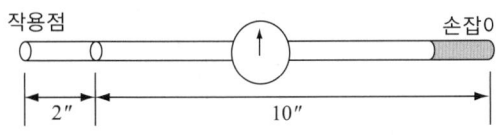

① 150
② 180
③ 210
④ 220

**해설**
연장공구 사용 시 토크값
$$T_W = T_A \times \frac{l}{l+a} = 252 \times \frac{10}{10+2} = 210(\text{in-lbs})$$
여기서, $T_W$ : 토크렌치 지시값
$T_A$ : 실제 조이는 토크값
$l$ : 토크렌치 길이
$a$ : 연장공구 길이

**16** 비행기가 날개에서 실제적으로 총압력이 작용하는 합력점을 무엇이라 하는가?

① 압력중심
② 날개중심
③ 무게중심
④ 비행기중심

**해설**
압력중심(C.P), 풍압중심
날개골의 윗면과 아랫면에서 작용하는 압력이 시위선상에 어느 한 점에서 작용하는 지점, 받음각 증가 시 앞전으로 이동하여 시위 길이의 $\frac{1}{4}$ 지점과 받음각이 적으면 $\frac{1}{2}$ 위치이다.

**17** 지름이 15cm인 피스톤에 588N/cm²의 가스압력이 작용하면 피스톤에 미치는 힘은 약 몇 N인가?

① 50,000
② 100,000
③ 130,000
④ 260,000

**해설**
힘 = 압력 × 단면적이므로,
$$\text{힘} = 588 \times \frac{\pi(15)^2}{4} = 약 100,000(N)$$

**18** 실용상승한계에서 비행기의 상승률은 몇 m/s인가?

① 0
② 0.1
③ 0.3
④ 0.5

**해설**
상승한계 및 상승시간
• 절대상승한계(0m/s) : 이용마력과 필요마력이 0이 될 때 고도
• 실용상승한계(0.5m/s) : 상승률이 0.5m/s가 되는 고도
• 운용상승한계(2.5m/s) : 비행기가 실제로 운영할 수 있는 고도

**19** 7기통 성형기관 4-로브 캠판의 크랭크축 24회전 속도에 대한 속도(회전)로 옳은 것은?

① 1회전　② 2회전
③ 3회전　④ 4회전

**해설**
크랭크축이 24회전하는 동안 각각의 밸브는 12번 개폐하면 되는데, 캠판에 캠로브가 4개 있으므로 3회전만 하면 된다.

**20** 멀티미터(회로 시험기)로 측정할 수 없는 것은?

① 저항　② 직류전류
③ 주파수　④ 교류전압

**해설**
Multimeter
전류, 전압, 저항을 하나의 계기로 측정할 수 있는 측정기

**21** 다음 중 가스터빈기관에서 바이브레이터에 의해 직류를 교류로 바꾸어 사용하는 점화장치는?

① 직류 저전압 용량형 점화장치
② 교류 저전압 용량형 점화장치
③ 교류 고전압 용량형 점화장치
④ 직류 고전압 용량형 점화장치

**해설**
가스터빈기관의 점화 계통은 이그나이터의 넓은 간극을 뛰어넘을 수 있는 높은 전압뿐만 아니라, 가혹한 조건에서도 점화가 되도록 높은 에너지의 전기 불꽃을 발생시켜야 한다. 오늘날의 항공기에서는 이러한 조건을 만족시키기 위하여 대부분 용량형 점화 계통이 사용된다. 이것은 강한 점화 불꽃을 얻기 위해 큰 전류를 짧은 시간에 흐르도록 한다. 직류 고전압 용량형 점화 장치는 바이브레이터에 의해 직류를 교류로 바꾸어 사용한다.

**22** 초음속 항공기에 사용되는 공기 흡입구(흡입덕트)의 형태는?

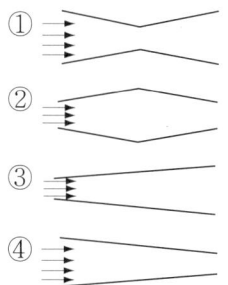

**해설**
초음속 항공기에는 수축확산형 흡입덕트를 사용한다.
① 수축확산형 흡입덕트
② 확산수축형 흡입덕트
③ 확산형 흡입덕트
④ 수축형 흡입덕트

**23** 수리 및 조절, 검사 중인 장비에 붙이는 표지의 색은 무엇인가?

① 노란색　② 주황색
③ 보라색　④ 파란색

**해설**
• 파란색 : 수리 및 조절, 검사 중인 장비
• 노란색 : 충돌, 추락, 전복 등의 위험 장비
• 주황색 : 기계 또는 전기 설비의 위험 위치
• 보라색 : 방사능 유출위험이 있는 것

**24** 배기밸브는 과도한 열에 노출되기 때문에 내열 재료로서 중공으로 되어 있고, 중공의 내부에는 어떤 물질을 채워 열을 잘 방출시키도록 하는데 이 물질은 무엇인가?

① 물
② 헬륨
③ 수소
④ 금속나트륨

**해설**
배기밸브 내부는 중공으로 되어 있는데 금속나트륨(소듐)이 들어 있어 200°F에서 녹아 냉각을 촉진한다.

**25** 항공기 이륙성능을 향상시키기 위한 가장 적절한 바람의 방향은?

① 정풍(맞바람)
② 좌측 측풍(옆바람)
③ 배풍(뒷바람)
④ 우측 측풍(옆바람)

**해설**
맞바람은 날개면을 지나는 흐름 속도를 증가시켜 날개의 양력을 향상시키므로 이륙성능이 향상되는 효과를 가진다.

**26** 다음 중 정비 관리에 대한 설명으로 틀린 것은?

① 신뢰성 관리 방식이 예방 정비에 비하여 경제적이다.
② 오버홀의 정기적 실시 및 컨디션 모니터링은 예방 정비에 해당한다.
③ 신뢰성 관리는 항공기의 장비품이나 부품이 정상적으로 작동하지 못할 경우 즉시 원인을 파악하고 조치를 취하는 방식이다.
④ 예방 정비는 처음부터 고장 발생을 전제로 하여 고장을 예방한다는 개념이다.

**해설**
- 오버홀 : 기체, 기관, 장비 등을 완전 분해하여 작업 공정 후 재조립하여 사용시간이 0이 된다.
- 신뢰성 정비 : 항공기에 부착 상태에서 주기별로 점검하여 감항성이 유지되어 지속적으로 사용한다.
- 시한성 품목 부품 : 부품의 사용 한계 시간을 설정하여 제한 시간에 도달하면 항공기에서 떼어내어 오버홀한다.

**27** 프로펠러 회전수(RPM)가 $n$일 때, 프로펠러가 1회전하는 데 소요되는 시간(s)을 나타낸 식으로 옳은 것은?

① $\dfrac{60}{n}$
② $\dfrac{n}{60}$
③ $\dfrac{60}{2\pi n}$
④ $\dfrac{2\pi n}{60}$

**해설**
$n$회전 : 60s = 1회전 : 소요시간(s)
따라서 1회전당 소요시간 = 60/$n$
※ 2024년 개정된 출제기준에서는 삭제된 내용

정답  24 ④  25 ①  26 ②  27 ①

**28** 비행기가 공기 중을 수평 등속도로 비행할 때 등속도 비행에 관한 비행기에 작용하는 힘의 관계가 옳은 것은?

① 추력 = 항력
② 추력 > 항력
③ 양력 = 중력
④ 양력 > 중력

**해설**
추력이 항력보다 크면 가속도 비행이, 추력과 항력이 같으면 등속도 비행이, 추력보다 항력이 크면 감속도 비행이 이루어진다.

**29** 가스터빈 축류형 압축기(Axial Flow Compressor)의 주요 구성품은?

① 로터(Rotor)와 임펠러(Impeller)
② 로터(Rotor)와 스테이터(Stator)
③ 임펠러(Impeller)와 디퓨저(Diffuser)
④ 가이드 베인(Guide Vane)과 스테이터(Stator)

**30** 절대압력(Absolute Pressure)을 가장 올바르게 설명한 것은?

① 표준대기상태에서 해면상의 대기압을 기준값 0으로 하여 측정한 압력이다.
② 계기압력(Gauge Pressure)에 대기압을 더한 값과 같다.
③ 계기압력으로부터 대기압을 뺀 값과 같다.
④ 해당 고도에서의 대기압을 기준값 0으로 하여 측정한 압력이다.

**해설**
절대압력(Absolute Pressure)
진공 상태를 기준으로 하여 압력을 측정한 것으로, 절대압력 = 대기압 + 계기압력(표준 대기압을 기준으로 하여 압력을 측정)이다.
※ 2024년 개정된 출제기준에서는 삭제된 내용

**31** 다음 중 앞전 플랩(Flap)이 아닌 것은?

① 슬롯과 슬랫
② 크루거 플랩
③ 드루프 플랩
④ 파울러 플랩

**해설**
파울러 플랩은 뒷전 플랩에 속한다.

**32** 대기권에서 오존층이 존재하는 곳은?

① 대류권        ② 열권
③ 중간권        ④ 성층권

**해설**
성층권 윗부분에는 오존층이 있어 자외선을 흡수한다.

**33** 가스터빈기관에서 사용되는 윤활유의 구비조건으로 옳은 것은?

① 인화점이 낮을 것
② 기화성이 높을 것
③ 점도지수가 높을 것
④ 산화 안정성이 낮을 것

**해설**
윤활유의 구비조건
• 점성과 유동점이 어느 정도 낮아야 한다.
• 점도지수는 높고 인화점도 높아야 한다.
• 산화 안정성과 열적 안전성이 높아야 한다.
• 기화성이 낮고 윤활유와 공기의 분리성이 좋아야 한다.

**34** 압력을 일정하게 유지시키면서 단위질량을 단위온도로 올리는 데 필요한 열량을 무엇이라 하는가?

① 비열비
② 정압비열
③ 엔탈피
④ 정적비열

**해설**
• 정압비열($C_p$) : 압력을 일정하게 유지시키면서 단위질량을 단위온도로 올리는 데 필요한 열량
• 정적비열($C_v$) : 체적을 일정하게 유지시키면서 단위질량을 단위온도로 올리는 데 필요한 열량
• 비열비($k$) = $\dfrac{C_p}{C_v}$ > 1

**35** 그림과 같은 표시가 되어 있는 볼트는?

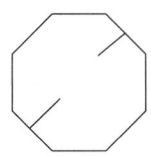

① 클레비스볼트
② 재가공볼트
③ 알루미늄합금볼트
④ 저강도볼트

**해설**
대쉬(−)가 두 개 있는 볼트는 알루미늄합금볼트(2024)를 나타낸다.

**36** 다음 질문에서 요구하는 장치는?

"How are change in direction of a control cable accomplished?"

① Pulleys
② Bellcranks
③ Fairleads
④ Turnbuckle

**해설**
풀리(Pulley)
케이블을 유도하고 케이블의 방향을 바꾸는 데 사용한다.
※ 2024년 개정된 출제기준에서는 삭제된 내용

정답  33 ③  34 ②  35 ③  36 ①

**37** 볼트의 부품기호가 AN 3 DD 5 A로 표시되어 있다면 5가 의미하는 것은?

① 볼트 길이가 5/8in
② 볼트 지름이 5/8in
③ 볼트 길이가 5/16in
④ 볼트 지름이 5/16in

**해설**
AN 3 DD H 5 A
- AN : AN 표준기호, 규격
- 3 : 볼트 지름(3/16in)
- DD : 재질 2024 알루미늄합금
- H : 머리에 구멍 유무(무표시 : 구멍 없음)
- 5 : 볼트 그립의 길이(5/8in)
- A : 나사 끝에 구멍 유무(무표시 : 구멍 없음)

**38** 리벳작업 시 판재가 너무 얇아 카운터싱크(Countersink)를 할 수 없을 경우 적용하는 방법은?

① 본딩(Bonding)
② 딤플링(Dimpling)
③ 드릴링(Drilling)
④ 챔퍼링(Chamfering)

**39** 큰 옆미끄럼각에서 동체의 안정성을 증가시키고 수직 꼬리날개의 유효 가로세로비를 감소시켜 실속각을 증가시키는 것은?

① 페더링
② 뒤젖힘 날개
③ 도살 핀
④ 앞젖힘 날개

**해설**
도살 핀은 방향안정성 증가가 목적이지만 가로 안정성 증가에도 도움이 된다.

**40** 케이블을 연결할 때 사용되는 턴 버클(Turn Buckle)의 사용목적으로 옳은 것은?

① 케이블의 방향을 바꾸기 위하여
② 케이블의 굵기를 맞추기 위하여
③ 케이블의 장력을 조절하기 위하여
④ 케이블이 다른 기체 구조물과 접촉되지 않도록 고정하기 위하여

**해설**
턴 버클
- 조종 케이블의 장력을 조절하는 부품
- 턴 버클 배럴 : 중심회전부로 끝에 ○ 마크는 왼나사이다.
- 턴 버클 단자 : 볼 단자, 스터드, 포크, 아이 단자

**41** 압축비가 7인 오토사이클의 열효율은 약 얼마인가?(단, 작동유체의 비열비는 1.4로 한다)

① 0.54
② 0.62
③ 0.75
④ 0.83

**해설**
$$\text{열효율} = 1 - \left(\frac{1}{\varepsilon}\right)^{k-1} = 1 - \frac{1}{\varepsilon^{k-1}} = 1 - \frac{1}{(7)^{1.4-1}} \fallingdotseq 0.54$$

**42** 항공용 가솔린이 갖추어야 할 조건으로 틀린 것은?

① 발열량이 커야 한다.
② 내한성이 작아야 한다.
③ 기화성이 좋아야 한다.
④ 부식성이 작아야 한다.

**해설**
구비조건
- 발열량이 커야 한다.
- 기화성이 좋아야 한다.
- 증기폐색(Vapor Lock)을 일으키지 않아야 한다.
- 안티노크성이 높아야 한다.
- 부식성이 작아야 한다.
- 내한성이 커야 한다(응고점이 낮아야 한다).

**43** 기체 판금작업에서 두께가 0.06in.인 금속판재를 굽힘 반지름 0.135in.로 하여 90°로 굽힐 때 세트 백은 몇 in.인가?

① 0.017
② 0.051
③ 0.125
④ 0.195

**해설**
세트백(SB ; Set Back)
$SB = \tan\frac{\theta}{2}(R+T) = \tan\frac{90°}{2}(0.135+0.06) = 0.195(\text{in.})$

**44** 기관의 출력 중 시간제한 없이 작동할 수 있는 최대 출력으로 이륙 추력의 90% 정도에 해당하는 출력의 명칭은?

① 순항 출력
② 최대 상승 출력
③ 아이들 출력
④ 최대 연속 출력

**해설**
사용시간 제한 없이 장시간 연속 작동을 보증할 수 있는 마력을 연속 최대 마력이라고 하며, 정격마력(Rated Horse Power)이라고도 하는데 이것에 따라 그 기관의 임계고도가 정해진다. 임계고도(Critical Altitude)란, 고도의 영향 때문에 어느 고도 이상에서는 기관이 정격마력을 낼 수 없는 고도를 말한다.

**45** 청력 상실 및 고막 파열의 정도가 될 수 있는 소음으로 옳은 것은?

① 25dB(A)
② 50dB(A)
③ 80dB(A)
④ 150dB(A)

**해설**
dB(데시벨)의 정도
- 25dB(데시벨) 이상 : 난청이라 한다.
- 80dB : 매우 시끄러운 차가 많은 도로
- 120dB : 귀에 손상을 입힌다.
- 150dB : 고막이 파열될 수 있다.
※ 2024년 개정된 출제기준에서는 삭제된 내용

**46** 대향형 기관의 밸브 기구에서 크랭크 축 기어의 잇수가 40개라면, 맞물려 있는 캠 기어의 잇수는 몇 개이어야 하는가?

① 20
② 40
③ 60
④ 80

**해설**
크랭크 축이 2회전하는 동안 캠 축은 1회전을 한다.

**47** 항공기기체 정비작업에서의 정시점검으로 내부구조 검사에 관계되는 것은?

① A 점검
② C 점검
③ ISI 점검
④ D 점검

**해설**
ISI(Internal Structure Inspection)
감항성에 일차적인 영향을 미칠 수 있는 기체구조를 중심으로 검사하여 항공기의 감항성을 유지하기 위한 기체 내부구조에 대한 Sampling Inspection을 말한다.

**48** 영상을 통해 보이는 주물, 단조, 용접부품 등의 내부 균열을 탐지하는 데 특히 효과적인 비파괴검사 방법은?

① X-ray 검사
② 초음파탐상검사
③ 자분탐상검사
④ 액체침투탐상검사

**해설**
※ 2024년 개정된 출제기준에서는 삭제된 내용

**49** 밸브개폐시기의 피스톤 위치에 대한 약어 중 '상사점 전'을 뜻하는 것은?

① ABC
② BBC
③ ATC
④ BTC

**해설**
- TDC(Top Dead Center) : 상사점
- BDC(Bottom Dead Center) : 하사점
- BTC(Before Top Center) : 상사점 전
- ATC(After Top Center) : 상사점 후
- BBC(Before Bottom Center) : 하사점 전
- ABC(After Bottom Center) : 하사점 후

**50** 비행기의 승강키(Elevator)에 대한 설명으로 옳은 것은?

① 수직축(Vertical Axis)을 중심으로 한 비행기의 운동(Yawing), 즉 좌우 방향전환에 사용하는 것이 주목적이다.
② 비행기의 가로축(Lateral Axis)을 중심으로 운동(Pitching)을 조종하는 데 주로 사용되는 조종면이다.
③ 비행기의 세로축(Longitudinal Axis)을 중심으로 운동(Rolling)을 조종하는 데 주로 사용되는 조종면이다.
④ 이륙이나 착륙 시 비행기의 양력을 증가시켜 주는데 목적이 있다.

**해설**
- 승강키 – Pitching
- 방향키 – Yawing
- 도움날개 – Rolling

**51** 가스터빈기관에서 배기노즐의 역할로 옳은 것은?

① 고온의 배기가스 압력을 높여준다.
② 고온의 배기가스 속도를 높여준다.
③ 고온의 배기가스 온도를 높여준다.
④ 고온의 배기가스 질량을 증가시킨다.

**해설**
배기노즐은 배기가스의 속도를 증가시켜 추력을 얻는 역할을 한다.

**52** 다음 중 유도항력이 가장 작은 날개의 모양은?

① 직사각형 날개
② 타원형 날개
③ 테이퍼형 날개
④ 앞젖힘형 날개

**해설**
유도항력계수는 $C_{Di} = \dfrac{C_L^2}{\pi e AR}$로 정의되는데, 타원형 날개는 $e$ (스팬 효율계수)가 1이 되고, 그 밖의 날개는 $e$의 값이 1보다 작다. 즉, 타원형 날개의 유도항력이 가장 작다.

**53** 비행기의 안정성이 좋다는 의미를 가장 옳게 설명한 것은?

① 전투기와 같이 기동성이 좋다는 것을 말한다.
② 돌풍과 같은 외부의 영향에 대해 곧바로 반응하는 것을 말한다.
③ 비행기가 일정한 비행상태를 유지하는 것을 말한다.
④ 조종사의 조작에 따라 비행기가 쉽게 움직이는 것을 말한다.

**해설**
비행기의 안정성 평가 기준
• 정적안정
• 동적안정
• 평형과 조종

**54** 프로펠러의 평형 작업 시 사용하는 아버(Arbor)의 용도는?

① 평형 스탠드를 맞춘다.
② 평형 칼날상의 프로펠러를 지지해준다.
③ 첨가하거나 제거해야 할 무게를 나타낸다.
④ 중량이 부가되어야 하는 프로펠러 깃을 표시한다.

**해설**
※ 2024년 개정된 출제기준에서는 삭제된 내용

**55** 내구성이 크고, 단단하며 내약품성이 좋아 고속·고고도, 악조건에서 비행하는 항공기에 사용되는 도료는?

① 프라이머
② 아크릴 래커
③ 폴리우레탄
④ 합성 에나멜

**해설**
폴리우레탄은 내열성, 내마모성, 내약품성이 뛰어나 도료, 접착제의 원료로 주로 쓰이는데, 높은 고도에서 비행하는 항공기에도 많이 사용된다. 프라이머는 항공기 표면에 전처리 작업으로 사용된다.

정답 52 ② 53 ③ 54 ② 55 ③

**56** 왕복기관의 윤활계통에서 릴리프 밸브(Relief Valve)의 주된 역할로 옳은 것은?

① 윤활유 온도가 높을 때는 윤활유를 냉각기로 보내고 낮을 때는 직접 윤활유 탱크로 가도록 한다.
② 윤활유 여과기가 막혔을 때 윤활유가 여과기를 거치지 않고 직업 기관의 내부로 공급되게 한다.
③ 기관의 내부로 들어가는 윤활유의 압력이 높을 때 작동하여 압력을 낮추어 준다.
④ 윤활유가 불필요하게 기관 내부로 스며들어가는 것을 방지한다.

**해설**
릴리프 밸브는 윤활유 압력이 규정값보다 높을 때 밸브가 열리면서 윤활유를 펌프 입구쪽으로 되돌려 보내 윤활유 압력을 낮추어 준다.

**57** 항공기 견인 시 주의사항으로 틀린 것은?

① 항공기에 항법등과 충돌 방지등을 작동시킨다.
② 기어 다운 로크 판들이 착륙장치에 꽂혀 있는지를 확인한다.
③ 항공기 견인 속도는 사람의 보행속도를 초과해서는 안 된다.
④ 제동장치에 사용되는 유압압력은 제거되어야 한다.

**해설**
제동장치의 유압압력은 늘 정상 압력으로 유지되어 제동 필요시 작동되게 해야 한다.

**58** 충격파의 강도는 충격파 전후 어떤 것의 차를 표현한 것인가?

① 온도　　② 압력
③ 속도　　④ 밀도

**해설**
초음속 흐름에서 흐름 방향의 급격한 변화로 인하여 압력이 급격히 증가하고, 밀도와 온도 역시 불연속적으로 증가하게 되는데, 이 불연속면을 충격파(Shock Wave)라고 한다.

**59** 왕복기관의 손상으로 실린더 배플(Baffle)을 수리하고자 한다면 결국 어떤 성능을 향상시키기 위한 것인가?

① 냉각성능
② 연료의 기화성능
③ 실린더의 체결성능
④ 기관의 반응성능

**해설**
왕복기관의 냉각계통에 속하는 것이 냉각핀, 배플, 카울플랩 등이므로 배플을 수리하는 것은 냉각성능 향상을 위한 것이다.

**60** 그림과 같은 프로펠러의 구조에서 허브는 어느 곳인가?

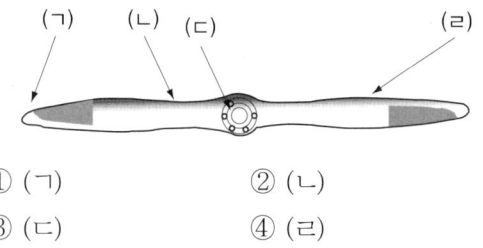

① (ㄱ)　　② (ㄴ)
③ (ㄷ)　　④ (ㄹ)

**해설**
허브는 프로펠러 중심부분 중앙이다.
※ 2024년 개정된 출제기준에서는 삭제된 내용

# 2020년 제3회 과년도 기출복원문제

**01** 토크렌치에 사용자가 원하는 토크값을 미리 지정(Setting)시킨 후 볼트를 조이면 정해진 토크 값에서 소리가 나는 방식의 토크렌치는?

① 토션 바형(Torsion Bar Type)
② 리지드 프레임형(Rigid Frame Type)
③ 디플렉팅-빔형(Deflecting-beam Type)
④ 오디블 인디케이팅형(Audible Indicating Type)

**해설**
오디블 인디케이팅형 토크렌치

**02** 다음 중 지상 보조장비가 아닌 것은?

① APU      ② GPU
③ GTC      ④ HYD Tester

**해설**
① APU(Auxiliary Power Unit) : 보조동력장치로 항공기 꼬리부분에 장착
② GPU(Ground Power Unit) : 지상동력장치
③ GTC(Gas Turbin Compressor) : 가스터빈 공기압력장치로 항공기 엔진 시동 시 사용하는 압축 공기 발생장치로 APU 시설이 없는 항공기에 사용
④ HYD Tester : 항공기의 동력 필요 없이 지상의 장비로 유압 압력을 생성하게 하여 작동기들을 작동시킴

**03** 항공기용 가스터빈 기관의 역추력장치에 대한 설명으로 틀린 것은?

① 추가적인 추력장치를 이용하여 정상 착륙 시 제동능력 및 방향 전환 능력을 돕는다.
② 일부항공기에서는 스피드 브레이크로 사용해서 항공기의 강하율을 크게 한다.
③ 주기(Parking)해 있는 항공기에서 동력 후진할 때 사용한다.
④ 비상 착륙 시나 이륙 포기 시 제동능력 및 방향 전환 능력을 향상시킨다.

**해설**
역추력장치 : 배기가스를 항공기의 역방향으로 분사시킴으로써 항공기에 제동력을 주는 장치로서 착륙 후의 항공기 제동에 사용된다.
※ 2024년 개정된 출제기준에서는 삭제된 내용

**04** 왕복기관에 사용되는 지시계기가 아닌 것은?

① 회전(RPM)계
② 윤활유량(Oil Quantity)계
③ 윤활유 온도(Oil Temperature)계
④ 실린더 헤드 온도(Cylinder Head Temperature)계

**해설**
왕복기관용 계기 : 회전계, 실린더 헤드 온도계, 연료 압력계, 윤활유 압력계, 윤활유 온도계

정답  1 ④  2 ①  3 ①  4 ②

**05** 왕복기관에서 임계고도는 어떤 마력에 의해 정해지는가?

① 이륙마력
② 정격마력
③ 순항마력
④ 경제마력

**해설**
임계고도(Critical Altitude) : 기관이 정격마력을 유지할 수 있는 최고 고도

**06** 항공기 왕복기관에서 비연료소비율에 대한 설명으로 옳은 것은?

① 1시간당 1마력을 내는 데 소비된 연료의 무게이다.
② 1시간당 연료 1kg이 발생할 수 있는 열에너지이다.
③ 1kg 연료가 1kcal의 열에너지를 발생할 수 있는 것이다.
④ 1시간당 1kcal의 열효율을 내는 데 필요한 연료소비율이다.

**07** 날개에 발생하는 유도항력을 줄이기 위한 장치는?

① 플랩(Flap)
② 슬롯(Slot)
③ 윙렛(Winglet)
④ 슬랫(Slat)

**해설**
플랩, 슬롯, 슬랫은 모두 비행기의 양력을 증가시켜주는 장치이다.

**08** 항공기의 검사방법에서 보어스코프 검사는 다음 중 어떤 검사에 속하는가?

① 육안검사
② 치수검사
③ 자력검사
④ 파괴검사

**해설**
육안검사 : 복잡한 구조물을 분해하지 않고 내부결함을 외부에서 관찰한다. 육안검사 시기는 압축기, 터빈의 FOD 현상, 이상음 발생 연소실의 과열 시동했을 때, 주기검사를 할 때 등이다.

**09** 다음 중 배기소음이 가장 심한 기관은?

① 터보팬기관
② 터보프롭기관
③ 터보제트기관
④ 터보샤프트기관

**해설**
터보제트기관 > 터보팬기관 > 터보샤프트기관 > 터보프롭기관 순으로 배기소음이 심하다.

**10** 항공기용 왕복기관의 흡입밸브 간격조절작업 시 해당 실린더의 피스톤 위치로 옳은 것은?

① 출력행정 초기
② 흡입행정 초기
③ 압축행정 초기
④ 배기행정 초기

**해설**
밸브가 완전히 닫히는 출력(파워)행정 초기 시점이다.

**11** 캐슬 너트, 핀과 같이 풀림 방지를 할 필요가 있는 부품을 고정할 때 사용하는 것은?

① 코터핀
② 피팅
③ 클레코
④ 실(Seal)

**해설**
안정 고정작업 : 안전 결선, 코터핀, 턴 버클

**12** 다음 문장이 뜻하는 계기로 옳은 것은?

"An instrument that measures and indicates height in feet."

① Altimeter
② Airspeed Indicator
③ Turn and Slip Indicator
④ Vertical Velocity Indicator

**해설**
비행계기
- 고도계(Altimeter)
- 속도계(Airspeed Indicator)
- 승강계(Rate of Climb)
- 선회 경사 지시계(Turn and Bank)
- 자세계(Attitude Indicator)
- 방향지시계(Heading Indicator)
- 마하계(Mach Meter)
※ 2024년 개정된 출제기준에서는 삭제된 내용

**13** 황목, 중목, 세목으로 나누는 줄(File)의 분류방법 기준은?

① 줄눈의 크기
② 줄의 길이
③ 줄날의 방식
④ 단면의 모양

**해설**
줄을 분류하는 방법에는 여러 가지가 있는데, 줄눈의 크기에 따라 황목, 중목, 세목, 유목으로 나눌 수 있다.

**14** 다음 중 항공기의 지상취급작업에 속하지 않는 것은?

① 견인작업
② 세척작업
③ 계류작업
④ 지상 유도작업

**해설**
항공기 지상취급(Ground Handling)에는 지상유도, 견인작업, 계류작업, 잭작업 등이 속한다.

**15** 왕복기관에서 과급기(Supercharge)가 없는 기관의 매니폴드 압력과 대기압과의 관계를 옳게 설명한 것은?

① 높은 고도에서 매니폴드 압력은 대기압보다 높다.
② 낮은 고도에서 매니폴드 압력은 대기압보다 높다.
③ 고도와 관계없이 매니폴드 압력은 대기압과 같다.
④ 고도와 관계없이 매니폴드 압력은 대기압보다 낮다.

**해설**
- 과급기 : 이륙 시 짧은 시간 동안에 최대 출력을 증가시키고 기압이 낮은 고고도 비행 시 출력을 증가시켜 고도 증가
- 매니폴드 압력 : 과급기가 없는 경우 대기압보다 낮으며, 과급기가 있는 경우 대기압보다 높음

**16** 일반적으로 터보프롭기관에서 프로펠러는 총추력의 약 몇 %의 추력을 발생시키는가?

① 10~25   ② 50~60
③ 75~90   ④ 100

**해설**
추력의 75%는 프로펠러에서, 25% 정도는 배기 노즐에서 얻는다.

**17** 고출력 왕복기관에 주로 사용되며, 축 방향으로 긴 홈이 나 있는 프로펠러축은?

① 테이퍼 축   ② 맞대기 축
③ 스플라인 축   ④ 플랜지 축

**해설**
프로펠러축의 종류
- 스플라인 축 : 고출력기관에 사용
- 테이퍼 축 : 직렬형 기관에 주로 사용
- 플랜지 축 : 저출력 및 소형 기관에 사용

**18** 왕복기관의 매니폴드 압력계의 수감부는 어디에 설치하는가?

① 기화기 출구
② 매니폴드
③ 기화기 입구
④ 흡기밸브 입구

**해설**
매니폴드(Manifold)
- 기화기에서 만든 혼합 가스를 각 실린더에 일정하게 분배한다.
- 압력을 측정하는 수감부가 있다.
- inHg, mmHg 단위를 사용한다.

**19** 여러 개의 얇은 금속편으로 이루어진 측정 기기로, 접점 또는 작은 홈의 간극 등을 측정하는 데 사용되는 것은?

① 두께 게이지
② 센터 게이지
③ 피치 게이지
④ 나사 게이지

**해설**
접점이나 작은 홈의 간극 등의 점검과 측정에 사용한다.

**20** 다음 중 가스터빈 기관에서 배기가스 소음을 줄이는 방법으로 옳은 것은?

① 고주파를 저주파로 변환시킨다.
② 배기흐름의 단면적을 좁게 한다.
③ 배기가스의 유속을 증폭시켜 준다.
④ 배기가스가 대기와 혼합되는 면적을 크게 한다.

**해설**
- 저주파를 고주파로 변환시킨다.
- 배기가스에 대한 상대 속도를 줄이거나 대기와 혼합되어 면적을 넓게 하여 저주파 소음 크기를 감소시킨다.
  - 다수 튜브(파이프형) 제트 노즐형
  - 주름살형(꽃잎형)
  - 소음 흡수 구멍 라이너 부착
※ 2024년 개정된 출제기준에서는 삭제된 내용

**21** 가스터빈 기관의 직류 고전압 용량형 점화계통에서 필터의 역할은?

① 고전압 유지
② 직류에서 교류로 변환
③ 통신 잡음 제거
④ 교류에서 직류로 변환

**22** 두께가 각각 1mm, 2mm인 판을 리베팅하려 할 때 리벳의 지름은 약 몇 mm가 가장 적당한가?

① 2   ② 4
③ 6   ④ 8

**해설**
리벳의 지름은 결합되는 판재 중에서 가장 두꺼운 판재의 3배로 선택한다.
따라서 2mm × 3 = 6mm

**23** 가스터빈 기관에서 여압 밸브와 드레인 밸브의 역할이 아닌 것은?

① 연료 계통 내의 불순물을 걸러주거나 제거한다.
② 연료의 흐름을 1차 연료와 2차 연료로 분리한다.
③ 연료 압력이 규정 압력 이상이 될 때까지 연료 흐름을 차단한다.
④ 기관 정지 시 매니폴드나 연료노즐에 남아 있는 연료를 외부로 방출한다.

**해설**
불순물을 걸러주거나 제거하는 역할을 하는 것은 연료 필터이다.

**24** 비행기가 비행 중 속도를 2배로 증가시킨다면 다른 모든 조건이 같을 때 양력과 항력은 어떻게 달라지는가?

① 양력과 항력 모두 2배로 증가한다.
② 양력과 항력 모두 4배로 증가한다.
③ 양력은 2배로 증가하고 항력은 1/2로 감소한다.
④ 양력은 4배로 증가하고 항력은 1/4로 감소한다.

**해설**
양력 $L = \frac{1}{2} C_L \rho V^2 S$, 항력 $D = \frac{1}{2} C_D \rho V^2 S$에서 보는 바와 같이 양력이나 항력은 속도의 제곱에 비례하므로 속도가 2배 증가하면, 양력과 항력은 각각 4배 증가한다.

**25** 비행기가 하강비행을 하는 동안 조종간을 당겨 기수를 올리려 할 때 받음각과 각속도가 특정 값을 넘게 되면 예상한 정도 이상으로 기수가 올라가는 현상은?

① 턱 언더(Tuck Under)
② 더치 롤(Dutch Roll)
③ 디프 실속(Deep Stall)
④ 피치 업(Pitch Up)

**해설**
① 턱 언더 : 음속에 가까운 고속 비행 시에는 속도를 증가시킬수록 기수가 오히려 내려가는 현상
② 더치 롤 : 비행기의 옆미끄럼 안정성이 방향 안정성에 비하여 너무 클 때 발생하는 가로방향의 비감쇠 현상
③ 디프 실속 : T형 꼬리날개 같이 높은 위치의 수평꼬리날개가 장착된 항공기에서 기수를 올리려는 모멘트가 발생되어 받음각을 증가시키는 정적 불안정이 나타나는 현상

**26** 가스터빈 기관의 연소실에서 직접연소에 이용되는 공기량은 일반적으로 연소실을 통과하는 공기의 약 몇 % 정도인가?

① 5~10　　② 10~15
③ 25~35　　④ 40~50

**해설**
연소실로 흡입되는 공기의 25~35% 정도의 공기는 직접연소에 이용되고 나머지 공기는 연소실 냉각에 이용된다.

**27** 항공기 급유 및 배유 시 안전사항에 대한 설명으로 옳은 것은?

① 작업장 주변에서 담배를 피우거나 인화성 물질을 취급해서는 안 된다.
② 사전에 안전조치를 취하더라도 승객 대기 중 급유해서는 안 된다.
③ 자동제어시스템이 설치된 항공기에 한하여 감시 요원배치를 생략할 수 있다.
④ 3점 접지 시 안전조치 후 항공기와 연료차의 연결은 생략할 수 있지만 각각에 대한 지면과의 연결은 생략할 수 없다.

**28** 램제트 기관에 대한 설명으로 틀린 것은?

① 초음속 비행이 가능하다.
② 정지 상태에서 작동이 불가능하다.
③ 압축기, 연소실, 터빈으로 구성된다.
④ 제트기관 중에서 가장 간단한 구조이다.

**해설**
램제트 방식에는 별도의 압축기나 터빈이 설치되어 있지 않다.

**29** 항공기 왕복기관에서 피스톤 링의 역할에 대한 설명으로 틀린 것은?

① 피스톤과 실린더 내벽 사이에 기밀유지를 통하여 블로바이 가스(Blow-by Gas)가 생기지 않도록 한다.
② 피스톤이 직접 실린더에 접촉하는 것을 방지하는 일종의 베어링 역할을 한다.
③ 피스톤의 열을 실린더에 전달하여 피스톤의 온도를 낮추는 역할을 한다.
④ 실린더 내부에 탄소 피막을 형성시켜 실린더 내구성을 향상시킨다.

> **해설**
> 실린더 피스톤링은 실린더 내부에 오일 막을 형성시켜 피스톤의 작동을 원활하게 하여 실린더 내구성을 향상시킨다.

**30** 단면적이 일정하게 유지되다가 급격히 넓어지는 관로를 공기가 초음속으로 흐를 때의 특징으로 틀린 것은?

① 충격파가 발생한다.
② 공기의 속도가 증가한다.
③ 공기의 온도가 떨어진다.
④ 공기의 압력이 떨어진다.

> **해설**
> 확산통로에서 초음속 흐름의 특징은 공기 속도는 증가하고 압력과 밀도는 감소한다.

**31** 항공기 사용시간에 대한 설명으로 옳은 것은?

① 항공기가 비행을 목적으로 램프에서 자력으로 움직이기 시작한 순간부터 착륙하여 정지할 때까지의 시간
② 항공기가 비행을 목적으로 활주로에서 이륙한 순간부터 착륙하여 정지할 때까지의 시간
③ 항공기가 비행을 목적으로 램프에서 자력으로 움직이기 시작한 순간부터 착륙하여 땅에 닿는 순간까지의 시간
④ 항공기가 비행을 목적으로 이륙하여 바퀴가 떨어진 순간부터 착륙하여 땅에 닿는 순간까지의 시간

> **해설**
> **비행시간(사용시간 : Time in Service)**
> 항공기가 비행을 목적으로 이륙(바퀴가 땅에서 떨어지는 순간)부터 착륙(바퀴가 땅에 닿는 순간)할 때까지의 경과 시간
> **작동시간(Flight Time 또는 Block Time)**
> 항공기가 이륙을 하기 위하여 자력으로 움직이기 시작한 시각부터 비행 완료 후에 정지한 시각까지의 총시간

**32** 항공기에 관한 영문 용어가 한글과 옳게 짝지어진 것은?

① Airframe - 원동기
② Unit - 단위 구성품
③ Structure - 장비품
④ Power Plant - 기체구조

> **해설**
> ① Airframe : 기체
> ③ Structure : 구조
> ④ Power Plant : 동력장치

**33** 다음 중 대형 가스터빈기관의 시동기로 가장 적합한 것은?

① 전동기식 시동기
② 공기터빈식 시동기
③ 가스터빈식 시동기
④ 시동-발전기식 시동기

**해설**
소형기에서는 전동기식 시동기를 주로 사용하고, 대형 가스터빈기관의 시동기로는 공기터빈식 시동기가 주로 사용된다.

**34** 두 개 이상의 굴곡이 교차하는 고의 안쪽 굴곡 접선에 발생하는 응력집중으로 인한 균열을 막기 위하여 뚫는 구멍은?

① Grain Hole
② Relief Hole
③ Sight Line Hole
④ Neutral Hole

**35** 다음 중 유도항력이 가장 작은 날개의 모양은?

① 직사각형 날개
② 타원형 날개
③ 테이퍼형 날개
④ 앞젖힘형 날개

**해설**
유도항력계수는 $C_{Di} = \dfrac{C_L^2}{\pi e AR}$로 정의되는데, 타원형 날개는 $e$ (스팬 효율계수)가 1이 되고, 그 밖의 날개는 $e$의 값이 1보다 작다. 즉, 타원형 날개의 유도항력이 가장 작다.

**36** Bendix에서 제작한 마그네토에 "DF18RN"이라는 기호가 표시되어 있다면 이에 대한 설명으로 옳은 것은?

① 시계방향으로 회전하게 설계된 18실린더 기관에 사용되는 복식플랜지 부착형 마그네토이다.
② 시계방향으로 회전하게 설계된 18실린더 기관에 사용되는 단식플랜지 부착형 마그네토이다.
③ 반시계방향으로 회전하게 설계된 18실린더 기관에 사용되는 복식플랜지 부착형 마그네토이다.
④ 반시계방향으로 회전하게 설계된 18실린더 기관에 사용되는 단식플랜지 부착형 마그네토이다.

**해설**
마그네토 표시 "D F 18 R N" 의미
- D : 복식 마그네토
- F : 플랜지 장착 타입
- 18 : 실린더 수
- R : 오른쪽 회전
- N : 제작회사(Bendix)

**37** 항공용 왕복기관 연료계통의 구성 중에서 기관을 시동할 때 실린더 안에 직접 연료를 분사시켜주는 장치는?

① 프라이머
② 연료선택밸브
③ 주연료펌프
④ 비상연료펌프

**해설**
프라이머(Primer)는 기관 시동 시 흡입밸브 입구나 실린더 안에 직접 연료를 분사시켜 농후한 혼합가스를 만들어줌으로써 시동을 쉽게 하는 장치이다.

**38** 실속 이내의 선형 구간에서 받음각이 증가함에 따라 압력중심(CP)의 위치변화로 옳은 것은?

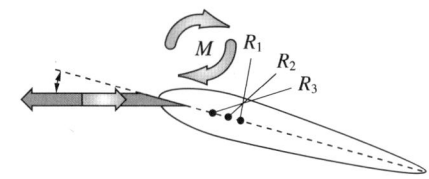

① $R_3 \to R_1 \to R_2$
② $R_1 \to R_3 \to R_2$
③ $R_3 \to R_2 \to R_1$
④ $R_1 \to R_2 \to R_3$

**해설**
압력중심
• 날개골 주위에 작용하는 공기력의 합력점을 말한다.
• 받음각이 증가하면 압력중심은 날개 앞전으로 이동한다.
• 비행기가 급강하 시에는 압력중심은 뒷전쪽으로 후퇴한다.

**39** 일반적으로 복선식(Double Twist) 안전결선방법으로 결합할 수 있는 최대 유닛(Unit) 수는 몇 개인가?

① 2개
② 3개
③ 4개
④ 제한 없다.

**해설**
안전결선방법
복선식일 경우 최대 유닛 수는 3개이며, 복선 작업이 곤란할 때는 단선식을 사용한다.

**40** 항공기의 지상안전에서 안전색은 작업자에게 여러 종류의 주의나 경고를 의미하는데 파란색(Blue)은 무엇을 의미할 때 표시하는가?

① 기계 설비의 위험이 있는 곳이다.
② 방사능 유출의 위험이 있는 곳이다.
③ 건물 내부의 관리를 위하여 표시한다.
④ 장비 및 기기가 수리, 조절 및 검사 중이다.

**해설**
• 파란색 : 장비 수리 검사
• 녹색 : 응급처치 장비, 구급용 치료 설비
• 빨간색 : 위험물, 위험상태
• 노란색 : 충돌, 추락 등 유사한 사고 위험
• 주황색 : 기계, 전기 설비의 위험 위치

**41** 항공기용 볼트 체결 작업에 사용되는 와셔의 주된 역할로 옳은 것은?

① 볼트의 위치를 쉽게 파악
② 볼트가 녹스는 것을 방지
③ 볼트가 파손되는 것을 방지
④ 볼트가 조이는 부분의 기계적인 손상과 구조재의 부식을 방지

**해설**
항공용 와셔의 기능으로는 하중 분산, 볼트의 그립길이 조정, 부식 방지, 풀림 방지 등이 있다.

**42** 가스터빈 기관을 장착한 아음속 항공기의 공기 흡입관에서 아음속 공기 흐름 변화로 옳게 설명한 것은?

① 온도 감소, 압력 감소
② 온도 상승, 압력 감소
③ 속도 증가, 압력 상승
④ 속도 감소, 압력 상승

해설
아음속기의 흡입관은 면적이 넓어지는 형태이므로, 속도는 감소하고 압력은 증가하게 된다.

**43** 다음 중 후기연소기에 대한 설명으로 틀린 것은?

① 소음과 진동을 발생시킨다.
② 연료공급은 주 연료계통으로부터 공급받아 사용한다.
③ 점화방법은 핫스트리크 점화와 토치점화방식이 있다.
④ 압력진동을 방지하기 위해 후기연소기 라이너는 주름이 잡혀 있다.

해설
※ 2024년 개정된 출제기준에서는 삭제된 내용

**44** 관 속에서 공기의 맥동효과를 이용하여 추진력을 발생시키는 기관은?

① 램제트 기관
② 펄스제트 기관
③ 터보제트 기관
④ 터보프롭 기관

해설
가스터빈 기관이나 램제트 기관은 공기가 연속적으로 흡입이 되지만, 펄스제트 기관은 흡입공기가 주기적으로 흡입이 된다.

**45** 흡입 밸브(Intake Valve)가 하사점 후에 닫히는 것을 무엇이라 하는가?

① 밸브 랩(Valve Lap)
② 밸브 지연(Valve Lag)
③ 밸브 앞섬(Valve Lead)
④ 밸브 간극(Valve Clearance)

**46** 수퍼차저(Super Charger)의 목적에 대한 설명으로 옳은 것은?

① 흡입 연료의 온도를 증가시켜 출력을 증가시킨다.
② 흡입 연료의 발열량을 증가시켜 출력을 증가시킨다.
③ 흡입공기나 혼합가스의 압력을 증가시켜 출력을 증가시킨다.
④ 흡입공기나 혼합공기의 온도를 증가시켜 출력을 증가시킨다.

해설
엔진 출력을 증가시키기 위해서는 실린더로 흡입되는 공기나 혼합가스의 평균유효압력($P_m$)을 높여줘야 하는데 수퍼차저나 터보차저가 이런 역할을 담당한다.

정답 42 ④ 43 ② 44 ② 45 ② 46 ③

**47** 다음 중 공랭식 왕복기관의 특징이 아닌 것은?

① 기관 작동이 낮은 기온에서 윤활이 원활하다.
② 동일한 마력의 액랭식 기관보다 무게가 가볍다.
③ 라디에이터, 온도조절장치, 펌프 등으로 구성된다.
④ 액랭식 기관보다 구조가 간단하여 정비하기 용이하다.

해설
라디에이터, 온도조절장치, 펌프 등은 액랭식 냉각방식에 필요한 장치들이다.

**48** 항공기의 구조재를 서로 결합 또는 체결시킬 때 사용되는 것이 아닌 것은?

① 너트   ② 스크루
③ 리벳   ④ 튜브피팅

해설
튜브피팅(Tube Fitting)은 튜브와 튜브를 연결하는 부품이다.

**49** 가스터빈기관의 연료조정장치를 나타내는 것은?

① FOD   ② EGT
③ FCU   ④ GPU

해설
③ FCU(Fuel Control Unit) : 연료조절 장치
① FOD(Foreign Object Damage) : 외부 물질에 의한 손상
② EGT(Exhaust Gas Temperature) : 배기가스 온도
③ GPU(Ground Power Unit) : 지상보조동력장치

**50** 양극 산화 처리를 하기 전에 수행하여야 할 전처리 작업이 아닌 것은?

① 래크 작업
② 사전세척 작업
③ 마스크 작업
④ 스트링어 작업

해설
※ 2024년 개정된 출제기준에서는 삭제된 내용

**51** 가스터빈기관 항공기에서 EPR 계기가 나타내는 것은?

① 압축기 출구전압 / 압축기 입구전압
② 터빈 출구전압 / 터빈 입구전압
③ 터빈 출구전압 / 압축기 입구전압
④ 터빈 출구전압 / 압축기 출구전압

해설
EPR 계기 : 엔진 압력비(Engine Pressure Ratio) 계기

정답  47 ③  48 ④  49 ③  50 ④  51 ③

**52** 다음 중 왕복기관에서 저속운전의 비정상상태의 원인이 아닌 것은?

① 기화기가 고장일 때
② 연료압력이 높을 때
③ 점화플러그에 이물질이 끼었을 때
④ 저속혼합비가 너무 희박으로 조절되었을 때

**53** 비행기의 받음각이 일정 각도 이상되어 최대 양력 값을 얻었을 때에 대한 설명으로 틀린 것은?

① 이때의 고도를 최고 고도라 한다.
② 이때의 받음각을 실속받음각이라 한다.
③ 이때의 비행기 속도를 실속속도라 한다.
④ 이때의 양력계수값을 최대양력계수라 한다.

**[해설]**
받음각이 증가하면 양력도 따라서 증가하지만, 어느 각도 이상에서는 양력이 갑자기 감소하면서 항력이 증가하는데 이 현상을 실속(Stall)이라 하고 이때의 받음각을 실속각이라고 하며, 이때의 속도를 실속속도라고 한다. 또한 실속각에서 최대양력계수를 가진다.

**54** 헬리콥터 회전날개의 원판하중을 옳게 나타낸 식은?(단, $W$ : 헬리콥터의 전하중, $D$ : 회전면의 지름, $R$ : 회전면의 반지름이다)

① $\dfrac{W}{\pi D^2}$   ② $\dfrac{W}{\pi R^2}$
③ $\dfrac{\pi D^2}{W}$   ④ $\dfrac{\pi R^2}{W}$

**[해설]**
원판하중은 헬리콥터의 무게를 회전날개 회전 면적으로 나눈 값이다.
즉, 원판하중 $= \dfrac{W}{\pi R^2}$

**55** 다음 중 항공기의 세척에 사용되는 안전 솔벤트는?

① 케로신(Kerosine)
② 방향족 나프타(Aromatic Naphtha)
③ 메틸에틸케톤(Methyl Ethyl Ketone)
④ 메틸클로로폼(Methyl Chloroform)

**[해설]**
안전 솔벤트는 메틸클로로폼을 말하며, 주로 일반세척과 그리스 세척에 사용한다.

**56** 가스터빈기관에서 배기노즐(Exhaust Nozzle)의 가장 중요한 사용 목적은?

① 터빈 냉각을 시킨다.
② 가스압력을 증가시킨다.
③ 가스속도를 증가시킨다.
④ 회전방향 흐름을 얻는다.

**[해설]**
배기 노즐의 주목적은 배기가스의 흐름 속도를 증가시켜 항공기 추력을 증가시키는 것이다.

**57** 헬리콥터의 전진비행 시 양력의 비대칭 현상을 제거해주는 주회전날개 깃의 운동을 무엇이라 하는가?

① 페더링 운동
② 플래핑 운동
③ 주기 피치 운동
④ 동시 피치 운동

해설
헬리콥터 주회전날개가 전진을 할 때는 양력이 증가하여 깃이 상승하고, 반대로 후진을 할 때는 양력이 감소하여 하강을 하게 되는데 이것을 플래핑(Flapping)이라고 한다.

**58** "에너지는 여러 가지 형태로 변환이 가능하나, 절대적인 양은 일정하다."라는 내용은 어떤 법칙을 설명하고 있는가?

① 뉴턴의 제1법칙
② 열역학 제0법칙
③ 열역학 제1법칙
④ 열역학 제2법칙

해설
열역학 제1법칙은 에너지 보존법칙으로 열과 일은 서로 변환될 수 있다는 것을 설명한 것으로 열과 일에 대한 양적인 개념을 설명한 것이고, 열과 일의 변환에 있어서 어떠한 방향이 있다는 것을 설명한 것이 열역학 제2법칙이다.

**59** 변압기의 1차 코일에 감은 수가 100회, 2차 코일에 감은 수가 300회인 변압기의 1차 코일에 100V 전압을 가할 시 2차 코일에 유기되는 전압은 몇 볼트(V)인가?

① 100
② 200
③ 300
④ 400

해설
$$\frac{N_2}{N_1} = \frac{V_2}{V_1}$$
$$V_2 = V_1 \times \frac{N_2}{N_1} = 100 \times \frac{300}{100} = 300(\text{V})$$

**60** 다음 중 그리스, 솔벤트, 페인트 등의 화재에 해당하는 것은?

① A급 화재
② B급 화재
③ C급 화재
④ D급 화재

해설
② B급 화재 : 유류, 가스화재
① A급 화재 : 일반화재
③ C급 화재 : 전기화재
④ D급 화재 : 금속화재

정답 57 ② 58 ③ 59 ③ 60 ②

# 2021년 제3회 과년도 기출복원문제

**01** 다음 중 지상 보조장비가 아닌 것은?

① APU  ② GPU
③ GTC  ④ HYD Tester

**해설**
① APU(Auxiliary Power Unit) : 보조동력장치로 항공기 꼬리부분에 장착
② GPU(Ground Power Unit) : 지상동력장치
③ GTC(Gas Turbin Compressor) : 가스터빈 공기압력장치로 항공기 엔진 시동 시 사용하는 압축 공기 발생장치로 APU 시설이 없는 항공기에 사용
④ HYD Tester : 항공기의 동력 필요 없이 지상의 장비로 유압 압력을 생성하게 하여 작동기들을 작동시킴

**02** 다음 중 열역학 제1법칙에 관한 설명으로 옳은 것은?

① 에너지는 여러 가지 형태로 변환이 가능하나, 절대적인 양은 일정하다.
② 열과 일의 변환에 있어서 방향성과 비가역성을 제시한 것이다.
③ 전자유도에 의하여 생기는 전압의 방향은 그 유도전류가 만든 자속이 원래의 자속변화를 방해하는 방향으로 발생한다.
④ 일정한 온도에서 기체의 부피는 기체의 압력에 반비례한다.

**해설**
② 열역학 제2법칙
③ 렌츠의 법칙
④ 보일의 법칙

**03** 항공기기관의 추력을 증가시키기 위한 물분사 장치의 원리를 옳게 설명한 것은?

① 압축기 블레이드를 세척함으로써 공기의 저항을 감소시켜 추력을 증가시킨다.
② 기관에 흐르는 공기의 질량과 밀도를 증가시킴으로써 추력을 증가시킨다.
③ 터빈 배기가스의 온도를 내려 줌으로서 추력을 증가시킨다.
④ 기관 흡입구의 온도를 증가시킴으로써 추력을 증가시킨다.

**해설**
압축기 입구로 흡입되는 공기의 밀도가 클수록 기관 추력이 증가하는 데, 물분사를 시킴으로써 흡입 공기의 온도가 감소하고 따라서 밀도가 증가되는 효과를 가져온다.

**04** 비행기가 비행 중 돌풍이나 조종에 의해 평형상태를 벗어난 뒤에 다시 평형상태로 돌아오려는 초기의 경향을 무엇이라고 하는가?

① 정적 불안정  ② 정적 안정
③ 정적 중립  ④ 동적 안정

**해설**
평형상태를 벗어난 뒤 다시 평형상태로 돌아오려는 경향을 정적 안정, 교란을 받은 후 시간이 지남에 따라 진폭이 감소하는 경우를 동적 안정이라고 한다.

**05** 무게가 3,000kgf인 비행기가 경사각 30°로 정상 선회를 할 때, 이 비행기의 원심력은 약 몇 kgf 인가?

① 1,258　　② 1,335
③ 1,587　　④ 1,732

**해설**
선회비행 시 원심력
$CF = W\tan\phi = 3,000 \times \tan 30° \approx 1,732(kgf)$

**06** 비행기의 승강키(Elevator)에 대한 설명으로 옳은 것은?

① 수직축(Vertical Axis)을 중심으로 한 비행기의 운동(Yawing), 즉 좌우 방향전환에 사용하는 것이 주목적이다.
② 비행기의 가로축(Lateral Axis)을 중심으로 운동(Pitching)을 조종하는 데 주로 사용되는 조종면이다.
③ 비행기의 세로축(Longitudinal Axis)을 중심으로 운동(Rolling)을 조종하는 데 주로 사용되는 조종면이다.
④ 이륙이나 착륙 시 비행기의 양력을 증가시켜 주는 데 목적이 있다.

**해설**
- 승강키 : Pitching
- 방향키 : Yawing
- 도움날개 : Rolling 담당

**07** 항공기 날개의 공기흐름에 대한 설명에서 빈칸에 알맞은 말로 옳게 짝지어진 것은?

> 일정 속도로 진행하는 비행기의 날개에서 윗면에서는 속도가 ( A )하여 압력이 ( B ), 압력계수는 대부분 ( C )의 값이 된다.

① A-감소, B-낮아지고, C-음(-)
② A-감소, B-높아지고, C-양(+)
③ A-증가, B-높아지고, C-양(+)
④ A-증가, B-낮아지고, C-음(-)

**해설**
날개 윗면에서 공기흐름 속도는 증가하고 베르누이 정리에 의해 압력은 감소한다. 따라서 날개 윗면의 압력계수는 대부분 (-)의 값을 가진다.

**08** 항공기의 구조재를 서로 결합 또는 체결시킬 때 사용되는 것이 아닌 것은?

① 너트　　② 스크루
③ 리벳　　④ 튜브피팅

**해설**
튜브피팅(Tube Fitting)은 튜브와 튜브를 연결하는 부품이다.

**09** 비행장에 설치된 시설물, 장비 및 각종 기기는 작업자의 안전을 위해 안전색채 표지로 구분하는데 인화성 물질이나 폭발성 액체 및 폭발물 등에 칠하는 안전색채는?

① 녹색  ② 파란색
③ 노란색  ④ 빨간색

**해설**
- 빨간색 : 위험물 또는 위험상태 표시
- 주황색 : 기계 또는 전기설비의 위험 위치 식별
- 녹색 : 안전에 관련된 설비 및 구급용 치료시설 식별
- 노란색 : 사고의 위험이 있는 장비나 시설물에 표시

**10** 비행기의 기준축과 각축에 대한 회전 각운동에 대해 옳게 나열한 것은?

① 가로축 – $x$축 – 빗놀이(Yawing)
② 가로축 – $y$축 – 키놀이(Pitching)
③ 수직축 – $z$축 – 옆놀이(Rolling)
④ 수직축 – $z$축 – 키놀이(Pitching)

**해설**
비행기의 3축 운동

| 세로축 | $x$축 | 옆놀이(Rolling) |
|---|---|---|
| 가로축 | $y$축 | 키놀이(Pitching) |
| 수직축 | $z$축 | 빗놀이(Yawing) |

**11** 항공기에 관한 영문 용어가 한글과 옳게 짝지어진 것은?

① Airframe – 원동기
② Unit – 단위 구성품
③ Structure – 장비품
④ Power Plant – 기체구조

**해설**
② Unit : 단위 구성품
① Airframe : 기체
③ Structure : 구조
④ Power Plant : 동력장치

**12** 단면적이 50cm²인 관속을 흐르는 비압축성 공기의 속도가 20m/s이라면 단면적이 30cm²인 곳의 속도는 약 몇 m/s인가?

① 10.4  ② 24.8
③ 33.3  ④ 41.9

**해설**
연속의 법칙에서 $A_1 V_1 = A_2 V_2$
여기서, $A_1$ : 입구 단면적
$V_1$ : 입구에서의 유체속도
$A_2$ : 출구 단면적
$V_2$ : 출구에서의 유체속도
$V_2 = \left(\dfrac{A_1}{A_2}\right) V_1$
$\therefore V_2 = \left(\dfrac{50}{30}\right) \times 20 \fallingdotseq 33.33 \text{(m/s)}$

**13** 다음 중 음속에 가장 큰 영향을 미치는 요인은?

① 압력  ② 밀도
③ 공기성분구성  ④ 온도

**해설**
음속은 공기의 온도가 증가할수록 빨라진다.
음속을 $C$, 비열비를 $\gamma$, 공기의 절대온도를 $T$라고 할 때 음속은 다음과 같다.
$C = \sqrt{\gamma RT}$

**14** 다음 중 부식성이 높은 환경에서 사용이 가장 적절한 안전결선의 재질은?

① 열처리한 것
② 아연도금을 한 것
③ 내식강 또는 모넬로 만들어진 것
④ 일반적인 안전결선에 부식방지 처리를 한 것

**해설**
모넬은 주로 니켈과 구리의 합금으로 내식성이 강한 성질을 가지고 있다.

**15** 판재의 가장자리에서 첫 번째 리벳 중심까지의 거리를 무엇이라 하는가?

① 끝거리  ② 리벳 간격
③ 열간격  ④ 가공거리

**해설**
리벳의 배열
- 끝거리(연거리) : 판재의 가장자리에서 첫 번째 리벳 구멍 중심까지의 거리
- 피치 : 같은 리벳 열에서 인접한 리벳 중심 간의 거리
- 게이지 또는 횡단피치 : 리벳 열 간의 거리

**16** 무게가 $W$인 활공기 또는 기관이 정지된 비행기가 일정한 속도($V$)와 활공각 $\theta$로 활공 비행을 하고 있을 때의 양력($L$)방향과 항력($D$)방향으로 힘을 옳게 나타낸 것은?

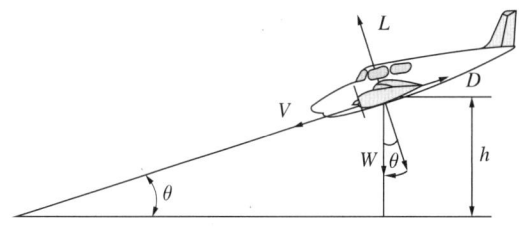

① $L = W\sin\theta$, $D = W\cos\theta$
② $L = W\cos\theta$, $D = W\sin\theta$
③ $L = W\tan\theta$, $D = W\tan\theta$
④ $L = \dfrac{W}{\cos\theta}$, $D = \dfrac{W}{\sin\theta}$

**17** 항공기 동안정성 중 세로면에서의 진동에 따라 나타나는 현상은?

① 더치롤 – 나선 운동
② 단주기 운동 – 롤 운동
③ 장주기 운동 – 나선 운동
④ 단주기 운동 – 장주기 운동

**해설**
비행기의 동적 세로 안정은 일반적으로 장주기 운동, 단주기 운동 및 승강키 자유운동과 같은 세 가지의 기본 진동 형태로 구성된다.

**18** 회전익 항공기에서 자동회전(Autorotation)이란?

① 꼬리 회전날개에 의해 항공기의 방향조종을 하는 것이다.
② 주회전날개의 반작용 토크에 의해 항공기 기체가 자동적으로 회전하려는 경향이다.
③ 회전날개 축에 토크가 작용하지 않는 상태에서도 일정한 회전수를 유지하는 것이다.
④ 전진하는 깃(Blade)과 후퇴하는 깃의 양력 차이에 의하여 항공기 자세에 불균형이 생기는 것이다.

**20** 금속 표면이 공기 중의 산소와 직접 반응을 일으켜 생기는 부식은?

① 입자 간 부식
② 표면 부식
③ 응력 부식
④ 찰과 부식

**해설**

부식의 종류
- 응력 부식 : 장시간 표면에 가해진 정적인 응력의 복합적 효과로 인해 발생
- 이질 금속 간 부식 : 두 종류의 다른 금속이 접촉하여 생기는 부식으로 동전지 부식, 갈바닉 부식이라고도 함
- 입자 간 부식 : 금속의 입자 경계면을 따라 생기는 선택적인 부식
- 점 부식 : 금속 표면이 국부적으로 깊게 침식되어 작은 점 형태로 만들어지는 부식
- 찰과 부식 : 마찰로 인한 부식으로 밀착된 구성품 사이에 작은 진폭의 상대 운동으로 인해 발생
- 표면 부식 : 산소와 반응하여 생기는 가장 일반적인 부식
- 피로 부식 : 금속에 가해지는 반복 응력에 의해 발생

※ 2024년 개정된 출제기준에서는 삭제된 내용

**19** 항공기 유도 시 그림과 같은 동작의 의미는?

① 서행
② 기관 감속
③ 촉 제거
④ 정면 정지

**21** 좁은 공간의 작업 시 굴곡이 필요한 경우에 스피드 핸들, 소켓 또는 익스텐션바와 함께 사용하는 그림과 같은 공구는?

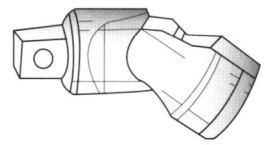

① 익스텐션 댐퍼
② 어댑터
③ 유니버설 조인트
④ 크로풋

**22** CO₂ 소화기와 CBM 소화기의 단점을 보완하여 개발된 소화기는?

① 포 소화기
② 분말 소화기
③ 할론 소화기
④ 중탄 소화기

**해설**
할론 소화기는 주변의 산소농도를 묽게 하는 효과로 화재의 전반에 걸쳐 사용할 수 있으며, 화재 진압 후 2차 피해가 우려될 때 사용할 수 있다.

**23** 다음 중 안전여유를 구하는 식으로 옳은 것은?

① 안전여유 = $\dfrac{허용하중}{실제하중} - 1$

② 안전여유 = $\dfrac{실제하중}{허용하중} - 1$

③ 안전여유 = $\dfrac{허용하중}{실제하중} + 1$

④ 안전여유 = $\dfrac{실제하중}{허용하중} + 1$

**해설**
※ 2024년 개정된 출제기준에서는 삭제된 내용

**24** 제트기관(Jet Engine)의 연소실에서 가장 효율적인 공연비(Air Fuel Mixing Ratio)는 15 : 1인데 이것은 어떠한 단위의 비율인가?

① 압력의 단위
② 부피의 단위
③ 무게의 단위
④ 온도의 단위

**해설**
1차 연소영역 공기 연료비는 14~18 : 10며, 2차 연소영역은 혼합, 냉각 부분으로 공기 연료비는 60~130 : 10다.

**25** 래칫핸들(Ratchet Handle)에 대한 설명으로 옳은 것은?

① 정확한 토크로 볼트나 너트를 조이도록 토크값을 지시한다.
② 볼트나 너트를 조이거나 풀 때 연장공구의 장착을 유용하게 한다.
③ 원통 모양의 물건을 표면에 손상을 주지 않고 돌리기 위해 사용한다.
④ 볼트나 너트를 조이거나 풀 때 한쪽방향으로만 움직이도록 한다.

**해설**
① 토크렌치
② 연장대(익스텐션 바)
③ 스트랩렌치
④ 래칫핸들

**26** 다음 중에서 부품의 불연속을 찾아내는 방법으로 고주파 음속 파장을 사용하는 비파괴검사는?

① 초음파탐상검사
② 자기탐상검사
③ 형광침투탐상검사
④ 와전류탐상검사

**해설**
비파괴검사(NDT ; Non-Destructive Test)의 종류
• 방사선투과검사(RT ; Radiographic Testing)
• 자분탐상검사(MT ; Magnetic Particle Testing)
• 침투탐상검사(PT ; Liquid Penetrant Testing)
• 초음파탐상검사(UT ; Ultrasonic Testing)
• 와전류탐상검사(ET ; Eddy Current Testing)
• 누설검사(LT ; Leak Testing)
※ 2024년 개정된 출제기준에서는 삭제된 내용

[정답] 22 ③ 23 ① 24 ③ 25 ④ 26 ①

**27** 길이가 10in인 토크렌치와 길이가 2in인 어댑터를 직선으로 연결하여 볼트를 252in-lbs로 조이려고 한다면 토크렌치에 지시되어야 할 토크값은 몇 in-lbs인가?

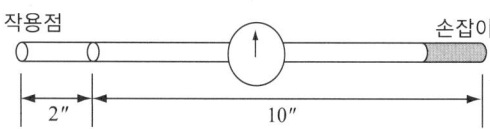

① 150
② 180
③ 210
④ 220

**해설**
연장공구 사용 시 토크값
$$T_W = T_A \times \frac{l}{l+a} = 252 \times \frac{10}{10+2} = 210(\text{in}-\text{lbs})$$
여기서, $T_W$ : 토크렌치 지시값
$T_A$ : 실제 조이는 토크값
$l$ : 토크렌치 길이
$a$ : 연장공구 길이

**28** 헬리콥터의 회전날개는 동체 토크를 발생시키는데 이것을 상쇄시키기 위한 장치는?

① 안정판
② 파일론
③ 꼬리회전날개
④ 테일붐

**해설**
헬리콥터는 꼬리회전날개의 피치를 변화시켜 동체에 발생하는 토크를 상쇄시키는 힘의 크기를 조절한다.

**29** 항공기의 트림 상태(Trim Condition)란 무게중심에 관한 피칭모멘트가 어떤 상태를 의미하는가?

① 감소하는 상태
② "Zero(0)"인 상태
③ 증가하는 상태
④ "1"인 상태

**30** 일정한 응력을 받는 재료가 일정한 온도에서 시간이 경과함에 따라 하중이 일정하더라도 변화하는 현상을 무엇이라 하는가?

① 크리프
② 피로
③ 좌굴
④ 응력집중

**31** 토크렌치와 연장 공구를 이용하여 볼트를 400in·lbs로 체결하려 한다. 토크렌치와 연장 공구의 유효길이는 각각 25in와 15in이라면 토크렌치의 지시값이 몇 in·lbs를 지시할 때까지 죄어야 하는가?

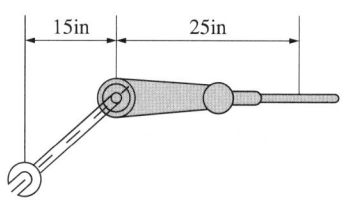

① 150
② 200
③ 240
④ 250

**해설**
연장공구 사용 시 토크값
$$T_W = T_A \times \frac{l}{l+a} = 400 \times \frac{25}{25+15} = 250(\text{in} \cdot \text{lbs})$$

**32** 터빈 깃 내부를 중공으로 하여 이곳으로 냉각공기를 통과시켜 터빈 깃을 냉각하는 가장 단순한 방법은?

① 대류냉각
② 충돌냉각
③ 표면냉각
④ 증발냉각

**해설**
터빈 깃 냉각방법
- 대류냉각(Convection Cooling) : 터빈 내부에 공기 통로를 만들어 이곳으로 차가운 공기가 지나가게 함으로써 터빈을 냉각
- 충돌냉각(Impingement Cooling) : 터빈 깃 내부에 작은 공기 통로를 설치한 후 냉각 공기를 충돌시켜 깃을 냉각
- 공기막냉각(Air Film Cooling) : 터빈 깃의 표면에 작은 구멍을 통하여 나온 찬 공기의 얇은 막이 터빈 깃을 둘러싸서 터빈 깃을 냉각
- 침출냉각(Transpiration Cooling) : 터빈 깃을 다공성 재료로 만들고 깃 내부에 공기 통로를 만들어 차가운 공기가 터빈 깃을 통하여 스며 나오게 함으로써 터빈 깃을 냉각

**33** 볼트의 호칭기호가 "AN 43-6"일 때 볼트의 지름과 길이로 옳은 것은?

① 지름은 $\frac{4}{8}$in, 길이는 $\frac{6}{16}$in이다.
② 지름은 $\frac{3}{16}$in, 길이는 $\frac{6}{8}$in이다.
③ 지름은 $\frac{6}{8}$in, 길이는 $\frac{3}{16}$in이다.
④ 지름은 $\frac{6}{16}$in, 길이는 $\frac{4}{8}$in이다.

**해설**
AN 볼트에서 앞쪽 숫자는 볼트 지름을 나타내며 1/16in씩 증가하고, 뒤쪽 숫자는 볼트 길이를 나타내며 1/8in씩 증가한다.

**34** 왕복기관의 윤활유 분광시험 결과 구리금속입자가 많이 나오는 경우 예상되는 결함부분은?

① 마스터로드 실
② 피스톤 링
③ 크랭크축 베어링
④ 부싱 및 밸브 가이드

**해설**
윤활유 분광시험 성분별 이상 위치
- 철 : 피스톤 링, 밸브 스프링, 베어링 등
- 주석 : 납땜 부위
- 은 입자 : 마스터 로드 실(Seal)
- 구리 입자 : 부싱, 밸브 가이드
- 알루미늄 합금 : 피스톤, 기관 내부

**35** 가스터빈기관 연료계통의 일반적인 연료흐름을 순서대로 나열한 것은?

① 주연료펌프 → 여과기 → P&D 밸브 → FCU → 연료매니폴드 → 연료노즐
② 주연료펌프 → FCU → 여과기 → 연료매니폴드 → P&D 밸브 → 연료노즐
③ 주연료펌프 → 여과기 → FCU → P&D 밸브 → 연료매니폴드 → 연료노즐
④ 주연료펌프 → 여과기 → P&D 밸브 → 연료매니폴드 → FCU → 연료노즐

**해설**
주연료탱크 → 연료부스터펌프 → 연료 여과기 → 연료펌프 → 연료조절장치(FCU) → 여압 및 드레인밸브(P&D 밸브) → 연료매니폴드 → 연료노즐

## 36 다음 ( ) 안에 알맞은 것은?

> "( ) should never deflect the alignment of a cable more than 3°."

① Fairleads   ② Pulley
③ Stopper    ④ Hinge

**해설**
페어리드(Fairlead)는 케이블이 벌크헤드의 구멍이나 다른 금속이 지나가는 곳에 사용되며, 케이블의 느슨함을 막고 다른 구조와의 접촉을 방지한다.
※ 2024년 개정된 출제기준에서는 삭제된 내용

## 37 터빈 입구의 압력이 7, 터빈 출구의 압력이 3, 로터 입구의 압력이 5인 가스터빈기관에서 축류형 터빈의 반동도는?(단, 공기의 비열비는 1.4이다)

① 20%   ② 30%
③ 40%   ④ 50%

**해설**
$$터빈반동도 = \frac{터빈로터에 의한 팽창량}{단의 팽창량} \times 100\%$$
$$= \frac{P_2 - P_3}{P_1 - P_3} \times 100\%$$
$$= \frac{5-3}{7-3} \times 100\%$$
$$= 50\%$$

## 38 대형 항공기에서 압축기 부분에 물분사나 물-알코올분사를 하는 주된 목적으로 옳은 것은?

① 추력 증가를 위하여
② 부식 방지를 위하여
③ 기관 청결을 위하여
④ 기관 내구성 증가를 위하여

**해설**
- 이륙 시에만 사용하며 흡입공기의 온도를 감소시키며 공기 밀도가 증가하여 추력이 증가한다.
- 알코올을 사용하는 이유는 연소 온도를 높인다.
- 추력 증가는 10~30%이다.
※ 2024년 개정된 출제기준에서는 삭제된 내용

## 39 항공용 가솔린이 갖추어야 할 조건으로 틀린 것은?

① 발열량이 커야 한다.
② 내한성이 작아야 한다.
③ 기화성이 좋아야 한다.
④ 부식성이 작아야 한다.

**해설**
구비조건
- 발열량이 커야 한다.
- 기화성이 좋아야 한다.
- 증기폐색(Vapor Lock)을 일으키지 않아야 한다.
- 안티노크성이 높아야 한다.
- 부식성이 작아야 한다.
- 내한성이 커야 한다(응고점이 낮아야 한다).

**40** 화학적 피막 처리의 하나인 알로다인 처리에 사용되는 용제들 중 암적색 용재로 알루미늄합금으로 된 날개구 조재의 안쪽과 바깥쪽의 도장 작업을 하기 전에 표피의 전처리 작업으로 활용되는 것은?

① 알로다인 600
② 알로다인 1,000
③ 알로다인 1,200
④ 알로다인 2,000

해설
알로다인(Alodine) 공정은 전기를 사용하지 않고 알로다인이라는 크롬산 계열의 화학 약품 속에서 알루미늄에 산화피막을 입히는 공정을 말한다. 알로다인 600은 암적색, 알로다인 1,000은 투명, 알로다인 1,200은 황갈색을 띤다.
※ 2024년 개정된 출제기준에서는 삭제된 내용

**41** 밸브개폐시기의 피스톤 위치에 대한 약어 중 '상사점 전'을 뜻하는 것은?

① ABC
② BBC
③ ATC
④ BTC

해설
• BTC(Before Top Center) : 상사점 전
• TDC(Top Dead Center) : 상사점
• BDC(Bottom Dead Center) : 하사점
• ATC(After Top Center) : 상사점 후
• BBC(Before Bottom Center) : 하사점 전
• ABC(After Bottom Center) : 하사점 후

**42** 다음 그림의 기호와 명칭이 바르게 연결되지 않은 것은?

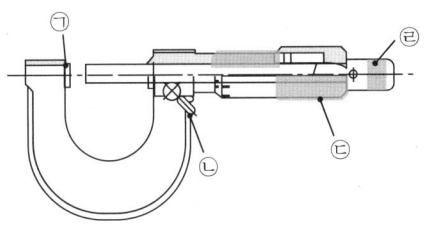

① ㉠ - 앤빌
② ㉡ - 클램프
③ ㉢ - 핸들
④ ㉣ - 배럴

해설
㉣ 래칫스톱

**43** 관제탑에서 지시하는 신호의 종류 중 "활주로 유도로상에 있는 인원 및 차량은 사주를 경계한 후 즉시 본 장소를 떠나라"는 의미의 신호는?

① 녹색등
② 점멸 녹색등
③ 흰색등
④ 점멸 적색등

해설
관제탑 등화신호(항공안전본부 비행안전 안내 지침서에 따른 신호)

| 녹색점멸 | 착륙구역을 가로질러 유도로 방향으로 진행 |
|---|---|
| 적색연속 | 정지 |
| 적색점멸 | 착륙구역이나 유도로로부터 벗어나고 주변 항공기에 주의 |
| 백색점멸 | 관제지시에 따라 기동지역을 벗어날 것 |
| 활주로등 혹은 유도로등 점멸 | 활주로를 벗어나 관제탑의 등화신호를 준수할 것. 비상상황 혹은 위에서 언급된 등화신호가 보여질 경우 등화신호기를 갖춘 활주로 및 유도로에서 사용되어져야 한다. |

※ 2024년 개정된 출제기준에서는 삭제된 내용

**44** ALCOA 규격 10S의 주합금 원소는?

① 구리(Cu)   ② 망가니즈(Mn)
③ 순수알루미늄   ④ 규소(Si)

**해설**
알코아 규격 식별 기호
맨 앞의 A는 알코아 회사의 알루미늄 재료를 나타내고 그 뒤의 숫자는 합금 원소, 그리고 숫자 뒤의 S는 가공재를 나타낸다.

| 합금 번호 범위 | 주합금 원소 |
|---|---|
| 2S | 순수알루미늄 |
| 3S~9S | 망가니즈(Mn) |
| 10S~29S | 구리(Cu) |
| 30S~49S | 규소(Si) |
| 50S~69S | 마그네슘(Mg) |
| 70S~79S | 아연(Zn) |

※ 2024년 개정된 출제기준에서는 삭제된 내용

**45** 기관 검사 시 일반적으로 육안검사로 식별할 수 없는 금속 표면 결함은?

① 찍힘(Nicks)
② 밀림(Galling)
③ 스코어링(Scoring)
④ 금속 피로(Metal Fatigue)

**46** 다음 중 비행기의 가로 안정성에 기여하는 가장 중요한 요소는?

① 쳐든각   ② 미끄럼각
③ 붙임각   ④ 앞젖힘각

**해설**
가로 안정을 좋게 하려면 쳐든각(상반각)을 주고, 방향안정을 좋게 하려면 후퇴각을 준다.

**47** 시동이 시작된 다음 배기가스의 온도가 규정값 이상으로 증가한 상태를 무엇이라 하는가?

① 과열시동   ② 결핍시동
③ 시동불능   ④ 자동시동

**해설**
가스터빈기관의 비정상 시동
① 과열시동(Hot Start) : 시동 시 배기가스의 온도가 규정값 이상으로 증가하는 현상
② 결핍시동(Hung Start) : 시동이 시작된 다음 기관 회전수가 완속 회전수까지 증가하지 않고 이보다 낮은 회전수에 머무르는 현상
③ 시동불능(No Start) : 기관이 규정된 시간 안에 시동되지 않는 현상

**48** 보일의 법칙에 관한 특징으로 옳지 않은 것은?

① 일정한 온도에서 외부압력이 증가하면 기체의 부피는 증가, 기체의 압력은 감소
② 일정한 온도에서 기체의 부피는 기체의 압력에 반비례한다.
③ 동일한 높이의 고도에서 밀도는 압력에 비례하고, 온도에 반비례한다.
④ 대류권에서 고도가 높아지면 공기의 밀도, 온도, 압력이 모두 감소한다.

**해설**
① 일정한 온도에서 외부압력이 증가하면 기체의 부피는 감소하고 기체의 압력은 증가한다.

**49** 날개의 뒷전에 출발 와류가 생기게 되면 앞전 주위에도 이것과 크기가 같고 방향이 반대인 와류가 생기는데 이것을 무엇이라 하는가?

① 속박 와류
② 말굽형 와류
③ 유도 와류
④ 날개끝 와류

**해설**
날개가 움직이면 날개 뒷전에 출발 와류가 생기는데 날개 주위에도 이것과 크기가 같고 방향이 반대인 와류가 생긴다. 날개 주위에 생기는 이 순환은 항상 날개에 붙어 다니므로 속박 와류라고 하고, 이 와류로 인하여 날개에 양력이 발생하게 된다.

**50** 헬리콥터 회전익의 피치각을 가장 옳게 나타낸 것은?

① 상대풍과 회전면이 이루는 각도
② 익형의 시위선과 상대풍이 이루는 각도
③ 회전깃 시위선과 상대풍이 이루는 각도
④ 회전깃 시위선과 기준면이 이루는 각도

**해설**
피치각은 기준면에 대한 각도, 받음각은 상대풍에 대한 각도이다.

**51** 기체 수리 시 판재를 평면 설계할 때 판재를 정확히 수직으로 구부리기 위하여 추가적으로 필요한 일정한 길이를 무엇이라 하는가?

① 세트백
② 굽힘 여유
③ 최소 굽힘 반지름
④ 스프링백

**해설**
① 세트백 : 굽힘 접선에서 성형점까지의 길이
  • 성형점 : 판재 외형선의 연장선이 만나는 점
  • 굽힘 접선 : 굽힘의 시작점과 끝점에서의 접선
② 굽힘 여유 : 일감을 구부릴 때 필요한 길이
③ 최소 굽힘 반지름 : 판재의 고유 강도를 약화시키지 않고 최소 반지름으로 구부릴 수 있는 한계를 의미

**52** 다음 보기 중 와전류탐상검사의 장점으로 옳지 않은 것은?

① 표면결함에 대한 검출감도가 우수하다.
② 표면 아래 깊은 곳에 있는 결함의 검출이 용이하다.
③ 비접촉 방법으로 프로브를 접근시켜 검사하는 것부터 원격조작으로 좁은 영역, 홈이 깊은 것의 검사가 가능하다.
④ 결함 크기, 변화, 재질 변화 등을 동시에 검사하는 것이 가능하다.

**해설**
② 표면 아래 깊은 곳에 있는 결함의 검출이 곤란하다(표피 효과).
※ 2024년 개정된 출제기준에서는 삭제된 내용

**53** 관 속에서 공기의 맥동효과를 이용하여 공기를 압축하는 기관은?

① 램 제트 기관
② 펄스 제트 기관
③ 터보 제트 기관
④ 터보 프롭 기관

**해설**
제트 기관의 4가지 형식
• 로켓 : 추진 시 공기를 흡입하지 않고 기관 자체 내에 고체 또는 액체의 산화제와 연료를 사용하는 비공기 흡입기관이다.
• 램 제트 : 대기 중의 공기를 추진에 사용하는 가장 간단한 구조를 가진 기관이다.
• 펄스 제트 : 램 제트와 거의 유사하지만, 공기 흡입구에 셔터 형식의 공기흡입 플래퍼 밸브가 있다는 점이 다르다.
• 터빈 형식 기관 : 터보 제트, 터보 프롭, 터보축, 터보팬 기관들을 일컫는다.

**정답** 49 ① 50 ④ 51 ② 52 ② 53 ②

**54** 부분품의 오버홀(Over Haul) 순서로 가장 올바른 것은?

① 분해 → 시험 → 세척 → 수리 → 조립 → 검사
② 분해 → 세척 → 검사 → 수리 → 조립 → 시험
③ 수리 → 시험 → 조립 → 검사 → 세척 → 분해
④ 검사 → 수리 → 세척 → 시험 → 분해 → 조립

**해설**
오버홀은 사용시간을 0시간으로 환원시키는 작업으로서 분해 → 세척 → 검사 → 수리 → 조립 → 시험의 단계를 거친다.

**55** 그림과 같은 회로에서 합성 저항값은 몇 Ω인가? (단, $R_1 = 10\Omega$, $R_2 = 5\Omega$, $R_3 = 20\Omega$이다)

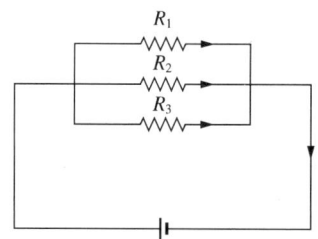

① $\dfrac{20}{7}$  ② $\dfrac{25}{8}$
③ $\dfrac{26}{9}$  ④ $\dfrac{43}{10}$

**해설**
병렬저항의 합성저항
$\dfrac{1}{R} = \dfrac{1}{R_1} + \dfrac{1}{R_2} + \dfrac{1}{R_3} \cdots \dfrac{1}{R_n}$
$\dfrac{1}{R} = \dfrac{1}{10} + \dfrac{1}{5} + \dfrac{1}{20} = \dfrac{7}{20}$
∴ $R = \dfrac{20}{7}(\Omega)$

※ 2024년 개정된 출제기준에서는 삭제된 내용

**56** 다음 중 납산축전지에 대한 설명으로 옳은 것은?

① 12V 축전지는 6개의 셀, 24V 축전지는 12개의 셀을 병렬로 연결하여 한 단위를 이룬다.
② 극판, 격리판, 터미널 포스트, 셀 커버와 지지대, 다공성 양극판, 카드뮴의 음극판으로 구성되어 있다.
③ 축전지의 용량은 활성물질의 양과는 무관하기 때문에, 극판의 크기를 작게 하여 용량을 증가시킨다.
④ 납산축전지를 취급할 때에는 직사광선에 노출되는 것을 피해야 하고, 고온 다습한 곳에 설치하지 않아야 한다.

**해설**
① 12V 축전지는 6개의 셀, 24V 축전지는 12개의 셀을 직렬로 연결하여 한 단위를 이룬다.
② 극판, 격리판, 터미널 포스트, 셀 커버와 지지대, 셀 컨테이너로 구성되어 있다.
③ 축전지의 용량은 총유효극판 넓이에 비례하고, 납산축전지의 극판의 수를 늘리거나 면적을 넓히면 용량은 증가하나 전압에는 용량을 미치지 않는다.
※ 2024년 개정된 출제기준에서는 삭제된 내용

**57** 압축비를 변화시키면서 작동시킬 수 있는 CFR 기관의 주기능은 무엇인가?

① 연료의 안티노크성 측정
② 연료의 기화성 측정
③ 윤활유의 점도 측정
④ 윤활유의 비중 측정

**해설**
CFR 기관은 연료의 옥탄가를 측정하기 위해 임의로 압축비를 변화시킬 수 있는 엔진이다.

**58** 왕복기관에서 피스톤 링의 기능으로 옳지 않은 것은?

① 가스 누설을 방지한다.
② 과도한 윤활유가 연소실로 들어가는 것을 돕는다.
③ 피스톤 열을 실린더에 전달해 준다.
④ 실린더 벽에 윤활유를 공급해 준다.

**해설**
② 과도한 윤활유가 연소실로 들어가는 것을 방지한다.

**59** 다음 중 교류회로의 특징으로 옳지 않은 것은?

① $\omega L$은 유도리액턴스라고 한다.
② 유도성 회로는 전류가 전압보다 위상이 90° 빠르다.
③ $\dfrac{1}{\omega C}$는 용량리액턴스라고 한다.
④ 용량성 회로는 전류가 전압보다 위상이 90° 빠르다.

**해설**
② 유도성 회로는 전류가 전압보다 위상이 90° 느리다.
※ 2024년 개정된 출제기준에서는 삭제된 내용

**60** 다음 보기의 항공기 비상장비의 용어에 대한 설명으로 옳지 않은 것은?

① 긴급 탈출 장치 : 승무원과 승객이 법으로 정해진 90초 이내에 신속히 탈출할 수 있는 탈출용 미끄럼대와 탈출용 로프가 있어야 한다.
② 구명동의(구명조끼) : 해양을 비행하는 항공기는 승무원과 승객의 수만큼 구명동의를 비치해야 한다.
③ 구명보트 : 보트에는 비상식량, 연기·불꽃 신호장비, 바닷물을 담수로 만드는 장치, 강우나 직사광선을 피하기 위한 천장, 구급약품 등을 내장해야 한다.
④ 연기·불꽃 신호장비 : 주간에는 불꽃으로, 야간에는 연기를 이용하여 조난 위치를 알린다.

**해설**
④ 연기·불꽃 신호장비 : 주간에는 연기, 야간에는 불꽃을 이용하여 조난 위치를 알린다.
※ 2024년 개정된 출제기준에서는 삭제된 내용

# 2021년 제4회 과년도 기출복원문제

**01** 버피팅(Buffeting)현상에 대한 설명으로 옳은 것은?

① 가로방향 불안정 상태이다.
② 하중계수의 감소현상이 원인이다.
③ 조종력에 역작용이 발생하는 현상이다.
④ 압축성 실속 또는 날개의 이상 진동이다.

**02** 프로펠러 회전력(kgf·m)을 구하는 식으로 옳은 것은?(단, 기관의 출력 $P$(HP), 각속도 $\omega$(rad/s), 회전수 $N$(rpm)이다)

① $\dfrac{75P}{\omega}$    ② $\dfrac{P}{75\omega}$

③ $\dfrac{75P}{N}$    ④ $\dfrac{P}{75N}$

[해설]
회전력을 $T$라고 하면,
동력 $P = T\omega$
따라서 $T = \dfrac{P}{\omega}$
1PS = 75kg·m이므로,
$T = \dfrac{75P}{\omega}$
※ 2024년 개정된 출제기준에서는 삭제된 내용

**03** 헬리콥터의 깃끝의 선속도($v$)와 각속도($\omega$)의 관계가 옳은 것은?(단, 헬리콥터 깃의 반지름은 $r$이다)

① $v = r\omega$    ② $v = r^2\omega$

③ $v = \dfrac{\omega}{r}$    ④ $v = \dfrac{\omega}{r^2}$

[해설]
선속도($v$) = 거리/시간, 헬리콥터 깃의 이동거리 $\Delta s = r\Delta\theta$,
각속도($\omega$) = $\Delta\theta/\Delta t$
따라서 $v = \dfrac{\Delta s}{\Delta t} = \dfrac{r\Delta\theta}{\Delta t} = r\omega$

**04** A급 화재의 진화에 사용되며 유류나 전기화재에 사용해서는 안 되는 소화기는?

① 분말 소화기
② 이산화탄소 소화기
③ 물 펌프소화기
④ 할로겐화합물 소화기

[해설]
• A급(일반)화재 : 물 사용
• B급(유류)화재 : 이산화탄소 소화기, 할로겐화합물 소화기
• C급(전기)화재 : 이산화탄소 소화기, 할로겐화합물 소화기
• D급(금속)화재 : 건조사, 팽창질석

**05** 항공용 왕복기관에서 냉각 핀의 방열량 변화에 직접적으로 영향을 미치는 것이 아닌 것은?

① 실린더의 크기
② 공기유량
③ 냉각 핀의 재질
④ 냉각 핀의 모양

**06** 산소-아세틸렌 용접에서 사용되는 아세틸렌 호스 색은?

① 백색
② 녹색
③ 적색
④ 흑색

해설
- 산소 호스 : 녹색
- 아세틸렌 호스 : 적색
※ 2024년 개정된 출제기준에서는 삭제된 내용

**07** 항공용 왕복기관의 냉각계통에 대한 설명으로 틀린 것은?

① 공랭식 냉각장치 중 카울플랩은 조종석과 기계적 또는 전기적으로 연결되어 있다.
② 공랭식 왕복기관의 냉각공기 원(Source)은 프로펠러 후류, 팬에 의해 발생된 공기와 램 공기이다.
③ 공랭식 왕복기관을 장착한 헬리콥터의 경우 팬 후류보다 램 공기에 의한 냉각 효과가 좋다.
④ 액랭식 왕복기관의 냉각제는 어는점과 끓는점의 특성이 우수한 에틸렌글리콜(Ethylene Glycol)을 많이 사용한다.

**08** 다음 중 NACA 4자리 계열의 날개골 중에서 윗면과 아랫면이 대칭인 날개는?

① 4400
② 4415
③ 2430
④ 0012

해설
4자 계열 날개에서 처음 숫자는 최대 캠버의 크기를, 두 번째 숫자는 최대 캠버의 위치를, 마지막 두 개의 숫자는 최대 두께 크기를 의미한다. 따라서 대칭인 날개는 캠버가 없으므로 처음과 두 번째 숫자가 0이다.

**09** 무게 4,000kgf, 날개면적 20m²인 비행기가 해발 고도에서 최대양력계수 0.5인 상태로 등속 수평비행을 할 때 비행기의 최소속도는 약 몇 m/s인가? (단, 공기의 밀도는 0.5kgf·s²/m⁴이다)

① 20
② 30
③ 40
④ 80

해설
최소속도($V_{min}$)
$$V_{min} = \sqrt{\frac{2W}{\rho S C_{L_{max}}}} = \sqrt{\frac{2 \times 4,000}{0.5 \times 20 \times 0.5}} = 40(\text{m/s})$$

**10** 그림과 같은 구조의 기관은?

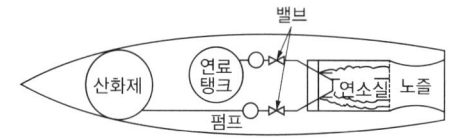

① 로켓기관　　② 터보제트기관
③ 수평대향형기관　④ 가스터빈기관

**해설**
공기 흡입구가 없고 산화제가 담겨져 있는 탱크가 있으므로 로켓기관의 구조이다.

**11** 최근의 터보팬 기관의 역추력장치로 팬 역추력장치를 주로 사용하는 이유가 아닌 것은?

① 무게 감소　　② 연료소모 감소
③ 고장 감소　　④ 역추력 효과의 증가

**해설**
역추력장치를 설치하면 그로 인해 발생하는 추력이 역추력장치 자중으로 인한 단점을 극복하지 못하므로 정착하지 않는다.
※ 2024년 개정된 출제기준에서는 삭제된 내용

**12** 항공기 유도 시 그림과 같은 동작의 의미는?

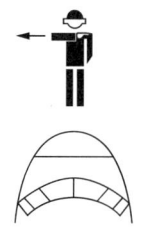

① 촉괴기　　② 기관 정지
③ 준비 완료　④ 긴급 정지

**13** 다음 중 왕복기관의 공기 흡입 계통이 아닌 것은?

① 머플러(Muffler)
② 기화기(Carburetor)
③ 공기 덕트(Air Duct)
④ 흡기 매니폴드(Intake Manifold)

**해설**
머플러(Muffler)는 배기가스가 배출될 때 나는 폭음을 줄이거나 없애는 장치이다.

**14** 단면적이 30cm²인 관속을 흐르는 비압축성 공기의 속도가 10m/s이라면 단면적이 10cm²인 곳의 속도는 몇 m/s인가?

① 10　　② 30
③ 50　　④ 80

**해설**
연속의 법칙에서 $A_1 V_1 = A_2 V_2$
여기서, $A_1$ : 입구 단면적
　　　　$V_1$ : 입구에서의 유체속도
　　　　$A_2$ : 출구 단면적
　　　　$V_2$ : 출구에서의 유체속도
$V_2 = \left(\dfrac{A_1}{A_2}\right) V_1$
$\therefore V_2 = \left(\dfrac{30}{10}\right) \times 10 = 30 (\text{m/s})$

**15** 비행 중 조종사가 이·착륙할 때와 저속 시에는 저피치를 사용하고, 순항 시에는 고피치를 사용하는 프로펠러는?

① 페더링 프로펠러
② 정속 프로펠러
③ 고정피치 프로펠러
④ 2단 가변피치 프로펠러

**해설**
프로펠러의 종류
- 정속 프로펠러 : 조속기에 의해 저피치에서 고피치까지 자유롭게 피치를 조정할 수 있다.
- 완전 페더링 프로펠러 : 기관 고장 시 프로펠러 깃을 비행 방향과 평행이 되도록 피치를 변경한다.
- 역 피치 프로펠러 : 부(-)의 피치각을 갖도록 한 프로펠러로 역추력이 발생되어 착륙거리를 단축시킬 수 있다.
- 고정피치 프로펠러 : 피치가 고정되어 있어서 어느 한정 속도에서만 효율이 높다.
※ 2024년 개정된 출제기준에서는 삭제된 내용

**16** 최대양력계수를 증가시키는 방법으로 받음각이 클 때 흐름의 떨어짐을 직접 방지하여 실속현상을 지연시켜 주는 장치는?

① 스포일러
② 경계층 제어장치
③ 파울러 플랩
④ 분할플랩(Split Flap)

**해설**
경계층 제어장치는 날개 윗면에서 흐름을 강제적으로 빨아들이거나(Suction), 고압 공기를 날개면 뒤쪽으로 분사하여 경계층을 불어 날리는 불어날림 방식(Blowing)이 있는데 불어날림 방식이 블리드 공기를 이용할 수 있어서 실용적이다.

**17** 다음 중 가스터빈기관에서 바이브레이터에 의해 직류를 교류로 바꾸어 사용하는 점화장치는?

① 직류 저전압 용량형 점화장치
② 교류 저전압 용량형 점화장치
③ 교류 고전압 용량형 점화장치
④ 직류 고전압 용량형 점화장치

**해설**
가스터빈기관의 점화 계통은 이그나이터의 넓은 간극을 뛰어넘을 수 있는 높은 전압뿐만 아니라, 가혹한 조건에서도 점화가 되도록 높은 에너지의 전기 불꽃을 발생시켜야 한다. 오늘날의 항공기에서는 이러한 조건을 만족시키기 위하여 대부분 용량형 점화 계통이 사용된다. 이것은 강한 점화 불꽃을 얻기 위해 큰 전류를 짧은 시간에 흐르도록 한다. 직류 고전압 용량형 점화 장치는 바이브레이터에 의해 직류를 교류로 바꾸어 사용한다.

**18** 항공용 왕복기관의 밸브 간극은 어떤 곳에 여유를 두는 것인가?

① 푸시로드와 캠
② 로커암과 밸브팁
③ 밸브시트와 캠로브
④ 유압밸브리프트와 로커암

**해설**
밸브팁(Valve Tip)

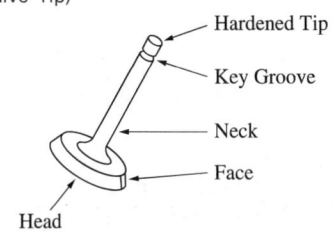

**19** 판재의 가장자리에서 첫 번째 리벳 중심까지의 거리를 무엇이라 하는가?

① 끝거리
② 리벳 간격
③ 열간격
④ 가공거리

**해설**
리벳의 배열
- 끝거리(연거리) : 판재의 가장자리에서 첫 번째 리벳 구멍 중심까지의 거리
- 피치 : 같은 리벳 열에서 인접한 리벳 중심 간의 거리
- 게이지 또는 횡단피치 : 리벳 열 간의 거리

**20** 터보제트기관의 특징으로 옳은 것은?

① 소음이 작다.
② 주로 헬리콥터기관에 이용된다.
③ 비행속도가 느릴수록 기관의 효율이 좋다.
④ 배기가스분출로 인한 반작용으로 추진한다.

**해설**
터보제트기관은 비행속도가 빠를수록 효율이 좋으며, 소음이 큰 편이고, 주로 속도가 빠른 군용항공기에 사용된다.

**21** 알루미늄 합금의 방식처리 방법 중 화학적 피막처리 방법으로 가장 옳은 것은?

① 알로다인 처리
② 프라이머
③ 알칼리 착색법
④ 침탄처리

**해설**
알로다인(Alodine) 처리
전기를 사용하지 않고 알로다인이라는 크롬산 계열의 화학 약품 속에서 알루미늄에 산화피막을 입히는 공정
※ 2024년 개정된 출제기준에서는 삭제된 내용

**22** 4행정 기관의 밸브개폐 시기가 다음과 같을 때 밸브 오버랩은 몇 도(°)인가?

- 흡입 밸브 열림(I.O) 20°BTC
- 흡입 밸브 닫힘(I.C) 50°ABC
- 배기 밸브 열림(E.O) 60°BBC
- 배기 밸브 닫힘(E.C) 10°ATC

① 30°
② 60°
③ 180°
④ 240°

**해설**
밸브 오버랩
흡기 밸브와 배기 밸브가 동시에 열려 있는 구간을 의미하며, 위 문제에서 흡입 밸브가 상사점 전 20°에서 열리고, 배기 밸브가 하사점 후 10°에서 닫히므로 밸브 오버랩은 30°이다.

**23** 그림과 같은 종류의 너트 명칭은?

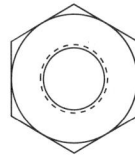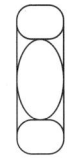

① 캐슬너트
② 펑너트
③ 체크너트
④ 캐슬전단너트

**24** 다음 중에서 부품의 불연속을 찾아내는 방법으로 고주파 음속 파장을 사용하는 비파괴검사는?

① 자기탐상검사
② 초음파탐상검사
③ 형광침투탐상검사
④ 와전류탐상검사

해설
비파괴 검사(NDT ; Non-Destructive Test)의 종류
• 방사선투과검사(RT ; Radiographic Testing)
• 자분탐상검사(MT ; Magnetic Particle Testing)
• 침투탐상검사(PT ; Liquid Penetrant Testing)
• 초음파탐상검사(UT ; Ultrasonic Testing)
• 와전류탐상검사(ET ; Eddy Current Testing)
• 누설검사(LT ; Leak Testing)
※ 2024년 개정된 출제기준에서는 삭제된 내용

**25** 비압축성 유체의 연속방정식을 옳게 나타낸 것은?(단, $A_1$은 흐름의 입구면적, $V_1$은 흐름의 입구속도, $A_2$는 흐름의 출구면적, $V_2$는 흐름의 출구속도이다)

① $A_1 \times V_1 = A_2 \times V_2$
② $A_1 \times V_2 = A_2 \times V_1$
③ $A_1 \times V_1^2 = A_2 \times V_2^2$
④ $A_1 \times V_2^2 = A_2 \times V_1^2$

해설
연속방정식 $A_1 \times V_1 = A_2 \times V_2 = \cdots = A_n V_n$

**26** 비행기가 공기 중을 수평 등속도로 비행할 때 등속도 비행에 관한 비행기에 작용하는 힘의 관계가 옳은 것은?

① 추력 = 항력
② 추력 > 항력
③ 양력 = 중력
④ 양력 > 중력

해설
추력이 항력보다 크면 가속도 비행이, 추력과 항력이 같으면 등속도 비행이, 추력보다 항력이 크면 감속도 비행이 이루어진다.

**27** 다음 중 정적과정(Constant Volume Process)의 특징으로 틀린 것은?

① 열을 가하면 압력이 증가한다.
② 열을 가하면 체적이 증가한다.
③ 열을 가하면 온도가 증가한다.
④ 압력을 증가시키면 온도가 증가한다.

**해설**
정적과정은 용어가 뜻하는 그대로 체적이 일정한 과정이며 열을 가하면 압력이 증가되고 온도 또한 증가한다.

**28** 원심식 압축기의 구성품을 옳게 나열한 것은?

① 흡입구, 디퓨저, 노즐
② 임펠러, 노즐, 매니폴드
③ 임펠러, 로터, 스테이터
④ 임펠러, 디퓨저, 매니폴드

**해설**
원심식 압축기

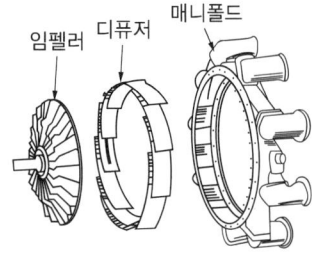

**29** 100℃, 공기 5kg을 부피가 일정한 상태에서 650℃까지 가열하는 데 필요한 열량은 몇 kcal인가? (단, 공기의 정적비열은 0.172kcal/kg·℃, 정압비열은 0.24kcal/kg·℃이다)

① 384  ② 455
③ 473  ④ 508

**해설**
$Q = mC_V(t_2 - t_1) = 5 \times 0.172 \times (650 - 100) = 473(\text{kcal})$

**30** 다음 밑줄 친 용어의 의미로 알맞은 것은?

> Vertically Axis, Yaw

① 빗놀이  ② 옆놀이
③ 키놀이  ④ 앞놀이

**해설**

| 세로축 | $x$축 | 옆놀이(Rolling) |
|---|---|---|
| 가로축 | $y$축 | 키놀이(Pitching) |
| 수직축 | $z$축 | 빗놀이(Yawing) |

※ 2024년 개정된 출제기준에서는 삭제된 내용

**31** 다음 와전류탐상검사의 장점 중 틀린 것은?

① 강자성 금속에 적용이 쉽다.
② 응용분야가 광범위하다.
③ 결과를 기록하여 보존할 수 있다.
④ 표면결함에 대한 검출감도가 우수하다.

**해설**

| | |
|---|---|
| 장점 | • 응용분야가 광범위하다. 즉, 결함 크기, 변화, 재질 변화 등을 동시에 검사하는 것이 가능하다.<br>• 관, 환봉, 선 등에 대하여 자동화가 가능하며 On-Line 생산의 전수검사가 가능하다.<br>• 표면결함에 대한 검출감도가 우수하다.<br>• 고온하에서의 측정, 얇은 시험체, 가는 선, 구멍의 내부 등 다른 비파괴시험으로 검사하기 곤란한 대상물에도 적용할 수 있다.<br>• 비접촉 방법으로 프로브를 접근시켜 검사하는 것부터 원격조작으로 좁은 영역, 홈이 깊은 것의 검사가 가능하다.<br>• 결과를 기록하여 보존할 수 있다. |
| 단점 | • 표면 아래 깊은 곳에 있는 결함의 검출이 곤란하다(표피효과).<br>• 결함의 종류, 형상 등을 판별하기 어렵다.<br>• 검사 대상 이외의 재료적 인자의 영향에 의한 잡음이 검사의 방해가 되는 경우가 있다.<br>• 지시는 시험코일이 적용되는 전 영역의 적분치가 얻어지므로, 관통형코일의 경우 관의 원주상 어느 위치에 결함이 있는지를 알 수 없다.<br>• 검사의 숙련도가 요구된다. 특히, 신호 평가에 의한 판독에 대해 많은 경험이 요구된다.<br>• 강자성 금속에 적용이 어렵다. |

※ 2024년 개정된 출제기준에서는 삭제된 내용

**32** 조종면을 조작하기 위한 조종력과 가장 관계가 먼 것은?

① 조종면의 폭
② 조종면의 평균 시위
③ 비행기의 속도
④ 조종면의 광도(光度)

**해설**

조종면에 발생되는 힌지 모멘트
$$H = C_h \frac{1}{2} \rho V^2 S_h h = C_h \frac{1}{2} \rho V^2 k h^2$$

여기서, $H$ : 힌지 모멘트
$C_h$ : 힌지 모멘트 계수
$V$ : 비행속도
$S_h$ : 조종면 면적
$h$ : 조종면의 평균 시위
$k$ : 조종면 스팬

※ 힌지 모멘트 : 조종면을 움직였을 때 공기력에 의해 원래의 위치로 되돌리려는 공기력에 의한 회전력

**33** 직사각형 비행기 날개의 가로세로비(Aspect Ratio)를 옳게 표현한 것은?(단, $S$ : 날개면적, $b$ : 날개길이, $c$ : 시위이다)

① $\dfrac{b}{S}$  ② $\dfrac{bc}{S}$

③ $\dfrac{b^2}{S}$  ④ $\dfrac{c}{S}$

**해설**

날개길이를 $b$, 평균시위길이를 $c$, 날개면적을 $S$라고 할 때
가로세로비(AR) $= \dfrac{b}{c} = \dfrac{b \times b}{c \times b} = \dfrac{b^2}{S}$

## 34 일반적으로 기관의 분류 방법으로 사용되지 않는 것은?

① 냉각 방법에 의한 분류
② 실린더 배열에 의한 분류
③ 실린더의 재질에 의한 분류
④ 행정(Cycle) 수에 의한 분류

**해설**

기관의 분류
- 사용연료에 따른 분류 : 가솔린엔진, 디젤엔진
- 피스톤 운동방식에 따른 분류 : 왕복엔진, 회전엔진
- 사이클에 따른 분류 : 2행정기관, 4행정기관
- 흡배기 밸브의 수에 따른 분류 : SY, OHC, DOHC
- 연료분사방식에 따른 분류 : 카뷰레터식 연료분사장치, 전자식 연료분사장치
- 실린더의 수와 배열 형식에 따른 분류
- 연소방식에 의한 분류 : 정적사이클, 정압사이클, 복합사이클
- 점화방식에 의한 분류 : 스파크 점화식, 압축 착화식

## 35 항공기의 급유 및 배유 시 유의사항으로 틀린 것은?

① 3점 접지를 해야 한다.
② 지정된 위치에 소화기를 배치해야 한다.
③ 지정된 위치에 감시요원을 반드시 배치해야 한다.
④ 연료 차량은 항상 항공기와 최대한 가까운 거리에 두어 관리를 해야 한다.

**해설**

항공기의 급유 · 배유 시 유의사항
- 전기장치, 화염물질을 100ft 이내 금지한다.
- 통신장비와 스위치는 Off 위치를 확인해야 한다.
- $CO_2$ 소화기 또는 할론 소화기를 준비한다.
- 항공기와 연료차, 지상접지로 3점 접지한다.

## 36 정기적인 육안검사나 측정 및 기능시험 등의 수단에 의해 장비나 부품의 감항성이 유지되고 있는지를 확인하는 정비방식으로, 이 정비는 성능허용한계, 마멸한계, 부식한계 등을 가지는 장비나 부품에 활용된다. 이것은 다음 중 어떤 정비인가?

① 시한성 정비(Hard Time Maintenance)
② 상태 정비(On Condition Maintenance)
③ 예비품 정비(Reserve Part Maintenance)
④ 신뢰성 정비(Condition Monitoring Maintenance)

**해설**

정비방식
- 시한성 정비(Hard Time Maintenance) : 기체로부터 분리해서 분해수리하거나 또는 폐기하는 것이 유효하다고 판단되는 부품이나 장비품에 대하여 축적된 경험을 기초로 정비의 시간한계를 설정하고 이를 기준으로 정기적인 정비를 실시하는 방식. 정기적으로 실시하는 Overhaul은 이러한 방식에 속한다.
- 신뢰성 정비(Condition Monitoring Maintenance) : 고장을 일으키더라도 감항성에 직접 문제가 없는 일반부품이나 장비품에 적용하는 정비방식

## 37 두께 0.2cm의 판을 굽힘 반지름 30cm, 90°로 굽히려고 할 때 세트백(Set Back)은 몇 cm인가?

① 24.6
② 27.5
③ 30.2
④ 34.8

**해설**

세트백 $S = \tan\dfrac{\theta}{2}(R+T)$

여기서, $\theta$ : 굽힘 각도
$R$ : 굽힘 반지름
$T$ : 판재 두께

따라서 $S = \tan 45° \times 30.2 = 30.2 \text{(cm)}$

**38** 다음 중 안전에 관한 색의 설명으로 틀린 것은?

① 노란색은 경고 또는 주의를 의미한다.
② 보호구의 착용을 지시할 때에는 녹색과 흰색을 사용한다.
③ 위험장소를 나타내는 안전표시는 노랑과 검정의 조합으로 한다.
④ 금지표지의 바탕은 흰색, 기본모형은 빨간색을 사용한다.

**해설**
- 빨간색 : 위험물 또는 위험상태 표시
- 주황색 : 기계 또는 전기설비의 위험 위치 식별
- 녹색 : 안전에 관련된 설비 및 구급용 치료시설 식별
- 노란색 : 사고의 위험이 있는 장비나 시설물에 표시

**39** 물림 턱의 벌림에 따라 손잡이를 잡을 수 있는 정도를 조절하는 그림과 같은 공구의 명칭은?

① 스냅 링 플라이어
② 슬립 조인트 플라이어
③ 워터 펌프 플라이어
④ 라운드 노즈 플라이어

**40** 관제탑에서 지시하는 신호의 종류 중 녹색점멸 신호가 의미하는 내용으로 옳은 것은?

① 관제지시에 따라 기동지역을 벗어날 것
② 정지할 것
③ 활주로 유도로상에 있는 인원 및 차량은 사주를 경계한 후 즉시 본 장소를 떠날 것
④ 착륙구역을 가로질러 유도로 방향으로 진행할 것

**해설**

| 녹색점멸 | 착륙구역을 가로질러 유도로 방향으로 진행 |
|---|---|
| 적색연속 | 정지 |
| 적색점멸 | 착륙구역이나 유도로로부터 벗어나고 주변 항공기에 주의 |
| 백색점멸 | 관제지시에 따라 기동지역을 벗어날 것 |
| 활주로등 혹은 유도로등 점멸 | 활주로를 벗어나 관제탑의 등화신호를 준수할 것. 비상상황 혹은 위에서 언급된 등화신호가 보여질 경우 등화신호기를 갖춘 활주로 및 유도로에서 사용되어져야 한다. |

※ 2024년 개정된 출제기준에서는 삭제된 내용

**41** 헬리콥터 조종장치페달은 주회전 날개가 회전함으로써 발생되는 토크를 상쇄하기 위하여 꼬리회전 날개의 무엇을 조절하는가?

① 코드   ② 피치
③ 캠버   ④ 두께

**해설**
방향조종페달을 작동시키게 되면 꼬리회전날개의 피치가 변하고 이에 따라 토크가 조절됨으로써 헬리콥터의 기수방향이 좌우로 조절된다.

**42** 사고예방대책의 기본원리 5단계 중 제2단계인 "사실의 발견"에서의 조치사항이 아닌 것은?

① 기술개선
② 작업공정분석
③ 자료수집
④ 점검・조사 실시

**해설**
사고예방대책의 기본원리
• 제1단계 : 조직
• 제2단계 : 사실의 발견(현상 파악)
• 제3단계 : 분석(원인 규명)
• 제4단계 : 대책의 선정
• 제5단계 : 대책의 적용(목표 달성)

**43** 그림과 같은 $P-V$ 선도에서 나타난 사이클이 한 일은 몇 J인가?

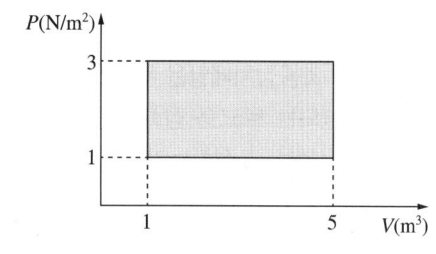

① 1
② 3
③ 8
④ 15

**해설**
사이클이 한 일은 $PV$이므로 $2 \times 4 = 8(J)$

**44** 일반적인 경비행기의 아음속 순항 비행에서는 발생되지 않는 항력은?

① 유도항력
② 압력항력
③ 조파항력
④ 마찰항력

**해설**
조파항력은 초음속 비행 시에 발생하는 항력이다.

**45** 다음 괄호 안에 알맞은 말을 순서대로 나열한 것은?

"초음속 흐름은 통로의 면적이 좁아지면 속도는 (  )하고 압력은 (  )한다. 그리고 통로의 면적이 변화하지 않으면 속도는 (  )"

① 증가 - 감소 - 감소한다.
② 감소 - 증가 - 증가한다.
③ 감소 - 증가 - 변화하지 않는다.
④ 증가 - 감소 - 변화하지 않는다.

**해설**
아음속 흐름에서 공기 속도는 단면적에 반비례하지만, 초음속 흐름에서의 공기 흐름 속도는 단면적에 비례한다.

**46** 프로펠러 깃 버트(Butt)와 인접한 부분을 말하며 강도를 주기 위해 두껍게 되어 있고 허브 배럴에 꼭 맞게 되어 있는 부분의 명칭은?

① 프로펠러 팁(Tip)
② 프로펠러 허브(Hub)
③ 프로펠러 섕크(Shank)
④ 프로펠러 허브 보어(Hub Bore)

**해설**

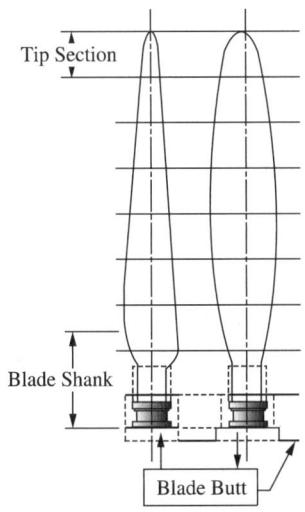

※ 2024년 개정된 출제기준에서는 삭제된 내용

**47** 비교적 두꺼운 날개를 사용한 비행기가 천음속 영역에서 비행할 때 발생하는 가로 불안정의 특별한 현상은?

① 커플링(Coupling)
② 더치롤(Dutch Roll)
③ 디프스톨(Deep Stall)
④ 날개드롭(Wing Drop)

**해설**
비행기의 가로 불안정 현상으로는 날개드롭(Wing Drop), 옆놀이 커플링(Roll Coupling) 등이 있고, 세로 불안정 현상에는 턱 언더(Tuck Under), 피치 업(Pitch Up), 디프스톨(Deep Stall) 등이 있다.

**48** 추력 비연료 소비율(TSFC)의 단위로 옳은 것은?

① kg/h
② kg/kg·h
③ kg/s²
④ kg·kg/s

**해설**
추력 비연료 소비율은 가스터빈기관에서 1kgf의 추력을 발생하기 위하여 1시간 동안 소비하는 연료의 중량을 말한다.

**49** 다이얼 게이지의 용도로 옳은 것은?

① 원통의 진원 상태 측정
② 원통의 안지름, 바깥지름, 깊이 등을 측정
③ 지시계기의 기준을 설정하고 가공상태를 측정
④ 정확한 피치의 나사를 이용하여 실제 길이를 측정

**해설**
① 다이얼 게이지
② 버니어 캘리퍼스
③ 블록 게이지(게이지 블록)
④ 마이크로미터

**50** 대기권에 대한 설명으로 옳은 것은?

① 중간권과 열권의 경계를 대류권계면이라 한다.
② 성층권에서는 온도, 날씨, 기상변화가 일어난다.
③ 대기권은 고도에 따라 대류권, 성층권, 중간권, 열권, 극외권으로 구분된다.
④ 중간권에서는 기체가 이온화되어 전리현상이 일어나는 전리층이 존재한다.

정답 46 ③ 47 ④ 48 ② 49 ① 50 ③

**51** C-8 장력측정기를 이용한 케이블의 장력 조절 시 주의사항으로 틀린 것은?

① 필요한 경우 온도 보정
② 측정기 검사 유효, 기간 확인
③ 턴버클 단자가 있는 곳에서 측정
④ 측정은 정확도를 높이기 위해 3~4회 실시

**해설**
C-8 케이블 장력기는 턴버클 케이블에 물려서 장력을 측정한다.

**52** 가스터빈기관의 연소실 형식 중 애뉼러형 연소실의 특징이 아닌 것은?

① 정비가 용이하다.
② 연소실의 길이가 짧다.
③ 출구 온도 분포가 균일하다.
④ 연소실의 전체 표면적이 작다.

**해설**
정비가 용이한 것은 캔형 연소실이다.

**53** 다음 중 가스터빈기관의 이그나이터 플러그 팁의 재료로 주로 사용되는 것은?

① 철
② 알루미늄
③ 구리
④ 니켈-크롬

**54** 한쪽 또는 양쪽이 평평한 면의 금속으로 이루어져 판재를 고르게 펼 때 사용할 수 있는 해머는?

① 클로(Claw) 해머
② 맬릿(Mallet) 해머
③ 보디(Body) 해머
④ 볼핀(Ball Peen) 해머

**해설**
① 클로(Claw) 해머 : 쇠망치라고 하는 가장 일반적인 망치로 보통 장도리라고도 하는 망치
② 맬릿(Mallet) 해머 : 판재를 범핑 가공할 때 판재에 손상을 주지 않고 충격을 가할 수 있는 망치
④ 볼핀(Ball Peen) 해머 : 항공정비사가 가장 많이 쓰는 해머로 한쪽 날은 평평하고 한 쪽은 볼 형태로 되어 있어 항공기 판금 작업에 사용되는 해머

**55** 다음 중 항공기의 부조종면은?

① 플랩(Flap)
② 승강키(Elevator)
③ 방향키(Rudder)
④ 도움날개(Aileron)

**해설**
방향키, 승강키, 도움날개 등은 1차 조종면(주조종면)에 속하며, 플랩은 2차 조종면(부조종면)에 속한다.

**56** 헬리콥터의 호버링(Hovering) 조건을 옳게 나타낸 것은?(단, 헬리콥터의 무게 $W$, 추력 $T$, 양력 $L$, 항력 $D$이다)

① $L = W$, $T < D$
② $L = W$, $T = D = 0(Zero)$
③ $L > W$, $D > T$
④ $L = W$, $D = L$

**해설**
헬리콥터의 호버링(Hovering)이란 제자리 비행을 뜻하는 것으로 양력과 헬리콥터의 무게는 서로 평형을 이루어야 하고, 추력과 항력 역시 서로 평형을 이루어야 한다.

**57** 마스터와 아티큘레이터(Master and Articulater)형 커넥팅 로드는 주로 어떤 기관에 사용되는가?

① V형 기관
② 수평대향형 기관
③ 성형 기관
④ 직렬형 기관

**해설**
성형 기관의 커넥팅로드는 여러 개의 피스톤을 하나의 크랭크 핀에 연결시키기 위하여 주커넥팅 로드(Master Connecting Rod)와 부커넥팅 로드(Articulated Connecting Rod)를 사용하게 된다.

**58** 속도를 측정하는 장치인 피토 정압관에서 사용되는 주된 이론은?

① 관성의 법칙
② 베르누이의 정리
③ 파스칼의 원리
④ 작용반작용의 법칙

**해설**
피토 정압관에서는 전압과 정압의 차이, 즉 동압을 감지하여 속도를 측정하게 된다. 이는 정압과 동압의 합은 일정하다는 베르누이 정리를 이용한 것이다.

**59** 가스터빈기관에서 공기가 기관을 통과하면서 얻은 운동에너지에 의한 동력과 추진동력의 비를 무엇이라 하는가?

① 추진효율
② 열효율
③ 추력중량비
④ 전효율

**60** 왕복기관에서의 조기 점화(Preignition)를 가장 옳게 설명한 것은?

① 점화불꽃 없이 고온고압에 의하여 자체적으로 폭발하는 현상
② 혼합가스가 점화불꽃에 의하여 점화되기 전에 연소실 내부에서 형성된 열점(Hot Spot)에 의해 비정상적으로 연소하는 현상
③ 연소실 안의 연소가스 부위가 비정상적으로 고온 고압이 되어 자연적으로 발화되는 현상
④ 배기행정에서 배기가스가 완전배기되기 전에 연소실 말단 부위에서 폭발을 일으키는 현상

**해설**
조기 점화는 실린더의 과열 부분(Hot Spot), 즉 과열된 점화 플러그 전극이나 과열된 탄소 입자들이 혼합기를 점화 플러그의 정상 점화 전에 먼저 점화시켜서 일어나게 되는데, 그 결과 기관 작동이 거칠어지거나 출력 손실이 생기고, 실린더 헤드의 온도가 높아지게 된다.

정답 56 ② 57 ③ 58 ② 59 ① 60 ②

# 2022년 제2회 과년도 기출복원문제

**01** 정지된 무한 유체 속에 잠겨 있는 어느 한 점에 작용하는 압력에 대한 설명으로 가장 옳은 것은?

① 위쪽에서 작용하는 압력이 가장 크다.
② 좌우에서 작용하는 압력을 유체의 동압이라 한다.
③ 아래쪽에서 작용하는 압력을 유체의 정압이라 한다.
④ 압력은 작용 방향에 관계없이 일정하다.

**해설**
유체 내 임의의 한 점에 작용하는 압력의 크기는 모든 방향에서 동일하고 중력 방향으로 갈수록 압력의 크기가 커진다.
※ 2024년 개정된 출제기준에서는 삭제된 내용

**02** 리벳의 치수 결정에 대한 설명으로 틀린 것은?

① 성형된 리벳 머리의 두께는 리벳 지름의 1/2 정도가 적절하다.
② 리벳 머리를 성형하기 위해 리벳이 판재 위로 돌출되는 길이는 리벳 지름의 1.5배 정도이다.
③ 리벳 머리의 지름은 리벳 지름의 1.5배 정도가 적절하다.
④ 리벳 지름은 접합할 판재 중 두꺼운 쪽 판재 두께의 2배가 적당하다.

**해설**
리벳의 지름은 접합할 판재 중에서 가장 두꺼운 판재의 3배로 선택한다.

**03** 다음 중 항공기용 볼트 체결 작업에서 와셔의 역할로 가장 올바른 것은?

① 볼트의 죄는 부분의 기계적인 손상과 구조재의 부식을 방지하는 데 사용된다.
② 볼트가 미끄러지는 것을 방지한다.
③ 볼트가 녹스는 것을 방지한다.
④ 볼트가 파손되는 것을 방지한다.

**해설**
와셔는 볼트 구멍이 클 때, 너트가 닿는 자리면이 거칠거나 기울어져 있을 때, 자리면의 재료가 경금속, 플라스틱 및 나무 등과 같이 연질이어서 볼트의 체결압력을 지탱하기 어려울 때 사용한다.

**04** 베르누이 정리에 따라 관 속을 흐르는 유체에서 속도가 빠른 곳의 압력은 속도가 느린 곳과 비교하여 어떠한가?

① 낮다.
② 동일하다.
③ 높다.
④ 일정하지 않다.

**해설**
압력과 속도(동압)는 서로 반비례한다.

1 ④  2 ④  3 ①  4 ①  **정답**

## 05 다음 리벳의 식별방법을 설명한 것 중에서 가장 올바른 것은?

> MS 20470 D – 6 – 16

① 20470 : 리벳의 재질을 표시
② D : 리벳의 머리를 표시
③ 6 : 리벳의 지름으로 6/32in
④ 16 : 리벳의 길이로 16/8in

**해설**
리벳의 식별방법
예 MS 20470 D-6-16
- MS : Military Standard 미국 군용 항공기관에 의해 주어진 표준 부품 기호
- 20470 : 계열번호로 유니버설 헤드 리벳
- D : 리벳의 재질로 알루미늄합금
- 6 : 리벳의 지름으로 6/32in
- 16 : 리벳의 길이로 16/16in

## 06 밑줄 친 부분을 의미하는 올바른 용어는?

> The Landing gear is the structure that the aircraft rests or moves on when in contact with the ground.

① 감속기어   ② 고정장치
③ 계류장치   ④ 착륙장치

**해설**
※ 2024년 개정된 출제기준에서는 삭제된 내용

## 07 다음 밑줄 친 부분이 뜻하는 안전색채로 옳은 것은?

> This color is used on equipments and facilities that may involve dangers such as collision, crashes or rollovers and is used in alternation with the color black.

① Red     ② Yellow
③ Green   ④ Blue

**해설**
이 색은 충돌이나 추락 또는 전복과 같은 위험요소를 포함하는 장비나 시설에 사용되며 검은색과 서로 교차하여 사용된다. 그러므로 설명에 해당되는 색은 노란색이다.
※ 2024년 개정된 출제기준에서는 삭제된 내용

## 08 수리 및 조절, 검사 중인 장비에 붙이는 표지의 색은?

① 노란색     ② 주황색
③ 보라색     ④ 파란색

**해설**
- 파란색 : 수리 및 조절, 검사 중인 장비
- 노란색 : 충돌, 추락, 전복 등의 위험 장비
- 주황색 : 기계 또는 전기 설비의 위험 위치
- 보라색 : 방사능 유출 위험이 있는 것

정답  5 ③  6 ④  7 ②  8 ④

**09** 항공기의 안전결선작업에 관한 유의사항으로 옳은 것은?

① 와이어를 펼 때 피막에 손상을 입혀서는 안 된다.
② 안전결선용 와이어는 2회까지 재사용이 가능하다.
③ 와이어는 최대한 세게 당기면서 꼬임 작업을 한다.
④ 매듭을 만들기 위해 와이어를 자를 때는 절단면을 날카롭게 자른다.

**해설**
안전결선용 와이어는 재사용해서는 안 되며, 정상 취급이나 진동 발생 시 끊어지지 않을 정도의 장력이 필요하다. 또한 절단면은 직각이 되게 한다.

**10** 항공기 잭(Jack) 사용에 대한 설명으로 옳은 것은?

① 잭 작업은 격납고에서만 실시한다.
② 항공기 옆면이 바람의 방향을 향하도록 한다.
③ 항공기의 안전을 위하여 최대 높이로 들어올린다.
④ 잭을 설치한 상태에서는 가능한 한 항공기에 작업자가 올라가는 것은 삼가해야 한다.

**11** 밝은 장소라면 실내, 실외에 관계없이 시험을 할 수 있는 침투탐상검사는?

① 형광침투탐상검사
② 염색침투탐상검사
③ 와전류침투탐상검사
④ 자분침투탐상검사

**해설**
※ 2024년 개정된 출제기준에서는 삭제된 내용

**12** 내부에너지가 25kcal인 정지 상태의 물체에 열을 가했더니 50kcal로 증가하고, 외부에 대해 854 kg·m의 일을 했다면 외부에서 공급된 열량은 몇 kcal인가?(단, 열의 일당량은 427kg·m/kcal 이다)

① 17  ② 27
③ 30  ④ 50

**해설**
$Q = (U_2 - U_1) + W$
$Q = (50 - 25) + \dfrac{854}{427} = 27 \text{(kcal)}$

※ 일 854kg·m를 kcal로 단위를 바꾸기 위해 427로 나눈다.

**13** 비행기의 중량이 2,650kgf, 날개의 면적이 50m², 지상에서의 실속속도가 46.5m/s일 때 이 비행기의 최대 양력계수는 약 얼마인가?(단, 공기밀도는 0.125kgf·s²/m⁴이다)

① 0.12  ② 0.27
③ 0.39  ④ 0.45

**해설**
실속속도($V_S$)
$V_S = \sqrt{\dfrac{2W}{\rho S C_{L.\max}}}$
$46.5 = \sqrt{\dfrac{2 \times 2,650}{0.125 \times 50 \times C_{L.\max}}}$
$\therefore C_{L.\max} = \dfrac{2 \times 2,650}{0.125 \times 50 \times 46.5^2} \simeq 0.39$

**14** 직사각형 비행기 날개의 가로세로비(Aspect Ratio)를 옳게 표현한 것은?(단, $S$ : 날개면적, $b$ : 날개길이, $c$ : 시위이다)

① $\dfrac{b}{S}$  ② $\dfrac{bc}{S}$

③ $\dfrac{b^2}{S}$  ④ $\dfrac{c}{S}$

**해설**
날개길이를 $b$, 평균시위길이를 $c$, 날개면적을 $S$라고 할 때
가로세로비(AR) $= \dfrac{b}{c} = \dfrac{b \times b}{c \times b} = \dfrac{b^2}{S}$

**15** 회전익 항공기에서 자동회전(Autorotation)이란?

① 꼬리 회전날개에 의해 항공기의 방향조종을 하는 것이다.
② 주회전날개의 반작용 토크에 의해 항공기 기체가 자동적으로 회전하려는 경향이다.
③ 회전날개 축에 토크가 작용하지 않는 상태에서도 일정한 회전수를 유지하는 것이다.
④ 전진하는 깃(Blade)과 후퇴하는 깃의 양력 차이에 의하여 항공기 자세에 불균형이 생기는 것이다.

**16** 비행기가 돌풍이나 외력에 의해 평형상태에서 벗어난 뒤에 다시 평형상태로 되돌아가려는 초기의 경향은?

① 정적 안정  ② 정적 불안정
③ 동적 안정  ④ 동적 불안정

**해설**
**정적 안정** : 비행기가 평형상태에서 벗어난 뒤에 다시 평형상태로 되돌아가려는 초기의 경향

**17** 접근하기 어려운 작업공간에서 유용하게 사용하며 금속재질을 잡는 데 주로 사용하는 공구는?

① Bit Holder  ② Hinged Mirror
③ Strap Wrench  ④ Permanent Magnet

**해설**
마그네틱 바 : 좁은 공간에서 FOD 부분품 제거와 공구를 바로잡아 준다.

**18** 항공기 제트기관의 구성품 중 방빙장치가 장착되어 있는 부분은?

① 엔진 앞 카울링(Engine Front Cowling)
② 강착장치(Landing Gear)
③ 기관 마운트(Engine Mount)
④ 역추력 장치(Thrust Reverse)

**해설**
**기관의 열 방빙장치**
• 왕복기관에서 결빙되는 부분은 기화기 및 연소용 공기흡입구이다.
• 나셀이나 기관 카울(Cowl)은 가스터빈 기관이나 터보프롭 등 기관에서 결빙되기 쉽다.

**19** 수평비행하는 비행기가 받음각이 일정한 상태에서 고도가 높아지면 일반적으로 속도와 필요마력은 어떻게 되는가?

① 속도와 필요마력 모두 감소
② 속도와 필요마력 모두 증가
③ 속도는 증가, 필요마력은 감소
④ 속도는 감소, 필요마력은 증가

**해설**
상승 성능은 고도에 따라 영향을 받으며, 고도가 증가하면 속도와 필요마력은 증가한다.

**20** 비행기가 정상 수평비행상태에서 받음각을 증가시킬 때 비행기의 속도에 대한 설명으로 옳은 것은? (단, 받음각은 실속각의 범위 내에서 증가시키는 것으로 한다)

① 양력이 증가하므로 속도는 증가한다.
② 양력계수가 증가하고 속도는 감소한다.
③ 속도는 받음각의 증가 여부에 관계없이 일정하게 유지된다.
④ 받음각이 실속각 이내에서 증가하면 속도는 감소하지 않는다.

**해설**
비행기는 받음각이 증가할수록 양력도 증가하나, 일정 이상 받음각이 커질 경우 날개 상면에서 박리현상이 일어나면서 실속(Stall)하게 된다.
※ 실속(Stall) : 비행기의 날개 표면을 흐르는 기류의 흐름이 날개 윗면으로부터 박리되어, 그 결과 양력(揚力)이 감소되고 항력(抗力)이 증가하여 비행을 유지하지 못하는 현상

**21** 항공기 급유 시 3점 접지를 해야 하는 주된 이유는?

① 연료와 급유관 사이에 마찰을 방지하기 위해서
② 연료와 급유관 사이에 열 발생을 막기 위해서
③ 연료와 급유관 사이에 상대운동을 막기 위해서
④ 연료와 급유관 사이에 접착면이 떨어져 바닥에 누유되는 것을 막기 위해서

**해설**
급유 시 마찰로 인한 정전기가 발생하면 화재의 원인이 되기 때문에 마찰을 방지하기 위한 3점 접지를 해야 한다.

**22** 도살 핀(Dorsal Fin)에 관한 설명 중 가장 올바른 것은?

① 수직 꼬리날개가 실속하는 큰 옆미끄럼각에서도 방향 안정을 유지하는 효과를 얻게 한다.
② 고속으로 비행 시 강력한 공기저항을 극복하여 조종성을 증가시키는 데 주목적이 있다.
③ 주날개가 실속 상태인 경우, 세로 안정을 유지하는 데 목적이 있다.
④ 아음속 영역에서 비행 시 비행기의 조종성을 향상시키는 데 주목적이 있다.

**해설**
도살 핀을 장착하면 큰 옆미끄럼각에서의 동체의 안정성이 증가하고, 수직 꼬리날개의 유효 가로세로비를 감소시켜 실속각도 증가한다. 또한 옆미끄럼각에 대한 방향 안정성을 증가시킨다.

**23** 알루미늄 또는 알루미늄합금의 표면을 화학적으로 처리해서 내식성을 증가시키고 도장작업의 접착효과를 증진시키기 위한 부식방지 처리작업은?

① 어닐링(Annealing)
② 플레이팅(Plating)
③ 알로다이닝(Alodining)
④ 파커라이징(Parkerizing)

**해설**
③ 알로다이닝 : 알루미늄에 산화피막을 입히는 방식법
① 어닐링 : 철강재료의 열처리 방법 중 풀림처리
② 플레이팅 : 철강재료 표면에 내식성이 강한 금속을 도금처리하는 것
④ 파커라이징 : 철강재료 표면에 인산염을 형성시키는 방식법
※ 2024년 개정된 출제기준에서는 삭제된 내용

**24** 다음 그림과 같은 단면의 가스터빈기관 연소실은?

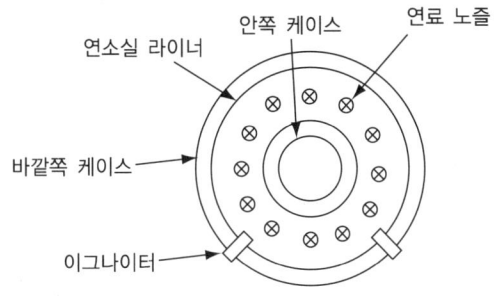

① 캔형 연소실
② 애뉼러형 연소실
③ 성형 연소실
④ 캔-애뉼러형 연소실

**25** 다음 중 가스터빈기관의 작동에 대한 설명으로 틀린 것은?

① 원칙적으로 기관 작동 시 항공기의 기수는 바람에 대하여 정면으로 향해야 한다.
② 기관 작동 중 압축기 실속이 발생되었다면 추력 레버를 최대한 천천히 아이들 위치로 내려야 한다.
③ 배기가스는 높은 속도와 온도 및 유독성을 가지고 있으므로 주의하여야 한다.
④ 기관 모터링(Motoring) 수행 시 시동기의 보호를 위하여 규정된 시동기 냉각시간을 반드시 지켜야 한다.

[해설]
압축기 실속이 발생하면 압축기나 터빈 부품 손상과 함께 중대한 사고가 발생할 수 있으므로 추력 레버를 최대한 빨리 아이들 위치로 내려야 한다.

**26** 가스터빈기관에 대한 다음 설명 중 가장 올바른 것은?

① 총추력은 공기 및 연료의 유입운동을 최대로 고려한 추력이다.
② 추력 중량비가 클수록 기관의 무게는 가볍다.
③ 추력 비연료 소모율이 클수록 기관의 효율이 높고, 성능이 우수하다.
④ 추력은 흡입 공기의 중량 유량에 반비례한다.

[해설]
추력 중량비(T/W ; Thrust/Weight)는 항공기의 추력을 기체의 중량으로 나눈 값으로 추력 중량비가 클수록 기체의 무게는 가볍다.

**27** 다음 중 전기화재 또는 유류화재에 가장 적당하지 않은 소화기는?

① 분말 소화기
② 이산화탄소 소화기
③ 물 소화기
④ 브로모클로로메테인 소화기

[해설]
전기화재에 물을 사용하면 감전의 위험이 있으며, 기름 종류의 화재에 물을 사용하면 불을 키우는 경우가 있다.

**28** 표준대기에서 약 10,000m 상공의 대기온도는 약 몇 ℃인가?

① -50    ② -40
③ -30    ④ -20

[해설]
표준대기의 온도는 15℃이고, 1,000m 올라갈 때마다 6.5℃씩 온도가 감소하므로 지상 10,000m에서의 온도는 15 - 65 = -50℃ 이다.

**29** 여러 개의 얇은 금속편으로 이루어진 측정 기기로, 접점 또는 작은 홈의 간극 등을 측정하는 데 사용되는 것은?

① 두께 게이지
② 센터 게이지
③ 피치 게이지
④ 나사 게이지

**해설**
두께 게이지는 접점이나 작은 홈의 간극 등의 점검과 측정에 사용한다.

**30** 비행기가 다음 그림과 같이 정상선회비행을 할 때 ㉠의 방향으로 작용하는 힘의 크기를 옳게 표시한 것은?(단, 비행기의 무게 $W$, 속도 $V$, 선회반지름 $R$, 양력 $L$이다)

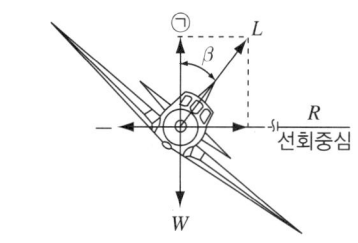

① $W$
② $L\sin\beta$
③ $L\cos\beta$
④ $\dfrac{WV^2}{gR}$

**해설**
- 수직방향 힘의 성분 : $L\cos\beta$
- 수평방향 힘의 성분 : $L\sin\beta$

**31** 헬리콥터가 전진비행을 할 때 회전날개 깃에 발생하는 양력분포의 불균형을 해결할 수 있는 방법은?

① 전진하는 깃의 받음각과 후퇴하는 깃의 받음각을 증가시킨다.
② 전진하는 깃의 받음각은 감소시키고, 후퇴하는 깃의 받음각은 증가시킨다.
③ 전진하는 깃의 받음각은 증가시키고, 후퇴하는 깃의 받음각은 감소시킨다.
④ 전진하는 깃의 받음각과 후퇴하는 깃의 받음각 모두 감소시킨다.

**해설**
전진 깃은 양력이 증가하므로 받음각을 작게 하고, 후진 깃은 양력이 감소하므로 받음각을 크게 하여 균형을 유지시킨다.

**32** 왕복기관의 윤활계통에서 릴리프 밸브(Relief Valve)의 주된 역할로 옳은 것은?

① 윤활유 온도가 높을 때는 윤활유를 냉각기로 보내고, 낮을 때는 직접 윤활유 탱크로 가도록 한다.
② 윤활유 여과기가 막혔을 때 윤활유가 여과기를 거치지 않고 직접 기관의 내부로 공급되게 한다.
③ 기관의 내부로 들어가는 윤활유의 압력이 높을 때 작동하여 압력을 낮추어 준다.
④ 윤활유가 불필요하게 기관 내부로 스며들어가는 것을 방지한다.

**해설**
릴리프 밸브는 윤활유 압력이 규정값보다 높을 때 밸브가 열리면서 윤활유를 펌프 입구쪽으로 되돌려 보내 윤활유 압력을 낮추어 준다.

**33** 가스터빈기관 중 압축공기를 압축기로 보내고 일부를 연소시키지 않고 엔진 뒤쪽으로 분출하는 형식의 엔진으로서, 다량의 배기가스를 비교적 저속으로 분출시키면서 추력을 얻도록 설계한 기관은?

① 터보제트 기관   ② 터보프롭 기관
③ 터보팬 기관   ④ 터보샤프트 기관

**해설**
터보팬 기관
많은 깃을 갖는 덕트로 싸여 있는 일종의 프로펠러 기관으로 연료 소비율이 적고 아음속에서 효율이 좋다. 대형 여객기 및 군용기에 널리 사용된다.

**34** 비행기 날개의 항력에 관한 설명으로 틀린 것은?

① 항력은 비행기 속도의 제곱에 비례한다.
② 항력은 날개의 무게에 비례한다.
③ 항력은 유체의 밀도에 비례한다.
④ 항력은 날개 면적에 비례한다.

**해설**
항력 $D = \frac{1}{2} C_D \rho V^2 S$ 이므로, 항력은 속도의 제곱과 날개 면적에 비례하고, 양력도 마찬가지이다.

**35** 가스터빈기관의 연료계통에서 1차 연료와 2차 연료로 분류시키고, 기관이 정지할 때 매니폴드나 연료노즐에 남아 있는 연료를 외부로 방출하는 역할을 하는 장치는?

① FCU   ② P&D Valve
③ Fuel Nozzle   ④ Fuel Heater

**해설**
여압 및 드레인 밸브는 연소실 안에 연료가 남아 있으면 과열 시동의 위험성이 있기 때문이며, 기관 시동 시 시동 특성을 향상시키도록 연료 흐름을 제어하는 역할도 한다.
① 연료조정장치
③ 연료노즐
④ 연료 가열기

**36** 제동 열효율을 환산하는 계산식은?

① 제동 열효율 = $\dfrac{\text{단위시간당 기관이 소비한 연료}}{\text{제동 마력}}$

② 제동 열효율 = $\dfrac{\text{기관이 소비한 연료}}{\text{제동 마력}}$

③ 제동 열효율 = $\dfrac{\text{제동 마력}}{\text{기관이 소비한 연료에너지}}$

④ 제동 열효율 = $\dfrac{\text{제동 마력}}{\text{단위 시간당 기관이 소비한 연료에너지}}$

**37** 일반적인 아음속항공기 제트기관의 배기노즐 형상으로 가장 많이 사용되는 것은?

① 확산형 배기노즐
② 가변면적형 배기노즐
③ 수축형 배기노즐
④ 수축-확산형 배기노즐

**해설**
- 아음속항공기 배기노즐 : 면적이 일정한 고정면적노즐인 수축형 배기노즐이 사용된다.
- 초음속 배기노즐 : 기관 회전수, 압력, 온도에 따라 완속 시 넓게, 최대 추력 시 좁게 움직이는 수축-확산형이다.

**38** 기관의 임계고도(Critical Altitude)를 가장 올바르게 표현한 것은?

① 기관이 안전하게 운전할 수 있는 최고 고도
② 기관이 최고 마력을 낼 수 있는 고도
③ 기관이 정격마력을 유지할 수 있는 최고 고도
④ 기관이 정지할 때까지 도달할 수 있는 최고 고도

**해설**
임계고도(Critical Altitude)는 공중에서 정격출력이 유지되는 최대 고도이다.

**39** 공랭식 냉각계통과 관련 없는 구성품은?

① 냉각 핀   ② 카울 플랩
③ 배플     ④ 카울링

**해설**
공랭식 냉각계통 : 냉각 핀, 배플, 카울 플랩

**40** 다음 중 왕복기관의 실린더 구성품에 해당되지 않는 것은?

① 실린더 헤드(Head)
② 실린더 배럴(Barrel)
③ 배기 콘(Exhaust Cone)
④ 냉각 핀(Cooling Fin)

**41** 응력 외피의 작은 손상은 원형 패치(Circular Patch)로 수리하는데, 원형 패치를 칭하는 다른 용어는?

① 디스 패치
② 8각형 패치
③ 스트링어 패치
④ 플러시 패치

**해설**
※ 2024년 개정된 출제기준에서는 삭제된 내용

**42** 항공기 대수리 작업에 해당하지 않는 경우는?

① 기본적인 설계를 변경하거나 내부 구성품을 교체해야하는 경우
② 날개, 엔진, 기타 주요 장비나 기본 구조를 수정해야 하는 경우
③ 기체의 일부 또는 전체의 오버홀 작업을 해야 하는 경우
④ 항공기 날개의 강도가 변화하는 수리 작업

**해설**
항공기 표미 및 조종 능력의 변경 등 기존 기체의 외형이나 성능을 변경시킨 경우는 기체의 개조에 해당한다.
**대수리 작업**
감항성에 큰 영향을 끼치는 복잡한 수리 작업으로 관계기관의 확인이 필요하며, 예시는 다음과 같다.
• 예비품 검사대상 부품의 오버홀
• 기체의 일부 또는 전체의 오버홀
• 내부 부품의 복합한 분해 작업

**43** 항공기 견인 시 지켜야 할 안전사항이 아닌 것은?

① 지상 감시자는 항공기 날개의 양끝 부근에 위치하여 견인이 끝날 때지 견인상태를 철저히 감시해야 한다.
② 야간에 견인할 때에는 전방등과 항법등 외에도 필요한 조명장치를 해야 한다.
③ 항공기를 견인하기에 앞서 견인할 부근에 장애물이 없는지 확인한다.
④ 작업자는 항공기 견인선 위에 올라가 견인 장력이 적절한지 확인하며 작업을 해야 한다.

**해설**
항공기를 견인할 때는 자격을 보유한 운전자가 견인 차량을 운전해야 하고, 견인차에는 운전자 이외의 어떤 사람도 탑승해서는 안 된다.

**44** 왕복기관에서 흡입밸브의 여닫힘은 실제로 언제 이루어지는가?

① 피스톤이 상사점에 있을 때 열리고, 하사점에 있을 때 닫힌다.
② 피스톤이 하사점에 있을 때 열리고, 상사점에 있을 때 닫힌다.
③ 피스톤이 상사점 전에 있을 때 열리고, 하사점 후에 닫힌다.
④ 피스톤이 상사점 후에 있을 때 열리고, 하사점 전에 닫힌다.

**45** 배기밸브 내에 냉각효과를 얻기 위해 들어가는 물질로 적절한 것은?

① 아마인유   ② 오일
③ 금속나트륨  ④ 프레온 가스

**해설**
배기밸브(Exhaust Valve) 내에 냉각효과를 얻기 위하여 들어가는 물질은 금속나트륨이다.

**46** 저압 환경에서 착화를 위해 저전압을 고전압으로 바꾸는 장비는?

① 변압기   ② 변류기
③ 계류기   ④ 인버터

**해설**
**변압기**: 교류 전원의 전압을 상승시키거나 하강시키는 효과를 내는 장치이다.
※ 2024년 개정된 출제기준에서는 삭제된 내용

**정답** 42 ④  43 ④  44 ③  45 ③  46 ①

**47** 항공기의 역추력장치의 일반적인 사용시기로 옳은 것은?

① 상승 비행 시    ② 이륙 시
③ 순항 비행 시    ④ 착륙 시

**해설**
역추력 장치는 주기(Parking)해 있는 항공기에서 동력 후진할 때 사용하고, 비상 착륙 시나 이륙 포기 시 제동능력 및 방향 전환능력을 향상시키기 위해 사용한다.
※ 2024년 개정된 출제기준에서는 삭제된 내용

**48** 항공기 고온부 부품의 육안검사 후 발견된 결함(부품에서 수리하여야 할 부분)을 표시할 때 사용 가능한 것은?

① 흑연연필
② 납연필
③ 탄소연필
④ 펠트팁(Felt-tip) 기구

**해설**
• 탄소, 흑연, 납 성분은 고열부분에서 열응력이 발생한다.
• 펠트팁은 마커펜의 다른 이름이다.

**49** 가스터빈기관의 디퓨저 부분(Diffuser Section)에서 공기의 에너지는 어떤 형태로 변화하는가?

① 압력에너지가 속도에너지로 변환한다.
② 속도에너지가 운동에너지로 변환한다.
③ 운동에너지가 속도에너지로 변환한다.
④ 속도에너지가 압력에너지로 변환한다.

**해설**
디퓨저에서는 공기의 속도에너지가 압력에너지로 변환한다.

**50** 항공기 정비와 관련된 용어의 설명으로 옳은 것은?

① 사용 시간 한계를 정해 놓은 것을 하드타임이라 한다.
② 항공기 기관이 작동하면서부터 멈출 때까지의 총시간을 항공기의 비행시간이라 한다.
③ 항공기의 부품 또는 구성품이 목적한 기능을 상실하는 것을 결함이라 한다.
④ 항공기의 구성품 또는 부품 고장으로 계통이 비정상적으로 작동하는 상태를 기능불량이라 한다.

**해설**
② 비행시간은 항공기가 비행을 목적으로 이륙할 때부터 착륙할 때까지의 경과시간이다.
③ 항공기의 부품 또는 구성품이 목적한 기능을 상실하는 것은 기능불량(Malfunction)이라 한다.
④ 항공기의 구성품 또는 부품 고장으로 계통이 비정상적으로 작동하는 상태를 고장(Trouble)이라 한다.

**51** 버니어캘리퍼스로 측정한 결과 어미자와 아들자의 눈금이 다음 그림과 같이 화살표로 표시된 곳에서 일치하였다면 측정값은 몇 mm인가?(단, 최소 측정값이 $\frac{1}{20}$mm이다)

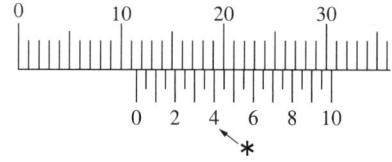

① 19.4    ② 14.4
③ 12.4    ④ 11.4

**해설**
아들자의 0눈금이 11mm를 지났고, 어미자와 아들자의 눈금이 일치하는 곳의 눈금이 0.4(=$\frac{8}{20}$)이므로 눈금값은 11 + 0.4 = 11.4mm 이다.

## 52 다음 중 받음각(Angle of Attack)의 정의로 옳은 것은?

① 날개의 시위선과 상대풍 사이의 각도
② 비행기의 상승각도와 수평선 사이의 각도
③ 항공기의 종축과 날개의 시위선 사이의 각도
④ 날개의 무양력 시위선과 날개의 시위선 사이의 각도

**해설**
받음각은 날개의 시위선과 상대풍 사이의 각도로, 영각이라고도 한다.

## 53 다음 중 항공기 정비 방식이 아닌 것은?

① 하드 타임
② 온-모니터링
③ 온-컨디션
④ 컨디션 모니터링

**해설**
정비방식
- 시한성 정비(Hard Time Maintenance)
- 신뢰성 정비(On Condition Maintenance)
- 상태 정비(Condition Monitoring Maintenance)

## 54 저출력 항공기의 왕복기관에 사용되는 베어링으로, 크랭크 축 또는 캠축에 주로 사용되는 것은?

① 볼 베어링
② 롤러 베어링
③ 테이퍼롤러 베어링
④ 평형 베어링

**해설**
- 평면 베어링 : 저출력 엔진 크랭크 축, 캠축 등에 사용한다.
- 롤러 베어링 : 고출력 엔진 크랭크 축을 지지하는 베어링이다.
- 볼 베어링 : 마찰이 작으며 대형 성형기관과 가스터빈기관에 사용한다.

## 55 프로펠러 깃의 압력 중심의 기본적인 위치를 나타낸 것으로 옳은 것은?

① 깃의 끝 부근
② 깃의 뿌리 부근
③ 깃의 뒷전 부근
④ 깃의 앞전 부근

**해설**
날개나 회전날개 및 프로펠러 깃의 압력 중심(CP)은 보통 깃의 앞전 부분에 위치한다.
※ 2024년 개정된 출제기준에서는 삭제된 내용

## 56 회전하는 물체에 힘을 가했을 때, 힘을 가한 위치의 후방 90° 방향에 미는 힘이 발생하는데 이 힘은 어떤 효과 때문인가?

① 코리올리스 효과(Coriolis Effect)
② 자이로 섭동성(Gyroscopic Precession)
③ 지면 효과(Ground Effect)
④ 맥동 효과(Pulsation Effect)

**해설**
자이로 섭동성(Gyroscopic Precession)
자이로 선행성이라고도 하는 이 현상은 회전자에 힘을 가하면 회전방향으로 90° 진행된 점에 힘이 가해진 것과 같은 작용을 하는 현상이다.

정답 52 ① 53 ② 54 ④ 55 ④ 56 ②

**57** 항공기의 브레이크 계통에서 독립식 브레이크 계통에 대한 설명으로 틀린 것은?

① 주로 소형 항공기에 사용된다.
② 브레이크 페달을 놓으면 동력에 의해 피스톤이 회귀한다.
③ 마스터 실린더 내 작동유의 작동으로 브레이크가 작동된다.
④ 항공기의 유압계통과 별개로 브레이크 계통 자체에 레저버를 갖는다.

해설
브레이크 페달을 놓으면 마스터실린더 안에 있는 스프링의 힘에 의해 피스톤이 회귀한다.

**58** 건식 윤활계통에 대한 설명으로 옳은 것은?

① 곡예비행을 해도 정상적으로 윤활할 수 있다.
② 윤활유 탱크가 없다.
③ 크랭크 케이스의 밑바닥에 오일을 모으는 계통이다.
④ 대향형 기관에 널리 사용된다.

해설
②, ③, ④는 습식 윤활계통의 특징이다.

**59** 플로트식 기화기에서 스로틀 밸브(Throttle Valve)를 설치하는 위치는?

① 벤투리와 초크 밸브 다음에
② 초크 밸브와 연료 노즐 사이에
③ 연료 분사 노즐과 벤투리 다음에
④ 연료 분사 노즐과 벤투리 사이에

해설
※ 2024년 개정된 출제기준에서는 삭제된 내용

**60** 헬리콥터가 비행기와 같은 고속도를 낼 수 없는 원인으로 가장 거리가 먼 것은?

① 회전하는 날개 깃의 수가 많기 때문이다.
② 후퇴하는 깃의 날개 끝에 실속이 발생하기 때문이다.
③ 전진하는 깃 끝의 마하수가 1 이상이 되면 깃에 충격실속이 생기기 때문이다.
④ 후퇴하는 깃뿌리의 역풍범위가 속도에 따라 증가하기 때문이다.

# 2022년 제4회 과년도 기출복원문제

**01** 가스터빈기관의 주연료펌프(Main Fuel Pump)의 구성으로 옳게 짝지어진 것은?

① 원심펌프, 기어펌프
② 피스톤펌프, 기어펌프
③ 원심펌프, 베인펌프
④ 부스터펌프, 베인펌프

**해설**
가스터빈기관 주연료펌프는 하나 또는 이중의 평기어(Spur Gear) 형태이고 종종 원심 부스터를 갖고 있다.

**02** 다음 $P-v$ 선도에 해당하는 사이클은?

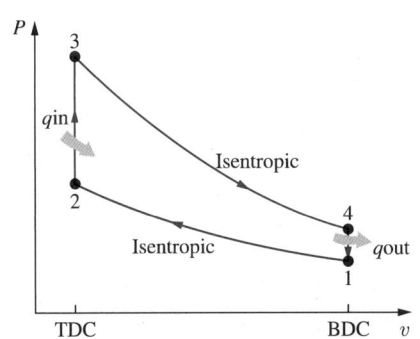

① 랭킨사이클
② 오토사이클
③ 브레이튼사이클
④ 사바테사이클

**해설**
오토사이클은 정적사이클이라고도 하며, 2개의 단열과정과 2개의 정적과정으로 이루어진다.

**03** 가스터빈기관에서 연소효율에 대한 내용으로 가장 옳은 것은?

① 연소효율은 압력 및 온도가 낮을수록 높아진다.
② 공급된 열량과 공기의 실제 증가된 에너지(엔탈피)의 비이다.
③ 연소효율은 공기의 속도가 클수록 높아진다.
④ 연소효율은 고도가 올라갈수록 높아진다.

**04** 복합 구조재 수리 시 외피 세척, 루터작업(Routing), 코어 플러그(Core Plug) 제작, 패치 교체가 필요한 작업은?

① 단면 수리
② 적층분리 수리
③ 양면 수리
④ 구멍뚫림 수리

**해설**
샌드위치 구조재의 구멍뚫림 수리 절차
외피 표면 세척 – 루터작업에 의해 코어 제거 – 손상외피 적층판 자름 – 진공압으로 손상 부위 청소 – 코어플러그 제작 – 코어플러그 장착 – 연마 부위에 패치 부착 – 가압하면서 경화 – 표면처리

정답 1 ① 2 ② 3 ② 4 ④

**05** 실린더의 안지름이 15.0cm, 행정거리가 0.155m, 실린더 수가 4개인 기관의 총행정체적은 약 몇 cm³인가?

① 730
② 2,737
③ 10,956
④ 16,426

**해설**

총행정체적 $= \dfrac{\pi d^2}{4} \times L \times K$

$= \dfrac{\pi \times 15^2}{4} \times 15.5 \times 4$

$= 10,956.3 \text{(cm}^3)$

**06** 항공기 연료조절장치에서 수감하는 기관의 주요 작동 변수가 아닌 것은?

① 기관 회전수
② 연료유량
③ 압축기 출구 압력
④ 압축기 입구 온도

**해설**

연료조절장치의 수감 내용
- 기관 회전수(rpm)
- 압축기 출구 압력(CDP)
- 압축기 입구 온도(CIT)
- 동력 레버의 위치

**07** 항공기 견인(Towing) 시 주의해야 할 사항으로 옳은 것은?

① 항공기를 견인할 때에는 규정속도를 초과해서는 안 된다.
② 견인차에는 견인 감독자가 함께 탑승하여 항공기를 견인해야 한다.
③ 항공사 직원이라면 누구나 견인차량을 운전할 수 있다.
④ 지상감시자는 항공기 동체의 전방에 위치하여 견인이 끝날 때까지 감시해야 한다.

**08** 다음 중 받음각의 정의로 옳은 것은?

① 날개의 시위선과 상대풍 사이의 각도
② 비행기의 상승각도와 수평선 사이의 각도
③ 항공기의 종축과 날개의 시위선 사이의 각도
④ 날개의 무양력 시위선과 날개의 시위선 사이의 각도

**해설**

받음각(Angle of Attack)은 날개의 시위선과 상대풍 사이의 각도로, 영각이라고도 한다.

**09** 리벳의 부품번호 MS 20470 AD 6-6에서 리벳의 재질을 나타내는 "AD"는 어떤 재질을 의미하는가?

① 1100
② 2017
③ 2117
④ 모넬

**해설**

리벳의 재질 기호
- A : 1100
- B : 5056
- AD : 2117
- D : 2017
- DD : 2024
- M : 모넬
- C : 내식강

**10** 항공기용 왕복기관의 밸브 개폐시기에서 밸브 오버랩에 관한 설명으로 틀린 것은?

① 연료소비를 감소시킬 수 있다.
② 배기행정 말에서 흡입행정 초기에 발생한다.
③ 조정이 잘못될 경우 역화(Back Fire)현상을 일으킬 수도 있다.
④ 충진밀도의 증가, 체적효율 증가, 출력 증가의 효과가 있다.

**해설**
밸브 오버랩이란 흡기밸브와 배기밸브가 동시에 열려 있는 구간으로, 실린더의 체적효율을 증가시켜 기관 출력을 증대시킨다.

**11** 다음 중 외연기관에 속하는 것은?

① 왕복기관
② 회전기관
③ 증기터빈기관
④ 가스터빈기관

**해설**
증기터빈기관은 외연기관에 속한다.

**12** 공기 중에서 프로펠러가 1회전할 때 실제로 전진하는 거리는?

① 유효피치
② 기하학적 피치
③ 턴 디스턴스
④ 프로펠러 슬립

**해설**
※ 2024년 개정된 출제기준에서는 삭제된 내용

**13** 다음 ( ) 안에 들어갈 알맞은 단어는?

Fairleads should never deflect the alignment of a cable ( )°.

① less than 3
② more than 3
③ more than 20
④ less than 20

**해설**
페어리드(Fairlead)는 케이블의 정렬을 3° 이상 빗나가게 하면 안 된다.
페어리드는 케이블이 벌크헤드의 구멍이나 다른 금속이 지나가는 곳에 사용되며, 케이블의 느슨함을 막고 다른 구조와의 접촉을 방지한다.
※ 2024년 개정된 출제기준에서는 삭제된 내용

**14** 공구에 대한 설명으로 잘못된 것은?

① 다이스(Dies)는 수나사를 가공하는 공구이다.
② 탭(Tap)은 지름 및 나사 계열에 따라 3개가 1조로 구성된다.
③ 탭(Tap)은 암나사를 가공하는 데 사용한다.
④ 드릴 작업 후 구멍 안쪽의 가공면을 다듬질하는 공구는 딤플링 다이스(Dimpling Dies)이다.

**해설**
딤플링(접시머리성형)은 판금 수리작업에서 판재가 얇아 접시머리 파기(마이크로 스톱 카운터싱크)를 사용할 수 없을 때 대신 접시머리 형태를 만드는 방법이다.

[정답] 10 ① 11 ③ 12 ① 13 ② 14 ④

**15** 스포일러(Spoiler)의 기능에 대한 설명으로 틀린 것은?

① 착륙 시 항력을 증가시켜 착륙거리를 단축시킨다.
② 고속 비행 중 대칭적으로 작동하여 에어브레이크의 기능을 한다.
③ 보조날개와 연동하여 작동하면서 보조날개의 역할을 보조한다.
④ 항공기 주변의 공기흐름을 유지하여 양력을 증가시키는 역할을 한다.

해설
스포일러는 항력을 증가시켜 주는 고항력장치에 속한다.

**16** 물 분사장치에 대한 설명으로 틀린 것은?

① 무게 증가와 복잡한 구조가 단점이다.
② 이륙 시에 추력 증가를 위해 사용된다.
③ 압축기 입구 또는 출구에서 물 분사가 이루어진다.
④ 물이 얼지 않게 하기 위해 에틸렌글리콜을 사용한다.

해설
물을 얼지 않게 하는 에틸렌글리콜은 주로 부동액의 첨가물로 사용된다.
※ 2024년 개정된 출제기준에서는 삭제된 내용

**17** 항공기의 부품 또는 구성품이 목적한 기능을 상실하는 것은?

① 결함
② 기능불량
③ 수리요구
④ 정비요구

**18** 토크렌치와 연장공구를 이용하여 볼트를 400in·lbs로 체결하려 한다. 토크렌치와 연장공구의 유효 길이가 각각 25in와 15in이라면, 토크렌치의 지시 값이 몇 in·lbs를 지시할 때까지 죄어야 하는가?

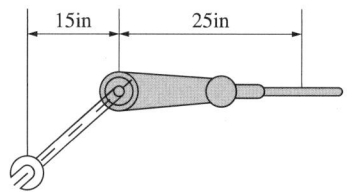

① 150
② 200
③ 240
④ 250

해설
연장공구 사용 시 토크값
$$T_W = T_A \times \frac{l}{l+a} = 400 \times \frac{25}{25+15} = 250(\text{in} \cdot \text{lbs})$$

**19** 가스터빈기관에서 배기노즐(Exhaust Nozzle)의 가장 중요한 사용 목적은?

① 터빈 냉각을 시킨다.
② 가스압력을 증가시킨다.
③ 가스속도를 증가시킨다.
④ 회전방향 흐름을 얻는다.

해설
배기노즐의 주목적은 배기가스의 흐름 속도를 증가시켜 항공기 추력을 증가시키는 것이다.

**20** 금속 표면이 공기 중의 산소와 직접 반응을 일으켜 생기는 부식은?

① 입자 간 부식
② 표면 부식
③ 응력 부식
④ 찰과 부식

**해설**
부식의 종류
- 응력 부식 : 장시간 표면에 가해진 정적인 응력의 복합적 효과로 인해 발생
- 이질 금속 간 부식 : 두 종류의 다른 금속이 접촉하여 생기는 부식으로 동전지 부식, 갈바닉 부식이라고도 함
- 입자 간 부식 : 금속의 입자 경계면을 따라 생기는 선택적인 부식
- 점 부식 : 금속 표면이 국부적으로 깊게 침식되어 작은 점 형태로 만들어지는 부식
- 찰과 부식 : 마찰로 인한 부식으로 밀착된 구성품 사이에 작은 진폭의 상대 운동으로 인해 발생
- 표면 부식 : 산소와 반응하여 생기는 가장 일반적인 부식
- 피로 부식 : 금속에 가해지는 반복 응력에 의해 발생

※ 2024년 개정된 출제기준에서는 삭제된 내용

**21** 헬리콥터의 한 종류로 회전날개를 비행방향을 기준으로 좌우에 배치한 형태이며 가로 안정이 가장 좋은 것은?

① 단일 회전날개 헬리콥터
② 동축 회전날개 헬리콥터
③ 병렬식 회전날개 헬리콥터
④ 직렬식 회전날개 헬리콥터

**해설**
병렬식 회전날개 헬리콥터 : 가로 안정성이 좋고 기체의 전체 길이가 짧아지며 양력 발생이 큰 이점이 있으나 전면 면적이 넓어 항력이 커지고 세로 안정성의 개선을 위해 테일로터를 가진 직렬식과 같이 양쪽 로터의 충돌을 막기 위한 동조장치가 필요해진다.

**22** 비행기의 조종성과 정적 안정성에 대한 설명으로 옳은 것은?

① 조종성과 안정성은 상호 보완 관계이다.
② 조종성과 안정성은 서로 상반 관계이다.
③ 비행기 설계 시 조종성을 위해서는 안정성은 무시해도 좋다.
④ 비행기 설계 시 안정성을 위해서는 조종성은 무시해도 좋다.

**해설**
비행 조종성이 좋아지면 안정성은 떨어지고, 반대로 비행 안정성이 좋아지면 조종성은 떨어진다. 즉, 조종성과 안정성은 상반 관계이다.

**23** 과급기(Supercharger)의 목적으로 옳은 것은?

① 흡입 연료의 온도를 증가시켜 출력을 증가시킨다.
② 흡입 연료의 발열량을 증가시켜 출력을 증가시킨다.
③ 흡입공기나 혼합가스의 압력을 증가시켜 출력을 증가시킨다.
④ 흡입공기나 혼합공기의 온도를 증가시켜 출력을 증가시킨다.

**해설**
과급기는 압축기에 의해 흡입 가스 압력을 증가시켜 실린더 내로 공급해 줌으로써 출력 증가를 가져온다(매니폴드 압력 증가 → 평균 유효 압력 증가 → 출력 증가).

**24** 가스터빈기관의 애뉼러(Annular)형 연소실의 단점으로 옳은 것은?

① 정비성이 나쁘다.
② Flame Out을 일으키기 쉽다.
③ 출구온도 분포가 균일하지 않다.
④ 연소가 불안정하며 검은 연기를 낸다.

해설
애뉼러형 연소실의 장점은 구조가 간단, 짧은 전장, 연소 안정, 출구온도 분포 균일, 제작비가 저렴한 점이고, 단점은 구조가 약하고 정비가 불편하다는 점이다.

**25** 10PS인 엔진의 연료소모율이 8kg/PS·h일 때, 이 엔진을 장착한 1,600kg 항공기의 항속시간은 몇 시간인가?

① 16
② 18
③ 20
④ 22

해설
항속시간 = $\dfrac{1,600\text{kg}}{10\text{PS} \times 8\text{kg/PS}\cdot\text{h}} = 20(\text{h})$

**26** 날개뿌리의 시위길이가 4m이고 테이퍼비가 0.2일 때 날개끝의 시위길이는 몇 m인가?

① 0.2
② 0.4
③ 0.6
④ 0.8

해설
테이퍼비 = $\dfrac{\text{날개끝의 시위길이}}{\text{날개뿌리의 시위길이}}$

날개끝의 시위길이 = 날개뿌리의 시위길이 × 테이퍼비
= 4 × 0.2 = 0.8(m)

**27** 항공기가 이륙하여 착륙을 완료하는 횟수를 뜻하는 용어는?

① Flight Cycle
② Air Time
③ Time in Service
④ Block Time

**28** 금속제 프로펠러의 허브나 버트(Butt) 부분에 주어지는 정보가 아닌 것은?

① 사용시간
② 생산 증명번호
③ 일련번호
④ 형식 증명번호

**29** 그림의 인치식 버니어캘리퍼스(최소 측정값 $\frac{1}{128}$ in.)에서 * 표시한 눈금을 바르게 읽은 것은?

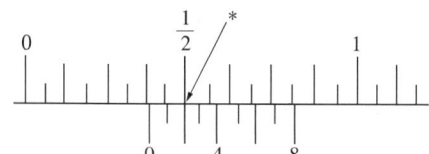

① $\frac{5}{32}$ in.  ② $\frac{9}{32}$ in.
③ $\frac{20}{64}$ in.  ④ $\frac{25}{64}$ in.

**해설**
최소 측정값 $\frac{1}{128}$ in.
버니어 캘리퍼스 눈금 읽기
$\frac{6}{16} + \frac{2}{128} = \frac{50}{128} = \frac{25}{64}$ in.

**30** 판재의 가장자리에서 첫 번째 리벳 중심까지의 거리를 무엇이라 하는가?

① 끝거리  ② 피치
③ 게이지  ④ 횡단 피치

**해설**
리벳의 배열
• 끝거리(연거리) : 판재의 가장자리에서 첫 번째 리벳 구멍 중심까지의 거리
• 피치 : 같은 리벳 열에서 인접한 리벳 중심 간의 거리
• 게이지 또는 횡단피치 : 리벳 열 간의 거리

**31** 브레이턴(Brayton) 사이클 과정으로 옳은 것은?

① 단열압축 → 정압가열 → 단열팽창 → 정압방열
② 단열압축 → 정압방열 → 단열팽창 → 정압가열
③ 정압가열 → 단열압축 → 단열팽창 → 정압방열
④ 정압가열 → 단열팽창 → 단열압축 → 정압방열

**32** 터빈 깃 안쪽에 공기 통로를 만들고 터빈 깃의 표면에 작은 구멍을 뚫어서 찬 공기가 나오게 하여, 냉각 공기를 표면에 냉각면을 형성하게 하는 냉각방법은?

① 침출냉각  ② 충돌냉각
③ 공기막냉각  ④ 대류냉각

**해설**
터빈 깃 냉각방법
• 대류냉각 : 터빈 내부에 공기 통로를 만들어 이곳으로 차가운 공기가 지나가게 함으로써 터빈을 냉각
• 충돌냉각 : 터빈 깃 내부에 작은 공기 통로를 설치한 후 냉각 공기를 충돌시켜 깃을 냉각
• 공기막냉각 : 터빈 깃의 표면에 작은 구멍을 통하여 나온 찬 공기의 얇은 막이 터빈 깃을 둘러싸서 터빈 깃을 냉각
• 침출냉각 : 터빈 깃을 다공성 재료로 만들고 깃 내부에 공기 통로를 만들어 차가운 공기가 터빈 깃을 통하여 스며 나오게 함으로써 터빈 깃을 냉각

**33** 플로트식 기화기에서 스로틀 밸브(Throttle Valve)를 설치하는 위치는?

① 벤투리와 초크 밸브 다음에
② 초크 밸브와 연료 노즐 사이에
③ 연료 분사 노즐과 벤투리 다음에
④ 연료 분사 노즐과 벤투리 사이에

**34** 다음 중 항공기 공장정비에 속하지 않는 것은?

① 항공기 기체 오버홀
② 항공기 원동기 정비
③ 항공기 기체 정시점검
④ 항공기 장비품 정비

해설
항공기 기체 정시점검은 운항정비에 속한다.

**35** 수직 꼬리날개가 실속하는 큰 옆미끄럼각에서도 방향 안정을 유지하는 효과를 얻을 수 있도록 설치하는 것은?

① 도살 핀
② 슬랫
③ 스트립
④ 슬롯

해설
도살 핀(Dorsal Fin)의 목적은 방향 안정의 증대에 있다.

**36** 항공기 왕복기관의 마그네토를 형식별로 분류하는 방법으로 틀린 것은?

① 저압과 고압 마그네토
② 단식과 복식 마그네토
③ 회전 자석과 유도자 로터 마그네토
④ 스플라인과 테이퍼 장착 마그네토

해설
스플라인이나 테이퍼 방식으로 부착하는 것은 프로펠러이다.

**37** 9기통 성형기관에 장착된 마그네토의 2차 회로에 있는 배전기 회전자 핑거가 7번 전극을 가리키고 있을 때, 점화가 이루어져야 하는 실린더는?

① 2번 실린더
② 4번 실린더
③ 7번 실린더
④ 9번 실린더

**38** 흐름이 없는, 즉 정지된 유체에 대한 설명으로 옳은 것은?

① 정압과 동압의 크기가 같다.
② 전압의 크기는 영(0)이 된다.
③ 동압의 크기는 영(0)이 된다.
④ 정압의 크기는 영(0)이 된다.

해설
동압은 다음 식에서 보는 바와 같이 속도의 제곱에 비례한다. 따라서 정지된 유체는 속도가 없으므로, 동압 또한 영(0)이 된다.

동압 $q = \dfrac{1}{2}\rho V^2$

34 ③  35 ①  36 ④  37 ②  38 ③

**39** 실린더 내의 왕복운동을 크랭크축의 회전운동으로 바꿔 주는 매개체는?

① 너클 핀
② 캠 플레이트
③ 피스톤
④ 커넥팅 로드

**40** 중탄산칼륨, 중탄산나트륨, 인산염 등을 화학적으로 특수 처리하여 만든 분말소화기를 사용하는 화재는?

① A급, D급 화재
② B급, C급 화재
③ C급, D급 화재
④ B급, D급 화재

**41** 다음 중 항공기의 세척에 사용되는 안전 솔벤트는?

① 케로신(Kerosine)
② 방향족 나프타(Aromatic Naphtha)
③ 메틸에틸케톤(Methyl Ethyl Ketone)
④ 메틸클로로폼(Methyl Chloroform)

**[해설]**
안전 솔벤트는 메틸클로로폼으로, 주로 일반 세척과 그리스 세척에 사용한다.

**42** 항공기의 급유 및 배유 시 유의사항으로 틀린 것은?

① 3점 접지를 해야 한다.
② 지정된 위치에 소화기를 배치해야 한다.
③ 지정된 위치에 감시요원을 반드시 배치해야 한다.
④ 연료 차량은 항상 항공기와 최대한 가까운 거리에 두어 관리를 해야 한다.

**[해설]**
항공기의 급유·배유 시 유의사항
• 전기장치, 화염물질을 100ft 이내 금지한다.
• 통신장비와 스위치는 Off 위치를 확인해야 한다.
• $CO_2$ 소화기 또는 할론 소화기를 준비한다.
• 항공기와 연료차, 지상접지로 3점 접지한다.

**43** 비행성능에 대한 설명으로 틀린 것은?

① 고도가 증가하면 상승률이 감소한다.
② 활공각이 크면 활공 거리가 길어진다.
③ 고도가 증가하면 비행 속도와 필요 마력은 증가한다.
④ 정상 등속도 수평비행은 항력과 추력이 같고, 양력과 무게가 같다.

**[해설]**
같은 고도에서 비교할 때 활공각이 크면 활공각이 작을 때보다 활공 거리가 감소한다. 이때 활공각을 감소시키기 위해서는 양항비를 증가시켜야 하고, 양항비 증가를 위해서는 항력계수(CD)를 감소시켜야 한다.

**44** 가스터빈기관의 윤활계통에서 섬프(Sump) 안의 공기압이 높을 때, 탱크로 압력이 빠지게 하는 역할을 하는 것은?

① 드레인 밸브(Drain Valve)
② 릴리프 밸브(Relief Valve)
③ 바이패스 밸브(By-pass Valve)
④ 섬프 벤트 체크 밸브(Sump Vent Check Valve)

**해설**
- 섬프 벤트 체크 밸브(Sump Vent Check Valve) : 섬프 안의 공기압력이 너무 높을 때 탱크로 빠지게 하는 역할을 한다.
- 압력조절 밸브 : 탱크 안의 공기 압력이 너무 높을 때 공기를 대기 중으로 배출한다.

**45** 헬리콥터에서 주기적 피치 제어간(Cyclic Pitch Control Lever)으로 조종할 수 없는 비행은?

① 전진비행　② 상승비행
③ 측면비행　④ 후퇴비행

**해설**
헬리콥터의 조종
- 동시적 피치 제어간 : 기체를 수직으로 상승 또는 하강을 시킨다.
- 주기적 피치 제어간 : 전진과 후진 및 횡진비행을 한다.
- 방향 조정 페달 : 좌우 방향이 조종된다.

**46** 대기권에서 전리층이 존재하며 전파를 흡수·반사하는 작용을 하여 통신에 영향을 끼치는 층은?

① 열권　② 성층권
③ 대류권　④ 중간권

**해설**
대기권은 높이에 따라 대류권 – 성층권 – 중간권 – 열권 – 극외권으로 나뉜다. 기상현상이 발생하는 곳은 대류권, 대기권 중 최저기온은 중간권(약 -90℃), 전파를 흡수하거나 차단하는 전리층이 있는 곳은 열권이다.

**47** 접촉되어 있는 2개의 재료가 녹아서 다른 쪽에 들러붙은 형태의 손상은?

① 용착(Gall)
② 스코어(Score)
③ 균열(Crack)
④ 가우징(Gouging)

**해설**
② 스코어(Score) : 부품의 손상형태 중 깊게 긁힌 형태로, 표면이 예리한 물체와 닿았을 때 생긴 것
③ 균열(Crack) : 재료에 부분적 또는 완전하게 불연속이 생긴 현상
④ 가우징(Gouging) : 거칠고, 큰 압력 등에 의한 금속 표면이 일부 없어지는 것

**48** 마이크로 스톱 카운터 싱크(Micro Stop Counter Sink)의 용도로 옳은 것은?

① 리벳의 구멍을 늘리는 데 사용한다.
② 리벳이나 스크루를 절단하는 데 사용한다.
③ 리벳의 구멍 언저리를 원뿔모양으로 절삭하는 데 사용한다.
④ 리베팅하고 밖으로 튀어나온 부분을 연마하는 데 사용한다.

**해설**
마이크로 스톱 카운터 싱크

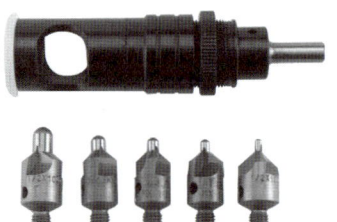

**49** 가스터빈기관의 점화계통에 대한 설명으로 틀린 것은?

① 시동 시에만 점화가 필요하다.
② 점화시기 조절장치가 필요치 않다.
③ 왕복기관에 비해 구조와 작동이 복잡하다.
④ 연료와 연소실 공기 흐름 특성으로 혼합가스의 점화가 어렵다.

**해설**
가스터빈 점화계통의 왕복기관과의 차이점
- 시동할 때만 점화가 필요하다.
- 점화시기 조절장치가 없어 구조와 작동이 간편하다.
- 점화기의 교환이 빈번하지 않다.
- 점화기가 기관 전체에 두 개 정도만 필요하다.
- 교류전력을 이용할 수 있다.

**50** 조종면의 폭과 시위길이가 각각 2배가 되면 조종력은 어떻게 되는가?

① 1/2로 감소      ② 변함없음
③ 2배 증가        ④ 4배 증가

**해설**
조종면에 작용하는 양력의 공식은 $L = C_L \frac{1}{2} \rho V^2 S$이다. 조종면의 면적은 $S = $ 폭 × 시위길이이므로, 폭과 시위길이가 각각 2배가 되면 조종면의 면적은 4배가 된다. 따라서 조종력은 4배가 된다.

**51** 단면적이 일정하게 유지되다가 급격히 넓어지는 관로를 공기가 초음속으로 흐를 때의 특징으로 틀린 것은?

① 충격파가 발생한다.
② 공기의 속도가 증가한다.
③ 공기의 온도가 떨어진다.
④ 공기의 압력이 떨어진다.

**해설**
확산 통로에서 초음속 흐름의 특징은 공기 속도는 증가하고 압력과 밀도는 감소한다.

**52** 가스터빈기관에서 원심형 압축기의 단점은?

① 회전속도 범위가 좁다.
② 무게가 무겁고 시동 출력이 높다.
③ 축류형 압축기와 비교해 제작이 어렵고 가격이 비싸다.
④ 동일 추력에 대하여 전면 면적을 많이 차지한다.

**해설**
- 원심식 압축기 장점
  - 단당 압력비가 높다.
  - 제작이 쉽고 구조가 튼튼하고 값이 싸다.
- 원심식 압축기 단점
  - 압축기 입구와 출구의 압력비가 낮고 효율이 낮다.
  - 많은 양의 공기를 처리할 수 없다.
  - 추력에 비해 기관의 전면 면적이 넓기 때문에 항력이 크다.

**53** 축류형 터빈에서 터빈의 반동도를 옳게 나타낸 것은?

① $\dfrac{\text{로터깃에 의한 팽창}}{\text{단의 팽창}} \times 100$

② $\dfrac{\text{단의 팽창}}{\text{로터깃에 의한 팽창}} \times 100$

③ $\dfrac{\text{스테이터깃에 의한 팽창}}{\text{단의 팽창}} \times 100$

④ $\dfrac{\text{단의 팽창}}{\text{스테이터깃에 의한 팽창}} \times 100$

**54** 일반적으로 항공용 왕복기관(Reciprocating Engine)에서 사용하지 않는 냉각장치는?

① 냉각 핀  ② 배플
③ 물 자켓  ④ 카울 플랩

**[해설]**
물 자켓은 수랭식 냉각장치이므로, 공랭식 냉각방식을 쓰는 항공용 왕복기관에는 사용하지 않는다.

**55** 비행기 날개에서 발생하는 항력이 아닌 것은?

① 유도항력  ② 마찰항력
③ 압력항력  ④ 추력항력

**[해설]**
비행기에 발생하는 항력은 유도항력, 마찰항력, 압력항력, 조파항력 등이 있다.

**56** 항공용 왕복기관에 사용되는 계기가 아닌 것은?

① 실린더 헤드 온도계
② $N_1$ 회전계
③ 연료 압력계
④ 윤활유 온도계

**[해설]**
$N_1$ 회전계는 가스터빈기관에서 사용되는 계기로서 저압 압축기의 회전수를 지시한다.

**57** 부피가 일정한 경우 공기 6kg을 100℃에서 600℃까지 가열하는 데 필요한 공급 열량은 몇 kcal인가?(단, 부피가 일정한 상태에서 기체의 온도를 1℃ 높이는 데 필요한 열량은 0.172kcal/kg·℃이다)

① 316  ② 416
③ 516  ④ 616

**[해설]**
$Q = mC_V(t_2 - t_1) = 6 \times 0.172 \times (600 - 100) = 516(\text{kcal})$

**58** 자분탐상검사에서 재료의 보자성(Retentivity)이란?

① 쉽게 자화되려는 성질
② 부품의 탈자에 소요되는 시간
③ 잔류자장을 유지하려는 성질
④ 부품에서 자장의 깊이

**[해설]**
※ 2024년 개정된 출제기준에서는 삭제된 내용

정답  53 ①  54 ③  55 ④  56 ②  57 ③  58 ③

**59** 호스를 장착할 때 고려할 사항으로 틀린 것은?

① 호스의 경화 날짜를 확인하여 사용한다.
② 호스는 액체의 특성에 따라 재질이 변하므로 규정된 규격품을 사용한다.
③ 호스에 압력이 걸리면 수축되기 때문에 길이에 여유를 주어 약간 처지도록 장착한다.
④ 스웨이지된 접합 기구에 의하여 장착된 호스에서 누설이 있을 경우 누설된 일부분을 교환한다.

**해설**
호스 장착 시 주의사항
- 교환하고자 하는 부분과 같은 형태, 크기, 길이의 호스 이용
- 호스의 직선띠로 바르게 장착(비틀리면 압력 형성 시 결함 발생)
- 호스의 길이는 5~8% 여유길이 고려(압력 형성 시 바깥지름 커지고, 길이 수축)
- 호스가 길 때는 60cm마다 클램프하여 지지

**60** 산소 취급 시의 주의사항으로 틀린 것은?

① 산소 자체는 가연성 물질이므로 폭발의 위험보다는 화재에 의한다.
② 취급장소 근처에서 인화성 물질을 취급해서는 안 된다.
③ 취급자의 의류와 공구에 유류가 묻지 않도록 한다.
④ 액체산소를 취급할 때는 동상에 걸릴 위험이 있으므로 주의한다.

합격의 공식 *시대에듀* www.sdedu.co.kr

# CHAPTER 02

# 항공기체정비기능사 기출복원문제

2015~2016년　　과년도 기출문제

2017~2022년　　과년도 기출복원문제

※ 본문 중 삭제된 내용이라고 표기한 문제는 2024년 개정된 출제 기준에서 삭제된 내용이므로 학습에 참고하시기 바랍니다.

※ 2024년부터 항공기관정비기능사, 항공기체정비기능사
　→ 항공기정비기능사로 통합 변경됩니다.

# 2015년 제1회 과년도 기출문제

**01** 75m/s로 비행하는 비행기의 항력이 1,000kgf라면 이때 비행기의 필요마력은 몇 PS인가?

① 530
② 660
③ 725
④ 1,000

**해설**
필요마력 $HP_\gamma = \dfrac{DV}{75}$

$HP_\gamma = \dfrac{75 \times 1,000}{75} = 1,000(\text{PS})$

**02** 대기 중 음속의 크기와 가장 밀접한 요소는?

① 대기의 온도
② 대기의 비열비
③ 대기의 밀도
④ 대기의 기체상수

**해설**
음속은 절대온도의 제곱근에 비례한다.

**03** 동체 가까이에 있는 날개의 앞전에 실속 스트립과 같은 장치를 부착하여 받음각이 커서 실속하게 될 때, 날개 뿌리 부분부터 흐름의 떨어짐이 생기도록 하는 장치로서 날개 끝부분의 실속이 늦어지게 하여 도움 날개가 충분한 기능을 발휘할 수 있도록 하는 장치는?

① 앞전 장치
② 실속 방지 장치
③ 커플링 장치
④ 실속 트리거 장치

**해설**
날개 끝 실속 방지 방법
- 날개의 테이퍼비를 너무 크게 하지 않는다.
- 날개 끝으로 감에 따라 받음각이 작아지도록 기하학적 비틀림을 준다.
- 날개 끝부분에 두께비, 앞전 반지름, 캠버 등이 큰 날개골을 사용함으로써 실속각을 크게 한다.
- 날개 뿌리에 실속판(Strip)을 붙여 받음각이 클 때 날개 끝보다 날개 뿌리 부분이 먼저 실속이 일어나게 한다.
- 날개 끝부분의 날개 앞전 안쪽에 슬롯을 설치하여 흐름의 떨어짐을 방지한다.

**04** 다음 중 양력($L$)을 옳게 표현한 것은?(단, 양력계수 : $C_L$, 공기 밀도 : $\rho$, 날개의 면적 : $S$, 비행기의 속도 : $V$이다)

① $L = \dfrac{1}{2} C_L^2 \rho V^2 S$
② $L = \dfrac{1}{2} C_L^2 \rho V S^2$
③ $L = \dfrac{1}{2} C_L \rho V^2 S$
④ $L = \dfrac{1}{2} C_L \rho V S^2$

**해설**
- 양력 $L = \dfrac{1}{2} C_L \rho V^2 S$
- 항력 $D = \dfrac{1}{2} C_D \rho V^2 S$

정답 1 ④ 2 ① 3 ④ 4 ③

**05** 다음 중 테이퍼비(Taper Ratio)에 대한 식으로 옳은 것은?(단, $C_r$ : 날개 뿌리 시위, $C_t$ : 날개 끝 시위이다)

① $\dfrac{C_r}{C_t}$      ② $1 - \left(\dfrac{C_t}{C_r}\right)^2$

③ $\dfrac{C_t}{C_r}$      ④ $1 - \left(\dfrac{C_r}{C_t}\right)^2$

**해설**
날개의 테이퍼비는 날개 끝 시위 길이를 날개 뿌리 시위 길이로 나눈 값이다.
즉, $\lambda = \dfrac{C_t}{C_r}$

**06** 비행기의 이·착륙성능에서 거리의 관계를 가장 옳게 표현한 것은?

① 지상활주거리 = 이륙거리 × 상승거리
② 이륙거리 = 지상활주거리 + 상승거리
③ 상승거리 = 지상활주거리 + 이륙거리
④ 이륙거리 = 지상활주거리 − 상승거리

**해설**
이륙거리 = 지상활주거리 + 상승거리
착륙거리 = 착륙진입거리 + 지상활주거리

**07** 헬리콥터의 무게가 950kgf, 회전날개의 반지름이 3m일 때 원판 하중은 약 몇 kgf/m²인가?

① 33.6      ② 35.2
③ 37.4      ④ 39.1

**해설**
헬리콥터 원판하중(DL ; Disk Loading)은 헬리콥터 무게를 회전날개 단면적으로 나눈 값이다.
$$DL = \dfrac{W}{\pi R^2} = \dfrac{950}{3.14 \times 3^2} \fallingdotseq 33.6 (\text{kgf/m}^2)$$

**08** 관의 입구 지름이 10cm이고, 출구지름이 20cm이다. 이 관의 출구에서의 흐름 속도가 40cm/s일 때 입구에서의 흐름의 속도는 약 몇 cm/s인가?(단, 유체는 비압축성유체이다)

① 20      ② 40
③ 80      ④ 160

**해설**
연속의 법칙에서 $A_1 V_1 = A_2 V_2$
여기서, $A_1$ : 입구 단면적
$V_1$ : 입구에서의 유체속도
$A_2$ : 출구 단면적
$V_2$ : 출구에서의 유체속도

$$V_1 = \dfrac{A_2}{A_1} V_2 = \dfrac{\frac{\pi d_2^2}{4}}{\frac{\pi d_1^2}{4}} V_2 = \dfrac{d_2^2}{d_1^2} V_2$$

$$\therefore V_1 = \dfrac{20^2}{10^2} \times 40 = 160 (\text{cm/s})$$

정답 5 ③ 6 ② 7 ① 8 ④

**09** 비행기의 하중배수를 식으로 옳게 나타낸 것은?

① $\dfrac{\text{비행기 무게}}{\text{비행기에 작용하는 힘}}$

② $\dfrac{\text{비행기에 작용하는 항력}}{\text{비행기 무게}}$

③ $\dfrac{\text{비행기 무게}}{\text{비행기에 작용하는 항력}}$

④ $\dfrac{\text{비행기에 작용하는 힘}}{\text{비행기 무게}}$

**해설**
하중배수는 비행기에 작용하는 힘을 비행기 무게로 나눈 값으로, 예를 들어 수평 비행을 하고 있을 때에는 양력과 비행기 무게가 같으므로 하중배수는 1이 된다.

**10** 헬리콥터에서 로터의 회전 시 회전면과 원추 모서리 사이에 이루는 각을 무엇이라 하는가?

① 받음각   ② 피치각
③ 코닝각   ④ 쳐든각

**해설**
코닝각(Coning Angle)은 원추각이라고도 하며, 원심력과 양력의 합에 의해 결정된다.

**11** 날개골의 공기력 중심(Aerodynamic Center)에서 받음각에 대한 공기력 모멘트계수의 변화율은?

① 정(+)의 값을 갖는다.
② 거의 변하지 않는다.
③ 부(-)의 값을 갖는다.
④ 무한대의 값을 갖는다.

**해설**
날개골의 어떤 점은 받음각이 변해도 이 점에서의 모멘트 값은 변하지 않는데, 이 점을 공기력 중심이라고 하고 양력과 항력이 작용하는 기준점으로 삼는다.

**12** 대류권에서 고도가 높아지면 공기의 밀도와 온도, 압력은 어떻게 변하는가?

① 밀도, 온도, 압력이 모두 감소한다.
② 밀도는 증가하고 온도와 압력은 감소한다.
③ 밀도와 압력은 증가하고 온도는 감소한다.
④ 밀도와 온도는 감소하고 압력은 증가한다.

**해설**
대류권에서는 고도가 증가하면 온도는 1,000m당 6.5℃씩 낮아지고, 공기 입자수가 감소하여 공기압력과 밀도도 감소한다.

**13** 비행기의 조종성과 정적 안정성에 대한 설명으로 옳은 것은?

① 조종성과 안정성은 상호 보완 관계이다.
② 조종성과 안정성은 서로 상반 관계이다.
③ 비행기 설계 시 조종성을 위해서는 안정성은 무시해도 좋다.
④ 비행기 설계 시 안정성을 위해서는 조종성은 무시해도 좋다.

**해설**
비행 조종성이 좋아지면 안정성은 떨어지고, 반대로 비행 안정성이 좋아지면 조종성은 떨어진다. 즉, 조종성과 안정성은 상반 관계이다.

**14** 다음 중 항공기 방향 안정성에 가장 중요한 역할을 하는 장치는?

① 수평 안정판
② 플랩
③ 수직 안정판
④ 스포일러

**해설**
수직 꼬리날개는 방향 안정, 주날개는 가로 안정, 수평 꼬리날개는 세로 안정과 밀접한 관계가 있다. 한편, 수직 꼬리날개는 수직 안정판과 방향키로 구성되어 있다.

**15** 프로펠러 깃 뿌리로부터 깃 끝까지 프로펠러 깃의 기하학적 피치를 균일하게 하기 위한 조치로 가장 옳은 것은?

① 깃각을 변화시킨다.
② 빗김각을 변화시킨다.
③ 유입각을 변화시킨다.
④ 받음각을 변화시킨다.

**해설**
$G_D = 2\pi r \times \tan\beta$
여기서, $G_D$ : 기하학적 피치
　　　　$r$ : 프로펠러 반지름
　　　　$\beta$ : 프로펠러 깃각
따라서 깃끝으로 갈수록($r$이 증가할수록) 깃각($\beta$)을 작게 해야 기하학적 피치($G_D$)가 같게 된다.
※ 2024년 개정된 출제기준에서는 삭제된 내용

**16** 버니어 캘리퍼스에 관한 설명으로 틀린 것은?

① 일반적으로 용도에 따라 $M_1$, $M_2$, CB, CM 등이 있다.
② 일반적으로 아들자는 슬라이더에 눈금이 표시되어 있다.
③ 호칭치수는 미터식인 경우 일반적으로 150, 200, 300, 600, 1,000mm의 크기로 구분한다.
④ 일정한 측정력 이상의 힘이 작용되면 공회전하도록 래칫스톱 기능을 가지고 있다.

**해설**
래칫스톱 기능을 가진 측정기기는 마이크로미터이다.

**17** 항공기의 연료보급에 대한 설명으로 옳은 것은?

① 항공기에서 배유 시 접지하지 않는다.
② 연료의 납성분 때문에 피부에 닿지 않도록 한다.
③ 안전을 고려하여 폐쇄된 장소에서 연료를 보급한다.
④ 항공기, 연료차, 그리고 작업자 상호 간에 접지시킨다.

**해설**
연료보급이나 배유 작업 시 항공기, 연료차, 지면 등에 3점 접지를 한다.

정답 14 ③  15 ①  16 ④  17 ②

**18** 성능허용한계, 마멸한계 및 부식한계 등을 가지는 장비나 부품에 활용하며 일정 주기별로 감항성을 판단하여 교환을 결정하는 정비방식은?

① 오버홀
② 시한성 정비
③ 상태 정비
④ 신뢰성 정비

**해설**
정비방식의 종류
- 시한성 정비(HT ; Hard Time)
- 상태 정비(OC ; On Condition)
- 신뢰성 정비(CM ; Condition Monitoring)

**19** 최소 측정값이 1/1,000mm인 마이크로미터의 그림이 지시하는 측정값은 몇 mm인가?

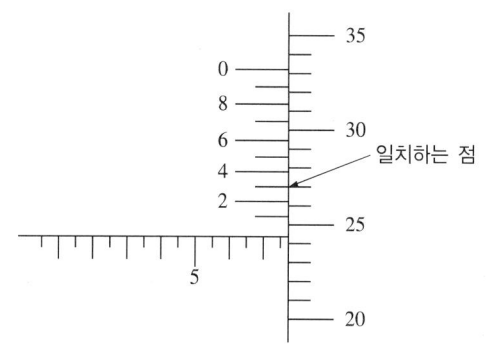

① 7.793
② 7.773
③ 7.743
④ 7.713

**해설**
측정값은 다음과 같다.
7.5(마이크로미터 심블의 기준선이 슬리브의 7.5를 지났으므로) + 0.24(아들자의 0에 해당되는 선이 심블 눈금의 24와 25사이에 위치하므로) + 0.003(아들자와 심블의 눈금이 일치하는 점의 아들자 값)mm

**20** 코일에 교류 전류를 흘려 전자유도를 이용하여 전류의 분포변화를 관찰함으로써 결함을 발견하는 비파괴검사법은?

① 침투탐상검사
② 방사선투과검사
③ 자분탐상검사
④ 와전류탐상검사

**해설**
와전류탐상검사는 주로 재료의 표면층 결함 검출법에 많이 사용되며, 형상이 간단한 제품의 고속 자동화 검사에 유리하다.
비파괴 검사(NDT ; Non-Destructive Test)의 종류
- 방사선투과검사(RT)
- 자분탐상검사(MT)
- 침투탐상검사(PT)
- 초음파탐상검사(UT)
- 와전류탐상검사(ET)
- 누설검사(LT)
※ 2024년 개정된 출제기준에서는 삭제된 내용

**21** 모든 부품들이 장탈되거나 분해된 후 세척하지 않은 상태에서 가장 먼저 하는 검사는?

① 육안검사
② 파괴검사
③ 분해검사
④ 치수검사

**해설**
육안검사는 보조장비를 사용하지 않고 육안으로만 점검하는 방법으로, 신뢰성은 검사자의 능력과 경험에 따라 좌우된다.
※ 2024년 개정된 출제기준에서는 삭제된 내용

**22** 두께가 0.064in 이하인 판재성형 시 균열을 방지하기 위해 릴리프 홀(Relief Hole)을 뚫을 때 홀 지름의 기준은 몇 in인가?

① $\frac{1}{8}$
② $\frac{1}{4}$
③ $\frac{1}{2}$
④ 1

**23** 항공기 방식작업의 하나로 전해액에 담겨진 금속을 양극으로 하여 전류를 통한 다음 양극에서 발생하는 산소에 의하여 알루미늄과 같은 금속표면에 산화피막을 형성하는 부식 처리 방식은?

① 양극 산화 처리
② 알로다인 처리
③ 인산염 피막 처리
④ 알클래드 처리

**해설**
방식처리의 종류
① 양극 산화 처리(Anodizing) : 전해액에서 금속을 양극으로 하고, 전류를 통하여 양극에서 발생되는 산소에 의하여 알루미늄과 같은 금속 표면에 산화 피막을 형성하는 부식처리 방법이다.
② 알로다인 처리(Alodining) : 화학적 피막 처리의 하나로서 양극 산화 처리와는 다르게 화학적으로 알루미늄 표면에 얇은 두께로 크로메이트 처리를 하여 내식성과 도장 작업의 접착 효과를 증진시키기 위한 방법이다.
③ 인산염 피막 처리(Chemical Conversion Coating) : 화학적 피막처리의 하나로서 철강, 아연 도금 제품 및 알루미늄 부품 등을 희석된 인산염 용액에 처리하여 내식성을 지니는 피막을 형성하는 기술로서 파커라이징(Parkerizing)이라고도 한다.
④ 알클래드 처리(Alclading) : 알루미늄 합금 표면에 부식이 강한 순수 알루미늄을 입혀 부식을 방지하는 방법이다.
※ 2024년 개정된 출제기준에서는 삭제된 내용

**24** Mg분말, Al분말 등 공기 중에 비산한 금속분진에 의해 발생하는 화재로서 물을 사용하면 안 되며 건조사, 팽창 진주암 등을 사용한 질식소화방법이 유효한 화재는?

① A급 화재　　② B급 화재
③ C급 화재　　④ D급 화재

**해설**
화재의 종류
• A급 화재 : 일반화재
• B급 화재 : 유류, 가스화재
• C급 화재 : 전기화재
• D급 화재 : 금속화재

**25** 지상 점검 시 작업자가 지켜야 할 사항으로 틀린 것은?

① 작업 시에는 규정보다 작업자의 능력에 따라 작업을 수행해야 한다.
② 작업장의 상태를 청결히 하고 정리·정돈하여 사고의 잠재요인을 제거하도록 노력한다.
③ 작업 시 보호장구가 필요할 때에는 반드시 보호장구를 착용해야 한다.
④ 보다 안전하고 능률적인 작업 수행을 위하여 모든 작업자들은 서로 협조하고 조언해야 한다.

**해설**
지상 점검 작업 시, 작업자 능력보다 작업 규정을 준수하여 작업해야 한다.

**26** 다음 중 와셔의 역할로 틀린 것은?

① 볼트의 길이가 짧을 때 사용한다.
② 진동을 흡수하고, 너트가 풀리는 것을 방지한다.
③ 볼트나 스크루의 그립 길이를 조정 가능하도록 한다.
④ 볼트와 너트에 의한 작용력을 고르게 분산되도록 한다.

**해설**
볼트 그립의 길이가 길 때는 와셔를 사용하여 그립 길이를 조절하는 효과를 얻을 수 있다.

**27** 케이블 주위에 구리로 된 8(팔)자형 관 모양의 슬리브를 둘러 압착하는 방법을 이용하여 케이블의 단자를 연결하는 방법은?

① 랩 솔더 이음 방법
② 5단 엮기 이음 방법
③ 스웨이징 단자 방법
④ 니코프레스 처리 방법

해설
니코프레스 연결 방법은 케이블 주위에 구리로 된 니코프레스 슬리브를 특수 공구로 압착하여 케이블을 결합하는 방법으로, 원래 강도의 100%를 보장한다.

**28** AN21~AN36으로 분류되고 머리 형태가 둥글고 스크루 드라이버를 사용하도록 머리에 홈이 파여 있는 모양의 볼트는?

① 아이 볼트
② 클레비스 볼트
③ 육각 볼트
④ 인터널 렌칭 볼트

해설
클레비스 볼트(Clevis Bolt)
클레비스 볼트는 전단하중이 걸리는 곳에 사용하며, 조종계통의 장착용 핀 등에 자주 사용되고 스크루 드라이버를 이용하여 체결하는 점이 특징이다.

**29** 물림 턱의 벌림에 따라 손잡이를 잡을 수 있는 정도를 조절하는 그림과 같은 공구의 명칭은?

① 스냅 링 플라이어
② 슬립 조인트 플라이어
③ 워터 펌프 플라이어
④ 라운드 노즈 플라이어

**30** 항공기 견인작업(Towing)에 대한 설명이 아닌 것은?

① 견인속도는 5mph를 초과해서는 안 된다.
② 항공기 견인 시 잭 포인트를 정확히 지정해야 한다.
③ 견인봉은 견인차량으로부터 일단 분리하여 항공기에 장착한 다음 다시 견인봉을 견인차량에 연결한다.
④ 항공기의 유도선(Taxing Line)을 따라 견인할 때에는 감독자의 판단에 따라 주변 감시자를 배치하지 않아도 무방하다.

해설
잭 포인트(Jack Point)를 정확히 지정해야 하는 경우는 잭 작업할 때이다.

**31** 정비와 관련된 다음 설명에서 괄호 안에 알맞은 목적은?

> "항공법을 기준으로 항공회사가 정비작업에 관하여 ( ) 및 효과적인 정비작업의 수행을 목적으로 설정된 기술적인 규칙과 기준을 정비규정이라 한다."

① 생산성 향상　② 기술 향상
③ 안전성 확보　④ 인력 확보

**32** 다음 괄호 안에 알맞은 것은?

> "The purpose of wing ( ) is to reduce stalling speed."

① Drag　② Tails
③ Slats　④ Thrust

**해설**
"날개 슬랫(Slat)의 목적은 실속 속도를 감소시키는 것이다."
※ 2024년 개정된 출제기준에서는 삭제된 내용

**33** 다음 영문의 밑줄 친 부분이 의미하는 것은?

> "Starting and operating an aircraft <u>reciprocating engine</u> is not difficult if the proper procedures are used."

① 성형기관　② 대향형기관
③ 왕복기관　④ 공냉식기관

**해설**
"적절한 절차가 이루어진다면 항공기 왕복엔진을 시동하고 작동시키는 일은 어렵지 않다."
※ 2024년 개정된 출제기준에서는 삭제된 내용

**34** 관제탑에서 지시하는 신호의 종류 중 활주로 유도로 상에 있는 인원 및 차량은 사주를 경계한 후 즉시 본 장소를 떠나라는 의미의 신호는?

① 녹색등　② 점멸 녹색등
③ 흰색등　④ 점멸 적색등

**해설**
※ 2024년 개정된 출제기준에서는 삭제된 내용

**35** 공구 사용 시 주의사항으로 틀린 것은?

① 부품에 알맞은 공구를 선택 사용한다.
② 간단한 공구는 사용 전에 교육을 생략한다.
③ 작업이 완료된 후에는 녹 방지를 위하여 손질한다.
④ 금속칩이 발생하는 작업을 할 때에는 보안경을 쓴다.

정답　31 ③　32 ③　33 ③　34 ④　35 ②

## 36 항공기 조종계통에 사용되는 케이블의 인장력을 조절하는 장치는?

① 버스드럼(Bus Drum)
② 풀리(Pulley)
③ 조종로드(Control Rod)
④ 턴버클(Turn Buckle)

**해설**
조종계통 관련 장치
- 페어리드(Fairlead) : 케이블이 벌크헤드의 구멍이나 다른 금속이 지나가는 곳에 사용되며 케이블의 느슨함을 막고 다른 구조와의 접촉을 방지한다.
- 풀리(Pulley) : 케이블의 방향을 바꾼다.
- 턴버클(Turn Buckle) : 케이블의 장력을 조절하는 장치
- 벨 크랭크(Bell Crank) : 조종 로드가 장착되며 로드의 움직이는 방향을 변환시켜준다.

## 37 반고정형 회전 날개를 가진 헬리콥터와 관계없는 것은?

① 부분 관절형 회전 날개이다.
② 허브에 항력 힌지를 갖고 있다.
③ 시소형 회전 날개가 여기에 속한다.
④ 대부분 2개의 깃을 가진 회전 날개에서 사용한다.

**해설**
반고정형 회전날개는 부분 관절형 회전날개로서, 그림과 같이 플래핑 힌지와 페더링 힌지는 있고 항력 힌지는 없다.

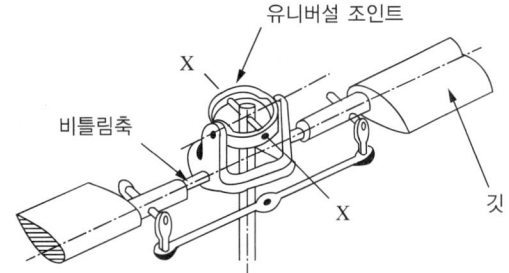

※ 2024년 개정된 출제기준에서는 삭제된 내용

## 38 그림의 동체구조형식 명칭은?

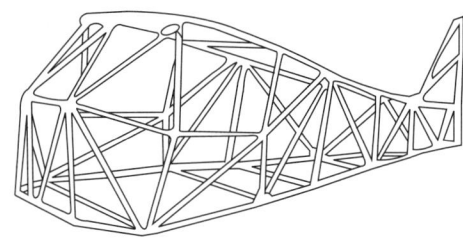

① 응력외피형
② 트러스형
③ 모노코크형
④ 세미모노코크형

**해설**
트러스형 동체 구조는 강관으로 구성된 트러스 위에 천 또는 얇은 금속판의 외피를 씌운 구조형식이다.

## 39 허니콤 샌드위치 구조(Honeycomb Sandwitch Structure)의 장점이 아닌 것은?

① 단열효과가 좋다.
② 집중하중에 강하다.
③ 표면이 평평하며 요철이 없다.
④ 두께 방향의 균일한 압력 발생 시 충격흡수가 우수하다.

**해설**
샌드위치 구조는 2개의 외판 사이에 가벼운 코어(Core)를 넣고 고착시켜 샌드위치 모양으로 만든 구조 형식이며, 굽힘하중과 피로하중에 강하고 항공기의 무게를 감소시킨다.

36 ④  37 ②  38 ②  39 ②

**40** 도면에 기재되는 내용과 설명으로 옳은 것은?

① 도면에는 부품 목록을 기재할 수 없다.
② 도면 번호는 부품 목록에만 등록이 된다.
③ 모든 항공기 제작사는 동일한 방식으로 도면 번호를 부여한다.
④ 도면에 사용되는 적용성 부호는 사용되는 부품의 번호를 나타낸다.

**해설**
부품 목록은 도면에 직접 작성하기도 하지만 작성 영역에 한계가 있을 경우에는 도면과 분리하여 작성한다. 도면 번호는 도면에 부여되는 번호이며, 항공기 제작사에 따라 번호를 부여하는 체계가 약간씩 다르다. 한편 부품 목록(PL) 뒤에 표시된 것도 도면 번호이다.
※ 2024년 개정된 출제기준에서는 삭제된 내용

**41** 항공기 날개에 기관을 장착하기 위해 필요한 구조물은?

① 방화벽   ② 카울링
③ 파일론   ④ 벌크헤드

**해설**
기체에 장착된 기관을 둘러싼 부분을 나셀(Nacelle)이라고 하며, 가스터빈기관의 경우 날개 밑의 파일론(Pylon)에 붙어있는 경우가 많다.

**42** 헬리콥터에서 조종계통을 정해진 위치에 놓고 고정기구를 사용하여 고정시킨 다음 조종면을 기준선에 맞추고 분도기 등을 이용하여 고정면과 조종면 사이의 변위각을 측정하는 작업은?

① 정적리깅   ② 기능점검
③ 궤도점검   ④ 수직평판 조정

**해설**
※ 2024년 개정된 출제기준에서는 삭제된 내용

**43** 알루미늄-구리-마그네슘계 합금으로 일명 "초두랄루민"이라 하고 파괴에 대한 저항성이 우수하며, 피로강도도 양호하여 인장하중에 크게 작용하는 대형 항공기 날개 밑면의 외피나 동체의 외피로 사용되는 것은?

① 2014   ② 2024
③ 7075   ④ 7179

**해설**
두랄루민-2017, 초두랄루민-2024
※ 2024년 개정된 출제기준에서는 삭제된 내용

**44** 정상 수평비행 중 날개의 상부와 하부에 작용하는 응력을 순서대로 나열한 것은?

① 전단, 인장   ② 전단, 압축
③ 압축, 인장   ④ 굽힘, 압축

**해설**
정상 수평비행 시, 날개는 양력에 의해 위쪽 방향으로 휜다. 따라서 날개 윗면에는 압축력이, 아랫면에는 인장력이 작용한다.
※ 2024년 개정된 출제기준에서는 삭제된 내용

정답  40 ④  41 ③  42 ①  43 ②  44 ③

**45** 다음 중 정하중 시험의 순서를 옳게 나열한 것은?

① 한계하중시험 → 극한하중시험 → 파괴시험 → 강성시험
② 강성시험 → 한계하중시험 → 극한하중시험 → 파괴시험
③ 한계하중시험 → 파괴시험 → 강성시험 → 극한하중시험
④ 파괴시험 → 강성시험 → 한계하중시험 → 극한하중시험

**해설**
※ 2024년 개정된 출제기준에서는 삭제된 내용

**46** 합금강의 분류에서 SAE 1025에 대한 설명으로 옳은 것은?

① 탄소강을 나타낸다.
② 니켈강을 나타낸다.
③ 합금원소는 크로뮴이다.
④ 탄소의 함유량은 5%이다.

**해설**
강의 규격은 SAE 규격이나 AISI 규격이 많이 사용되는데, 첫째 자릿수는 합금원소의 종류, 둘째 자릿수는 합금원소의 함유량, 나머지 두 자릿수는 탄소 함유량의 평균값을 나타낸다. 따라서 SAE 1025는 탄소강이고, 특별한 합금원소는 없으며, 탄소의 함유량은 25/100, 즉 0.25%이다.
※ 2024년 개정된 출제기준에서는 삭제된 내용

**47** 항공기의 위치를 표식하는 방식 중 "특정 수평면으로부터 수직으로 높이를 측정한 거리"를 무엇이라 하는가?

① 버턱선(Buttock Line)
② 동체 위치선(Body Station)
③ 동체 수위선(Body Water Line)
④ 날개 위치선(Wing Body Station)

**해설**
항공기 위치 표시 방식
• 동체 수위선(BWL ; Body Water Line) : 기준으로 정한 특정 수평면으로부터의 높이를 측정한 수직 거리
• 동체 위치선(BSTA ; Body Station) : 기준이 되는 0점 또는 기준선으로부터의 거리
• 버턱선(Buttock Line) : 동체 버턱선(BBL)과 날개 버턱선(WBL)으로 구분하며 동체 중심선을 기준으로 오른쪽과 왼쪽으로 평행한 너비를 나타내는 선
※ 2024년 개정된 출제기준에서는 삭제된 내용

**48** 실란트(Sealant)에 대한 설명으로 틀린 것은?

① 사용 시 접착의 밀착성을 위해 따뜻하게 보관한다.
② 작업하는 부분에 낡은 실란트가 있어 제거할 때는 제거제를 사용하여 깨끗이 제거한다.
③ 기체표면의 홈을 메워 공기 흐름의 혼란을 감소시킬 목적으로 사용된다.
④ 성분적으로 티오콜계와 실리콘계의 합성고무로 나뉜다.

**해설**
※ 2024년 개정된 출제기준에서는 삭제된 내용

**49** 다음 중 저탄소강의 탄소 함유량은?

① 0.1~0.3%
② 0.3~0.5%
③ 0.6~1.2%
④ 1.2% 이상

**해설**
탄소강은 보통 탄소 함유량이 0.3% 이하인 것을 저탄소강, 0.3~0.5%인 것을 중탄소강, 0.5% 이상인 것을 고탄소강으로 분류한다.
※ 2024년 개정된 출제기준에서는 삭제된 내용

**50** 헬리콥터의 지상취급에 대한 설명으로 틀린 것은?

① 풍속이 20knot 이상이면 헬리콥터의 계류작업을 실시한다.
② 헬리콥터의 연료 보급 시 3점 접지를 반드시 실시한다.
③ 헬리콥터 견인 작업 시 견인속도는 5km/h를 초과하지 않는다.
④ 헬리콥터의 잭 작업 시 풍속이 24km/h 이상이면 작업을 금지한다.

**해설**
헬리콥터 견인작업 속도 제한은 5mph 이하이다.

**51** 플라스틱 가운데 투명도가 가장 높으며, 광학적 성질이 우수하여 항공기용 창문유리로 사용되는 재료는?

① 폴리염화비닐(PVC)
② 에폭시 수지(Epoxy Resin)
③ 페놀 수지(Phenolic Resin)
④ 폴리메타크릴산메틸(Polymethyl Metacrylate)

**해설**
④ 아크릴 수지 : Polymethyl Metacrylate의 약칭으로 불리기도 하는데, 투명도가 우수하고, 가볍고 강인하여 항공기 창문유리나 객실 내부 장식품 등에 사용된다.
① 폴리염화비닐 수지 : 전기 절연성이나 내약품성이 우수하지만, 유기용제에 녹기 쉽고 열에 약하다.
② 에폭시 수지 : 접착력이 매우 크고, 성형 후 수축률이 작으며, 내약품성이 우수하여 항공기 구조 접착제나 도료 등으로 사용되고, 전파 투과성이 우수하여 항공기 레이돔 및 복합 재료의 모재(Matrix) 등으로 사용된다.
③ 페놀 수지 : 베이크라이트(Bakelite)로도 불리며 전기적 성질, 기계적 성질, 내열성, 내약품성이 우수하여 전기 계통의 부품, 기계 부품 등에 사용된다.
※ 2024년 개정된 출제기준에서는 삭제된 내용

**52** 한 변이 10cm인 정사각형 단면을 가진 막대에 500N의 힘이 단면의 수직으로 작용할 때 단면에서의 응력은 몇 N/cm²인가?

① 0.5
② 5
③ 25
④ 50

**해설**
응력은 작용하는 힘(무게)을 단면적으로 나눈 값이다.
$$\sigma = \frac{P}{A} = \frac{500}{10 \times 10} = 5(\text{N/cm}^2)$$
※ 2024년 개정된 출제기준에서는 삭제된 내용

## 53 접개들이(Retractable) 착륙장치에서 착륙장치를 항공기에 연결해주는 장치는?

① 트러니언(Trunnion)
② 옆 버팀대(Side Strut)
③ 완충 버팀대(Shock Strut)
④ 시미 댐퍼(Shimmy Damper)

**해설**
트러니언(Trunnion)은 완충 스트럿의 힌지축 역할을 담당한다. 완충 스트럿은 충격을 흡수하는 주된 역할을 하며, 토션 링크에 의해 바깥 실린더와 안쪽 실린더가 서로 연결된다. 한편 앞착륙장치가 좌우로 진동하는 현상을 시미(Shimmy)현상이라고 하며, 이것을 방지하거나 감쇠시켜주는 장치가 시미 댐퍼이다.

## 54 그림과 같은 보(Beam)의 명칭으로 옳은 것은?

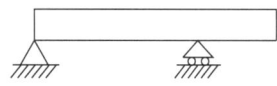

① 연속보　　② 외팔보
③ 단순보　　④ 돌출보

**해설**

(a) 외팔보　(b) 단순 지지보　(c) 돌출보(내다지보)
(d) 양단 고정보　(e) 일단 고정 타단 지지보　(f) 연속보

※ 2024년 개정된 출제기준에서는 삭제된 내용

## 55 AA 규격에 대한 설명으로 옳은 것은?

① 미국 철강협회의 규격으로 알루미늄 규격이다.
② 미국 알루미늄협회의 규격으로 알루미늄 합금용의 규격이다.
③ 미국 재료시험협회의 규격으로 마그네슘 합금에 많이 쓰인다.
④ SAE의 항공부가 민간항공기 재료에 대해 정한 규격으로 타이타늄 합금, 내열 합금에 많이 쓰인다.

**해설**
- AA 규격 : 미국 알루미늄협회 규격
- AISI 규격 : 미국 철강협회 규격
- AMS 규격 : 미국 자동차기술자협회 항공재료규격
- ASTM 규격 : 미국 재료시험협회 규격
- SAE 규격 : 미국 자동차기술자협회 규격

※ 2024년 개정된 출제기준에서는 삭제된 내용

## 56 헬리콥터 주회전 날개의 피치각이 주어진 상태에서 회전 시 발생하는 코닝의 크기를 결정하는 요소는?

① 날개의 총무게
② 날개의 수와 넓이
③ 헬리콥터의 항력
④ 날개의 양력과 회전수

**해설**
헬리콥터 주회전 날개의 코닝은 다음 그림과 같이 주회전 날개의 회전수와 양력에 따라 달라진다.

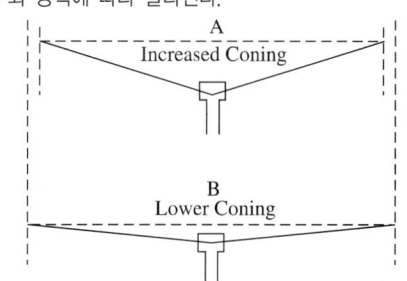

※ 2024년 개정된 출제기준에서는 삭제된 내용

53 ①　54 ④　55 ②　56 ④

**57** 헬리콥터의 고정형 회전날개에 대한 설명으로 틀린 것은?

① 페더링 힌지만 있는 형식이다.
② 관절형 회전날개에 비해 허브의 구조가 간단하다.
③ 양력의 불균형 문제로 인해 오토자이로나 초기의 헬리콥터에만 사용되었다.
④ 최근 제작되는 대부분의 헬리콥터에서 사용하는 회전날개 형식이다.

해설
고정형 회전날개는 그림과 같이 페더링 힌지만 있는 형식이다.

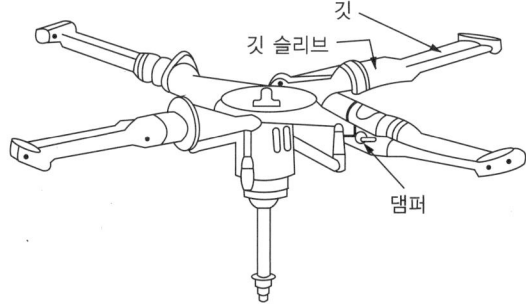

※ 2024년 개정된 출제기준에서는 삭제된 내용

**58** 지름이 8cm이고, 길이가 200cm인 기둥의 세장비는?(단, 이 기둥의 한쪽 끝은 고정되어 있고, 다른 한쪽 끝은 자유단이다)

① 50
② 100
③ 150
④ 200

해설
세장비 = 기둥유효길이/최소회전반지름,
원의 최소회전반지름 = $d/4$이므로,
세장비 = $\dfrac{200}{\dfrac{8}{4}} = 100$

※ 2024년 개정된 출제기준에서는 삭제된 내용

**59** 비행 중 항공기의 자세를 조종하기도 하며 착륙 활주 중에는 활주거리를 짧게 하는 브레이크 역할을 하는 날개에 부착된 장치는?

① 플랩
② 도움날개
③ 슬롯
④ 스포일러

해설
스포일러는 착륙 시 항력을 증가시켜 착륙 활주거리를 줄일 수 있으며, 비행 중에는 도움날개와 연동해서 비대칭으로 작동함으로써 옆놀이 보조장치로 사용된다.

**60** 시간에 따라 하중의 크기가 변화하면서 작용하며 구조에 진동을 일으키는 하중이 아닌 것은?

① 반복하중
② 교번하중
③ 정하중
④ 충격하중

해설
정하중(Static Load)은 정지 상태에서 서서히 가해져 변하지 않는 하중을 말한다.
※ 2024년 개정된 출제기준에서는 삭제된 내용

# 2015년 제2회 과년도 기출문제

**01** 다음 중 동압과 정압에 대한 설명으로 옳은 것은?

① 동압과 정압을 이용하여 항공기의 비행속도를 계산할 수 있다.
② 동압을 이용하여 객실고도를 계산할 수 있다.
③ 동압을 이용하여 절대고도를 계산할 수 있다.
④ 동압과 정압을 이용하여 항공기의 절대고도를 계산할 수 있다.

**해설**
베르누이 정리에 따르면 정압과 동압의 합은 일정하다.
따라서 정압을 $p$, 동압을 $q$라고 하면, $p+q=C$
여기서 동압 $q$는 $\frac{1}{2}\rho V^2$으로 표현되므로 항공기의 비행속도 $v$를 구할 수 있다.

**02** 다음 중 버핏(Buffet) 현상을 가장 옳게 설명한 것은?

① 이륙 시 나타나는 비틀림 현상
② 착륙 시 활주로 중앙선을 벗어나려는 현상
③ 실속속도로 접근 시 비행기 뒷부분의 떨림현상
④ 비행 중 비행기의 앞부분에서 나타나는 떨림현상

**해설**
실속이 발생하면 항공기의 항력은 증가하고, 양력은 감소하게 되며, 실속 전에 일반적으로 버핏현상(흐름의 떨어짐으로 인한 후류에 의해 날개나 꼬리날개가 떨리는 현상)이 발생한다.

**03** 그림과 같은 받음각에 따른 양력계수($C_L$)의 변화를 나타낸 그래프에서 (가)와 (나)에 대한 용어로 옳은 것은?

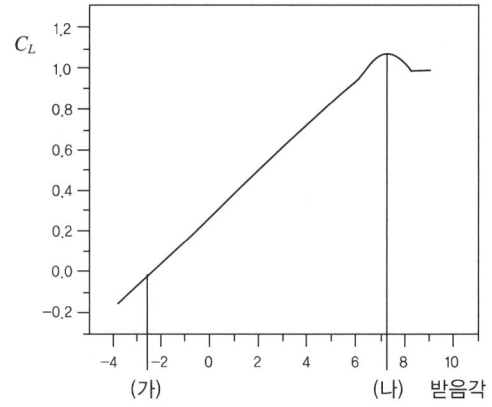

① (가) 영양력 받음각, (나) 실속각
② (가) 최소 항력 받음각, (나) 실속각
③ (가) 유도각, (나) 영양력 받음각
④ (가) 실속각, (나) 영양력 받음각

**해설**
(가)는 양력계수가 0인 지점으로서 0양력 받음각이라 하고, (나)는 실속이 일어나는 지점의 받음각으로서 실속각이라고 한다.

**04** 비중량에 대한 설명으로 옳은 것은?

① 단위체적당 중량
② 단위질량당 중량
③ 단위길이당 최소중량
④ 단위면적당 작용하는 최소중량

> [해설]
> 중량을 $W$, 질량을 $m$, 체적을 $V$라고 할 때 관계식은 다음과 같다.
>
> | 밀도($\rho$) | 비체적($v$) | 비중량($\gamma$) |
> | --- | --- | --- |
> | 질량/부피 | 부피/질량 | 중량/부피 |
> | $\dfrac{m}{V}$ | $\dfrac{V}{m}$ | $\dfrac{W}{V}$ |

**05** 수직 꼬리날개와 동체 상부에 장착하여 방향 안정성을 증가시키기 위한 것은?

① 실속 스트립
② 슬롯
③ 볼텍스 발생장치
④ 도살 핀

> [해설]
> 도살 핀(Dorsal Fin)의 목적은 방향 안정의 증대에 있다.

**06** 공기의 밀도 단위가 $kgf \cdot s^2/m^4$으로 주어질 때 kgf 단위의 의미는?

① 질량  ② 중량
③ 비중  ④ 비중량

> [해설]
> 밀도는 질량을 부피로 나눈 값이고, 질량은 중량을 중력가속도 값으로 나눈 값이다.
> 질량을 kgm, 중량을 kgf라고 할 때, 밀도 단위는 $\dfrac{kgm}{m^3}$로 표현된다.
> 또한 $kgm = \dfrac{kgf}{m/s^2} = \dfrac{kgf \cdot s^2}{m}$으로 표현되므로 결국 밀도 단위는 $kgf \cdot s^2/m^4$로 나타내어진다.

**07** 회전익 항공기에서 회전축에 연결된 회전날개깃이 하나의 수평축에 대해 위아래로 움직이는 운동은?

① 스핀 운동
② 리드-래그 운동
③ 플래핑 운동
④ 자동 회전 운동

> [해설]
> 회전날개 항공기에서 주회전 날개가 회전 운동을 할 때 전진 깃과 후진 깃의 양력 차이에 의해 깃이 위아래로 운동하는 것을 플래핑(Flapping)이라고 한다.

[정답] 4 ① 5 ④ 6 ② 7 ③

**08** 프로펠러 깃의 압력중심의 기본적인 위치를 나타낸 것으로 옳은 것은?

① 깃 끝 부근
② 깃 뿌리 부근
③ 깃의 뒷전 부근
④ 깃의 앞전 부근

**해설**
날개나 회전날개 및 프로펠러 깃의 압력 중심(CP)은 보통 깃의 앞전 부분에 위치한다.
※ 2024년 개정된 출제기준에서는 삭제된 내용

**09** 헬리콥터가 전진비행을 할 때 회전날개 깃에 발생하는 양력분포의 불균형을 해결할 수 있는 방법으로 가장 옳은 것은?

① 전진하는 깃과 후퇴하는 깃의 받음각을 동시에 증가시킨다.
② 전진하는 깃과 후퇴하는 깃의 받음각을 동시에 감소시킨다.
③ 전진하는 깃의 받음각은 증가시키고 뒤로 후퇴하는 깃의 받음각은 감소시킨다.
④ 전진하는 깃의 받음각은 감소시키고 뒤로 후퇴하는 깃의 받음각은 증가시킨다.

**해설**
전진 깃은 양력이 증가하고, 후진 깃은 양력이 감소하므로 전진 깃의 받음각은 감소시켜 양력을 감소시키고, 후진 깃의 받음각은 증가시켜 양력을 증가시키면 양력의 불균형이 해소된다.

**10** 비행기가 평형상태에서 벗어난 뒤에 다시 평형상태로 돌아가려는 초기의 경향을 가장 옳게 설명한 것은?

① 정적 안정성이 있다. [양(+)의 정적 안정]
② 동적 안정성이 있다. [양(+)의 동적 안정]
③ 정적으로 불안정하다. [음(−)의 정적 안정]
④ 동적으로 불안정하다. [음(−)의 동적 안정]

**해설**
비행기가 평형상태에서 벗어난 뒤에 다시 평형상태로 되돌아가려는 초기의 경향을 정적 안정이라고 하고, 평형상태에서 벗어난 뒤 시간이 지남에 따라 진폭이 감소되는 경향을 동적 안정이라고 한다.

**11** 수평비행을 하던 비행기가 연직 상방향으로 관성력을 받을 때 비행기의 하중배수를 옳게 나타낸 식은?

① $\dfrac{비행기\ 무게}{관성력}$

② $1 + \dfrac{관성력}{비행기\ 무게}$

③ $1 + \dfrac{비행기\ 무게}{관성력}$

④ $\dfrac{비행기\ 무게}{비행기\ 무게 - 관성력}$

**해설**
하중배수는 비행기에 작용하는 힘을 비행기 무게로 나눈 값을 의미한다.
문제에서 비행기에 양력과 수직 관성력이 작용하므로

$하중배수 = \dfrac{양력 + 관성력}{비행기\ 무게} = 1 + \dfrac{관성력}{비행기\ 무게}$

따라서 수평비행 시 양력과 비행기 무게는 같다.

**12** 활공기가 고도 2,400m 상공에서 활공을 하여 수평 활공 거리 36km를 비행하였다면, 이때 양항비는 얼마인가?

① $\frac{1}{5}$  ② 10

③ $\frac{1}{15}$  ④ 15

**해설**

$\tan\theta = \dfrac{1}{\text{양항비}}$

양항비 $= \dfrac{1}{\tan\theta} = \dfrac{1}{\dfrac{2,400}{36,000}} = 15$

**13** 입구의 지름이 10cm이고, 출구의 지름이 20cm인 원형관에 액체가 흐르고 있다. 지름 20cm 되는 단면적에서의 속도가 2.4m/s일 때 지름 10cm 되는 단면적에서의 속도는 약 몇 m/s인가?

① 4.8  ② 9.6
③ 14.4  ④ 19.2

**해설**

연속의 법칙에서 $A_1 V_1 = A_2 V_2$

여기서, $A_1$ : 입구 단면적
 $V_1$ : 입구에서의 유체속도
 $A_2$ : 출구 단면적
 $V_2$ : 출구에서의 유체속도

$V_2 = \left(\dfrac{A_1}{A_2}\right) V_1$

$V_2 = \dfrac{\dfrac{\pi d_1^2}{4}}{\dfrac{\pi d_2^2}{4}} V_1 = \dfrac{d_1^2}{d_2^2} V_1$

$V_1 = \dfrac{d_2^2}{d_1^2} V_2$

$\therefore V_1 = \left(\dfrac{20}{10}\right)^2 \times 2.4 = 9.6\,(\text{m/s})$

**14** 고속형 날개에서 항력발산마하수를 넘어서면 어떤 항력이 급증하는가?

① 형상 항력
② 압력 항력
③ 조파 항력
④ 표면 마찰 항력

**해설**

항공기에 작용하는 항력에는 유도 항력과 형상 항력이 있으며 형상 항력은 마찰 항력과 압력 항력으로 나뉜다. 또한 조파 항력은 초음속 흐름일 때 발생하는 항력이다.

**15** 프로펠러 항공기기관의 제동마력이 260PS이고, 프로펠러효율이 0.8일 때 이 비행기의 이용마력은 몇 PS인가?

① 108  ② 208
③ 308  ④ 408

**해설**

$P_a = \eta \times bHP = 0.8 \times 260 = 208(\text{PS})$

여기서, $P_a$ : 이용마력
 $\eta$ : 프로펠러 효율
 $bHP$ : 제동마력

**16** 다음 중 신뢰성 정비 방식이 채택될 수 있는 여건으로 가장 거리가 먼 것은?

① 정비인력의 증가
② 항공기 설계개념의 진보
③ 항공기 기자재의 품질수준 향상
④ 비파괴 검사방법 등에 대한 검사법 발전

**해설**
신뢰성 정비(Condition Monitoring) : 항공기의 안전성에 직접 영향을 주지 않으며 정기적인 검사나 점검을 하지 않은 상태에서 고장을 일으키거나 그 상태가 나타났을 때 하는 정비방식

**17** 수직공간이 제한된 곳에 사용되는 스크루 드라이버의 명칭으로 옳은 것은?

① 리드 스크루 드라이버
② 래칫 스크루 드라이버
③ 오프셋 스크루 드라이버
④ 프린스 스크루 드라이버

**해설**
오프셋 스크루 드라이버

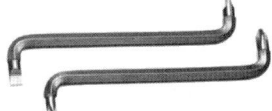

**18** 항공기의 접지에 대한 설명으로 옳은 것은?

① 정전기의 축적을 막는다.
② 전기 저항을 증가시킨다.
③ 전기 전압을 증가시킨다.
④ 번개의 위험을 벗어나기 위한 작업이다.

**19** 보통 나무, 종이, 직물 및 잡종 폐기물 등과 같은 가연성 물질에 일어나는 화재는?

① A급         ② B급
③ C급         ④ D급

**해설**
화재의 종류
• A급 화재 : 일반화재
• B급 화재 : 유류, 가스화재
• C급 화재 : 전기화재
• D급 화재 : 금속화재

**20** 다음 괄호 안에 들어갈 알맞은 용어는?

"The elevators control the aircraft about its ( ) axis."

① Vertical         ② Lateral
③ Longitudinal     ④ Horizontal

**해설**
"승강키는 비행기의 (가로)축에 대해 비행기를 조종한다."
• Lateral : 옆의, 가로방향의
• Vertical : 수직의
• Longitudinal : 세로방향의, 길이방향의
• Horizontal : 수평의
※ 2024년 개정된 출제기준에서는 삭제된 내용

**21** 「MS20426AD4-4」 리벳을 사용한 리벳 배치 작업 시 최소 끝거리는 몇 in인가?

① 5/16
② 3/8
③ 1/4
④ 7/32

**해설**
리벳의 최소 끝거리는 리벳 지름의 2배이며, 접시머리 리벳의 최소 끝거리는 리벳 지름의 2.5배이다. 한편, MS20426 AD4-4는 접시머리 리벳으로서 지름은 4/32in, 즉 1/8in이다. 따라서 이 리벳의 최소 끝거리는 1/8in의 2.5배에 해당되는 5/16in이다.

**22** 표면이 눌려 원래의 외형으로부터 변형된 현상으로 단면적의 변화는 없으며 손상부위와 손상되지 않는 부위 사이와의 경계 모양이 완만한 형상을 이루고 있는 결함은?

① 찍힘(Nick)
② 눌림(Dent)
③ 긁힘(Scratch)
④ 구김(Crease)

**해설**
기체손상의 유형
- 눌림(Dent) : 표면이 눌려 원래의 모양으로부터 변형된 현상으로 단면적 변화는 없다.
- 긁힘(Scratch) : 날카로운 물체와 접촉되어 발생하는 결함으로 길이와 깊이를 가지는 선모양의 긁힘 현상이다.
- 균열(Crack) : 재료에 가해지는 과도한 응력 집중에 의해 발생하는 부분적 또는 완전하게 불연속이 생기는 현상이다.
- 구김(Crease) : 눌리거나 뒤로 접혀 손상 부위와 비손상 부위의 경계가 날카로우며 선이나 이랑으로 확연히 구분되는 손상이다.
- 찍힘(Nick) : 재료의 표면이나 모서리가 외부 충격을 받아 소량의 재료가 떨어져 나갔거나 찍힌 현상이다.
- 골패임(Gouge) : 비교적 날카로운 물체와 접촉되어 재료에 연속적인 골이 형성된 현상으로 재료 단면적의 변화가 생긴 손상이다.
- 마모(Abrasion) : 재료 표면에 외부 물체가 끌리거나 비벼지거나 긁혀져서 표면이 거칠고 불균일하게 된 현상이다.
- 부식(Corrosion) : 화학적 또는 전기 화학적 반응에 의해 재료의 성질이 변화 또는 퇴화하는 현상으로 이로 인한 구조재 손상이다.

**23** 좁은 장소에서 작업할 때 굴곡이 필요할 경우 래칫 핸들, 스피드 핸들, 소켓 또는 익스텐션바와 함께 사용되는 그림과 같은 것은?

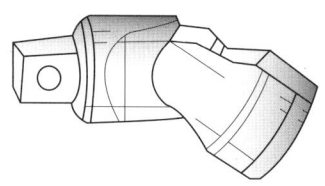

① 어댑터
② 유니버설 조인트
③ 벨트 렌치
④ 콤비네이션 렌치

**해설**

| 어댑터 | 벨트 렌치 | 콤비네이션 렌치 |
|---|---|---|

**24** 게이지블록(Gauge Blocks)에 대한 설명으로 틀린 것은?

① 사용하기 전에 마른 걸레나 솔벤트로 방청제 등의 이물질을 닦아낸다.
② 사용 시 손가락 끝으로 잡아 접촉면적을 되도록 작게 한다.
③ 이론상 측정력은 접촉 면적에 비례하여 증가되어야 하며, 실제로는 표준이 되는 측정력을 사용하는 것이 좋다.
④ 측정할 때 정밀도는 온도와는 관련이 없고, 링잉(Wringing)작업과 가장 관련이 깊다.

**해설**
측정 작업의 정밀도는 온도와 매우 밀접한 관계가 있다.

정답  21 ①  22 ②  23 ②  24 ④

**25** 2개 이상의 굽힘이 교차하는 부분의 안쪽 굽힘 접선 교점에 발생하는 응력집중에 의한 균열을 방지하기 위해 뚫는 구멍은?

① 스톱홀　　② 릴리프홀
③ 리머홀　　④ 파일럿홀

**해설**
릴리프홀(Relief Hole) : 굽힘 가공에 앞서 응력의 집중이 일어나는 교점에 뚫는 응력 제거 구멍

**26** 휴대용 소화기 중 조종실이나 객실에 설치되어 일반화재, 전기화재 및 기름화재에 사용되는 소화기는?

① 분말 소화기
② 물 소화기
③ 포 소화기
④ 이산화탄소 소화기

**27** 다음 중 성형점에서 굴곡접선까지의 거리를 나타낸 명칭은?

① 중립선　　② 세트백
③ 굴곡허용량　④ 사이트라인

**해설**
세트백 $SB = \tan\frac{\theta}{2}(R+T)$

여기서, $R$ : 굽힘반지름
　　　　$T$ : 판재 두께
　　　　$\theta$ : 굽힘각도

**28** 다음 중 항공기의 지상취급에 해당되지 않는 작업은?

① 잭작업
② 계류작업
③ 견인작업
④ 계획된 액세서리 교환작업

**해설**
항공기 지상취급(Ground Handling) : 항공기의 운항이나 정비의 목적으로 항공기를 지상에서 다루는 제반 작업을 의미하며, 지상 유도작업(Marshalling), 견인작업(Towing), 계류작업(Mooring), 잭작업(Jacking) 등이 있다.

**29** 밑줄 친 부분의 영문 내용으로 옳은 것은?

"The expansion space above the fuel in the tank shifts according to attitude changes of the airplane."

① 연료　　② 윤활유
③ 유압유　④ 공기압

**해설**
"탱크 안(연료) 위쪽의 팽창 공간은 비행기의 자세 변화에 따라 변한다."
※ 2024년 개정된 출제기준에서는 삭제된 내용

**30** 운항정비 기간에 발생한 항공기정비 불량 상태의 수리와 운항 저해의 가능성이 많은 각 계통의 예방정비 및 감항성을 확인하는 것을 목적으로 하는 정비작업은?

① 중간점검(Transit Check)
② 기본점검(Line Maintenance)
③ 정시점검(Schedule Maintenance)
④ 비행 전후 점검(Pre/Post Flight Check)

**해설**
항공기 기본점검에는 비행 전/후 점검, 중간점검, 주간점검 등이 있으며, 정시점검에는 A, B, C, D 점검 및 내부구조검사가 있다.

**31** 볼트와 너트로 체결하는 작업 시 안전 및 유의사항에 대한 설명으로 틀린 것은?

① 렌치를 사용할 때에는 당기는 방향으로 힘을 가한다.
② 익스텐션 바를 사용 시 손으로 바를 잡아 고정하고 작업한다.
③ 볼트와 너트를 조일 때는 해체할 때보다 한 단계 작은 치수의 렌치를 사용한다.
④ 볼트나 너트를 조일 때는 일정부분 손으로 조인 후 렌치를 사용하여 마무리한다.

**해설**
볼트와 너트를 조이거나 해체할 때에는 같은 치수의 렌치를 사용해야 한다.

**32** 항공기용 기계요소 및 재료에 대한 규격 중 군(Military)에 관련된 규격이 아닌 것은?

① AN
② MIL
③ ASA
④ MS

**해설**
① AN : Airforce-Navy Aeronautical Standard
② MIL : Military Specification
④ MS : Military Aeronautical Standard

**33** 다음 중 헬리콥터의 지상 정비지원은 어떤 정비에 해당되는가?

① 공장 정비
② 벤치 체크
③ 운항 정비
④ 시한성 정비

**해설**
운항 정비는 비행 전, 비행 후 점검 및 간단한 정시점검이 해당되며, 정비하는 데 많은 정비시설과 오랜 정비시간이 요구되는 정비는 공장 정비를 해야 한다.

**34** 비파괴 검사법 중 피폭안전에 철저한 관리가 요구되는 검사법은?

① 침투탐상검사
② 와전류검사
③ 자분탐상검사
④ 방사선투과검사

**해설**
④ 방사선투과검사(RT)는 방사선 물질을 다루므로 피폭 안전에 유의해야 한다.
※ 2024년 개정된 출제기준에서는 삭제된 내용

**35** 화학적 또는 전기화학적 반응에 의해 재료의 성질이 변화 또는 퇴화하는 현상을 무엇이라 하는가?

① 균열(Crack)  ② 마모(Abrasion)
③ 골패임(Gouge)  ④ 부식(Corrosion)

해설
④ 부식(Corrosion) : 화학적 또는 전기화학적 반응에 의해 재료의 성질이 변화 또는 퇴화하는 현상으로 이로 인한 구조재 손상을 말한다.
※ 2024년 개정된 출제기준에서는 삭제된 내용

**36** 샌드위치 구조에 대한 설명으로 틀린 것은?

① 트러스 구조에서 외피로 쓰인다.
② 무게를 감소시키는 장점이 있다.
③ 국부적인 휨 응력이나 피로에 강하다.
④ 보강재를 끼워넣기 어려운 부분이나 객실 바닥면에 사용된다.

해설
트러스 구조는 강관이나 봉 등과 같은 여러 개의 부재로 트러스 구조를 만든 다음, 그 위에 외피인 우포와 얇은 금속판을 씌운다.

**37** 복합재료를 제작할 때 사용되는 섬유형 강화재가 아닌 것은?

① 고무섬유  ② 유리섬유
③ 탄소섬유  ④ 보론섬유

해설
강화섬유의 종류
• 유리섬유
• 탄소/흑연섬유
• 아라미드섬유
• 보론섬유
• 세라믹 섬유

**38** 다음 중 ATA 100에 의한 항공기 시스템 분류가 틀린 것은?

① ATA 21 - Air Conditioning
② ATA 29 - Oxygen
③ ATA 30 - Ice & Rain Protection
④ ATA 32 - Landing Gear

해설
② ATA 29 - Hydraulic Power
※ 2024년 개정된 출제기준에서는 삭제된 내용

**39** 수평 꼬리날개에 대한 설명으로 틀린 것은?

① 수평 안정판 내부를 연료탱크로 사용하면 진동감소와 피로에 대한 저항성이 커진다.
② 수평 안정판은 세로 안정성을 담당하고 세로 조종은 승강키로 한다.
③ 수평 안정판의 면적이 증가하면 표면저항이 증가하여 세로 안정성이 감소한다.
④ 대형 여객기에서는 항속거리 증가를 위해 수평 안정판 내부를 연료탱크로 사용하기도 한다.

해설
③ 수평 안정판 면적이 증가하면 표면저항은 증가하지만 세로 안정성은 커진다.

**40** 주회전날개 트랜스미션의 역할이 아닌 것은?

① 시동기와 연결
② 유압 펌프나 발전기 구동
③ 오토로테이션 시 기관과의 연결을 차단
④ 기관의 출력을 감속시켜 회전날개에 전달

해설
① 시동기는 주로 가스터빈엔진의 압축기와 연결된다.
※ 2024년 개정된 출제기준에서는 삭제된 내용

**41** 헬리콥터의 스키드 기어형 착륙장치에 대한 설명으로 틀린 것은?

① 정비가 쉽다.
② 구조가 간단하다.
③ 지상 활주에 사용된다.
④ 소형 헬리콥터에 주로 사용된다.

해설
③ 지상 활주가 가능한 착륙장치는 휠 기어형 착륙장치이다.
※ 2024년 개정된 출제기준에서는 삭제된 내용

**42** 테일로터가 장착된 호버링 헬리콥터의 방향 조종 방법은?

① 주로터의 rpm 변경
② 테일로터 디스크 방향 조작
③ 테일로터의 피치 조작
④ 주로터 디스크 방향 조작

해설
테일로터는 주회전 날개에 의해 동체에 발생된 토크와 반대 방향의 추력을 발생하는데, 테일로터 피치각을 조절함으로써 그 크기를 조절하게 되고 따라서 헬리콥터의 기수 방향 조절이 가능하다.
※ 2024년 개정된 출제기준에서는 삭제된 내용

**43** 헬리콥터의 테일붐에 있는 구조로 회전날개에서 발생하는 토크를 상쇄시키는 데 기여하며 위쪽과 아래쪽의 대칭구조를 갖고 있는 것은?

① 힌지(Hinge)
② 수직 핀(Vertical Fin)
③ 스키드 기어(Skid Gear)
④ 회전 날개 보호대(Tail Rotor Guard)

해설
※ 2024년 개정된 출제기준에서는 삭제된 내용

**44** 열가소성 수지 중 유압 백업링(Backup Ring), 호스(Hose), 패킹(Packing), 전선피복(Coating) 등에 사용되는 수지는?

① 아크릴수지
② 테플론
③ 염화비닐수지
④ 폴리에틸렌수지

해설
※ 2024년 개정된 출제기준에서는 삭제된 내용

**45** 다음 중 대형항공기에 주로 사용되는 뒷전 플랩은?

① 슬롯플랩
② 스플릿플랩
③ 단순플랩
④ 크루거플랩

해설
스플릿플랩, 단순플랩은 주로 소형항공기에 사용되고, 크루거플랩은 앞전 플랩에 속한다.

**46** 항공기기체 수리 도면에 리벳과 관련된 다음과 같은 표기의 의미는?

5 RVT EQ SP

① 길이가 같은 5개 리벳이 장착된다.
② 리벳이 5in의 간격으로 장착된다.
③ 5개의 리벳이 같은 간격으로 장착된다.
④ 연거리를 같게 하여 5개 리벳이 장착된다.

해설
※ 2024년 개정된 출제기준에서는 삭제된 내용

**47** 강도를 중시하여 만들어진 고강도 알루미늄 합금이 아닌 것은?

① 2218
② 2024
③ 2017
④ 2014

**해설**
알루미늄 2218은 주로 전기 도체 재료로 이용된다.
※ 2024년 개정된 출제기준에서는 삭제된 내용

**48** 기관 마운트를 선택하기 전에 고려하지 않아도 되는 것은?

① 기관의 제조기간
② 기관의 형식 및 특성
③ 기관 마운트의 장착 위치
④ 기관 마운트의 장착 방향

**49** 항공기 위치 표시방법 중 기수 또는 기수로부터 일정한 거리에 위치한 상상의 수직면을 기준으로 하는 방법은?

① 버턱선(BL)
② 날개 위치선(WS)
③ 동체 위치선(FS)
④ 동체 수위선(BWL)

**해설**
**항공기 위치 표시 방식**
- 동체 위치선(BSTA ; Body Station) : 기준이 되는 0점 또는 기준선으로부터의 거리
- 동체 수위선(BWL ; Body Water Line) : 기준으로 정한 특정 수평면으로부터의 높이를 측정한 수직 거리
- 버턱선(Buttock Line) : 동체 버턱선(BBL)과 날개 버턱선(WBL)으로 구분하며 동체 중심선을 기준으로 오른쪽과 왼쪽으로 평행한 너비를 나타내는 선
※ 2024년 개정된 출제기준에서는 삭제된 내용

**50** 인장력을 받는 봉에서 발생하는 변형률의 단위는?

① m
② N/m
③ N/m$^2$
④ 무차원

**해설**
변형률은 재료의 변형 길이를 원래 길이로 나눈 값이므로 단위가 없는 무차원수이다.
※ 2024년 개정된 출제기준에서는 삭제된 내용

**51** 랜딩기어계통에서 트라이사이클 기어 배열의 장점이 아닌 것은?

① 항공기의 지상 전복(Ground Looping)을 방지한다.
② 이륙, 착륙 중에 테일 휠의 진동을 막는다.
③ 이륙이나 착륙 중 조종사에게 좋은 시야를 제공한다.
④ 빠른 착륙속도에서 강한 브레이크를 사용할 수 있다.

**해설**
트라이사이클 기어는 앞바퀴 타입으로 테일 휠이 없다.

**52** 특수강 SAE 2330에 대한 설명으로 옳은 것은?

① 탄소강을 나타낸다.
② 크롬-바나듐강이다.
③ 니켈의 함유량이 23%이다.
④ 탄소의 함유량이 0.30%이다.

**해설**
강의 규격은 SAE규격이나 AISI규격이 많이 사용되는데, 첫째 자릿수는 합금 원소의 종류, 둘째 자릿수는 합금 원소의 함유량, 나머지 두 자릿수는 탄소 함유량의 평균값을 나타낸다.
SAE 2330은 니켈이 약 3%, 탄소가 약 0.3% 함유된 니켈강이다.
※ 2024년 개정된 출제기준에서는 삭제된 내용

**53** 항공기용으로 가장 흔한 저압타이어에 다음과 같이 표기되어 있다면 옳은 설명은?

"7.00 × 6, 4 ply"

① 타이어 안지름이 7.00in이다.
② 타이어 너비가 7.00in이다.
③ 타이어 바깥지름이 6.00in이다.
④ 타이어 너비가 6.00in이다.

**해설**
저압 타이어 표기방식

7.00 × 6, 4 ply

- 7.00 – 타이어의 너비 7in
- 6 – 타이어의 안지름 6in
- 4 ply – 타이어의 코어보디의 층수(늘 짝수임)

**54** 하중 배수에 대한 설명으로 옳은 것은?

① 추력을 비행기의 무게로 나눈 값이다.
② 양력을 비행기의 무게로 나눈 값이다.
③ 수평비행 시의 양력을 화물하중으로 나눈 값이다.
④ 기본 하중을 현재의 하중으로 나눈 값이다.

**해설**
하중 배수(Load Factor ; n)는 양력이 하중의 몇 배가 되느냐는 뜻을 가진다. 따라서 수평비행 시는 양력과 하중이 같으므로 임의의 비행 시의 하중배수는 수평비행 시 양력의 몇 배가 되느냐는 것을 뜻하기도 한다.
※ 2024년 개정된 출제기준에서는 삭제된 내용

**55** 구리의 성질로 틀린 것은?

① 전연성이 좋다.
② 가공하기 어렵다.
③ 열전도율이 높다.
④ 전기전도율이 크다.

**해설**
② 구리는 다른 금속재료에 비해 무른 성질을 가지고 있으므로 가공이 용이하다.
※ 2024년 개정된 출제기준에서는 삭제된 내용

**56** 응력이 제거되면 변형률도 제거되어 원래상태로 회복이 가능한 한계응력을 나타내는 것은?

① 항복점  ② 인장강도
③ 파단점  ④ 탄성한계

**해설**

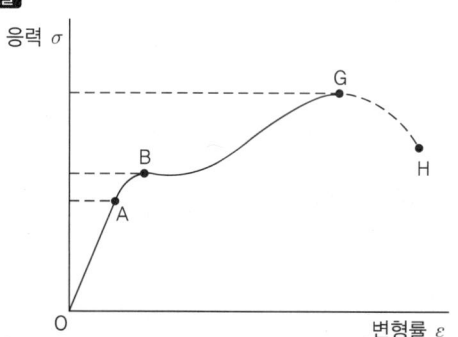

- A : 비례(탄성)한도
- B : 항복강도
- G : 극한강도
- H : 파단강도

※ 2024년 개정된 출제기준에서는 삭제된 내용

**57** 폭 3cm, 너비 12cm 직사각형 단면인 24cm 길이의 사각봉에 288kgf의 인장력이 작용할 때 인장응력은 약 몇 kgf/cm²인가?

① 0.33　　② 1
③ 4　　　 ④ 8

**해설**
인장응력은 단위 면적에 작용하는 인장하중을 의미한다.
따라서 $\sigma = \dfrac{F}{A} = \dfrac{288}{3 \times 12} = 8(\text{kg/cm}^2)$
※ 2024년 개정된 출제기준에서는 삭제된 내용

**58** 헬리콥터의 꼬리부분에 해당하지 않는 것은?

① 핀(Fin)
② 테일붐
③ 연료 및 오일탱크
④ 파일론

**해설**
헬리콥터의 연료탱크와 오일탱크는 헬리콥터의 동체 부분에 위치한다.
※ 2024년 개정된 출제기준에서는 삭제된 내용

**59** 다음 중 고정 지지보를 나타낸 것은?

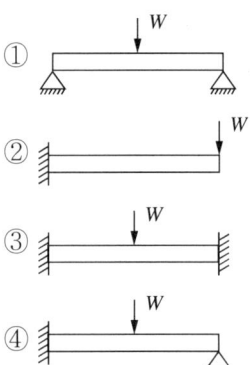

**해설**
④ 일단 고정 타단 지지보
① 단순보
② 외팔보
③ 양단 지지보
※ 2024년 개정된 출제기준에서는 삭제된 내용

**60** 금속의 표면 경화 방법 중 질화처리(Nitriding)에 대한 설명으로 틀린 것은?

① 질화층은 경도가 우수하고, 내식성 및 내마멸성이 증가한다.
② 암모니아가스 중에서 500~550℃ 정도의 온도로 20~100시간 정도 가열한다.
③ 철강재료의 표면 경화(Surface Hardening)에 적용한다.
④ 질소와 친화력이 약한 알루미늄, 타이타늄, 망가니즘 등을 함유한 강은 질화처리법을 적용하지 않는다.

**해설**
**질화처리법**
강철의 표면층을 고질소상태로 하여 경화시키는 방법으로 암모니아를 고온에서 분해하였을 때 발생하는 질소를 이용한다. 순철, 탄소강, Ni이나 Co만을 함유하는 특수강 등에서는 질화성이 형성되어도 경화하지 않으므로 적당한 탄소강에 Al, Cr, Ti, V, Mo 등을 소량 첨가하여 고경도의 질화층을 얻는다.
※ 2024년 개정된 출제기준에서는 삭제된 내용

# 2015년 제5회 과년도 기출문제

**01** 헬리콥터의 기관이 정지하여 자동회전을 할 때 회전날개의 회전수는 어떻게 변화하는가?

① 지속적으로 감소한다.
② 지속적으로 증가한다.
③ 일정 높이까지는 감소되면서 하강하고 그 후 일정하게 증가한다.
④ 일정 높이까지는 감소되면서 하강하고 그 후 일정속도를 유지한다.

**해설**
회전익 항공기의 경우 비행 중 갑자기 기관이 정지하면, 하강하면서 회전날개의 회전수가 감소하기 시작하여 일정한 상태에서 더 이상 회전수가 감소하지 않고 일정한 하강율이 되어 안전하게 착륙하게 된다.

**02** 국제민간항공기구(ICAO)에서 정하는 국제표준 대기에 대한 설명으로 옳은 것은?

① 항공기의 설계, 운용에 기준이 되는 대기 상태로서 지역 및 고도에 관계없이 압력이 750mmHg, 온도가 15℃인 상태를 말한다.
② 항공기의 비행에 가장 이상적인 대기 상태로서 압력이 750mmHg, 온도가 15℃인 상태를 말한다.
③ 항공기의 설계, 운용에 기준이 되는 대기상태로서 같은 고도에 대한 표준 압력, 밀도, 온도 등은 항상 같다.
④ 해면상의 대기상태를 말하며 항공기의 설계 및 운용의 기준이 된다.

**해설**
표준대기는 항공기의 설계, 운용에 기준이 되는 대기상태를 나타낸 것으로서 각각의 고도에 대한 압력, 밀도, 온도 등의 표준값을 마련한 것이다.
※ 2024년 개정된 출제기준에서는 삭제된 내용

**03** 레이놀즈수에 영향을 미치는 요소가 아닌 것은?

① 유체의 밀도
② 유체의 압력
③ 유체의 흐름속도
④ 유체의 점성

**해설**
레이놀즈수는 $Re = \dfrac{Vd}{\nu}$ 로 나타나며, 여기서 $V$는 유체 흐름 속도, $d$는 유체가 흐르는 관의 지름, $\nu$는 동점성계수(점성계수를 밀도로 나눈 값)이다.
※ 2024년 개정된 출제기준에서는 삭제된 내용

정답 1 ④ 2 ③ 3 ②

**04** 다음 중 프로펠러 깃의 시위방향의 압력중심(CP) 위치에 의해 주로 발생되는 모멘트로 가장 옳은 것은?

① 공기력에 의한 굽힘 모멘트
② 공기력에 의한 비틀림 모멘트
③ 회전력에 의한 굽힘 모멘트
④ 회전력에 의한 비틀림 모멘트

**해설**
※ 2024년 개정된 출제기준에서는 삭제된 내용

**05** 유관의 입구지름이 20cm이고 출구의 지름이 40cm일 때 입구에서의 유체속도가 4m/s이면 출구에서의 유체속도는 약 몇 m/s인가?

① 1
② 2
③ 4
④ 16

**해설**
연속의 법칙에서 $A_1 V_1 = A_2 V_2$
여기서, $A_1$ : 입구 단면적
$V_1$ : 입구에서의 유체속도
$A_2$ : 출구 단면적
$V_2$ : 출구에서의 유체속도

$V_1 = \left(\dfrac{A_2}{A_1}\right) V_2$

$V_2 = \dfrac{\frac{\pi d_1^2}{4}}{\frac{\pi d_2^2}{4}} V_1 = \dfrac{d_1^2}{d_2^2} V_1$

$\therefore V_2 = \dfrac{20^2}{40^2} \times 4 = \left(\dfrac{1}{2}\right)^2 \times 4 = 1(\text{m/s})$

**06** 날개면상에 초음속 흐름이 형성되면 충격파가 발생하게 되는데 이때 충격파 전·후면에서의 압력, 밀도, 속도의 관계로 옳은 것은?

① 충격파 앞의 압력과 속도는 충격파 뒤보다 크다.
② 충격파 앞의 압력과 밀도는 충격파 뒤보다 작다.
③ 충격파 앞의 밀도와 속도는 충격파 뒤보다 작다.
④ 충격파 앞의 압력, 밀도 및 속도는 충격파 뒤보다 크다.

**해설**
초음속 흐름에서 충격파(Shock Wave)가 발생하면 압력이 급격히 증가하고, 밀도와 온도 역시 불연속적으로 증가하게 된다.

**07** 이용마력과 필요마력이 같아져 상승률이 "0"이 되는 고도를 무엇이라 하는가?

① 운용상승한계
② 실용상승한계
③ 실제상승한계
④ 절대상승한계

**해설**
④ 절대상승한계 : 이용마력과 필요마력이 같아 상승률이 0인 고도
① 운용상승한계 : 상승률이 2.5m/s인 고도
② 실용상승한계 : 상승률이 0.5m/s인 고도

**08** 비행기가 정상선회를 할 때 비행기에 작용하는 원심력과 구심력의 관계에 대하여 옳게 설명한 것은?

① 두 힘은 크기가 같고 방향도 같다.
② 두 힘은 크기가 다르고 방향이 같다.
③ 두 힘은 크기가 같고 방향이 반대이다.
④ 두 힘은 크기가 다르고 방향이 반대이다.

해설
원운동을 하는 모든 물체에서 작용하는 원심력과 구심력은 서로 크기가 같고 방향은 반대이다.

**09** 항공기 중량이 5,000kg일 때 2G의 하중계수(Load Factor)가 가해지면 항공기에 미치는 전체 하중은 몇 kg인가?

① 2,500
② 5,000
③ 7,500
④ 10,000

해설
5,000kg × 2 = 10,000kg

**10** 다음 중 비행기의 가로 안정에 가장 큰 영향을 미치는 것은?

① 동체의 모양
② 날개의 쳐든각
③ 기관의 장착위치
④ 플랩(Flap)의 장착위치

해설
비행기의 가로 안정을 좋게 하려면 쳐든각(상반각)을 주고, 방향안정을 좋게 하려면 후퇴각을 준다.

**11** 항력이 $D$(kgf)인 비행기가 속도 $V$(m/s)로 등속 수평비행을 하기 위한 필요마력(PS)을 구하는 식은?

① $\dfrac{DV}{75}$
② $\dfrac{75}{DV}$
③ $\dfrac{75D}{V}$
④ $\dfrac{75V}{D}$

해설
• 필요마력($P_r$)
$P_r = \dfrac{DV}{75}$
• 왕복기관을 장착한 프로펠러 비행기 이용마력($P_a$)
$P_a = BHP \times \eta$ (제동마력 × 프로펠러효율)
• 제트기의 이용마력
$P_a = \dfrac{TV}{75}$ ($T$는 제트기 추력)

**12** 조종간과 승강키가 기계적으로 연결되었을 경우 조종력과 승강키의 힌지 모멘트에 관한 관계식으로 옳은 것은?(단, $F_e$ : 조종력, $H_e$ : 승강키 힌지 모멘트, $K$ : 조종계통의 기계적 장치에 의한 이득이다)

① $F_e = \dfrac{K}{H_e}$
② $F_e = K - H_e$
③ $F_e = \dfrac{K^2}{H_e}$
④ $F_e = K \times H_e$

해설
※ 2024년 개정된 출제기준에서는 삭제된 내용

**13** 수평 꼬리날개에 부착된 조종면을 무엇이라 하는가?

① 승강키　　② 플랩
③ 방향키　　④ 도움날개

**[해설]**
수평 꼬리날개는 승강키(조종 관련)와 수평 안정판(안정성 관련)으로 구성되어 있다.

**14** 헬리콥터에서 균형(Trim)을 이루었다는 의미를 가장 옳게 설명한 것은?

① 직교하는 2개의 축에 대하여 힘의 합이 "0"이 되는 것
② 직교하는 2개의 축에 대하여 힘과 모멘트의 합이 각각 "1"이 되는 것
③ 직교하는 3개의 축에 대하여 힘과 모멘트의 합이 각각 "0"이 되는 것
④ 직교하는 3개의 축에 대하여 모든 방향의 힘의 합이 "1"이 되는 것

**15** 날개길이가 10m, 평균시위길이가 1.8m인 항공기 날개의 가로세로비(Aspect Ratio)는 약 얼마인가?

① 0.18　　② 2.8
③ 5.6　　④ 18.0

**[해설]**
가로세로비(AR) $= \dfrac{b}{c} = \dfrac{b \times b}{c \times b} = \dfrac{b^2}{S}$

따라서 AR $= \dfrac{b}{c} = \dfrac{10}{1.8} \fallingdotseq 5.6$

**16** 안내 및 구급용 치료 설비 등을 나타내는 표지의 색은?

① 녹색　　② 빨간색
③ 파란색　　④ 노란색

**[해설]**
안전색채
• 녹색 : 안전에 관련된 설비 및 구급용 치료시설 식별
• 빨간색 : 위험물 또는 위험상태 표시
• 주황색 : 기계 또는 전기설비의 위험 위치 식별
• 노란색 : 사고의 위험이 있는 장비나 시설물에 표시

**17** 정밀 측정기기의 경우 규정된 기간 내에 정기적으로 공인기관에서 검·교정을 받아야 하는데 이때 "검·교정"을 의미하는 것은?

① Check　　② Calibration
③ Repair　　④ Maintenance

**[해설]**
② Calibration : 검·교정
① Check : 점검
③ Repair : 수리
④ Maintenance : 정비

**18** 다음 중 항공기 기체의 수명을 연장하는 가장 쉬우면서도 적극적인 방법은?

① 오버홀
② 수리
③ 세척 및 방부처리
④ 점검

**19** 세라믹, 플라스틱, 고무로 된 항공기 재료를 검사할 때 가장 적절한 비파괴검사는?

① 자분탐상검사
② 색조침투검사
③ 와전류탐상검사
④ 자기탐상검사

**해설**
세라믹, 플라스틱, 고무 등은 비자성체이고 부도체이므로 자분탐상검사나 와전류탐상검사 등은 적용할 수가 없다.
※ 2024년 개정된 출제기준에서는 삭제된 내용

**20** 비어있는 공간으로 압력을 가해서 실링(Sealing)하는 방법을 무엇이라 하는가?

① 필렛(Fillet)실링
② 페잉(Faying)실링
③ 인젝션(Injection)실링
④ 프리코트(Precoat)실링

**해설**
※ 2024년 개정된 출제기준에서는 삭제된 내용

**21** 항공기 견인(Towing)시 주의해야 할 사항으로 옳은 것은?

① 항공기를 견인할 때에는 규정속도를 초과해서는 안 된다.
② 견인차에는 견인 감독자가 함께 탑승하여 항공기를 견인해야 한다.
③ 항공사 직원이라면 누구나 견인차량을 운전할 수 있다.
④ 지상감시자는 항공기 동체의 전방에 위치하여 견인이 끝날 때까지 감시해야 한다.

**22** 오픈엔드렌치로 작업할 수 없는 좁은 장소의 작업에 사용되며, 적절한 핸들과 익스텐션 바와 함께 사용하는 그림과 같은 공구의 명칭은?

① 크로풋     ② 디프 소켓
③ 어댑터     ④ 알렌 렌치

**23** 한쪽 물림 턱은 고정되어 있고 다른 쪽 턱은 손잡이에 설치된 나사형 스크루를 조작하여 렌치의 개구부 크기를 조절하는 렌치는?

① 박스 렌치(Box Wrench)
② 래칫 렌치(Ratchet Wrench)
③ 콤비네이션 렌치(Combination Wrench)
④ 어저스터블 렌치(Adjustable Wrench)

**해설**
어저스터블 렌치

정답  19 ②  20 ③  21 ①  22 ①  23 ④

**24** 부식 환경에서 금속에 가해지는 반복 응력에 의한 부식이며, 반복 응력이 작용하는 부분의 움푹 파인 곳의 바닥에서부터 시작되는 부식은?

① 점 부식
② 피로 부식
③ 입자 간 부식
④ 찰과 부식

**해설**
② 피로 부식 : 금속에 가해지는 반복 응력에 의해 발생
① 점 부식 : 금속 표면이 국부적으로 깊게 침식되어 작은 점 형태로 만들어지는 부식
③ 입자 간 부식 : 금속의 입자 경계면을 따라 생기는 선택적인 부식
④ 찰과 부식 : 마찰로 인한 부식으로 밀착된 구성품 사이에 작은 진폭의 상대 운동으로 인해 발생
※ 2024년 개정된 출제기준에서는 삭제된 내용

**25** 코인태핑 검사에 대한 설명으로 틀린 것은?

① 동전으로 두드려 소리로 결함을 찾는 검사이다.
② 허니콤 구조 검사를 하는 가장 간단한 검사이다.
③ 숙련된 기술이 필요 없으며 정밀한 장비가 필요하다.
④ 허니콤 구조에서는 스킨분리(Skin Delamination) 결함을 점검할 수 있다.

**해설**
**코인태핑 검사**
코인태핑 검사는 숙련된 기술이 필요 없으며 정밀한 장비 또한 필요하지 않다.

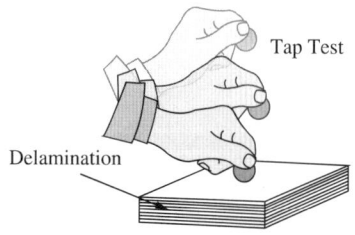

**26** 항공기의 지상 취급 및 안전에 관한 설명으로 틀린 것은?

① 항공기 가스터빈기관의 지상 작동 시 흡배기 지역의 접근을 피한다.
② 공항에는 항공기, 건물 등의 화재 발생에 대비하여 공항 소방대를 운영하고 있다.
③ 항공기 급유 시 일정 거리 이내에서 인화성 물질을 취급해서는 안 된다.
④ 산소로 이루어진 고압가스는 가연성 물질이 아니기 때문에 화재 및 폭발로부터 안전하다.

**해설**
산소는 가연성 물질에 속하며 취급 시 화재 및 폭발에 주의해야 한다.

**27** 항공기 또는 그와 관련된 대상의 상태와 기능이 정상인지 확인하는 정비 행위는?

① 수리
② 점검
③ 개조
④ 오버홀

**28** 아르곤이나 헬륨가스 안에서 전극와이어를 일정한 속도로 토치에 공급하여 와이어와 모재 사이에 아크를 발생시키고 나심선을 스프레이 상태로 용융하여 용접을 하는 방법은?

① 아크용접
② 가스용접
③ 서브머지드 아크용접
④ 불활성가스 금속아크용접

**해설**
불활성가스 금속아크용접
MIG(Metal Insert Gas)용접이라고 하며, 불활성가스로는 주로 아르곤이 사용된다.
한편 불활성가스 텅스텐 아크 용접은 TIG(Tungsten Insert Gas) 용접이라고 하며, 비소모성인 텅스텐 전극이 사용된다.
※ 2024년 개정된 출제기준에서는 삭제된 내용

**29** 볼트와 너트를 체결 시 토크 값을 정하는 요소가 아닌 것은?

① 토크렌치의 길이
② 볼트, 너트의 재질
③ 볼트, 너트 나사의 형식
④ 볼트, 너트의 인장력, 전단력

**해설**
체결 요소인 볼트와 너트의 토크 값은 볼트와 너트의 갖가지 요소에 달려있으며 사용 공구와는 상관이 없다.

**30** 밑줄 친 부분의 의미로 옳은 것은?

> The trim tabs are controllable from the cockpit, and the pilot uses them to trim the aircraft to the flight attitude desired.

① 고도　② 자세
③ 방향　④ 위치

**해설**
트림 탭은 조종실에서 제어를 할 수 있으며, 조종사는 비행기가 원하는 비행 자세로 유지되도록 하는 데 사용한다.
※ 2024년 개정된 출제기준에서는 삭제된 내용

**31** 다음 중 감항성에 대한 설명으로 가장 옳은 것은?

① 쉽게 장·탈착할 수 있는 종합적인 부품정비
② 항공기에 발생되는 고장 요인을 미리 발견하는 것
③ 항공기가 운항 중에 고장 없이 그 기능을 정확하고 안전하게 발휘할 수 있는 능력
④ 제한 시간에 도달되면 항공 기재의 상태와 관계없이 점검과 검사를 수행하는 것

**32** 일반적인 구조 부재용으로 열처리를 하지 않은 상태에서 보편적으로 사용하는 리벳은?

① 1100 리벳(A)
② 모넬 리벳(M)
③ 2117 - T 리벳(AD)
④ 2024 - T 리벳(DD)

**해설**
1100 리벳은 구조 부재용에 사용할 수 없으며, 모넬리벳은 주로 내식성이 요구되는 곳에 사용되고 2024 리벳은 열처리 과정을 거쳐야 한다.

정답　28 ④　29 ①　30 ②　31 ③　32 ③

**33** 항공기세척제로 사용되는 메틸에틸케톤에 대한 설명이 아닌 것은?

① 휘발성이 강하다.
② MEK라고도 한다.
③ 금속 세척제로도 이용된다.
④ 세척된 표면상에 식별할 수 있는 막을 남긴다.

**해설**
세척된 표면상에 식별할 수 있는 막을 남기는 세척제는 케로신이다.
메틸에틸케톤(MEK)의 특징
- 금속 표면에 사용한다.
- 휘발성이 강한 솔벤트 세척제에 속한다.
- 좁은 면적의 페인트 제거 등 극히 제한적으로 사용
- 반드시 안전 장구 착용

**34** 마이크로미터의 구성품 중 아들자의 눈금이 새겨진 회전 원통으로서 측정면의 이동을 가능하게 해 주는 구성품은?

① 심블
② 클램프
③ 배럴
④ 앤빌과 스핀들

**해설**
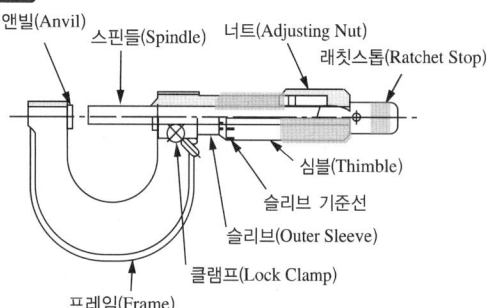

**35** 항공기 급유 작업 중 기름유출로 화재가 발생하였다면 이때 사용해서는 안 되는 소화기는?

① $CO_2$ 소화기
② 건조사
③ 포 소화기
④ 일반 물소화기

**해설**
물소화기는 일반화재에 적합한 소화기이다.

**36** 날개에 엔진을 장착하는 경우 가장 큰 장점은?

① 날개의 파일론을 동체에 설치하므로 날개의 무게를 감소시킨다.
② 날개의 공기역학적 성능을 감소시키지 않고 항공기의 비행성능을 개선시킨다.
③ 날개의 날개보를 동체에 설치하지 않으므로 항공기 무게를 감소시킨다.
④ 날개의 날개보에 파일론을 설치하므로 항공기 무게를 감소시킨다.

**37** 헬리콥터의 동력 구동축에 고장이 생기면 고주파수의 진동이 발생하게 되는 원인이 아닌 것은?

① 평형 스트립의 결함
② 구동축의 불량한 평형상태
③ 구동축의 장착상태의 불량
④ 구동축 및 구동축 커플링의 손상

**해설**
평형 스트립은 구동축과는 관련이 없으며 회전 날개 깃에 설치되어 평형을 조절한다.
※ 2024년 개정된 출제기준에서는 삭제된 내용

**38** 트러스형 날개의 구성품이 아닌 것은?

① 리브   ② 날개보
③ 응력외피   ④ 보강선

**해설**
응력외피는 세미모노코크 구조 날개의 구성품에 속한다.

**39** 동체 앞뒤에 배치되고 방화벽 또는 압력벽으로 사용되기도 하며, 날개나 착륙장치 등의 장착부위로도 사용되는 것은?

① 외피   ② 프레임
③ 스트링어   ④ 벌크헤드

**40** 다음 중 소성 가공법이 아닌 것은?

① 단조   ② 압출
③ 용접   ④ 인발

**해설**
소성가공의 종류에는 단조, 압연, 인발, 압출, 전조, 프레스, 제관 등이 있다.
※ 2024년 개정된 출제기준에서는 삭제된 내용

**41** 조종용 케이블에서 와이어나 스트랜드가 굽어져 영구 변형되어 있는 상태를 무엇이라 하는가?

① 버드 케이지(Bird Cage)
② 킹크 케이블(Kink Cable)
③ 와이어 절단(Broken Wire)
④ 와이어 부식(Corrosion Wire)

**42** 헬리콥터에서 수직 핀(Vertical Fin)에 대한 설명으로 틀린 것은?

① 수직 핀은 전진비행 시 수평을 유지시킨다.
② 테일붐 위쪽에 있는 핀은 회전날개에서 발생하는 토크를 상쇄시키는 데 기여한다.
③ 테일붐 위쪽에 있는 핀은 아래쪽의 수직핀과 날개골의 형태가 비대칭 구조로 되어 있다.
④ 수직 핀은 착륙 시 꼬리 회전날개가 손상되는 것을 방지하기 위해 수직 핀 아래쪽에 꼬리회전날개 보호대가 설치되어 있다.

**해설**
헬리콥터에서 전진비행 시 수평을 유지시키는 역할을 하는 것은 수평 스테빌라이저(Horizontal Stabilizer)이다.
※ 2024년 개정된 출제기준에서는 삭제된 내용

정답  38 ③  39 ④  40 ③  41 ②  42 ①

## 43 주철에 대한 설명으로 가장 옳은 것은?

① 전연성이 매우 크다.
② 담금질성이 우수하다.
③ 단조, 압연, 인발에 부적합하다.
④ 주조 후 자연시효 현상이 일어나지 않는다.

**해설**
주철은 취성이 강해 단조, 압연, 인발 등의 가공에 적합하지 않은 재질이다.
※ 2024년 개정된 출제기준에서는 삭제된 내용

## 44 항공기 손상부위의 위치를 표시할 때 WL(Water Line)이 나타내는 것은?

① 항공기 날개의 위치를 나타낸다.
② 항공기 높이의 위치를 나타낸다.
③ 항공기 도움날개의 위치를 나타낸다.
④ 항공기의 좌우로 측정된 거리를 나타낸다.

**해설**
**항공기 위치 표시 방식**
- 동체 수위선(BWL ; Body Water Line) : 기준으로 정한 특정 수평면으로부터의 높이를 측정한 수직 거리
- 동체 위치선(BSTA ; Body Station) : 기준이 되는 0점, 또는 기준선으로부터의 거리
- 버턱선(Buttock Line) : 동체 버턱선(BBL)과 날개 버턱선(WBL)으로 구분하며 동체 중심선을 기준으로 오른쪽과 왼쪽으로 평행한 너비를 나타내는 선
※ 2024년 개정된 출제기준에서는 삭제된 내용

## 45 안전여유를 구하는 식으로 옳은 것은?

① 허용하중 × 실제하중
② 허용하중 + 실제하중
③ $\dfrac{허용하중}{실제하중} - 1$
④ $\dfrac{실제하중}{허용하중} - 1$

**해설**
※ 2024년 개정된 출제기준에서는 삭제된 내용

## 46 다음 중 헬리콥터 회전날개 깃의 피치를 변화시키는 것과 가장 관계 깊은 것은?

① 페더링 힌지
② 댐퍼
③ 플래핑 힌지
④ 항력 힌지

**해설**
① 페더링 힌지 : 회전날개 깃의 피치각 변화
③ 플래핑 힌지 : 회전날개 깃의 상하 운동 담당
④ 항력 힌지 : 회전날개 깃의 전후 운동 담당
※ 2024년 개정된 출제기준에서는 삭제된 내용

**47** 페일 세이프(Fail Safe)구조로 많은 수의 부재로 되어 있으며 각각의 부재는 하중을 분담하도록 설계되어 있는 그림과 같은 구조는?

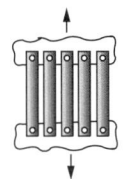

① 이중 구조(Double Structure)
② 대치 구조(Back-up Structure)
③ 다경로 하중 구조(Redundant Structure)
④ 하중 경감 구조(Load Dropping Structure)

**해설**

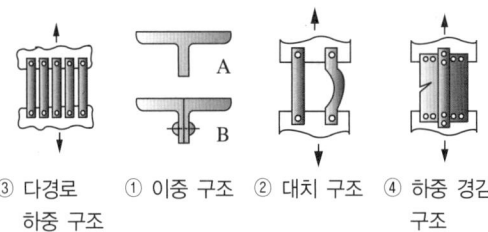

③ 다경로 하중 구조  ① 이중 구조  ② 대치 구조  ④ 하중 경감 구조

**48** 헬리콥터의 운동 중 동시피치레버(Collective Pitch Lever)로 조종하는 운동은?

① 수직방향운동
② 전진운동
③ 방향조종운동
④ 좌·우운동

**해설**
- 주기적피치제어간 : 헬리콥터의 회전면을 전후좌우로 기울여서 헬리콥터의 비행 방향을 조절
- 동시피치제어간 : 피치를 동시에 증가 또는 감소시켜 양력을 조절하는 장치
- 방향조절페달 : 꼬리회전날개의 토크를 조절함으로써 헬리콥터의 기수방향을 좌우로 조절

**49** 항공기의 영연료무게(Zero Fuel Weight)란 무엇인가?

① 항공기의 총무게에서 자기무게를 뺀 중량
② 항공기의 자기무게에서 연료무게를 뺀 무게
③ 항공기의 총무게에서 사용불능의 연료무게를 뺀 항공기의 중량
④ 항공기의 총무게에서 연료무게를 뺀 항공기의 중량

**해설**
※ 2024년 개정된 출제기준에서는 삭제된 내용

**50** 그림과 같은 응력-변형률 곡선의 각 기호와 설명 또는 의미가 틀리게 짝지어진 것은?

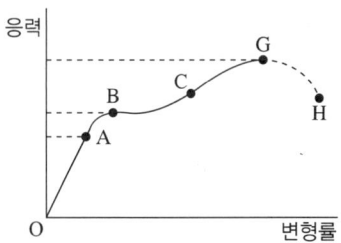

① B : 항복점
② BC : 비례한도
③ G : 극한강도
④ OA : 훅의 법칙 성립

**해설**
- A : 비례한도
- B : 항복점
- G : 극한강도
- H : 파단강도
※ 2024년 개정된 출제기준에서는 삭제된 내용

정답  47 ③  48 ①  49 ④  50 ②

**51** 황이 많이 함유된 탄소강의 적열 메짐(Red Shortness)을 방지하기 위하여 증가시켜야 하는 것은?

① 인
② 망가니즈
③ 실리콘
④ 마그네슘

해설
※ 2024년 개정된 출제기준에서는 삭제된 내용

**52** 항공기에 가해지는 모든 하중을 스킨(Skin)이 담당하는 구조형식은?

① Monocoque Type
② Pratt Truss Type
③ Warren Truss Type
④ Semi-Monocoque Type

해설
모노코크 구조는 정형재와 벌크헤드 및 외피로 구성되며 대부분의 하중을 외피가 담당한다.

**53** 도면에서 도면 이름, 도면 번호, 쪽수, 척도 등을 기록하는 영역은?

① 도면(Drawing)
② 표제란(Title Block)
③ 변경란(Revision Block)
④ 일반 주석란(General Notes)

**54** 지상진동시험을 할 경우 외부 하중의 진동수와 고유진동수가 같게 되어 구조물에 큰 변위를 발생시키는 현상은?

① 공진
② 돌풍 하중
③ 파단
④ 단주기 진동

해설
※ 2024년 개정된 출제기준에서는 삭제된 내용

**55** 항공기가 지상 활주 중 지면과 타이어 사이의 마찰에 의하여 착륙장치의 바퀴 선회축 좌우방향으로 진동이 발생하는데 이 진동을 무엇이라고 하는가?

① 저주파 진동
② 댐퍼(Damper)
③ 고주파 진동
④ 시미(Shimmy)

해설
앞착륙 장치가 좌우로 진동하는 현상을 시미(Shimmy)현상이라고 하며, 이것을 방지하거나 감쇠시켜 주는 장치가 시미 댐퍼이다.

**56** 기체구조에 부착되는 벌집구조부 알루미늄 코어의 손상 시 대체용으로 주로 쓰이는 벌집구조부 코어의 재질은?

① 마그네슘강
② 타이타늄강
③ 스테인리스강
④ 유리섬유

해설
※ 2024년 개정된 출제기준에서는 삭제된 내용

정답 51 ② 52 ① 53 ② 54 ① 55 ④ 56 ④

**57** 굽힘이나 변형이 거의 일어나지 않고 부서지는 금속의 성질을 무엇이라 하는가?

① 연성(Ductility)
② 취성(Brittleness)
③ 인성(Toughness)
④ 전성(Malleability)

**해설**
② 취성 : 재료의 부스러지기 쉬운 성질
① 연성 : 탄성한계를 넘는 변형력으로도 물체가 파괴되지 않고 늘어나는 성질
③ 인성 : 잡아당기는 힘에 견디는 성질
④ 전성 : 두드리거나 압착하면 얇게 펴지는 금속의 성질
※ 2024년 개정된 출제기준에서는 삭제된 내용

**58** 금속침투법, 담금질법, 침탄법, 질화법 등은 무엇을 하는 방법인가?

① 부식 방지
② 재료 시험
③ 비파괴 검사
④ 표면 경화

**해설**
철강재료의 열처리 방법에는 일반 열처리 방법과 항온 열처리 방법이 있으며, 표면 경화법에는 고주파담금질법, 화염담금질법, 침탄법, 질화법, 침탄질화법, 금속침투법 등이 있다.
※ 2024년 개정된 출제기준에서는 삭제된 내용

**59** 재료의 응력과 변형률의 관계를 재료 시험을 통하여 얻을 때, 가장 보편적으로 시행하는 재료 시험은?

① 전단시험
② 충격시험
③ 인장시험
④ 압축시험

**해설**
※ 2024년 개정된 출제기준에서는 삭제된 내용

**60** 헬리콥터의 스키드 기어형 착륙장치에서 스키드 슈(Skid Shoe)의 주된 사용 목적은?

① 회전날개의 진동을 줄이기 위해
② 스키드의 부식과 손상의 방지를 위해
③ 스키드가 지상에 정확히 닿게 하기 위해
④ 휠을 스키드에 장착할 수 있게 하기 위해

**해설**
※ 2024년 개정된 출제기준에서는 삭제된 내용

정답  57 ②  58 ④  59 ③  60 ②

# 2016년 제1회 과년도 기출문제

**01** 다음 중 대기가 안정하여 구름이 없고, 기온이 낮으며, 공기가 희박하여 제트기의 순항고도로 적합한 곳은?

① 열권과 극외권의 경계면 부근
② 중간권과 열권의 경계면 부근
③ 성층권과 중간권의 경계면 부근
④ 대류권과 성층권의 경계면 부근

**해설**
대류권과 성층권의 경계면을 대류권 계면이라고 하며 제트기의 순항고도로 적당하다.

**02** 다음 중 평판주위를 일정한 속도로 흐를 때 레이놀즈수가 가장 큰 유체는?

① 공기
② 순수한 물
③ 정제된 윤활유
④ 순수한 벌꿀

**해설**
레이놀즈수 $\left(Re = \dfrac{Vd}{\nu}\right)$는 동점성계수($\nu$)에 반비례 하는데, 동점성계수 $\left(\nu = \dfrac{\mu}{\rho}\right)$는 점성계수($\mu$)에 비례한다. 따라서 레이놀즈수가 크려면 동점성계수($\nu$)가 작아야 하고, 동점성계수가 작으려면 점성계수($\mu$)가 작아야 한다. 즉, 점성이 작은 유체일수록 레이놀즈수가 크게 된다.

**03** 다음 중 프로펠러 깃의 피치각(Pitch Angle)과 동일한 각은?

① 깃각
② 유입각
③ 받음각
④ 붙임각

**해설**
- 피치각(유입각) : 비행속도와 깃의 회전 선속도와의 합성속도가 프로펠러 회전면과 이루는 각
- 깃각 : 프로펠러 회전면과 깃의 시위선이 이루는 각
- 받음각 = 깃각 – 피치각
※ 2024년 개정된 출제기준에서는 삭제된 내용

**04** 날개에 발생하는 유도항력을 줄이기 위한 장치는?

① 플랩(Flap)
② 슬롯(Slot)
③ 윙렛(Winglet)
④ 슬랫(Slat)

**해설**
윙렛은 날개 끝을 구부려 올림으로써 날개에 발생하는 유도항력을 감소시켜주는 장치이다.

**05** 비행기의 정적 가로 안정성을 향상시키는 방법으로 가장 좋은 방법은?

① 꼬리날개를 작게 한다.
② 동체를 원형으로 만든다.
③ 날개의 모양을 원형으로 한다.
④ 양쪽 주날개에 상반각을 준다.

**해설**
가로 안정을 좋게 하려면 쳐든각(상반각)을 주고, 방향안정을 좋게 하려면 후퇴각을 준다.

정답  1 ④  2 ①  3 ②  4 ③  5 ④

**06** 그래프상에 수평비행이 가능한 최소 속도를 나타낸 점은?

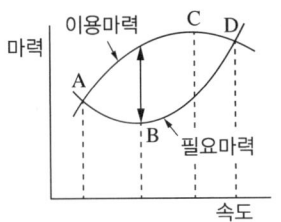

① A  ② B
③ C  ④ D

**해설**
이용마력과 필요마력의 차를 여유마력(잉여마력)이라고 하며, 비행기의 상승 성능을 결정하는 중요한 요소이다. 이용마력과 필요마력이 같게 되면 수평비행이 이루어진다.

**07** A, B, C 3대의 비행기가 각각 1,000m, 5,000m, 10,000m의 고도에서 동일한 속도로 비행할 때 각 비행기의 마하계가 지시하는 마하수의 크기를 비교한 것으로 옳은 것은?

① A < B < C
② A > B > C
③ A > C > B
④ A = B = C

**해설**
마하수($M = \dfrac{V}{a}$)는 음속에 반비례하며, 단위가 없는 무차원수이다. 비행 고도가 높아지면 기온이 낮아지고, 따라서 음속이 감소하기 때문에 전체적인 마하수는 증가한다.

**08** 비행기의 실속속도를 작게 하기 위한 방법으로 옳은 것은?

① 하중을 크게 한다.
② 날개면적을 크게 한다.
③ 공기의 밀도를 작게 한다.
④ 최대항력계수를 크게 한다.

**해설**
실속속도 $V_S = \sqrt{\dfrac{2W}{\rho S C_{L\max}}}$ 에서 보듯이, 하중이 작을수록, 밀도와 날개면적 및 최대양력계수가 클수록 실속속도는 작아진다.

**09** 수직 꼬리날개가 실속하는 큰 옆미끄럼각에서도 방향 안정을 유지하는 효과를 얻을 수 있도록 설치한 것은?

① 도살 핀  ② 슬랫
③ 스트립  ④ 슬롯

**해설**
도살 핀(Dorsal Fin)의 목적은 방향 안정의 증대에 있다.

**10** 항공기가 200m/s로 비행할 때 항력이 3,500kgf라면 필요마력은 약 몇 HP인가?(단, 1HP는 75kgf·m/s이다)

① 1,313  ② 2,625
③ 5,250  ④ 9,333

**해설**
필요마력($P_r$)
$P_r = \dfrac{DV}{75} = \dfrac{3,500 \times 200}{75} ≒ 9,333.33 (\text{HP})$

**11** NACA 2415 날개골에서 최대두께는 시위의 몇 %인가?

① 1
② 2
③ 4
④ 15

**해설**
4자 계열이나 5자 계열 날개에서 처음 숫자는 캠버의 크기, 두 번째 숫자는 캠버의 위치를, 마지막 두 개의 숫자는 최대두께의 크기를 의미한다.

**12** 주회전날개(Main Rotor)가 회전함에 따라 발생되는 반작용 토크를 상쇄하기 위하여 꼬리회전날개(Tail Rotor)가 필요한 헬리콥터는?

① 직렬식 헬리콥터
② 병렬식 헬리콥터
③ 단일회전날개 헬리콥터
④ 동축역회전식 헬리콥터

**해설**
단일회전날개 헬리콥터는 꼬리회전날개의 피치가 변하면서 주회전날개에 의해 발생되는 토크가 조절이 되어 헬리콥터의 방향을 전환할 수 있다.

**13** 회전날개의 축에 토크가 작용하지 않는 상태에서도 일정한 회전수를 유지하게 되는 것은?

① 정지비행(Hovering)
② 조파항력(Wave Drag)
③ 자동회전(Auto Rotation)
④ 지면효과(Ground Effect)

**해설**
정지비행은 헬리콥터의 제자리 비행을 말하며, 조파항력은 충격파로 인해 생기는 항력을, 지면효과는 지면근처에서 양력이 커지는 현상을 일컫는다.

**14** 비행기의 상승한계의 종류를 고도가 낮은 것에서부터 높은 순서로 나열한 것은?

① 운용상승한계 → 절대상승한계 → 실용상승한계
② 운용상승한계 → 실용상승한계 → 절대상승한계
③ 절대상승한계 → 운용상승한계 → 실용상승한계
④ 절대상승한계 → 실용상승한계 → 운용상승한계

**해설**
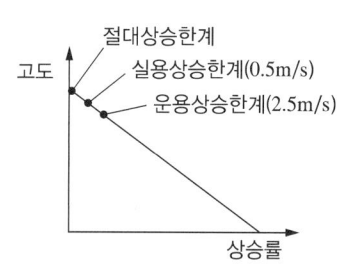

**15** 다음 중 항공기의 주날개에 부착되는 주(1차)조종면은?

① 태브
② 방향키
③ 도움날개
④ 승강키

**해설**
1차 조종면에 속하는 것은 방향키, 승강키, 도움날개 등인데, 이중에 주날개에 부착되는 것은 도움날개이다.

**16** 정비작업에 사용하는 래치팅 박스 엔드 렌치의 특성을 설명한 것으로 옳은 것은?

① 볼트나 너트를 푸는 경우에만 유용하다.
② 볼트나 너트를 조이는 경우에만 유용하다.
③ 한쪽 방향으로만 움직이고 반대쪽 방향은 잠겨 있게 되어 있다.
④ 볼트나 너트를 정확한 토크로 풀거나 조일 수 있다.

**해설**
래치팅 박스 엔드 렌치

**17** 수리순환품목에 대한 최고 단계의 정비방식인 오버홀 절차로 옳은 것은?

① 분해 → 검사 → 세척 → 교환, 수리 → 기능시험 → 조립
② 분해 → 세척 → 검사 → 교환, 수리 → 조립 → 기능시험
③ 세척 → 분해 → 검사 → 교환, 수리 → 기능시험 → 조립
④ 세척 → 분해 → 검사 → 교환, 수리 → 조립 → 기능시험

**해설**
오버홀은 사용시간을 0시간으로 환원시키는 작업으로서 분해 - 세척 - 검사 - 교환, 수리 - 조립 - 시험의 단계를 거친다.

**18** 그림과 같은 항공기 유도 수신호가 의미하는 것은?

① 서행　　　　　② 촉괴기
③ 기관감속　　　④ 긴급 정지

**19** 기체 판금 작업 시 두께가 0.2cm인 판재를 굽힘반지름 40cm로 하여 60°로 굽힐 때 굽힘여유는 약 몇 cm인가?

① 32　　　　　② 38
③ 42　　　　　④ 48

**해설**
굽힘여유(BA)
$$BA = \frac{\theta}{360°} \times 2\pi(R+T)$$
$$= \frac{60°}{360°} \times 2\pi(40+0.2)$$
$$= 42.076 \text{(cm)}$$
여기서, $\theta$는 굽힘 각도, $R$은 굽힘 반지름, $T$는 재료 두께이다.

**20** 실린더 게이지 측정작업 시 안전 및 유의사항으로 틀린 것은?

① 실린더 중심선의 손잡이 부분을 평행하게 유지해야 한다.
② 측정기구를 사용할 때는 무리한 힘을 주어서는 안 된다.
③ 측정자를 실린더 게이지에 고정시킬 때 느슨하게 죄어 측정자의 파손을 방지한다.
④ 측정하고자 하는 실린더의 안지름 크기를 대략적으로 파악하여 이에 적당한 측정자를 선택해야 한다.

**해설**
측정자를 느슨하게 죄면 정확한 측정값을 읽을 수 없고 오히려 부품의 파손 우려가 있다.

**21** 항공기에 장착된 상태로 계통 및 구성품이 규정된 지시대로 정상기능을 발휘하고, 허용 한곗값 내에 있는가를 점검하는 것을 무엇이라고 하는가?

① 오버홀(Overhaul)
② 트림점검(Trim Check)
③ 벤치체크(Bench Check)
④ 기능점검(Function Check)

**22** 항공기에 사용되는 솔벤트 세제의 종류가 아닌 것은?

① 지방족나프타
② 수・유화 세제
③ 방향족나프타
④ 메틸에틸케톤

**해설**
수・유화 세제는 에멀션(Emulsion)으로 된 세제를 말하는데, 에멀션이란 액체 속에 다른 액체가 미립자로 분산된 것으로서 유화 상태에 있는 액체를 말한다.

**23** X선이나 감마선 등과 같은 방사선이 공간이나 물체를 투과하는 성질을 이용한 비파괴검사는?

① 와전류탐상검사
② 초음파탐상검사
③ 방사선투과검사
④ 자분탐상검사

**해설**
※ 2024년 개정된 출제기준에서는 삭제된 내용

**24** 다음 질문에서 요구하는 장치는?

"How are changes in direction of a control cable accomplished?"

① Pulleys   ② Bellcranks
③ Fairleads  ④ Turnbuckle

**해설**
케이블의 방향을 바꿔주는 장치를 묻는 것이므로 풀리(Pulley)가 정답이다.
※ 2024년 개정된 출제기준에서는 삭제된 내용

**25** 항공기의 지상안전에 대한 설명에 해당하지 않는 것은?

① 겨울철에 지상에서 항공기를 취급할 경우 사고방지에 유의하는 것
② 항공기 정비작업 시 발생할 수 있는 위험에 대비하여 사고를 방지하고 예방하는 것
③ 항공기를 운항할 때 조종에 관계되는 사고를 방지하고 예방하는 것
④ 지상에서 고압가스를 취급할 경우 사고방지에 유의하는 것

해설
지상안전이란 말 그대로 지상에서 이루어지는 작업에 대한 안전을 말하는 것이므로 항공기 운항 또는 조종의 안전과는 관계가 없다.

**26** 너트나 볼트 헤드까지 닿을 수 있는 거리가 굴곡이 있는 장소에 사용되는 그림과 같은 공구의 명칭은?

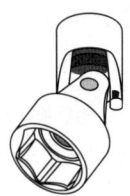

① 알렌 렌치
② 익스텐션 바
③ 래칫 핸들
④ 플렉시블 소켓

**27** 항공기 비행시간을 설명한 것으로 옳은 것은?

① 항공기가 비행을 목적으로 활주로에서 바퀴가 떨어진 순간부터 착륙할 때까지
② 항공기가 비행을 목적으로 램프에서 자력으로 움직이기 시작한 순간부터 착륙할 때까지
③ 항공기가 비행을 목적으로 램프에서 움직이기 시작한 순간부터 착륙하여 시동이 꺼질 때까지
④ 항공기가 비행을 목적으로 램프에서 자력으로 움직이기 시작한 순간부터 착륙하여 정지할 때까지

해설
• 비행시간 : 항공기가 비행을 목적으로 주기장에서 자력으로 움직이기 시작한 순간부터 착륙하여 정지할 때까지의 시간
• 사용시간 : 항공기가 이륙하기 위하여 바퀴가 지면에서 떨어지는 시간부터 착륙하여 착지하는 순간까지의 시간

**28** 항공기의 수리순환부품에 녹색 표찰이 붙어 있다면 무엇을 의미하는가?

① 수리요구부품
② 폐기품
③ 사용가능부품
④ 오버홀

해설
부품상태의 구분
• 수리요구부품 : 녹색
• 사용가능부품 : 노란색
• 폐기품 : 빨간색

**29** 항공기가 강풍에 의해 파손되는 것을 방지하기 위해 항공기를 고정시키는 작업은?

① Mooring  ② Jacking
③ Servicing  ④ Parking

**해설**
Mooring : 계류작업

**30** 항공기 도장(Painting)의 주된 목적은?

① 열전도 차단
② 정전기발생 방지
③ 재료의 강도 증가
④ 부식방지 및 외관장식

**31** 다음과 같은 부품 번호를 갖는 스크루에 대한 설명으로 옳은 것은?

"NAS 514-P-428-8"

① 길이는 4/16in이다.
② 길이는 2/16in이다.
③ 커팅 둥근머리 스크루이다.
④ 100도 평머리 나사 합금강 스크루이다.

**해설**

- 형태 : 각도 100도, 평머리형 기계용 나사
- 재질 : 합금강
- 지름 : 4/16in = 1/4in, 28thread
- 길이 : 8/16in = 1/2in
- 숫자 사이에 P가 있으면 홈이 +형(우측그림), 문자가 없으면 일자형 홈(좌측그림)

**32** 양극산화처리를 하기 전에 수행하여야 할 전처리 작업이 아닌 것은?

① 스트링어작업  ② 래크작업
③ 사전세척작업  ④ 마스크작업

**해설**
② 래크작업(Racking) : 양극처리를 할 부품을 래크에 설치하고 전기적으로 접속하는 작업
③ 사전세척작업(Precleaning) : 증기나 유화 솔벤트 알칼리 등으로 세척
④ 마스크작업(Masking) : 양극 처리를 하지 않아야 하는 부분에 반응 용액이 작용하지 않도록 차단하는 작업
※ 2024년 개정된 출제기준에서는 삭제된 내용

**33** 포 소화기의 소화방법은?

① 억제소화방법  ② 질식소화방법
③ 빙결소화방법  ④ 희석소화방법

**34** 토크렌치에 사용자가 원하는 토크값을 미리 지정(Setting)시킨 후 볼트를 조이면 정해진 토크 값에서 소리가 나는 방식의 토크렌치는?

① 토션 바형(Torsion Bar Type)
② 리지드 프레임형(Rigid Frame Type)
③ 디플렉팅-빔형(Deflecting-beam Type)
④ 오디블 인디케이팅형(Audible Indicating Type)

**해설**
오디블 인디케이팅형 토크렌치

**35** 금속을 두드려 발생되는 음향으로 결함을 검사하는 방법은?

① 가압법  ② 타진법
③ 침지법  ④ 초음파법

**해설**
※ 2024년 개정된 출제기준에서는 삭제된 내용

**36** 다음 중 미국철강협회 철강재료에 대한 규격은?

① AA 규격  ② AISI 규격
③ AMS 규격  ④ ASTM 규격

**해설**
② AISI : 미국철강협회
① AA : 미국알루미늄협회
③ AMS : 미국자동차기술협회
④ ASTM : 미국재료시험협회
※ 2024년 개정된 출제기준에서는 삭제된 내용

**37** 청동의 성분을 옳게 나타낸 것은?

① 구리 + 주석
② 구리 + 아연
③ 구리 + 망가니즈
④ 구리 + 알루미늄

**해설**
• 청동 : 구리 + 주석
• 황동 : 구리 + 아연
※ 2024년 개정된 출제기준에서는 삭제된 내용

**38** 그림과 같은 리벳이음 단면에서 리벳지름 5mm, 두 판재의 인장력 100kgf이면 리벳단면에 발생하는 전단응력은 약 몇 kgf/mm²인가?

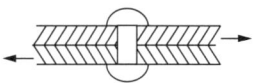

① 3.1  ② 4.0
③ 5.1  ④ 8.0

**해설**
응력은 작용 하중을 단면적으로 나눈 값이다.
$$\tau = \frac{F}{A} = \frac{F}{\frac{\pi d^2}{4}} = \frac{100}{\frac{\pi \cdot 5^2}{4}} = 5.09(\text{kgf/mm}^2)$$
※ 2024년 개정된 출제기준에서는 삭제된 내용

**39** 항공기 동체의 세미모노코크구조를 구성하는 부재가 아닌 것은?

① 벌크헤드
② 리브
③ 스트링거와 세로대
④ 외피

**해설**
리브(Rib)는 날개의 구성품이다.

**40** 그림은 페일 세이프(Fail Safe)구조의 어떤 방식인가?

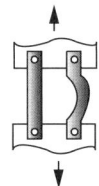

① 더블
② 리던던트
③ 백업
④ 로드 드롭핑

**해설**
페일 세이프 구조
- 다경로 하중 구조(Redundant Structure)
- 이중 구조(Double Structure)
- 대치 구조(Back Up Structure)
- 하중 경감 구조(Load Dropping Structure)

**41** 재료의 인성과 취성을 측정하기 위해서 실시하는 동적 시험법은?

① 인장시험
② 충격시험
③ 전단시험
④ 경도시험

**해설**
※ 2024년 개정된 출제기준에서는 삭제된 내용

**42** 인장력을 받는 봉의 경우에 늘어난 길이를 $\delta$, 원래의 길이를 $L$이라 했을 때 변형률을 옳게 나타낸 것은?

① $\dfrac{\delta}{L}$
② $\dfrac{(L+\delta)}{L}$
③ $\dfrac{(L-\delta)}{L}$
④ $\dfrac{\delta}{L} - 1$

**해설**
여기서 늘어난 길이($\delta$)는 늘어난 최종 길이가 아니고, 원래 길이($L$)에 비해 늘어난 길이의 증가량을 말한다.
※ 2024년 개정된 출제기준에서는 삭제된 내용

**43** 헬리콥터 조종 기구의 정비 순서가 옳게 나열된 것은?

① 기능 점검 → 수리 → 정적 리그 작업
② 정적 리그 작업 → 기능 점검 → 수리
③ 수리 → 기능 점검 → 정적 리그 작업
④ 수리 → 정적 리그 작업 → 기능 점검

**해설**
정비나 수리 작업이 끝난 후, 기구나 장비의 올바른 작동 여부를 확인하기 위해 최종적으로 기능 점검을 한다.
※ 2024년 개정된 출제기준에서는 삭제된 내용

**44** 항공기 위치표시 방법 중 동체 중심선을 기준으로 오른쪽과 왼쪽으로 평행한 너비 간격으로 나타나는 선은?

① 동체 위치선
② 버턱선
③ 동체 수위선
④ 스테이션선

**해설**
② 버턱선(Buttock Line) : 동체 버턱선(BBL)과 날개 버턱선(WBL)으로 구분하며 동체 중심선을 기준으로 오른쪽과 왼쪽으로 평행한 너비를 나타내는 선
① 동체 위치선(BSTA ; Body Station) : 기준이 되는 0점, 또는 기준선으로부터의 거리
③ 동체 수위선(BWL ; Body Water Line) : 기준으로 정한 특정 수평면으로부터의 높이를 측정한 수직 거리

**45** 지름 2in의 원형 단면 봉에 4,000lbf의 인장 하중이 작용하면 봉에 발생하는 응력은 약 몇 lbf/in²인가?

① 318
② 1,274
③ 2,000
④ 2,546

**해설**
응력은 작용 하중을 단면적으로 나눈 값이다.
$$\sigma = \frac{F}{A} = \frac{F}{\frac{\pi d^2}{4}} = \frac{4,000}{\frac{4\pi}{4}} \fallingdotseq 1,273.9(\text{lbf/in}^2)$$
※ 2024년 개정된 출제기준에서는 삭제된 내용

**46** 항공기 도면 표제란에 "INSTL"로 표시하는 도면은?

① 배선도
② 조립도
③ 장착도
④ 상세도

**해설**
도면의 표제란에 "INSTL"로 표시되면 장착 도면을 나타내며, "ASSY"로 표시되면 조립 도면을 나타낸다.
※ 2024년 개정된 출제기준에서는 삭제된 내용

**47** 다음 중 복합소재 경화 과정에서 표면에 압력을 가하는 목적으로 틀린 것은?

① 여분의 수지 제거
② 적층판을 서로 분리
③ 적층판 사이의 공기 제거
④ 경화 과정에서 패치 등의 이동 방지

**해설**
압력을 가하는 목적
• 강화섬유와 수지가 적절한 비율로 배합되도록 여분의 수지 제거
• 적층판 사이의 공기 제거
• 수리 부분의 윤곽이 원래 부품의 형태가 되도록 유지
• 경화 과정에서 패치 등의 이동 방지
• 적층판을 서로 밀착

**48** 수평등속비행 중인 항공기의 날개 상부에 작용하는 응력은?

① 압축응력
② 전단응력
③ 비틀림응력
④ 인장응력

**해설**
수평등속비행 중에 항공기의 날개 상부에는 압축응력이, 날개 하부에는 인장응력이 작용한다.
※ 2024년 개정된 출제기준에서는 삭제된 내용

정답  44 ②  45 ②  46 ③  47 ②  48 ①

**49** 헬리콥터 조종 장치 중에서 주로터의 모든 깃의 피치각을 동시에 증가 또는 감소시켜 양력을 증감시키는 조종 장치는?

① 방향 조종 페달
② 트림 액추에이터
③ 컬렉티브 피치 조종레버
④ 사이클릭 피치 조종레버

**해설**
③ 동시(컬렉티브) 피치 조종레버 : 피치를 동시에 증가 또는 감소시켜 양력을 조절하는 장치
① 방향 조종 페달 : 꼬리회전날개의 토크를 조절함으로써 헬리콥터의 기수방향을 좌우로 조절
④ 주기(사이클릭) 피치 조종레버 : 헬리콥터의 회전면을 전, 후, 좌, 우로 기울여서 헬리콥터의 비행 방향을 조절

**50** 항공기의 수직 꼬리날개의 구성품이 아닌 것은?

① 승강키
② 도살 핀
③ 방향키
④ 수직 안정판

**해설**
도살 핀(Dorsal Fin)은 수직 꼬리날개와 동체를 연결하는 부분이다.

**51** 항공기 구조 강도의 안전성과 조종면에서 안전을 보장하는 설계상의 최대허용속도는?

① 설계 운용속도
② 실속속도
③ 설계 순항속도
④ 설계 급강하속도

**해설**
실속속도 < 설계 운용속도 < 설계 돌풍 운용속도 < 설계 순항속도 < 설계 급강하속도
※ 2024년 개정된 출제기준에서는 삭제된 내용

**52** 항공기에서 방향키 페달의 기능이 아닌 것은?

① 빗놀이 운동
② 비행 시 방향조종
③ 지상에서 방향조종
④ 수직 안정판 조종

**해설**
수직 안정판은 방향키 페달로는 조종을 할 수 없고, 고정되어 있는 상태로 비행기의 방향 안정에 기여한다.

**53** 순철, 탄소강, 주철을 분류하는 기준이 되는 것은?

① 산소의 함유량
② 열처리의 횟수
③ 탄소의 함유량
④ 불순물의 함유량

**해설**
**철강재료 탄소 함유량**
• 순철 : 0.02% 이하
• 강 : 0.02~2.0%
• 주철 : 2.0~4.5% 정도
※ 2024년 개정된 출제기준에서는 삭제된 내용

**54** 다음 중 헬리콥터에 발생하는 종진동과 가장 관계 깊은 것은?

① 깃의 궤도      ② 회전면
③ 깃의 평형      ④ 리드래그

> **해설**
> ※ 2024년 개정된 출제기준에서는 삭제된 내용

**55** 착륙 장치의 완충 스트럿에 압축 공기를 공급할 때 공기 대신 공급할 수 있는 것은?

① 에틸렌         ② 수소
③ 아세틸렌가스   ④ 질소

**56** 다음 중 나셀(Nacelle)의 구성품이 아닌 것은?

① 카울링         ② 외피
③ 방화벽         ④ 연료탱크

> **해설**
> 기체에 장착된 기관을 둘러싼 부분을 나셀(Nacelle)이라고 하며, 연료탱크는 주날개 내부나 동체 하부에 보통 장착된다.

**57** 헬리콥터의 착륙장치에 대한 설명으로 틀린 것은?

① 휠형 착륙장치는 자신의 동력으로 지상 활주가 가능하다.
② 스키드형의 착륙장치는 구조가 간단하고, 정비가 용이하다.
③ 스키드형은 접개들이식 장치를 갖고 있어 이·착륙이 용이하다.
④ 휠형 착륙장치는 지상에서 취급이 어려운 대형 헬리콥터에 주로 사용된다.

> **해설**
> 스키드형은 원형의 파이프 이음 형태를 갖춘 고정형 착륙장치이다.
> ※ 2024년 개정된 출제기준에서는 삭제된 내용

**58** 날개구조물 자체를 연료탱크로 하는 탱크 내에 방지판(Baffle Plate)을 두는 가장 큰 목적은?

① 내부구조의 보강을 위해서
② 연료가 팽창하는 것을 방지하기 위해서
③ 연료가 출렁이는 것을 방지하기 위해서
④ 연료보급 시 연료가 넘치는 것을 방지하기 위해서

> **해설**
> 연료탱크 내의 방지판은 몇 개의 격리된 판으로 구성되어 있어서 탑재된 연료가 출렁거리는 것을 방지하는 역할을 한다.

정답  54 ①  55 ④  56 ④  57 ③  58 ③

**59** 헬리콥터의 동력구동축에 대한 설명으로 관계가 먼 것은?

① 구동축의 양끝은 스플라인으로 되어 있거나 스플라인으로 된 유연성 커플링이 장착되어 있다.
② 진동을 감소시키기 위해 동적인 평형이 이루어지도록 되어 있다.
③ 동력구동축은 기관구동축, 주회전 날개구동축 및 꼬리 회전 날개구동축으로 구성되어 있다.
④ 지지베어링에 의해서 진동이 발생할 수 있으므로 회전을 고려한 베어링의 편심을 이뤄야 한다.

**해설**
동력구동축에 대해 편심으로 설치된 베어링은 심한 진동과 마모를 가져올 수 있다.
※ 2024년 개정된 출제기준에서는 삭제된 내용

**60** 다음 중 에폭시 수지에 대한 설명으로 틀린 것은?

① 대표적인 열가소성 수지이다.
② 성형 후 수축률이 적고 기계적 성질이 우수하다.
③ 구조재용 복합재료의 모재(Matrix)로도 사용된다.
④ 전파 투과성이 우수해서 항공기의 레이돔에 사용된다.

**해설**
에폭시 수지는 페놀 수지 등과 같이 열경화성 수지에 속하며, 열가소성 수지에는 폴리염화비닐 수지와 아크릴 수지 등이 있다.

## 2016년 제2회 과년도 기출문제

**01** 조종면에 사용하는 앞전 밸런스(Leading Edge Balance)에 대한 설명으로 옳은 것은?

① 조종면의 앞전을 짧게 하는 것이며, 비행기 전체의 정안정을 얻는 데 주 목적이 있다.
② 조종면의 앞전을 길게 하는 것이며, 비행기 전체의 동안정을 얻는 데 주 목적이 있다.
③ 조종면의 앞전을 짧게 하는 것이며, 항공기 속도를 증가시키는 데 주 목적이 있다.
④ 조종면의 앞전을 길게 하는 것이며, 조종력을 경감시키는 데 주 목적이 있다.

**해설**
단순 플랩의 힌지축 앞쪽의 면적을 증가시키면 압력 분포 변화에 따라 힌지 모멘트를 감소시키는 방향으로 작용하여 조종력을 경감시키게 되는데 이런 장치를 앞전 밸런스라고 한다.
※ 2024년 개정된 출제기준에서는 삭제된 내용

**02** 비행기의 제동유효마력이 70HP이고 프로펠러의 효율이 0.8일 때 이 비행기의 이용마력은 몇 HP인가?

① 28   ② 56
③ 70   ④ 87.5

**해설**
$P_a = \eta \times bHP = 0.8 \times 70 = 56(\text{HP})$
여기서, $P_a$ : 이용마력
$\eta$ : 프로펠러 효율
$bHP$ : 제동마력

**03** 비행기의 3축 운동과 관계된 조종면을 옳게 연결한 것은?

① 키놀이(Pitch) - 승강키(Elevator)
② 옆놀이(Roll) - 방향키(Rudder)
③ 빗놀이(Yaw) - 승강키(Elevator)
④ 옆놀이(Roll) - 승강키(Elevator)

**해설**
비행기의 3축 운동

| 기준축 | $x$(세로축) | $y$(가로축) | $z$(수직축) |
|---|---|---|---|
| 운동 | 옆놀이 | 키놀이 | 빗놀이 |
| 조종면 | 도움날개 | 승강키 | 방향키 |

**04** 속도 $V$로 비행하고 있는 프로펠러 항공기에서 프로펠러 추진 효율이 가장 좋은 이론적인 조건은? (단, $u$는 프로펠러에 의해 단위 시간에 작용을 받은 공기가 얻은 속도이다)

① $V > u$   ② $V = u$
③ $V < u$   ④ $V = u = 1$

**해설**
※ 2024년 개정된 출제기준에서는 삭제된 내용

정답 1 ④ 2 ② 3 ① 4 ①

**05** 비행기의 동체 길이가 16m, 직사각형 날개의 길이가 20m, 시위 길이가 2m일 때, 이 비행기 날개의 가로세로비는?

① 1.2   ② 5
③ 8     ④ 10

**해설**
날개길이를 $b$, 평균시위길이를 $c$라고 할 때,
가로세로비(AR) $= \dfrac{b}{c} = \dfrac{20}{2} = 10$

**06** 받음각과 양력과의 관계에서 날개의 받음각이 일정수준을 지나면 양력이 감소하고 항력이 증가하는 현상은?

① 경계층   ② 실속
③ 내리흐름  ④ 와류

**해설**
실속은 날개 주의의 공기흐름이 무질서 상태가 되면서 양력을 급격히 상실하는 현상이며, 이러한 현상은 비행기가 너무 느린 속도로 비행하거나, 받음각이 일정 각도 이상이 될 때 발생한다.

**07** 공기 중에서 면적이 8m²인 물체가 50kgf 항력을 받으며 일정한 속도 10m/s로 떨어지고 있을 때 물체가 갖는 항력계수는 얼마인가?(단, 공기의 밀도는 0.1kgf·s²/m⁴이다)

① 1.0    ② 1.15
③ 1.25   ④ 1.75

**해설**
항력 $D = \dfrac{1}{2} C_D \rho V^2 S$
$C_D = \dfrac{2D}{\rho V^2 S} = \dfrac{2 \times 50}{0.1 \times 10^2 \times 8} = 1.25$

**08** 유체흐름의 천이현상이 발생되는 현상을 결정하는 것은?

① 임계마하수
② 항력계수
③ 임계레이놀즈수
④ 양력계수

**해설**
레이놀즈수에 따라 층류와 난류로 흐름의 형태가 다르게 나타나며, 층류흐름이 난류흐름으로 변화되는 과정의 사이에 천이현상이 존재하고, 이 현상이 발생되는 레이놀즈수를 임계레이놀즈수라고 한다.

**09** 대류권계면 부근에서 최대 100km/h 정도로 부는 서풍으로 항공기 순항에 이용되는 것은?

① 계절풍
② 제트기류
③ 엘리뇨
④ 높새바람

**해설**
제트기류는 대류권계면(대류권과 성층권과의 경계) 부근에서 서쪽으로부터 동쪽 방향으로 흐르며 항공기 운항 시 제트기류를 이용하면 항공기의 연료 소비를 줄일 수 있다.

**10** 초음속 공기의 흐름에서 통로가 좁아질 때 일어나는 현상을 옳게 설명한 것은?

① 압력과 속도가 동시에 증가한다.
② 압력과 속도가 동시에 감소한다.
③ 속도는 감소하고 압력은 증가한다.
④ 속도는 증가하고 압력은 감소한다.

**해설**
초음속 흐름에서의 성질은 아음속 흐름과 정반대이다. 즉, 통로가 좁아지면 속도가 감소하고 압력이 증가한다.

**11** 그림과 같이 상승비행 중인 항공기의 진행방향에 대한 힘의 평형식과 항공기의 날개 양력방향으로 작용하는 힘의 평형식을 옳게 나열한 것은?

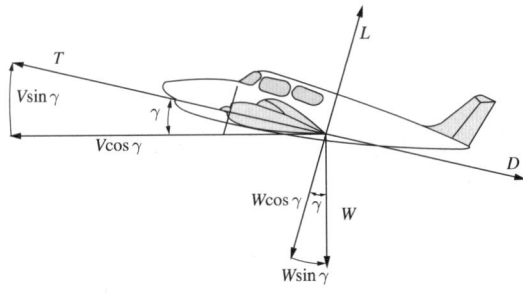

① $T = W\cos\gamma + D$, $L = W\cos\gamma$
② $T = W\sin\gamma + D$, $L = W\sin\gamma$
③ $T = W\cos\gamma + D$, $L = W\sin\gamma$
④ $T = W\sin\gamma + D$, $L = W\cos\gamma$

**해설**
그림에서 추력과 힘의 균형을 이루는 것은 항력과 중력의 수평방향 성분의 합이며, 양력은 중력의 수직방향 성분과 힘의 균형을 이루고 있다.

**12** 다음 중 착륙거리에 속하지 않는 것은?

① 회전거리
② 공중거리
③ 제동거리
④ 자유활주거리

**해설**
착륙거리는 착륙진입거리와 지상활주거리와의 합이다.

**13** 헬리콥터에서 리드-래그 힌지 감쇠기를 설치하는 가장 큰 이유는?

① 돌풍에 의한 영향을 감소시키기 위해
② 기하학적인 불평형을 감소하기 위해
③ 회전면 내에 발생하는 진동을 감소시키기 위해
④ 뿌리부분에 발생하는 굽힘력을 감소시키기 위해

**해설**
리드-래그 힌지는 주회전 날개 수직축을 중심으로 하여 회전 날개가 회전면 안에서 앞뒤 방향으로 움직일 수 있게 하며, 이런 리드-래그 운동으로 인한 진동을 방지하기 위하여 리드-래그 감쇠기를 장착한다.

**14** 헬리콥터에서 후퇴하는 깃의 성능을 좋게 하기 위한 방법으로 가장 옳은 것은?

① 캠버가 없어야 한다.
② 작은 받음각을 가져야 한다.
③ 깃이 얇고 캠버가 작아야 한다.
④ 깃이 두껍고 캠버가 커야 한다.

정답 10 ③ 11 ④ 12 ① 13 ③ 14 ④

## 15 항공기의 주날개를 상반각으로 하는 주된 목적은?

① 가로 안정성을 증가시키기 위한 것이다.
② 세로 안정성을 증가시키기 위한 것이다.
③ 배기가스의 온도를 높이기 위한 것이다.
④ 배기가스의 온도를 낮추기 위한 것이다.

**해설**
가로 안정을 좋게 하려면 처든각(상반각)을 주고, 방향안정을 좋게 하려면 후퇴각을 준다.

## 16 형광침투검사에 대한 [보기]의 작업을 순서대로 나열한 것은?

보기
㉠ 침투
㉡ 현상
㉢ 검사
㉣ 세척
㉤ 사전처리
㉥ 유화처리
㉦ 건조

① ㉤ - ㉥ - ㉣ - ㉦ - ㉠ - ㉡ - ㉢
② ㉤ - ㉣ - ㉦ - ㉥ - ㉠ - ㉡ - ㉢
③ ㉤ - ㉠ - ㉣ - ㉦ - ㉥ - ㉡ - ㉢
④ ㉤ - ㉠ - ㉥ - ㉣ - ㉦ - ㉡ - ㉢

**해설**
※ 2024년 개정된 출제기준에서는 삭제된 내용

## 17 다음 중 작업 감독자의 책임이 아닌 것은?

① 작업자의 작업상태 점검
② 시설, 장비 및 환경의 투자
③ 각종 재해에 대한 예방조치
④ 작업절차, 장비와 기기의 취급에 대한 교육 실시

## 18 강관구조의 용접에 대한 설명으로 틀린 것은?

① 티(T)접합과 클러스터접합 등이 있다.
② 용접 시 임시로 같은 간격으로 가접한 후 용접을 실시한다.
③ 가접한 후 연속적으로 용접을 해야 뒤틀림을 방지할 수 있다.
④ 접합부의 보강방법으로는 강관 사이에 평판보강 방법과 보강 재료를 씌우는 방법 등이 있다.

**해설**
가접한 후 연속적으로 용접을 하면 강관에 뒤틀림이 발생하므로, 그림과 같이 용접 부위를 몇 부분으로 나누어 용접한다.

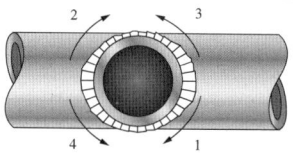

용접 방향

※ 2024년 개정된 출제기준에서는 삭제된 내용

**19** 항공기 주기(Parking) 시 항공기의 날개 조종 장치는 어디에 위치시켜야 하는가?

① 중립
② 위(Full Up)
③ 아래(Full Down)
④ 스포일러는 위(Up), 플랩은 아래(Down)

**20** 오디블 인디케이팅(Audible Indicating) 토크렌치에 대한 설명으로 옳은 것은?

① 규정된 토크값에서 불빛이 발생한다.
② 토크가 걸리면 레버가 휘어져 지시바늘이 토크값을 지시한다.
③ 다이얼타입이라고도 하며, 토크가 걸리면 다이얼에 토크값이 지시된다.
④ 클릭타입이라고도 하며, 다이얼이 보이지 않는 장소에 사용한다.

해설
오디블 인디케이팅 토크렌치

**21** 다음 중 정비문서에 대한 설명으로 틀린 것은?

① 작업이 완료되면 작업자는 날인을 한다.
② 기록과 수행이 완료된 모든 정비문서는 공장 자체에서 모두 폐기한다.
③ 정비문서의 종류로는 작업지시서, 점검카드, 작업시트, 점검표 등이 있다.
④ 확인 및 점검내용을 명확히 기록하고 수치값은 실측값을 기록한다.

해설
기록과 수행이 완료된 정비문서는 일정 기간 동안 보관해야 한다.

**22** 다음 문장이 뜻하는 계기로 옳은 것은?

"An instrument that measures and indicates height in feet"

① Altimeter
② Air Speed Indicator
③ Turn And Slip Indicator
④ Vertical Velocity Indicator

해설
"피트 단위로 고도를 측정하고 지시하는 계기"는 고도계이다.
※ 2024년 개정된 출제기준에서는 삭제된 내용

정답 19 ① 20 ④ 21 ② 22 ①

**23** 그림과 같은 항공기 표준 유도신호의 의미는?

① 후진
② 속도감소
③ 촉 장착
④ 기관정지

해설
유도신호 종류

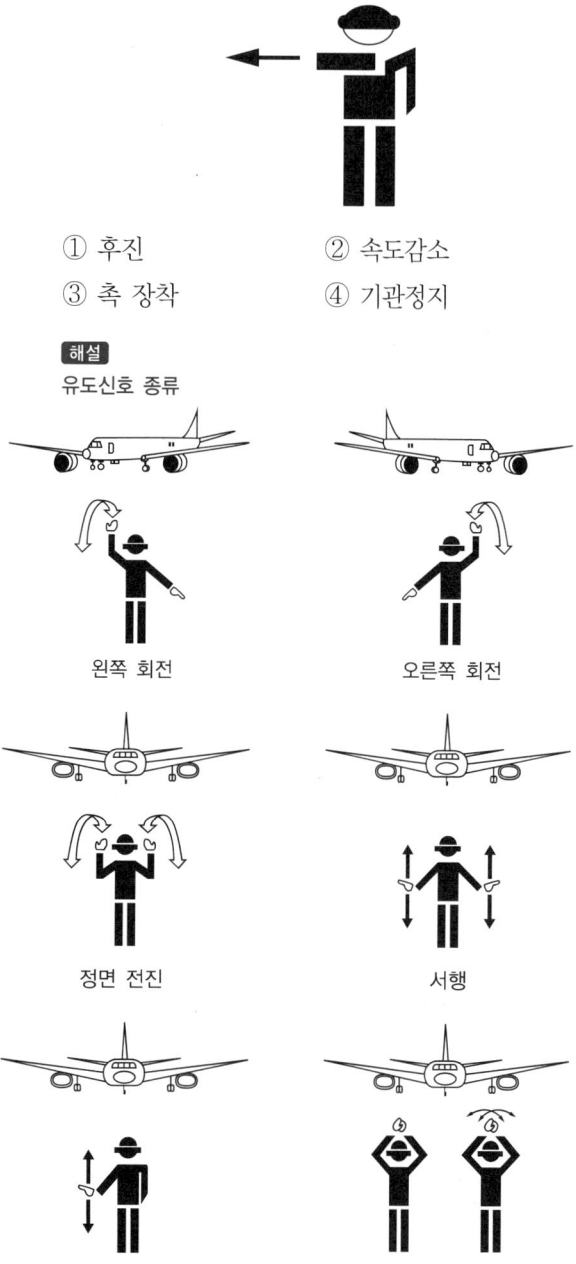

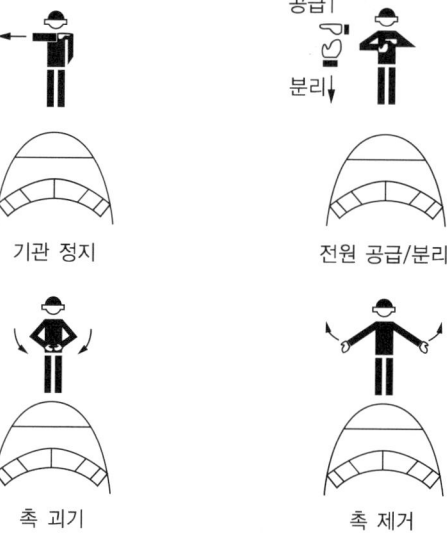

**24** 시각점검(Visual Check)에 대한 설명으로 옳은 것은?

① 특수장비를 사용하여 상태를 점검하는 것이다.
② 여러 방법을 조합하여 상태를 점검하는 것이다.
③ 상태를 점검하는 것으로서 보조장비를 사용하여 점검하는 것을 말한다.
④ 상태를 점검하는 것으로서 보조장비를 사용하지 않고 다만 육안으로 점검하는 것이다.

해설
항공기 시각점검
• 상태를 점검하는 것으로서 보조장비를 사용하지 않고 단지 육안으로만 점검한다.
• 항공기 결함상태를 직접 눈으로 상태를 확인하는 검사방법이다.
• 가장 오래된 검사방법이며 빠르고 경제적이다.
• 검사의 신뢰성은 검사자의 능력과 경험에 좌우된다.
※ 2024년 개정된 출제기준에서는 삭제된 내용

**25** 항공기의 정시점검(Scheduled Maintenance)에 해당하는 것은?

① 중간점검
② A점검
③ 주간점검
④ 비행 전·후 점검

**해설**
운항정비(Line Maintenance)는 중간점검, 비행 전·후 점검, 주간 점검 등으로 구분하며, 정시점검에는 A, B, C, D 점검, 내부 구조 검사(ISI) 등이 있다.

**26** 판재의 두께 0.5in, 판재의 굽힘반지름 1.6in일 때 90°를 구부린다면 생기는 세트백은 몇 in인가?

① 0.8
② 1.5
③ 2.1
④ 3.2

**해설**
세트백(SB ; Set Back)
$$SB = \tan\frac{\theta}{2}(R+T) = \tan\frac{90°}{2}(1.6+0.5) = 2.1(\text{in})$$

**27** 하이드라진 취급에 관한 사항으로 틀린 것은?

① 유자격자가 취급해야 하고, 반드시 보호 장구를 착용해야 한다.
② 하이드라진이 누설되었을 경우 불필요한 인원의 출입을 제한한다.
③ 하이드라진이 항공기 기체에 묻었을 경우 즉시 마른 헝겊으로 닦아낸다.
④ 하이드라진을 취급하다 부주의로 피부에 묻으면 즉시 물로 깨끗이 씻고, 의사의 진찰을 받아야 한다.

**해설**
하이드라진 취급 시 주의사항
• 반드시 유자격자가 취급해야 한다.
• 피부에 묻으면 물로 씻고 의사의 진찰을 받아야 한다.
• 환기를 철저히 해야 한다.
• 누설 시 누설 공간을 폐쇄하고 제독 요원을 요청한다.

**28** 튜브 밴딩 시 성형선(Mold Line)이란 무엇인가?

① 밴딩한 재료의 평균 중심선
② 밴딩 축을 중심으로 한 밴딩 반지름
③ 밴딩한 재료의 바깥쪽에서 연장한 직선
④ 재료의 안쪽선과 밴딩 축을 중심으로 한 원과의 접선

정답  25 ②  26 ③  27 ③  28 ③

## 29 밑줄 친 부분을 의미하는 용어는?

"An aluminum alloy bolts are marked with two raised dashes."

① 합금　　② 부식
③ 강도　　④ 응력

**해설**
"알루미늄 합금 볼트는 두 개의 볼록한 대시(-) 표시가 되어 있다."
※ 2024년 개정된 출제기준에서는 삭제된 내용

## 30 $CO_2$ 소화기에 대한 설명으로 틀린 것은?

① 단거리의 B, C급 화재의 소화에 사용된다.
② 취급 시 인체에 닿게 되면 동상에 걸릴 우려가 있다.
③ 진화원리는 $CO_2$ 가스가 공기보다 무거워 열원을 차단해 진화를 한다.
④ 가스가 대기 중으로 배출 팽창될 때 90℃ 정도의 높은 온도이므로 주의해야 한다.

**해설**
$CO_2$ 가스가 대기 중으로 배출, 팽창될 때에는 -90℃ 정도의 낮은 온도가 되므로, 주위의 열을 흡수하여 진화를 할 수 있지만, 인체에 닿게 되면 동상에 걸릴 우려가 있다.

## 31 최소 측정값이 1/1,000in인 버니어캘리퍼스의 그림과 같은 측정값은 몇 in인가?

① 0.366　　② 0.367
③ 0.368　　④ 0.369

**해설**
아들자 0눈금이 0.35in를 지났다(어미자 작은 눈금 하나는 0.025 in). 아들자와 어미자가 일치된 곳의 아들자 눈금값은 $\frac{17}{1,000}$ = 0.017in이므로, 최종 측정값은 0.35 + 0.017 = 0.367in이다.

## 32 리벳종류 중 2017, 2024 리벳을 열처리 후 냉장보관하는 주된 이유는?

① 부식방지
② 시효경화 지연
③ 강도강화
④ 강도변화 방지

**해설**
2017과 2024와 리벳과 같이 열처리한 후 시간이 지남에 따라 원래의 강도가 회복되는 특성을 시효경화라고 한다. 시효경화의 특성을 지닌 리벳은 냉장고에 보관하여 경화되는 것을 지연시키는데, 이런 리벳들을 아이스박스 리벳(Icebox Rivet)이라고 한다.

**33** 항공기 구조부재 수리작업에서 1열 패치 작업 시 플러시 머리리벳의 끝거리는?

① 리벳지름의 2~4배
② 리벳길이의 2~4배
③ 리벳지름의 2.5~4배
④ 리벳길이의 2.5~4배

**해설**
끝거리는 연거리(Edge Distance)라고도 하며, 리벳지름의 2~4배(접시머리는 2.5~4배)가 적당하다.
※ 2024년 개정된 출제기준에서는 삭제된 내용

**34** 오일필터(Oil Filter), 연료필터(Fuel Filter) 등의 원통모양의 물건을 장·탈착할 때 표면에 손상을 주지 않도록 사용되는 공구는?

① 스트랩 렌치(Strap Wrench)
② 커넥터 플라이어(Connector Plier)
③ 어저스터블 렌치(Adjustable Wrench)
④ 인터로킹 조인트 플라이어(Interlocking Joint Plier)

**해설**
스트랩 렌치

**35** 항공기 조종계통 케이블에 설치된 턴버클 작업에 사용되지 않는 것은?

① 딤플링   ② 배럴
③ 케이블아이   ④ 포크

**해설**
딤플링은 0.040in 이하의 얇은 판재에 접시머리 리벳의 머리 부분이 판재의 접합부와 꼭 들어맞도록 판재의 구멍 주위를 움푹 파는 작업이다.

**36** 미국알루미늄협회에서 사용하는 규격표시는?

① AISI 규격   ② SAE 규격
③ AA 규격   ④ MIL 규격

**해설**
• AA 규격 : 미국알루미늄협회
• ASTM 규격 : 미국재료시험협회
• MIL 규격 : 미국군사규격
• SAE 규격 : 미국자동차기술자협회
※ 2024년 개정된 출제기준에서는 삭제된 내용

**37** 항공기 도면의 표제란에 "ASSY"로 표시되는 도면의 종류는?

① 생산도면   ② 조립도면
③ 장착도면   ④ 상세도면

**해설**
도면의 표제란에 'INSTL'로 표시되면 장착도면을 나타내며, 'ASSY'로 표시되면 조립도면을 나타낸다.
※ 2024년 개정된 출제기준에서는 삭제된 내용

정답  33 ③  34 ①  35 ①  36 ③  37 ②

**38** 꼬리날개에 대한 설명으로 옳은 것은?

① 꼬리날개는 큰 하중을 담당하지 않으므로 리브와 스킨으로만 구성되어 있다.
② 도살 핀은 방향 안정성 증가가 목적이지만 가로 안정성 증가에도 도움을 준다.
③ T형 꼬리날개는 날개 후류의 영향을 받아서 성능이 좋아지고 무게 경감에 도움을 준다.
④ 수평 안정판이 동체와 이루는 붙임각은 Down-wash를 고려하여 수평보다 조금 아래 방향으로 되어 있다.

**해설**
도살 핀(Dorsal Fin)의 주목적은 방향 안정의 증대에 있다.

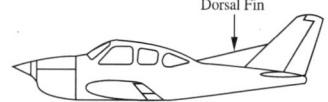

**39** 항공기에서 2차 조종계통에 속하는 조종면은?

① 방향키(Rudder)
② 슬랫(Slat)
③ 승강키(Elevator)
④ 도움날개(Aileron)

**해설**
방향키, 승강키, 도움날개 등은 1차 조종면(Primary Control Surface)에 속한다.

**40** 항공기 날개 등에 사용되는 허니콤 구조부의 검사 방법으로 부적합한 것은?

① 초음파검사　② 코인검사
③ 자분탐상검사　④ 육안검사

**해설**
자분탐상검사는 자성체에만 적용되는 비파괴검사이므로 알루미늄 합금으로 이루어진 허니콤 구조부 검사방법으로는 적당하지 않다.

**41** 헬리콥터 조종장치의 작동과 조종면의 작동이 일치하도록 조절하는 작업을 무엇이라 하는가?

① 리그 작업　② 기능 점검
③ 수리 작업　④ 구조 작업

**해설**
※ 2024년 개정된 출제기준에서는 삭제된 내용

**42** 기술 변경서의 기록 내용 중 처리부호(TC ; Transaction Code)의 설명으로 옳은 것은?

① A - 추가　② C - 삭감
③ L - 연결　④ R - 재사용

**해설**
처리부호(TC ; Transaction Code)
• A : Add(추가)
• C : Create(신규)
• D : Decrease(삭감)
• L : Limit(제한)
• R : Revise(개정)

**43** SAE 4130에서 '30'에 대한 설명으로 옳은 것은?

① C를 30% 포함한다.
② C를 0.3% 포함한다.
③ Ni를 30% 포함한다.
④ Ni를 0.3% 포함한다.

**해설**
SAE규격에서 첫째 자릿수는 합금 원소의 종류, 둘째 자릿수는 합금 원소의 함유량, 나머지 두 자릿수는 탄소 함유량의 평균값을 나타낸다.
※ 2024년 개정된 출제기준에서는 삭제된 내용

**44** 항공기 부재의 재료가 하중에 대하여 견딜 수 있는 저항력을 무엇이라 하는가?

① 힘(Force)
② 벡터(Vector)
③ 강도(Strength)
④ 표면하중(Surface Load)

**해설**
※ 2024년 개정된 출제기준에서는 삭제된 내용

**45** 제품을 가열하여 그 표면에 다른 종류의 금속을 피복시키는 동시에 확산에 의하여 합금 피복층을 얻는 표면 경화법은?

① 질화법
② 침탄처리법
③ 금속침투법
④ 고주파 담금질법

**해설**
금속침투법은 주로 철강 제품의 표면에 알루미늄, 아연, 크로뮴 따위를 고온에서 확산, 침투시켜 합금 피막을 형성하는 금속 표면 처리법이다.
※ 2024년 개정된 출제기준에서는 삭제된 내용

**46** 지름 0.5in, 인장강도 3,000lb/in²의 알루미늄봉은 약 몇 lb의 하중에 견딜 수 있는가?

① 589
② 1,178
③ 2,112
④ 3,141

**해설**
견딜 수 있는 인장하중은 봉의 단면적에 인장강도를 곱한 값이다.
인장하중 $= \dfrac{\pi \times 0.5^2}{4} \times 3,000 \fallingdotseq 589$(lb)
※ 2024년 개정된 출제기준에서는 삭제된 내용

**47** 프리휠 클러치(Freewheel Clutch)라고도 하며, 헬리콥터에서 기관브레이크의 역할을 방지하기 위한 클러치는?

① 드라이브 클러치(Drive Clutch)
② 스파이더 클러치(Spider Clutch)
③ 원심 클러치(Centrifugal Clutch)
④ 오버러닝 클러치(Over Running Clutch)

**해설**
오버러닝 클러치
• 프리휠 클러치라고도 한다.
• 기관 정지 시(예 기관 작동 불량 또는 자동 회전 비행) 주 회전날개의 회전에 의해 기관을 돌리게 하는 역할을 방지한다.
• 프리휠 클러치 작동 시 회전날개와 기관을 분리한다.
※ 2024년 개정된 출제기준에서는 삭제된 내용

정답 43 ② 44 ③ 45 ③ 46 ① 47 ④

**48** 그림과 같은 $V-n$선도에 대한 설명으로 틀린 것은?

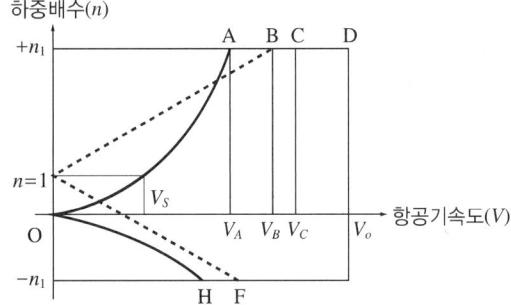

① $V_A$는 설계 운용속도이다.
② $V_B$는 설계 급강하속도이다.
③ OA와 OH 곡선은 양(+)과 음(-)의 최대 양력계수로 비행할 때 비행기 속도에 대한 하중배수를 나타낸다.
④ AD와 HF의 직선은 설계상 주어지는 양(+)과 음(-)의 설계제한하중배수를 나타낸다.

**해설**
- $V_S$ : 실속속도
- $V_A$ : 설계 운용속도
- $V_B$ : 설계 돌풍 운용속도
- $V_C$ : 설계 순항속도
- $V_D$ : 설계 급강하속도
※ 2024년 개정된 출제기준에서는 삭제된 내용

**49** 항공기의 총모멘트가 $M$이고 총무게가 $W$일 때 이 항공기의 무게중심 위치를 구하는 식은?

① $MW$  ② $M+W$
③ $\dfrac{M}{W}$  ④ $\dfrac{W}{M}$

**해설**
무게중심 위치는 총모멘트를 총무게로 나눈 값이다.
※ 2024년 개정된 출제기준에서는 삭제된 내용

**50** 헬리콥터 동력전달장치 중 기관 동력 전달 방향을 바꾸는데 사용하는 기어는?

① 베벨기어  ② 랙기어
③ 스퍼기어  ④ 헬리컬기어

**해설**
베벨기어

※ 2024년 개정된 출제기준에서는 삭제된 내용

**51** 항공기의 지상 활주 시 조향장치에 대한 설명으로 틀린 것은?

① 소형 항공기는 방향키의 페달을 사용한다.
② 조향장치는 앞바퀴를 회전시켜 원하는 방향으로 이동하는 장치이다.
③ 대형 항공기는 유압식이 사용되며 틸러라는 조향 핸들을 사용한다.
④ 소형 항공기는 방향키 페달을 이용하며 이때 방향키는 움직이지 않는다.

**해설**
일반적으로 조향장치는 방향키 페달을 사용하는데, 공중에서는 방향키 페달에 의해 방향키가 작동되고, 지상에서는 방향키와 더불어 앞바퀴가 회전하도록 구성되어진다.

**52** 날개 뒷전(Trailing Edge)에 장착되어 있는 플랩(Flap)의 역할로 틀린 것은?

① 양력을 증가시킨다.
② 날개의 형상을 변경한다.
③ 날개의 면적을 증가시킨다.
④ 캠버(Camber)를 감소시킨다.

**해설**
플랩을 작동시키면 날개의 캠버는 증가한다.

**53** 그림은 어떤 반복응력 상태를 나타낸 그래프인가?

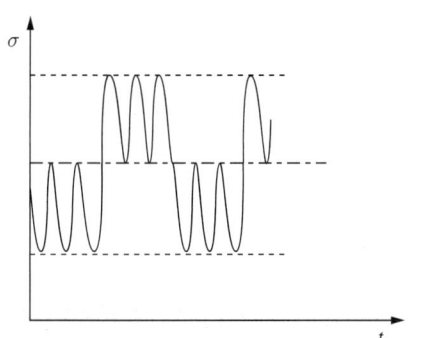

① 중복반복응력
② 변동응력
③ 단순반복응력
④ 반복변동응력

**해설**
그래프는 최대응력과 최소응력이 반복해서 나타나는 중복반복응력을 보여준다.
※ 2024년 개정된 출제기준에서는 삭제된 내용

**54** 항공기 복합 재료로 많이 쓰이는 케블러(Kevlar)는 어떤 강화 섬유에 속하는가?

① 유리 섬유
② 탄소 섬유
③ 아라미드 섬유
④ 보론 섬유

**해설**
케블러는 미국 듀폰 사에서 생산하는 아라미드 섬유의 등록 상표이다.

**55** 열경화성 수지에 해당되지 않는 것은?

① 페놀수지
② 폴리우레탄수지
③ 에폭시수지
④ 폴리염화비닐수지

**해설**
폴리염화비닐과 아크릴수지 등은 대표적인 열가소성 수지이다.
※ 2024년 개정된 출제기준에서는 삭제된 내용

**56** 헬리콥터의 저주파수 진동에 대한 설명으로 틀린 것은?

① 1 : 1 진동이라 한다.
② 주로 꼬리회전날개의 회전속도가 빠를 때 발생한다.
③ 가장 보편적인 진동으로 쉽게 느낄 수 있다.
④ 주 회전날개 1회전당 한 번 일어나는 진동이다.

**해설**
※ 2024년 개정된 출제기준에서는 삭제된 내용

정답  52 ④  53 ①  54 ③  55 ④  56 ②

**57** 다른 종류의 헬리콥터와 비교하여 노타(Notar) 헬리콥터의 장점이 아닌 것은?

① 정비나 유지가 쉽다.
② 무게를 감소시킬 수 있다.
③ 조종이 용이하고, 소음이 적다.
④ 외부와 주 회전날개의 충돌 가능성이 없다.

**해설**
노타 헬리콥터는 주회전날개는 장착되어 있고 단지 꼬리 회전날개가 없는 형태이므로 외부와 주회전날개의 충돌 가능성은 여전히 존재한다.
※ 2024년 개정된 출제기준에서는 삭제된 내용

**58** 착륙 시 브레이크 효율을 높이기 위하여 미끄럼이 일어나는 현상을 방지시켜 주는 것은?

① 오토 브레이크
② 조향 장치
③ 팽창 브레이크
④ 안티스키드 장치

**해설**
안티스키드 감지장치는 스키드 현상이 생기면 바퀴의 회전속도가 낮아지므로 안티스키드 감지장치의 회전속도와 서로 차이가 생기게 되고, 이때의 회전수를 감지하여 안티스키드 제어밸브로 하여금 브레이크 계통으로 들어가는 작동유의 압력을 감소시킴으로서 제동력의 감소로 인하여 스키드 현상을 방지한다.

**59** ALCOA규격 10S의 주 합금 원소는?

① 구리(Cu)
② 망가니즈(Mn)
③ 순수알루미늄
④ 규소(Si)

**해설**
알코아 규격 식별 기호
맨 앞의 A는 알코아 회사의 알루미늄 재료를 나타내고 그 뒤의 숫자는 합금 원소, 그리고 숫자 뒤의 S는 가공재를 나타낸다.

| 합금 번호 범위 | 주합금 원소 |
|---|---|
| 2S | 순수알루미늄 |
| 3S~9S | 망가니즈(Mn) |
| 10S~29S | 구리(Cu) |
| 30S~49S | 규소(Si) |
| 50S~69S | 마그네슘(Mg) |
| 70S~79S | 아연(Zn) |

※ 2024년 개정된 출제기준에서는 삭제된 내용

**60** 항공기의 기관마운트에 대한 설명으로 옳은 것은?

① 착륙장치의 일부분이다.
② 착륙장치의 충격을 흡수하여 전달한다.
③ 기관을 보호하고 있는 모든 기체구조물을 말한다.
④ 기관에서 발생한 추력을 기체에 전달하는 역할을 한다.

**해설**
기관마운트는 기관을 지지하고 고정하는 구조물 형태이며, 주로 날개나 동체에 장착되어진다.

정답 57 ④ 58 ④ 59 ① 60 ④

# 2017년 제4회 과년도 기출복원문제

※ 2017년부터는 CBT(컴퓨터 기반 시험)로 진행되어 수험자의 기억에 의해 문제를 복원하였습니다. 실제 시행문제와 일부 상이할 수 있음을 알려드립니다.

**01** 30° 선회각으로 정상 수평 선회비행을 하는 비행기에 걸리는 하중배수는 약 얼마인가?

① 0.8
② 1.0
③ 1.15
④ 1.35

**해설**
하중배수 $= \dfrac{1}{\cos\theta} = \dfrac{1}{\cos 30°} = 1.15$

**02** 720km/h의 속도로 고도 10km 상공을 비행하는 비행기의 속도측정 피토관 입구에 작용하는 동압은 몇 kg/m·s²인가?(단, 고도 10km에서 공기의 밀도는 0.5kg/m³이다)

① 10,000
② 20,000
③ 40,000
④ 72,000

**해설**
동압 $= \dfrac{1}{2}\rho V^2 = \dfrac{1}{2} \times 0.5 \times \left(\dfrac{720}{3.6}\right)^2$
$= 10,000(\text{kg/m}\cdot\text{s}^2)$

**03** 다음 영문의 내용으로 가장 옳은 것은?

"Personnel are cautioned to follow maintenance manual procedures."

① 정비를 할 때는 사람을 주의해야 한다.
② 정비교범절차에 따라 주의를 해야 한다.
③ 반드시 정비교범절차를 따를 필요 없다.
④ 정비를 할 때는 상사의 업무지시에 따른다.

**해설**
- Caution : 주의를 하다.
- Maintenance Manual Procedure : 정비교범절차
※ 2024년 개정된 출제기준에서는 삭제된 내용

**04** 착륙장치의 주요 구성품에 해당되지 않는 것은?

① 바퀴
② 제동장치
③ 나셀
④ 충격흡수장치

**해설**
나셀 : 항공기 기관이 설치되는 부분, 비행 중 공기저항을 감소시킨다.

정답 1 ③ 2 ① 3 ② 4 ③

**05** 수직 꼬리날개의 구성품이 아닌 것은?

① 승강키
② 도살 핀
③ 방향키
④ 수직 안정판

**해설**
수직 꼬리날개
• 수직 안정판과 방향키로 구성되어 있다.
• 항공기의 방향 안정성을 주기 위해 도살 핀을 부착

**06** 캐슬 너트, 핀과 같이 풀림 방지를 할 필요가 있는 부품을 고정할 때 사용하는 것은?

① 피팅
② 파스너
③ 코터 핀
④ 실(Seal)

**해설**
코터 핀 : 캐슬 너트, 핀 등의 풀림을 방지할 때 사용되는 것으로 코터 핀 구멍에 들어가는 것 중에서 가장 굵은 것을 사용하며 탄소강이나 내식강으로 만든다.

**07** 헬리콥터의 동시피치제어간(Collective Pitch Control Lever)을 위로 움직이면 어떤 현상이 발생하는가?

① 회전날개의 피치가 증가한다.
② 회전날개의 피치가 감소한다.
③ 헬리콥터의 고도가 낮아진다.
④ 회전날개가 플래핑을 감소시킨다.

**해설**
헬리콥터의 동시피치제어간은 주회전날개의 피치를 변화시키고 주기피치제어간은 회전면을 경사지게 한다.

**08** 헬리콥터의 변속기와 기어박스에 사용되는 윤활유의 오염상태 점검 시 염산으로 구분할 수 있는 윤활유 내 금속 분말은?

① 철분
② 알루미늄 분말
③ 주석과 납의 분말
④ 구리와 황동 및 마그네슘 분말

**해설**
※ 2024년 개정된 출제기준에서는 삭제된 내용

**09** 날개의 단면을 공기역학적인 날개골로 유지해주고 외피에 작용하는 하중을 날개보에 전달하는 부재는?

① 외피
② 날개보
③ 리브
④ 스트링어

**해설**
날개보는 스파(Spar)라고 하며 날개에 작용하는 전단력과 휨하중을 담당하고, 외피는 비틀림하중을 담당한다. 리브(Rib)는 날개의 모양을 형성해주며 외피에 작용하는 하중을 날개보에 전달한다.

**10** 황목, 중목, 세목으로 나누는 줄(File)의 분류방법의 기준은?

① 줄눈의 크기
② 줄의 길이
③ 단면의 모양
④ 줄날의 방식

**11** 다음 중 항공기의 재료로 쓰이는 가장 가벼운 금속으로 전연성, 절삭성이 우수한 것은?

① 알루미늄  ② 타이타늄
③ 마그네슘  ④ 니켈

**해설**
순수한 마그네슘의 비중은 알루미늄의 2/3, 타이타늄의 1/3, 철의 1/4 정도이다.
※ 2024년 개정된 출제기준에서는 삭제된 내용

**12** 기체구조 전체에 대해 반복하중을 가하는 방법을 통하여 구조의 안전 수명을 결정하는 것이 주목적이며, 부수적으로 2차 구조의 손상 여부를 검토하기 위한 시험은?

① 낙하시험
② 정하중시험
③ 피로시험
④ 지상진동시험

**해설**
※ 2024년 개정된 출제기준에서는 삭제된 내용

**13** 미국재료시험규격협회(ASTM)에서 합금의 종별 기호 표시에서 질별 기호 중 'O'는 무엇을 의미하는가?

① 가공 경화한 것
② 풀림 처리한 것
③ 주조한 그대로의 상태인 것
④ 담금질 후 시효경화가 진행 중인 것

**해설**
**알루미늄 특성 기호**
- F : 제조상태 그대로인 것
- O : 풀림 처리한 것
- H : 냉간 가공한 것
  - H1 : 가공 경화만 한 것
  - H2 : 가공 경화 후 적당하게 풀림 처리한 것
  - H3 : 가공 경화 후 안전화 처리한 것
- W : 용체화 처리 후 자연 시효한 것
- T : 열처리한 것

※ 2024년 개정된 출제기준에서는 삭제된 내용

**14** 항공기에 관한 영문 용어가 한글과 옳게 짝지어진 것은?

① Airframe – 원동기
② Unit – 단위 구성품
③ Structure – 장비품
④ Power Plant – 기체구조

**해설**
기체(Airframe), 원동기(Power Plant), 구성품(Component), 부분품(Part), 단위구성품(Unit), 기체구조(Structure)

**15** 단일 회전날개 헬리콥터의 꼬리 회전날개에 대한 설명으로 옳은 것은?

① 추력을 발생시키는 것이 주 기능이며 양력의 일부를 담당한다.
② 주 회전날개에 의해 발생되는 토크를 상쇄하고 방향조종을 하기 위한 장치이다.
③ 추력을 발생시키고, 헬리콥터의 기수를 내리거나 올리는 모멘트를 발생시키기 위한 장치이다.
④ 헬리콥터의 가속 또는 감속을 위해 사용되는 장치이다.

해설
헬리콥터의 방향페달을 밟으면 꼬리회전날개(Tail Rotor)의 피치가 변하면서 주 회전날개에 의해 발생되는 토크가 조절되어 헬리콥터의 방향을 조종할 수 있다.

**16** 그림과 같은 응력-변형률 곡선에서 항복점은?

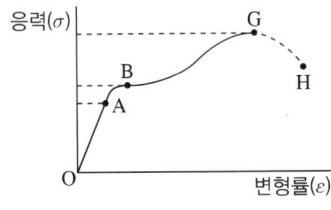

① A  ② B
③ G  ④ H

해설
① A : 비례한도
② B : 항복점
③ G : 극한강도
④ H : 파단강도
※ 2024년 개정된 출제기준에서는 삭제된 내용

**17** 다음 중 육안검사로 발견할 수 없는 결함은?

① 찍힘(Nick)   ② 응력(Stress)
③ 부식(Corrosion)  ④ 소손(Burning)

해설
육안검사로 알 수 있는 금속 표면의 결함은 균열, 부식, 찍힘, 긁힘, 밀림, 스코어링, 소손, 마손, 구부러짐 등이다.
※ 2024년 개정된 출제기준에서는 삭제된 내용

**18** 도면의 척도 표시 중 "1 : 2"가 의미하는 것은?

① 축척 50%  ② 배척 50%
③ 축척 20%  ④ 배척 20%

해설
② 2 : 1
③ 1 : 5
④ 5 : 1
※ 2024년 개정된 출제기준에서는 삭제된 내용

**19** 핸들(Handle)의 종류 중 단단히 조여 있는 너트나 볼트를 풀 때, 지렛대 역할을 할 수 있도록 하는 공구는?

① 래칫 핸들
② 브레이커 바
③ 티(T) 핸들
④ 스피드 핸들

해설
브레이커 바(Breaker Bar)는 힌지 핸들이라고도 하며 단단히 조여져 있는 볼트나 너트를 큰 힘으로 조이거나 풀 때 주로 사용한다.

**20** 항공기에 사용되는 솔벤트 세제의 종류가 아닌 것은?

① 지방족나프타
② 수·유화 세제
③ 방향족나프타
④ 메틸에틸케톤

**해설**
수·유화 세제는 에멀션(Emulsion)으로 된 세제를 말하는데, 에멀션이란 액체 속에 다른 액체가 미립자로 분산된 것으로서 유화 상태에 있는 액체를 말한다.
※ 2024년 개정된 출제기준에서는 삭제된 내용

**21** 항공기 기체에서 나셀(Nacelle)에 대한 설명으로 옳은 것은?

① 기관을 고정하는 장착대
② 기관 냉각을 위해 여닫는 덮개
③ 날개와 기관을 연결하는 지지대
④ 기체에 장착된 기관을 둘러싼 부분

**22** 세미모노코크구조 동체의 구성품별 역할 및 기능을 설명한 것으로 옳은 것은?

① 동체 앞의 벌크헤드는 방화벽으로 이용되기도 한다.
② 길이방향의 부재인 스트링어는 전단력을 주로 담당한다.
③ 프레임은 비틀림 하중을 주로 담당하며 적당한 간격으로 배치하여 외피와 결합한다.
④ 외피는 대부분 알루미늄 합금으로 제작되며 인장과 압축하중을 주로 담당한다.

**해설**
② 스트링 : 동체에 작용하는 휨모멘트와 동체 축방향의 인장력과 압축력 담당
③ 프레임 : 축하중과 휨하중 담당
④ 외피 : 동체에 작용하는 전단력과 비틀림 하중을 담당

**23** 현대 대형 항공기에 주로 사용되는 여러 개의 로터와 스테이터로 조립된 브레이크 장치의 구조 형식은?

① 팽창 튜브식
② 멀티 디스크식
③ 더블 디스크식
④ 싱글 디스크식

**해설**
소형 항공기는 싱글 디스크식, 대형 항공기는 멀티 디스크식 브레이크 장치가 많이 사용된다.

정답  20 ②  21 ④  22 ①  23 ②

**24** 재료번호가 8XXX로 표기되며 구조용 합금강 중에서 가장 우수한 강으로 왕복 기관의 크랭크 축이나 항공기의 착륙장치에 사용되는 것은?

① Cr-Mo 강
② 하스텔로이 강
③ Ni-Cr-Mo 강
④ Ni-Cr 스테인리스 강

**해설**
강의 규격

| 강의 종류 | 재료 번호 | 강의 종류 | 재료 번호 |
|---|---|---|---|
| 탄소강 | 1××× | 크롬강 | 5××× |
| 니켈강 | 2××× | 크롬-바나듐강 | 6××× |
| 니켈-크롬강 | 3××× | 니켈-크롬-몰리브덴강 | 8××× |
| 몰리브덴강 | 4××× | 실리콘-망간강 | 9××× |

※ 2024년 개정된 출제기준에서는 삭제된 내용

**25** 항공기에서 금속과 비교하여 복합소재를 사용하는 이유가 아닌 것은?

① 무게당 강도비가 높다.
② 전기화학 작용에 의한 부식을 줄일 수 있다.
③ 유연성이 크고 진동이 작아 피로강도가 감소된다.
④ 복잡한 형태나 공기 역학적인 곡선 형태의 부품 제작이 쉽다.

**해설**
복합재료는 유연성이 크고 진동에 대한 내구성이 커서 피로강도가 증가한다.

**26** 다음 중 일반적으로 헬리콥터를 구성하는 것이 아닌 것은?

① 테일 붐    ② 카울링
③ 동체       ④ 파일론

**해설**
동체, 파일론, 테일 붐, 스키드, 주회전 날개, 꼬리날개
※ 2024년 개정된 출제기준에서는 삭제된 내용

**27** 소화기의 종류에 따른 용도를 틀리게 짝지은 것은?

① 분말 소화기 – 유류화재에 사용
② $CO_2$ 소화기 – 전기화재에 사용
③ 포 소화기 – 전기화재에 사용
④ 할론 소화기 – 유류화재에 사용

**해설**
전기화재에는 $CO_2$ 소화기를 사용하며, 포 소화기는 일반화재나 유류화재에 사용한다.

**28** 재료가 외력에 의해 탄성한계를 지나 영구 변형되는 성질을 무엇이라고 하는가?

① 탄성    ② 소성
③ 전성    ④ 인성

**해설**
힘을 가하면 변형됐다가 힘이 없어지면 원래대로 돌아오려는 성질을 탄성이라 하고, 힘을 제거해도 원래대로 돌아오지 않고 영구변형되는 성질을 소성이라 한다.
※ 2024년 개정된 출제기준에서는 삭제된 내용

**29** 항공기의 재료로 사용되는 타이타늄 합금에 대한 설명으로 틀린 것은?

① 피로에 대한 저항이 강하다.
② 알루미늄 합금보다 내열성이 크다.
③ 비중은 약 4.5로 강보다 가볍다.
④ 항공기 주요 구조부의 골격 및 외피, 리벳 등의 재료로 사용된다.

**해설**
항공기 외피, 리벳의 재료로는 주로 알루미늄 합금이 사용된다.
※ 2024년 개정된 출제기준에서는 삭제된 내용

**30** 조종 휠(Control Wheel)을 당기거나 밀어서 작동시키는 주된 조종면은?

① 플랩　　② 방향키
③ 도움날개　④ 승강키

**해설**
방향키는 좌우 페달을 밟아서 작동시키고, 도움날개는 조종 휠을 회전시켜서 작동시키며 승강키는 조종 휠을 앞뒤로 밀거나 당겨서 작동시킨다.

**31** 양력계수에 따른 키놀이 모멘트 계수의 변화를 나타낸 그래프에 대한 설명으로 틀린 것은?

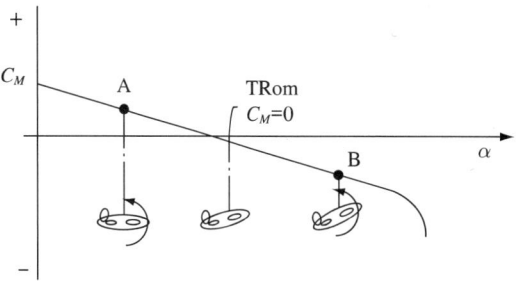

① 정적 세로 안정이 안정적인 비행기이다.
② 키놀이 모멘트 계수가 0일 때 평형상태이다.
③ 받음각이 증가하면 점 A에서 점 B로 이동한다.
④ 받음각이 증가함에 따라 키놀이 모멘트 계수는 증가한다.

**해설**
문제에 주어진 그래프에서 받음각($\alpha$)이 증가하면 키놀이 모멘트 계수($C_M$)는 감소한다.

**32** 헬리콥터의 방향 전환을 위해 조종석에서 작동하는 것은?

① 트림탭
② 사이클릭
③ 조종간
④ 방향페달

**해설**
헬리콥터의 방향페달을 밟으면 꼬리회전날개(Tail Rotor)의 피치가 변하면서 주회전날개에 의해 발생되는 토크가 조절이 되어 헬리콥터의 방향을 전환할 수 있다.

**33** 항공기의 기체 구조 중 파괴 시 항행에 심각한 영향을 주는 부재를 1차 구조라 하는데 이에 해당하지 않는 것은?

① 날개   ② 페어링
③ 동체   ④ 기관 마운트

**34** 제한하중은 설계상 항공기가 감당할 수 있는 최대하중으로 이것의 결정요인이 아닌 것은?

① 안전계수
② 비행조건
③ 항공기의 종류
④ 탑승자의 신체적 제한 조건

**해설**
※ 2024년 개정된 출제기준에서는 삭제된 내용

**35** 프로펠러 회전력(kgf·m)을 구하는 식으로 옳은 것은?(단, 기관의 출력 $P$(HP), 각속도 $\omega$(rad/s), 회전수 $N$(rpm)이다)

① $\dfrac{75P}{\omega}$   ② $\dfrac{P}{75\omega}$
③ $\dfrac{75P}{N}$   ④ $\dfrac{P}{75N}$

**해설**
회전력을 $T$라고 하면, 동력 $P = T\omega$
따라서 $T = \dfrac{P}{\omega}$
$1PS = 75 kg \cdot m$이므로
$T = \dfrac{75P}{\omega}$
※ 2024년 개정된 출제기준에서는 삭제된 내용

**36** 헬리콥터의 꼬리회전날개에 대한 설명으로 틀린 것은?

① 플래핑과 리드래그 운동이 가능하다.
② 깃과 요크 및 피치변환장치로 구성된다.
③ 테일붐과 파일론의 구조에 지지되어 있다.
④ 방향 안전성을 유지하기 위해 피치각을 반대로 변화시킬 수 있다.

**해설**
헬리콥터에서 플래핑과 리드래그 운동이 일어나는 곳은 주회전날개이다.

**37** 강제의 얇은 편으로 되어 있으며, 접점 또는 작은 홈의 간극 등의 점검과 측정에 사용되는 측정기는?

① 필러게이지
② 버니어캘리퍼스
③ 단체형 내측 마이크로미터
④ 캘리퍼형 내측 마이크로미터

**해설**
필러게이지(Feeler Gage)

정답  33 ②  34 ①  35 ①  36 ①  37 ①

**38** 항공기 급유 및 배유 시의 안전사항에 관한 설명으로 틀린 것은?

① 3점 접지는 급유 중 정전기로 인한 화재를 예방하기 위한 것이다.
② 연료차량은 항공기와 충분한 거리를 유지하였으면 3점 접지를 생략한다.
③ 급유 및 배유 장소로부터 일정 거리 내에서 흡연이나 인화성 물질을 취급해서는 안된다.
④ 3점 접지란 항공기와 연료차, 항공기와 지면, 지면과 연료차의 접지를 말한다.

**해설**
연료 보급 시에는 필수적으로 3점 접지(항공기, 연료차, 지면)를 해야한다.

**39** 지름이 5cm인 원형단면인 봉에 1,000kg의 인장하중이 작용할 때 단면에서의 인장응력은 약 몇 kg/cm²인가?

① 50.9
② 63.7
③ 101.8
④ 200

**해설**
인장응력
$$\sigma = \frac{F}{A} = \frac{F}{\frac{\pi d^2}{4}} = \frac{1,000}{\frac{\pi \times 5^2}{4}} \fallingdotseq 50.93(\text{kg/cm}^2)$$

※ 2024년 개정된 출제기준에서는 삭제된 내용

**40** 비행기가 비행 중 속도를 2배로 증가시킨다면 다른 모든 조건이 같을 때 양력과 항력은 어떻게 달라지는가?

① 양력과 항력 모두 2배로 증가한다.
② 양력과 항력 모두 4배로 증가한다.
③ 양력은 2배로 증가하고 항력은 1/2로 감소한다.
④ 양력은 4배로 증가하고 항력은 1/4로 감소한다.

**해설**
양력 $L = \frac{1}{2}C_L \rho V^2 S$, 항력 $D = \frac{1}{2}C_D \rho V^2 S$ 에서 보는 바와 같이 양력이나 항력은 속도의 제곱에 비례하므로 속도가 2배 증가하면, 양력과 항력은 각각 4배 증가한다.

**41** 헬리콥터가 전진비행을 할 때 회전날개 깃에 발생하는 양력분포의 불균형을 해결할 수 있는 방법으로 가장 옳은 것은?

① 전진하는 깃과 후퇴하는 깃의 받음각을 동시에 증가시킨다.
② 전진하는 깃과 후퇴하는 깃의 받음각을 동시에 감소시킨다.
③ 전진하는 깃의 받음각은 증가시키고 뒤로 후퇴하는 깃의 받음각은 감소시킨다.
④ 전진하는 깃의 받음각은 감소시키고 뒤로 후퇴하는 깃의 받음각은 증가시킨다.

**해설**
전진 깃은 양력이 증가하고, 후진 깃은 양력이 감소하므로, 전진 깃의 받음각은 감소시켜 양력을 감소시키고, 후진 깃은 받음각을 증가시켜 양력을 증가시키면 양력의 불균형이 해소된다.

**42** 다음 중 프로펠러 깃의 시위방향의 압력중심(CP) 위치에 의해 주로 발생되는 모멘트로 가장 옳은 것은?

① 공기력에 의한 굽힘 모멘트
② 공기력에 의한 비틀림 모멘트
③ 회전력에 의한 굽힘 모멘트
④ 회전력에 의한 비틀림 모멘트

**해설**
※ 2024년 개정된 출제기준에서는 삭제된 내용

**43** 토크렌치에 사용자가 원하는 토크값을 미리 지정(Setting)시킨 후 볼트를 조이면 정해진 토크값에서 소리가 나는 방식의 토크렌치는?

① 토션 바형(Torsion Bar Type)
② 리지드 프레임형(Rigid Frame Type)
③ 디플렉팅-빔형(Deflecting-beam Type)
④ 오디블 인디케이팅형(Audible Indicating Type)

**해설**
오디블 인디케이팅형 토크렌치

**44** 다음 중 정비기술정보가 아닌 것은?

① 오버홀 교범(Overhaul Manual)
② 작동교범(Operation Manual)
③ 정비교범(Maintenance Manual)
④ 기체 구조 수리 교범(Structural Repair Manual)

**해설**
정비기술도서 : 항공기와 기관 및 기타 장비를 운용하고 정비하는 데 요구되는 모든 기술자료를 수록하고 있는 간행물로 주로 항공기의 제작회사에서 발행하는 기술자료
• 정비기술정보 : 기체 구조 수리 교범, 오버홀 교범, 전기 배선도 교범, 검사 지침서 등
• 작동기술정보 : 비행교범(작동교범)
• 부품기술정보 : 도해부품 목록, 구매부품 목록, 가격목록 등

**45** 다음 중 대기 중에 가장 많이 포함되어 있는 성분은?

① 산소
② 질소
③ 수소
④ 이산화탄소

**해설**
② 질소(78%)
① 산소(21%)
③ 수소(0.00005%)
④ 이산화탄소(0.03%)

## 46 산소 용기를 취급하거나 보급 시 주의해야 할 사항으로 틀린 것은?

① 화재에 대비하여 소화기를 배치한다.
② 산소 취급 장비, 공구 및 취급자의 의류 등에 유류가 묻어 있지 않도록 해야 한다.
③ 항공기 정비 시 행하는 주유, 배유, 산소 보급은 항상 동시에 이루어져야 한다.
④ 액체 산소를 취급할 때에는 동상에 걸릴 수 있으므로 반드시 보호 장구를 착용해야 한다.

**해설**
급유·배유 또는 점화의 근원이 되는 정비 작업을 하는 동안에는 항공기의 산소 계통 작업을 하여서는 안 된다.

## 47 다음 중 지상 보조장비가 아닌 것은?

① APU
② GPU
③ GTC
④ HYD Tester

**해설**
① APU(Auxiliary Power Unit) : 보조동력장치로 항공기 꼬리부분에 장착
② GPU(Ground Power Unit) : 지상동력장치
③ GTC(Gas Turbine Compressor) : 가스터빈 공기압력장치로 항공기 엔진 시동 시 사용하는 압축 공기 발생장치로 APU 장치가 없는 항공기에 사용
④ HYD Tester : 항공기의 동력 필요 없이 지상의 장비로 유압 압력을 생성하게 하여 작동기들을 작동시킴

## 48 헬리콥터의 착륙장치에 대한 설명으로 틀린 것은?

① 휠형 착륙장치는 자신의 동력으로 지상 활주가 가능하다.
② 스키드형의 착륙장치는 구조가 간단하고, 정비가 용이하다.
③ 스키드형은 접개들이식 장치를 갖고 있어 이·착륙이 용이하다.
④ 휠형 착륙장치는 지상에서 취급이 어려운 대형 헬리콥터에 주로 사용된다.

**해설**
스키드형 : 설상 및 수상용이며, 접히지 않는다.

## 49 다음 중 유해항력(Parasite Drag)이 아닌 것은?

① 압력항력
② 마찰항력
③ 유도항력
④ 형상항력

**해설**
유도항력은 양력발생에 관련한 항력이다.
유해항력의 종류 : 간섭항력, 냉각항력, 조파항력, 형상항력, 램항력

**50** 두께가 각각 1mm, 2mm인 판을 리베팅하려 할 때 리벳의 지름은 약 몇 mm가 가장 적당한가?

① 2
② 4
③ 6
④ 8

**해설**
두꺼운 판재의 두께 × 3배 = 2mm × 3 = 6mm

**51** 항공기가 등속도 수평비행을 하는 조건식으로 옳은 것은?(단, 양력 = $L$, 항력 = $D$, 추력 = $T$, 중력 = $W$이다)

① $L > W,\ T > D$
② $L = T,\ W = D$
③ $L > D,\ W < T$
④ $L = W,\ T = D$

**해설**
등속도 수평비행이 이루어지려면 양력이 무게와 같고, 추력은 항력과 같아야 한다.

| $L = W$ | 수평비행 | $T = D$ | 등속도비행 |
| $L > W$ | 상승비행 | $T > D$ | 가속도비행 |
| $L < W$ | 하강비행 | $T < D$ | 감속도비행 |

**52** 안전에 직접 관련된 설비 및 구급용 치료 설비 등을 쉽게 알아보게 하기 위하여 칠하는 안전색채는 무엇인가?

① 파란색
② 노란색
③ 녹색
④ 주황색

**해설**
- 녹색 : 응급처치 장비, 구급용 치료 설비
- 파란색 : 장비 수리 검사
- 빨간색 : 위험물, 위험상태
- 노란색 : 충돌, 추락 등 유사한 사고 위험
- 주황색 : 기계, 전기 설비의 위험위치

**53** 비행기의 정적 가로 안정성을 향상시키는 방법으로 가장 좋은 방법은?

① 꼬리날개를 작게 한다.
② 동체를 원형으로 만든다.
③ 날개의 모양을 원형으로 한다.
④ 양쪽 주 날개에 상반각을 준다.

**해설**
가로 안정을 좋게 하려면 쳐든각(상반각)을 주고, 방향안정을 좋게 하려면 후퇴각을 준다.

**54** 헬리콥터의 동력구동장치 중 기관에서 전달받은 구동력의 회전수와 회전방향을 변환시킨 후에 각 구동축으로 전달하는 장치는?

① 변속기
② 동력구동축
③ 중간기어박스
④ 꼬리기어박스

**해설**
※ 2024년 개정된 출제기준에서는 삭제된 내용

50 ③  51 ④  52 ③  53 ④  54 ①

**55** 알루미늄 또는 알루미늄합금의 표면을 화학적으로 처리해서 내식성을 증가시키고 도장작업의 접착효과를 증진시키기 위한 부식방지 처리작업은?

① 어닐링(Annealing)
② 플레이팅(Plating)
③ 알로다이닝(Alodining)
④ 파커라이징(Parkerizing)

**해설**
③ 알로다이닝 : 알루미늄에 산화피막을 입히는 방식법
① 어닐링 : 철강재료의 열처리 방법 중 풀림처리
② 플레이팅 : 철강재료 표면에 내식성이 강한 금속을 도금처리하는 것
④ 파커라이징 : 철강재료 표면에 인산염을 형성시키는 방식법
※ 2024년 개정된 출제기준에서는 삭제된 내용

**56** 날개길이 방향의 양력계수 분포가 일률적이고 유도항력이 최소인 날개는?

① 타원 날개
② 뒤젖힘 날개
③ 앞젖힘 날개
④ 테이퍼 날개

**해설**
**날개꼴의 특성**
- 타원 날개 : 날개 전체에 걸쳐서 실속이 일어난다.
- 직사각형 날개 : 날개 뿌리부근에서 먼저 실속이 일어난다.
- 테이퍼 날개 : 테이퍼가 작으면 날개 끝 실속이 일어난다.
- 뒤젖힘 날개 : 날개 끝 실속이 잘 일어난다.
- 앞젖힘 날개 : 날개 끝 실속이 잘 일어나지 않는다.

**57** 헬리콥터의 추력을 설명하기 위해 필요한 이론이 아닌 것은?

① 운동량 이론
② 베르누이의 정리
③ 파스칼의 법칙
④ 작용과 반작용의 법칙

**해설**
파스칼의 법칙은 유체의 압력에 대한 법칙으로, 주로 유공압 기기에 적용되는 이론이다.

**58** 정비에 관한 설명 중 틀린 것은?

① 항공기가 비행에 적합한 안전성 및 신뢰성의 여부를 감항성으로 나타낸다.
② 운항으로 소비되는 액체 및 기체류의 보충을 의미하는 용어는 보급(Servicing)이다.
③ 항공기 정비는 크게 보수, 수리, 제작의 3가지로 분류할 수 있다.
④ 항공기 정비의 목적은 안정성, 정시성, 경제성 및 쾌적성을 유지시키는 데 있다.

**해설**
항공기 정비는 크게 보수, 수리, 개조 등으로 분류한다.

정답 55 ③  56 ①  57 ③  58 ③

**59** 비파괴 검사의 종류와 약어의 연결이 틀린 것은?

① 침투탐상검사 – Penetration Testing : PT
② 초음파탐상검사 – Sound Wave Testing : ST
③ 방사선투과검사 – Radio Graphic Testing : RT
④ 자분탐상검사 – Magnetic Particle Testing : MT

**해설**
초음파탐상검사(Ultrasonic Testing : UT)
※ 2024년 개정된 출제기준에서는 삭제된 내용

**60** 다음 중 항공기 구조수리의 기본 원칙 4가지에 해당되지 않는 것은?

① 본래의 재료 유지
② 본래의 윤곽 유지
③ 중량의 최소 유지
④ 부식에 대한 보호

**해설**
항공기 구조수리의 기본 원칙
• 본래의 구조강도 유지
• 본래의 윤곽 유지
• 중량의 최소화
• 부식에 대한 보호

59 ② 60 ①

# 2018년 제1회 과년도 기출복원문제

**01** 그림의 꼬리날개 구성 요소 중 수직(z)축을 기준 축으로 하며 안정과 관계되는 요소는?

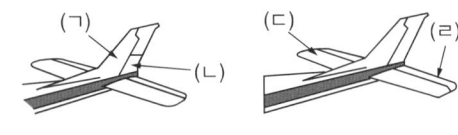

① (ㄱ)  ② (ㄴ)
③ (ㄷ)  ④ (ㄹ)

**해설**
① (ㄱ) 수직 안정판
② (ㄴ) 아래 방향 키
③ (ㄷ) 수평 안정판
④ (ㄹ) 바깥쪽 승강키

**02** 날개 끝 실속을 방지하기 위한 대책이 아닌 것은?

① 실속 펜스를 부착한다.
② 와류 발생 장치를 설치한다.
③ 크루거 앞전 형태를 갖춘다.
④ 워시 아웃 형상을 갖도록 해준다.

**해설**
날개 끝 실속 방지법
• 테이퍼 비를 너무 작게 하지 않는다.
• 날개 앞내림(Wash Out)을 준다.
• 날개 뿌리에 스트립을 붙여서 날개 끝보다 먼저 실속이 생기도록 한다.
• 날개 앞전에 슬롯을 설치한다.

**03** 회전익 항공기에서 회전축에 연결된 회전날개 깃이 하나의 수평축에 대해 위아래로 움직이는 운동은?

① 스핀 운동
② 리드-래그 운동
③ 플래핑 운동
④ 자동 회전 운동

**해설**
플래핑 운동은 회전날개 깃이 주기적으로 위와 아래로 움직이는 운동이며, 양력 불균형운동을 제거한다.

**04** 조종계통의 조종방식 중 기체에 가해지는 중력가속도나 기울기를 감지한 결과를 컴퓨터로 계산하여 조종사의 감지 능력을 보충하도록 하는 방식의 조종장치는?

① 수동조종장치(Manual Control)
② 유압조종장치(Hydraulic Control)
③ 플라이바이와이어(Fly-by-wire)
④ 동력조종장치(Powered Control)

**해설**
플라이바이와이어 : 대형기 혹은 고속기에 장착한다. 컴퓨터에서 센서, 수동 및 기계적 유압 부분을 전기 신호로 조종한다.

정답 1 ① 2 ③ 3 ③ 4 ③

## 05 다음 영문의 내용으로 가장 옳은 것은?

> "Personnel are cautioned to follow maintenance manual procedures."

① 정비를 할 때는 사람을 주의해야 한다.
② 정비교범절차에 따라 주의를 해야 한다.
③ 반드시 정비교범절차를 따를 필요 없다.
④ 정비를 할 때는 상사의 업무지시에 따른다.

**해설**
- Caution : 주의를 하다.
- Maintenance Manual Procedure : 정비교범절차
※ 2024년 개정된 출제기준에서는 삭제된 내용

## 06 [보기]에서 격납고 내의 항공기에 배유 작업이나 정비작업 중 접지(Ground)점을 모두 골라 나열한 것은?

| 보기 |
| 항공기 기체, 연료차, 지면, 작업자 |

① 연료차, 지면
② 항공기 기체, 작업자
③ 항공기 기체, 연료차, 지면
④ 항공기 기체, 연료차, 지면, 작업자

## 07 화학적 피막 처리의 하나인 알로다인 처리에 사용되는 용제들 중 암적색 용재로 알루미늄 합금으로 된 날개구조재의 안쪽과 바깥쪽의 도장 작업을 하기 전에 표피의 전 처리 작업으로 활용되는 것은?

① 알로다인 600
② 알로다인 1,000
③ 알로다인 1,200
④ 알로다인 2,000

**해설**
알로다인(Alodine) 공정은 전기를 사용하지 않고 알로다인이라는 크롬산 계열의 화학 약품 속에서 알루미늄에 산화피막을 입히는 공정을 말한다. 알로다인 600은 암적색, 알로다인 1,000은 투명, 알로다인 1,200은 황갈색을 띤다.
※ 2024년 개정된 출제기준에서는 삭제된 내용

## 08 헬리콥터의 운동 중 동시피치레버(Collective Pitch Lever)로 조종하는 운동은?

① 수직방향운동
② 전진운동
③ 방향조종운동
④ 좌·우 운동

**해설**
동시피치레버는 헬리콥터의 수직방향운동을, 주기피치조종간은 전후좌우의 방향조종운동을 담당한다.

## 09 다음 중 항온 열처리 방법이 아닌 것은?

① 마퀜칭(Marquenching)
② 마템퍼링(Martempering)
③ 파커라이징(Parkerizing)
④ 오스템퍼링(Austempering)

**해설**
파커라이징은 철강 표면에 인산염 피막을 입혀 녹스는 것을 방지하는 방법이다.
※ 2024년 개정된 출제기준에서는 삭제된 내용

**10** 항공기 기체 외부 금속표면, 도장부분, 배기계통 세척에 사용하는 클리닝(Cleaning) 종류가 아닌 것은?

① 습식 세척　② 열 세척
③ 건식 세척　④ 광택 작업

**해설**
항공기의 외부세척
- 습식 세척(Wet Wash) : 오일, 그리스, 탄소 퇴적물 등과 같은 오물제거에 사용
- 건식 세척(Dry Wash) : 액체 사용이 적합하지 않는 기체 표면의 먼지나 흙, 오물 등의 작은 축적물 제거에 사용
- 광택내기(Polishing) : 기체 표면 세척 후 실시하는 작업으로 산화피막이나 부식을 제거

**11** 항공기 도면의 표제란에 'ASSY'로 표시하며 조립체나 부분 조립체를 이루는 방법과 절차를 설명하는 도면은?

① 조립도면　② 상세도면
③ 공정도면　④ 부품도면

**해설**
※ 2024년 개정된 출제기준에서는 삭제된 내용

**12** 날개의 시위 길이가 2m, 공기의 흐름속도가 720 km/h, 공기의 동점성계수가 0.2cm²/s일 때 레이놀즈수는 약 얼마인가?

① $2 \times 10^6$　② $4 \times 10^6$
③ $2 \times 10^7$　④ $4 \times 10^7$

**해설**
레이놀즈수 $Re = \dfrac{Vd}{v}$ 에서 $V = 720$km/h $= 200$m/s $= 20{,}000$ cm/s, $d = 2$m $= 200$cm, $v = 0.2$cm²/s를 대입하면 $Re = 2 \times 10^7$ 이 된다.

**13** 물림 턱의 벌림에 따라 손잡이를 잡을 수 있는 정도를 조절하는 그림과 같은 공구의 명칭은?

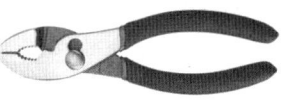

① 스냅 링 플라이어
② 슬립 조인트 플라이어
③ 워터 펌프 플라이어
④ 라운드 노즈 플라이어

**14** 다음 중 저탄소강의 탄소 함유량은?

① 0.1~0.3%
② 0.3~0.5%
③ 0.6~1.2%
④ 1.2% 이상

**해설**
탄소강은 보통 탄소 함유량이 0.3% 이하인 것을 저탄소강, 0.3~0.5%인 것을 중탄소강, 0.5% 이상인 것을 고탄소강으로 분류한다.
※ 2024년 개정된 출제기준에서는 삭제된 내용

**15** 그림과 같은 리벳이음 단면에서 리벳지름 5mm, 두 판재의 인장력 100kgf이면 리벳단면에 발생하는 전단응력은 약 몇 kgf/mm²인가?

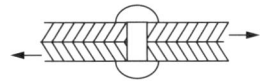

① 3.1
② 4.0
③ 5.1
④ 8.0

**해설**
응력은 작용 하중을 단면적으로 나눈 값이다.
$$\tau = \frac{F}{A} = \frac{F}{\frac{\pi d^2}{4}} = \frac{100}{\frac{25\pi}{4}} \fallingdotseq 5.09 (\text{kgf}/\text{mm}^2)$$

※ 2024년 개정된 출제기준에서는 삭제된 내용

**16** 시각점검(Visual Check)에 대한 설명으로 옳은 것은?

① 특수장비를 사용하여 상태를 점검하는 것이다.
② 여러 방법을 조합하여 상태를 점검하는 것이다.
③ 상태를 점검하는 것으로서 보조장비를 사용하여 점검하는 것을 말한다.
④ 상태를 점검하는 것으로서 보조장비를 사용하지 않고 다만 육안으로 점검하는 것이다.

**해설**
항공기 시각점검
- 상태를 점검하는 것으로서 보조장비를 사용하지 않고 단지 육안으로만 점검한다.
- 항공기 결함상태를 직접 눈으로 상태를 확인하는 검사방법이다.
- 가장 오래된 검사방법이며 빠르고 경제적이다.
- 검사의 신뢰성은 검사자의 능력과 경험에 좌우된다.

**17** 프리휠 클러치(Freewheel Clutch)라고도 하며, 헬리콥터에서 기관브레이크의 역할을 방지하기 위한 클러치는?

① 드라이브 클러치(Drive Clutch)
② 스파이더 클러치(Spider Clutch)
③ 원심 클러치(Centrifugal Clutch)
④ 오버러닝 클러치(Over Running Clutch)

**해설**
오버러닝 클러치
- 프리휠 클러치라고도 한다.
- 기관 정지 시(예 기관 작동 불량 또는 자동 회전 비행) 주 회전날개의 회전에 의해 기관을 돌리게 하는 역할을 방지한다.
- 프리휠 클러치 작동 시 회전날개와 기관을 분리한다.
※ 2024년 개정된 출제기준에서는 삭제된 내용

**18** 관제탑에서 지시하는 신호의 종류 중 활주로 유도로상에 있는 인원 및 차량은 사주를 경계한 후 즉시 본 장소를 떠나라는 의미의 신호는?

① 녹색등
② 점멸 녹색등
③ 흰색등
④ 점멸 적색등

**해설**
관제탑 등화신호(항공안전본부 비행안전 안내 지침서에 따른 신호)

| | |
|---|---|
| 녹색점멸 | 착륙구역을 가로질러 유도로 방향으로 진행 |
| 적색연속 | 정지 |
| 적색점멸 | 착륙구역이나 유도로로부터 벗어나고 주변 항공기에 주의 |
| 백색점멸 | 관제지시에 따라 기동지역을 벗어날 것 |
| 활주로등 혹은 유도로등 점멸 | 활주로를 벗어나 관제탑의 등화신호를 준수할 것. 비상상황 혹은 위에서 언급된 등화신호가 보여질 경우 등화신호기를 갖춘 활주로 및 유도로에서 사용되어져야 한다. |

※ 2024년 개정된 출제기준에서는 삭제된 내용

**19** 무게가 2,000kgf인 항공기가 30°로 선회하는 경우 이 항공기에 발생하는 양력은 약 몇 kgf인가?

① 1,000
② 1,732
③ 2,309
④ 4,000

**해설**
하중배수($n$) = 양력($L$)/무게($W$) = $1/\cos\phi$,
따라서 $L = W/\cos\phi = 2,000/\cos30° ≒ 2,309(\text{kgf})$

**20** 다음 중 유해항력(Parasite Drag)이 아닌 것은?

① 간섭항력
② 유도항력
③ 형상항력
④ 조파항력

**해설**
- 항력 = 유해항력 + 유도항력
- 유해항력 = 형상항력 + 조파항력
- 형상항력 = 마찰항력 + 압력항력
- 유도항력은 양력 발생 시 생기는 항력으로 유해항력이 아니다. 간섭항력은 형상항력의 분류에 속한다.

**21** 비행기가 가속도 운동을 할 때 하중배수(Load Factor)를 구하는 식은?(단, $g$는 지구의 중력가속도이다)

① $1 + \dfrac{\text{가속도}}{g}$
② $1 - \dfrac{\text{가속도}}{g}$
③ $1 + \dfrac{g}{\text{가속도}}$
④ $1 - \dfrac{g}{\text{가속도}}$

**해설**
※ 2024년 개정된 출제기준에서는 삭제된 내용

**22** 부품 제작사에게 설계, 제작한 구성품을 정비할 때 주로 활용하는 도서는?

① 정비 도서
② 전기 배선 도서
③ 부품 오버홀 도서
④ 부품 목록 도서

**해설**
① 정비 도서 : 항공기 모든 계통에 대하여 정비하는 데 이용되는 도서
② 전기 배선 도서 : 항공기 각 계통에서 필요한 전기 배선의 위치와 통과 지점 등을 표시한 배선도를 수록한 도서
④ 부품 목록 도서 : 항공기 부품과 장비를 식별하거나 신청, 확보, 저장 및 불출 사용 시에 이용할 수 있도록 만들어진 도서

**23** 항공기 정비에 사용되는 부품 및 자재에 대하여 창고에 저장하기 전에 요구되는 품질 기준을 확인하는 검사는?

① 최종검사
② 수령검사
③ 공정검사
④ 성능검사

**해설**
검사의 분류
- 수령검사 : 항공기 정비에 사용되는 부품 및 자재에 대하여 창고에 저장하기 전에 요구되는 품질 기준을 확인하는 것
- 공정검사 : 표준 작업 공정에 의하여 정비 작업 시에 지정된 작업 공정에 대하여 항목대로 검사를 수행하는 것
- 최종검사 : 항공기 정비에서 수리 및 개조 작업 후, 조립 완료의 상태와 기능 점검을 유자격 검사원에 의하여 최종적으로 실시하고, 정비 작업 문서가 작성되었는지 확인하는 것

정답 19 ③ 20 ② 21 ① 22 ③ 23 ②

**24** 알클래드(Alclad)판에 대한 설명으로 옳은 것은?

① 순수 알루미늄 판에 알루미늄 합금을 약 3~5% 정도의 두께로 입힌 것이다.
② 알루미늄 합금판에 순수 알루미늄을 약 3~5% 정도의 두께로 입힌 것이다.
③ 타이타늄 합금판에 순수 타이타늄을 약 3~5% 정도의 두께로 입힌 것이다.
④ 순수 타이타늄 판에 타이타늄 합금을 약 3~5% 정도의 두께로 입힌 것이다.

**해설**
※ 2024년 개정된 출제기준에서는 삭제된 내용

**25** 항공기에서 비금속 재료가 쓰이는 것이 아닌 것은?

① 안전결선
② 항공기 타이어
③ 전선 피복재
④ 객실 창문 유리

**해설**
항공기에는 창문이나 타이어 또는 실내 장식이나 무게를 감소하기 위한 부품 등에 플라스틱, 고무, 섬유 등 비금속 재료를 많이 사용하고 있다.
※ 2024년 개정된 출제기준에서는 삭제된 내용

**26** 그림과 같이 두 판재가 200kgf의 인장력을 받을 때, 그 사이의 리벳의 단면에 작용하는 전단응력의 크기는 몇 kgf/cm²인가?(단, 리벳의 단면적은 2cm²이다)

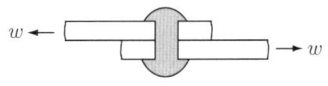

① 0.01
② 100
③ 200
④ 400

**해설**
전단응력$(\tau) = \dfrac{V}{A} = \dfrac{200}{2} = 100(\mathrm{kgf/cm^2})$
※ 2024년 개정된 출제기준에서는 삭제된 내용

**27** 구조 부재에 작용하는 표면 하중(Surface Load) 중 면에 균일하게 분포하여 작용하는 하중을 무엇이라고 하는가?

① 점 하중
② 체적하중
③ 분포하중
④ 집중하중

**해설**
① 점 하중(집중하중) : 한점으로 볼 수 있는 아주 작은 범위에 집중하여 작용하는 하중
② 체적하중 : 구조 전체에 작용하는 중력, 자기력 및 관성력과 같은 하중
※ 2024년 개정된 출제기준에서는 삭제된 내용

**28** Sealing 작업에 사용하는 Sealants의 취급 시 안전사항이 아닌 것은?

① 2인 1조로 작업할 것
② Sealants를 취급 시 보호장구를 착용할 것
③ Sealants에서 발생되는 증기를 마시지 말 것
④ Sealants 작업은 환기가 잘되는 곳에서 할 것

**해설**
실란트(Sealant)라 함은 틈새를 메워 주거나 방수기능을 하는 재료이다.
※ 2024년 개정된 출제기준에서는 삭제된 내용

**29** 어미자 19mm를 20등분한 아들자로 구성된 버니어캘리퍼스의 최소 측정값은 몇 mm인가?

① 0.1
② 0.05
③ 0.01
④ 0.005

**해설**
버니어캘리퍼스의 최소 눈금은 0.05mm이다.

**30** 다음 중 액체침투탐상검사에 대한 설명으로 틀린 것은?

① 표면을 자화시켜야 한다.
② 침투액과 현상액을 사용한다.
③ 자외선 탐사등(Black Light)을 사용할 수도 있다.
④ 표면을 깨끗이 세척하고 페인트를 벗겨 내야 한다.

**해설**
액체침투탐상검사
도포된 액을 표면개구 결함부위에 침투시킨 후에 표면의 침투액을 제거하고, 내부 결함 속의 침투액을 뽑아내어 직접 또는 자외선 등으로 비추어 결함의 장소와 크기를 알아내는 방법이다.
※ 2024년 개정된 출제기준에서는 삭제된 내용

**31** 다음과 같은 부품 번호를 갖는 스크루에 대한 설명으로 옳은 것은?

"NAS 514 P 428 8"

① 길이는 4/16in이다.
② 길이는 2/16in이다.
③ 커팅 둥근머리 스크루이다.
④ 100도 평머리 나사 합금강 스크루이다.

**해설**
- 길이 : 8/16in
- (1/2)지름 : 428(1/7in)
- 머리 : 100도 평머리 스크루
- P : 인, 합금강

**32** 응력 외피 수리 시 리벳을 이용하여 패치를 부착할 때 리벳 끝거리로 옳은 것은?

① 사용 리벳지름의 1.5배로 한다.
② 사용 리벳지름의 2.5배로 한다.
③ 사용 리벳길이의 1.5배로 한다.
④ 사용 리벳길이의 2.5배로 한다.

**해설**
응력 외피의 작은 손상은 리벳을 이용하여 패치를 부착하게 되는데, 이때 리벳의 끝거리는 사용 리벳지름의 2.5배로 하며, 패치의 코너 부분은 크리닝 아웃으로 원형, 사각형을 라운딩하며 손상 부위를 없앤다.

정답 28 ① 29 ② 30 ① 31 ④ 32 ②

**33** A급 화재의 진화에 사용되며 유류나 전기화재에 사용해서는 안 되는 소화기는?

① 분말 소화기
② 이산화탄소 소화기
③ 물 펌프소화기
④ 할로겐화합물 소화기

**해설**
- A급(일반)화재 : 물 사용
- B급(유류)화재 : 이산화탄소 소화기, 할로겐화합물 소화기
- C급(전기)화재 : 이산화탄소 소화기, 할로겐화합물 소화기
- D급(금속)화재 : 건조사, 팽창질석

**34** 유리 섬유와 수지를 반복해서 겹쳐놓고 가열 장치나 오토클레이브 안에 그것을 넣고 열과 압력으로 강화시켜 복합 소재를 제작하는 방법은?

① 압축 주형 방식
② 필라멘트 권선 방식
③ 습식 적층 방식
④ 유리 섬유 적층 방식

**해설**
유리 섬유 : 나일론과 겹쳐 놓고 기체 외피와 내장제로 방음과 단열재 사용

**35** 헬리콥터의 동력구동축에 대한 설명으로 관계가 먼 것은?

① 동력구동축은 기관구동축, 주회전 날개구동축 및 꼬리 회전 날개구동축으로 구성되어 있다.
② 구동축의 양끝은 스플라인으로 되어 있거나 스플라인으로 된 유연성 커플링이 장착되어 있다.
③ 진동을 감소시키기 위해 동적인 평형이 이루어지도록 되어 있다.
④ 지지베어링에 의해서 진동이 발생할 수 있으므로 회전을 고려한 베어링의 편심을 이뤄야 한다.

**해설**
동력구동축에 대해 편심으로 설치된 베어링은 심한 진동과 마모를 가져올 수 있다.
※ 2024년 개정된 출제기준에서는 삭제된 내용

**36** 안전에 직접 관련된 설비 및 구급용 치료 설비 등을 쉽게 알아보게 하기 위하여 칠하는 안전색채는 무엇인가?

① 파란색
② 노란색
③ 녹색
④ 주황색

**해설**
- 녹색 : 응급처치 장비, 구급용 치료 설비
- 파란색 : 장비 수리 검사
- 빨간색 : 위험물, 위험상태
- 노란색 : 충돌, 추락 등 유사한 사고 위험
- 주황색 : 기계, 전기 설비의 위험위치

**37** 케이블 단자 연결 방법 중 심블이나 부싱을 사용하여 케이블을 감아 화씨 320~390도 정도의 납 50%, 주석 50%의 액에 담가 케이블 사이에 스며들게 하는 연결방법은?

① 스웨이징 단자방법
② 랩솔더 이음방법
③ 니코프레스 처리방법
④ 5단 엮기 이음방법

**해설**
• 스웨이징 : 볼엔드 소켓, 터미널 피팅을 케이블과 같이 끼워 공구로 압착시킨다.
• 5단 엮기 이음 : 케이블을 풀어서 엮어 꼬아 그 위에 와이어를 감아 씌운다.

**38** 항공기의 지상 활주를 위해 육지 비행장에 마련한 한정된 경로는?

① 유도로           ② 활주로
③ 비상로           ④ 계류로

**해설**
주기장(계류장)에 주기 후 활주로(Run-way) 이동 시 유도로(Taxing Way)로 지상활주한다.
※ 2024년 개정된 출제기준에서는 삭제된 내용

**39** 연장공구를 장착한 토크렌치를 이용하여 볼트를 죌 때 토크렌치의 유효길이가 8in, 연장공구의 유효길이가 7in, 볼트에 가해져야 할 필요 토크값이 900in-lbs라면 토크렌치의 눈금 지시값은 몇 in-lbs인가?

① 60            ② 90
③ 420           ④ 480

**해설**
연장공구 사용 시 토크값
$$T_W = T_A \times \frac{l}{l+a} = 900 \times \frac{8}{8+7} = 480(\text{in}-\text{lbs})$$
여기서, $T_W$ : 토크렌치 지시값
$T_A$ : 실제 조이는 토크값
$l$ : 토크렌치 길이
$a$ : 연장공구 길이

**40** 얇은 패널에 너트를 부착하여 사용할 수 있도록 고안된 특수 너트는?

① 앵커너트         ② 평너트
③ 캐슬너트         ④ 자동고정너트

**해설**
앵커너트(Anchor Nut)

41 헬리콥터의 변속기와 기어박스에 사용되는 윤활유의 오염상태 점검 시 염산으로 구분할 수 있는 윤활유 내 금속 분말은?

① 철분
② 알루미늄 분말
③ 주석과 납의 분말
④ 구리와 황동 및 마그네슘 분말

해설
※ 2024년 개정된 출제기준에서는 삭제된 내용

42 도면의 형식에서 영역을 구분했을 때 주요 4요소에 속하지 않는 것은?

① 하이픈(Hyphen)
② 도면(Drawing)
③ 표제란(Title Block)
④ 일반 주석란(General Notes)

해설
도면의 주요 4요소 : 표제란, 변경란(Revision Block), 일반 주석란, 도면

43 주회전날개 트랜스미션의 역할이 아닌 것은?

① 시동기와 연결
② 유압 펌프나 발전기 구동
③ 오토로테이션 시 기관과의 연결을 차단
④ 기관의 출력을 감속시켜 회전날개에 전달

해설
① 시동기는 주로 가스터빈엔진의 압축기와 연결된다.
※ 2024년 개정된 출제기준에서는 삭제된 내용

44 강도를 중시하여 만들어진 고강도 알루미늄 합금이 아닌 것은?

① 2218
② 2024
③ 2017
④ 2014

해설
알루미늄 2218은 주로 전기 도체 재료로 이용된다.
※ 2024년 개정된 출제기준에서는 삭제된 내용

45 응력이 제거되면 변형률도 제거되어 원래상태로 회복이 가능한 한계응력을 나타내는 것은?

① 항복점
② 인장강도
③ 파단점
④ 탄성한계

해설
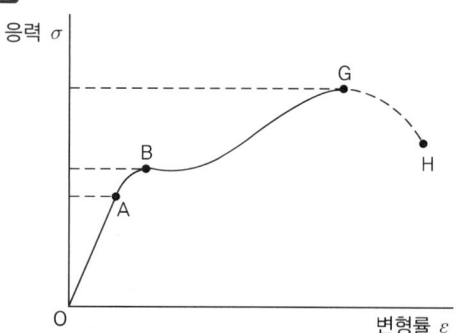
A : 비례(탄성)한도
B : 항복강도
C : 극한강도
H : 파단강도
※ 2024년 개정된 출제기준에서는 삭제된 내용

**46** 헬리콥터에서 수직 핀(Vertical Fin)에 대한 설명으로 틀린 것은?

① 수직 핀은 전진비행 시 수평을 유지시킨다.
② 테일붐 위쪽에 있는 핀은 회전날개에서 발생하는 토크를 상쇄시키는 데 기여한다.
③ 테일붐 위쪽에 있는 핀은 아래쪽의 수직핀과 날개골의 형태가 비대칭 구조로 되어 있다.
④ 수직 핀은 착륙 시 꼬리 회전날개가 손상되는 것을 방지하기 위해 수직 핀 아래쪽에 꼬리회전날개 보호대가 설치되어 있다.

**해설**
헬리콥터에서 전진비행 시 수평을 유지시키는 역할을 하는 것은 수평 스테빌라이저(Horizontal Stabilizer)이다.

**47** 페일 세이프(Fail Safe)구조로 많은 수의 부재로 되어 있으며 각각의 부재는 하중을 분담하도록 설계되어 있는 그림과 같은 구조는?

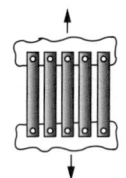

① 이중 구조(Double Structure)
② 대치 구조(Back-up Structure)
③ 다경로 하중 구조(Redundant Structure)
④ 하중 경감 구조(Load Dropping Structure)

**해설**
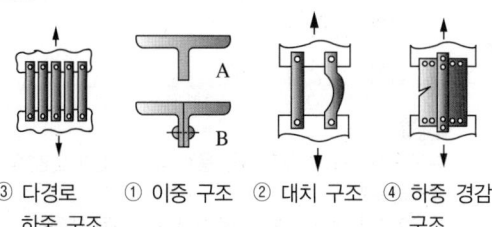

③ 다경로 하중 구조   ① 이중 구조   ② 대치 구조   ④ 하중 경감 구조

**48** 항공기에 가해지는 모든 하중을 스킨(Skin)이 담당하는 구조형식은?

① Monocoque Type
② Pratt Truss Type
③ Warren Truss Type
④ Semi-Monocoque Type

**해설**
모노코크 구조는 정형재와 벌크헤드 및 외피로 구성되며 대부분의 하중을 외피가 담당한다.

**49** 다음의 기체 결함 스케치 도면은 어느 방향을 기준으로 작성된 것인가?

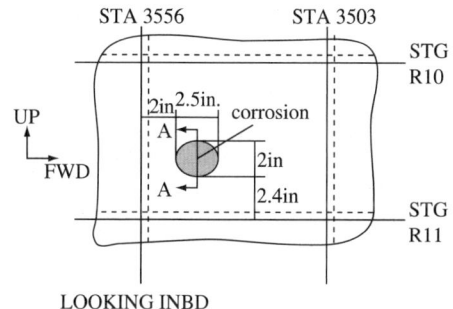

① 앞에서 뒤쪽을 쳐다본 경우
② 뒤에서 앞쪽으로 쳐다본 경우
③ 기축선을 향해 쳐다본 경우
④ 기축선 쪽에서 밖으로 쳐다본 경우

**해설**
도면에 'LOOKING INBD'가 표기되어 있으므로 '기축선을 향해' 쳐다본 것이다.

**항공기의 방향 표시**

| 보는 방향 | 표시 방법 |
| --- | --- |
| 기축선을 향해 | LOOKING INBD |
| 기축선 쪽에서 밖으로 | LOOKING OUT |
| 뒤에서 앞쪽 | LOOKING FWD |
| 앞에서 뒤쪽 | LOOKING AFT |
| 위에서 아래 | LOOKING DOWN |
| 아래에서 위 | LOOKING UP |

※ 2024년 개정된 출제기준에서는 삭제된 내용

**50** 다음과 같은 항공기용 도면의 이름을 부여하는 방식에 대한 설명으로 옳은 것은?

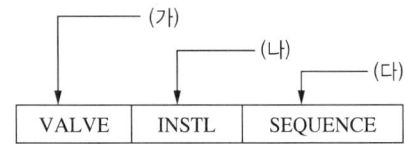

① (가)는 도면의 수정 부분을 의미한다.
② (나)는 도면의 형태를 의미한다.
③ (다)는 기본 부품 명칭을 의미한다.
④ 'INSTL'은 분해도면을 의미한다.

**해설**

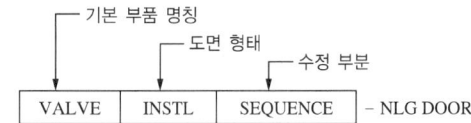

- 도면의 형태
  - 세부 도면 : 명기하지 않음
  - 조립 도면 : ASSY
  - 장착도면 : INSTL
- 수정부분 : 장착 장소/계통, 수행 기능 등을 명시(단순 부품은 생략)

※ 2024년 개정된 출제기준에서는 삭제된 내용

**51** 다음 중 철강의 5원소가 아닌 것은?

① C  ② Al
③ Mn  ④ Si

**해설**
철강의 5대 원소로는 탄소(C), 망가니즈(Mn), 황(S), 인(P), 규소(Si) 등이 있다.
※ 2024년 개정된 출제기준에서는 삭제된 내용

**52** 그림과 같이 크기가 같고 방향이 반대인 두 힘($F$)이 수직 거리 $d$만큼 떨어져 작용할 때 짝힘에 의한 모멘트의 크기는?

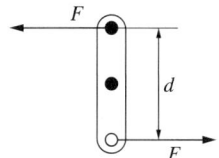

① $\dfrac{dF}{2}$  ② $F$
③ $dF$  ④ $2dF$

**해설**
$M = 2(F \times d/2) = dF$
※ 2024년 개정된 출제기준에서는 삭제된 내용

**53** 속도-하중 배수선도에서 구조강도의 안정성과 조종면에서 안정성을 보장하는 설계상의 최대허용 속도는?

① 설계 운용 속도
② 설계 돌풍 운용 속도
③ 설계 순항 속도
④ 설계 급강하 속도

**해설**
설계 운용 속도 < 설계 돌풍 운용 속도 < 설계 순항 속도 < 설계 급강하속도
※ 2024년 개정된 출제기준에서는 삭제된 내용

**54** 항공기 착륙장치의 구조재료로 사용되는 강은?

① 타이타늄 합금강
② 알루미늄 합금강
③ 18-8 스테인리스강
④ 니켈-크롬-몰리브덴강(AISI 4340)

**해설**
니켈-크롬-몰리브덴강은 니켈크롬강에 소량의 몰리브덴을 첨가한 것으로 열처리가 용이하며, 구조재료로 아주 적합하다.
※ 2024년 개정된 출제기준에서는 삭제된 내용

**55** 브레이크장치계통에서 브레이크장치에 공기가 차 있거나 작동기구의 결함에 의해 제동력을 제거한 후에도 원래의 상태로 회복이 잘 안 되는 현상은?

① 스키드(Skid) 현상
② 그레빙(Grabbing) 현상
③ 페이딩(Fading) 현상
④ 드래깅(Dragging) 현상

**해설**
- 드래깅 : 제동장치에 공기가 차 제동효과가 떨어진 현상
- 그레빙 : 브레이크 라이닝에 기름이 묻어 제동이 거칠어진다.
- 페이딩 : 제동 시 브레이크 과열로 미끄러짐 현상이 발생하며 제동력이 감소된다.

**56** 한쪽 끝은 힌지 지지점이고, 다른 쪽은 롤러 지지점인 보는?

① 단순보        ② 외팔보
③ 고정보        ④ 고정지지보

**해설**
정정보의 종류
- 단순보 : 힌지와 롤러로 평형보에 지지되어 있는 보
- 외팔보 : 한쪽이 고정되고 타단이 자유로운 보
- 돌출보 : 힌지와 롤러를 1/3지점에 두고 끝부분이 외부로 돌출시킨 보
- 게르버보 : 돌출보 위에 또 다시 단순보를 놓은 보
※ 2024년 개정된 출제기준에서는 삭제된 내용

**57** 프로펠러 깃의 선속도가 300m/s이고, 프로펠러의 진행률이 2.2일 때, 이 프로펠러 비행기의 비행속도는 약 몇 m/s인가?

① 210        ② 240
③ 270        ④ 310

**해설**
프로펠러 진행률
$$J = \frac{V}{nD}$$
선속도 $= \pi Dn$
$$\frac{J}{\pi} = \frac{V}{\pi Dn} = \frac{비행속도}{선속도}$$
비행속도$(V) = 선속도 \times \frac{진행률}{\pi}$
$= 300 \times \frac{2.2}{3.14} ≒ 210(\text{m/s})$

※ 2024년 개정된 출제기준에서는 삭제된 내용

**58** 다음 중 가로 안정성에 기여하는 가장 중요한 요소는?

① 붙임각
② 미끄럼각
③ 쳐든각
④ 앞젖힘각

**해설**
동적 가로 안정
- 가로 방향 불안정(더치롤)
  - 가로 진동과 방향진동이 결합된다.
  - 쳐든각 효과가 정적방향 안정보다 클 때 방향
  - 동적으로는 안정하지만 진동하는 성질 때문에 발생한다.
- 쳐든각 = 상반각 : 수평선을 기준으로 위로 올라간 각

**59** 헬리콥터의 공기역학에서 자주 사용되는 마력하중(Horse Power Loading)을 구하는 식은?(단, $W$ : 헬리콥터의 무게, $HP$ : 헬리콥터의 추력이다)

① $\dfrac{W}{\pi HP}$
② $\dfrac{\pi HP}{W}$
③ $\dfrac{HP}{W}$
④ $\dfrac{W}{HP}$

**해설**
마력하중 : 전체 무게를 마력으로 나눈 값
$W/HP = W/75\text{kg} \cdot \text{m/s}$

**60** 게이지블록(Gauge Blocks)에 대한 설명으로 틀린 것은?

① 사용하기 전에 마른 걸레나 솔벤트로 방청제 등의 이물질을 닦아낸다.
② 사용 시 손가락 끝으로 잡아 접촉면적을 되도록 작게 한다.
③ 이론상 측정력은 접촉 면적에 비례하여 증가되어야 하며, 실제로는 표준이 되는 측정력을 사용하는 것이 좋다.
④ 측정할 때 정밀도는 온도와는 관련이 없고, 링잉(Wringing)작업과 가장 관련이 깊다.

**해설**
측정 작업의 정밀도는 온도와 매우 밀접한 관계가 있다.

## 2018년 제3회 과년도 기출복원문제

**01** 베르누이의 정리에 따른 압력에 대한 설명으로 옳은 것은?

① 전압이 일정
② 정압이 일정
③ 동압이 일정
④ 전압과 동압의 합이 일정

**02** 날개길이가 10m, 평균시위길이가 1.8m인 항공기 날개의 가로세로비(Aspect Ratio)는 약 얼마인가?

① 0.18　　② 2.8
③ 5.6　　④ 18.0

**해설**

가로세로비(AR) $= \dfrac{b}{c} = \dfrac{b \times b}{c \times b} = \dfrac{b^2}{S}$

따라서 AR $= \dfrac{b}{c} = \dfrac{10}{1.8} \fallingdotseq 5.6$

**03** 선회 경사각 60°로 정상수평선회하는 비행기의 하중배수는 얼마인가?

① 0.6　　② 1.2
③ 2　　④ 4

**해설**

정상수평선회 시에 하중배수

$n = \dfrac{1}{\cos 60°} = 2$

**04** 구조재료 중 FRP에 대한 설명으로 틀린 것은?

① 진동에 대한 감쇠성이 적다.
② 경도 및 강성이 낮은 것에 비해 강도비가 크다.
③ 2차 구조나 1차 구조에 적층재나 샌드위치 구조재로 사용된다.
④ Fiber Reinforced Plastic(섬유강화 플라스틱)의 약어이다.

**해설**

유리섬유 보강 플라스틱(FRP) : 진동에 대한 감쇠성이 커서 유리섬유와 함께 2차 구조재의 제작에 많이 사용된다.
※ 2024년 개정된 출제기준에서는 삭제된 내용

**05** 다음 중 항공기 공장정비에 속하지 않는 것은?

① 항공기 기체 오버홀
② 항공기 원동기 정비
③ 항공기 기체 정시점검
④ 항공기 장비품 정비

**해설**

항공기 기체 정시점검은 운항정비에 속한다.

정답　1 ④　2 ③　3 ③　4 ①　5 ③

## 06 운항정비 기간에 발생한 항공기 정비 불량 상태의 수리와 운항 저해의 가능성이 많은 각 계통의 예방정비 및 감항성을 확인하는 것을 목적으로 하는 정비작업은?

① 중간점검(Transit Check)
② 기본점검(Line Maintenance)
③ 정시점검(Schedule Maintenance)
④ 비행 전후 점검(Pre/Post Flight Check)

**해설**
운항정비(Line Maintenance)는 중간점검, 비행 전후 점검, 주간점검 등으로 구분하며, 정시점검에는 A·B·C·D점검, 내부구조검사(ISI) 등이 있다.

## 07 2개 이상의 굽힘이 교차하는 부분의 안쪽 굽힘 접선교점에 발생하는 응력집중에 의한 균열을 방지하기 위해 뚫는 구멍은?

① 스톱홀
② 릴리프홀
③ 리머홀
④ 파일럿홀

**해설**
릴리프홀(Relief Hole) : 굽힘 가공에 앞서 응력의 집중이 일어나는 교점에 뚫는 응력 제거 구멍

## 08 니켈계 합금인 제품을 철제 볼트를 사용해서 조립하였더니 철제 볼트가 심하게 부식되었다면 이에 속하는 부식의 종류는?

① 표면 부식
② 입자 부식
③ 이질 금속 간 부식
④ 응력 부식

**해설**
이질 금속 간 부식은 두 종류의 다른 금속이 접촉하여 생기는 부식으로 동전지 부식, 갈바닉 부식이라고도 한다.
※ 2024년 개정된 출제기준에서는 삭제된 내용

## 09 공기 중의 산소와 만나 발생하는 일반적인 부식은 무엇인가?

① 마찰 부식
② 갈바닉 부식
③ 표면 부식
④ 입자 간 부식

**해설**
**부식의 종류**
- 응력 부식 : 장시간 표면에 가해진 정적인 응력의 복합적 효과로 인해 발생
- 이질 금속 간 부식 : 두 종류의 다른 금속이 접촉하여 생기는 부식으로 동전지 부식, 갈바닉 부식이라고도 함
- 입자 간 부식 : 금속의 입자 경계면을 따라 생기는 선택적인 부식
- 점 부식 : 금속 표면이 국부적으로 깊게 침식되어 작은 점 형태로 만들어지는 부식
- 찰과 부식 : 마찰로 인한 부식으로 밀착된 구성품 사이에 작은 진폭의 상대 운동으로 인해 발생
- 표면 부식 : 산소와 반응하여 생기는 가장 일반적인 부식
- 피로 부식 : 금속에 가해지는 반복 응력에 의해 발생
※ 2024년 개정된 출제기준에서는 삭제된 내용

## 10 접촉되어 있는 2개의 재료가 녹아서 다른 쪽에 들러붙은 형태의 손상은?

① 용착(Gall)
② 스코어(Score)
③ 균열(Crack)
④ 가우징(Gouging)

**해설**
② 스코어(Score) : 부품의 손상형태에서 깊게 긁힌 형태로, 표면이 예리한 물체와 닿았을 때 생긴 것
③ 균열(Crack) : 재료에 부분적 또는 완전하게 불연속이 생긴 현상
④ 가우징(Gouging) : 거칠고 큰 압력 등에 의한 금속표면이 일부 없어지는 것

**11** 할로겐화합물 소화기를 사용하여 소화할 수 있는 화재로 옳은 것은?

① A급 화재, B급 화재
② A급 화재, D급 화재
③ B급 화재, C급 화재
④ C급 화재, D급 화재

**해설**
- A급(일반)화재 : 물 사용
- B급(유류)화재 : 이산화탄소 소화기, 할로겐화합물 소화기
- C급(전기)화재 : 이산화탄소 소화기, 할로겐화합물 소화기
- D급(금속)화재 : 건조사, 팽창질석

**12** 다음 영문의 내용으로 가장 옳은 것은?

> Personnel are cautioned to follow maintenance manual procedures.

① 정비를 할 때는 사람을 주의해야 한다.
② 정비교범절차에 따라 주의를 해야 한다.
③ 반드시 정비교범절차를 따를 필요 없다.
④ 정비를 할 때는 상사의 업무지시에 따른다.

**해설**
- Caution : 주의를 하다.
- Maintenance Manual Procedure : 정비교범절차
※ 2024년 개정된 출제기준에서는 삭제된 내용

**13** 날개의 굽힘강도를 증가시키고 비틀림 하중에 의한 좌굴을 방지하는 구성품으로 길이 방향으로 적당한 간격으로 배치되어 있는 것은?

① 스파
② 스트링어
③ 리브
④ 벌크헤드

**14** 헬리콥터의 깃끝의 선속도($v$)와 각속도($\omega$)의 관계가 옳은 것은?(단, 헬리콥터 깃의 반지름은 $r$이다)

① $v = r\omega$
② $v = r^2\omega$
③ $v = \dfrac{\omega}{r}$
④ $v = \dfrac{\omega}{r^2}$

**해설**
선속도($v$) = 거리/시간, 헬리콥터 깃의 이동거리 $\Delta s = r\Delta\theta$,
각속도($\omega$) = $\Delta\theta/\Delta t$
따라서 $v = \dfrac{\Delta s}{\Delta t} = \dfrac{r\Delta\theta}{\Delta t} = r\omega$

**15** 항공기 동체의 세미모노코크구조를 구성하는 부재가 아닌 것은?

① 벌크헤드
② 리브
③ 스트링거와 세로대
④ 외피

**해설**
리브(Rib)는 날개의 구성품이다.

정답 11 ③ 12 ② 13 ② 14 ① 15 ②

**16** 헬리콥터 주 회전날개의 운동과 가장 거리가 먼 것은?

① 플래핑  ② 리드-래그
③ 페더링  ④ 버핏팅

**해설**
헬리콥터 주 회전날개는 기본적으로 3개의 관절이 있어 각각 플래핑, 페더링, 리드-래그 운동을 담당한다.

**17** 주날개 및 기체 일부에서 발생한 와류에 의해 날개에 이상 진동이 발생하는 현상은?

① 시미(Shimmy)
② 더치롤(Dutch Roll)
③ 턱언더(Tuck Under)
④ 버피팅(Buffeting)

**18** 비행기의 실속속도를 작게 하기 위한 방법으로 옳은 것은?

① 하중을 크게 한다.
② 날개면적을 크게 한다.
③ 공기의 밀도를 작게 한다.
④ 최대항력계수를 크게 한다.

**해설**
실속속도 $V_S = \sqrt{\dfrac{2W}{\rho S C_{L\max}}}$ 에서 보듯이, 하중이 작을수록, 밀도와 날개면적 및 최대양력계수가 클수록 실속속도는 작아진다.

**19** 다음 중 변형되지 않고 파손되는 성질은?

① 전성  ② 인성
③ 취성  ④ 연성

**해설**
금속의 기계적 성질
- 경도 : 금속의 무르고 단단한 정도
- 연성 : 끊어지지 않고 길게 선으로 뽑힐 수 있는 성질
- 인성 : 휘거나 비틀거나 구부렸을 때 버티는 힘
- 인장강도 : 형태의 길이 방향으로 압력을 가하거나 잡아 당겨도 부서지지 않는 힘
- 전성 : 부서짐 없이 넓게 늘어나며 펴지는 성질
- 취성 : 금속의 약한 정도로, 변형되지 않고 쉽게 분열되는 성질
- 탄성 : 압축, 절곡 등의 변형 시 원래의 형태로 돌아오려는 성질
※ 2024년 개정된 출제기준에서는 삭제된 내용

**20** 다음 중 항공기 기체에서 위치를 표시하는 선 중 동체중심선을 기준으로 오른쪽과 왼쪽으로 평행한 나비를 나타내는 선은?

① 동체 위치선
② 동체 수위선
③ 동체 버턱선
④ 날개 위치선

**해설**
※ 2024년 개정된 출제기준에서는 삭제된 내용

**21** 파괴에 대한 저항성이 우수한 알루미늄 합금으로 초두랄루민의 번호로 옳은 것은?

① 2017
② 2024
③ 2214
④ 2124

**해설**
- 두랄루민 : 2017
- 초두랄루민 : 2024
※ 2024년 개정된 출제기준에서는 삭제된 내용

**22** 항공기가 이륙하여 착륙을 완료하는 횟수를 뜻하는 용어로 옳은 것은?

① Flight Cycle
② Air Time
③ Time in Service
④ Block Time

**23** 탄소강에 니켈, 크로뮴, 몰리브데넘 등을 첨가한 것으로 인장 강도와 내구성이 높아 구조재나 부품 등에 널리 쓰이는 것은?

① 고장력강
② 알루미늄 합금
③ 타이타늄 합금
④ 내식용 합금강

**해설**
※ 2024년 개정된 출제기준에서는 삭제된 내용

**24** 기체부위 수리용 판재 굽힘 작업 시 수행하는 릴리프 홀(Relief Hole)의 설치 목적은?

① 판재의 무게를 경감시키기 위하여
② 판재에 연성을 부여하여 쉽게 구부릴 수 있도록 하기 위하여
③ 구부릴 판재에 필요한 굴곡 허용량을 계산하기 위하여
④ 구부린 판재에 응력이 집중되는 것은 경감시키고 균열을 방지하기 위하여

**25** 그림과 같은 공구는 어떤 작업을 할 때 사용되는 것인가?

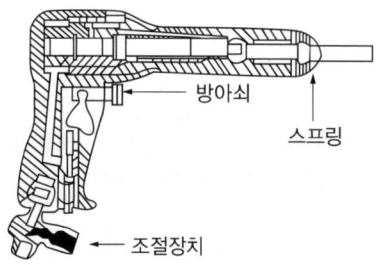

① 리벳작업
② 도장작업
③ 절단작업
④ 굽힘작업

**해설**
문제의 그림은 에어리벳건을 나타낸 것이며 이것은 리벳작업에 사용된다.

정답 21 ② 22 ① 23 ① 24 ④ 25 ①

**26** 다음 중 손작업에 대한 설명으로 틀린 것은?

① 철판에 구멍을 뚫을 때에는 일감이 회전하지 않도록 평형 클램프나 핸드 바이스로 일감을 고정시켜야 한다.
② 가공한 일감을 바이스의 가운데 부분에 고정할 때에는 구리판 또는 가죽 등을 사용하여 일감이 손상되지 않도록 고정한다.
③ 줄 작업을 하는 일감의 가공 방향은 가로 방향으로 하며, 줄의 일부분을 한정하여 이용 가공한다.
④ 나사내기 작업을 할 때에는 탭을 조금씩 가끔 반대 방향으로 회전시켜 주어야 한다.

**[해설]**
줄 작업 시 일감의 가공 방향은 줄의 길이 방향, 즉 작업 방향으로 하며, 줄의 일부가 아닌 전체를 이용하여 작업한다.

**27** 「MS20426AD4-4」 리벳을 사용한 리벳 배치 작업 시 최소 끝거리는 몇 in인가?

① 5/16   ② 3/8
③ 1/4    ④ 7/32

**[해설]**
리벳의 최소 끝거리는 리벳 지름의 2배이며, 접시머리 리벳의 최소 끝거리는 리벳 지름의 2.5배이다. 한편, MS20426 AD4-4는 접시머리 리벳으로서 지름은 4/32in, 즉 1/8in이다. 따라서 이 리벳의 최소 끝거리는 1/8in의 2.5배에 해당되는 5/16in이다.

**28** 토크렌치와 연장 공구를 이용하여 볼트를 400in·lbs로 체결하려 한다. 토크렌치와 연장 공구의 유효길이는 각각 25in와 15in이라면 토크렌치의 지시값이 몇 in·lbs를 지시할 때까지 죄어야 하는가?

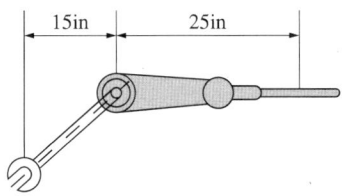

① 150   ② 200
③ 240   ④ 250

**[해설]**
연장공구 사용 시 토크값
$$T_W = T_A \times \frac{l}{l \times a} = 400 \times \frac{25}{25+15} = 250(\text{in} \cdot \text{lbs})$$
여기서, $T_W$ : 토크렌치 지시값
$T_A$ : 실제 조이는 토크값
$l$ : 토크렌치 길이
$a$ : 연장공구 길이

**29** 항공기 날개에 앞내림(Wash out)을 주는 직접적인 이유는?

① 날개의 방빙을 위하여
② 양력을 증가시키기 위하여
③ 세로 안정성을 좋게 하기 위하여
④ 실속이 날개뿌리에서부터 시작하도록 하기 위하여

**[해설]**
워시 아웃(Wash out) : 날개 끝으로 갈수록 받음각이 작아지도록 날개에 앞내림을 줌으로써 실속이 날개 뿌리에서부터 시작하도록 하는 것이다.

**30** 그림의 인치식 버니어 캘리퍼스(최소 측정값 $\frac{1}{128}$ in.)에서 * 표시한 눈금을 옳게 읽은 것은?

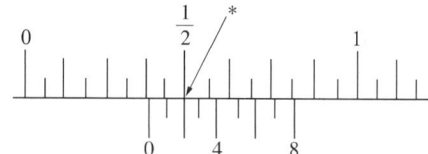

① $\frac{5}{32}$ in.  ② $\frac{9}{32}$ in.
③ $\frac{25}{64}$ in.  ④ $\frac{20}{64}$ in.

**해설**
최소 측정값 $\frac{1}{128}$ in. 버니어 캘리퍼스 눈금 읽기
$\frac{6}{16} + \frac{2}{128} = \frac{50}{128} = \frac{25}{64}$ (in.)

**31** 호스를 장착할 때 고려할 사항으로 틀린 것은?

① 호스의 경화 날짜를 확인하여 사용한다.
② 호스는 액체의 특성에 따라 재질이 변하므로 규정된 규격품을 사용한다.
③ 호스에 압력이 걸리면 수축되기 때문에 길이에 여유를 주어 약간 처지도록 장착한다.
④ 스웨이지된 접합 기구에 의하여 장착된 호스에서 누설이 있을 경우 누설된 일부분을 교환한다.

**해설**
호스 장착 시 주의사항
• 교환하고자 하는 부분과 같은 형태, 크기, 길이의 호스 이용
• 호스의 직선띠로 바르게 장착(비틀리면 압력 형성 시 결함 발생)
• 호스의 길이는 5~8% 여유길이 고려(압력 형성 시 바깥지름 커지고 길이 수축)
• 호스가 길 때는 60cm마다 클램프하여 지지

**32** 동체 여압실의 압력 유지 방법으로 적절하지 못한 것은?

① 기체의 내부와 외부 밀폐를 위한 스프링과 고무실(Seal)에 의한 방법
② 조종 로드의 통과 부분에 그리스와 와셔 등의 실(Seal)을 사용한 기밀 유지 방법
③ 고무 콘을 사용하여 기체 내부와 외부를 밀폐시키는 방법
④ 외피판과 부재와의 사이를 리벳으로 밀폐시키는 방법

**33** 비행 중 비행기의 세로 안정을 위한 것으로서 대형 고속 제트기의 경우 조종계통의 트림(Trim) 장치에 의해 움직이도록 되어있는 것은?

① 수직 안정판  ② 방향키
③ 수평 안정판  ④ 도움날개

**해설**
수직 안정판은 항공기의 방향 안정성을 제공하고 대형 고속제트기의 경우 수평 안정판은 비행 중 비행기의 세로 안정을 위한 것으로서 대형 고속제트기의 경우 조종계통의 트림(Trim) 장치에 의해 움직인다.

**34** 프로펠러 깃에 의해 발생하는 공기력 중 비행기의 진행방향으로 평행하게 발생하는 힘은?

① 추력  ② 저항력
③ 비틀림모멘트  ④ 원심력

**해설**
※ 2024년 개정된 출제기준에서는 삭제된 내용

**35** 항공기가 상승비행을 하기 위한 조건으로 옳은 것은?

① 이용마력 = 필요마력
② 이용마력 > 필요마력
③ 이용마력 < 필요마력
④ 이용마력 ≤ 필요마력

**해설**
이용마력과 필요마력의 차를 여유마력(잉여마력)이라고 하며, 비행기의 상승 성능을 결정하는 중요한 요소이다.

**36** 그림과 같이 A지점에 힘이 직각으로 3N과 4N이 작용한다면 합력 $F$는 몇 N인가?

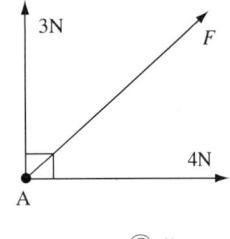

① 6    ② 5
③ 4    ④ 3

**해설**
합력($F$)은 피타고라스 정리에 의해
$F = \sqrt{3^2 + 4^2} = 5(N)$
※ 2024년 개정된 출제기준에서는 삭제된 내용

**37** 지름 0.5in, 인장강도 3,000lb/in²의 알루미늄봉은 약 몇 lb의 하중에 견딜 수 있는가?

① 589        ② 1,178
③ 2,112      ④ 3,141

**해설**
인장하중 $= \pi \times \left(\dfrac{0.5}{2}\right)^2 \times 3,000 ≒ 589.05 ≒ 589(\text{lb})$
※ 2024년 개정된 출제기준에서는 삭제된 내용

**38** 비행기가 항력을 이기고 전진하는 데 필요한 마력을 무엇이라고 하는가?

① 이용마력
② 여유마력
③ 필요마력
④ 제동마력

**39** 회전날개 항공기인 헬리콥터가 일반적인 고정날개 항공기와 다른 비행은?

① 선회비행
② 전진비행
③ 상승비행
④ 정지비행

**해설**
헬리콥터가 고정날개 항공기와 다른 점 중 하나는 정지비행(Hovering)이 가능하다는 것이다.

**40** 다음 중 항공기가 격납고 내에 있는 동안이나 연료의 급유와 배유작업 및 항공기의 정비작업 중에 반드시 행하여야 할 사항은?

① 받침대의 점검
② 접지
③ 견인장비의 점검
④ 전기기기의 점검

**해설**
항공기는 정전기 발생으로 인한 화재를 예방하거나 항공기의 정전기를 지상으로 방전시키기 위해 접지(항공기와 지상, 항공기와 연료차, 연료차와 지상)를 해야 한다.

**41** 응력외피형 날개의 I형 날개보의 구성품 중 웨브(Web)가 주로 담당하는 하중은?

① 인장하중
② 전단하중
③ 압축하중
④ 비틀림하중

**42** 다음 중 철강의 5원소가 아닌 것은?

① C
② Al
③ Mn
④ Si

**해설**
철강의 5대 원소로는 탄소(C), 망가니즈(Mn), 황(S), 인(P), 규소(Si) 등이 있다.
※ 2024년 개정된 출제기준에서는 삭제된 내용

**43** 부식 환경에서 금속에 가해지는 반복 응력에 의한 부식이며, 반복 응력이 작용하는 부분의 움푹 파인 곳의 바닥에서부터 시작되는 부식은?

① 점 부식
② 피로 부식
③ 입자 간 부식
④ 찰과 부식

**해설**
② 피로 부식 : 금속에 가해지는 반복 응력에 의해 발생
① 점 부식 : 금속 표면이 국부적으로 깊게 침식되어 작은 점 형태로 만들어지는 부식
③ 입자 간 부식 : 금속의 입자 경계면을 따라 생기는 선택적인 부식
④ 찰과 부식 : 마찰로 인한 부식으로 밀착된 구성품 사이에 작은 진폭의 상대 운동으로 인해 발생
※ 2024년 개정된 출제기준에서는 삭제된 내용

**44** 비행 중 조종간을 왼쪽과 오른쪽으로 움직이면 양쪽의 보조날개(Aileron)는 서로 어떤 방향으로 움직이는가?

① 항상 상승한다.
② 항상 하강한다.
③ 서로 같은 방향으로 움직인다.
④ 서로 반대 방향으로 움직인다.

정답  40 ②  41 ②  42 ②  43 ②  44 ④

**45** 도면의 형식에서 영역을 구분했을 때 주요 4요소에 속하지 않는 것은?

① 하이픈(Hyphen)
② 도면(Drawing)
③ 표제란(Title Block)
④ 일반 주석란(General Notes)

**해설**
도면의 주요 4요소 : 표제란, 변경란(Revision Block), 일반 주석란, 도면

**46** 고주파 담금질법, 침탄법, 질화법, 금속침투법들은 무엇을 하는 방법인가?

① 부식 방지 방법
② 표면 경화 방법
③ 비파괴 검사 방법
④ 재료 시험 방법

**해설**
표면 경화 방법 : 금속재료의 표면층만을 물리적·화학적 방법으로 경화시켜 부품의 강도·내마모성·내식성·내열성 등의 성질을 향상시키는 방법
※ 2024년 개정된 출제기준에서는 삭제된 내용

**47** 알루미늄 합금보다 비강도, 내식성이 좋으며 550℃까지 고온 성질이 우수하여 기관의 구조 부재로 사용되는 재질은?

① 청동합금
② Mg 합금
③ 인코넬(Inconel)
④ Ti 합금

**해설**
※ 2024년 개정된 출제기준에서는 삭제된 내용

**48** 항공기 제작 시 항공기 도면과 더불어 발행되는 도면 관련 문서가 아닌 것은?

① 적용 목록
② 부품 목록
③ 비행 목록
④ 기술 변경서

**해설**
항공기 도면과 더불어 발행되는 도면 관련 문서에는 적용 목록, 부품 목록, 기술 변경서, 또는 도면 변경서 등이 있다.
※ 2024년 개정된 출제기준에서는 삭제된 내용

**49** 그림은 항공기 날개의 어떤 부재의 종류인가?

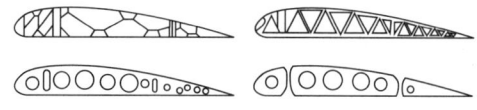

① 응력외피
② 리브
③ 스트링어
④ 날개보

**해설**
리브(Rib) : 날개의 단면이 공기역학적인 날개골을 유지할 수 있도록 날개의 모양을 형성해주는 구조부재

**50** 입구의 지름이 10cm이고, 출구의 지름이 20cm인 원형관에 액체가 흐르고 있다. 지름 20cm 되는 단면적에서의 속도가 2.4m/s일 때 지름 10cm 되는 단면적에서의 속도는 약 몇 m/s인가?

① 4.8
② 9.6
③ 14.4
④ 19.2

**해설**

$$V_1 = \frac{A_2}{A_1} \cdot V_2 = \frac{d_2^2}{d_1^2} V_2 = \frac{0.2^2}{0.1^2} \times 2.4 = 9.6(\text{m/s})$$

**51** 다음 중 밸런스 탭(Balance Tab)에 대한 설명으로 옳은 것은?

① 자동 비행을 가능하게 한다.
② 조종석의 조종장치와 직접 연결되어 탭만 작동시켜 조종면을 움직인다.
③ 조종사가 조종석에서의 임의로 탭의 위치를 조절할 수 있도록 되어 있다.
④ 1차 조종면과 반대 또는 같은 방향으로 움직이도록 기계적으로 연결되어 조타력을 가볍게 한다.

**해설**
**평형탭** : 조종면이 움직이는 방향과 반대 방향으로 움직이도록 기계적으로 연결된 탭
※ 2024년 개정된 출제기준에서는 삭제된 내용

**52** 헬리콥터의 착륙장치에 대한 설명으로 틀린 것은?

① 휠형 착륙장치는 자신의 동력으로 지상 활주가 가능하다.
② 스키드형의 착륙장치는 구조가 간단하고, 정비가 용이하다.
③ 스키드형은 접개들이식 장치를 갖고 있어 이·착륙이 용이하다.
④ 휠형 착륙장치는 지상에서 취급이 어려운 대형헬리콥터에 주로 사용된다.

**해설**
스키드형 : 설상 및 수상용이며, 접히지 않는다.

**53** 두 겹 또는 그 이상의 보강재를 사용하여 서로 겹겹이 덧붙이는 형태로 각 겹(Ply)은 서로 다른 재질이고, 한 방향 혹은 두 방향 형태의 직물이 사용된 혼합 복합소재의 구조 부재는?

① 탄소 섬유(Carbon Fiber)
② 선택적 배치(Selective Placement)
③ 인터플라이 혼합재(Inter-ply Hybrid)
④ 인트라플라이 혼합재(Intra-ply Hybrid)

**해설**
**하이브리드 복합소재**
- 인터플라이 : 2개 이상, 서로 다른 층을 만들어 붙이는 형태
- 인트라플라이 : 2개 이상인 화이버 글라스로 천을 짠다.
- 선택적 배치 : 파이버로 'I'빔과 같은 구조를 만듦, 강도, 유연성, 가격 절감

정답  50 ②  51 ④  52 ③  53 ③

**54** 항공기 도면에서 다음의 표시는 어떤 공차의 종류인가?

| // | .003 | A |

① 경사공차  ② 위치공차
③ 자세공차  ④ 끼움공차

**해설**
- 재질 : 알루미늄
- 0.003 : 허용 치수차, 자세공차
- ※ 2024년 개정된 출제기준에서는 삭제된 내용

**55** 항공기 구조부재 중 지름이 10cm, 길이가 250cm인 원형기둥의 세장비는?

① 50   ② 75
③ 100  ④ 125

**해설**
세장비 $= \dfrac{L(길이)}{K(반지름)}$

$K^2 = \dfrac{d^2}{16} = \dfrac{10^2}{16} = \dfrac{100}{16}$

$K = \sqrt{6.25} = 2.5$ 그러므로 $250 \div 2.5 = 100$

※ 2024년 개정된 출제기준에서는 삭제된 내용

**56** 화재 진압을 위하여 사용하는 $CO_2$소화기의 주된 소화효과는?

① 희석 소화  ② 질식 소화
③ 제거 소화  ④ 억제 소화

**해설**
이산화탄소를 연소하는 면에 방사하게 되면 가스의 질식작용에 의해 소화되는 원리를 말한다.

**57** 기체 구조를 수리할 때 기본적으로 지켜야 할 사항으로 가장 관계가 먼 것은?

① 최소 무게 유지
② 원래의 형태 유지
③ 최소의 정비 비용
④ 원래의 강도 유지

**해설**
응력은 단위 면적당 작용하는 힘으로 재료인 강도, 무게, 윤곽, 부식방지, 최소의 리벳 수 사용, 모서리를 원형으로 한다.

**58** 장비나 부품의 상태는 관계하지 않고, 정비 시간의 한계 및 폐기 한계에 도달한 장비와 부품을 새로운 것으로 교환하는 정비 방법은?

① 시한성 정비
② 상태 정비
③ 신뢰성 정비
④ 검사 정비

**해설**
**시한성 품목** : 부품의 사용한계 시간을 설정하여 제한시간에 도달하면 항공기에서 떼어내어 오버홀을 해야 하는 부품

정답  54 ③  55 ③  56 ②  57 ③  58 ①

**59** 육안검사(Visual Inspection)에 대한 설명으로 가장 거리가 먼 것은?

① 빠르고 경제적이다.
② 가장 오래된 비파괴검사방법이다.
③ 신뢰성은 검사자의 능력과 경험에 좌우된다.
④ 다이체크(Dye Check)는 간접 육안검사의 일종이다.

[해설]
다이체크(Dye Check)는 육안검사가 아닌 색조를 이용한 비파괴검사이다.
※ 2024년 개정된 출제기준에서는 삭제된 내용

**60** 그림과 같은 종류의 공구 명칭은?

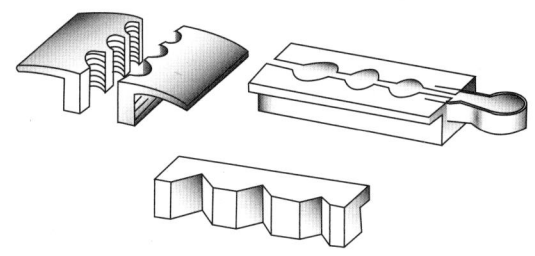

① 탭
② 클램프
③ 고정 척
④ 바이스 보조 조

# 2019년 제1회 과년도 기출복원문제

**01** 왕복기관을 장착한 프로펠러 비행기에서 프로펠러 효율 및 모든 조건이 일정한 경우에 제동마력이 커지면 이용마력 또는 필요마력은 각각 어떻게 되는가?

① 이용마력이 증가한다.
② 이용마력이 감소한다.
③ 필요마력이 감소한다.
④ 필요마력이 증가한다.

**해설**
마력
- 이용마력 : 비행기를 가속 또는 상승시키기 위하여 기관으로부터 발생시킬 수 있는 출력
- 필요마력 : 항공기가 항력을 이기고 전진하는 데 필요한 마력
- 제동마력 : 실제 기관이 프로펠러 축을 회전시키는 데 든 마력

**02** 비행기의 상승한계를 고도가 높은 것에서부터 낮은 순서로 나열한 것은?

① 운용상승한계 → 절대상승한계 → 실용상승한계
② 운용상승한계 → 실용상승한계 → 절대상승한계
③ 절대상승한계 → 운용상승한계 → 실용상승한계
④ 절대상승한계 → 실용상승한계 → 운용상승한계

**해설**
상승한도
- 절대상승한도(Absolute Ceiling) : 상승률이 영이 되는 고도(실제측정 불가)로 고도가 최고도에 올라가 더 이상 상승이 되지 않는 지점을 말한다.
- 실용상승한도(Service Ceiling) : 상승률이 100ft/min가 되는 고도(실측 가능)
- 운용상승한도(Operating Ceiling) : 상승률이 500ft/min가 되는 고도(실측 가능)

**03** 항공기 날개에 앞내림(Wash Out)을 주는 직접적인 이유는?

① 날개의 방빙을 위하여
② 양력을 증가시키기 위하여
③ 세로 안정성을 좋게 하기 위하여
④ 실속이 날개뿌리에서부터 시작하도록 하기 위하여

**해설**
워시 아웃(Wash Out) : 날개 끝으로 갈수록 받음각이 작아지도록 날개에 앞내림을 줌으로써 실속이 날개 뿌리에서부터 시작하도록 하는 것이다.

**04** 다음 문장이 뜻하는 계기로 옳은 것은?

"An instrument that measures and indicates height in feet."

① Altimeter
② Air Speed Indicator
③ Turn and Slip Indicator
④ Vertical Velocity Indicator

**해설**
① 고도계
② 속도계
③ 선회지시계
④ 수직속도표시계
※ 2024년 개정된 출제기준에서는 삭제된 내용

**05** 항공기용 소화제가 갖추어야 할 조건이 아닌 것은?

① 장기간 안정되고 저장이 쉬워야 한다.
② 소량으로 높은 소화능력을 가져야 한다.
③ 안전을 위하여 방출압력이 없어야 한다.
④ 항공기의 기체 구조물들을 부식시키지 말아야 한다.

**06** 중력식 연료 보급법에 비교하여 압력식 연료 보급법의 특징으로 틀린 것은?

① 주유시간이 절약된다.
② 연료 오염 가능성이 적다.
③ 항공기 접지가 불필요하다.
④ 항공기 표피 손상 가능성이 적다.

**해설**
연료를 보급할 때는 기체와 연료 보급차를 접지선에서 지면에 접지시킨다. 이것은 번개에 의해 항공기에 발생하는 전하를 지면으로 가게 하기 위해서이다.
중력식 연료 보급법
- 항공기의 날개 위에서 연료를 보급하는 방법
- 연료를 보급하기 전에 연료 보급 차량은 항공기를 접지시킨 지점에 접지시킨다.

**07** 두드리거나 압착하면 얇게 펴지는 금속의 성질은?

① 전성        ② 취성
③ 인성        ④ 연성

**해설**
금속의 기계적 성질
- 경도 : 금속의 무르고 단단한 정도
- 연성 : 끊어지지 않고 길게 선으로 뽑힐 수 있는 성질
- 인성 : 휘거나 비틀거나 구부렸을 때 버티는 힘
- 인장강도 : 형태의 길이 방향으로 압력을 가하거나 잡아 당겨도 부서지지 않는 힘
- 전성 : 부서짐 없이 넓게 늘어나며 펴지는 성질
- 취성 : 금속의 약한 정도로, 변형되지 않고 쉽게 분열되는 성질
- 탄성 : 압축, 절곡 등의 변형 시 원래의 형태로 돌아오려는 성질
※ 2024년 개정된 출제기준에서는 삭제된 내용

**08** 항공기 재료 중 먼지나 수분 또는 공기가 들어오는 것을 방지하고, 누설을 방지하며, 소음방지를 위해 쓰이는 재료는?

① 섬유        ② 세라믹
③ 고무        ④ 플라스틱

**해설**
고무는 공기, 액체, 가스 등의 누설을 방지하거나 진동과 소음을 방지하기 위한 부분에 주로 사용된다.
※ 2024년 개정된 출제기준에서는 삭제된 내용

**09** 무기질 유리를 고온에서 용융, 방사하여 제조하며, 밝은 흰색을 띠고, 값이 저렴하여 가장 많이 사용되는 강화섬유는?

① 유리 섬유
② 탄소 섬유
③ 아라미드 섬유
④ 보론 섬유

**해설**
② 탄소 섬유 : 주로 흑연구조를 가진 탄소로 이루어진 섬유. 탄성과 강도가 크기 때문에 흔히 철보다 강하고 알루미늄보다 가볍다.
③ 아라미드 섬유 : 방향족 폴리아미드 섬유로서 이것의 복합재료는 알루미늄합금보다 인장강도가 4배 이상 높으나 온도변화에 대한 신축성이 크다는 단점이 있다.
④ 보론 섬유 : 뛰어난 압축 강도와 경도를 가지고 있다. 열팽창률이 크고 금속과의 점착성이 좋다.

**10** 고주파 담금질법, 침탄법, 질화법, 금속침투법들은 무엇을 하는 방법인가?

① 부식 방지 방법
② 표면 경화 방법
③ 비파괴 검사 방법
④ 재료 시험 방법

**해설**
**표면 경화 방법** : 금속재료의 표면층만을 물리적·화학적 방법으로 경화시켜 부품의 강도·내마모성·내식성·내열성 등의 성질을 향상시키는 방법
※ 2024년 개정된 출제기준에서는 삭제된 내용

**11** 한쪽 끝은 고정 지지점이고, 다른 쪽은 롤러 지지점인 보의 종류는?

① 단순보
② 외팔보
③ 고정보
④ 고정지지보

**해설**
보의 지지방법에 의한 분류
• 고정지지보, 단순-고정보 : 일단은 고정되고 다른 한 끝은 이동 지점으로 지지된 보
• 외팔보(Cantilever) : 일단이 고정되고, 다른 한 끝이 자유롭게 된 보
• 단순보(Simple Beam) : 일단은 이동지점, 다른 한 끝은 회전지점으로 지지된 가장 간단한 보
• 내다지보, 돌출보 : 지지방법은 단순보와 같으나 지점 밖으로 돌출된 부분이 있는 보
• 양단고정보, 고정보 : 양단이 고정지지된 보
• 연속보 : 한 개의 회전지점과 2개 이상의 이동 지점이 연속하여 지지되어 있는 보
※ 2024년 개정된 출제기준에서는 삭제된 내용

**12** 그림과 같이 두 판재가 200kgf의 인장력을 받을 때, 그 사이의 리벳의 단면에 작용하는 전단응력의 크기는 몇 kgf/cm²인가?(단, 리벳의 단면적은 2cm²이다)

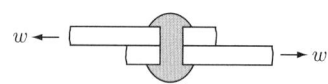

① 0.01
② 100
③ 200
④ 400

**해설**
전단응력$(\tau) = \dfrac{V}{A} = \dfrac{200}{2} = 100(kgf/cm^2)$
※ 2024년 개정된 출제기준에서는 삭제된 내용

**13** 동체구조 중 세로대(Longeron)에 수평 부재와 수직 부재 및 대각선 부재 등으로 이루어진 구조가 대부분을 담당하는 형식은?

① 트러스형 동체
② 응력외피형 동체
③ 모노코크형 동체
④ 세미모노코크형 동체

**해설**
동체
- 트러스형 동체 : 세로대를 동체 단면의 네 모서리에 앞뒤 방향으로 설치하고, 수평 부재, 수직 부재 및 대각선 부재 등으로 트러스를 만든 다음, 그 위에 외피인 우포나 얇은 금속판을 씌운 구조이다.
- 응력 외피형 동체 : 외피가 항공기의 형태를 이루면서 항공기에 작용하는 하중의 일부분을 담당하기 때문에 응력 외피형 동체라고 한다.
  - 모노코크 구조 : 정형재와 벌크헤드 및 외피로 구성되며, 대부분의 하중을 외피가 담당한다.
  - 세미모노코크 구조 : 모노코크 구조에 프레임과 세로대, 스트링어 등을 보강하고, 그 위에 외피를 얇게 입힌 구조이다.

**14** 항공기 제작 시 항공기 도면과 더불어 발행되는 도면 관련 문서가 아닌 것은?

① 적용 목록
② 부품 목록
③ 비행 목록
④ 기술 변경서

**해설**
항공기 도면과 더불어 발행되는 도면 관련 문서에는 적용 목록, 부품 목록, 기술 변경서 또는 도면 변경서 등이 있다.
※ 2024년 개정된 출제기준에서는 삭제된 내용

**15** 로드를 이용한 조종계통에서 회전운동에 의해 직선운동의 방향을 바꿔 로드의 운동을 전달하는 기구는?

① 풀리(Pulley)
② 벨 크랭크(Bell Crank)
③ 조종로크(Control Rock)
④ 푸시풀 로드(Push Pull Rod)

**16** 미국재료시험협회(ASTM)에서 정한 질별기호 중 풀림처리를 나타내는 기호는?

① O  ② H
③ F  ④ W

**해설**
알루미늄 특성 기호
- O : 풀림 처리한 것
- F : 제조 상태 그대로인 것
- H : 냉간 가공한 것
- W : 용체화 처리 후 자연 시효한 것
- T : 열처리한 것
※ 2024년 개정된 출제기준에서는 삭제된 내용

정답  13 ① 14 ③ 15 ② 16 ①

**17** 꼬리날개에 대한 설명으로 옳은 것은?

① T형 꼬리날개는 날개 후류의 영향을 받아서 성능이 좋아지고 무게경감에 도움을 준다.
② 수평 안정판이 동체와 이루는 붙임각은 Down-wash를 고려하여 수평보다 조금 아래 방향으로 되어 있다.
③ 도살 핀은 방향 안정성 증가가 목적이지만 가로 안정성 증가에도 도움이 된다.
④ 꼬리날개는 큰 하중을 담당하지 않으므로 보통 리브와 스킨으로만 구성되어 있다.

**해설**
도살 핀은 수직 꼬리날개가 실속하는 큰 옆미끄럼각에서도 방향 안정을 유지하는 강력한 효과를 얻는다.
- T형 꼬리날개는 동체의 후류로부터 영향을 받지 않아 꼬리날개의 공기 흐름을 양호하게 하고 꼬리날개에서 발생하는 진동을 감소시킨다.
- 수평 안정판은 비행 중 항공기의 세로 안정성을 담당한다.
- 꼬리날개는 항공기의 안정을 유지하고 기체의 자세나 비행방향을 변화시키는 역할을 한다.

**18** 프로펠러 진행률($J$)을 나타내는 식 $J = \dfrac{V}{nD}$에서 $n$이 의미하는 것은?

① 프로펠러의 날개수
② 프로펠러의 회전반지름
③ 프로펠러의 1초당 회전수
④ 프로펠러의 1초당 회전거리

**해설**
프로펠러 진행률 = $\dfrac{\text{비행속도(m/s)}}{\text{프로펠러 1초당} \times \text{프로펠러 지름(m)}}$

※ 2024년 개정된 출제기준에서는 삭제된 내용

**19** 국제표준대기로 정한 해면 고도의 특성값이 틀린 것은?

① 온도 20℃
② 압력 1,013.25hPa
③ 해면고도 0m
④ 압력 29.921inHg

**해설**
표준대기란 해발고도 0m일 때 기온 15℃에서의 기압을 1,013.25 헥토파스칼(hPa/mbar), 미국과 캐나다에서는 이와 같은 값인 29.921수은주인치(inHg)로 설정했다.

**20** 다음 중 비행기의 가로 안정에 가장 큰 영향을 미치는 것은?

① 동체의 모양
② 기관의 장착 위치
③ 날개의 쳐든각
④ 플랩(Flap)의 장착 위치

**해설**
쳐든각(상반각)의 효과 : 옆미끄럼에 의한 옆놀이에 정적인 안정을 주며, 가로 안정에 가장 유리한 요소이다.

**21** 조종력은 조종사에 의해 조종간이나 페달이 작동되어 조종계통을 통하여 힌지축에 전달된다. 이때 조종면에서 발생되는 힌지모멘트를 구하는 식으로 옳은 것은?(단, $C_h$ : 힌지모멘트계수, $b$ : 조종면의 폭, $q$ : 동압, $\overline{C}$ : 조종면의 평균 시위이다)

① $\dfrac{\overline{C^2}}{C_h qb}$  ② $\dfrac{\overline{C^2}q}{bC_h}$

③ $\dfrac{qb\overline{C}}{C_h}$  ④ $C_h qb \overline{C^2}$

**해설**
※ 2024년 개정된 출제기준에서는 삭제된 내용

**22** 그림에서 나타내는 항력(Drag)의 종류를 각각 옳게 짝지은 것은?

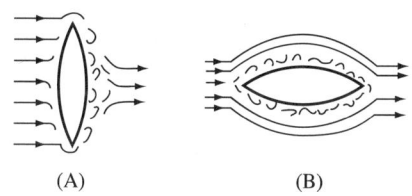

① (A) 유도항력  (B) 압력항력
② (A) 표면마찰항력  (B) 유해항력
③ (A) 간섭항력  (B) 유도항력
④ (A) 압력항력  (B) 표면마찰항력

**해설**
(A) 압력항력 : 형태항력, 형상항력이라고도 한다. 압력항력의 크기는 물체와 유체의 상대적 운동, 물체의 선두와 후미지역 간의 압력 차이, 유체의 흐름과 수직을 이루는 물체의 횡단면적의 크기에 의하여 결정된다.
(B) 표면마찰항력 : 표면항력, 점성항력이라고도 한다. 표면항력의 크기는 물체와 유체의 상대적 운동, 유체의 흐름에 노출된 물체의 표면적, 물체표면의 거친 정도 및 유체의 점성 등에 의하여 결정된다.

**23** 항공기의 이착륙 시 양력을 증가시키는 방법이 아닌 것은?

① 날개 면적을 크게 한다.
② 최대 양력계수를 크게 한다.
③ 경계층 제어장치를 이용한다.
④ 에어브레이크(Air Brake)를 사용한다.

**해설**
에어브레이크는 항력만을 증가시켜 비행기의 속도를 감소시키기 위한 고항력장치이다.

**24** 무게가 2,000kgf인 비행기가 고도 5,000m 상공에서 급강하하고 있다. 이때, 속도는 약 몇 m/s인가?(단, 항력계수 : 0.03, 날개하중 : 274kgf/m², 밀도 : 0.075kgf·s²/m⁴이다)

① 494  ② 1,423
③ 1,973  ④ 1,777

**해설**
급강하속도 $V_D = \sqrt{\dfrac{2W}{\rho S C_D}}$

$= \sqrt{\dfrac{2}{\rho C_D} \times \dfrac{W}{S}} = \sqrt{\dfrac{2}{0.075 \times 0.03} \times 274}$

$\fallingdotseq 494(\text{m/s}) \fallingdotseq 1,777(\text{km/h})$

여기서, $\rho$ : 밀도
$W$ : 항공기 중량
$S$ : 날개면적
$C_D$ : 항력계수

날개하중 = $\dfrac{\text{비행기의 총중량}}{\text{날개의 면적}}$, 1m/s = 3.6km/h

**25** 동적 세로 안정의 단주기 운동 발생 시 조종사가 대처해야 하는 방법으로 가장 옳은 것은?

① 조종간을 자유롭게 놓아야 한다.
② 즉시 조종간을 작동시켜야 한다.
③ 받음각이 작아지도록 조작해야 한다.
④ 비행 불능상태이므로 즉시 탈출하여야 한다.

**해설**
동적 세로 안정의 단주기 운동 대처법
조종간을 자유롭게 하여 필요한 감쇠를 갖도록 하는 것이다. 단주기 진동 시 조종사는 1~2초 내에 반응해야 하는데, 그렇지 못한 경우의 조종간 고정은 오히려 더 큰 동적 불안정 운동을 유발할 수 있다.
※ 단주기 운동 : 항공기 진동에서 빠른 주파수가 빠르게 진폭이 감쇠한다.

**26** 항공기에 이용되는 고압가스 중 하이드라진의 주된 용도는?

① 항공기의 화재 시 소화제로 사용
② 항공기의 독극물 취급 시 중화시키는 해독제로 사용
③ 항공기가 고공비행 중 산소가 없을 때 산소대용으로 사용
④ 항공기 조종계통의 작동을 위한 비상동력원으로 사용

**해설**
비상동력원을 작동시키면 하이드라진이 화학반응을 시작하는데, 이때 고온고압의 가스가 대량으로 생긴다. 그러면 이 가스를 고속으로 배출시키면서 터빈을 돌려서 힘을 얻을 수 있다.

**27** Sealing 작업에 사용하는 Sealants의 취급 시 안전사항이 아닌 것은?

① 2인 1조로 작업할 것
② Sealants를 취급 시 보호장구를 착용할 것
③ Sealants에서 발생되는 증기를 마시지 말 것
④ Sealants 작업은 환기가 잘되는 곳에서 할 것

**해설**
실란트(Sealant)라 함은 틈새를 메워 주거나 방수기능을 하는 재료이다.
※ 2024년 개정된 출제기준에서는 삭제된 내용

**28** 항공기 정비 시 품질관리를 위한 과정이 옳게 나열된 것은?

① 계획(Plan) → 실시(Do) → 검토(Check) → 조치(Action)
② 실시(Do) → 검토(Check) → 계획(Plan) → 조치(Action)
③ 검토(Check) → 계획(Plan) → 실시(Do) → 조치(Action)
④ 검토(Check) → 실시(Do) → 계획(Plan) → 조치(Action)

**29** 어미자 19mm를 20등분한 아들자로 구성된 버니어캘리퍼스의 최소 측정값은 몇 mm인가?

① 0.1     ② 0.05
③ 0.01    ④ 0.005

**해설**
버니어캘리퍼스의 최소 눈금은 0.05mm이다.

**30** 인화성 액체에 의한 화재의 종류는?

① A급 화재  ② B급 화재
③ C급 화재  ④ D급 화재

해설
화재의 종류

| 화재의 종류 | 화재명칭 |
|---|---|
| A급 화재 | 일반화재 |
| B급 화재 | 유류화재 |
| C급 화재 | 전기화재 |
| D급 화재 | 금속화재 |
| E급 화재 | 가스화재 |

**31** 헬리콥터의 동력전달장치에 대한 설명으로 옳은 것은?

① 기관의 동력은 변속기와 기관 출력 사이에 설치된 오버러닝 클러치를 거쳐서 전달된다.
② 주회전날개의 구동축은 한쪽이 스플라인(Spline)으로 되어 있어, 변속기의 출력축에 접속되고, 반대쪽은 테일 로터 구동축에 연결된다.
③ 꼬리회전날개 구동축은 주회전날개 구동축과 꼬리회전날개 기어박스의 입력축 사이를 연결하는 축이다.
④ 오버러닝 클러치는 기관 회전수가 주회전날개의 회전수보다 클 때 자동으로 분리하여 파손을 방지한다.

해설
② 회전날개 구동축은 강재의 튜브로 만들어지며, 2개의 베어링에 의해 지지된다. 한쪽이 스플라인으로 되어 있어 변속기의 출력축에 접속되고, 반대쪽은 회전날개의 허브에 장착할 수 있도록 되어 있다.
③ 꼬리회전날개의 구동축은 변속기의 출력축과 꼬리회전날개의 기어박스를 연결하는 역할을 한다.
④ 오버러닝 클러치는 프리휠 클러치라고도 하며, 기관의 작동이 불량하거나 정지비행 중 회전날개의 회전에 지장이 초래되는 현상, 즉 기관브레이크의 역할을 방지하기 위한 것이다.
※ 2024년 개정된 출제기준에서는 삭제된 내용

**32** 다음 중 항공기 기체에서 위치를 표시하는 선 중 동체 중심선을 기준으로 오른쪽과 왼쪽으로 평행한 나비를 나타내는 선은?

① 동체 위치선
② 동체 수위선
③ 동체 버턱선
④ 날개 위치선

해설
※ 2024년 개정된 출제기준에서는 삭제된 내용

**33** 도면의 특징과 성격에 대한 설명으로 틀린 것은?

① 정보를 매우 쉽게 보관할 수 있는 수단이 된다.
② 아이디어(Idea)를 구체화시키는 기능을 수행한다.
③ 도면의 작성자의 개성이 표출되도록 개별적인 규칙과 규범을 사용한다.
④ 작성자의 의사와 도면 관련 정보를 간단하고 신속하며 정확하게 전달한다.

해설
도면은 설계자와 제작자 및 정비작업자와 그 밖에 이에 관련되는 모든 사람들과 약속된 하나의 규약에 의하여 만들어지는 설계규격에 대한 최종적인 권위를 나타내는 것이다.
※ 2024년 개정된 출제기준에서는 삭제된 내용

**34** 감항성 기준에 대한 설명으로 옳은 것은?

① 하중배수란 극한하중과 제한하중의 비이다.
② 종극하중에 안전계수를 곱한 것이 제한하중이다.
③ 안전계수란 운용상태에서 예상되는 하중보다 큰 하중이 작용한다는 가능성에 대비하여 적용하는 설계계수이다.
④ 종극하중배수는 항공기의 구조 강도면에서 최소 제한의 기준으로 한다.

**해설**
① 하중배수란 항공기에 작용하는 하중과 항공기 중량과의 비
② 제한하중이란 비행 중에 생길 수 있는 최대의 하중이다.
④ 종극하중은 예기치 않은 과도한 하중으로 일반적으로 제한 하중에 항공기의 일반적인 안전계수 1.5를 곱한 하중이다.

**35** 비행 중 조종간을 왼쪽과 오른쪽으로 움직이면 양쪽의 보조날개(Aileron)는 서로 어떤 방향으로 움직이는가?

① 항상 상승한다.
② 항상 하강한다.
③ 서로 같은 방향으로 움직인다.
④ 서로 반대 방향으로 움직인다.

**36** 항공기 구조 중 하중의 일부만을 스킨이 담당하며 세로대(Longeron)와 가로대(Frame), 스트링어(Stringer) 등의 부재로 구성되어 있는 구조는?

① 트러스 구조
② 모노코크 구조
③ 허니콤 구조
④ 세미모노코크 구조

**37** 코리올리스 효과(Coriolis Effect)에 의한 주회전 날개의 가속이나 감속 현상을 보완하기 위해 설치된 장치는?

① 플래핑 힌지
② 리드-래그 힌지
③ 페더링 힌지
④ 스와시 플레이트

**해설**
코리올리스 효과에 의해 헬리콥터 회전날개가 앞서거나(Lead) 뒤처지는(Lag) 현상을 보완하기 위한 장치를 리드-래그 힌지(Lead-Lag Hinge), 또는 항력 힌지라고 한다.

**38** 헬리콥터의 동체에 발생한 회전력을 공기압력을 이용하여 상쇄 또는 조절하기 위한 테일붐 끝의 반동추진장치를 무엇이라 하는가?

① 노타(Notar)
② 호버링(Hovering)
③ 평형(Balance Type)
④ 역추력(Reverse Thrust)

**해설**
Notar = No Tail Rotor

**39** 기술 변경서의 기록 내용 중 처리부호(TC ; Transaction Code)와 의미가 옳게 연결된 것은?

① R – 개정
② L – 연결
③ A – 최초
④ C – 삭감

**해설**
처리부호(TC ; Transaction Code)
• C – Create(신규)
• A – Add(추가)
• D – Decrease(삭감)
• L – Limit(제한)
• R – Revise(개정)

**40** 항공기 날개의 양력을 증가시키는 데 사용되는 장치는?

① 트림탭과 밸런스탭
② 뒷전과 앞전의 트랩
③ 앞전의 슬랫과 슬롯
④ 스피드 브레이크와 스포일러

**해설**
날개 앞전의 슬랫(Slat)과 슬롯(Slot)은 양력을 증대시켜 주는 고양력 장치에 속하며, 스포일러는 항력을 증가시켜 주는 고항력 장치에 속한다.

**41** 날개 표면에서 공기흐름이 박리(Separation)되어 후류가 발생할 때의 현상으로 옳은 것은?

① 압력, 항력이 감소한다.
② 운동량 손실이 작아진다.
③ 항력이 급속히 감소한다.
④ 양력이 급속히 감소한다.

**해설**
박리가 생기면 양력은 급격히 감소하고, 항력은 증가한다.

**42** 타원형 날개의 유도항력을 줄이기 위한 방법으로 옳은 것은?

① 양력을 증가시킨다.
② 스팬 효율을 감소시킨다.
③ 가로세로비를 감소시킨다.
④ 날개의 길이를 증가시킨다.

**해설**
유도항력 $C_{D_i} = \dfrac{C_L^2}{\pi e AR}$을 줄이기 위해서는 양력을 감소시키거나, 스팬 효율계수($e$)를 증가시키거나 가로세로비(AR)를 크게 하면 된다. 여기서, 가로세로비를 크게 하려면 날개 길이를 증가시킨다.

**43** 버피팅(Buffeting)현상에 대한 설명으로 옳은 것은?

① 가로방향 불안정 상태이다.
② 하중계수의 감소현상이 원인이다.
③ 조종력에 역작용이 발생하는 현상이다.
④ 압축성 실속 또는 날개의 이상 진동이다.

**44** 항공기용 기계요소 중 조종계통의 조종변위를 전달하는 역할을 하는 것은?

① 케이블
② 볼트
③ 리벳
④ 너트 커플링

**45** Al-Clad라고 쓰여 있는 알루미늄 판재의 의미는 무엇인가?

① 알루미늄 제조회사의 상품 표시이다.
② 순수 알루미늄 피막이 입혀 있다는 뜻이다.
③ 알루미늄 판재는 모두 Al-Clad라고 한다.
④ 사용하기 전에 알루미늄을 도금해야 된다는 경고이다.

**[해설]**
Al-Clad는 알루미늄합금 판재 표면에 순수 알루미늄 피막을 입혀서 부식을 방지하는 효과를 얻는다.
※ 2024년 개정된 출제기준에서는 삭제된 내용

**46** 다음 중 두께게이지와 같은 용도로 사용되는 게이지는?

① R게이지
② 피치게이지
③ 나이프에지게이지
④ 필러게이지

**47** 항공기를 들어 올리는 작업을 할 때 안전사항으로 틀린 것은?

① 사용할 장비의 작동상태를 점검한다.
② 작업 중에 항공기 안에 사람이 있어서는 안 된다.
③ 항공기를 들어 올리고 내릴 때는 천천히 꼬리부분이 먼저 올려지고, 내려오도록 한다.
④ 어댑터 등 부속장비의 정확한 사용과 기체의 중량을 확인해야 하며, 필요한 경우에는 밸러스트를 사용한다.

**[해설]**
항공기를 잭 작업 시에는 항공기가 수평이 되게 유지하면서 들어 올리고 내려야 한다.

**48** [보기]에서 격납고 내의 항공기에 배유 작업이나 정비 작업 중 접지(Ground)점을 모두 골라 나열한 것은?

┌보기┐
항공기 기체, 연료차, 지면, 작업자

① 연료차, 지면
② 항공기 기체, 작업자
③ 항공기 기체, 연료차, 지면
④ 항공기 기체, 연료차, 지면, 작업자

**[해설]**
3점 접지 : 항공기 기체, 연료차, 지면

정답 44 ① 45 ② 46 ④ 47 ③ 48 ③

**49** 판금설계 중 설계도가 없어 항공기 부품으로부터 직접 모형을 떠야 할 필요가 있을 때 사용하는 설계 방식은?

① 평면 전개
② 모형 뜨기
③ 모형 전개도법
④ 입체 전개

**50** 다음 중 헬리콥터의 변속기와 기어박스에 대한 점검사항이 아닌 것은?

① 윤활유의 누설점검
② 기어박스 사용점검
③ 윤활유의 오염상태점검
④ 터빈축의 마모점검

해설
※ 2024년 개정된 출제기준에서는 삭제된 내용

**51** 다음 중 자분탐상검사 시 자력선이 가장 쉽게 통과하는 재료는?

① 구리
② 철
③ 타이타늄
④ 알루미늄

해설
자분탐상검사가 용이한 물체는 강자성체로서 철, 코발트, 니켈 등이 여기에 속한다.
※ 2024년 개정된 출제기준에서는 삭제된 내용

**52** 인티그럴 연료탱크(Integral Tank)에 대한 설명으로 옳은 것은?

① 금속제품의 탱크를 내장한다.
② 합성고무 제품의 탱크를 내장한다.
③ 접합부 등에 밀폐제(Sealant)를 바를 필요가 없다.
④ 날개보와 외피에 의해 만들어진 공간 그 자체를 연료탱크로 이용한다.

**53** 항공기의 도면에서 위치 기준선으로 사용되지 않는 것은?

① 버턱라인
② 워터라인
③ 동체스테이션
④ 캠버라인

해설
캠버라인(캠버선)은 에어포일 특성과 관련된 기준선이다.
※ 2024년 개정된 출제기준에서는 삭제된 내용

정답 49 ② 50 ④ 51 ② 52 ④ 53 ④

**54** 다음 중 가장 가벼운 금속 원소는?

① Mg　　② Fe
③ Cr　　④ He

**해설**
문제에서 가벼운 순서대로 나열하면, He(헬륨) > Mg(마그네슘) > Cr(크로뮴) > Fe(철)이지만, 헬륨은 금속이 아니므로 답은 Mg이다.
※ 2024년 개정된 출제기준에서는 삭제된 내용

**55** 기관 마운트(Engine Mount)에 대한 설명으로 옳은 것은?

① 방화벽은 왕복기관의 경우 기관의 앞쪽에 위치하고 구조역학적으로 벌크헤드의 역할을 하며 재질은 스테인리스강으로 되어 있다.
② 기관 마운트는 기관의 무게를 지지하고 기관에서 발생하는 항력을 기체에 전달하는 구조물이다.
③ 기관 마운트는 토크 및 추력과 기관 및 프로펠러 무게에 의한 관성력 등을 고려하여 설계 및 제작하여야 한다.
④ 기관 마운트 등을 쉽게 장착과 장탈을 할 수 있도록 설계된 기관을 SCU(Supplemental Control Unit)기관이라고 한다.

**해설**
방화벽은 보통 기관 뒤쪽에 위치하며, 기관 마운트는 기관에서 발생한 추력을 기체에 전달하는 구조물이다. 한편 엔진 마운트 등을 쉽게 장탈 가능한 엔진을 QEC(Quick Engine Change)엔진이라고 한다.

**56** 올레오식 완충 스트럿을 구성하는 부재들 중 토션 링크의 역할은?

① 항공기의 무게를 지지
② 완충 스트럿의 전후 움직임을 지지
③ 완충 스트럿의 좌우 움직임을 지지
④ 내부 실린더의 좌우 회전 방지와 바퀴의 직진성 유지

**57** 항공기의 총모멘트가 400,000kg·cm이고, 총무게가 5,000kg일 때 이 항공기의 무게중심 위치는 몇 cm인가?

① 5　　② 50
③ 80　　④ 160

**해설**
모멘트 = 힘 × 거리

따라서 무게중심 거리 = $\dfrac{400,000}{5,000}$ = 80(cm)

※ 2024년 개정된 출제기준에서는 삭제된 내용

**58** 샌드위치 구조에 대한 설명으로 틀린 것은?

① 무게를 감소시키는 장점이 있다.
② 트러스 구조에서 외피로 쓰인다.
③ 국부적인 휨 응력이나 피로에 강하다.
④ 보강재를 끼워 넣기 어려운 부분이나 객실 바닥면에 사용된다.

**59** 부식 발생 시 녹색 산화 피막이 생기는 금속 재료는?

① 철강 재료
② 마그네슘 합금
③ 구리 합금
④ 알루미늄 합금

**해설**
※ 2024년 개정된 출제기준에서는 삭제된 내용

**60** [보기]에서 페일세이프 구조(Fail Safe Structure)의 종류로만 나열된 것은?

┌보기┐
1. 더블 구조방식(Double Structure)
2. 백업 구조방식(Back Up Structure)
3. 더블러 구조방식(Doubler Structure)
4. 리던던트 구조방식(Redundant Structure)

① 1, 2, 3
② 1, 2, 4
③ 1, 3, 4
④ 2, 3, 4

**해설**
페일세이프 구조
- 다경로 하중 구조(Redundant Structure)
- 이중 구조(Double Structure)
- 대치 구조(Back Up Structure)
- 하중 경감 구조(Load Dropping Structure)

정답 59 ③ 60 ②

# 2019년 제2회 과년도 기출복원문제

**01** 비파괴검사방법 중 표면에 열린 결함만 검출할 수 있는 것은?

① 침투 탐상검사
② 와전류 탐상검사
③ 자문 탐상검사
④ 초음파 탐상검사

**해설**
세척 침투액처리(5~20분) → 세척 → 현상액처리 → 균열확인(모세관 현상)
※ 2024년 개정된 출제기준에서는 삭제된 내용

**02** 항공기 유관(Hose) 외부에 부착되어 있는 식별표(Decal)는 무엇을 표시하기 위한 것인가?

① 호스의 재질
② 호스의 제작번호
③ 호스의 사용 가능 압력
④ 호스에 흐르는 액체의 종류

**해설**
유관은 색깔부호, 글자와 기하학적 기호로 표식을 식별한다.
- 빨간색 : 연료
- 노란색 : 윤활유
- 파란색 : 작동유
- 회색 : 제빙

**03** 항공기 정비에서 오버홀에 대한 설명이 아닌 것은?

① 시한성 정비 방법이다.
② 신뢰성 정비 방법이다.
③ 사용시간이 0으로 환원된다.
④ 기체와 장비 모두를 대상으로 할 수 있다.

**해설**
오버홀 : 시한성 정비 방식으로 인해 일정 기간을 사용하고 난 후 시간 한계 내에 기체로부터 장탈하여 완전 분해 수리함으로써 기관 사용시간을 "0"으로 환원시키는 정비작업이다.

**04** 수리를 위해 사용되는 리벳의 지름은 무엇을 기준으로 정하는가?

① 판의 두께
② 리벳 섕크의 길이
③ 리벳 간의 거리
④ 리벳 작업할 판의 모양

**해설**
리벳의 지름은 판의 두께를 기준으로 한다.
리벳 지름 $D = 3T$

1 ① 2 ④ 3 ② 4 ①  **정답**

**05** 헬리콥터의 착륙장치에 대한 설명으로 틀린 것은?

① 휠형 착륙장치는 자신의 동력으로 지상 활주가 가능하다.
② 스키드형의 착륙장치는 구조가 간단하고, 정비가 용이하다.
③ 스키드형은 접개들이식 장치를 갖고 있어 이착륙이 용이하다.
④ 휠형 착륙장치는 지상에서 취급이 어려운 대형 헬리콥터에 주로 사용된다.

**해설**
스키드형 : 설상 및 수상용이며, 접히지 않는다.

**06** 플라스틱 가운데 투명도가 가장 높으며, 광학적 성질이 우수하여 항공기용 창문유리로 사용되는 재료는?

① 폴리염화비닐(PVC)
② 에폭시수지(Epoxy Resin)
③ 페놀수지(Phenolic Resin)
④ 폴리메타크릴산메틸(Polymethyl Metacrylate)

**해설**
폴리메타크릴산메틸 : 아크릴판으로 흔히 부름
※ 2024년 개정된 출제기준에서는 삭제된 내용

**07** 금속 재료의 열처리 목적이 아닌 것은?

① 충격저항 감소
② 기계적 성질 개선
③ 재료의 가공성 개선
④ 내마멸성 및 내식성 향상

**해설**
열처리 : 기계적 성질을 개선시켜 필요한 성질을 얻기 위해 인위적으로 온도를 조작하는 것
※ 2024년 개정된 출제기준에서는 삭제된 내용

**08** 항공기 도면에서 다음의 표시는 어떤 공차의 종류인가?

| // | .003 | A |

① 경사공차
② 위치공차
③ 자세공차
④ 끼움공차

**해설**
• 재질 : 알루미늄
• 0.003 : 허용 치수차, 자세공차이다.
※ 2024년 개정된 출제기준에서는 삭제된 내용

**09** 항공기 구조부재 중 지름이 10cm, 길이가 250cm인 원형기둥의 세장비는?

① 50
② 75
③ 100
④ 125

**해설**
세장비 $= \dfrac{L(길이)}{K(반지름)}$

$K^2 = \dfrac{d^2}{16} = \dfrac{10^2}{16} = \dfrac{100}{16}$

$K = \sqrt{6.25} = 2.5$ 그러므로 $250 \div 2.5 = 100$
※ 2024년 개정된 출제기준에서는 삭제된 내용

정답 5 ③ 6 ④ 7 ① 8 ③ 9 ③

**10** 다음 중 가로 안정성에 기여하는 가장 중요한 요소는?

① 붙임각
② 미끄럼각
③ 쳐든각
④ 앞젖힘각

**해설**
동적 가로 안정
• 가로 방향 불안정(더치롤)
 - 가로 진동과 방향진동이 결합된다.
 - 쳐든각 효과가 정적방향 안정보다 클 때 방향
 - 동적으로는 안정하지만 진동하는 성질 때문에 발생한다.
• 쳐든각 = 상반각 : 수평선을 기준으로 위로 올라간 각

**11** 무게중심(Center of Gravity)을 모멘트의 합으로 옳게 나타낸 것은?

① 모멘트의 합 < 0
② 모멘트의 합 > 0
③ 모멘트의 합 = 0
④ 모멘트의 합 ≤ 0

**해설**
무게중심을 이루기 위해서는 그에 작용하는 힘의 모멘트의 합이 0이 되어야 한다.
※ 2024년 개정된 출제기준에서는 삭제된 내용

**12** 화재 진압을 위하여 사용하는 소화기의 주된 소화 효과는?

① 희석 소화
② 질식 소화
③ 제거 소화
④ 억제 소화

**해설**
이산화탄소를 연소하는 면에 방사하게 되면 가스의 질식작용에 의해 소화되는 원리를 말한다.

**13** 스냅 링과 같은 종류를 벌려 줄 때 사용하는 그림과 같은 공구의 명칭은?

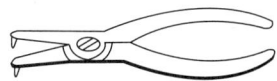

① 스피드 핸들
② 콤비네이션 렌치
③ 브레이커 바
④ 익스터널 링 플라이어

**해설**
익스터널 링 플라이어(External Ring Pliers)는 베어링, 부싱축, 카본 셀 등을 스냅 링으로 홈에 고정시켜 빠져나오지 못하도록 하는 데 쓰인다.

**14** 항공기 방식(防蝕)작업 중에 처리 용액을 입으로 삼켰을 경우 응급처치로 가장 옳은 것은?

① 석회수 등을 우유에 타서 마신 후에 여러 컵의 물을 마신 다음 의사의 진료를 받는다.
② 붕산수를 마시고 15분 후에 물을 마신 다음 의사의 진료를 받는다.
③ 오염장소를 피하여 신선한 공기를 들이마신 후 필요하면 산소호흡을 하면서 즉시 의사의 진료를 받는다.
④ 비눗물과 물을 섞어 마신 후 재차 붕산수를 마시고 즉시 의사의 진료를 받는다.

**해설**
작업장에 물분사 샤워 장치로 씻거나, 우유를 마시며 의사의 진료를 받는다.
※ 2024년 개정된 출제기준에서는 삭제된 내용

**15** 정밀 측정기기의 경우 규정된 기간 내에 정기적으로 공인기관에서 검·교정을 받아야 하는데 다음 중 "검·교정"으로 번역할 수 있는 것은?

① Maintenance ② Check
③ Calibration ④ Repair

**해설**
측정장비 : 마이크로미터, 버니어캘리퍼스, 다이얼게이지, 토크렌치는 3개월마다, 계기는 1년마다 검·교정한다.

**16** 기체 구조를 수리할 때 기본적으로 지켜야 할 사항으로 가장 관계가 먼 것은?

① 최소 무게 유지
② 원래의 형태 유지
③ 최소의 정비 비용
④ 원래의 강도 유지

**해설**
응력은 단위 면적당 작용하는 힘으로 재료인 강도, 무게, 윤곽, 부식방지, 최소의 리벳 수 사용, 모서리를 원형으로 한다.

**17** 장비나 부품의 상태는 관계하지 않고, 정비 시간의 한계 및 폐기 한계에 도달한 장비와 부품을 새로운 것으로 교환하는 정비 방법은?

① 시한성 정비
② 상태 정비
③ 신뢰성 정비
④ 검사 정비

**해설**
시한성 품목 : 부품의 사용한계 시간을 설정하여 제한시간에 도달하면 항공기에서 떼어내어 오버홀을 해야 하는 부품

**18** 고주파 담금질법, 침탄법, 질화법, 금속침투법들은 무엇을 하는 방법인가?

① 부식 방지 방법
② 표면 경화 방법
③ 비파괴 검사 방법
④ 재료 시험 방법

**해설**
• 침탄법 : 탄화물, 질화물을 형성시킴
• 질화법 : 암모니아 가스를 이용하여 가열시킴
• 시안화법 : 시안화염을 가열한 후 사용
• 고주파법 : 철강에 고주파 전기를 가열한 후 사용
※ 2024년 개정된 출제기준에서는 삭제된 내용

**19** 다음 중 재료 규격의 이름이 틀리게 짝지어진 것은?

① ALCOA 규격 – 미국 ALCOA사 규격
② AA 규격 – 미국 알루미늄협회 규격
③ ASTM 규격 – 미국 재료시험협회 규격
④ AISI 규격 – 미국 자동차기술협회 규격

**해설**
• AA : 알루미늄협회 규격
• AISI : 미국 철강협회 규격
• ALCOA : 알코아사 규격
• AMS : SAE에서 항공기용 재료
• AN : 미 육군·해군 규격
• ASTM : 미국 재료시험협회 규격
• FED : 미군 연방 규격
• MIL : 미군 항공기 재료부품 규격
• SAE : 미국 자동차사 기술규격협회
※ 2024년 개정된 출제기준에서는 삭제된 내용

정답 15 ③ 16 ③ 17 ① 18 ② 19 ④

**20** 브레이크장치계통에서 브레이크장치에 공기가 차 있거나 작동기구의 결함에 의해 제동력을 제거한 후에도 원래의 상태로 회복이 잘 안 되는 현상은?

① 스키드(Skid) 현상
② 그래빙(Grabbing) 현상
③ 페이딩(Fading) 현상
④ 드래깅(Dragging) 현상

**해설**
- 드래깅 : 제동장치에 공기가 차 제동효과가 떨어진 현상
- 그래빙 : 브레이크 라이닝에 기름이 묻어 제동이 거칠어진다.
- 페이딩 : 제동 시 브레이크 과열로 미끄러짐 현상이 발생하며 제동력이 감소된다.

**21** 코리올리스 효과에 의한 회전날개의 기하학적 불균형을 해소하기 위해 깃과 허브의 연결 부분에 장착된 힌지는?

① 항력 힌지
② 양력 힌지
③ 로터 힌지
④ 플래핑 힌지

**해설**
리드-래그(항력) 힌지는 $z$축으로 회전날개의 중심축에 회전면 안에서 깃이 앞뒤로 움직인다.

**22** 도면의 척도 표시 중 "1 : 2"가 의미하는 것은?

① 축척 50%
② 배척 50%
③ 축척 20%
④ 배척 20%

**해설**
② 2 : 1
③ 1 : 5
④ 5 : 1
※ 2024년 개정된 출제기준에서는 삭제된 내용

**23** 상승비행 시 평균상승률을 나타낸 것으로 옳은 것은?

① $\dfrac{밀도변화}{상승시간}$
② $\dfrac{온도변화}{상승시간}$
③ $\dfrac{고도변화}{상승시간}$
④ $\dfrac{속도변화}{상승시간}$

**해설**
- 상승률 = $\dfrac{(이용동력 - 필요동력)}{항공기\ 무게}$
- 평균상승률 = $\dfrac{고도변화}{상승시간}$

**24** 프로펠러의 회전속도에 비해 비행속도가 아주 빠른 하강 비행 시 풍압 중심은 어느 쪽으로 이동하는가?

① 깃의 끝 방향
② 깃의 앞전 방향
③ 깃의 뿌리 방향
④ 깃의 뒷전 방향

**해설**
※ 2024년 개정된 출제기준에서는 삭제된 내용

25 다음 중 받음각(Angle of Attack)의 정의로 옳은 것은?

① 날개의 시위선과 상대풍 사이의 각도
② 비행기의 상승각도와 수평선 사이의 각도
③ 항공기의 종축과 날개의 시위선 사이의 각도
④ 날개의 무양력 시위선과 날개의 시위선 사이의 각도

**해설**
받음각은 날개의 시위선과 상대풍 사이의 각도이며 영각이라고도 한다.

26 회전날개 항공기인 헬리콥터가 일반적인 고정날개 항공기와 다른 비행은?

① 선회비행　② 전진비행
③ 상승비행　④ 정지비행

**해설**
헬리콥터가 고정날개 항공기와 다른 점 중 하나는 정지비행(Hovering)이 가능하다는 것이다.

27 토크렌치(Torque Wrench)를 사용할 때 주의사항으로 틀린 것은?

① 토크렌치는 정기적으로 교정 점검해야 한다.
② 힘은 토크렌치에 직각방향으로 가하는 것이 효율적이다.
③ 토크렌치 사용 시 특별한 언급이 없으면 볼트에 윤활해서는 안 된다.
④ 토크렌치를 조이기 시작하면 조금씩 멈춰가며 지정된 토크를 확인한 후 다시 조인다.

**해설**
토크렌치는 지정된 토크값이 될 때까지 다이얼 눈금을 확인하면서 조인다.

28 압축공기를 사용하는 그림과 같은 공구는 어떤 작업을 할 때 사용되는 것인가?

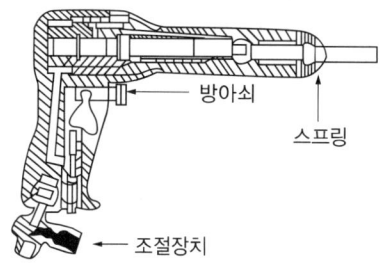

① 리벳작업　② 도장작업
③ 절단작업　④ 굽힘작업

**해설**
그림은 에어리벳건을 나타낸 것이며, 이것은 리벳작업에 사용된다.

29 다음 영문의 내용으로 가장 옳은 것은?

"Personnel are cautioned to follow maintenance manual procedures."

① 정비를 할 때는 사람을 주의해야 한다.
② 정비교범절차에 따라 주의를 해야 한다.
③ 반드시 정비교범절차를 따를 필요 없다.
④ 정비를 할 때는 상사의 업무지시에 따른다.

**해설**
• Caution : 주의를 하다.
• Maintenance Manual Procedure : 정비교범절차
※ 2024년 개정된 출제기준에서는 삭제된 내용

정답 25 ① 26 ④ 27 ④ 28 ① 29 ②

**30** 자동 고정 너트의 사용에 대한 설명으로 틀린 것은?

① 회전력을 받는 곳에 사용해서는 안 된다.
② 너트를 고정하는 데 필요한 고정 토크값을 확인하여 허용값 이내인 것을 확인한다.
③ 볼트, 너트가 헐거워져 기관 흡입구 내에 떨어질 우려가 있는 곳에 사용해서는 안 된다.
④ 볼트에 장착할 때는 볼트 나사 끝부분은 너트면보다 돌출되어 있으면 안 된다.

**해설**
볼트의 나사 끝부분이 너트의 출구부분 이상을 지나야 고정 효과가 생긴다.

**31** 운항정비 기간에 발생한 항공기 정비 불량 상태의 수리와 운항 저해의 가능성이 많은 각 계통의 예방 정비 및 감항성을 확인하는 것을 목적으로 하는 정비작업은?

① 중간점검(Transit Check)
② 기본점검(Line Maintenance)
③ 정시점검(Schedule Maintenance)
④ 비행 전후 점검(Pre/Post Flight Check)

**해설**
운항정비(Line Maintenance)는 중간점검, 비행 전후 점검, 주간점검 등으로 구분하며, 정시점검에는 A, B, C, D 점검, 내부구조검사(ISI) 등이 있다.

**32** 날개에 작용하는 대부분의 하중을 담당하며, 날개와 동체를 연결하는 연결부의 구실과 착륙장치나 기관을 날개에 부착할 경우의 장착대 역할을 하는 날개 구조부재는?

① 외피
② 날개보
③ 리브
④ 스트링어

**해설**
날개보는 스파(Spar)라고 하며 날개에 작용하는 전단력과 휨하중을 담당하고, 외피는 비틀림하중을 담당한다. 리브(Rib)는 날개의 모양을 형성해 주며 외피에 작용하는 하중을 날개보에 전달한다.

**33** 헬리콥터의 목재로 된 회전날개 깃에서 태브의 역할은?

① 질량밸런스의 역할
② 압력중심의 위치 표시
③ 깃의 궤도를 맞추는 데 사용
④ 길이 방향의 평형을 맞추는 데 사용

**해설**
헬리콥터 목재 깃에서 질량밸런스 역할은 금속코어가, 압력중심의 위치 표시는 압정모양의 핀이, 깃의 궤도 맞춤은 뒷전의 태브가, 길이방향의 평형은 깃 끝의 팁 포켓이 담당한다.
※ 2024년 개정된 출제기준에서는 삭제된 내용

**정답** 30 ④ 31 ③ 32 ② 33 ③

**34** 재료번호가 8XXX로 표기되며 구조용 합금강 중에서 가장 우수한 강으로 왕복 기관의 크랭크 축이나 항공기의 착륙장치에 사용되는 것은?

① Cr – Mo강
② 하스텔로이강
③ Ni – Cr – Mo강
④ Ni – Cr 스테인리스강

**해설**
강의 규격

| 강의 종류 | 재료 번호 | 강의 종류 | 재료 번호 |
|---|---|---|---|
| 탄소강 | 1××× | 크롬강 | 5××× |
| 니켈강 | 2××× | 크롬–바나듐강 | 6××× |
| 니켈–크롬강 | 3××× | 니켈–크롬–몰리브덴강 | 8××× |
| 몰리브덴강 | 4××× | 실리콘–망간강 | 9××× |

※ 2024년 개정된 출제기준에서는 삭제된 내용

**35** 헬리콥터의 동력 구동축에 고장이 생기면 고주파수의 진동이 발생하게 되는데 이 원인으로서 적당하지 않은 것은?

① 평형 스트립의 결함
② 구동축의 불량한 평형상태
③ 구동축의 장착상태의 불량
④ 구동축 및 구동축 커플링의 손상

**해설**
평형 스트립의 결함은 주회전날개의 진동을 가져오게 된다.
※ 2024년 개정된 출제기준에서는 삭제된 내용

**36** 품질 검사 중 항공기 정비에 사용되는 부품 및 자재를 창고에 저장하기 전에 요구되는 품질 기준을 확인하는 검사는?

① 공정 검사
② 수령 검사
③ 정기 검사
④ 최종 검사

**37** 기체부위 수리용 판재 굽힘 작업 시 수행하는 릴리프 홀(Relief Hole)의 설치 목적은?

① 판재의 무게를 경감시키기 위하여
② 판재에 연성을 부여하여 쉽게 구부릴 수 있도록 하기 위하여
③ 구부릴 판재에 필요한 굴곡 허용량을 계산하기 위하여
④ 구부린 판재에 응력이 집중되는 것은 경감시키고 균열을 방지하기 위하여

**38** 소화기의 종류에 따른 용도를 틀리게 짝지은 것은?

① 분말 소화기 – 유류화재에 사용
② $CO_2$ 소화기 – 전기화재에 사용
③ 포 소화기 – 전기화재에 사용
④ 할론 소화기 – 유류화재에 사용

**해설**
전기화재에는 $CO_2$ 소화기를 사용하며, 포 소화기는 일반화재나 유류화재에 사용한다.

정답 34 ③ 35 ① 36 ② 37 ④ 38 ③

## 39 강화재 중 탄소섬유는 일반적으로 어떤 색깔인가?

① 흰색 　② 노란색
③ 파란색 　④ 검은색

**해설**
강화재의 종류별 색깔
- 유리섬유 : 흰색
- 아라미드섬유 : 노란색
- 탄소섬유 : 검은색

## 40 페일세이프구조(Fail Safe Structure)에 포함되지 않는 방식은?

① 더블 구조방식(Double Structure)
② 백업 구조방식(Back Up Structure)
③ 더블러 구조방식(Doubler Structure)
④ 리던던트 구조방식(Redundant Structure)

**해설**
페일세이프 구조에는 다경로 하중 구조, 이중 구조, 대치 구조, 하중 경감 구조 등이 있다.

## 41 다음 중 시효경화에 대하여 가장 옳게 설명한 것은?

① 스스로 연해지는 성질
② 입자의 분포가 서서히 균일해지는 성질
③ 시간이 지남에 따라 재료의 취성이 변하는 성질
④ 시간이 지남에 따라 강도와 경도가 증가하는 성질

**해설**
시효경화(Age-hardening)란 금속재료를 일정한 시간 동안 적당한 온도하에 놓아두면 단단해지는 현상으로, 상온에서 단단해지는 것을 상온시효(자연시효)라 하고, 어느 정도 가열해야만 단단해지는 경우를 뜨임시효(인공시효)라 한다.
※ 2024년 개정된 출제기준에서는 삭제된 내용

## 42 브레이크장치계통을 점검할 때 다음과 같은 비정상적인 상태가 발생하였다면 이 현상은?

> 제동판이나 브레이크 라이닝에 기름이 묻거나 염물질이 접착되어 제동상태가 원활하지 못하고 거칠어진다.

① 드래깅(Dragging)현상
② 그래빙(Grabbing)현상
③ 페이딩(Fading)현상
④ 스키드(Skid)현상

## 43 항공기의 재료로 사용되는 타이타늄 합금에 대한 설명으로 틀린 것은?

① 피로에 대한 저항이 강하다.
② 알루미늄합금보다 내열성이 크다.
③ 비중은 약 4.5로 강보다 가볍다.
④ 항공기 주요 구조부의 골격 및 외피, 리벳 등의 재료로 사용된다.

**해설**
항공기 외피, 리벳의 재료로는 주로 알루미늄합금이 사용된다.
※ 2024년 개정된 출제기준에서는 삭제된 내용

**44** 다음 중 헬리콥터의 동체구조 중 모노코크형 기체구조의 특징으로 옳은 것은?

① 세미모노코크형 구조보다 외피가 얇다.
② 세미모노코크형 구조보다 무게가 가볍다.
③ 트러스터 구조보다 유효공간이 크다.
④ 트러스형 구조보다 공기저항이 크다.

**해설**
트러스형 구조는 세미모노코크형 구조에 비해 유효공간이 작다.

**45** 헬리콥터가 수직 상승비행을 할 때 회전날개의 피치각과 기관의 출력상태로 옳은 것은?

① 피치각 증가, 출력 증가
② 피치각 일정, 출력 일정
③ 피치각 증가, 출력 감소
④ 피치각 감소, 출력 감소

**해설**
헬리콥터가 상승하기 위해서는 피치각을 증가시켜야 하며, 이때 회전 날개의 회전 시 큰 힘이 요구되므로 동시에 출력을 증가시켜 줘야 한다.

**46** 나셀(Nacelle)에 대한 설명으로 틀린 것은?

① 나셀은 외피, 카울링, 방화벽 등으로 이루어진다.
② 바깥면은 공기역학적 저항을 작게 하기 위하여 유선형으로 되어 있다.
③ 기관 및 기관에 부수되는 각종 장치를 수용하기 위한 공간을 마련한다.
④ 기관의 냉각과 연소에 필요한 공기를 유입하는 흡입구와 배기를 위한 카울링이 필요하다.

**해설**
나셀의 카울링은 정비나 점검을 쉽게 하기 위해 설치된다.

**47** 동점성계수의 정의로 옳은 것은?

① 점성계수와 속도의 비
② 점성계수와 질량의 비
③ 점성계수와 밀도의 비
④ 점성계수와 운동에너지의 비

**해설**
$$\nu = \frac{\mu}{\rho}$$
여기서, $\nu$ : 동점성계수
$\mu$ : 점성계수
$\rho$ : 밀도

**48** 실속 속도를 구하는 식으로 가장 옳은 것은?(단, $W$ : 항공기 무게, $S$ : 날개면적, $C_{L\max}$ : 최대양력계수, $C_{L\min}$ : 최소양력계수, $\rho$ : 공기밀도이다)

① $\sqrt{\dfrac{2W}{\rho S C_{L\max}}}$

② $\sqrt{\dfrac{2W}{\rho S C_{L\min}}}$

③ $\sqrt{\dfrac{W}{\rho S C_{L\max}}}$

④ $\sqrt{\dfrac{W}{\rho S C_{L\min}}}$

정답 44 ③  45 ①  46 ④  47 ③  48 ①

**49** 항공기 세제로 사용되는 메틸에틸케톤에 대한 설명으로 틀린 것은?

① 금속 세척제로도 이용된다.
② 솔벤트 세척제의 종류이다.
③ 항공기에 광범위하게 사용된다.
④ 좁은 면적의 페인트를 벗기는 약품으로 사용된다.

**해설**
메틸에틸케톤(MEK)의 특징
- 금속 표면에 사용
- 휘발성이 강한 솔벤트 세척제
- 좁은 면적의 페인트 제거 등 극히 제한적으로 사용
- 반드시 안전 장구 착용

**50** 볼트머리(Bolt Head)에 R의 기호가 새겨져 있는 볼트의 특징은?

① 내식성 볼트
② 정밀공차 볼트
③ 열처리 볼트
④ 알루미늄합금 볼트

**해설**
볼트머리 기호의 식별
- 알루미늄합금 볼트 : 더블 대시(- -)
- 내식강 볼트 : 대시(-)
- 특수 볼트 : SPEC 또는 S
- 정밀공차 볼트 : △
- 합금강 볼트 : +
- 열처리 볼트 : R

**51** 인치식 버니어 캘리퍼스에 대한 설명으로 틀린 것은?

① 최소 측정값이 1/128in, 1/1,000in인 것이 있다.
② 인치식 버니어 캘리퍼스의 측정원리는 미터식 버니어캘리퍼스 원리와 다르다.
③ 최소 측정값이 1/128in인 경우 7/16in를 8등분한 것이다.
④ 최소 측정값이 1/1,000in인 경우 0.6in를 25등분한 것이다.

**해설**
인치식 버니어 캘리퍼스는 미터식과 비교하면 사용하는 단위만 다르고, 측정 방법이나 원리는 같다.

**52** 일감의 표면을 보호하고 작업을 쉽게 하기 위하여 보조바이스를 사용하는데 이러한 공구 중 일감의 모서리를 가공할 때 주로 사용하는 것은?

① 샤핑 바이스
② V홈 바이스 조
③ 수평 바이스
④ 클램프 바이스 바

**53** 정비에 관한 설명 중 틀린 것은?

① 항공기가 비행에 적합한 안전성 및 신뢰성의 여부를 감항성으로 나타낸다.
② 운항으로 소비되는 액체 및 기체류의 보충을 의미하는 용어는 보급(Servicing)이다.
③ 항공기 정비는 크게 보수, 수리, 제작의 3가지로 분류할 수 있다.
④ 항공기 정비의 목적은 안정성, 정시성, 경제성 및 쾌적성을 유지시키는 데 있다.

**해설**
항공기 정비는 크게 보수, 수리, 개조 등으로 분류한다.

**54** 항공기가 이륙하여 착륙을 완료하는 횟수를 뜻하는 용어로 옳은 것은?

① Flight Cycle
② Air Time
③ Time in Service
④ Block Time

**55** AA식별 번호 1100 알루미늄의 특성은?

① 망가니즈가 함유된 알루미늄
② 마그네슘이 함유된 알루미늄
③ 순도 99% 이상의 순수 알루미늄
④ 구리 4%, 마그네슘 5%를 첨가한 알루미늄

**해설**
※ 2024년 개정된 출제기준에서는 삭제된 내용

**56** 허니콤 샌드위치 구조의 검사 방법으로 적절하지 않은 것은?

① 자력탐상 검사
② 시각 검사
③ 코인(Coin) 검사
④ 습기 검사

**해설**
자력탐상 검사는 자력이 작용하는 금속에 적용되므로 허니콤 샌드위치 구조 검사에는 적합하지 않다.
※ 2024년 개정된 출제기준에서는 삭제된 내용

**57** 항공기 날개의 양력을 증가시키는 데 사용되는 장치는?

① 트림탭과 밸런스탭
② 뒷전과 앞전의 트랩
③ 앞전의 슬랫과 슬롯
④ 스피드 브레이크와 스포일러

**해설**
날개 앞전의 슬랫(Slat)과 슬롯(Slot)은 양력을 증대시켜 주는 고양력 장치에 속하며, 스포일러는 항력을 증가시켜 주는 고항력 장치에 속한다.
※ 2024년 개정된 출제기준에서는 삭제된 내용

**정답** 53 ③  54 ①  55 ③  56 ①  57 ③

**58** 판금설계 중 설계도가 없어 항공기 부품으로부터 직접 모형을 떠야 할 필요가 있을 때 사용하는 설계 방식은?

① 평면 전개
② 모형 뜨기
③ 모형 전개도법
④ 입체 전개

**59** 올레오식 완충 스트럿을 구성하는 부재들 중 토션 링크의 역할은?

① 항공기의 무게를 지지
② 완충 스트럿의 전후 움직임을 지지
③ 완충 스트럿의 좌우 움직임을 지지
④ 내부 실린더의 좌우 회전 방지와 바퀴의 직진성 유지

**60** 대류권과 성층권의 경계면인 대류권계면의 특징으로 틀린 것은?

① 공기가 희박하다.
② 성층권계면보다 기온이 낮다.
③ 제트기의 순항고도로 적합하다.
④ 구름이 많고 대기가 불안정하다.

**해설**
구름이 많고 대기가 불안정한 곳은 대류권이다.

# 2020년 제1회 과년도 기출복원문제

**01** 항공기가 상승비행을 하기 위한 조건으로 옳은 것은?

① 이용마력 = 필요마력
② 이용마력 > 필요마력
③ 이용마력 < 필요마력
④ 이용마력 ≤ 필요마력

**해설**
이용마력과 필요마력의 차를 여유마력(잉여마력)이라고 하며, 비행기의 상승 성능을 결정하는 중요한 요소이다.

**02** 비행 중 조종간을 왼쪽과 오른쪽으로 움직이면 양쪽의 보조날개(Aileron)는 서로 어떤 방향으로 움직이는가?

① 항상 상승한다.
② 항상 하강한다.
③ 서로 같은 방향으로 움직인다.
④ 서로 반대 방향으로 움직인다.

**03** 다음 중 항공기가 격납고 내에 있는 동안이나 연료의 급유와 배유작업 및 항공기의 정비작업 중에 반드시 행하여야 할 사항은?

① 받침대의 점검
② 접지
③ 견인장비의 점검
④ 전기기기의 점검

**해설**
항공기는 정전기 발생으로 인한 화재를 예방하거나 항공기의 정전기를 지상으로 방전시키기 위해 접지(항공기와 지상, 항공기와 연료차, 연료차와 지상)를 해야 한다.

**04** 다음 중 철강의 5원소가 아닌 것은?

① C
② Al
③ Mn
④ Si

**해설**
철강의 5대 원소로는 탄소(C), 망가니즈(Mn), 황(S), 인(P), 규소(Si) 등이 있다.
※ 2024년 개정된 출제기준에서는 삭제된 내용

**05** 고주파 담금질법, 침탄법, 질화법, 금속침투법들은 무엇을 하는 방법인가?

① 부식 방지 방법
② 표면 경화 방법
③ 비파괴 검사 방법
④ 재료 시험 방법

**해설**
**표면 경화 방법**: 금속재료의 표면층만을 물리적·화학적 방법으로 경화시켜 부품의 강도·내마모성·내식성·내열성 등의 성질을 향상시키는 방법
※ 2024년 개정된 출제기준에서는 삭제된 내용

정답 1 ② 2 ④ 3 ② 4 ② 5 ②

**06** 부식 환경에서 금속에 가해지는 반복 응력에 의한 부식이며, 반복 응력이 작용하는 부분의 움푹 파인 곳의 바닥에서부터 시작되는 부식은?

① 점 부식
② 피로 부식
③ 입자 간 부식
④ 찰과 부식

**해설**
② 피로 부식 : 금속에 가해지는 반복 응력에 의해 발생
① 점 부식 : 금속 표면이 국부적으로 깊게 침식되어 작은 점 형태로 만들어지는 부식
③ 입자 간 부식 : 금속의 입자 경계면을 따라 생기는 선택적인 부식
④ 찰과 부식 : 마찰로 인한 부식으로 밀착된 구성품 사이에 작은 진폭의 상대 운동으로 인해 발생
※ 2024년 개정된 출제기준에서는 삭제된 내용

**07** 탄소강에 니켈, 크로뮴, 몰리브데넘 등을 첨가한 것으로 인장강도와 내구성이 높아 구조재나 부품 등에 널리 쓰이는 것은?

① 고장력강
② 알루미늄 합금
③ 타이타늄 합금
④ 내식용 합금강

**해설**
※ 2024년 개정된 출제기준에서는 삭제된 내용

**08** 접촉되어 있는 2개의 재료가 녹아서 다른 쪽에 들러붙은 형태의 손상은?

① 용착(Gall)
② 스코어(Score)
③ 균열(Crack)
④ 가우징(Gouging)

**해설**
② 스코어(Score) : 부품의 손상형태에서 깊게 긁힌 형태로, 표면이 예리한 물체와 닿았을 때 생긴 것
③ 균열(Crack) : 재료에 부분적 또는 완전하게 불연속이 생긴 현상
④ 가우징(Gouging) : 거칠고 큰 압력 등에 의한 금속표면이 일부 없어지는 것

**09** 호스를 장착할 때 고려할 사항으로 틀린 것은?

① 호스의 경화 날짜를 확인하여 사용한다.
② 호스는 액체의 특성에 따라 재질이 변하므로 규정된 규격품을 사용한다.
③ 호스에 압력이 걸리면 수축되기 때문에 길이에 여유를 주어 약간 처지도록 장착한다.
④ 스웨이징 된 접합 기구에 의하여 장착된 호스에서 누설이 있을 경우 누설된 일부분을 교환한다.

**해설**
호스 장착 시 주의사항
• 교환하고자 하는 부분과 같은 형태, 크기, 길이의 호스 이용
• 호스의 직선 띠로 바르게 장착(비틀리면 압력 형성 시 결함 발생)
• 호스의 길이는 5~8% 여유길이 고려(압력 형성 시 바깥지름 커지고 길이 수축)
• 호스가 길 때는 60cm마다 클램프하여 지지

**10** 도면의 형식에서 영역을 구분했을 때 주요 4요소에 속하지 않는 것은?

① 하이픈(Hyphen)
② 도면(Drawing)
③ 표제란(Title Block)
④ 일반 주석란(General Notes)

**해설**
도면의 주요 4요소 : 표제란, 변경란(Revision Block), 일반 주석란, 도면

**11** 베르누이의 정리에 따른 압력에 대한 설명으로 옳은 것은?

① 전압이 일정
② 정압이 일정
③ 동압이 일정
④ 전압과 동압의 합이 일정

**12** 한쪽 끝은 힌지 지지점이고, 다른 쪽은 롤러 지지점인 보는?

① 단순보　　② 외팔보
③ 고정보　　④ 고정지지보

**해설**
정정보의 종류
• 단순보 : 힌지와 롤러로 평형보에 지지되어 있는 보
• 외팔보 : 한쪽이 고정되고 타단이 자유로운 보
• 돌출보 : 힌지와 롤러를 1/3지점에 두고 끝부분이 외부로 돌출시킨 보
• 게르버보 : 돌출보 위에 또다시 그 위에 단순보를 놓은 보
※ 2024년 개정된 출제기준에서는 삭제된 내용

**13** 응력이 제거되면 변형률도 제거되어 원래상태로 회복이 가능한 한계응력을 나타내는 것은?

① 항복점
② 인장강도
③ 파단점
④ 탄성한계

**해설**
※ 2024년 개정된 출제기준에서는 삭제된 내용

**14** 얇은 패널에 너트를 부착하여 사용할 수 있도록 고안된 특수 너트는?

① 앵커너트
② 평너트
③ 캐슬너트
④ 자동고정너트

**해설**
앵커너트(Anchor Nut)

**15** 연장공구를 장착한 토크렌치를 이용하여 볼트를 죌 때 토크렌치의 유효길이가 8in, 연장공구의 유효길이가 7in, 볼트에 가해져야 할 필요 토크값이 900in-lbs라면 토크렌치의 눈금 지시값은 몇 in-lbs 인가?

① 60
② 90
③ 420
④ 480

**해설**
연장공구 사용 시 토크값
$$T_W = T_A \times \frac{l}{l+a} = 900 \times \frac{8}{8+7} = 480(\text{in}-\text{lbs})$$
여기서, $T_W$ : 토크렌치 지시값
$T_A$ : 실제 조이는 토크값
$l$ : 토크렌치 길이
$a$ : 연장공구 길이

**16** 항공기의 지상 활주를 위해 육지 비행장에 마련한 한정된 경로는?

① 유도로
② 활주로
③ 비상로
④ 계류로

**해설**
주기장(계류장)에 주기 후 활주로(Run-way) 이동 시 유도로(Taxing Way)로 지상활주한다.

**17** A급 화재의 진화에 사용되며 유류나 전기화재에 사용해서는 안 되는 소화기는?

① 분말 소화기
② 이산화탄소 소화기
③ 물 펌프 소화기
④ 할로겐화합물 소화기

**해설**
- A급(일반)화재 : 물 사용
- B급(유류)화재 : 이산화탄소 소화기, 할로겐화합물 소화기
- C급(전기)화재 : 이산화탄소 소화기, 할로겐화합물 소화기
- D급(금속)화재 : 건조사, 팽창질석

**18** 항공기 기체 외부 금속표면, 도장부분, 배기계통 세척에 사용하는 클리닝(Cleaning) 종류가 아닌 것은?

① 습식 세척
② 열 세척
③ 건식 세척
④ 광택 작업

**해설**
항공기의 외부세척
- 습식 세척(Wet Wash) : 오일, 그리스, 탄소 퇴적물 등과 같은 오물 제거에 사용
- 건식 세척(Dry Wash) : 액체 사용이 적합하지 않는 기체 표면의 먼지나 흙, 오물 등의 작은 축적물 제거에 사용
- 광택내기(Polishing) : 기체 표면 세척 후 실시하는 작업으로 산화피막이나 부식을 제거

**19** 일반적으로 항공기의 동체 구조재료로 많이 사용되는 것은?

① 주강
② 타이타늄 합금
③ 알루미늄 합금
④ 유리섬유

**해설**
항공기용 동체 구조재료로는 알루미늄합금이 가장 많이 쓰이며, 타이타늄 합금은 일부가 쓰인다. 또한 기계적 강도가 낮은 유리섬유는 2차 구조물에 쓰인다.
※ 2024년 개정된 출제기준에서는 삭제된 내용

**20** 응력 외피형 날개 구조에서 날개의 휨 강도나 비틀림 강도를 증가시켜 주는 역할을 하는 길이방향으로 설치된 구조 부재는?

① 세로대(Longeron)
② 리브(Rib)
③ 스트링어(Stringer)
④ 외피(Skin)

**해설**
날개는 리브(Rib)와 날개보(Spar), 외피(Skin) 및 스트링어(Stringer) 등으로 이루어져 있는데, 이 중에 길이 방향으로 설치된 구조는 날개보와 스트링어이다.

**21** 물체에 작용하는 외력에 저항하는 단위면적당 내력의 크기를 무엇이라 하는가?

① 응력
② 압축력
③ 전단력
④ 인장력

**해설**
응력 $\sigma = \dfrac{F}{A}$
여기서, $\sigma$ : 응력
$F$ : 외부 힘
$A$ : 단면적
※ 2024년 개정된 출제기준에서는 삭제된 내용

**22** 알루미늄 합금에 대한 특성이 아닌 것은?

① 가공성이 좋다.
② 상온에서 기계적 성질이 좋다.
③ 시효경화가 없어 전연성이 좋다.
④ 적절히 처리하면 내식성이 좋다.

**해설**
알루미늄 합금은 시간이 지남에 따라 경도가 증가하는(단단해지는) 시효경화 현상이 발생하는 특징이 있다.
※ 2024년 개정된 출제기준에서는 삭제된 내용

**23** 다음 중 항온 열처리 방법이 아닌 것은?

① 마퀜칭(Marquenching)
② 마템퍼링(Martempering)
③ 파커라이징(Parkerizing)
④ 오스템퍼링(Austempering)

**해설**
파커라이징은 철강 표면에 인산염 피막을 입혀 녹스는 것을 방지하는 방법이다.
※ 2024년 개정된 출제기준에서는 삭제된 내용

**24** 페일세이프(Fail-safe) 구조의 가장 큰 특성은?

① 영구적으로 안전하다.
② 하중을 견디는 구조물의 무게가 가벼워진다.
③ 하중을 담당하는 구조물은 하나로 되어 있다.
④ 구조의 일부분이 파괴되어도 다른 구조부분이 하중을 지지한다.

**해설**
페일세이프 구조는 구조의 일부분이 파괴되어도 다른 구조부분이 하중을 지지하는 구조로, 다경로 하중구조, 이중 구조, 대치 구조 및 하중 경감 구조 등이 있다.

[정답] 19 ③  20 ③  21 ①  22 ③  23 ③  24 ④

**25** 리벳의 치수 결정에 대한 설명으로 틀린 것은?

① 성형된 리벳 머리의 두께는 리벳 지름의 1/2 정도가 적절하다.
② 리벳 머리를 성형하기 위해 리벳이 판재 위로 돌출되는 길이는 리벳 지름의 1.5배 정도이다.
③ 리벳 머리의 지름은 리벳 지름의 1.5배 정도가 적절하다.
④ 리벳 지름은 접합할 판재 중 두꺼운 쪽 판재 두께의 2배가 적당하다.

**해설**
리벳의 지름은 접합할 판재 중에서 가장 두꺼운 판재의 3배로 선택한다.

**26** 샌드위치 구조에 대한 설명으로 틀린 것은?

① 무게를 감소시키는 장점이 있다.
② 트러스 구조에서 외피로 쓰인다.
③ 국부적인 휨 응력이나 피로에 강하다.
④ 보강재를 끼워넣기 어려운 부분이나 객실 바닥면에 사용된다.

**27** 다음 중 육안 검사로 찾아낼 수 있는 결함이 아닌 것은?

① 구부러짐　② 부식
③ 내부 균열　④ 찍힘

**해설**
내부 균열은 육안 검사로는 불가능하며 비파괴 검사로 찾아낼 수 있다.
※ 2024년 개정된 출제기준에서는 삭제된 내용

**28** 알루미늄합금의 부식을 방지하기 위하여 표면에 순수 알루미늄을 코팅할 때 사용하는 방법은?

① 침탄　② 압출
③ 압연　④ 질화

**해설**
압연이란 금속 재료를 롤러와 롤러 사이에 통과시켜 가압함으로써 재료의 두께를 감소시키고 단면적을 증가시키는 방법인데 알루미늄 코팅 시에도 이 방법을 적용한다.
※ 2024년 개정된 출제기준에서는 삭제된 내용

**29** 두드리거나 압착하면 얇게 펴지는 금속의 성질은?

① 전성　② 취성
③ 인성　④ 연성

**해설**
**금속의 기계적 성질**
- 경도 : 금속의 무르고 단단한 정도
- 연성 : 끊어지지 않고 길게 선으로 뽑힐 수 있는 성질
- 인성 : 휘거나 비틀거나 구부렸을 때 버티는 힘
- 인장강도 : 형태의 길이 방향으로 압력을 가하거나 잡아 당겨도 부서지지 않는 힘
- 전성 : 부서짐 없이 넓게 늘어나며 펴지는 성질
- 취성 : 금속의 약한 정도로, 변형되지 않고 쉽게 분열되는 성질
- 탄성 : 압축, 절곡 등의 변형 시 원래의 형태로 돌아오려는 성질
※ 2024년 개정된 출제기준에서는 삭제된 내용

**30** 다음 중 손작업에 대한 설명으로 틀린 것은?

① 철판에 구멍을 뚫을 때에는 일감이 회전하지 않도록 평형 클램프나 핸드 바이스로 일감을 고정시켜야 한다.
② 가공한 일감을 바이스의 가운데 부분에 고정할 때에는 구리판 또는 가죽 등을 사용하여 일감이 손상되지 않도록 고정한다.
③ 줄 작업을 하는 일감의 가공 방향은 가로 방향으로 하며, 줄의 일부분을 한정하여 이용 가공한다.
④ 나사내기 작업을 할 때에는 탭을 조금씩 가끔 반대 방향으로 회전시켜 주어야 한다.

**해설**
줄 작업 시 일감의 가공방향은 줄의 길이 방향, 즉 작업방향으로 하며, 줄의 일부가 아닌 전체를 이용하여 작업한다.

**31** 재료가 외력에 의해 탄성한계를 지나 영구 변형되는 성질을 무엇이라고 하는가?

① 탄성     ② 소성
③ 전성     ④ 인성

**해설**
힘을 가하면 변형됐다가 힘이 없어지면 원래대로 돌아오려는 성질을 탄성이라 하고, 힘을 제거해도 원래대로 돌아오지 않고 영구변형되는 성질을 소성이라 한다.
※ 2024년 개정된 출제기준에서는 삭제된 내용

**32** 유관의 입구지름이 20cm이고 출구의 지름이 40cm일 때 입구에서의 유체속도가 4m/s이면 출구에서의 유체속도는 약 몇 m/s인가?

① 1     ② 2
③ 4     ④ 16

**해설**
연속의 법칙 : $A_1 V_1 = A_2 V_2$
여기서, $A_1$ : 입구단면적
$A_2$ : 출구단면적
$V_1$ : 입구에서의 유체속도
$V_2$ : 출구에서의 유체속도

$$V_2 = \left(\frac{A_1}{A_2}\right) V_1 = \left(\frac{\frac{\pi d_1^2}{4}}{\frac{\pi d_2^2}{4}}\right) V_1 = \left(\frac{d_1^2}{d_2^2}\right) V_1$$

$\therefore V_2 = \frac{(20)^2}{(40)^2} \times 4 = 1(m/s)$

**33** 항공기의 기체구조시험 중 강성시험, 한계하중시험, 극한하중시험, 파괴시험 등은 어느 시험에 속하는가?

① 풍동시험     ② 환경시험
③ 정하중시험   ④ 진동시험

**해설**
정하중시험은 비행 중 가장 극한 하중의 조건에서 기체의 구조가 충분한 강도와 강성을 가지고 있는지를 시험하는 것이며 강성시험, 한계하중시험, 극한하중시험, 파괴시험 등을 실시한다.
※ 2024년 개정된 출제기준에서는 삭제된 내용

**34** 수평등속비행 중인 항공기의 날개 상부에 작용하는 응력은?

① 압축응력　　② 전단응력
③ 비틀림응력　④ 인장응력

**해설**
수평등속비행 시 날개의 양력 때문에 날개 상부에는 압축응력이, 하부에는 인장응력이 작용한다.

**35** 금속의 전성을 이용하여 판재를 두드려 곡면 용기를 만드는 성형 작업은?

① 굽힘가공　　② 절단가공
③ 타출가공　　④ 플랜지가공

**해설**
타출가공(Bumping) : 금속의 늘어나는 성질을 이용해 곡면 용기를 만드는 작업

**36** 다음 중 받음각의 정의로 옳은 것은?

① 날개의 시위선과 상대풍 사이의 각도
② 비행기의 상승각도와 수평선 사이의 각도
③ 항공기의 종축과 날개의 시위선 사이의 각도
④ 날개의 무양력 시위선과 날개의 시위선 사이의 각도

**해설**
받음각(Angle of Attack)은 날개의 시위선과 상대풍 사이의 각도이며 영각이라고도 한다.

**37** 비행기의 이륙 활주거리를 짧게 하기 위한 조건으로 틀린 것은?

① 고양력 장치를 사용한다.
② 기관의 추력을 크게 한다.
③ 맞바람을 받지 않도록 한다.
④ 비행기 무게를 가볍게 한다.

**해설**
맞바람을 받으면 날개면의 공기속도($V$)가 상대적으로 증가하여 양력도 증가한다.

**38** 다음 중 날개에 부착되는 장치가 아닌 것은?

① 조종면　　　② 고양력 장치
③ 여압 장치　 ④ 속도제어 장치

**해설**
플랩, 에어론, 에어스피드 브레이크(스포일러), 태브, 실속판, 볼텍스 제너레이터

**39** 항공기 구조부재에 작용하는 힘이 아닌 것은?

① 축하중　　　② 표면장력
③ 전단력　　　④ 비틀림하중

**해설**
• 기체 : 인장력, 압축력, 전단력, 비틀림력, 굽힘력
• 응력의 종류 : 인장, 압축, 전단응력

**40** 날개의 단면을 공기역학적인 날개골로 유지해주고 외피에 작용하는 하중을 날개보에 전달하는 부재는?

① 외피
② 날개보
③ 리브
④ 스트링어

**해설**
날개보는 스패(Spar)라고 하며 날개에 작용하는 전단력과 휨하중을 담당하고, 외피는 비틀림하중을 담당한다. 리브(Rib)는 날개의 모양을 형성해주며 외피에 작용하는 하중을 날개보에 전달한다.

**41** 호스를 장착할 때 고려할 사항으로 틀린 것은?

① 호스의 경화 날짜를 확인하여 사용한다.
② 호스는 액체의 특성에 따라 재질이 변하므로 규정된 규격품을 사용한다.
③ 호스에 압력이 걸리면 수축되기 때문에 길이에 여유를 주어 약간 처지도록 장착한다.
④ 스웨이지된 접합 기구에 의하여 장착된 호스에서 누설이 있을 경우 누설된 일부분을 교환한다.

**해설**
• 호스의 사이즈(크기), 날짜, Part No. 확인
  – 제조연월일
  – 압력
  – 온도
• 호스의 여유 : 5~8%
• 호스 : 안지름×두께
• 튜브 : 바깥지름×두께

**42** 장비나 부품의 상태는 관계하지 않고, 정비 시간의 한계 및 폐기 한계에 도달한 장비와 부품을 새로운 것으로 교환하는 정비 방법은?

① 시한성 정비
② 상태 정비
③ 신뢰성 정비
④ 검사 정비

**해설**
시한성 품목 : 부품의 사용한계 시간을 설정하여 제한시간에 도달하면 항공기에서 떼어내어 오버홀을 해야 하는 부품

**43** 무게중심(Center of Gravity)을 모멘트의 합으로 옳게 나타낸 것은?

① 모멘트의 합 < 0
② 모멘트의 합 > 0
③ 모멘트의 합 = 0
④ 모멘트의 합 ≤ 0

**해설**
무게중심을 이루기 위해서는 그에 작용하는 힘의 모멘트의 합이 0이 되어야 한다.

**44** 다음 중 가로 안정성에 기여하는 가장 중요한 요소는?

① 붙임각
② 미끄럼각
③ 쳐든각
④ 앞젖힘각

**해설**
동적 가로 안정
• 가로 방향 불안정(더치롤)
  – 가로 진동과 방향진동이 결합된다.
  – 쳐든각 효과가 정적방향 안정보다 클 때 방향
  – 동적으로는 안정하지만 진동하는 성질 때문에 발생
• 쳐든각(상반각) : 수평선을 기준으로 위로 올라간 각

**45** 수리를 위해 사용되는 리벳의 지름은 무엇을 기준으로 정하는가?

① 판의 두께
② 리벳 섕크의 길이
③ 리벳 간의 거리
④ 리벳 작업할 판의 모양

> **해설**
> 리벳의 지름은 판의 두께를 기준으로 한다.
> 리벳 지름($D$) = 3$t$

**46** 날개 위에 수직 충격파와 충격 실속이 발생되면 항력이 급증하게 되는 마하수는?

① 임계 마하수
② 순항 마하수
③ 충격 마하수
④ 항력 발산 마하수

> **해설**
> 항력 발산 마하수 : 임계 마하수보다 조금 큰 마하수로 날개의 항력이 갑자기 증가하기 시작할 때의 마하수이다.

**47** 실루민(Silumin) 합금의 주성분은?

① Al-Si
② Mg-Zn
③ Cu-Sn
④ Cu-Pb

> **해설**
> 실루민 : 알루미늄-규소계 합금
> ※ 2024년 개정된 출제기준에서는 삭제된 내용

**48** 다음 중 고속비행 시 이론상 날개 끝에 발생하는 실속을 줄이기 위한 구조는 무엇인가?

① 테이퍼형 날개
② 앞젖힘 날개
③ 뒤젖힘 날개
④ 삼각형 날개

**49** 가로축은 비행기 주날개 방향의 축을 가리키며 $y$축이라 하는데, 이 축에 관한 모멘트를 무엇이라 하는가?

① 선회 모멘트
② 키놀이 모멘트
③ 빗놀이 모멘트
④ 옆놀이 모멘트

> **해설**
> 항공기의 3축 운동(모멘트)
>
> | 기준축 | $x$(세로축) | $y$(가로축) | $z$(수직축) |
> | --- | --- | --- | --- |
> | 운동(모멘트) | 옆놀이 | 키놀이 | 빗놀이 |
> | 조종면 | 도움날개 | 승강키 | 방향키 |

45 ① 46 ④ 47 ① 48 ② 49 ② **정답**

**50** 금속 표면이 공기 중의 산소와 직접 반응을 일으켜 생기는 부식은?

① 입자 간 부식
② 표면 부식
③ 응력 부식
④ 찰과 부식

**해설**
부식의 종류
- 응력 부식 : 장시간 표면에 가해진 정적인 응력의 복합적 효과로 인해 발생
- 이질 금속 간 부식 : 두 종류의 다른 금속이 접촉하여 생기는 부식으로 동전지 부식, 갈바닉 부식이라고도 함
- 입자 간 부식 : 금속의 입자 경계면을 따라 생기는 선택적인 부식
- 점 부식 : 금속 표면이 국부적으로 깊게 침식되어 작은 점 형태로 만들어지는 부식
- 찰과 부식 : 마찰로 인한 부식으로 밀착된 구성품 사이에 작은 진폭의 상대 운동으로 인해 발생
- 표면 부식 : 산소와 반응하여 생기는 가장 일반적인 부식
- 피로 부식 : 금속에 가해지는 반복 응력에 의해 발생

※ 2024년 개정된 출제기준에서는 삭제된 내용

**51** 대기권 중 대류권에서 고도가 높아질수록 대기의 상태를 옳게 설명한 것은?

① 온도, 밀도, 압력 모두 감소한다.
② 온도, 밀도, 압력 모두 증가한다.
③ 온도, 압력은 감소하고, 밀도는 증가한다.
④ 온도는 증가하고, 압력과 밀도는 감소한다.

**해설**
대류권에서는 고도가 증가하면 온도는 1,000m당 6.5℃씩 낮아지고, 공기 입자수가 감소하여 공기압력과 밀도도 감소한다.

**52** 여러 개의 얇은 금속편으로 이루어진 측정 기기로, 접점 또는 작은 홈의 간극 등을 측정하는 데 사용되는 것은?

① 두께 게이지
② 센터 게이지
③ 피치 게이지
④ 나사 게이지

**해설**
두께 게이지는 접점이나 작은 홈의 간극 등을 점검과 측정에 사용한다.

**53** 다음 중 대기 중에 가장 많이 포함되어 있는 성분은?

① 산소
② 질소
③ 수소
④ 이산화탄소

**해설**
대기 중에 질소가 78%로 가장 많이 포함되어 있으며, 그 다음으로 산소(21%), 수소(0.00005%), 이산화탄소(0.03%) 등으로 구성되어 있다.

**54** 비행기의 동체 길이가 16m, 직사각형 날개의 길이가 20m, 시위 길이가 2m일 때, 이 비행기 날개의 가로세로비는?

① 1.2
② 5
③ 8
④ 10

**해설**
날개길이를 $b$, 평균시위길이를 $c$라고 할 때,
가로세로비(AR) $\dfrac{b}{c} = \dfrac{20}{2} = 10$

## 55 다음 ( ) 안에 들어갈 알맞은 용어는?

> "The front edge of the wing is called the (    )."

① Cord
② Leading Edge
③ Camber
④ Trailing Edge

**해설**
"날개의 앞쪽 끝부분을 앞전이라고 부른다."
※ 2024년 개정된 출제기준에서는 삭제된 내용

## 56 두께 1mm와 2mm의 판재를 리베팅 작업할 때 리벳의 지름($D$)은 몇 mm로 하는가?

① 1　　② 2
③ 3　　④ 6

**해설**
리벳의 지름은 접합할 판재 중에서 가장 두꺼운 판재의 3배로 선택한다. 따라서 두꺼운 판재 두께 2mm의 3배이므로 6mm가 정답이다.

## 57 항공기의 장비품이나 부품이 정상적으로 작동하지 못할 경우 자료수집, 모니터링, 자료분석의 절차를 통하여 원인을 파악하고 조치를 취하는 정비관리 방식은?

① 예방 정비관리
② 특별 정비관리
③ 신뢰성 정비관리
④ 사후 정비관리

**해설**
- 신뢰성 정비(Condition Monitoring) : 항공기의 안전성에 직접 영향을 주지 않으며, 정기적인 검사나 점검을 하지 않은 상태에서 고장을 일으키거나 그 상태가 나타났을 때 하는 정비방식
- 시한성 정비(Hard Time) : 장비나 부품의 상태는 관계하지 않고 정비시간의 한계 및 폐기시간의 한계를 정하여 정기적으로 분해 점검하거나 새로운 것으로 교환하는 방식
- 상태 정비(On Condition) : 정기적인 육안검사나 측정 및 기능시험 등의 수단에 의해 장비나 부품의 감항성이 유지되는가를 확인하는 정비방식

## 58 항공기 급유 및 배유 시 안전사항에 대한 설명으로 옳은 것은?

① 작업장 주변에서 담배를 피우거나 인화성 물질을 취급해서는 안 된다.
② 사전에 안전조치를 취하더라도 승객 대기 중 급유해서는 안 된다.
③ 자동제어시스템이 설치된 항공기에 한하여 감시 요원배치를 생략할 수 있다.
④ 3점 접지 시 안전 조치 후 항공기와 연료차의 연결은 생략할 수 있지만 각각에 대한 지면과의 연결은 생략할 수 없다.

**정답** 55 ② 56 ④ 57 ③ 58 ①

**59** 원통형 물체(대구경 튜브, Filter Bowl 등)의 표면에 손상을 입히지 않고 장·탈착할 수 있는 공구는?

① 스트랩 렌치(Strap Wrench)
② 캐논 플라이어(Cannon Plier)
③ 오픈 엔드 렌치(Open End Wrench)
④ 어저스터블 렌치(Adjustable Wrench)

**해설**
스트랩 렌치

**60** 항공기에 관한 영문 용어가 한글과 옳게 짝지어진 것은?

① Airframe – 원동기
② Unit – 단위 구성품
③ Structure – 장비품
④ Power Plant – 기체구조

**해설**
① Airframe : 기체
③ Structure : 구조
④ Power Plant : 동력장치

# 2020년 제3회 과년도 기출복원문제

**01** 소화기의 종류에 따른 용도를 틀리게 짝지은 것은?

① 분말 소화기 – 유류화재에 사용
② $CO_2$ 소화기 – 전기화재에 사용
③ 포 소화기 – 전기화재에 사용
④ 할론 소화기 – 유류화재에 사용

**해설**
포 소화기는 일반화재와 유류화재에 사용한다.

**02** 두께 0.1cm의 판을 굽힘 반지름 25cm에 90°로 굽히려고 할 때 세트백(Set Back)은 몇 cm인가?

① 19.95
② 20.1
③ 24.9
④ 25.1

**해설**
세트백(SB ; Set Back)
$SB = \tan\dfrac{\theta}{2}(R+T) = \tan\dfrac{90°}{2}(25+0.1) = 25.1(\text{cm})$

**03** 접촉되어 있는 2개의 재료가 녹아서 다른 쪽에 들러붙은 형태의 손상은?

① 용착(Gall)
② 스코어(Score)
③ 균열(Crack)
④ 가우징(Gouging)

**해설**
② 스코어(Score) : 부품의 손상형태에서 깊게 긁힌 형태로, 표면이 예리한 물체와 닿았을 때 생긴 것
③ 균열(Crack) : 재료에 부분적 또는 완전하게 불연속이 생긴 현상
④ 가우징(Gouging) : 거칠고 큰 압력 등에 의한 금속표면이 일부 없어지는 것

**04** 한쪽 끝은 고정 지지점이고, 다른 쪽은 롤러 지지점인 보의 종류는?

① 단순보
② 외팔보
③ 고정보
④ 고정지지보

**해설**
보의 지지방법에 의한 분류
- 외팔보(Cantilever) : 일단이 고정되고, 다른 한 끝이 자유롭게 된 보
- 단순보(Simple Beam) : 일단은 이동지점, 다른 한 끝은 회전지점으로 지지된 가장 간단한 보
- 내다지보, 돌출보 : 지지방법은 단순보와 같으나 지점 밖으로 돌출된 부분이 있는 보
- 고정지지보, 단순-고정보 : 일단은 고정되고 다른 한 끝은 이동지점으로 지지된 보
- 양단고정보, 고정보 : 양단이 고정·지지된 보
- 연속보 : 한 개의 회전지점과 2개 이상의 이동 지점이 연속하여 지지되어 있는 보
※ 2024년 개정된 출제기준에서는 삭제된 내용

정답 1 ③ 2 ④ 3 ① 4 ④

## 05 포 소화기는 어떤 소화방법에 해당되는가?
① 억제소화방법
② 질식소화방법
③ 빙결소화방법
④ 희석소화방법

## 06 다음 중 육안검사로 발견할 수 없는 결함은?
① 찍힘(Nick)
② 응력(Stress)
③ 부식(Corrosion)
④ 소손(Burning)

## 07 구조 부재에 작용하는 표면 하중(Surface Load) 중 면에 균일하게 분포하여 작용하는 하중을 무엇이라고 하는가?
① 점 하중
② 체적하중
③ 분포하중
④ 집중하중

**해설**
- 점 하중(집중하중) : 한 점으로 볼 수 있는 아주 작은 범위에 집중하여 작용하는 하중
- 체적하중 : 구조 전체에 작용하는 중력, 자기력 및 관성력과 같은 하중
- ※ 2024년 개정된 출제기준에서는 삭제된 내용

## 08 받음각과 양력과의 관계에서 날개의 받음각이 일정수준을 지나면 양력이 감소하고 항력이 증가하는 현상은?
① 경계층
② 와류
③ 내리흐름
④ 실속

**해설**
실속(Stall) : 비행기의 날개 표면을 흐르는 기류의 흐름이 날개 윗면으로부터 박리되어, 그 결과 양력(揚力)이 감소되고 항력(抗力)이 증가하여 비행을 유지하지 못하는 현상

## 09 항공기 기체, 기관 및 장비 등의 사용 시간을 "0"으로 환원시킬 수 있는 정비 작업은?
① 항공기 오버홀
② 항공기 대수리
③ 항공기 대검사
④ 항공기 대개조

**해설**
오버홀(Overhaul) : 분해 재조립하여 사용시간을 "0"으로 환원하는 작업

## 10 비행기에 작용하는 공기력 중에서 압력항력과 마찰항력을 합한 것을 무엇이라 하는가?
① 조파항력
② 유도항력
③ 형상항력
④ 와류항력

**해설**
형상항력 = 압력항력 + 마찰항력

정답 5 ② 6 ② 7 ③ 8 ④ 9 ① 10 ③

**11** 다음 중 절대압력에 대한 설명으로 옳은 것은?

① 대기압과 계기압력의 차이다.
② 해면에서의 절대압력은 항상 0(Zero)이다.
③ 완전진공을 0(Zero) 압력으로 하여 측정한 압력이다.
④ 압력이 측정되는 곳에 대기압을 0(Zero) 압력으로 하여 측정된 압력이다.

**해설**
절대압력 = 대기압 + 계기압력
※ 2024년 개정된 출제기준에서는 삭제된 내용

**12** 비행기의 날개 길이가 10m, 날개 면적이 20m²일 때, 이 날개의 가로세로비는?

① 2  ② 3
③ 4  ④ 5

**해설**
$AR = \dfrac{b^2}{S} = \dfrac{(10)^2}{20} = 5$

**13** 복합재료를 제작할 때에 사용되는 섬유형 강화재가 아닌 것은?

① 유리 섬유
② 탄소 섬유
③ 보론 섬유
④ 고무 섬유

**해설**
**섬유형 강화재** : 탄소 섬유, 유리 섬유, 보론 섬유, 아라미드 섬유 등

**14** 항공기의 지상 활주를 위해 육지 비행장에 마련한 한정된 경로는?

① 유도로  ② 활주로
③ 비상로  ④ 계류로

**해설**
주기장(계류장)에 주기 후 활주로(Runway) 이동 시 유도로(Taxing Way)로 지상 활주한다.

**15** 장비나 부품의 상태는 관계하지 않고, 정비 시간의 한계 및 폐기 한계에 도달한 장비와 부품을 새로운 것으로 교환하는 정비 방법은?

① 시한성 정비
② 상태 정비
③ 신뢰성 정비
④ 검사 정비

**해설**
**시한성 품목** : 부품의 사용한계 시간을 설정하여 제한시간에 도달하면 항공기에서 떼어내어 오버홀을 해야 하는 부품

**16** 기체 구조를 수리할 때 기본적으로 지켜야 할 사항으로 가장 관계가 먼 것은?

① 최소 무게 유지
② 원래의 형태 유지
③ 최소의 정비 비용
④ 원래의 강도 유지

**해설**
응력은 단위 면적당 작용하는 힘으로 재료인 강도, 무게, 윤곽, 부식방지, 최소의 리벳 수 사용, 모서리를 원형으로 한다.

**17** 종을 장착한 항공기가 종을 치면서 아음속 비행 시 항공기의 앞쪽에서는 파장이 점점 짧아져 점차적으로 높은 소리로 들리다가 뒤쪽에서는 파장이 점점 길어져, 점차적으로 낮은 소리로 들리게 되는 현상은?

① 마그누스 효과
② 서지 효과
③ 코리올리 효과
④ 도플러 효과

**18** 조종 휠(Control Wheel)을 당기거나 밀어서 작동시키는 주된 조종면은?

① 플랩
② 방향키
③ 도움날개
④ 승강키

해설
방향키는 좌우 페달을 밟아서 작동시키고, 도움날개는 조종 휠을 회전시켜서 작동시키며, 승강키는 조종 휠을 앞뒤로 밀거나 당겨서 작동시킨다.

**19** 다음 중 공기에서 움직이는 물체에 작용하는 힘을 결정하는 요소가 아닌 것은?

① 물체의 모양
② 공기의 밀도
③ 공기흐름 속도
④ 물체의 재질

해설
공기 중에서 움직이는 물체에 작용하는 힘은 물체의 모양, 공기 밀도, 공기 흐름 속도 등과 관련 있으며 물체의 재질과는 상관이 없다.
※ 2024년 개정된 출제기준에서는 삭제된 내용

**20** 항공기 지상유도에 대한 설명으로 옳은 것은?

① 유도 신호원은 화재예방 소화기를 갖추어야 한다.
② 지상유도 신호원은 한국표준협회에서 지정한 표준 수신호에 따른다.
③ 항공기와 유도 신호원 사이의 거리는 기종에 관계없이 최대한 가깝게 유지한다.
④ 유도신호원은 항공기 오른쪽이나 왼쪽 날개 끝에서 앞쪽 방향에 위치하며, 조종사가 신호를 잘 볼 수 있는 위치여야 한다.

**21** 항공기의 기관 마운트에 대한 설명으로 옳은 것은?

① 착륙장치의 일부분이다.
② 착륙장치의 충격을 흡수 절단하는 부분이다.
③ 기관을 보호하고 있는 모든 기체구조물을 말한다.
④ 기관에서 발생한 추력을 기체에 전달하는 역할을 한다.

해설
기관 마운트는 항공기 기관을 받치고 고정해주는 역할을 하며, 기관에서 발생한 추력을 기체에 전달하는 역할을 한다.

**22** 비행기가 항력을 이기고 전진하는 데 필요한 마력을 무엇이라고 하는가?

① 이용마력
② 여유마력
③ 필요마력
④ 제동마력

정답 17 ④ 18 ④ 19 ④ 20 ④ 21 ④ 22 ③

**23** 피로시험에 사용되는 그래프로 응력의 반복횟수와 그 진폭과의 관계를 나타낸 곡선은?

① 로그 곡선
② $S-N$ 곡선
③ 응력 곡선
④ 하중배수 곡선

**해설**
※ 2024년 개정된 출제기준에서는 삭제된 내용

**24** 다음 중 가장 가벼운 금속 원소는?

① Mg
② Fe
③ Cr
④ He

**해설**
문제에서 가벼운 순서대로 나열하면, He(헬륨) > Mg(마그네슘) > Cr(크로뮴) > Fe(철)이지만, 헬륨은 금속이 아니므로 답은 Mg이다.
※ 2024년 개정된 출제기준에서는 삭제된 내용

**25** 항공기의 총모멘트가 400,000kg·cm이고, 총무게가 5,000kg일 때 이 항공기의 무게중심 위치는 몇 cm인가?

① 5
② 50
③ 80
④ 160

**해설**
모멘트 = 힘 × 거리
즉, 무게중심거리 = $\frac{400,000}{5,000}$ = 80(cm)
※ 2024년 개정된 출제기준에서는 삭제된 내용

**26** 항공기 기체의 기준축을 중심으로 발생하는 모멘트의 종류가 아닌 것은?

① 옆놀이 모멘트
② 빗놀이 모멘트
③ 축놀이 모멘트
④ 키놀이 모멘트

**해설**
항공기의 3축 운동(모멘트)은 다음과 같다.

| 기준축 | $x$(세로축) | $y$(가로축) | $z$(수직축) |
| --- | --- | --- | --- |
| 운동(모멘트) | 옆놀이 | 키놀이 | 빗놀이 |
| 조종면 | 도움날개 | 승강키 | 방향키 |

**27** 항공기가 상승비행을 하기 위한 조건으로 옳은 것은?

① 이용마력 = 필요마력
② 이용마력 > 필요마력
③ 이용마력 < 필요마력
④ 이용마력 ≤ 필요마력

**해설**
이용마력과 필요마력의 차를 여유마력(잉여마력)이라고 하며, 비행기의 상승 성능을 결정하는 중요한 요소이다.

**28** 볼트나 너트의 육면 중 2면만이 공구의 개구 부분에 걸려 장·탈착하는 데 쓰이는 공구는?

① 박스 렌치
② 스트랩 렌치
③ 소켓 렌치
④ 오픈엔드 렌치

**해설**
오픈엔드 렌치(Open End Wrench)

**29** 비행기의 하중배수를 식으로 옳게 나타낸 것은?

① $\dfrac{비행기\ 무게}{비행기에\ 작용하는\ 힘}$

② $\dfrac{비행기에\ 작용하는\ 항력}{비행기\ 무게}$

③ $\dfrac{비행기\ 무게}{비행기에\ 작용하는\ 항력}$

④ $\dfrac{비행기에\ 작용하는\ 힘}{비행기\ 무게}$

**해설**
하중배수는 비행기에 작용하는 힘을 비행기의 무게로 나눈 값이다.
※ 수평비행을 하고 있을 경우에는 양력과 비행기 무게가 같으므로 하중배수는 1이 된다.
※ 2024년 개정된 출제기준에서는 삭제된 내용

**30** 다음 ( ) 안에 들어갈 알맞은 용어는?

"The elevators control the aircraft about its ( ) axis."

① Vertical
② Lateral
③ Longitudinal
④ Horizontal

**해설**
"승강키는 비행기의 (가로)축에 대해 비행기를 조종한다."
• Lateral : 옆의, 가로방향의
• Vertical : 수직의
• Longitudinal : 세로방향의, 길이방향의
• Horizontal : 수평의
※ 2024년 개정된 출제기준에서는 삭제된 내용

**31** 관의 입구지름이 20cm이고 출구의 지름이 40cm일 때 입구에서의 유체속도가 4m/s이면 출구에서의 유체속도는 약 몇 m/s인가?

① 1
② 2
③ 4
④ 16

**해설**
연속의 법칙에서 $A_1 V_1 = A_2 V_2$
여기서, $A_1$ : 입구의 단면적
$V_1$ : 입구에서의 유체속도
$A_2$ : 출구의 단면적
$V_2$ : 출구에서의 유체속도

$V_1 = \left(\dfrac{A_2}{A_1}\right) V_2$

$V_2 = \dfrac{\frac{\pi d_1^2}{4}}{\frac{\pi d_2^2}{4}} V_1 = \dfrac{d_1^2}{d_2^2} V_1$

$\therefore V_2 = \dfrac{(20)^2}{(40)^2} \times 4 = \left(\dfrac{1}{2}\right)^2 \times 4 = 1(\text{m/s})$

**32** 항공기 급유 작업 중 기름유출로 화재가 발생하였다면 이때 사용해서는 안 되는 소화기는?

① $CO_2$ 소화기
② 건조사
③ 포 소화기
④ 일반 물소화기

해설
물소화기는 일반화재에 적합한 소화기이다.

**33** 굽힘이나 변형이 거의 일어나지 않고 부서지는 금속의 성질을 무엇이라 하는가?

① 연성(Ductility)
② 취성(Brittleness)
③ 인성(Toughness)
④ 전성(Malleability)

해설
② 취성 : 재료의 부스러지기 쉬운 성질
① 연성 : 탄성한계를 넘는 변형력으로도 물체가 파괴되지 않고 늘어나는 성질
③ 인성 : 잡아당기는 힘에 견디는 성질
④ 전성 : 두드리거나 압착하면 얇게 펴지는 금속의 성질
※ 2024년 개정된 출제기준에서는 삭제된 내용

**34** 비행기의 정적 가로 안정성을 향상시키는 방법으로 가장 좋은 방법은?

① 꼬리날개를 작게 한다.
② 동체를 원형으로 만든다.
③ 날개의 모양을 원형으로 한다.
④ 양쪽 주날개에 상반각을 준다.

해설
가로 안정을 좋게 하려면 쳐든각(상반각)을 주고, 방향안정을 좋게 하려면 후퇴각을 준다.

**35** 항공기 비행시간을 설명한 것으로 옳은 것은?

① 항공기가 비행을 목적으로 활주로에서 바퀴가 떨어진 순간부터 착륙할 때까지
② 항공기가 비행을 목적으로 램프에서 자력으로 움직이기 시작한 순간부터 착륙할 때까지
③ 항공기가 비행을 목적으로 램프에서 움직이기 시작한 순간부터 착륙하여 시동이 꺼질 때까지
④ 항공기가 비행을 목적으로 램프에서 자력으로 움직이기 시작한 순간부터 착륙하여 정지할 때까지

**36** 비행기 실제의 착륙거리에 관한 설명으로 틀린 것은?

① 장애물 고도에서부터 정지 시까지의 거리
② 지상활주거리와 착륙진입거리를 합한 거리
③ 비행기 바퀴의 접지 시부터 정지 시까지의 거리
④ 착륙진입거리와 정지 시까지의 거리를 합한 거리

**해설**
**착륙거리** : 항공기가 착륙 진입하여 정해진 최소 고도를 지나는 위치에서부터 착지하고 정지할 때까지 지나간 전체 거리

**37** 항공기 구조부재 수리작업에서 1열 패치 작업 시 플러시 머리리벳의 끝거리는?

① 리벳지름의 2~4배
② 리벳길이의 2~4배
③ 리벳지름의 2.5~4배
④ 리벳길이의 2.5~4배

**해설**
끝거리는 연거리(Edge Distance)라고도 하며, 리벳지름의 2~4배(접시머리는 2.5~4배)가 적당하다.
※ 2024년 개정된 출제기준에서는 삭제된 내용

**38** 항공기기체 정비작업에서의 정시점검으로 내부구조검사에 관계되는 것은?

① A 점검
② C 점검
③ ISI 점검
④ D 점검

**해설**
ISI(Internal Structure Inspection)
감항성에 일차적인 영향을 미칠 수 있는 기체구조를 중심으로 검사하여 항공기의 감항성을 유지하기 위한 기체 내부구조에 대한 Sampling Inspection을 말한다.

**39** 대류권에서의 고도와 기온 관계를 설명한 것이다. A, B에 들어갈 내용을 옳게 짝지은 것은?

지표면에서부터 ( A )되는 열로 인하여 11km 높이까지 평균 1km 올라갈 때마다 기온이 약 ( B )℃씩 낮아지고 있다.

① A : 대류, B : 3.5
② A : 대류, B : 6.5
③ A : 복사, B : 3.5
④ A : 복사, B : 6.5

**해설**
**대류권**
· 기상현상이 있다.
· 고도증가 시 온도, 압력, 밀도가 감소하고, 1km 상승 시마다 −6.5℃씩 낮아진다.
· 대류권계면 : 대류권과 성층권의 경계면으로 약 11km 정도이다.

**40** 날개 길이 방향의 양력계수 분포가 일률적이고 유도항력이 최소인 날개는?

① 뒤젖힘 날개　② 타원 날개
③ 앞젖힘 날개　④ 테이퍼 날개

**해설**
- 직사각형 날개 : 날개평면 형상이 직사각형 모양
- 테이퍼 날개 : 날개끝과 뿌리의 시위가 다른 날개로 붙임 강도가 높다.
- 타원 날개 : 날개형상이 타원형, 유도항력은 최소 1, 고른 양력 발생
- 앞젖힘 날개(전직익) : 고속비행 시 이론상 날개 끝에 발생하는 실속을 줄이기 위한 구조
- 뒤젖힘 날개(후퇴익) : 충격파 발생 지연, 저항 감소
- 삼각 날개 : 뿌리 부분의 시위길이를 길게 하여 날개 면적을 증가시킨 것, 임계마하수가 높다(충격파 발생지연).
- 가변 날개 : 속도에 따라 모양을 바꿀 수 있도록 만든 날개로 구조가 복잡하다.

**41** 다음 중 항공기의 지상취급 작업에 속하지 않는 것은?

① 견인작업
② 세척작업
③ 계류작업
④ 지상 유도작업

**해설**
항공기 지상취급(Ground Handling)에는 지상유도, 견인작업, 계류작업, 잭작업 등이 속한다.

**42** 항공기 외부 세척작업의 종류가 아닌 것은?

① 습식 세척
② 건식 세척
③ 광택 작업
④ 블라스트 세척

**해설**
- 외부세척 : 습식 세척, 건식 세척, 광택내기
- 내부세척
  - 드롭클로드(Drop Cloth) : 내부구조 작업상태 수행 시 파편조각을 받는 판
  - 진공청소기 조종실과 객실 내부의 먼지, 오물 제거

**43** 항공기 견인 시 설명으로 옳은 것은?

① 항공기 견인 시 준비사항으로 반드시 항공기에 접지선을 접지한다.
② 견인 중에는 반드시 착륙장치(Landing Gear)에 지상 안전핀이 장탈되어야 한다.
③ 견인속도의 규정 최대속도는 견인차 운전자가 결정한다.
④ 야간에 견인할 때는 항법등, 이외에도 필요한 조명장치를 해야 한다.

**해설**
견인작업
- 견인 인원은 3~7명이다.
- 트랙터(터크 카) 속도는 8km/h를 유지한다.
- 날개 끝이 고정 물체에 닿지 않게 한다.
- 활주로, 유도로 진입 시는 관제탑의 지시를 받는다.

**44** 비행기 수직 꼬리날개의 주된 역할을 옳게 설명한 것은?

① 실속을 방지한다.
② 비행기의 세로 안정에 영향을 준다.
③ 비행기의 수직 안정에 영향을 준다.
④ 비행기의 방향 안정에 영향을 준다.

**해설**
수직 꼬리날개는 비행기의 방향 안정, 수평 꼬리날개는 비행기의 수직 안정과 관련 있다.

**45** 회전 날개 깃의 단면에 작용하는 공기흐름의 속도에 대한 설명으로 옳은 것은?

① 거리에 관계없이 일정하다.
② 회전 중심에서 가장 빠르다.
③ 회전 중심에서 멀수록 빠르다.
④ 회전반지름의 중간 부분에서 가장 빠르다.

**해설**
회전 날개 깃의 속도는 회전 중심에서 멀수록 선속도가 크게 되고 따라서 공기 흐름 속도도 빠르다.

**46** 항공기용 볼트 체결 작업에 사용되는 와셔의 주된 역할로 옳은 것은?

① 볼트의 위치를 쉽게 파악
② 볼트가 녹스는 것을 방지
③ 볼트가 파손되는 것을 방지
④ 볼트를 조이는 부분의 기계적인 손상과 구조재의 부식을 방지

**해설**
항공용 와셔의 기능으로는 하중분산, 볼트의 그립길이 조정, 부식 방지, 풀림방지 등이 있다.

**47** 항공기의 세척방법 중 솔벤트 세척에 관한 내용으로 옳은 것은?

① 솔벤트 세척은 더운 날씨에 주로 사용된다.
② 건식 세척용 솔벤트는 주로 산소 계통에 사용된다.
③ 솔벤트 세척은 플라스틱 표면이나 고무제품에 주로 사용된다.
④ 솔벤트 세척은 오염이 심하여 알칼리 세척법으로는 불가능할 경우 사용된다.

**해설**
솔벤트 세척은 추운 날씨거나 항공기가 심하게 오염되었을 경우 또는 알칼리 세척법으로 세척이 불가능할 경우에 사용한다.

**48** 비행기의 착륙거리를 짧게 하기 위한 조건으로 틀린 것은?

① 접지속도를 크게 한다.
② 활주 중 비행기의 무게를 크게 한다.
③ 비행기의 착륙 무게가 가벼워야 한다.
④ 그라운드 스포일러(Ground Spoiler)를 사용한다.

**해설**
착륙거리를 짧게 하기 위해서 접지속도는 작아야 한다.

**49** 다음 중 입자 간 부식(Intergranular Corrosion)의 주원인이 될 수 있는 것은?

① 부적절한 열처리
② 서로 다른 금속의 접촉
③ 구조물에 작용하는 응력
④ 금속표면에서 불활성가스의 화학작용

**해설**
부식의 발생원인
• 표면 부식 : 금속 표면의 수분
• 동전기 부식(이질 금속 간 부식) : 서로 다른 금속의 접촉
• 입자 간 부식 : 부적절한 열처리
• 응력 부식 : 구조물에 작용하는 응력
※ 2024년 개정된 출제기준에서는 삭제된 내용

**50** 추력 중량비(Thrust Weight Ratio)를 옳게 설명한 것은?

① 총추력을 기관의 무게로 나눈 값
② 진추력을 기관의 무게로 나눈 값
③ 총추력을 연료의 무게로 나눈 값
④ 진추력을 연료의 무게로 나눈 값

**해설**
가스터빈기관에서 $F_W = \dfrac{F_n}{W}$

추력 중량비 = 진추력 / 기관 무게
※ 2024년 개정된 출제기준에서는 삭제된 내용

**51** 활주로 횡단 시 관제탑에서 사용하는 신호등의 신호로 녹색등이 켜져 있을 때의 의미와 그에 따른 사항으로 옳은 것은?

① 위험 : 정차
② 안전 : 횡단 가능
③ 안전 : 빨리 횡단하기
④ 위험 : 사주를 경계한 후 횡단 가능

**해설**
※ 2024년 개정된 출제기준에서는 삭제된 내용

**52** 비행기가 공기 중을 수평 등속도 비행할 때 비행기에 작용하는 힘이 아닌 것은?

① 추력          ② 항력
③ 중력          ④ 가속력

**해설**
수평등속도 비행은 속도의 변화가 없는 비행이므로 가속도가 "0"이고 따라서 가속력은 작용하지 않는다.

**53** 대기권 중 대류권에서 고도가 높아질수록 대기의 상태를 옳게 설명한 것은?

① 온도, 밀도, 압력 모두 감소한다.
② 온도, 밀도, 압력 모두 증가한다.
③ 온도, 압력은 감소하고, 밀도는 증가한다.
④ 온도는 증가하고, 압력과 밀도는 감소한다.

**해설**
대류권에서는 고도가 증가하면 온도는 1,000m당 6.5℃씩 낮아지고, 공기 입자수가 감소하여 공기압력과 밀도도 감소한다.

**54** 항공기나 장비 및 부품에 대한 원래의 설계를 설명하거나 새로운 부품을 추가로 장착하는 작업에 해당되는 것은?

① 항공기 개조
② 항공기 검사
③ 항공기 보수
④ 항공기 수리

**55** 충격파의 강도를 가장 옳게 나타낸 것은?

① 충격파 전후의 속도 차
② 충격파 전후의 온도 차
③ 충격파 전후의 압력 차
④ 충격파 전후의 유량 차

**해설**
초음속 흐름에서 흐름 방향의 급격한 변화로 인하여 압력이 급격히 증가하고, 밀도와 온도 역시 불연속적으로 증가하게 되는데 이 불연속면을 충격파(Shock Wave)라고 한다.

**56** 정시 점검으로 제한된 범위 내에서 구조, 모든 계통 및 장비품의 작동 점검, 계획된 부품의 교환, 서비스 등을 실시하는 점검은?

① A 점검
② B 점검
③ C 점검
④ D 점검

**해설**
③ C 점검 : 항공기 운항을 2~3일 동안 중지시켜 놓고 실시하는 정비로서 항공기 각 계토의 배관, 배선, 엔진, 착륙장치 등에 대한 세부점검과 기체구조에 대한 외부로부터의 점검, 각 부분의 급유, 장비나 부품의 시간 교환 등을 실시
① A 점검 : 항공기가 출발지 공항이나 목적지 공항에 머무는 동안 항공기의 오일, 작동유, 산소 등을 보충하거나, 항공기가 이착륙할 때나 비행 중에 고장이 나기 쉬운 부분을 중심으로 실시하는 점검
② B 점검 : 필요시 A 점검에 추가하여 실시하는 점검
④ D 점검 : 2주 내지 3주 동안 도크(Dock)에 넣고 기체를 분해하여 실시하는 중정비

**57** 프로펠러에 조속기를 장치하여 비행고도, 비행자세의 변화에 따른 속도의 변화 및 스로틀 개폐에 관계없이 프로펠러를 항상 일정한 회전속도로 유지하여 항상 최상효율을 가질 수 있도록 만든 프로펠러는?

① 페더링 프로펠러(Feathering Propeller)
② 정속 프로펠러(Constant Speed Propeller)
③ 고정피치 프로펠러(Fixed Propeller)
④ 조정피치 프로펠러(Adjustable Pitch Propeller)

**해설**
프로펠러의 종류
- 정속 프로펠러 : 조속기에 의해 저피치에서 고피치까지 자유롭게 피치를 조정할 수 있다.
- 완전 페더링 프로펠러 : 기관 고장 시 프로펠러 깃을 비행 방향과 평행이 되도록 피치를 변경한다.
- 역피치 프로펠러 : 부(−)의 피치각을 갖도록 한 프로펠러로 역추력이 발생되어 착륙거리를 단축시킬 수 있다.
- 고정피치 프로펠러 : 피치가 고정되어 있어서 어느 한정 속도에서만 효율이 높다.
- 조정피치 프로펠러 : 피치를 고피치와 저피치 중 하나를 선택해서 조정할 수 있다.
※ 2024년 개정된 출제기준에서는 삭제된 내용

**58** 비행 중 날개전체에 생기는 항력을 옳게 나타낸 것은?

① 형상항력 + 마찰항력 + 유도항력
② 압력항력 + 마찰항력 + 형상항력
③ 압력항력 + 마찰항력 + 유도항력
④ 형상항력 + 압력항력 + 유해항력

**해설**
항력 = 형상항력 + 유도항력
형상항력 = 압력항력 + 마찰항력
즉, 항력 = 압력항력 + 마찰항력 + 유도항력

**59** 판재의 가장자리에서 첫 번째 리벳 중심까지의 거리를 무엇이라 하는가?

① 끝거리
② 리벳 간격
③ 열간격
④ 가공거리

**해설**
리벳의 배열
- 끝거리(연거리) : 판재의 가장자리에서 첫 번째 리벳 구멍 중심까지의 거리
- 피치 : 같은 리벳 열에서 인접한 리벳 중심 간의 거리
- 게이지 또는 횡단피치 : 리벳 열 간의 거리

**60** 리벳 제거를 위한 그림의 각 과정을 순서대로 나열한 것은?

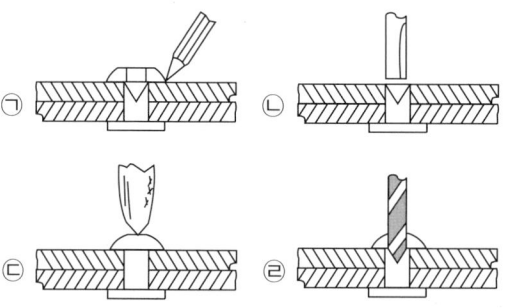

① ㉠ → ㉢ → ㉣ → ㉡
② ㉢ → ㉠ → ㉣ → ㉡
③ ㉠ → ㉣ → ㉢ → ㉡
④ ㉢ → ㉣ → ㉠ → ㉡

**해설**
리벳 제거 순서
리벳머리 펀칭 → 리벳머리 드릴 작업 → 핀 펀치로 리벳머리 제거 → 리벳 몸통 제거

# 2021년 제3회 과년도 기출복원문제

**01** 안전결선작업에 관한 내용으로 옳지 않은 것은?

① 안전결선을 신속하게 하기 위해서는 안전결선용 플라이어 또는 와이어 트위스터를 사용한다.
② 끝부분을 3~6회 정도 꼬아 날카롭지 않게 직각으로 절단한 다음, 바깥방향으로 돌출되지 않도록 구부려야 하고, 꼬는 횟수는 1인당 6~8회이다.
③ 안전결선의 절단은 직각이 되도록 자른다.
④ 3개 이상의 부품이 기하학적으로 밀착되어 있을 때에는 다선식 결선법을 사용하는 것이 좋다.

**해설**
3개 이상의 부품이 기하학적으로 밀착되어 있을 때에는 단선식 결선법을 사용하는 것이 좋다.

**02** 헬리콥터의 상승비행 시 피치각의 크기는 정지비행 때와 비교하여 어떠한가?

① 작아진다.
② 커진다.
③ 동일하다.
④ 작아지다가 커진다.

**해설**
헬리콥터의 컬렉티브 피치 조절 레버에 의해 주회전날개의 피치각을 증가시키면 헬리콥터는 상승비행을 한다.

**03** 복합재료를 제작할 때 사용되는 섬유형 강화재가 아닌 것은?

① 고무 섬유
② 유리 섬유
③ 탄소 섬유
④ 보론 섬유

**해설**
강화섬유의 종류
• 유리 섬유
• 탄소/흑연 섬유
• 아라미드 섬유
• 보론 섬유
• 세라믹 섬유

**04** 어떤 물체가 평형상태로부터 벗어난 뒤에 다시 평형상태로 되돌아가려는 경향을 의미하는 것은?

① 가로 안정
② 세로 안정
③ 정적 안정
④ 동적 안정

**해설**
• 정적 안정 : 어떤 물체가 평형상태로부터 벗어난 뒤에 다시 원래 평형상태로 되돌아가려는 경향
• 동적 안정 : 평형상태로부터 벗어난 뒤에 시간이 지남에 따라 진폭이 감소되는 경향

**05** 다음 중 철강의 5원소가 아닌 것은?

① C
② Al
③ Mn
④ Si

**해설**
철강의 5대 원소로는 탄소(C), 망가니즈(Mn), 황(S), 인(P), 규소(Si) 등이 있다.
※ 2024년 개정된 출제기준에서는 삭제된 내용

정답  1 ④  2 ②  3 ①  4 ③  5 ②

**06** 화재 진압을 위하여 사용하는 $CO_2$ 소화기의 주된 소화 효과는?

① 희석 소화   ② 질식 소화
③ 제거 소화   ④ 억제 소화

**해설**
이산화탄소를 연소하는 면에 방사하게 되면 가스의 질식작용에 의해 소화되는 원리를 말한다.

**07** 베르누이 정리에 의한 압력과 속도와의 관계를 가장 옳게 설명한 것은?

① 압력이 커지면 속도가 커진다.
② 압력이 커지면 속도가 작아진다.
③ 압력이 커지면 속도가 일정해진다.
④ 압력이 작아지면 속도가 일정해진다.

**08** 항공기의 기체구조시험 중 강성시험, 한계하중시험, 극한하중시험, 파괴시험 등은 어느 시험에 속하는가?

① 풍동시험   ② 환경시험
③ 정하중시험   ④ 진동시험

**해설**
정하중시험은 비행 중 가장 극한 하중의 조건에서 기체의 구조가 충분한 강도와 강성을 가지고 있는지를 시험하는 것이며 강성시험, 한계하중시험, 극한하중시험, 파괴시험 등을 실시한다.
※ 2024년 개정된 출제기준에서는 삭제된 내용

**09** 표준형 마이크로미터에서 슬리브와 심블의 눈금이 그림과 같을 때 측정값은 몇 mm인가?

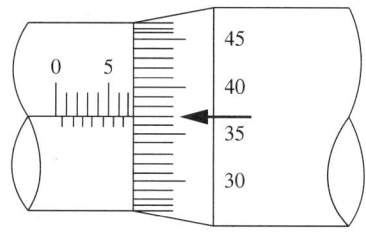

① 6.35   ② 6.37
③ 7.35   ④ 7.37

**해설**
심블의 기준선이 7mm를 지났고, 슬리브의 수평선과 일치하는 심블 눈금이 37에 일치하므로 눈금값은 7 + 0.37 = 7.37mm

**10** 충돌, 추락, 전복 및 이에 유사한 사고의 위험이 있는 장비 및 시설물에 사용되는 안전색채는?

① 노란색   ② 녹색
③ 빨간색   ④ 주황색

**해설**
**안전색채**
- 노란색 : 사고의 위험이 있는 장비나 시설물에 표시
- 녹색 : 안전에 관련된 설비 및 구급용 치료시설 식별
- 빨간색 : 위험물 또는 위험상태 표시
- 주황색 : 기계 또는 전기설비의 위험 위치 식별

**11** 헬리콥터가 수직 상승비행을 할 때 회전 날개의 피치각과 기관의 출력상태로 옳은 것은?

① 피치각 증가, 출력 증가
② 피치각 일정, 출력 일정
③ 피치각 증가, 출력 감소
④ 피치각 감소, 출력 감소

해설
헬리콥터가 상승하기 위해서는 피치각을 증가시켜야 하며, 이때 회전 날개의 회전 시 큰 힘이 요구되므로 동시에 출력을 증가시켜야 한다.

**12** 제품을 가열하여 그 표면에 다른 종류의 금속을 피복시키는 동시에 확산에 의하여 합금 피복층을 얻는 표면경화법은?

① 질화법
② 침탄처리법
③ 금속침투법
④ 고주파 담금질법

해설
금속침투법은 주로 철강 제품의 표면에 알루미늄, 아연, 크로뮴 따위를 고온에서 확산, 침투시켜 합금 피막을 형성하는 금속 표면처리법이다.
※ 2024년 개정된 출제기준에서는 삭제된 내용

**13** 그림과 같은 복합소재의 가압방식은?

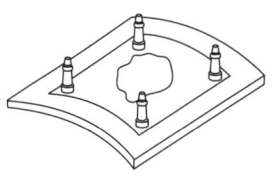

① 숏백
② 클레코
③ 스프링 클램프
④ 진공 백

**14** 고속 비행 시 도움날개나 방향키의 변위각을 자동적으로 제한하여 옆놀이 커플링 현상을 방지하기 위해 부착하는 것은?

① 도살 핀(Dorsal Fin)
② 와류고리(Vortex Ring)
③ 벤트럴 핀(Ventral Fin)
④ 실속 스트립(Stall Strip)

해설
벤트럴 핀

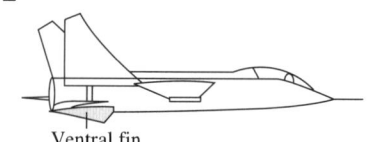

Ventral fin

**15** 항공기가 안전하게 비행할 수 있는 성능이 있다는 것을 증명하는 것은?

① 품질보증서
② 형식증명서
③ 감항증명서
④ 제작증명서

**16** 항공기 스케치에 "LOOKING UP" 표기의 의미는?

① 항공기 기축선을 쳐다보고 스케치를 함
② 항공기 기축선 쪽에서 밖으로 쳐다보고 스케치를 함
③ 항공기 아래에서 위로 쳐다보고 스케치를 함
④ 항공기 위에서 아래로 쳐다보고 스케치를 함

**해설**

| 보는 방향 | 표시 방법 |
|---|---|
| 기축선을 향해 | LOOKING INBD |
| 기축선 쪽에서 밖으로 | LOOKING OUT |
| 뒤에서 앞쪽 | LOOKING FWD |
| 앞에서 뒤쪽 | LOOKING AFT |
| 위에서 아래 | LOOKING DOWN |
| 아래에서 위 | LOOKING UP |

※ 2024년 개정된 출제기준에서는 삭제된 내용

**17** 다음 중 정상비행 중인 비행기가 의도하지 않은 스핀(Spin) 상태를 만드는 원인은?

① 등속　　② 감속
③ 돌풍　　④ 급상승

**해설**
스핀현상은 수직강하와 자전현상(회전)이 합쳐진 현상으로 돌풍과 같은 외부 요인에 의해서도 발행할 수 있다.

**18** 철강재료를 탄소함유량에 따라 분류하는 데 탄소의 함유량이 적은 것에서 많은 순서대로 나열한 것은?

① 주철 < 강 < 순철
② 주철 < 순철 < 강
③ 순철 < 주철 < 강
④ 순철 < 강 < 주철

**해설**
철강재료 탄소함유량
• 순철 : 0.02% 이하
• 강 : 0.02~2.0%
• 주철 : 2.0~4.5% 정도
※ 2024년 개정된 출제기준에서는 삭제된 내용

**19** 다음 중 항공기 공장정비에 속하지 않는 것은?

① 항공기 기체 오버홀
② 항공기 원동기 정비
③ 항공기 기체 정시점검
④ 항공기 장비품 정비

**해설**
항공기 기체 정시점검은 운항정비에 속한다.

**20** 부품을 파괴하거나 손상시키지 않고 검사하는 방법을 무엇이라 하는가?

① 내부검사  ② 비파괴검사
③ 내구성검사  ④ 오버홀검사

**해설**
비파괴검사(NDT ; Non-Destructive Test)의 종류
- 방사선투과검사(RT ; Radiographic Testing)
- 자분탐상검사(MT ; Magnetic Particle Testing)
- 침투탐상검사(PT ; Liquid Penetrant Testing)
- 초음파탐상검사(UT ; Ultrasonic Testing)
- 와전류탐상검사(ET ; Eddy Current Testing)
- 누설검사(LT ; Leak Testing)
※ 2024년 개정된 출제기준에서는 삭제된 내용

**21** 안전 여유(Margine of Safety)를 구하는 식으로 옳은 것은?

① $\dfrac{허용하중}{실제하중} + 1$  ② $\dfrac{허용하중}{실제하중} - 1$

③ $\dfrac{실제하중}{허용하중} + 1$  ④ $\dfrac{실제하중}{허용하중} - 1$

**해설**
※ 2024년 개정된 출제기준에서는 삭제된 내용

**22** 공기에 대하여 온도가 일정할 때 압력이 증가하면 나타나는 현상으로 옳은 것은?

① 밀도와 체적이 모두 감소한다.
② 밀도와 체적이 모두 증가한다.
③ 체적은 감소하고 밀도는 증가한다.
④ 체적은 증가하고 밀도는 감소한다.

**해설**
온도가 일정하므로 등온과정이고 등온과정에서는 다음 식이 성립된다.
$PV = C$
위 식에서 압력($P$)이 증가하면 체적($V$)은 감소한다. 또한 압력이 증가하면서 체적이 감소하면 공기 밀도는 증가한다.

**23** 토크렌치(Torque Wrench)를 사용할 때 주의사항으로 틀린 것은?

① 토크렌치는 정기적으로 교정 점검해야 한다.
② 힘은 토크렌치에 직각방향으로 가하는 것이 효율적이다.
③ 토크렌치 사용 시 특별한 언급이 없으면 볼트에 윤활해서는 안 된다.
④ 토크렌치를 조이기 시작하면 조금씩 멈춰가며 지정된 토크를 확인한 후 다시 조인다.

**해설**
토크렌치를 조일 때에는 눈금 값을 확인하면서 중간에 멈춤이 없이 지정된 값이 될 때까지 일정한 힘으로 조인다.

정답  20 ②  21 ②  22 ③  23 ④

**24** 다음 중 양력($L$)을 옳게 표현한 것은?(단, 양력계수 : $C_L$, 공기 밀도 : $\rho$, 날개의 면적 : $S$, 비행기의 속도 : $V$이다)

① $L = \frac{1}{2} C_L^2 \rho V^2 S$

② $L = \frac{1}{2} C_L^2 \rho V S^2$

③ $L = \frac{1}{2} C_L \rho V^2 S$

④ $L = \frac{1}{2} C_L \rho V S^2$

**해설**
- 양력 $L = \frac{1}{2} C_L \rho V^2 S$
- 항력 $D = \frac{1}{2} C_D \rho V^2 S$

**25** 다음 중 정하중시험의 순서를 옳게 나열한 것은?

① 한계하중시험 → 극한하중시험 → 파괴시험 → 강성시험

② 강성시험 → 한계하중시험 → 극한하중시험 → 파괴시험

③ 한계하중시험 → 파괴시험 → 강성시험 → 극한하중시험

④ 파괴시험 → 강성시험 → 한계하중시험 → 극한하중시험

**해설**
※ 2024년 개정된 출제기준에서는 삭제된 내용

**26** 수평 꼬리날개에 부착된 조종면을 무엇이라 하는가?

① 승강키  ② 플랩
③ 방향키  ④ 도움날개

**해설**
수평 꼬리날개는 승강키(조종 관련)와 수평 안정판(안정성 관련)으로 구성되어 있다.

**27** 다음 중 대기가 안정하여 구름이 없고, 기온이 낮으며, 공기가 희박하여 제트기의 순항고도로 적합한 곳은?

① 열권과 극외권의 경계면 부근
② 중간권과 열권의 경계면 부근
③ 성층권과 중간권의 경계면 부근
④ 대류권과 성층권의 경계면 부근

**해설**
대류권과 성층권의 경계면을 대류권 계면이라고 하며 제트기의 순항고도로 적당하다.

**28** 항공기에 사용되는 솔벤트 세제의 종류가 아닌 것은?

① 지방족나프타
② 수·유화 세제
③ 방향족나프타
④ 메틸에틸케톤

**해설**
수·유화 세제는 에멀션(Emulsion)으로 된 세제를 말하는데, 에멀션이란 액체 속에 다른 액체가 미립자로 분산된 것으로서 유화 상태에 있는 액체를 말한다.

**29** 항공기의 수직 꼬리날개의 구성품이 아닌 것은?

① 승강키　　② 도살 핀
③ 방향키　　④ 수직 안정판

**해설**
도살 핀(Dorsal Fin)은 수직 꼬리날개와 동체를 연결하는 부분이다.

**30** 다음 중 헬리콥터에 발생하는 종진동과 가장 관계 깊은 것은?

① 깃의 궤도　　② 회전면
③ 깃의 평형　　④ 리드래그

**해설**
※ 2024년 개정된 출제기준에서는 삭제된 내용

**31** 비행기의 제동유효마력이 70HP이고 프로펠러의 효율이 0.8일 때 이 비행기의 이용마력은 몇 HP인가?

① 28　　② 56
③ 70　　④ 87.5

**해설**
$P_a = \eta \times bHP = 0.8 \times 70 = 56(HP)$
여기서, $P_a$ : 이용마력
　　　　$\eta$ : 프로펠러 효율
　　　　$bHP$ : 제동마력

**32** 헬리콥터에서 후퇴하는 깃의 성능을 좋게 하기 위한 방법으로 가장 옳은 것은?

① 캠버가 없어야 한다.
② 작은 받음각을 가져야 한다.
③ 깃이 얇고 캠버가 작아야 한다.
④ 깃이 두껍고 캠버가 커야 한다.

**33** 다음 문장에서 밑줄 친 부분에 해당하는 내용은?

"Civilian aircraft are constructed primarily from heat-treated aluminum alloys, while military aircraft are constructed primarily from titanium and stainless steel."

① 열에 의해 굳혀진
② 열처리된
③ 열에 의해 만들어진
④ 열에 의해 녹여진

**해설**
"군용 항공기가 기본적으로 타이타늄과 스테인리스강으로 제조되는데 반해, 민간 항공기는 기본적으로 열처리된 알루미늄 합금으로 만들어진다."
※ 2024년 개정된 출제기준에서는 삭제된 내용

**34** 운항정비 기간에 발생한 항공기 정비 불량 상태의 수리와 운항 저해의 가능성이 많은 각 계통의 예방 정비 및 감항성을 확인하는 것을 목적으로 하는 정비작업은?

① 중간점검
② 기본점검
③ 정시점검
④ 비행 전후 점검

**해설**
운항정비(Line Maintenance)는 중간점검, 비행 전후 점검, 주간점검 등으로 구분하며, 정시점검에는 A·B·C·D 점검, 내부구조검사(ISI) 등이 있다.

**35** 호스를 장착할 때 고려할 사항으로 틀린 것은?

① 호스의 경화 날짜를 확인하여 사용한다.
② 호스는 액체의 특성에 따라 재질이 변하므로 규정된 규격품을 사용한다.
③ 호스에 압력이 걸리면 수축되기 때문에 길이에 여유를 주어 약간 처지도록 장착한다.
④ 스웨이징 된 접합 기구에 의하여 장착된 호스에서 누설이 있을 경우 누설된 일부분을 교환한다.

**해설**
호스 장착 시 주의사항
- 교환하고자 하는 부분과 같은 형태, 크기, 길이의 호스 이용
- 호스의 직선띠로 바르게 장착(비틀리면 압력 형성 시 결함 발생)
- 호스의 길이는 5~8% 여유길이를 고려(압력 형성 시 바깥지름이 커지고 길이가 수축)
- 호스가 길 때는 60cm마다 클램프하여 지지

**36** 부식 환경에서 금속에 가해지는 반복 응력에 의한 부식이며, 반복 응력이 작용하는 부분의 움푹 파인 곳의 바닥에서부터 시작되는 부식은?

① 점 부식
② 피로 부식
③ 입자 간 부식
④ 찰과 부식

**해설**
② 피로 부식 : 금속에 가해지는 반복 응력에 의해 발생
① 점 부식 : 금속 표면이 국부적으로 깊게 침식되어 작은 점 형태로 만들어지는 부식
③ 입자 간 부식 : 금속의 입자 경계면을 따라 생기는 선택적인 부식
④ 찰과 부식 : 마찰로 인한 부식으로 밀착된 구성품 사이에 작은 진폭의 상대 운동으로 인해 발생
※ 2024년 개정된 출제기준에서는 삭제된 내용

**37** 항공기 제작 시 항공기 도면과 더불어 발행되는 도면 관련 문서가 아닌 것은?

① 적용 목록
② 부품 목록
③ 비행 목록
④ 기술 변경서

**해설**
항공기 도면과 더불어 발행되는 도면 관련 문서에는 적용 목록, 부품 목록, 기술 변경서, 또는 도면 변경서 등이 있다.
※ 2024년 개정된 출제기준에서는 삭제된 내용

**38** 다음 문장이 뜻하는 계기로 옳은 것은?

> "An instrument that measures and indicates height in feet."

① Altimeter
② Air Speed Indicator
③ Turn and Slip Indicator
④ Vertical Velocity Indicator

**해설**
① 고도계
② 속도계
③ 선회지시계
④ 수직속도표시계
※ 2024년 개정된 출제기준에서는 삭제된 내용

**39** 미국재료시험협회(ASTM)에서 정한 질별기호 중 풀림처리를 나타내는 기호는?

① O   ② H
③ F   ④ W

**해설**
알루미늄 특성 기호
• O : 풀림 처리한 것
• F : 제조 상태 그대로인 것
• H : 냉간 가공한 것
• W : 용체화 처리 후 자연 시효한 것
• T : 열처리한 것
※ 2024년 개정된 출제기준에서는 삭제된 내용

**40** 다음 중 재료 규격의 이름이 틀리게 짝지어진 것은?

① ALCOA 규격 - 미국ALCOA사 규격
② AA 규격 - 미국알루미늄협회 규격
③ ASTM 규격 - 미국재료시험협회 규격
④ AISI 규격 - 미국자동차기술협회 규격

**해설**
• AA : 알루미늄협회 규격
• AISI : 미국 철강협회 규격
• ALCOA : 알코아사 규격
• AMS : SAE에서 항공기용 재료
• AN : 미 육군·해군 규격
• ASTM : 미국 재료시험협회 규격
• FED : 미군 연방 규격
• MIL : 미군 항공기 재료부품 규격
• SAE : 미국 자동차사 기술규격협회
※ 2024년 개정된 출제기준에서는 삭제된 내용

**41** 강화재 중 탄소 섬유는 일반적으로 어떤 색깔인가?

① 흰색   ② 노란색
③ 파란색   ④ 검은색

**해설**
강화재의 종류별 색깔
• 유리 섬유 : 흰색
• 아라미드 섬유 : 노란색
• 탄소 섬유 : 검은색

### 42 볼트머리(Bolt Head)에 △의 기호가 새겨져 있는 볼트의 특징은?

① 내식성 볼트
② 정밀공차 볼트
③ 열처리 볼트
④ 알루미늄 합금 볼트

**해설**
볼트머리 기호의 식별
- 알루미늄 합금 볼트 : 더블 대시(- -)
- 내식강 볼트 : 대시(-)
- 특수 볼트 : SPEC 또는 S
- 정밀공차 볼트 : △
- 합금강 볼트 : +
- 열처리 볼트 : R

### 43 2×2in인 정사각형 단면봉에 1,000lb의 인장하중을 가한다면, 이 봉에 작용하는 응력은 몇 lb/in² 인가?

① 62
② 125
③ 250
④ 500

**해설**
인장응력 = 인장하중/작용면적 = 1,000/4 = 250(lb/in²)
※ 2024년 개정된 출제기준에서는 삭제된 내용

### 44 다음 중 항온 열처리 방법이 아닌 것은?

① 마퀜칭(Marquenching)
② 마템퍼링(Martempering)
③ 파커라이징(Parkerizing)
④ 오스템퍼링(Austempering)

**해설**
파커라이징은 철강 표면에 인산염 피막을 입혀 녹스는 것을 방지하는 방법이다.
※ 2024년 개정된 출제기준에서는 삭제된 내용

### 45 항공기의 총모멘트가 600,000kg·cm이고, 총무게가 5,000kg일 때 이 항공기의 무게중심 위치는 몇 cm인가?

① 5
② 50
③ 80
④ 120

**해설**
모멘트 = 힘 × 거리

즉, 무게중심거리 = $\dfrac{600,000}{5,000}$ = 120(cm)

※ 2024년 개정된 출제기준에서는 삭제된 내용

### 46 프로펠러에 조속기를 장치하여 비행고도, 비행자세의 변화에 따른 속도의 변화 및 스로틀 개폐에 관계없이 프로펠러를 항상 일정한 회전속도로 유지하여 항상 최상효율을 가질 수 있도록 만든 프로펠러는?

① 고정피치 프로펠러
② 정속 프로펠러
③ 페더링 프로펠러
④ 역피치 프로펠러

**해설**
프로펠러의 종류
- 정속 프로펠러 : 조속기에 의해 저피치에서 고피치까지 자유롭게 피치를 조정할 수 있다.
- 완전 페더링 프로펠러 : 기관 고장 시 프로펠러 깃을 비행 방향과 평행이 되도록 피치를 변경한다.
- 역피치 프로펠러 : 부(-)의 피치각을 갖도록 한 프로펠러로 역추력이 발생되어 착륙거리를 단축시킬 수 있다.
- 고정피치 프로펠러 : 피치가 고정되어 있어서 어느 한정 속도에서만 효율이 높다.
- 조정피치 프로펠러 : 피치를 고피치와 저피치 중 하나를 선택해서 조절할 수 있다.

※ 2024년 개정된 출제기준에서는 삭제된 내용

**정답** 42 ② 43 ③ 44 ③ 45 ④ 46 ②

**47** 항공기세제로 사용되는 메틸에틸케톤에 대한 설명이 아닌 것은?

① 휘발성이 강하다.
② MEK라고도 한다.
③ 금속 세척제로도 이용된다.
④ 세척된 표면상에 식별할 수 있는 막을 남긴다.

**해설**
세척된 표면상에 식별할 수 있는 막을 남기는 세척제는 케로신이다.

**48** 나셀(Nacelle)에 대한 설명으로 틀린 것은?

① 나셀은 외피, 카울링, 방화벽 등으로 이루어진다.
② 바깥면은 공기역학적 저항을 작게 하기 위하여 유선형으로 되어 있다.
③ 기관 및 기관에 부수되는 각종 장치를 수용하기 위한 공간을 마련한다.
④ 기관의 냉각과 연소에 필요한 공기를 유입하는 흡입구와 배기를 위한 카울링이 필요하다.

**해설**
나셀의 카울링은 정비나 점검을 쉽게 하기 위해 설치된다.

**49** 다음은 날개골의 명칭에 대한 설명이다. 옳지 않은 것은?

① 시위(Chord) : 날개의 앞전과 뒷전을 이은 직선. 평균 캠버선의 양 끝
② 아래 캠버(Lower Camber) : 시위선으로부터 아랫면(Lower Surface)까지의 거리
③ 평균 캠버선(Mean Camber Line) : 시위선에서 평균 캠버선까지의 최대 거리로 보통 시위선에 대해 백분율(%)로 표시
④ 앞전 반지름(Leading Edge Radius) : 앞전에서 평균 캠버선에 접하도록 그은 직선 위에 중심을 가지고 날개골 상하면에 접하는 원의 반지름

**해설**
**평균 캠버선(Mean Camber Line)**
위 캠버와 아래 캠버의 평균선으로 두께의 중심선이다. 평균 캠버선의 앞끝을 앞전(Leading Edge), 뒤끝을 뒷전(Trailing Edge)이라 한다.

**50** 왕복기관에서 발생하는 노킹현상의 원인이 아닌 것은?

① 부적절한 연료를 사용할 때
② 실린더 헤드가 과랭되었을 때
③ 혼합가스의 화염전파속도가 느릴 때
④ 흡입공기의 온도와 압력이 너무 높을 때

**해설**
**노킹** : 폭발적인 자연 발화 현상에 의해 생기는 진동 현상으로 압력이 증가하여 기관의 무리가 오고 출력이 떨어진다.
※ 2024년 개정된 출제기준에서는 삭제된 내용

[정답] 47 ④ 48 ④ 49 ③ 50 ②

**51** 병렬식 회전날개 헬리콥터의 특징으로 옳지 않은 것은?

① 비행방향에 대해 양쪽에 두 개의 로터를 설치하여 토크를 상쇄한다.
② 수평비행 시 유해항력이 작다.
③ 회전날개를 비행방향을 기준으로 좌·우에 배치한 형태이며 가로 안정이 가장 좋다.
④ 세로 안정성이 좋지 않기 때문에 꼬리날개를 가진다.

**해설**
② 수평비행 시 유해항력이 크다.

**52** 다음 자분탐상검사에 대한 설명 중 틀린 것은?

① 탄소강 등 강자성 재료에만 적용할 수 있다.
② 자계의 방향은 일반적으로 왼손 법칙을 따른다.
③ 깊이 있는 결함은 검출할 수 없다.
④ 건식자분은 일반적으로 거친 표면에서 사용된다.

**해설**
② 자계의 방향은 일반적으로 오른손 법칙을 따른다.
※ 2024년 개정된 출제기준에서는 삭제된 내용

**53** 수퍼차저(Super Charger)의 목적에 대한 설명으로 옳은 것은?

① 흡입 연료의 온도를 증가시켜 출력을 증가시킨다.
② 흡입 연료의 발열량을 증가시켜 출력을 증가시킨다.
③ 흡입공기나 혼합가스의 압력을 증가시켜 출력을 증가시킨다.
④ 흡입공기나 혼합공기의 온도를 증가시켜 출력을 증가시킨다.

**해설**
엔진 출력을 증가시키기 위해서는 실린더로 흡입되는 공기나 혼합가스의 평균유효압력($P_m$)을 높여주어야 하는데 수퍼차저나 터보차저가 이러한 역할을 담당한다.

**54** 비행기의 무게가 1,500kgf이고, 여유마력이 150PS일 때 상승률은 몇 m/s인가?

① 0.75
② 7.5
③ 75
④ 750

**해설**
상승률 = $\dfrac{\text{이용마력} - \text{필요마력}}{\text{항공기 무게}}$ = $\dfrac{\text{여유마력}}{\text{항공기 무게}}$

여기서, 여유마력은 PS 단위가 아닌 kg·m/s 단위여야 한다.
1PS = 75kg·m/s

따라서 상승률($R/C$) = $\dfrac{100 \times 75}{1,000}$ = 7.5(m/s)

정답 51 ② 52 ② 53 ③ 54 ②

**55** 기술변경서의 기록 내용 중 처리부호(TC ; Transaction Code)의 설명으로 옳은 것은?

① C – 신규
② L – 추가
③ R – 제한
④ A – 삭감

**해설**
처리부호(TC ; Transaction Code)
- A : Add(추가)
- C : Create(신규)
- D : Decrease(삭감)
- L : Limit(제한)
- R : Revise(개정)

**56** 항공기가 등속도 수평비행을 하는 조건식으로 옳은 것은?(단, 양력 = $L$, 항력 = $D$, 추력 = $T$, 중력 = $W$이다)

① $L > W,\ T > D$
② $L = T,\ W = D$
③ $L > D,\ W > T$
④ $L = W,\ T = D$

**해설**
등속도 수평비행이 이루어지려면 양력이 무게와 같고, 추력은 항력과 같아야 한다.

| | | | |
|---|---|---|---|
| $L = W$ | 수평비행 | $T = D$ | 등속도비행 |
| $L > W$ | 상승비행 | $T > D$ | 가속도비행 |
| $L < W$ | 하강비행 | $T < D$ | 감속도비행 |

**57** [보기]에서 페일세이프 구조(Fail Safe Structure)의 종류로만 나열된 것은?

┌보기─────────────────┐
ⓐ 더블 구조방식(Double Structure)
ⓑ 백업 구조방식(Back Up Structure)
ⓒ 더블러 구조방식(Doubler Structure)
ⓓ 리던던트 구조방식(Redundant Structure)
└──────────────────────┘

① ㉠, ㉡, ㉢
② ㉠, ㉡, ㉣
③ ㉠, ㉢, ㉣
④ ㉡, ㉢, ㉣

**해설**
페일세이프 구조
- 다경로 하중 구조(Redundant Structure)
- 이중 구조(Double Structure)
- 대치 구조(Back Up Structure)
- 하중 경감 구조(Load Dropping Structure)

**58** 항공 영문 용어와 한글과 옳게 짝지어진 것은?

① Airworthiness – 고도계
② Rudder – 착륙
③ Turn And Slip Indicator – 속도계
④ Vertical Velocity Indicator – 수직속도표시계

**해설**
① Airworthiness : 감항성, Altimeter : 고도계
② Rudder : 방향타, Landing : 착륙
③ Turn And Slip Indicator : 선회지시계, Air Speed Indicator : 속도계
※ 2024년 개정된 출제기준에서는 삭제된 내용

정답 55 ① 56 ④ 57 ② 58 ④

**59** 정시점검으로 제한된 범위 내에서 구조, 모든 계통 및 장비품의 작동 점검, 계획된 부품의 교환, 서비스 등을 실시하는 점검은?

① A 점검  ② B 점검
③ C 점검  ④ D 점검

**해설**
③ C 점검 : 항공기 운항을 2~3일 동안 중지시켜 놓고 실시하는 정비로서 항공기 각 계통의 배관, 배선, 엔진, 착륙장치 등에 대한 세부점검과 기체구조에 대한 외부로부터의 점검, 각 부분의 급유, 장비나 부품의 시간 교환 등을 실시
① A 점검 : 항공기가 출발지 공항이나 목적지 공항에 머무는 동안 항공기의 오일, 작동유, 산소 등을 보충하거나, 항공기가 이·착륙할 때나 비행 중에 고장이 나기 쉬운 부분을 중심으로 실시하는 점검
② B 점검 : 필요시 A 점검에 추가하여 실시하는 점검
④ D 점검 : 2주 내지 3주 동안 도크(Dock)에 넣고 기체를 분해하여 실시하는 중정비

**60** 헬리콥터의 착륙장치에 대한 설명으로 틀린 것은?

① 휠형 착륙장치는 자신의 동력으로 지상 활주가 가능하다.
② 스키드형의 착륙장치는 구조가 간단하고, 정비가 용이하다.
③ 스키드형은 접개들이식 장치를 갖고 있어 이·착륙이 용이하다.
④ 휠형 착륙장치는 지상에서 취급이 어려운 대형 헬리콥터에 주로 사용된다.

**해설**
스키드형은 원형의 파이프 이음 형태를 갖춘 고정형 착륙장치이다.

# 2021년 제4회 과년도 기출복원문제

**01** 베르누이의 정리에서 일정한 것은?

① 정압
② 전압
③ 동압
④ 전압과 동압의 합

**해설**
베르누이의 정리 : 정압 + 동압 = 전압(일정)

**02** 다음 중 마하수(Mach Number)에 대한 설명으로 옳은 것은?

① 항공기의 속도가 같으면 마하수는 항상 같다.
② 항공기의 속도가 같더라도 대기온도가 낮은 경우 마하수가 더 커진다.
③ 항공기의 속도가 같더라도 대기온도가 높은 경우 마하수가 더 커진다.
④ 항공기의 속도가 같은 경우, 마하수는 대기온도의 제곱에 비례한다.

**해설**
마하수 = 비행속도/음속으로 표현되며 음속은 온도가 커질수록 증가한다. 따라서 대기온도가 낮아지면 음속도 작아지고 음속이 작아지면 마하수는 커진다.

**03** 운항정비 기간에 발생한 항공기 정비 불량 상태의 수리와 운항 저해의 가능성이 많은 각 계통의 예방 정비 및 감항성을 확인하는 것을 목적으로 하는 정비작업은?

① 중간점검(Transit Check)
② 기본점검(Line Maintenance)
③ 정시점검(Schedule Maintenance)
④ 비행 전후 점검(Pre/Post Flight Check)

**해설**
운항정비(Line Maintenance)는 중간점검, 비행 전후 점검, 주간 점검 등으로 구분하며, 정시점검에는 A, B, C, D 점검, 내부구조검사(ISI) 등이 있다.

**04** 대기의 성질에 대한 설명으로 틀린 것은?

① 기상현상이 있는 곳은 대류권이다.
② 표준대기에서 2,000m 상공의 온도는 10℃이다.
③ 1기압이란 표준대기의 해발 0m 지점의 압력이다.
④ 오존층이 있어 자외선을 흡수하는 곳은 성층권이다.

**해설**
표준대기에서 1,000m 고도 상승할 때마다 6.5℃씩 기온이 내려가므로 2,000m 상공에서는 약 13℃의 기온 강하가 일어난다. 따라서 해발 0m에서 15℃이므로 2,000m 상공에서는 15 - 13 = 2(℃)

**정답** 1 ② 2 ② 3 ③ 4 ②

**05** 유관의 입구지름이 20cm이고 출구의 지름이 40cm일 때 입구에서의 유체속도가 4m/s이면 출구에서의 유체속도는 약 몇 m/s인가?

① 1
② 2
③ 4
④ 16

**해설**
연속의 법칙에서 $A_1 V_1 = A_2 V_2$
여기서, $A_1$ : 입구 단면적
$V_1$ : 입구에서의 유체속도
$A_2$ : 출구 단면적
$V_2$ : 출구에서의 유체속도

$$V_2 = \left(\frac{A_1}{A_2}\right) V_1$$

$$V_2 = \frac{\frac{\pi d_1^2}{4}}{\frac{\pi d_2^2}{4}} V_1 = \frac{d_1^2}{d_2^2} V_1$$

$$\therefore V_2 = \frac{20^2}{40^2} \times 4 = 1(m/s)$$

**06** 헬리콥터 깃의 받음각(Angle of Attack)이란?

① 깃의 시위선과 상대풍이 이루는 각도
② 깃의 시위선과 회전면이 이루는 각도
③ 기준면과 상대풍이 이루는 각도
④ 회전면과 회전축이 이루는 각도

**해설**
헬리콥터 깃이든 고정익 항공기의 프로펠러 깃이든 받음각은 깃의 시위선과 상대풍이 이루는 각도를 의미한다.

**07** 양력계수 0.9, 가로세로비 6, 스팬 효율계수 1인 날개의 유도항력계수는 약 얼마인가?

① 0.034
② 0.043
③ 0.054
④ 0.061

**해설**
유도항력계수

$$C_{D_i} = \frac{C_L^2}{\pi e AR} = \frac{0.9^2}{\pi \times 1 \times 6} \fallingdotseq 0.043$$

**08** 큰 옆미끄럼각에서 동체의 안정성을 증가시키고 수직 꼬리날개의 유효 가로세로비를 감소시켜 실속각을 증가시키는 것은?

① 페더링
② 뒷젖힘 날개
③ 도살 핀
④ 앞젖힘 날개

**09** 인치식 버니어 캘리퍼스에 대한 설명으로 틀린 것은?

① 최소 측정값이 1/128in, 1/1,000in인 것이 있다.
② 인치식 버니어 캘리퍼스의 측정원리는 미터식 버니어캘리퍼스 원리와 다르다.
③ 최소 측정값이 1/128in인 경우 7/16in를 8등분한 것이다.
④ 최소 측정값이 1/1,000in인 경우 0.6in를 25등분한 것이다.

**해설**
인치식 버니어 캘리퍼스도 단위만 다를 뿐 측정 방법이나 원리는 같다.

**10** 항공기가 이륙하여 착륙을 완료하는 횟수를 뜻하는 용어로 옳은 것은?

① Flight Cycle
② Air Time
③ Time in Service
④ Block Time

**11** 기상상태가 나쁜 대기를 비행 중인 비행기의 날개가 불규칙적으로 흔들린다면 이때 발생하는 하중은?

① 정하중  ② 충격하중
③ 반복하중  ④ 교번하중

해설
교번하중
하중의 크기와 방향이 변화하는 인장력과 압축력이 상호 연속적으로 반복되는 하중
※ 2024년 개정된 출제기준에서는 삭제된 내용

**12** 그림과 같은 비행기의 날개단면에서 (가)의 명칭은?

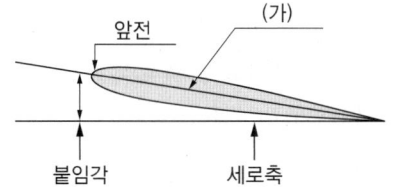

① 처진각
② 최대 두께
③ 쳐든각
④ 시위선

**13** 윤활유, 연료 등에 의해 발생하는 화재의 종류는?

① A급 화재
② B급 화재
③ C급 화재
④ D급 화재

해설
• A급 화재 : 일반화재
• B급 화재 : 유류, 가스화재
• C급 화재 : 전기화재
• D급 화재 : 금속화재

**14** 다음 중 "시한성 정비"를 영어로 옳게 표시한 것은?

① Hard Time Maintenance
② On Condition Maintenance
③ Age Sampling Maintenance
④ Condition Monitoring Maintenance

해설
정비방식의 종류
• 시한성 정비(HT ; Hard Time)
• 상태 정비(OC ; On Condition)
• 신뢰성 정비(CM ; Condition Monitoring)

정답  10 ①  11 ④  12 ④  13 ②  14 ①

**15** 다음 중 가장 가벼운 금속 원소는?

① Mg　② Fe　③ Cr　④ He

**해설**
문제에서 가벼운 순서대로 나열하면, He(헬륨) > Mg(마그네슘) > Cr(크로뮴) > Fe(철)이지만, 헬륨은 금속이 아니므로 답은 Mg이다.
※ 2024년 개정된 출제기준에서는 삭제된 내용

**16** 비행기가 정적 중립(Static Neutral)인 상태일 때를 가장 옳게 설명한 것은?

① 받음각이 변화된 후 원래의 평형상태로 돌아간다.
② 조종에 대해 과도하게 민감하며, 교란을 받게 되면 평형상태가 되돌아오지 않는다.
③ 비행기의 자세와 속도를 변화시켜 평형을 유지시킨다.
④ 반대 방향으로의 조종력이 작용되면 원래의 평형상태로 되돌아간다.

**해설**
정적 중립이란 평형상태에서 벗어난 물체가 이동된 위치에서 평형상태를 그대로 유지하려는 것을 말하며, 조종력이 작용하면 민감하게 반응하고 교란을 받으면 원래의 평형상태로 되돌아오지 못한다.

**17** 볼트의 부품기호가 AN3DD5A로 표시되어 있다면 AN "3"이 의미하는 것은?

① 볼트 길이가 3/8in
② 볼트 지름이 3/8in
③ 볼트 길이가 3/16in
④ 볼트 지름이 3/16in

**해설**
AN 다음 표시된 숫자는 볼트 지름을 나타내며 1/16in씩 증가한다.

**18** 그림과 같이 두 가지 이상의 서로 다른 복합 재료를 서로 겹겹이 붙이는 형태의 혼합 복합 재료 형식을 무엇이라고 하는가?

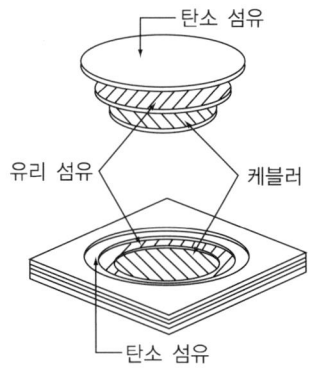

① 인터플라이 혼합재
② 샌드위치 구조재
③ 인트라플라이 혼합재
④ 선택적 배치 재료

**해설**
① 인터플라이(Inter-ply) 혼합재 : 두 가지 이상의 서로 다른 복합 재료를 서로 겹겹이 붙이는 형태
③ 인트라플라이(Intra-ply) 혼합재 : 두 가지 이상의 서로 다른 섬유를 혼합하여 한 겹(Ply)의 천으로 구성된 복합 재료
④ 선택적 배치 재료 : 섬유를 강도나 유연성, 비용 절감 등을 위해 목적에 따라 선택적으로 배치하는 방법

**19** 착륙 시 항공기 무게가 지면에 가해지는 앞·뒷바퀴의 달라진 하중을 균등하게 작용하도록 하는 장치는?

① 트러니언(Trunnion)
② 트럭 빔(Truck Beam)
③ 토션링크(Torsion Link)
④ 제동평형로드(Brake Equalizer Rod)

**해설**
① 트러니언 : 완충 스트럿의 힌지축 역할을 담당한다.
② 트럭 빔 : 여러 차축(Axle)이 장착된다.
③ 토션링크 : 완충 스트럿의 바깥쪽 실린더와 안쪽 실린더를 연결한다.

**20** 정상 선회하는 항공기의 선회반지름을 구하는 식은?(단, $V$ : 항공기 속도, $\phi$ : 선회경사각)

① $\dfrac{V}{g\tan\phi}$  ② $\dfrac{V^2}{g\tan\phi}$
③ $\dfrac{V}{g\sin\phi}$  ④ $\dfrac{V^2}{g\sin\phi}$

**해설**
비행기 정상 선회 시 구심력과 원심력이 같아야 하므로,
$L\sin\phi = \dfrac{WV^2}{gR}$ ⋯ ㉠
또한 비행기 수직방향의 힘과 무게가 같아야 하므로
$L\cos\phi = W$ ⋯ ㉡
㉠을 ㉡으로 나누면,
$\tan\phi = \dfrac{V^2}{gR}$ 또는 $R = \dfrac{V^2}{g\tan\phi}$ 가 된다.

**21** 그림과 같은 공구의 명칭은?

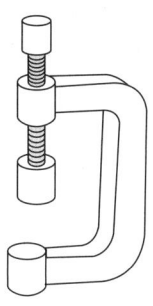

① 바이스  ② 조
③ 클램프  ④ 로크 스탠드

**22** 헬리콥터의 회전날개 중 허브에 힌지가 없으므로 무게가 가볍고 구조가 간단하며 안전성, 정비성 및 공기 저항이 작아지는 등 여러 이점을 지니고 있는 회전날개는?

① 관절형 회전날개
② 반고정형 회전날개
③ 고정형 회전날개
④ 베어링리스 회전날개

**해설**
헬리콥터 회전날개의 형식
• 베어링리스 회전날개 : 힌지가 없는 형식
• 관절형 회전날개 : 플래핑, 페더링, 드래그 힌지(항력 힌지) 등으로 구성
• 반고정형 회전날개 : 플래핑, 페더링 힌지는 있지만 항력힌지가 없음
• 고정형 회전날개 : 페더링 힌지만 있음
※ 2024년 개정된 출제기준에서는 삭제된 내용

정답 19 ④ 20 ② 21 ③ 22 ④

**23** 항공기 기체 결함 보고서를 작성하기 위해 손상 부위를 표시하려고 할 때 항공기 뒤에서 앞쪽을 보고 스케치했다면 도면에 표시할 내용은?

① LOOKING OUT
② LOOKING FWD
③ LOOKING AFT
④ LOOKING INBD

**해설**
항공기의 방향 표시

| 보는 방향 | 표시 방법 |
|---|---|
| 기축선을 향해 | LOOKING INBD |
| 기축선 쪽에서 밖으로 | LOOKING OUT |
| 뒤에서 앞쪽 | LOOKING FWD |
| 앞에서 뒤쪽 | LOOKING AFT |
| 위에서 아래 | LOOKING DOWN |
| 아래에서 위 | LOOKING UP |

※ 2024년 개정된 출제기준에서는 삭제된 내용

**24** 부품을 파괴하거나 손상시키지 않고 검사하는 방법을 무엇이라 하는가?

① 내부검사
② 비파괴검사
③ 내구성검사
④ 오버홀검사

**해설**
비파괴검사(NDT ; Non-Destructive Test)의 종류
- 방사선투과검사(RT ; Radiographic Testing)
- 자분탐상검사(MT ; Magnetic Particle Testing)
- 침투탐상검사(PT ; Liquid Penetrant Testing)
- 초음파탐상검사(UT ; Ultrasonic Testing)
- 와전류탐상검사(ET ; Eddy Current Testing)
- 누설검사(LT ; Leak Testing)

※ 2024년 개정된 출제기준에서는 삭제된 내용

**25** 비행기의 이·착륙성능에서 거리의 관계를 가장 옳게 표현한 것은?

① 지상활주거리 = 이륙거리 × 상승거리
② 이륙거리 = 지상활주거리 + 상승거리
③ 상승거리 = 지상활주거리 + 이륙거리
④ 이륙거리 = 지상활주거리 − 상승거리

**해설**
- 이륙거리 = 지상활주거리 + 상승거리
- 착륙거리 = 착륙진입거리 + 지상활주거리

**26** 고속 비행 시 도움날개나 방향키의 변위각을 자동적으로 제한하여 옆놀이 커플링 현상을 방지하기 위해 부착하는 것은?

① 도살 핀(Dorsal Fin)
② 와류고리(Vortex Ring)
③ 벤트럴 핀(Ventral Fin)
④ 실속 스트립(Stall Strip)

**해설**
벤트럴 핀

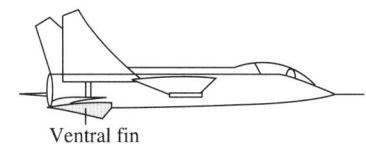

Ventral fin

**27** 기관 마운트를 선택하기 전에 고려하지 않아도 되는 것은?

① 기관의 제조기간
② 기관의 형식 및 특성
③ 기관 마운트의 장착 위치
④ 기관 마운트의 장착 방향

**28** 금속의 표면 경화 방법 중 질화처리(Nitriding)에 대한 설명으로 틀린 것은?

① 질화층은 경도가 우수하고, 내식성 및 내마멸성이 증가한다.
② 암모니아가스 중에서 500~550℃ 정도의 온도로 20~100시간 정도 가열한다.
③ 철강재료의 표면 경화(Surface Hardening)에 적용한다.
④ 질소와 친화력이 약한 알루미늄, 타이타늄, 망가니즈 등을 함유한 강은 질화처리법을 적용하지 않는다.

**해설**
질화처리법
강철의 표면층을 고질소상태로 하여 경화시키는 방법으로 암모니아를 고온에서 분해하였을 때 발생하는 질소를 이용한다. 순철, 탄소강, Ni이나 Co만을 함유하는 특수강 등에서는 질화성이 형성되어도 경화하지 않으므로 적당한 탄소강에 Al, Cr, Ti, V, Mo 등을 소량 첨가하여 고경도의 질화층을 얻는다.
※ 2024년 개정된 출제기준에서는 삭제된 내용

**29** 정밀 측정기기의 경우 규정된 기간 내에 정기적으로 공인기관에서 검·교정을 받아야 하는데 이때 "검·교정"을 의미하는 것은?

① Check
② Calibration
③ Repair
④ Maintenance

**해설**
② Calibration : 검·교정
① Check : 점검
③ Repair : 수리
④ Maintenance : 정비

**30** 주철에 대한 설명으로 가장 옳은 것은?

① 전연성이 매우 크다.
② 담금질성이 우수하다.
③ 단조, 압연, 인발에 부적합하다.
④ 주조 후 자연시효 현상이 일어나지 않는다.

**해설**
주철은 취성이 강해 단조, 압연, 인발 등의 가공에 적합하지 않은 재질이다.
※ 2024년 개정된 출제기준에서는 삭제된 내용

**31** 페일 세이프(Fail Safe) 구조로 많은 수의 부재로 되어 있으며 각각의 부재는 하중을 분담하도록 설계되어 있는 그림과 같은 구조는?

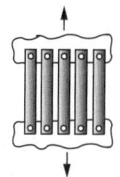

① 이중 구조(Double Structure)
② 대치 구조(Back-up Structure)
③ 다경로 하중 구조(Redundant Structure)
④ 하중 경감 구조(Load Dropping Structure)

**해설**
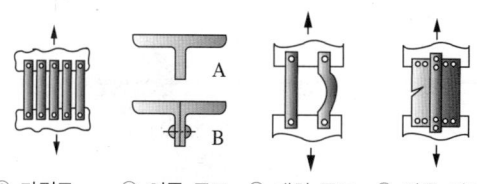

③ 다경로 하중 구조   ① 이중 구조   ② 대치 구조   ④ 하중 경감 구조

**32** 수리순환품목에 대한 최고 단계의 정비방식인 오버홀 절차로 옳은 것은?

① 분해 → 검사 → 세척 → 교환, 수리 → 기능시험 → 조립
② 분해 → 세척 → 검사 → 교환, 수리 → 조립 → 기능시험
③ 세척 → 분해 → 검사 → 교환, 수리 → 기능시험 → 조립
④ 세척 → 분해 → 검사 → 교환, 수리 → 조립 → 기능시험

**해설**
오버홀은 사용시간을 0시간으로 환원시키는 작업으로서 분해-세척-검사-교환, 수리-조립-시험의 단계를 거친다.

**33** 헬리콥터 동력전달장치 중 기관 동력 전달 방향을 바꾸는 데 사용하는 기어는?

① 베벨기어　② 랙기어
③ 스퍼기어　④ 헬리컬기어

**해설**
베벨기어

※ 2024년 개정된 출제기준에서는 삭제된 내용

**34** 재료번호가 8XXX로 표기되며 구조용 합금강 중에서 가장 우수한 강으로 왕복 기관의 크랭크 축이나 항공기의 착륙장치에 사용되는 것은?

① Cr-Mo 강
② 하스텔로이 강
③ Ni-Cr-Mo 강
④ Ni-Cr 스테인리스 강

**해설**
강의 규격

| 강의 종류 | 재료 번호 | 강의 종류 | 재료 번호 |
|---|---|---|---|
| 탄소강 | 1××× | 크롬강 | 5××× |
| 니켈강 | 2××× | 크롬-바나듐강 | 6××× |
| 니켈-크롬강 | 3××× | 니켈-크롬-몰리브덴강 | 8××× |
| 몰리브덴강 | 4××× | 실리콘-망간강 | 9××× |

※ 2024년 개정된 출제기준에서는 삭제된 내용

**35** 헬리콥터의 목재로 된 회전날개 깃에서 태브의 역할은?

① 질량밸런스의 역할
② 압력중심의 위치 표시
③ 깃의 궤도를 맞추는 데 사용
④ 길이 방향의 평형을 맞추는 데 사용

**해설**
헬리콥터 목재 깃에서 질량밸런스 역할은 금속코어가, 압력중심의 위치 표시는 압정모양의 핀이, 깃의 궤도 맞춤은 뒷전의 태브가, 길이방향의 평형은 깃 끝의 팁 포켓이 담당한다.
※ 2024년 개정된 출제기준에서는 삭제된 내용

**36** 다음 중 시효경화에 대하여 가장 옳게 설명한 것은?

① 스스로 연해지는 성질
② 입자의 분포가 서서히 균일해지는 성질
③ 시간이 지남에 따라 재료의 취성이 변하는 성질
④ 시간이 지남에 따라 강도와 경도가 증가하는 성질

**해설**
시효경화(Age-hardening)란 금속재료를 일정한 시간 동안 적당한 온도하에 놓아두면 단단해지는 현상으로, 상온에서 단단해지는 것을 상온시효(자연시효)라고 하고, 어느 정도 가열해야만 단단해지는 경우를 뜨임시효(인공시효)라고 한다.

**37** 비행기의 중량이 2,650kgf, 날개의 면적이 80m², 지상에서의 실속속도가 47.2m/s일 때 이 비행기의 최대 양력계수는 약 얼마인가?(단, 공기밀도는 0.125kgf·s²/m⁴이다)

① 0.04
② 0.14
③ 0.24
④ 0.34

**해설**
실속속도($V_S$)

$$V_S = \sqrt{\frac{2W}{\rho S C_{L\max}}}$$

$$47.2 = \sqrt{\frac{2 \times 2,650}{0.125 \times 80 \times C_{L\max}}}$$

$$\therefore C_{L\max} = \frac{2 \times 2,650}{0.125 \times 80 \times 47.2^2} \fallingdotseq 0.238$$

**38** 조종계통의 조종방식 중 기체에 가해지는 중력가속도나 기울기를 감지한 결과를 컴퓨터로 계산하여 조종사의 감지 능력을 보충하도록 하는 방식의 조종장치는?

① 수동조종장치(Manual Control)
② 유압조종장치(Hydraulic Control)
③ 플라이바이와이어(Fly-by-Wire)
④ 동력조종장치(Powered Control)

**39** 다음 중 날개보(Wing Spar)에 대한 설명으로 옳은 것은?

① 공기 역학적 특성을 결정하는 날개 단면의 형태를 유지해 준다.
② 날개에 작용하는 대부분의 하중을 담당하며 날개와 동체를 연결하는 연결부의 구실을 한다.
③ 날개의 양력을 감소시키며 기체의 횡방향 운동을 일으킨다.
④ 날개의 비틀림 하중을 감당하기 위해 날개코드 방향으로 배치되는 보강재이다.

[정답] 36 ④ 37 ③ 38 ③ 39 ②

**40** 세미모노코크구조 동체의 구성품별 역할 및 기능을 설명한 것으로 옳은 것은?

① 동체 앞의 벌크헤드는 방화벽으로 이용되기도 한다.
② 길이방향의 부재인 스트링어는 전단력을 주로 담당한다.
③ 프레임은 비틀림 하중을 주로 담당하며 적당한 간격으로 배치하여 외피와 결합한다.
④ 외피는 대부분 알루미늄 합금으로 제작되며 인장과 압축하중을 주로 담당한다.

**해설**
② 스트링어 : 동체에 작용하는 휨모멘트와 동체 축방향의 인장력과 압축력 담당
③ 프레임 : 축하중과 휨하중 담당
④ 외피 : 동체에 작용하는 전단력과 비틀림 하중을 담당

**41** 무기질 유리를 고온에서 용융, 방사하여 제조하며, 밝은 흰색을 띠고, 값이 저렴하여 가장 많이 사용되는 강화섬유는?

① 유리 섬유　② 탄소 섬유
③ 아라미드 섬유　④ 보론 섬유

**해설**
② 탄소 섬유 : 주로 흑연구조를 가진 탄소로 이루어진 섬유. 탄성과 강도가 크기 때문에 흔히 철보다 강하고 알루미늄보다 가볍다.
③ 아라미드 섬유 : 방향족 폴리아미드 섬유로서 이것의 복합재료는 알루미늄합금보다 인장강도가 4배 이상 높으나 온도변화에 대한 신축성이 크다는 단점이 있다.
④ 보론 섬유 : 뛰어난 압축 강도와 경도를 가지고 있다. 열팽창률이 크고 금속과의 점착성이 좋다.

**42** 다음의 기체 결함 스케치 도면은 어느 방향을 기준으로 작성된 것인가?

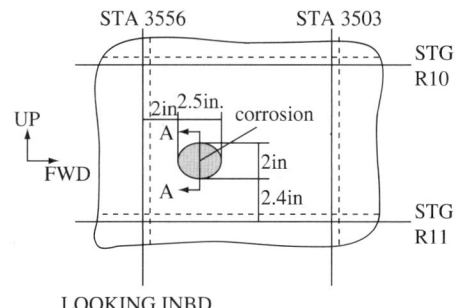

① 앞에서 뒤쪽을 쳐다본 경우
② 뒤에서 앞쪽으로 쳐다본 경우
③ 기축선을 향해 쳐다본 경우
④ 기축선 쪽에서 밖으로 쳐다본 경우

**해설**
도면에 'LOOKING INBD'가 표기되어 있으므로 '기축선을 향해' 쳐다본 것이다.

**항공기의 방향 표시**

| 보는 방향 | 표시 방법 |
| --- | --- |
| 기축선을 향해 | LOOKING INBD |
| 기축선 쪽에서 밖으로 | LOOKING OUT |
| 뒤에서 앞쪽 | LOOKING FWD |
| 앞에서 뒤쪽 | LOOKING AFT |
| 위에서 아래 | LOOKING DOWN |
| 아래에서 위 | LOOKING UP |

※ 2024년 개정된 출제기준에서는 삭제된 내용

**43** 하이드라진 취급에 관한 사항으로 틀린 것은?

① 유자격자가 취급해야 하고, 반드시 보호 장구를 착용해야 한다.
② 하이드라진이 누설되었을 경우 불필요한 인원의 출입을 제한한다.
③ 하이드라진이 항공기 기체에 묻었을 경우 즉시 마른 헝겊으로 닦아낸다.
④ 하이드라진을 취급하다 부주의로 피부에 묻으면 즉시 물로 깨끗이 씻고, 의사의 진찰을 받아야 한다.

**[해설]**
하이드라진 취급 시 주의사항
• 반드시 유자격자가 취급해야 한다.
• 피부에 묻으면 물로 씻고 의사의 진찰을 받아야 한다.
• 환기를 철저히 해야 한다.
• 누설 시 누설 공간을 폐쇄하고 제독 요원을 요청한다.

**44** 항공기 날개의 양력을 증가시키는 데 사용되는 장치는?

① 트림탭과 밸런스탭
② 뒷전과 앞전의 트랩
③ 앞전의 슬랫과 슬롯
④ 스피드 브레이크와 스포일러

**[해설]**
날개 앞전의 슬랫(Slat)과 슬롯(Slot)은 양력을 증대시켜 주는 고양력 장치에 속하며, 스포일러는 항력을 증가시켜 주는 고항력 장치에 속한다.

**45** 금속의 전성을 이용하여 판재를 두드려 곡면 용기를 만드는 성형 작업은?

① 굽힘가공
② 타출가공
③ 절단가공
④ 플랜지가공

**[해설]**
② 타출가공(Bumping) : 금속의 늘어나는 성질을 이용해 곡면 용기를 만드는 작업
① 굽힘가공(Folding) : 판재를 굽히거나 접는 작업
③ 절단가공(Shearing) : 판재를 필요한 치수로 자르는 작업
④ 플랜지가공(Flange Manufacturing) : 판재의 가장자리를 접어서 성형하는 작업

**46** 다음 영문의 내용으로 가장 옳은 것은?

"Personnel are cautioned to follow maintenance manual procedures."

① 정비를 할 때는 사람을 주의해야 한다.
② 정비교범절차에 따라 주의를 해야 한다.
③ 반드시 정비교범절차를 따를 필요가 없다.
④ 정비를 할 때는 상사의 업무지시에 따른다.

**[해설]**
• Caution : 주의하다.
• Maintenance Manual Procedure : 정비교범절차
※ 2024년 개정된 출제기준에서는 삭제된 내용

[정답] 43 ③  44 ③  45 ②  46 ②

**47** 볼트나 너트를 죌 때 먼저 개구부위로 조이고 마무리는 박스부분으로 조이도록 된 공구는?

① 오픈 엔드 렌치
② 소켓 렌치
③ 박스 렌치
④ 조합 렌치

**해설**
조합 렌치(Combination Wrench)

**48** 다음 중 정비기술정보가 아닌 것은?

① 오버홀 교범(Overhaul Manual)
② 작동교범(Operation Manual)
③ 정비교범(Maintenance Manual)
④ 기체 구조 수리 교범(Structural Repair Manual)

**해설**
정비기술도서 : 항공기와 기관 및 기타 장비를 운용하고 정비하는 데 요구되는 모든 기술 자료를 수록하고 있는 간행물로 주로 항공기의 제작회사에서 발행하는 기술자료
- 정비기술정보 : 기체 구조 수리 교범, 오버홀 교범, 전기 배선도 교범, 검사 지침서 등
- 작동기술정보 : 비행교범(작동교범)
- 부품기술정보 : 도해부품 목록, 구매부품 목록, 가격목록 등

**49** 항공기기체 정비작업에서의 정시점검으로 내부구조 검사에 관계되는 것은?

① A 점검
② C 점검
③ ISI 점검
④ D 점검

**해설**
ISI(Internal Structure Inspection)
감항성에 일차적인 영향을 미칠 수 있는 기체구조를 중심으로 검사하여 항공기의 감항성을 유지하기 위한 기체 내부구조에 대한 Sampling Inspection을 말한다.

**50** 다음 중 항공기 정비 방식이 아닌 것은?

① 하드 타임
② 온-모니터링
③ 온-컨디션
④ 컨디션 모니터링

**해설**
정비방식
- 시한성 정비(Hard Time Maintenance)
- 신뢰성 정비(On Condition Maintenance)
- 상태 정비(Condition Monitoring Maintenance)

**51** 헬리콥터의 지면효과에 대한 설명으로 틀린 것은?

① 회전면의 고도가 회전날개의 지름보다 더 크게 되면 지면효과가 없어진다.
② 회전날개 회전면의 고도가 회전날개의 반지름 정도에 있을 때 생긴다.
③ 지면효과가 있는 경우 날개 회전면에서의 유도속도는 지면효과가 없는 경우에 비해 줄어든다.
④ 지면효과가 있는 경우 같은 기관의 출력으로 더 많은 중량을 지탱할 수 없다.

해설
지면효과는 지면 근처에서 양력이 커지는 현상이므로 같은 기관의 출력으로 더 많은 중량을 지탱할 수 있다.

**52** 다음 괄호에 알맞은 용어들이 순서대로 나열된 것은?

"레이놀즈수가 증가하면 유체 흐름은 ( )에서 ( )로 전환되는데 이 현상을 ( )라 하며, 이 현상이 일어나는 때의 레이놀즈수를 ( ) 레이놀즈수라 한다."

① 난류 - 층류 - 박리 - 임계
② 층류 - 난류 - 천이 - 임계
③ 층류 - 난류 - 임계 - 박리
④ 난류 - 층류 - 천이 - 임계

**53** 다음 중 대기가 안정하여 구름이 없고, 기온이 낮으며, 공기가 희박하여 제트기의 순항고도로 적합한 곳은?

① 열권과 극외권의 경계면 부근
② 중간권과 열권의 경계면 부근
③ 성층권과 중간권의 경계면 부근
④ 대류권과 성층권의 경계면 부근

해설
대류권과 성층권의 경계면을 대류권 계면이라고 하며, 제트기의 순항고도로 적당하다.

**54** 활공기가 고도 2,400m 상공에서 활공을 하여 수평 활공 거리 36km를 비행하였다면, 이때 양항비는 얼마인가?

① $\frac{1}{5}$
② 10
③ $\frac{1}{15}$
④ 15

해설
$\tan\theta = \dfrac{1}{양항비}$

양항비 $= \dfrac{1}{\tan\theta} = \dfrac{1}{\frac{2,400}{36,000}} = 15$

정답  51 ④  52 ②  53 ④  54 ④

**55** 다음 중 항공기의 중량, 강도, 동력 장치 기능, 비행성, 기타 감항성에 중대한 영향을 미치는 작업은 무엇인가?

① 개조   ② 수리
③ 정비   ④ 보수

**해설**
- 개조 : 항공기의 중량, 강도, 동력 장치 기능, 비행성, 기타 감항성에 중대한 영향을 미치는 작업
- 정비 : 고장의 발생 요인을 미리 발견하여 제거함으로써 항상 지속적으로 완전한 기능을 유지할 수 있도록 하는 것
- 수리 : 항공기나 부품 및 장비의 손상이나 기능 불량 등을 원래의 상태로 회복시키는 작업

**56** 항공기 조종계통에 사용되는 케이블의 인장력을 조절하는 장치는?

① 버스드럼(Bus Drum)
② 풀리(Pulley)
③ 조종로드(Control Rod)
④ 턴버클(Turn Buckle)

**해설**
조종계통 관련 장치
- 턴버클(Turn Buckle) : 케이블의 장력을 조절하는 장치
- 페어리드(Fairlead) : 케이블이 벌크헤드의 구멍이나 다른 금속이 지나가는 곳에 사용되며 케이블의 느슨함을 막고 다른 구조와의 접촉을 방지한다.
- 풀리(Pulley) : 케이블의 방향을 바꾼다.
- 벨 크랭크(Bell Crank) : 조종 로드가 장착되며 로드의 움직이는 방향을 변환시켜 준다.

**57** 프리휠 클러치(Freewheel Clutch)라고도 하며, 헬리콥터에서 기관브레이크의 역할을 방지하기 위한 클러치는?

① 드라이브 클러치(Drive Clutch)
② 스파이더 클러치(Spider Clutch)
③ 원심 클러치(Centrifugal Clutch)
④ 오버러닝 클러치(Over Running Clutch)

**해설**
오버러닝 클러치
- 프리휠 클러치라고도 한다.
- 기관 정지 시(예 기관 작동 불량 또는 자동 회전 비행) 주회전날개의 회전에 의해 기관을 돌리게 하는 역할을 방지한다.
- 프리휠 클러치 작동 시 회전날개와 기관을 분리한다.
※ 2024년 개정된 출제기준에서는 삭제된 내용

**58** 그림은 어떤 반복응력 상태를 나타낸 그래프인가?

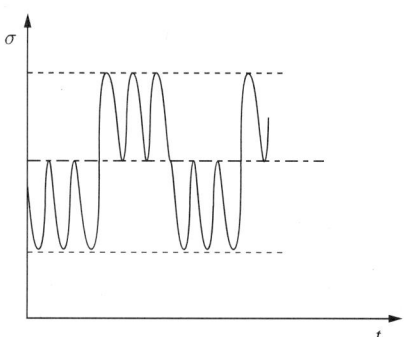

① 중복반복응력
② 변동응력
③ 단순반복응력
④ 반복변동응력

**해설**
그래프는 최대응력과 최소응력이 반복해서 나타나는 중복반복응력을 보여 준다.
※ 2024년 개정된 출제기준에서는 삭제된 내용

**59** 헬리콥터의 동시피치제어간(Collective Pitch Control Lever)을 위로 움직이면 어떤 현상이 발생하는가?

① 회전날개의 피치가 증가한다.
② 회전날개의 피치가 감소한다.
③ 헬리콥터의 고도가 낮아진다.
④ 회전날개가 플래핑을 감소시킨다.

해설
헬리콥터의 동시피치제어간은 주회전날개의 피치를 변화시키고 주기피치제어간은 회전면을 경사지게 한다.

**60** 헬리콥터의 테일 붐(Tail Boom)에 대한 설명으로 가장 옳은 것은?

① 주회전 날개의 밑에 있다.
② 동체의 착륙장치에 연결되어 있다.
③ 동체의 후방구조에 연결되어 있다.
④ 동체의 전방구조에 연결되어 있다.

해설
헬리콥터의 각부 명칭

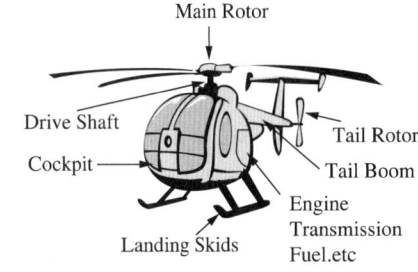

※ 2024년 개정된 출제기준에서는 삭제된 내용

정답  59 ①  60 ③

# 2022년 제3회 과년도 기출복원문제

**01** 다음과 같은 상황에서 조치해야 할 내용 중 가장 옳은 것은?

> 주기 항공기의 연료 탱크에 연료를 보급하다가 날개 위에 연료를 흘렸다. 이때 갑자기 날씨가 추워지고 눈이 내린다.

① 항공유이기 때문에 증발하므로 방치하여도 무방하다.
② 흘린 연료를 마른 헝겊으로 닦는다.
③ 글리콜(Glycol)을 사용하지 않아도 된다.
④ 연료 흔적에 염산을 도포(Spray)한다.

**02** 다음 응력-변형률(Stress-strain) 선도에서 극한 응력을 나타내는 지점은?

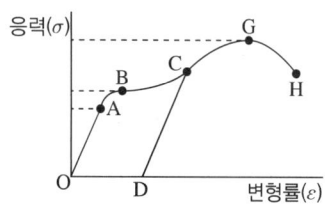

① A  ② B
③ H  ④ G

**해설**
④ G : 극한응력
① A : 비례(탄성)한도
② B : 항복강도
③ H : 파단강도
※ 2024년 개정된 출제기준에서는 삭제된 내용

**03** 마그네슘(Mg-Mn-Ca) 합금으로 옳은 것은?

① 알드레이  ② 알민
③ MIA  ④ 하이드로날륨

**해설**
③ MIA는 Mg-Mn계 합금을 의미한다.
① 알드레이(Aldrey)은 Al-Mg-Si계 합금을 의미한다.
② 알민(Almin)은 Al-Mn계 합금을 의미하며, Mn이 2% 미만 함유되어있다.
④ 하이드로날륨(Hydronalium)은 Al-Mg계 합금을 의미한다.
※ 2024년 개정된 출제기준에서는 삭제된 내용

**04** 다음 중 유해항력(Parasite Drag)이 아닌 것은?

① 유도항력  ② 마찰항력
③ 형상항력  ④ 압력항력

**해설**
유도항력은 양력 발생에 관련한 항력이다.
유해항력 : 양력을 발생시키지 않고 비행을 방해하는 모든 항력으로, 그 종류는 간섭항력, 냉각항력, 조파항력, 형상항력, 램항력이 있다.

**05** 손상된 기체, 부품 및 장비를 새것처럼 만드는 작업은?

① 항공기 점검  ② 항공기 검사
③ 항공기 수리  ④ 항공기 개조

**해설**
항공기 수리 : 항공기나 부품 및 장비의 손상이나 기능 불량 등을 원래의 상태로 회복시키는 작업

**06** 꼬리날개에 대한 설명으로 옳지 않은 것은?

① 피치각을 조절할 수 있다.
② 수평 안정판은 비행 중 항공기의 가로 안정성을 담당한다.
③ 동체와 수직 꼬리날개 앞부분이 만나는 곳에 항공기의 방향 안전성을 주기 위하여 도살 핀을 부착하기도 한다.
④ 도살 핀은 방향 안정성 증가가 목적이지만 가로 안정성 증가에도 도움을 준다.

**해설**
수평 안정판은 비행 중 항공기의 세로 안정성을 담당한다.

**07** 다음 중 알루미늄에 사용되는 표면처리기법이 아닌 것은?

① 알로다이징     ② 알클래딩
③ 아노다이징     ④ 갈바니깅

**해설**
- 아노다이징(Anodizing) : 양극 산화피막 처리라고도 하는데 알루미늄에 전기의 양극을 걸고 음극에는 납판을 걸고 화학 용액 속에서 전기를 가하여 산화피막을 알루미늄 표면에 형성시키는 방법으로 알루미늄 합금의 표면 처리에 가장 널리 사용되는 방법이다.
- 알로다인(Alodine) 처리 : 이 공정은 전기를 사용하지 않고 알로다인이라는 크롬산 계열의 화학 약품 속에서 알루미늄에 산화피막을 입히는 공정으로, 피막은 상당히 약하며 내식성 또한 아노다이징에 비해 떨어진다.
- 알클래딩(Alclading) : 알루미늄 합금 표면에 부식에 강한 순수 알루미늄을 입혀 부식을 방지하는 방법이다.
※ 2024년 개정된 출제기준에서는 삭제된 내용

**08** 보에 작용하는 힘 $P$의 크기는?

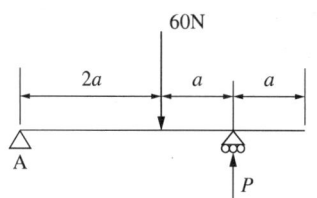

① 20     ② 40
③ 60     ④ 90

**해설**
$\sum M_A = 0 \; ; \; -2a \times 60 + 3aP = 0$
$P = 120a/3a$
$P = 40N$
※ 2024년 개정된 출제기준에서는 삭제된 내용

**09** 회전익 항공기에서 회전축에 연결된 회전날개 깃이 하나의 수평축에 대해 위아래로 움직이는 운동은?

① 플래핑 운동
② 리드-래그 운동
③ 자동 회전 운동
④ 스핀 운동

**10** 항공기 날개의 길이가 16m이고, 가로세로비가 4일 때 시위의 길이는?

① 2m     ② 4m
③ 6m     ④ 8m

**해설**
가로세로비 = $\dfrac{\text{날개의 길이}}{\text{시위의 길이}}$

시위의 길이 = $\dfrac{\text{날개의 길이}}{\text{가로세로비}} = \dfrac{16}{4} = 4(m)$

**11** 토크렌치 암의 길이가 6in인 토크렌치에 0.5in의 토크어댑터를 연결하여 토크의 값이 20in·lbs가 되게 볼트를 조였다. 볼트에 실제로 가해지는 토크의 값은 몇 in·lbs인가?

① 19.67
② 21.67
③ 23.67
④ 25.67

**해설**
연장공구 사용 시 토크값
$$T_W = T_A \times \frac{l}{l+a}$$
$$T_A = T_W \times \frac{l+a}{l} = 20 \times \frac{6+0.5}{6} = 21.67(\text{in·lbs})$$
여기서, $T_W$ : 토크렌치 지시값
$T_A$ : 실제 조이는 토크값
$l$ : 토크렌치 길이
$a$ : 연장공구 길이

**12** A지점의 단면적은 32m², B지점의 단면적은 8m²이다. A지점에서 10m/s로 유체가 흐를 때 B지점에서 유체의 속도는?(단, 유체의 밀도는 일정하다)

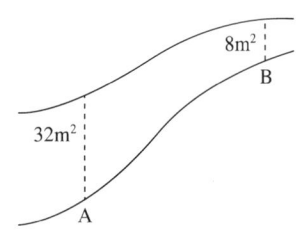

① 22m/s
② 32m/s
③ 40m/s
④ 80m/s

**해설**
비압축성 유체에는 다음의 연속방정식이 성립한다.
$$S_A v_A = S_B v_B$$
$$v_B = \frac{S_A}{S_B} v_A = \frac{32m^2}{8m^2} \times 10m/s = 40(m/s)$$

**13** 실린더 게이지 측정작업 시 안전 및 유의사항으로 틀린 것은?

① 실린더 중심선의 손잡이 부분을 평행하게 유지해야 한다.
② 측정기구를 사용할 때는 무리하게 힘을 주어서는 안 된다.
③ 측정자를 실린더 게이지에 고정시킬 때 느슨하게 죄어 측정자의 파손을 방지한다.
④ 측정하고자 하는 실린더의 안지름 크기를 대략적으로 파악하여 이에 적당한 측정자를 선택해야 한다.

**해설**
측정자를 느슨하게 죄면 측정값을 정확하게 읽을 수 없고, 오히려 부품의 파손 우려가 있다.

**14** 비행기의 안정성이 좋다는 의미를 가장 옳게 설명한 것은?

① 전투기와 같이 기동성이 좋다는 것을 의미한다.
② 돌풍과 같은 외부의 영향에 대해 곧바로 반응하는 것을 의미한다.
③ 비행기가 일정한 비행 상태를 유지하는 것을 의미한다.
④ 조종사의 조종에 따라 비행기가 쉽게 움직이는 것을 의미한다.

**해설**
안정성은 평형에서 벗어났을 때 다시 평형으로 되돌아가려는 경향성으로, 조종성은 교란을 주어 항공기를 평형상태에서 벗어나 교란된 상태로 만들어 주는 행위이다. 비행기의 안정성과 조종성은 상반된 관계를 가진다.

**15** 다음 그림과 같이 두 가지 이상의 서로 다른 복합 재료를 서로 겹겹이 붙이는 형태의 혼합 복합 재료 형식은?

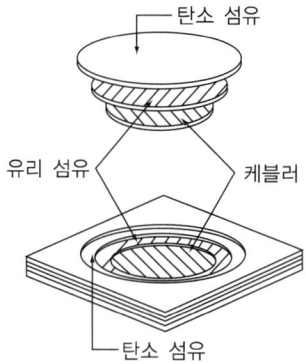

① 인터플라이 혼합재
② 샌드위치 구조재
③ 인트라플라이 혼합재
④ 선택적 배치 재료

**해설**
① 인터플라이(Inter-ply) 혼합재 : 두 가지 이상의 서로 다른 복합 재료를 서로 겹겹이 붙이는 형태
③ 인트라플라이(Intra-ply) 혼합재 : 두 가지 이상의 서로 다른 섬유를 혼합하여 한 겹(Ply)의 천으로 구성한 복합 재료
④ 선택적 배치 재료 : 섬유를 강도나 유연성, 비용 절감 등을 위해 목적에 따라 선택적으로 배치하는 방법

**16** 스트링어(Stringer)가 절단되어 수리할 경우 수리 방법에 대한 설명으로 틀린 것은?

① 장착할 리벳의 수는 경우에 따라 다르다.
② 스트링어의 보강 방식은 형태에 따라 적정하게 결정한다.
③ 손상길이는 각각 플랜지 길이를 고려하여 계산한다.
④ 보강하는 재료의 단면적이 스트링어의 단면적보다 작아야 한다.

**해설**
스트링어 수리 시 보강재의 단면적이 스트링어의 단면적보다 작으면 안 된다.

**17** 지름이 4cm인 원형봉에 수직으로 1,000kg의 하중을 가할 때 원형봉에 가해지는 압력은 몇 kg/cm²인가?

① 69.6
② 79.6
③ 89.6
④ 103.6

**해설**
원형봉에 가해지는 압력
$$\frac{P}{\pi d^2/4} = \frac{1,000\text{kg}}{\pi \times 4^2/4} = 79.58(\text{kg/cm}^2)$$
※ 2024년 개정된 출제기준에서는 삭제된 내용

**18** 충돌, 추락, 전복 및 이와 유사한 사고의 위험이 있는 장비 및 시설물 등에 대하여 주의를 표시하는 색은?

① 빨간색　　② 주황색
③ 노란색　　④ 파란색

**해설**
노란색은 주의표시로 충돌, 추락, 전복 및 이와 유사한 사고의 위험이 있는 장비 및 시설물에 표시하며, 일반적으로 검은색과 노란색을 교대로 칠한다.

**19** 탄소 함유량이 0.025%인 철은?

① 주철　　② 순철
③ 강　　　④ 아연

**해설**
탄소 함유량에 따른 철의 분류
• 0.01% 이하 : 순철
• 0.01~1.7% : 강
• 1.7~6.6% : 주철
※ 2024년 개정된 출제기준에서는 삭제된 내용

**20** 다음 중 재료 규격의 이름이 잘못 짝지어진 것은?

① SAE - 미국자동차사 기술규격협회
② AISI - 미국철강협회 규격
③ AA - 미국알루미늄협회 규격
④ MIL - 미국재료시험협회 규격

**해설**
MIL : 미국군사규격
※ 2024년 개정된 출제기준에서는 삭제된 내용

**21** 날개 외피에 작용하는 하중을 전달하며, 공기역학적인 날개골(캠버)을 유지시키는 날개 구조 부재는?

① 리브　　　② 벌크헤드
③ 날개보　　④ 스트링어

**해설**
① 리브 : 날개의 단면이 공기역학적인 날개골을 유지할 수 있도록 날개의 모양을 형성해 주는 구조 부재이다.
② 벌크헤드 : 동체가 비틀림 하중에 의해 변형되는 것을 막아 주며, 동체에 작용하는 집중 하중을 외피로 전달하여 분산시키기도 한다.
③ 날개보 : 날개에 작용하는 하중의 대부분을 담당한다.
④ 스트링어 : 날개의 휨 강도나 비틀림 강도를 증가시켜 주는 역할을 한다.

**22** 제품을 가열하여 그 표면에 다른 종류의 금속을 피복시키는 동시에 확산에 의하여 합금 피복층을 얻는 표면 경화법은?

① 질화법　　　② 침탄처리법
③ 금속침투법　④ 고주파 담금질법

**해설**
금속침투법은 주로 철강 제품의 표면에 알루미늄, 아연, 크로뮴 따위를 고온에서 확산, 침투시켜 합금 피막을 형성하는 금속 표면 처리법이다.
※ 2024년 개정된 출제기준에서는 삭제된 내용

정답　18 ③　19 ③　20 ④　21 ①　22 ③

**23** 항공기의 세로 불안정에 포함되지 않는 것은?

① 턱언더
② 날개 드롭
③ 피치 업
④ 디프 실속

**해설**
날개 드롭은 관성 커플링, 공력 커플링, 옆놀이 커플링과 함께 가로 불안정에 포함된다.

**24** 활공성능을 나타내는 양항비의 식으로 옳은 것은?(단, $C_L$ : 양력계수, $C_D$ : 항력계수)

① $C_L \cdot C_D$
② $\dfrac{C_L}{C_D}$
③ $C_L^{0.5} \cdot C_D$
④ $\dfrac{C_L^{0.5}}{C_D}$

**해설**
양항비 : 양력 대 항력의 비율로, 활공기의 기본적 활공성능을 나타낸다.

**25** 거울, 플래시 라이트, 확대경만 가지고 있을 때 할 수 있는 검사의 종류는?

① 육안검사
② 방사선투과검사
③ 초음파탐상검사
④ 자분탐상검사

**해설**
육안검사 : 항공기의 결함 상태를 다른 특수장치나 장비를 사용하지 않고 직접 눈으로 그 상태를 확인하는 비파괴검사방법이다. 항공기 기체 검사 시 플래시 라이트, 거울, 확대경만을 이용하여 수행할 수 있다.
※ 2024년 개정된 출제기준에서는 삭제된 내용

**26** 헬리콥터의 회전날개의 처짐과 원심력 사이의 관계로 옳은 것은?

① 원심력이 헬리콥터의 회전날개의 처짐을 강화한다.
② 원심력이 헬리콥터의 회전날개의 처짐을 약화한다.
③ 원심력이 헬리콥터의 회전날개의 처짐을 유도한다.
④ 회전날개의 처짐이 원심력을 유도한다.

**해설**
② 프로펠러에 작용하는 원심력이 추력으로 발생한 굽힘 효과를 감소시킨다.

**27** 얇은 패널에 너트를 부착하여 사용할 수 있도록 고안된 특수 너트는?

① 앵커너트
② 평너트
③ 캐슬너트
④ 자동고정너트

**해설**
앵커너트(Anchor Nut)

정답  23 ②  24 ②  25 ①  26 ②  27 ①

## 28 다음의 영문 물음에 가장 옳은 답은?

What should be included angle of a twist drill for hard metals?

① 118°
② 90°
③ 65°
④ 45°

**해설**
경질 금속(Hard Metal)에 적당한 드릴 각도는 118°이다.
※ 2024년 개정된 출제기준에서는 삭제된 내용

## 29 헬리콥터 동력전달장치 중 기관 동력 전달 방향을 바꾸는데 사용하는 기어는?

① 베벨기어
② 랙기어
③ 스퍼기어
④ 헬리컬기어

**해설**
베벨기어

※ 2024년 개정된 출제기준에서는 삭제된 내용

## 30 다음 문장의 ( ) 안에 알맞은 단어는?

Motion about the ( ) axis which is wing tip to wing tip, produces Pitch.

① Lateral
② Flight
③ Vertical
④ Longitudinal

**해설**
- Lateral Axis : 가로축
- Flight : 비행
- Vertical Axis : 수직축
- Longitudinal Axis : 세로축
※ 2024년 개정된 출제기준에서는 삭제된 내용

## 31 응력 외피 수리 시 리벳을 이용하여 패치를 부착할 때 리벳 끝거리로 옳은 것은?

① 사용 리벳지름의 1.5배로 한다.
② 사용 리벳지름의 2.5배로 한다.
③ 사용 리벳길이의 1.5배로 한다.
④ 사용 리벳길이의 2.5배로 한다.

**해설**
응력 외피의 작은 손상은 리벳을 이용하여 패치를 부착하는데, 이때 리벳의 끝거리는 사용 리벳지름의 2.5배로 하며, 패치의 코너 부분은 크리닝 아웃으로 원형, 사각형을 라운딩하며 손상 부위를 없앤다.

**32** 응력 외피형 날개 구조에서 날개의 휨 강도나 비틀림 강도를 증가시켜 주는 역할을 하는 길이 방향으로 설치된 구조 부재는?

① 세로대(Longeron)
② 리브(Rib)
③ 스트링어(Stringer)
④ 외피(Skin)

**해설**
날개는 리브(Rib)와 날개보(Spar), 외피(Skin) 및 스트링어(Stringer) 등으로 이루어져 있는데, 이 중에 길이 방향으로 설치된 구조는 날개보와 스트링어이다.

**33** 샌드위치 구조에 대한 설명으로 틀린 것은?

① 무게를 감소시키는 장점이 있다.
② 트러스 구조에서 외피로 쓰인다.
③ 국부적인 휨 응력이나 피로에 강하다.
④ 보강재를 끼워넣기 어려운 부분이나 객실 바닥면에 사용된다.

**34** 날개 표면에서 공기 흐름이 박리(Separation)되어 후류가 발생할 때의 현상으로 옳은 것은?

① 압력, 항력이 감소한다.
② 운동량 손실이 작아진다.
③ 항력이 급속히 감소한다.
④ 양력이 급속히 감소한다.

**해설**
박리가 생기면 양력은 급격히 감소하고, 항력은 증가한다.

**35** 날개 끝 실속을 방지하기 위한 대책이 아닌 것은?

① 실속 펜스를 부착한다.
② 와류 발생 장치를 설치한다.
③ 크루거 앞전 형태를 갖춘다.
④ 워시 아웃 형상을 갖도록 해 준다.

**해설**
**날개 끝 실속 방지법**
- 테이퍼비를 너무 작게 하지 않는다.
- 날개 앞내림(Wash Out)을 준다.
- 날개 뿌리에 스트립을 붙여서 날개 끝보다 먼저 실속이 생기도록 한다.
- 날개 앞전에 슬롯을 설치한다.

**36** 그림과 같은 리벳이음 단면에서 리벳지름 5mm, 두 판재의 인장력 100kgf이면 리벳단면에 발생하는 전단응력은 약 몇 kgf/mm²인가?

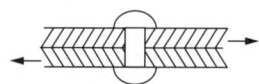

① 3.1
② 4.0
③ 5.1
④ 8.0

**해설**
응력은 작용 하중을 단면적으로 나눈 값이다.
$$\tau = \frac{F}{A} = \frac{F}{\frac{\pi d^2}{4}} = \frac{100}{\frac{25\pi}{4}} = 5.09(\text{kgf/mm}^2)$$

※ 2024년 개정된 출제기준에서는 삭제된 내용

**37** 항공기를 들어 올리는 작업을 할 때 안전사항으로 틀린 것은?

① 사용할 장비의 작동상태를 점검한다.
② 작업 중에 항공기 안에 사람이 있으면 안 된다.
③ 항공기를 들어 올리고 내릴 때는 천천히 꼬리부분이 먼저 올려지고, 내려오도록 한다.
④ 어댑터 등 부속장비의 정확한 사용과 기체의 중량을 확인해야 하며, 필요한 경우에는 밸러스트를 사용한다.

**해설**
항공기 잭 작업 시에는 항공기가 수평이 되도록 유지하면서 들어 올리고 내려야 한다.

**38** 항공기의 기체구조시험 중 정하중시험에 속하지 않는 시험은?

① 풍동시험      ② 파괴시험
③ 강성시험      ④ 극한하중시험

**해설**
풍동시험은 공기역학시험에 속한다.
※ 2024년 개정된 출제기준에서는 삭제된 내용

**39** 헬리콥터 동체 구조 중 모노코크형 기체 구조의 특징으로 틀린 것은?

① 트러스형 구조보다 공기저항이 작다.
② 트러스형 구조보다 유효공간이 작다.
③ 세미모노코크형 구조보다 무게가 무겁다.
④ 세미모노코크형 구조보다 외피가 두껍다.

**해설**
모노코크형 기체 구조의 장점 중 하나는 유효공간이 크다는 점이다.

**40** 헬리콥터의 지면효과에 대한 설명으로 틀린 것은?

① 회전면의 고도가 회전날개의 지름보다 더 크면 지면효과가 없어진다.
② 회전날개 회전면의 고도가 회전날개의 반지름 정도에 있을 때 생긴다.
③ 지면효과가 있는 경우 날개 회전면에서의 유도속도는 지면효과가 없는 경우에 비해 줄어든다.
④ 지면효과가 있는 경우 같은 기관의 출력으로 더 많은 중량을 지탱할 수 없다.

**해설**
지면효과는 지면 근처에서 양력이 커지는 현상으로, 같은 기관의 출력으로 더 많은 중량을 지탱할 수 있다.

**41** 항공기 날개의 양력을 증가시키는 데 사용되는 장치는?

① 트림탭과 밸런스탭
② 뒷전과 앞전의 트랩
③ 앞전의 슬랫과 슬롯
④ 스피드 브레이크와 스포일러

**해설**
날개 앞전의 슬랫(Slat)과 슬롯(Slot)은 양력을 증대시켜 주는 고양력 장치에 속하며, 스포일러는 항력을 증가시켜 주는 고항력 장치에 속한다.

**42** 세미 모노코크 구조 동체의 구성품별 역할 및 기능에 대한 설명으로 옳은 것은?

① 동체 앞의 벌크헤드는 방화벽으로 이용되기도 한다.
② 길이방향의 부재인 스트링어는 주로 전단력을 담당한다.
③ 프레임은 주로 비틀림 하중을 담당하며 적당한 간격으로 배치하여 외피와 결합한다.
④ 외피는 대부분 알루미늄 합금으로 제작되며 주로 인장과 압축하중을 담당한다.

**해설**
② 스트링 : 동체에 작용하는 휨모멘트와 동체 축방향의 인장력과 압축력 담당
③ 프레임 : 축하중과 휨하중 담당
④ 외피 : 동체에 작용하는 전단력과 비틀림 하중 담당

**43** 금속의 표면 경화 방법 중 질화처리(Nitriding)에 대한 설명으로 틀린 것은?

① 질화층은 경도가 우수하고, 내식성 및 내마멸성이 증가한다.
② 암모니아가스 중에서 500~550℃ 정도의 온도로 20~100시간 정도 가열한다.
③ 철강재료의 표면 경화(Surface Hardening)에 적용한다.
④ 질소와 친화력이 약한 알루미늄, 타이타늄, 망가니즈 등을 함유한 강은 질화처리법을 적용하지 않는다.

**해설**
질화처리법
강철의 표면층을 고질소상태로 하여 경화시키는 방법으로, 암모니아를 고온에서 분해하였을 때 발생하는 질소를 이용한다. 순철, 탄소강, Ni이나 Co만을 함유하는 특수강 등에서는 질화성이 형성되어도 경화하지 않으므로 적당한 탄소강에 Al, Cr, Ti, V, Mo 등을 소량 첨가하여 고경도의 질화층을 얻는다.
※ 2024년 개정된 출제기준에서는 삭제된 내용

**44** 수평 꼬리날개에 부착된 조종면을 무엇이라 하는가?

① 승강키  ② 플랩
③ 방향키  ④ 도움날개

**해설**
수평 꼬리날개는 승강키(조종 관련)와 수평 안정판(안정성 관련)으로 구성되어 있다.

**45** 항공기의 세척방법 중 솔벤트 세척에 관한 내용으로 옳은 것은?

① 솔벤트 세척은 주로 더운 날씨에 사용된다.
② 건식 세척용 솔벤트는 주로 산소계통에 사용된다.
③ 솔벤트 세척은 주로 플라스틱 표면이나 고무제품에 사용된다.
④ 솔벤트 세척은 오염이 심하여 알칼리 세척법으로는 불가능할 경우에 사용된다.

**해설**
솔벤트 세척은 추운 날씨나 항공기가 심하게 오염되었을 경우 또는 알칼리 세척법으로 세척이 불가능할 경우에 사용한다.

**46** 비행기가 비행 중 속도를 2배로 증가시킨다면 다른 모든 조건이 같을 때 양력과 항력은 어떻게 달라지는가?

① 양력과 항력 모두 2배로 증가한다.
② 양력과 항력 모두 4배로 증가한다.
③ 양력은 2배로 증가하고 항력은 1/2로 감소한다.
④ 양력은 4배로 증가하고 항력은 1/4로 감소한다.

**해설**
양력 $L = \frac{1}{2} C_L \rho V^2 S$, 항력 $D = \frac{1}{2} C_D \rho V^2 S$이므로, 양력이나 항력은 속도의 제곱에 비례한다. 따라서 속도가 2배 증가하면, 양력과 항력은 각각 4배 증가한다.

**47** 날개에 실속 발생 경향이 없는 장점이 있지만, 날개에 무리를 주기 때문에 현재 거의 사용하지 않은 날개 형태는?

① 직사각형 날개
② 앞젖힘 날개
③ 뒤젖힘 날개
④ 테이퍼 날개

**해설**
직사각형 날개
직사각형 날개는 제작이 쉽기 때문에 초기의 비행기에서 많이 사용했으나, 구조적으로 테이퍼가 있는 날개에 비해 약한 편이다. 그러나 날개 끝에서의 실속 경향이 없기 때문에 소형이고, 가격이 싼 비행기에 사용된다.

**48** 작업장의 작업대에서 항공기의 부품 또는 구성품의 사용가능성 여부 또는 조절, 수리, 오버홀이 필요한지를 결정하기 위하여 기능점검을 확인하는 작업은?

① 수리
② 오버홀
③ 개조
④ 벤치점검

**49** 항공기 재료의 피로(Fatigue)파괴에 대한 설명으로 옳은 것은?

① 합금성질을 변화시키려 하는 성질이다.
② 재료의 인성과 취성을 측정할 때 재료의 파괴시점을 측정하기 위한 시험법이다.
③ 시험편(Test Piece)을 일정한 온도로 유지하고 일정한 하중을 가할 때 시간에 따라 변화하는 현상이다.
④ 재료에 반복적으로 하중이 작용하면 그 재료의 파괴 응력보다 훨씬 낮은 응력으로 파괴되는 현상이다.

**해설**
※ 2024년 개정된 출제기준에서는 삭제된 내용

**50** 타원형 날개의 유도항력을 줄이기 위한 방법으로 옳은 것은?

① 양력을 증가시킨다.
② 스팬 효율을 감소시킨다.
③ 가로세로비를 감소시킨다.
④ 날개의 길이를 증가시킨다.

**해설**
유도항력 $C_{D_i} = \dfrac{C_L^2}{\pi e AR}$ 을 줄이기 위해서는 양력을 감소시키거나, 스팬 효율계수($e$)를 증가시키거나, 가로세로비($AR$)를 크게 한다. 여기서 가로세로비를 크게 하려면 날개길이를 증가시킨다.

**51** 착륙접지 후 작동하여 양력을 감소시키고, 항력을 증가시켜 바퀴 브레이크의 제동 효과를 높여 주기 위해 사용하는 것은?

① 플랩
② 역추진장치
③ 피치 암
④ 지상 스포일러

**해설**
지상 스포일러는 항력을 증가시켜 착륙거리를 단축시킨다.

**52** 페일세이프(Fail-safe) 구조의 가장 큰 특성은?

① 영구적으로 안전하다.
② 하중을 견디는 구조물의 무게가 가벼워진다.
③ 하중을 담당하는 구조물은 하나로 되어 있다.
④ 구조의 일부분이 파괴되어도 다른 구조 부분이 하중을 지지한다.

**해설**
페일세이프 구조는 구조의 일부분이 파괴되어도 다른 구조 부분이 하중을 지지하는 구조로 다경로 하중구조, 이중 구조, 대치 구조 및 하중 경감 구조 등이 있다.

**53** 다음 중 가장 비중이 작은 금속은?

① 알루미늄
② 아연
③ 철
④ 타이타늄

**해설**
비중이 큰 순서대로 나열하면 철 > 아연 > 타이타늄 > 알루미늄 이다.
※ 2024년 개정된 출제기준에서는 삭제된 내용

**54** 볼트의 호칭기호가 "AN 43-6"일 때 볼트의 지름과 길이로 옳은 것은?

① 지름은 $\frac{4}{8}$in, 길이는 $\frac{6}{16}$in이다.
② 지름은 $\frac{3}{16}$in, 길이는 $\frac{6}{8}$in이다.
③ 지름은 $\frac{6}{8}$in, 길이는 $\frac{3}{16}$in이다.
④ 지름은 $\frac{6}{16}$in, 길이는 $\frac{4}{8}$in이다.

**해설**
AN 볼트에서 앞쪽 숫자는 볼트 지름을 나타내며 1/16in씩 증가하고, 뒤쪽 숫자는 볼트 길이를 나타내며 1/8in씩 증가한다.

**55** 너트나 볼트를 이용한 고정작업을 할 때 유의사항으로 틀린 것은?

① 치수에 맞는 공구를 사용하여 머리 부분이 손상되지 않게 한다.
② 적당히 조인 후 토크렌치를 사용하여 규정 토크 값으로 조인다.
③ 토크렌치를 사용할 때 특별한 지시가 없는 한 나사선에 절삭유를 사용해서는 안 된다.
④ 규정 토크값으로 조인 볼트를 안전 결선이나 고정핀을 끼울 때 항상 약간 더 조인 후 결선작업을 한다.

**해설**
규정된 토크값으로 조인 볼트나 너트에 안전 결선이나 고정 핀을 끼우기 위해서 볼트나 너트를 더 죄어서는 안 된다.

정답 51 ④ 52 ④ 53 ① 54 ② 55 ④

## 56 항공기 타이어의 숄더(Shoulder) 부위에서 지나치게 마모가 나타나는 주된 원인은?

① 부족한 공기압
② 택싱에서의 과속
③ 과도한 공기압
④ 과도한 음(-)의 캠버

## 57 날개 끝 실속이 일어나는 이유에 대한 설명으로 옳은 것은?

① 날개 끝 부근에서 공기의 흐름이 떨어지므로
② 날개 뿌리에서 공기의 흐름이 이어지므로
③ 날개 뿌리 부근에서 경계층을 두껍게 형성시켜 에너지를 얻으므로
④ 날개 끝 부근에서 경계층을 두껍게 형성시켜 에너지를 얻으므로

## 58 헬리콥터의 꼬리회전날개에 대한 설명으로 틀린 것은?

① 플래핑과 리드-래그 운동이 가능하다.
② 깃과 요크 및 피치변환장치로 구성된다.
③ 테일붐과 파일론의 구조에 지지되어 있다.
④ 방향 안전성을 유지하기 위해 피치각을 반대로 변화시킬 수 있다.

**해설**
헬리콥터에서 플래핑과 리드-래그 운동이 일어나는 곳은 주회전날개이다.

## 59 다음 중 대형 항공기에 주로 사용되는 뒷전 플랩은?

① 슬롯플랩
② 스플릿플랩
③ 단순플랩
④ 크루거플랩

**해설**
스플릿플랩, 단순플랩은 주로 소형 항공기에 사용되고, 크루거플랩은 앞전 플랩에 속한다.

## 60 다음 중 정비문서에 대한 설명으로 틀린 것은?

① 작업이 완료되면 작업자가 날인한다.
② 기록과 수행이 완료된 모든 정비문서는 공장 자체에서 모두 폐기한다.
③ 정비문서의 종류로는 작업지시서, 점검카드, 작업시트, 점검표 등이 있다.
④ 확인 및 점검내용을 명확히 기록하고, 수치값은 실측값을 기록한다.

**해설**
기록과 수행이 완료된 정비문서는 일정 기간 동안 보관해야 한다.

# 2022년 제4회 과년도 기출복원문제

**01** 토크렌치와 연장공구를 이용하여 볼트를 400in · lbs로 체결하려 한다. 토크렌치와 연장공구의 유효길이가 각각 25in와 15in이라면 토크렌치의 지시값이 몇 in · lbs를 지시할 때까지 죄어야 하는가?

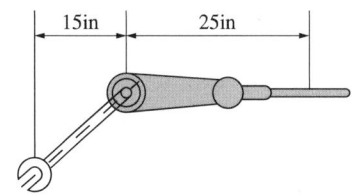

① 150
② 200
③ 240
④ 250

**해설**
연장공구 사용 시 토크값
$$T_W = T_A \times \frac{l}{l+a} = 400 \times \frac{25}{25+15} = 250(\text{in} \cdot \text{lbs})$$
여기서, $T_W$ : 토크렌치 지시값
$T_A$ : 실제 조이는 토크값
$l$ : 토크렌치 길이
$a$ : 연장공구 길이

**02** 항공기용 볼트 중 조종 케이블이나 턴버클과 같이 외부 특수한 목적으로 사용되며, 특히 인장하중이 주로 받는 곳에 사용되는 것은?

① 정밀공차 볼트
② 아이 볼트
③ 내부렌치 볼트
④ 클레비스 볼트

**03** 항공기 도면의 표제란에 'ASSY'로 표시하며 조립체나 부분 조립체를 이루는 방법과 절차를 설명하는 도면은?

① 조립도면
② 상세도면
③ 공정도면
④ 부품도면

**해설**
※ 2024년 개정된 출제기준에서는 삭제된 내용

**04** 날개에 걸리는 대부분의 하중을 담당하며, 특히 굽힘하중을 담당하는 부재는?

① 날개보
② 보강재
③ 세로대
④ 응력외피

**05** 다음 문장에서 밑줄 친 부분이 의미하는 것은?

These cables and push-pull rods and torque tubes are used to link-up the Various flight control surfaces with the pilot controls in the <u>cockpit</u>.

① 조종면
② 조종실
③ 바닥깔개
④ 조정간

**해설**
Cockpit : 조종실(= Flight Deck)
※ 2024년 개정된 출제기준에서는 삭제된 내용

**정답** 1 ④  2 ②  3 ①  4 ①  5 ②

**06** 강풍이 부는 기상상태에서 항공기를 계류시킬 경우 주의사항으로 틀린 것은?

① 모든 바퀴에 굄목을 끼운다.
② 항공기를 바람 방향으로 주기시킨다.
③ 항공기 무게를 증가시키는 것이 좋다.
④ 항공기를 계류밧줄이나 케이블을 이용하여 다른 항공기와 단단히 연결한다.

해설
계류작업이란 강풍으로부터 항공기를 보호하기 위한 것으로, 계류 밧줄이나 케이블을 이용하여 지상에 고정한다.

**07** 다음 중 일반적으로 헬리콥터를 구성하는 것이 아닌 것은?

① 테일 붐
② 카울링
③ 동체
④ 파일론

해설
**헬리콥터 구성장치**: 동체, 파일론, 테일 붐, 스키드, 주회전 날개, 꼬리날개
※ 2024년 개정된 출제기준에서는 삭제된 내용

**08** 표준 토크렌치의 눈금 표시판에는 안쪽 눈금과 바깥쪽 눈금이 각각 있다. 이것의 용도는?

① 볼트의 지름에 따라 구별하여 사용한다.
② 바깥쪽 눈금은 안쪽 눈금의 10배에 해당하는 토크 값이다.
③ 안쪽 눈금은 토크값을, 바깥쪽 눈금은 바늘의 회전수를 제시한다.
④ 왼쪽 혹은 오른쪽으로 토크를 줄 때 각각 구별하여 사용한다.

**09** 항공기 전체를 들어 올리는 잭 작업에 대한 설명으로 옳은 것은?

① 항공기는 기수 쪽을 더 높게 하여 들어 올린다.
② 잭 포인트는 최소한 3곳을 선정하여 작업한다.
③ 하중이 가장 크게 작용하는 주착륙장치 1곳을 잭 포인트로 선정한다.
④ 항공기를 들어 올릴 때는 한 사람이 동시에 잭 작업을 한다.

**10** NACA 2415 날개골에서 최대두께는 시위의 몇 %인가?

① 1
② 2
③ 4
④ 15

해설
4자 계열이나 5자 계열 날개에서 첫 번째 숫자는 캠버의 크기를, 두 번째 숫자는 캠버의 위치를, 마지막 두 개의 숫자는 최대두께의 크기를 의미한다.

**11** 항공기가 이착륙할 때 받는 추가적인 하중과 관련된 힘은?

① 구심력  ② 원심력
③ 관성력  ④ 표면장력

**12** 다이얼 게이지로 측정할 수 없는 것은?

① 경도의 측정
② 흔들림의 측정
③ 편심의 측정
④ 표면거칠기의 측정

**해설**
다이얼 게이지 : 기준 게이지와의 비교 측정, 축의 힘, 회전체의 편심, 흔들림, 기어의 백래시, 표면거칠기, 평면 상태검사, 원통의 진원 등을 측정할 때 사용한다.

**13** 다음 중 비행기의 세로 조종에 주로 사용되는 것은?

① 플랩  ② 승강키
③ 도움날개  ④ 방향키

**해설**
비행기의 3축 운동과 조종

| 중심축 | 운동 | 조종면 | 조종 |
| --- | --- | --- | --- |
| $x$(세로축) | Rolling (옆놀이) | Aileron (도움날개) | 가로 조종 |
| $y$(가로축) | Pitching (키놀이) | Elevator (승강키) | 세로 조종 |
| $z$(수직축) | Yawing (빗놀이) | Rudder (방향키) | 방향 조종 |

**14** 다음 그림과 같이 각각의 1회전당 이동거리를 갖는 (a), (b) 두 프로펠러를 비교한 설명으로 옳은 것은?

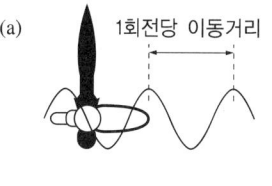
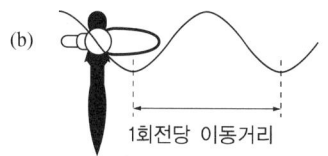

① (a) 프로펠러의 피치각이 (b) 프로펠러보다 작다.
② (a) 프로펠러의 피치각이 (b) 프로펠러보다 크다.
③ 거리와 상관없이 (a) 프로펠러가 (b) 프로펠러보다 회전속도가 항상 빠르다.
④ 동일한 회전속도로 구동하는 데 있어 (a) 프로펠러에 더 많은 동력이 요구된다.

**해설**
프로펠러 피치각과 프로펠러 1회전당 이동거리는 비례한다. 즉, 프로펠러 피치각이 크면 1회전당 이동거리도 크다.
※ 2024년 개정된 출제기준에서는 삭제된 내용

**15** 나사산에 기름이나 그리스가 묻어 있을 경우 볼트의 조임 상태는?

① 과다 토크
② 정밀 토크
③ 과소 토크
④ 드라이 토크

**정답** 11 ③  12 ①  13 ②  14 ①  15 ①

**16** 날개길이 방향의 양력계수 분포가 일률적이고 유도항력이 최소인 날개는?

① 타원 날개 ② 뒤젖힘 날개
③ 앞젖힘 날개 ④ 테이퍼 날개

**해설**
날개골의 특성
- 타원 날개 : 날개 전체에 걸쳐서 실속이 일어난다.
- 직사각형 날개 : 날개 뿌리 부근에서 먼저 실속이 일어난다.
- 테이퍼 날개 : 테이퍼가 작으면 날개 끝 실속이 일어난다.
- 뒤젖힘 날개 : 날개 끝 실속이 잘 일어난다.
- 앞젖힘 날개 : 날개 끝 실속이 잘 일어나지 않는다.

**18** 헬리콥터의 착륙장치 중 휠 기어형에 비해 스키드 기어(Skid Gear)형의 특징으로 가장 거리가 먼 것은?

① 구조가 간단하다.
② 정비가 용이하다.
③ 지상운전과 취급에 불리하다.
④ 주로 대형 헬리콥터에 사용된다.

**해설**
대형 헬리콥터에는 주로 휠 기어형이 쓰인다.

**17** 응력이 증가하지 않아도 변형이 생기는 점은?

① 항복점 ② 비례한도점
③ 탄성점 ④ 최대응력점

**해설**
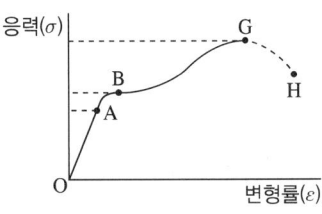

- O~A : 비례탄성범위
- B : 항복점
- G : 극한강도
- H : 파단점
※ 2024년 개정된 출제기준에서는 삭제된 내용

**19** 철 금속과 같은 강자성체를 자분탐상검사(Magnetic Particle Inspection)를 하려고 한다. 검사 순서로 가장 옳은 것은?

① 전처리(세척) → 자화(磁化) → 자분을 뿌림 → 탈자(脫磁) → 후처리 → 검사
② 전처리(세척) → 자화(磁化) → 자분을 뿌림 → 검사 → 탈자(脫磁) → 후처리
③ 전처리(세척) → 자분을 뿌림 → 자화(磁化) → 검사 → 탈자(脫磁) → 후처리
④ 전처리(세척) → 검사 → 자화(磁化) → 자분을 뿌림 → 탈자(脫磁) → 후처리

**해설**
※ 2024년 개정된 출제기준에서는 삭제된 내용

**20** 공기에 대하여 온도가 일정할 때 압력이 증가하면 나타나는 현상은?

① 밀도와 체적이 모두 감소한다.
② 밀도와 체적이 모두 증가한다.
③ 체적은 감소하고, 밀도는 증가한다.
④ 체적은 증가하고, 밀도는 감소한다.

**해설**
온도가 일정하므로 등온과정이고, 등온과정에서는 다음 식이 성립된다.
$PV = C$
위 식에서 압력($P$)이 증가하면 체적($V$)은 감소한다. 또한 압력이 증가하면서 체적이 감소하면 공기 밀도는 증가한다.

**21** 해면에서 대기온도가 15℃일 때, 그 지역의 해면고도 3,000m에서의 대기온도는 약 몇 ℃인가?

① -4.5   ② 0
③ 3     ④ 15

**해설**
표준대기의 온도는 15℃이고, 1,000m 올라갈 때 마다 6.5℃씩 온도가 감소하므로 해면고도 3,000m에서의 온도는 15 - (6.5 × 3) = -4.5℃이다.

**22** 다음의 기체 결함 스케치 도면은 어느 방향을 기준으로 작성된 것인가?

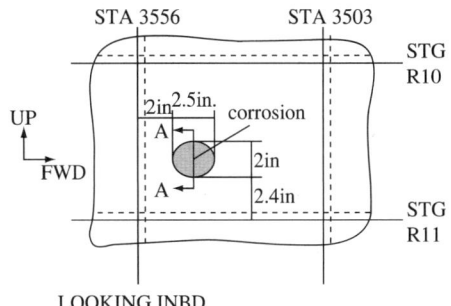

① 앞에서 뒤쪽을 쳐다본 경우
② 뒤에서 앞쪽으로 쳐다본 경우
③ 기축선을 향해 쳐다본 경우
④ 기축선 쪽에서 밖으로 쳐다본 경우

**해설**
도면에 'LOOKING INBD'가 표기되어 있으므로 '기축선을 향해' 쳐다본 것이다.

**항공기의 방향 표시**

| 보는 방향 | 표시 방법 |
|---|---|
| 기축선을 향해 | LOOKING INBD |
| 기축선 쪽에서 밖으로 | LOOKING OUT |
| 뒤에서 앞쪽 | LOOKING FWD |
| 앞에서 뒤쪽 | LOOKING AFT |
| 위에서 아래 | LOOKING DOWN |
| 아래에서 위 | LOOKING UP |

※ 2024년 개정된 출제기준에서는 삭제된 내용

정답  20 ③  21 ①  22 ③

**23** 항공기 정비에서 오버홀에 대한 설명이 아닌 것은?

① 시한성 정비 방법이다.
② 신뢰성 정비 방법이다.
③ 사용시간이 0으로 환원된다.
④ 기체와 장비 모두를 대상으로 할 수 있다.

**해설**
오버홀 : 시한성 정비 방식으로 인해 일정 기간을 사용하고 난 후 시간 한계 내에 기체로부터 장탈하여 완전 분해 수리함으로써 기관 사용시간을 '0'으로 환원시키는 정비작업이다.

**24** 다음 중 최대양력계수를 크게 하기 위한 장치가 아닌 것은?

① 슬롯(Slot)
② 크루거 플랩(Krueger Flap)
③ 에어 스포일러(Air Spoiler)
④ 드루프 플랩(Drooped Flap)

**해설**
에어 스포일러(Air Spoiler) : 일종의 에어 브레이크로 고항력장치에 속한다.

**25** 음속에 가까운 속도로 비행을 하면 속도가 증가될수록 비행기의 기수가 내려가는 경향이 생겨 조종간을 당겨야 하는 현상이 발생하는데, 이 현상을 무엇이라 하는가?

① 더치 롤(Dutch Roll)
② 내리 흐름(Down Wash)
③ 턱 언더(Tuck Under)
④ 마하 트림(Mach Trim)

**해설**
턱 언더는 고속기의 세로 불안정 현상의 하나로, 음속에 가까운 비행을 하게 되면 속도를 증가시킬 때 기수가 오히려 내려가는 현상이 생기는 것을 말한다.

**26** 축전지의 전해액이 흘러나와 주변에 묻은 경우 제거 방법은?

① 물로 씻어 내고 건조시킨다.
② 마른 헝겊으로 닦아 내고 건조시킨다.
③ 중성세제로 닦아 내고 물로 씻은 후 건조시킨다.
④ 붕산(Borax)이 섞인 물로 닦은 후 다시 물로 씻어 준다.

**해설**
• 세척 시 파이버 브러시나 축축한 천으로 닦아낸다.
• 붕산 + 물로 닦아낸다.
※ 2024년 개정된 출제기준에서는 삭제된 내용

**27** AA 규격에 대한 설명으로 옳은 것은?

① 미국 철강협회의 규격으로 알루미늄 규격이다.
② 미국 알루미늄협회의 규격으로 알루미늄 합금용의 규격이다.
③ 미국 재료시험협회의 규격으로 마그네슘 합금에 많이 쓰인다.
④ SAE의 항공부가 민간항공기 재료에 대해 정한 규격으로 타이타늄합금, 내열합금에 많이 쓰인다.

**해설**
• AA 규격 : 미국 알루미늄협회 규격
• AISI 규격 : 미국 철강협회 규격
• AMS 규격 : 미국 자동차기술자협회 항공재료규격
• ASTM 규격 : 미국 재료시험협회 규격
• SAE 규격 : 미국 자동차기술자협회 규격
※ 2024년 개정된 출제기준에서는 삭제된 내용

**28** 철강재료를 탄소 함유량에 따라 분류하는 데 탄소의 함유량이 적은 것에서 많은 순서대로 나열한 것은?

① 주철 < 강 < 순철
② 주철 < 순철 < 강
③ 순철 < 주철 < 강
④ 순철 < 강 < 주철

**해설**
**철강재료 탄소 함유량**
• 순철 : 0.02% 이하
• 강 : 0.02~2.0%
• 주철 : 2.0~4.5% 정도
※ 2024년 개정된 출제기준에서는 삭제된 내용

**29** 조종간과 승강키가 연결장치에 의해 연결되었을 때 조종력을 구하기 위한 식은?(단, $K$ : 조종계통의 기계적 장치에 의한 이득, $He$ : 승강키 힌지모멘트이다)

① $\dfrac{He}{K}$  ② $\dfrac{K^2}{He}$

③ $K \cdot He$  ④ $K + He$

**해설**
승강키 조종에 필요한 조종력($Fe$)은 승강키 힌지모멘트($He$)에 기계적 장치에 의한 이득($K$)을 곱한 값이다.
즉, $Fe = K \cdot He$

**30** 균일한 속도로 빠르게 흐르는 공기의 흐름 속에 평판의 앞전으로부터 생기는 경계층의 종류를 순서대로 바르게 배열한 것은?

① 층류 경계층 → 난류 경계층 → 천이 구역
② 난류 경계층 → 천이 구역 → 층류 경계층
③ 층류 경계층 → 천이 구역 → 난류 경계층
④ 천이 구역 → 층류 경계층 → 난류 경계층

**31** 다음 그림과 같이 볼트나 너트를 가장 세게 조일 수 있는 공구는?

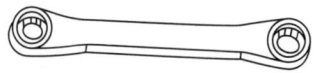

① 오프셋 박스 렌치
② 오픈 엔드 렌치
③ 어저스터블 렌치
④ 로킹 플라이어

**32** 단일 회전날개 헬리콥터의 꼬리회전날개에 대한 설명으로 옳은 것은?

① 추력을 발생시키는 것이 주기능이며 양력의 일부를 담당한다.
② 주회전날개에 의해 발생되는 토크를 상쇄하고 방향조종을 하기 위한 장치이다.
③ 추력을 발생시키고, 헬리콥터의 기수를 내리거나 올리는 모멘트를 발생시키기 위한 장치이다.
④ 헬리콥터의 가속 또는 감속을 위해 사용되는 장치이다.

해설
헬리콥터의 방향페달을 밟으면 꼬리회전날개(Tail Rotor)의 피치가 변하면서 주회전날개에 의해 발생되는 토크가 조절되어 헬리콥터의 방향을 조종할 수 있다.

**33** 다음 중 ( ) 안에 해당되지 않는 것은?

Some secondary control surfaces are ( ).

① Tabs        ② Elevators
③ Slats       ④ Spoilers

해설
승강키(Elevator)는 1차 조종면(Primary Control Surface)에 속한다.
※ 2024년 개정된 출제기준에서는 삭제된 내용

**34** 날개골의 공기력 중심(Aerodynamic Center)에서 받음각에 대한 공기력 모멘트계수의 변화율은?

① 정(+)의 값을 갖는다.
② 거의 변하지 않는다.
③ 부(−)의 값을 갖는다.
④ 무한대의 값을 갖는다.

해설
날개골의 어떤 점은 받음각이 변해도 이 점에서의 모멘트값은 변하지 않는데, 이 점을 공기력 중심이라고 하고 양력과 항력이 작용하는 기준점으로 삼는다.

**35** 다음 중 소성가공법이 아닌 것은?

① 단조        ② 압출
③ 용접        ④ 인발

해설
소성가공의 종류에는 단조, 압연, 인발, 압출, 전조, 프레스, 제관 등이 있다.
※ 2024년 개정된 출제기준에서는 삭제된 내용

**36** 열경화성 수지에 해당되지 않는 것은?

① 페놀수지
② 폴리우레탄수지
③ 에폭시수지
④ 폴리염화비닐수지

해설
폴리염화비닐과 아크릴수지 등은 대표적인 열가소성 수지이다.
※ 2024년 개정된 출제기준에서는 삭제된 내용

**37** 비행기가 평형상태에서 벗어난 뒤에 다시 평형상태로 돌아가려는 초기의 경향을 가장 옳게 설명한 것은?

① 정적 안정성이 있다. [양(+)의 정적 안정]
② 동적 안정성이 있다. [양(+)의 동적 안정]
③ 정적으로 불안정하다. [음(-)의 정적 안정]
④ 동적으로 불안정하다. [음(-)의 동적 안정]

**해설**
비행기가 평형상태에서 벗어난 뒤에 다시 평형상태로 되돌아가려는 초기의 경향을 정적 안정이라고 하고, 평형상태에서 벗어난 뒤 시간이 지남에 따라 진폭이 감소되는 경향을 동적 안정이라고 한다.

**38** 보어스코프(Borescope)의 주된 용도는?

① 외부 결함의 관찰
② 내부 결함의 관찰
③ 외부의 측정
④ 내부의 측정

**39** 저탄소강 표면에 탄소를 침투시켜서 표면을 경화하는 표면 경화법은?

① 주조법　　② 침탄법
③ 뜨임법　　④ 연화법

**해설**
※ 2024년 개정된 출제기준에서는 삭제된 내용

**40** 기체 구조의 형식에 대한 설명으로 틀린 것은?

① 모노코크 구조형식은 응력외피 구조형식에 속한다.
② 외피가 얇고 동체의 길이 방향으로 보강재가 적용된 것은 세미 모노코크 구조형식이다.
③ 기체의 무게를 감소시켜 무게 대비 높은 강도를 유지할 수 있는 형식은 트러스 구조형식이다.
④ 트러스 구조, 응력외피 구조, 샌드위치 구조 등의 형식이 있다.

**해설**
트러스 구조는 유효공간이 적고, 기체의 무게가 증가되는 단점이 있다.

**41** 항공기 객실여압은 객실고도 8,000ft로 유지하도록 되어 있는데 지상의 기압으로 유지 못하는 가장 큰 이유는?

① 기관의 한계 때문에
② 동체의 강도한계 때문에
③ 여압펌프의 한계 때문에
④ 인간에게 가장 적합한 압력이기 때문에

**해설**
동체 내부의 압력을 지상의 기압으로 유지하려면 동체의 강도가 그만큼 커져야 한다.
※ 2024년 개정된 출제기준에서는 삭제된 내용

정답 37 ① 38 ② 39 ② 40 ③ 41 ②

**42** 다음 중 항공기 정비의 목적으로 틀린 것은?

① 청결과 미관상의 상태를 개선함으로써 승객에게 쾌적성을 제공해 줄 수 있어야 한다.
② 항공정비 인력의 탄력적인 운용을 할 수 있도록 한다.
③ 운항에 저해가 되는 고장의 원인을 미리 제거함으로써 정시성을 확보한다.
④ 항공기의 강도, 구조, 성능에 관한 안정성이 확보되도록 한다.

**해설**
정비의 목적
- 감항성(안전성)
- 정시성
- 쾌적성

**43** 항공기의 구조 부재 중 지름이 8cm, 세장비가 160인 원형기둥의 길이는 몇 cm인가?

① 320
② 640
③ 1,280
④ 2,560

**해설**
세장비 = 기둥유효길이/최소회전반지름

원의 최소회전반지름 = $\frac{d}{4}$

기둥유효길이 = 세장비 × 최소회전반지름 = $160 \times \frac{8}{2} = 640$(cm)

※ 2024년 개정된 출제기준에서는 삭제된 내용

**44** 항공기 주기작업 시 안전조치에 해당되지 않는 것은?

① 모든 조종면을 중립 위치에 고정한다.
② 기관 흡입구나 배기구 및 피토관 등에 덮개를 씌운다.
③ 촉(Chock)을 바퀴에 고인다.
④ 항공기를 계류 로프로 지상에 고정하며 항공기를 접지할 필요는 없다.

**45** 헬리콥터에서 주회전날개의 회전에 의해 발생되는 토크를 상쇄하고 방향을 조종하는 것은?

① 허브(Hub)
② 꼬리회전날개
③ 플래핑 힌지
④ 리드-래그 힌지

**해설**
헬리콥터의 방향페달을 밟으면 꼬리회전날개(Tail Rotor)의 피치가 변하면서 주회전날개에 의해 발생되는 토크가 조절되어 헬리콥터의 방향을 전환할 수 있다.

**46** 금속재료의 표면경화 열처리법이 아닌 것은?

① 뜨임
② 침탄법
③ 화염경화법
④ 질화법

**해설**
뜨임은 철강재료의 일반 열처리 방법에 속한다.
※ 2024년 개정된 출제기준에서는 삭제된 내용

**47** 착륙장치에서 항공기 이륙 시 안쪽 실린더가 빠져나오는 길이를 제한하고, 안쪽 실린더가 바깥쪽 실린더에 대해 회전하지 못하도록 제한하는 장치는?

① 토션링크  ② 트러니언
③ 트럭빔  ④ 제동평형로드

**해설**
② 트러니언 : 완충 스트럿의 힌지축 역할을 담당한다.
③ 트럭빔 : 여러 차축(Axle)이 장착된다.
④ 제동평형로드 : 착륙 시 항공기 무게가 지면에 가해지는 앞·뒷바퀴의 달라진 하중이 균등하도록 작용한다.

**48** 눈 보호구장구인 차광안경의 색깔 중 가스용접이나 전기용접 시 자외선 차광용으로 사용하는 색깔은?

① 빨간색  ② 노란색
③ 황록색  ④ 녹색

**해설**
※ 2024년 개정된 출제기준에서는 삭제된 내용

**49** 헬리콥터가 뒤로 비행하기 위해서 회전날개의 회전면은 어느 쪽으로 행해야 하는가?

① 앞쪽  ② 뒤쪽
③ 왼쪽  ④ 오른쪽

**해설**
※ 2024년 개정된 출제기준에서는 삭제된 내용

**50** 안전 여유(Margine of Safety)를 구하는 식으로 옳은 것은?

① $\dfrac{허용하중}{실제하중} + 1$   ② $\dfrac{허용하중}{실제하중} - 1$

③ $\dfrac{실제하중}{허용하중} + 1$   ④ $\dfrac{실제하중}{허용하중} - 1$

**해설**
※ 2024년 개정된 출제기준에서는 삭제된 내용

**51** 다음 중 항공기 기체 구조시험이 필요한 이유로 틀린 것은?

① 설계기준으로 선택된 재료의 기계적 성질이 실제 사용된 재료의 값과 차이가 있기 때문이다.
② 새로운 재료의 출현으로 현재까지 알려진 방법으로 해결할 수 없는 문제점이 존재하기 때문이다.
③ 설계과정에 사용된 공식과 가정이 반드시 실제와 일치하지 않기 때문이다.
④ 모든 조건을 고려하여 설계할 수 있어 실제와는 차이가 없기 때문이다.

**해설**
※ 2024년 개정된 출제기준에서는 삭제된 내용

정답 47 ① 48 ② 49 ② 50 ② 51 ④

**52** 판재를 굽힌 후 하중을 제거하려면 탄성에 의해 원래의 상태로 되돌아 가려고 하는 현상은?

① 세트백
② 굽힘여유
③ 최소 굽힘 반지름
④ 스프링백

**53** 다음 그림과 같이 양쪽에서 힘($P$)이 작용할 때 볼트에 작용하는 주된 응력은?

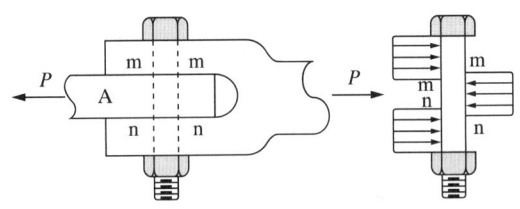

① 굽힘응력
② 전단응력
③ 수직응력
④ 인장응력

**[해설]**
※ 2024년 개정된 출제기준에서는 삭제된 내용

**54** 항공기에 작동유를 보급할 때 주의사항으로 가장 옳은 것은?

① 한 번 사용한 작동유는 정제하여 재사용한다.
② 보급하고 남는 작동유는 다음번 보급에 가능한 한 사용하지 않는다.
③ 한 번 작동유를 보급하면 작동유를 소진하기 전까지 다시 보급할 필요가 없다.
④ 작동유는 2종류 이상의 작동유를 혼합해서 사용한다.

**[해설]**
항공기 작동유 보급 시 새 작동유를 사용하며, 보급하고 남은 작동유는 다음번 보급에 다시 사용하지 않는다.

**55** 비행기의 조종계통에 사용되는 페어리드(Fairlead)의 목적은?

① 케이블에 윤활유를 공급해 준다.
② 케이블 정비를 쉽게 할 수 있도록 한다.
③ 케이블의 장력이 작아지는 것을 방지한다.
④ 케이블이 처지지 않고 직선운동을 하도록 한다.

**[해설]**
페어리드는 케이블이 처지지 않게 지탱해 주어 케이블의 진동을 줄이며 직선운동을 돕는다.

**56** 항공기의 기관마운트의 역할로 옳은 것은?

① 항공기의 착륙장치를 지지 수용한다.
② 기관의 무게를 지지하고 기관의 추력을 기체에 전달한다.
③ 보조날개를 지지하여 항공기의 선회를 도모한다.
④ 동체와 날개의 연결부로 날개의 하중을 지지한다.

**57** 베르누이의 정리에서 일정한 것은?

① 정압
② 전압
③ 동압
④ 전압과 동압의 합

해설
베르누이의 정리 : 정압 + 동압 = 전압(일정)

**58** 일반적인 경비행기의 아음속 순항 비행에서는 발생되지 않는 항력은?

① 유도항력
② 압력항력
③ 조파항력
④ 마찰항력

해설
조파항력은 초음속 비행 시에 발생하는 항력이다.

**59** 다음 중 작업공간이 좁거나 버킹 바를 사용할 수 없는 곳에 사용되는 블라인드 리벳(Blind Rivet)의 종류가 아닌 것은?

① 체리 리벳(Cherry Rivet)
② 솔리드 섕크 리벳(Solid Shank Rivet)
③ 폭발 리벳(Explosive Rivet)
④ 리브너트(Rivnuts)

해설
항공기용 리벳은 크게 솔리드 섕크 리벳과 블라인드 리벳으로 분류한다.
• 솔리드 섕크 리벳 : 항공기 구조 부분의 고정용 및 수리용 등에 사용
• 블라인드 리벳 : 솔리드 섕크 리벳의 장착이 곤란한 곳, 즉 작업공간이 좁거나 버킹 바를 사용할 수 없는 곳, 큰 부하가 작용하지 않는 곳에 사용

**60** 하나의 부재가 전체 하중을 지탱하고 있을 경우 이 부재가 파손될 것에 대비하여 준비된 예비 부재를 가지고 있는 형식의 페일 세이프 구조는?

① 다경로 하중 구조
② 이중 구조
③ 대치 구조
④ 하중경감 구조

해설

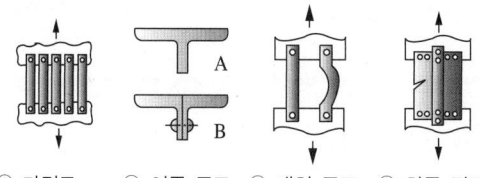

① 다경로 하중 구조  ② 이중 구조  ③ 대치 구조  ④ 하중 경감 구조

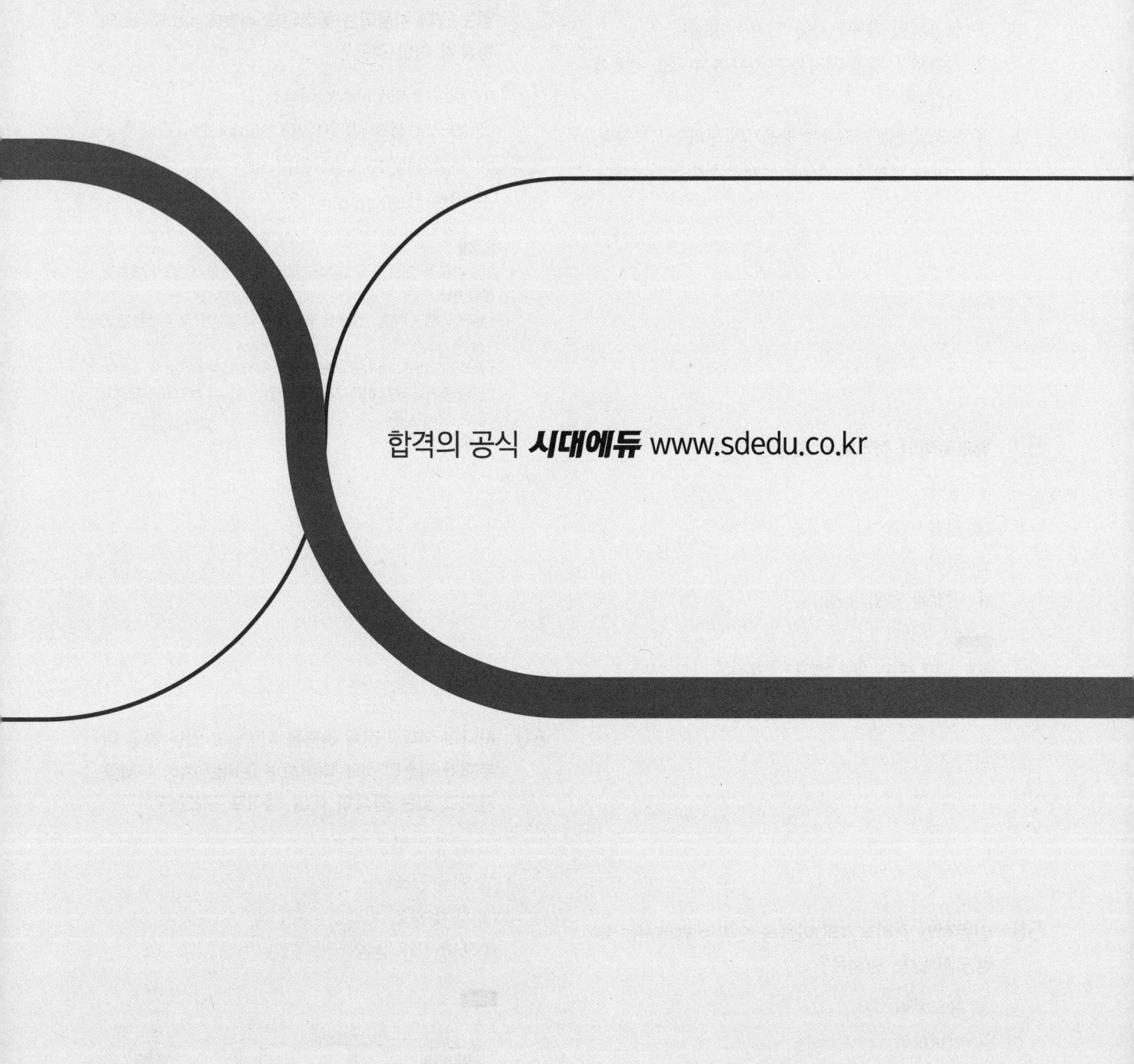
합격의 공식 *시대에듀* www.sdedu.co.kr

# PART 03

# 항공기정비기능사 기출복원문제

**2024년**      과년도 기출복원문제

**2025년**      최근 기출복원문제

※ 2024년부터 항공기관정비기능사, 항공기체정비기능사
→ 항공기정비기능사로 통합 변경됩니다.

# 2024년 제1회 과년도 기출복원문제

**01** 비행기가 고도 1,000m 상공에서 활공하여 수평 활공거리 20,000m가 된다면 이 비행기의 양항비는 얼마인가?

① 1/20
② 2
③ 1/2
④ 20

**해설**
양항비 $\dfrac{C_L}{C_D} = \dfrac{1}{\tan\theta} = \dfrac{20,000}{1,000} = 20$

**02** 헬리콥터가 전진비행을 할 때 회전날개 깃에 발생하는 양력분포의 불균형을 해결할 수 있는 방법은?

① 전진하는 깃의 받음각과 후퇴하는 깃의 받음각을 증가시킨다.
② 전진하는 깃의 받음각은 감소시키고 후퇴하는 깃의 받음각은 증가시킨다.
③ 전진하는 깃의 받음각은 증가시키고 후퇴하는 깃의 받음각은 감소시킨다.
④ 전진하는 깃의 받음각과 후퇴하는 깃의 받음각 모두를 감소시킨다.

**해설**
전진 깃은 양력이 증가하므로 받음각을 작게 하고, 후진 깃은 양력이 감소하므로 받음각을 크게 하여 균형을 유지시킨다.

**03** 헬리콥터 회전날개의 원판하중을 옳게 나타낸 식은?(단, $W$ : 헬리콥터의 전하중, $D$ : 회전면의 지름, $R$ : 회전면의 반지름이다)

① $\dfrac{W}{\pi D^2}$
② $\dfrac{W}{\pi R^2}$
③ $\dfrac{\pi D^2}{W}$
④ $\dfrac{\pi R^2}{W}$

**해설**
원판하중은 헬리콥터의 무게를 회전날개 회전 면적으로 나눈 값이다.
즉, 원판하중 $= \dfrac{W}{\pi R^2}$

**04** 다음 중 비행기의 가로 안정성에 기여하는 가장 중요한 요소는?

① 쳐든각
② 미끄럼각
③ 붙임각
④ 앞젖힘각

**해설**
가로 안정을 좋게 하려면 쳐든각(상반각)을 주고, 방향 안정을 좋게 하려면 후퇴각을 준다.

**05** 비행기의 동체 상부에 설치된 도살 핀(Dorsal Fin)으로 인하여 주로 향상되는 것은?

① 가로 안정성
② 추력효율
③ 세로 안정성
④ 방향 안정성

**해설**
도살 핀의 목적은 방향 안정의 증대에 있다.

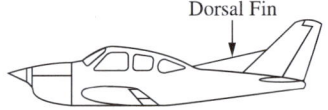

**06** 다음 중 음속에 가장 큰 영향을 미치는 요인은?

① 압력
② 밀도
③ 공기성분구성
④ 온도

**해설**
음속은 공기의 온도가 증가할수록 빨라진다.
음속을 $C$, 비열비를 $\gamma$, 공기의 절대온도를 $T$라고 할 때 음속은 다음과 같다.
$C = \sqrt{\gamma RT}$

**07** 동적 세로 안정의 단주기 운동 발생 시 조종사가 대처해야 하는 방법으로 가장 옳은 것은?

① 조종간을 자유롭게 놓아야 한다.
② 즉시 조종간을 작동시켜야 한다.
③ 받음각이 작아지도록 조작해야 한다.
④ 비행 불능상태이므로 즉시 탈출하여야 한다.

**해설**
단주기 운동은 진동 주기가 매우 짧기 때문에 조종사가 인위적으로 비행기 진동을 감소시키려는 시도는 오히려 진동을 더 크게 하여 치명적일 수 있다. 따라서 단주기 운동이 발생할 때 가장 좋은 방법은 인위적인 조종이 아닌 조종간을 자유로 하여 필요한 감쇠를 하도록 하는 것이다.

**08** 절대상승한계는 상승률이 어떠한 고도인가?

① 0m/s 되는 고도
② 0.5m/s 되는 고도
③ 5m/s 되는 고도
④ 50m/s 되는 고도

**해설**
• 절대상승한계 : 상승률이 0m/s가 되는 고도
• 실용상승한계 : 상승률이 0.5m/s가 되는 고도

**09** 비행기의 기준축과 이에 대한 회전 각운동을 옳게 나열한 것은?

① 세로축 – $x$축 – 키놀이(Pitching)
② 가로축 – $z$축 – 옆놀이(Rolling)
③ 세로축 – $x$축 – 옆놀이(Rolling)
④ 가로축 – $z$축 – 빗놀이(Yawing)

**해설**
비행기의 3축 운동

| 세로축 | $x$축 | 옆놀이(Rolling) |
|---|---|---|
| 가로축 | $y$축 | 키놀이(Pitching) |
| 수직축 | $z$축 | 빗놀이(Yawing) |

**10** 프로펠러항공기의 항속거리를 높이기 위한 방법으로 틀린 것은?

① 프로펠러 효율이 커야 한다.
② 연료소비율이 작아야 한다.
③ 연료를 많이 실을 수 있어야 한다.
④ 양항비가 최소인 받음각으로 비행한다.

**해설**
프로펠러 항공기의 항속거리를 크게 하기 위해서는 프로펠러 효율을 크게 하고 연료소비율은 작게 해야 한다. 또한 양항비가 최대인 받음각으로 비행해야 하며 연료를 많이 실을 수 있어야 한다.

**11** 비행기의 날개에 작용하는 양력의 크기에 대한 설명으로 틀린 것은?

① 양력계수에 비례한다.
② 비행속도에 반비례한다.
③ 날개의 면적에 비례한다.
④ 공기의 밀도의 크기에 비례한다.

**해설**
$L = \frac{1}{2} C_L \rho V^2 S$이므로 양력은 비행속도의 제곱에 비례한다.

**12** 다음 중 천음속 이상의 속도로 비행하는 항공기의 조파항력을 감소시키기 위한 비행기의 날개로 가장 적합한 것은?

① 직사각형 날개
② 테이퍼 날개
③ 타원 날개
④ 뒤젖힘 날개

**해설**
조파항력은 초음속 흐름일 때 발생하는데, 날개에 뒤젖힘을 줌으로써 날개 위 공기 속도를 감소시켜 초음속 발생을 늦추게 되고, 따라서 조파항력 발생을 감소시킬 수 있다.

**13** 다음 중 NACA 4자리 계열의 날개골 중에서 윗면과 아랫면이 대칭인 날개는?

① 4400
② 4415
③ 2430
④ 0012

**해설**
4자 계열 날개에서 처음 숫자는 최대 캠버의 크기를, 두 번째 숫자는 최대 캠버의 위치를, 마지막 두 개의 숫자는 최대 두께 크기를 의미한다. 따라서 대칭인 날개는 캠버가 없으므로 처음과 두 번째 숫자가 0이다.

**14** 대류권과 성층권의 경계면인 대류권계면의 특징으로 틀린 것은?

① 공기가 희박하다.
② 성층권계면보다 기온이 낮다.
③ 제트기의 순항고도로 적합하다.
④ 구름이 많고 대기가 불안정하다.

**해설**
구름이 많고 대기가 불안정한 곳은 대류권이다.

**15** 무게가 2,000kgf인 항공기가 30°로 선회하는 경우 이 항공기에 발생하는 양력은 약 몇 kgf인가?

① 1,000
② 1,732
③ 2,309
④ 4,000

**해설**
$W = L\cos 30°$
$L = \dfrac{W}{\cos 30°} = \dfrac{2,000}{0.87} = 2,309.4 \text{(kgf)}$

**16** 충돌, 추락, 전복 및 이에 유사한 사고의 위험이 있는 장비 및 시설물에 사용되는 안전색채는?

① 노란색　　② 녹색
③ 빨간색　　④ 주황색

**해설**
안전색채
- 노란색 : 사고의 위험이 있는 장비나 시설물에 표시
- 녹색 : 안전에 관련된 설비 및 구급용 치료시설 식별
- 빨간색 : 위험물 또는 위험상태 표시
- 주황색 : 기계 또는 전기설비의 위험 위치 식별

**17** 다음 중 비파괴검사의 종류에 속하지 않는 것은?

① 초음파 검사
② 누설 검사
③ 비커스 검사
④ 자분 탐상 검사

**해설**
비커스 검사는 경도시험에 속한다.

**18** 항공기 유압계통의 알루미늄 합금 튜브에 긁힘이나 찍힘이 튜브 두께의 몇 % 이내일 때 수리가 가능한가?

① 5　　② 10
③ 20　　④ 30

**19** 산소 취급 시에 주의해야 할 사항으로 틀린 것은?

① 산소를 보급하거나 취급 시 환기가 잘되도록 한다.
② 액체산소 취급 시 동상 예방을 위해 장갑, 앞치마 및 고무장화 등을 착용한다.
③ 취급 시 오일이나 그리스 등을 콕에 사용하여 작업이 용이하도록 해야 한다.
④ 화재에 대비해 소화기를 항상 비치하고 일정 거리 이내에서 흡연이나 인화성 물질 취급을 금한다.

**해설**
산소를 취급할 때 오일이나 그리스는 폭발의 염려가 있으므로 주의해야 한다.

**20** 항공기 잭(Jack) 사용에 대한 설명으로 옳은 것은?

① 잭 작업은 격납고에서만 실시한다.
② 항공기 옆면이 바람의 방향을 향하도록 한다.
③ 항공기의 안전을 위하여 최대 높이로 들어 올린다.
④ 잭을 설치한 상태에서는 가능한 한 항공기에 작업자가 올라가는 것은 삼가야 한다.

정답　16 ①　17 ③　18 ②　19 ③　20 ④

**21** 항공기 견인 시 주의사항으로 틀린 것은?

① 항공기에 항법등과 충돌 방지등을 작동시킨다.
② 기어 다운 로크 핀들이 착륙 장치에 꽂혀 있는지를 확인한다.
③ 항공기 견인 속도는 사람의 보행 속도를 초과해서는 안 된다.
④ 제동장치에 사용되는 유압 압력은 제거되어야 한다.

**해설**
제동장치의 유압 압력은 늘 정상 압력으로 유지되어 제동 필요시 작동되게 해야 한다.

**22** 각종 게이지나 측정기구와 함께 사용되어 주로 길이 측정의 기준으로 사용되는 기기는?

① 두께 게이지
② 하이트 게이지
③ 블록 게이지
④ 다이얼 게이지

**23** 가요성 호스의 치수를 표시하는 방법으로 옳은 것은?

① 안지름으로 표시하며 1in의 16분 비로 표시한다.
② 안지름으로 표시하며 1in의 8분 비로 표시한다.
③ 바깥지름으로 표시하며 1in의 16분 비로 표시한다.
④ 바깥지름으로 표시하며 1in의 8분 비로 표시한다.

**해설**
가요성 호스의 크기 표시 방법
예 No.7 호스 : 안지름이 7/16in인 호스

**24** 토크렌치의 유효길이가 13in인 토크렌치에 유효길이 5in 연장 공구를 이용하여 토크렌치의 지시값이 25in-lbs 되게 볼트를 조였다면 실제로 볼트에 가해지는 토크값은 약 몇 in-lbs인가?

① 34.6
② 35.6
③ 36.6
④ 37.6

**해설**
연장공구 사용 시 토크값
$T_W = T_A \times \dfrac{l}{l+a}$
$T_A = T_W \times \dfrac{l+a}{l} = 25 \times \dfrac{18}{13} = 34.6(\text{in} \cdot \text{lbs})$
여기서, $T_W$ : 토크렌치 지시값
$T_A$ : 실제 조이는 토크값
$l$ : 토크렌치 길이
$a$ : 연장공구 길이

**25** 두 개 이상의 굴곡이 교차하는 곳의 안쪽 굴곡 접선에 발생하는 응력집중으로 인한 균열을 막기 위하여 뚫는 구멍은?

① Grain Hole
② Relief Hole
③ Sight Line Hole
④ Neutral Hole

정답  21 ④  22 ③  23 ①  24 ①  25 ②

**26** 다음 중 전기적인 화재는 어느 것인가?

① A급 화재　② B급 화재
③ C급 화재　④ D급 화재

**해설**
- A급 화재 : 일반화재
- B급 화재 : 유류, 가스화재
- C급 화재 : 전기화재
- D급 화재 : 금속화재

**27** 가요성 호스에 No.7이 표시되어 있다면 호스의 치수는?

① 안지름이 7/8in이다.
② 안지름이 7/16in이다.
③ 바깥지름이 7/8in이다.
④ 바깥지름이 7/16in이다.

**해설**
가요성 호스의 크기는 호스의 안지름으로 표시하며, in의 16분비로 표시한다.

**28** 볼트 헤드에 × 기호가 새겨져 있다면 이 기호의 의미는?

① 열처리 볼트
② 내식강 볼트
③ 합금강 볼트
④ 정밀공차 볼트

**해설**
③ 합금강 볼트 : ×표시
① 내식강 볼트 : -표시
④ 정밀공차 볼트 : △(세모 안에 ×표시)

**29** 고압가스 취급 시 안전사항으로 틀린 것은?

① 고압으로 압축된 액체산소는 기체산소보다 더욱 위험하다.
② 급유/배유 작업은 항공기 산소계통 작업과 함께 한다.
③ 항공기 저압 산소취급은 유자격자가 하여야 한다.
④ 산소는 인화성 가스와 혼합하면 폭발의 위험성이 크다.

**해설**
급유·배유 작업 시에는 화재와 폭발의 위험 때문에 산소계통 작업과 동시에 해서는 안 된다.

**30** 핸들(Handle)의 종류 중 단단히 조여 있는 너트나 볼트를 풀 때 지렛대 역할을 할 수 있도록 하는 공구는?

① 래칫 핸들
② 힌지 핸들
③ 티(T) 핸들
④ 스피드 핸들

**해설**
힌지 핸들은 브레이커 바(Breaker Bar)라고도 하며 단단히 조여 있는 볼트나 너트를 큰 힘으로 조이거나 풀 때 주로 사용한다.

정답　26 ③　27 ②　28 ③　29 ②　30 ②

**31** 브레이턴 사이클(Brayton Cycle)에 대한 설명으로 옳은 것은?

① 2개의 단열과정과 2개의 정압과정으로 이루어진다.
② 2개의 단열과정과 2개의 정적과정으로 이루어진다.
③ 2개의 정압과정과 2개의 정적과정으로 이루어진다.
④ 2개의 등온과정과 2개의 정적과정으로 이루어진다.

해설
브레이턴 사이클(Brayton Cycle)은 2개의 단열과정과 2개의 정압과정으로 이루어지며, 오토 사이클(Otto Cycle)은 2개의 단열과정과 2개의 정적과정으로 이루어진다.

**32** 가스터빈기관의 오일 계통에 대한 설명으로 옳은 것은?

① 오일 탱크의 용량은 팽창에 비하여 약 50% 또는 2갤런의 여유 공간을 확보해야 한다.
② 오일 섬프 안의 압력이 너무 높을 때는 섬프 벤트 체크밸브(Sump Vent Check Valve)가 열려 대기가 섬프로 유입된다.
③ 오일 냉각기가 열 교환 방식(Fuel-oil Cooler)인 경우 내부에 파손이 생겼을 때 오일양이 급격히 증가하고 점도가 낮아진다.
④ 콜드 타입(Cold Type) 오일 탱크는 오일 냉각기가 펌프 출구에 위치하고, 공기의 분리성이 좋다.

해설
① 오일 탱크는 용량의 10% 또는 0.5갤런보다 큰 팽창공간을 가져야 한다.
② 섬프 안의 압력이 탱크 압력보다 높으면 섬프 벤트 체크밸브가 열려서 섬프 안의 공기를 탱크로 배출시킨다.
④ 콜드 타입 오일 탱크는 오일 냉각기가 배유 펌프와 윤활유 탱크 사이에 위치한다.

**33** 가스터빈엔진 블리드 공기의 사용처로 옳지 않은 것은?

① 흡입구 방빙
② 엔진 오일 가열
③ 항공기 여압 및 온도 조절
④ 터빈 베인 및 케이스 냉각

해설
엔진 블리드 공기(Engine Bleed Air)의 사용
• 연소실, 터빈 로터 및 블레이드, 터빈 베인 및 케이스의 냉각
• 흡입구 방빙
• 오일 섬프 가압, 기밀 유지 및 냉각
• 항공기 여압 및 온도 조절
• 다른 엔진 시동

**34** 다음 중 대형 가스터빈기관의 시동기로 가장 적합한 것은?

① 전동기식 시동기
② 공기터빈식 시동기
③ 가스터빈식 시동기
④ 시동-발전기식 시동기

해설
소형기에서는 전동기식 시동기를 주로 사용하고, 대형 가스터빈기관의 시동기로는 공기터빈식 시동기가 주로 사용된다.

**35** 공기 중에서 프로펠러가 1회전할 때 실제로 전진하는 거리는?

① 유효피치
② 기하학적 피치
③ 턴 디스턴스
④ 프로펠러 슬립

**36** 피스톤의 왕복운동을 크랭크축의 회전운동으로 변환시키는 기구는?

① 밸브
② 로커 암
③ 푸시로드
④ 커넥팅로드

**37** 왕복기관에서 냉각공기의 유량을 조절함으로써 기관의 냉각효과를 조절하는 장치는 무엇인가?

① 카울 플랩
② 배플
③ 피스톤 링
④ 커프

> **해설**
> 카울 플랩(Cowl Flap)은 여닫는 형태로 되어 있어 냉각이 필요할 때 엔진실 내부로 유입되는 공기의 양을 조절할 수 있다.

**38** 왕복기관의 윤활계통에서 릴리프 밸브(Relief Valve)의 주된 역할로 옳은 것은?

① 윤활유 온도가 높을 때는 윤활유를 냉각기로 보내고 낮을 때는 직접 윤활유 탱크로 가도록 한다.
② 윤활유 여과기가 막혔을 때 윤활유가 여과기를 거치지 않고 직접 기관의 내부로 공급되게 한다.
③ 기관의 내부로 들어가는 윤활유의 압력이 높을 때 작동하여 압력을 낮추어 준다.
④ 윤활유가 불필요하게 기관 내부로 스며들어가는 것을 방지한다.

> **해설**
> 릴리프 밸브는 윤활유 압력이 규정값보다 높을 때 밸브가 열리면서 윤활유를 펌프 입구쪽으로 되돌려 보내 윤활유 압력을 낮추어 준다.

**39** 왕복기관의 시동기 계통 구성품이 아닌 것은?

① 차단기
② 터빈 로터
③ 배터리
④ 시동 솔레노이드

**40** 실린더 헤드에 장착되어 있는 밸브 구성품 중에서 한쪽 끝은 밸브 스템에 접촉되어 있고, 다른 한쪽 끝은 푸시로드와 접촉되어 밸브를 열고 닫게 하는 구성품은?

① 캠
② 로커 암
③ 밸브
④ 밸브 스프링

[정답] 36 ④ 37 ① 38 ③ 39 ② 40 ②

**41** 공랭식 기관의 구성품 중에서 실린더의 위치에 관계없이 공기를 고르게 흐르도록 유도하여 냉각 효과를 증진시켜 주는 것은?

① 냉각 핀  ② 배플
③ 카울 플랩  ④ 과급기

**해설**
냉각 핀(Cooling Fin)은 공기와 닿는 면적을 증가시켜 냉각 효과를 높이며, 카울 플랩(Cowl Flap)은 여닫는 형태로 되어 있어 냉각이 필요할 때 엔진실 내부로 유입되는 공기의 양을 조절할 수 있다.

**42** 그림과 같은 터빈 깃의 냉각방법을 무엇이라 하는가?

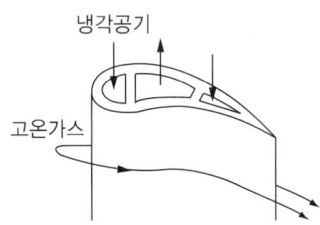

① 충돌냉각
② 침출냉각
③ 공기막냉각
④ 대류냉각

**해설**
터빈 깃 냉각방법
- 대류냉각 : 터빈 내부에 공기 통로를 만들어 이곳으로 차가운 공기가 지나가게 함으로써 터빈을 냉각
- 충돌냉각 : 터빈 깃 내부에 작은 공기 통로를 설치한 후 냉각공기를 충돌시켜 깃을 냉각
- 공기막냉각 : 터빈 깃의 표면에 작은 구멍을 통하여 나온 찬 공기의 얇은 막이 터빈 깃을 둘러싸서 터빈 깃을 냉각
- 침출냉각 : 터빈 깃을 다공성 재료로 만들고 깃 내부에 공기 통로를 만들어 차가운 공기가 터빈 깃을 통하여 스며 나오게 함으로써 터빈 깃을 냉각

**43** 내부 에너지가 30kcal인 정지상태의 물체에 열을 가했더니 내부 에너지가 40kcal로 증가하고, 외부에 대해 854kg·m의 일을 했다면 외부에서 공급된 열량은 몇 kcal인가?

① 12  ② 20
③ 30  ④ 40

**해설**
공급 열량은 내부 에너지 변화에 일의 양을 더한 값이다(한편 1kcal는 427kg·m).

$$Q = (U_2 - U_1) + \frac{W}{427}$$
$$= (40-30) + \frac{854}{427}$$
$$= 12(\text{kcal})$$

**44** 연료 조정장치와 연료 매니폴드 사이에 위치하여 연료 흐름을 1차 연료와 2차 연료로 분류시키고 기관 정지 시에 매니폴드나 연소 노즐에 남아 있는 연료를 외부로 배출시키는 역할을 하는 밸브는?

① 드레인 밸브
② 가압 밸브
③ 매니폴드 밸브
④ 여압 및 드레인 밸브

**해설**
여압 및 드레인 밸브 : P&D Valve

**45** 일반적으로 가스터빈기관의 기어박스에 부착된 구성품이 아닌 것은?

① 시동기
② 연료 펌프
③ 블리드 밸브
④ 오일 펌프

해설
가스터빈기관의 블리드 밸브는 압축기에 부착되어 있다.

**46** 유압계통에서 튜브의 크기로 무엇을 표기하는가?

① 튜브의 안지름(ID)과 두께
② 튜브의 바깥지름(OD)과 두께
③ 튜브의 안지름(ID)과 바깥지름(OD)
④ 튜브의 바깥지름(OD)과 피팅의 크기

**47** 다음 중 일반적으로 방빙 및 제빙 계통이 설치되지 않는 곳은?

① 기화기
② 윈드실드
③ 뒷전 플랩
④ 날개 앞전

**48** 다음 중 작업공간이 좁거나 버킹 바를 사용할 수 없는 곳에 사용되는 블라인드 리벳(Blind Rivet)의 종류가 아닌 것은?

① 체리 리벳(Cherry Rivet)
② 솔리드 섕크 리벳(Solid Shank Rivet)
③ 폭발 리벳(Explosive Rivet)
④ 리브너트(Rivnuts)

해설
항공기용 리벳은 크게 솔리드 섕크 리벳과 블라인드 리벳으로 분류한다.
• 솔리드 섕크 리벳 : 항공기 구조 부분의 고정용 및 수리용 등에 사용
• 블라인드 리벳 : 솔리드 섕크 리벳의 장착이 곤란한 곳, 즉 작업공간이 좁거나 버킹 바를 사용할 수 없는 곳, 큰 부하가 작용하지 않는 곳에 사용

정답 45 ③ 46 ② 47 ③ 48 ②

**49** 다음 중 나셀(Nacelle)의 구성품이 아닌 것은?

① 카울링
② 외피
③ 방화벽
④ 연료탱크

**해설**
기체에 장착된 기관을 둘러싼 부분을 나셀(Nacelle)이라고 하며, 연료탱크는 주날개 내부나 동체 하부에 보통 장착된다.

**51** 일반적으로 복선식(Double Twist) 안전결선방법으로 결합할 수 있는 최대 유닛(Unit) 수는 몇 개인가?

① 2개   ② 3개
③ 4개   ④ 제한 없다.

**해설**
안전결선방법
복선식일 경우 최대 유닛 수는 3개이며, 복선 작업이 곤란할 때는 단선식을 사용한다.

**50** 응력 외피형 날개 구조에서 날개의 휨 강도나 비틀림 강도를 증가시켜 주는 역할을 하는 길이 방향으로 설치된 구조부재는?

① 세로대(Longeron)
② 리브(Rib)
③ 스트링어(Stringer)
④ 외피(Skin)

**해설**
날개는 리브(Rib)와 날개보(Spar), 외피(Skin) 및 스트링어(Stringer) 등으로 이루어져 있는데, 이 중에서 길이 방향으로 설치된 구조는 날개보와 스트링어이다.

**52** 항공기에서 금속과 비교하여 복합소재를 사용하는 이유가 아닌 것은?

① 무게당 강도비가 높다.
② 전기화학 작용에 의한 부식을 줄일 수 있다.
③ 유연성이 크고 진동이 작아 피로강도가 감소된다.
④ 복잡한 형태나 공기 역학적인 곡선 형태의 부품 제작이 쉽다.

**해설**
복합재료는 유연성이 크고 진동에 대한 내구성이 커서 피로강도가 증가한다.

**53** 기관 마운트를 날개에 장착할 경우 발생하는 영향이 아닌 것은?

① 저항의 증가
② 날개의 강도 증가
③ 공기 역학적 성능 저하
④ 파일론으로 인한 무게의 증가

**해설**
기관 마운트를 날개에 장착하면 날개의 강도는 약해진다.

**54** 조종계통의 조종방식 중 기체에 가해지는 중력가속도나 기울기를 감지한 결과를 컴퓨터로 계산하여 조종사의 감지 능력을 보충하도록 하는 방식의 조종장치는?

① 수동조종장치(Manual Control)
② 유압조종장치(Hydraulic Control)
③ 플라이바이와이어(Fly-by-Wire)
④ 동력조종장치(Powered Control)

**55** 헬리콥터에서 전진비행은 어떤 조종장치에 의해서 이루어지는가?

① 주기 조종간
② 동시 피치 레버
③ 방향 조종 페달
④ 플랩 작동 스위치

**해설**
헬리콥터의 조종장치
• 주기 조종간 : 전후좌우 비행 방향 조종
• 동시 피치 레버 : 수직 상승 및 스로틀 조절
• 방향 페달 : 헬리콥터 기수 방향 조종

**56** 다음 복합소재 중 사용 온도 범위가 가장 넓은 것은?

① FRP
② FRM
③ FRC
④ C/C 복합재

**해설**
복합소재 사용 온도 범위 : FRP < FRM < FRC < C/C 복합재

정답  53 ②  54 ③  55 ①  56 ④

**57** 주착륙장치의 구성품에 대한 설명으로 틀린 것은?

① 트러니언은 완충 스트럿의 힌지축 역할을 담당한다.
② 드래그 스트럿과 사이드 스트럿 등은 완충 스트럿을 구조적으로 보강해 주는 부재다.
③ 토션링크는 항공기가 이륙할 때 안쪽 실린더가 빠져 나오는 이동 길이를 제한한다.
④ 트럭 빔은 완충 스트럿의 안쪽 실린더가 바깥쪽 실린더에 대해 회전하지 못하게 제한한다.

**해설**
완충 스트럿의 안쪽 실린더가 바깥쪽 실린더에 대해 회전하지 못하게 제한하는 것도 토션링크의 역할이다.

**58** 기관 마운트와 나셀에 대한 설명으로 틀린 것은?

① 기관 마운트를 쉽고 신속하게 분리할 수 있도록 설계된 기관을 QEC(Quick Engine Change) 기관이라 한다.
② 제트기관을 장착한 항공기는 고공비행을 하므로 결빙에 대비하여 기관 앞 카울링 입구에는 반드시 제빙 장치가 설치되어야 한다.
③ 나셀의 구조는 동체 구조와 같이 외피, 카울링, 구조부재, 방화벽, 기관 마운트로 구성되어 있다.
④ 카울링(Cowling)이란 기관 및 기관에 관련된 보기(Accessory), 기관 마운트 및 방화벽 주위를 쉽게 접근할 수 있도록 장착하거나 떼어낼 수 있는 덮개(Cover)를 말한다.

**해설**
결빙에 대비하여 주로 방빙 장치가 설치되어 있다.

**59** 다음의 설명은 무엇에 대한 것인가?

- 각각의 깃의 피치를 변화시킨다.
- 주 회전날개의 회전면을 원하는 방향으로 기울인다.
- 스와시 플레이트와 연결되어 있다.
- 스와시 플레이트를 전후좌우로 경사지게 한다.

① Cyclic Pitch Control Lever
② Collective Pitch Control Lever
③ Directional Control Pedal
④ Pitch Trim Compensator

**해설**
헬리콥터는 주기 조종간(Cyclic Pitch Control Lever)을 움직여 비행하고자 하는 방향으로 회전경사판을 기울임으로써 전후좌우 비행이 가능하다.

**60** 헬리콥터에서 주회전 날개에 대한 설명으로 틀린 것은?

① 양력과 추력을 발생시키는 장치이다.
② 완전관절형, 반관절형, 고정형으로 구분할 수 있다.
③ 2개 이상의 회전날개 깃과 회전날개 허브로 구성된다.
④ 헬리콥터 동체를 회전시키는 방향 조종기능을 한다.

**해설**
헬리콥터에서 방향 조종기능을 하는 것은 꼬리회전날개이다.

# 2024년 제 2 회 과년도 기출복원문제

**01** 단일 회전날개 헬리콥터의 양력과 추력에 대한 설명으로 옳은 것은?

① 양력은 꼬리회전날개에 의하여 발생되며, 추력은 주 회전날개에 의하여 발생된다.
② 양력은 주 회전날개에 의하여 발생되며, 추력은 꼬리회전날개에 의하여 발생된다.
③ 양력은 주 회전날개와 꼬리 회전날개에 의하여 발생되며, 추력은 꼬리회전날개에 의하여 발생된다.
④ 양력과 추력 모두 주 회전날개에 의하여 발생된다.

**해설**
헬리콥터에서 주 회전날개의 회전면을 기울이면 기울어진 방향으로 추력이 발생하며, 주 회전날개의 피치를 변하게 하여 양력의 크기를 조절한다.

**02** 다음 중 비행기의 방향 안정성 향상과 가장 관계가 없는 것은?

① 도살 핀
② 날개의 쳐든각
③ 수직 안정판
④ 날개의 뒤젖힘각

**해설**
쳐든각(상반각)은 비행기의 가로 안정을 향상시켜 준다.

**03** 무게 4,000kgf, 날개면적 20m²인 비행기가 해발고도에서 최대양력계수 0.5인 상태로 등속 수평비행을 할 때 비행기의 최소속도는 약 몇 m/s인가? (단, 공기의 밀도는 0.5kgf·s²/m⁴이다)

① 20
② 30
③ 40
④ 80

**해설**
최소속도($V_{min}$)
$$V_{min} = \sqrt{\frac{2W}{\rho S C_{L_{max}}}} = \sqrt{\frac{2 \times 4,000}{0.5 \times 20 \times 0.5}} = 40(m/s)$$

**04** 대기권 중 대류권에서 고도가 높아질수록 대기의 상태를 옳게 설명한 것은?

① 온도, 밀도, 압력 모두 감소한다.
② 온도, 밀도, 압력 모두 증가한다.
③ 온도, 압력은 감소하고, 밀도는 증가한다.
④ 온도는 증가하고, 압력과 밀도는 감소한다.

**해설**
대류권에서는 고도가 증가하면 온도는 1,000m당 6.5℃씩 낮아지고, 공기 입자 수가 감소하여 공기압력과 밀도도 감소한다.

**05** 속도를 측정하는 장치인 피토 정압관에서 사용되는 주된 이론은?

① 관성의 법칙
② 베르누이의 정리
③ 파스칼의 원리
④ 작용반작용의 법칙

**해설**
피토 정압관에서는 전압과 정압의 차이, 즉 동압을 감지하여 속도를 측정하게 된다. 이는 정압과 동압의 합은 일정하다는 베르누이의 정리를 이용한 것이다.

**정답** 1 ④ 2 ② 3 ③ 4 ① 5 ②

**06** 단면적이 20cm²인 관속을 흐르는 비압축성 공기의 속도가 10m/s이라면 단면적이 10cm²인 곳의 속도는 몇 m/s인가?

① 10　　② 20
③ 40　　④ 80

**해설**
연속의 법칙에서 $A_1 V_1 = A_2 V_2$
여기서, $A_1$ : 입구 단면적
　　　　$V_1$ : 입구에서의 유체속도
　　　　$A_2$ : 출구 단면적
　　　　$V_2$ : 출구에서의 유체속도

$V_2 = \left(\dfrac{A_1}{A_2}\right) V_1$

$\therefore V_2 = \left(\dfrac{20}{10}\right) \times 10 = 20(\text{m/s})$

**07** 날개의 길이가 11m, 평균시위의 길이가 1.44m인 타원날개에서 양력계수가 0.8일 때 가로세로비는 약 얼마인가?

① 4.9　　② 6.1
③ 7.6　　④ 8.8

**해설**
날개길이를 $b$, 평균시위길이를 $c$, 날개면적을 $S$라고 할 때,

가로세로비(AR) = $\dfrac{b}{c} = \dfrac{b \times b}{c \times b} ≒ \dfrac{b^2}{S}$

$\therefore \text{AR} = \dfrac{11}{1.44} ≒ 7.64$

**08** 헬리콥터의 공기역학에서 자주 사용되는 마력하중(Horse Power Loading)을 구하는 식은?(단, $W$ : 헬리콥터의 무게, $HP$ : 헬리콥터의 마력이다)

① $\dfrac{W}{\pi HP}$　　② $\dfrac{\pi HP}{W}$
③ $\dfrac{HP}{W}$　　④ $\dfrac{W}{HP}$

**해설**
헬리콥터의 하중 표현 방식
- 원판하중(회전면 하중) = $\dfrac{W}{\pi R^2}$
- 마력하중 = $\dfrac{W}{HP}$

**09** 3차원 날개에 양력이 발생하면 날개 끝에서 수직방향으로 하향흐름이 만들어지는데 이 흐름에 의해 발생하는 항력을 무엇이라 하는가?

① 형상항력　　② 간섭항력
③ 조파항력　　④ 유도항력

**해설**
날개 끝에서는 날개 끝 와류(Tip Vortex)로 인해 내리흐름(Down Wash)이 발생하고, 이 흐름으로 인해 양력이 뒤쪽으로 기울게 되면서 수평성분의 항력이 발생하는데 이를 유도항력이라고 한다.

**10** 다음 괄호 안에 알맞은 내용은?

"비행기의 동적 세로 안정은 일반적으로 장주기 운동, 단주기 운동 및 (　)의 3가지 기본 운동의 형태로 구성된다."

① 선회 자유운동　　② 옆놀이 자유운동
③ 승강키 자유운동　　④ 빗놀이 자유운동

**해설**
동적 세로 안정에는 진동주기가 매우 긴 장주기 운동과 상대적으로 짧은 진동주기를 가지는 단주기 운동, 그리고 승강키 자유 시에 발생되는 매우 짧은 진동주기를 가지는 승강키 자유운동 등이 있다.

**11** 방향키(Rudder)에 대한 설명으로 옳은 것은?

① 좌우 방향 전환의 조종 목적뿐만 아니라 옆바람이나 도움날개의 조종에 따른 빗놀이 모멘트를 상쇄하기 위해서 사용된다.
② 이륙이나 착륙 시 비행기의 양력을 증가시켜 주는 데 목적이 있다.
③ 비행기의 세로축(Longitudinal Axis)을 중심으로 한 옆놀이운동(Rolling)을 조종하는 데 주로 사용되는 조종면이다.
④ 비행기의 가로축(Lateral Axis)을 중심으로 한 키놀이 운동(Pitching)을 조종하는 데 주로 사용되는 조종면이다.

**해설**
① 방향키(Rudder)에 대한 설명
② 플랩(Flap)에 대한 설명
③ 도움날개(Aileron)에 대한 설명
④ 승강키(Elevator)에 대한 설명

**12** 720km/h로 비행하는 비행기의 마하계 눈금이 0.6을 지시했다면 이 고도에서의 음속은 약 몇 m/s인가?

① 322
② 327
③ 333
④ 340

**해설**
$M = \dfrac{V}{a}$ 이므로

$0.6 = \dfrac{720 \text{km/h}}{a} = \dfrac{\dfrac{720,000\text{m}}{3,600\text{s}}}{a} = \dfrac{200\text{m/s}}{a}$

따라서 $a = 333.3 \text{m/s}$

**13** 다음 중 비행기의 정적 세로 안정을 좋게 하기 위한 설명으로 틀린 것은?

① 꼬리날개 효율이 클수록 좋아진다.
② 꼬리날개 면적을 작게 할 때 좋아진다.
③ 날개가 무게중심보다 높은 위치에 있을 때 좋아진다.
④ 무게중심이 날개의 공기 역학적 중심보다 앞에 위치할수록 좋아진다.

**해설**
② 수평꼬리날개의 면적을 크게 할 때 좋아진다.

**14** 비행기의 안정성 및 조종성의 관계에 대한 설명으로 틀린 것은?

① 안정성이 클수록 조종성은 증가된다.
② 안정성과 조종성은 서로 상반되는 성질을 나타낸다.
③ 안정성과 조종성 사이에는 적절한 조화를 유지하는 것이 필요하다.
④ 안정성이 작아지면 조종성은 증가되나 평형을 유지시키기 위해 조종사에게 계속적인 주의를 요한다.

**해설**
안정성과 조종성은 서로 상반되는 성질을 가지고 있다. 즉, 안정성이 클수록 조종성은 떨어진다.

**15** 비행기가 공기 중을 수평등속도 비행할 때 비행기에 작용하는 힘이 아닌 것은?

① 추력
② 항력
③ 중력
④ 가속력

**해설**
수평등속도 비행은 속도의 변화가 없는 비행이므로 가속도가 0이고 따라서 가속력은 작용하지 않는다.

**16** 다음 중 ATA 100에 의한 항공기 시스템 분류가 틀린 것은?

① ATA 21 – Air Conditioning
② ATA 29 – Oxygen
③ ATA 30 – Ice & Rain Protection
④ ATA 32 – Landing Gear

**해설**
② ATA 29 – Hydraulic Power

**17** 급작스러운 강풍이나 기상상황을 고려하여 바람에 의한 항공기 파손을 방지하기 위하여 지상에 정지시키는 지상작업의 명칭은?

① 항공기 견인(Towing)
② 항공기 계류(Mooring)
③ 항공기 활주(Taxing)
④ 항공기 주기(Parking)

**18** 그림과 같이 실린더 헤드 플라이휠 등 측정물을 회전시켜 다이얼 게이지로 측정한 최댓값과 최솟값의 차를 구하는 것은 무엇을 측정하기 위한 방법인가?

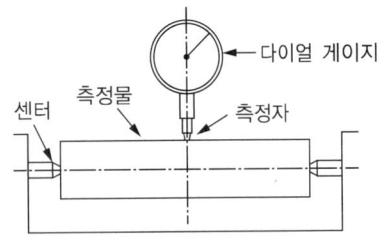

① 원통의 진원 측정
② 평면도 측정
③ 기어의 백래시 측정
④ 안지름과 바깥지름 측정

**해설**
다이얼 게이지는 길이의 비교 측정에 사용되며 평면도, 원통의 진원도, 축의 휨 등의 측정에 사용된다.

**19** 다음과 같은 정비를 하였다면 어떤 점검에 해당하는가?

> 격납고에 있는 항공기의 기체 중심 측정과 외부 페인트 작업을 하였다.

① A 점검
② B 점검
③ C 점검
④ D 점검

**해설**
D 점검은 기체 정시 점검에 속하며, 2주 내지 3주 동안 격납고(Dock)에 넣고 기체를 분해하여 실시하는 중정비로서 오버홀이나 기체 중심 측정, 페인팅 작업 등이 여기에 속한다.

**20** 다음 중 리벳 제거 작업 시 가장 먼저 해야 할 작업은?

① 줄 작업
② 센터 펀치
③ 드릴링
④ 펀치 제거

**해설**
리벳 제거 순서
리벳 머리 줄 작업 → 중심에 센터 펀치로 펀칭 → 드릴 작업 → 리벳 머리를 핀 펀치로 제거 → 리벳 몸체 제거

**21** C-8 장력측정기를 이용한 케이블의 장력 조절 시 주의사항으로 틀린 것은?

① 필요한 경우 온도 보정
② 측정기 검사 유효기간 확인
③ 턴버클 단자가 있는 곳에서 측정
④ 측정은 정확도를 높이기 위해 3~4회 실시

**해설**
C-8 케이블 장력기는 턴버클 케이블에 물려서 장력을 측정한다.

**22** 항공기가 운항 중에 고장 없이 그 기능을 정확하고 안전하게 발휘할 수 있는 능력을 무엇이라 하는가?

① 감항성
② 쾌적성
③ 정시성
④ 경제성

**해설**
정비의 목적
• 감항성(안전성)
• 정시성
• 쾌적성

**23** 핸들 부분에 눈금이 새겨진 핀이 있어, 토크가 걸리면 레버가 휘어져 지시 바늘의 끝이 토크의 양을 지시하도록 되어 있는 토크렌치는?

① 소켓 렌치
② 디플렉팅 빔 토크렌치
③ 리지드 프레임 토크렌치
④ 프리셋 토크 드라이버 렌치

**해설**
디플렉팅 빔 토크렌치

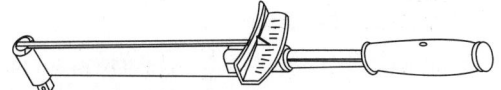

**24** 다음 중 B급 화재에 해당하는 것은?

① 유류화재
② 일반화재
③ 전기화재
④ 금속화재

**해설**
화재의 종류
• A급 화재 : 일반화재
• B급 화재 : 유류, 가스화재
• C급 화재 : 전기화재
• D급 화재 : 금속화재

**25** 정기적인 점검과 시험을 실시하는 온-컨디션 정비 방식에 해당하는 장비는?

① 상태 정비
② 시한성 정비
③ 신뢰성 정비
④ 오버홀 정비

**해설**
정비방식의 종류
• 상태 정비(OC ; On Condition)
• 시한성 정비(HT ; Hard Time)
• 신뢰성 정비(CM ; Condition Monitoring)

정답  21 ③  22 ①  23 ②  24 ①  25 ①

**26** 그림과 같은 최소 눈금 1/1,000in식 마이크로미터의 눈금은 몇 in인가?

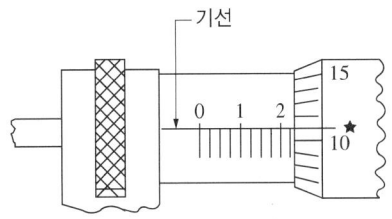

① 0.215
② 0.236
③ 2.116
④ 2.411

**해설**
심블이 0.225in를 지났고, 심블의 눈금 11에 해당되는 곳에서 일치하므로 측정값은 $0.225 + \dfrac{11}{1,000} = 0.236$in가 된다.

**27** 항공기를 견인 시 견인속도는 몇 mph를 넘지 않아야 하는가?

① 5
② 10
③ 15
④ 30

**해설**
항공기 견인속도는 사람의 보행속도 이하여야 한다.

**28** 예방정비의 모순점에 대한 내용이 아닌 것은?

① 부품에 이상이 있을 경우 즉각적인 원인 파악조치가 가능하다.
② 장기간 만족스럽게 작동되는 장비나 부품을 고의로 장탈한다.
③ 부품의 분해 조립 과정에서 고장 발생의 가능성이 조성된다.
④ 부품 본래의 결점을 파악하기 어려워 품질 개선에 어려움이 있다.

**해설**
예방정비는 부품의 이상 유무에 상관없이 부품을 장탈, 분해하기 때문에 부품에 이상이 발생했을 때 원인을 파악하기가 어렵다.

**29** 항공기의 지상안전에서 안전색은 작업자에게 여러 종류의 주의나 경고를 의미하는데 주황색은 무엇을 의미할 때 표시하는가?

① 기계 설비의 위험이 있는 곳이다.
② 방사능 유출의 위험경고 표시이다.
③ 건물 내부의 관리를 위하여 표시한다.
④ 장비 및 기기가 수리, 조절 및 검사 중이다.

**해설**
안전색채
• 빨간색 : 위험물 또는 위험상태 표시
• 주황색 : 기계 또는 전기설비의 위험 위치 식별
• 녹색 : 안전에 관련된 설비 및 구급용 치료시설 식별
• 노란색 : 사고의 위험이 있는 장비나 시설물에 표시

**30** 기체 판금작업에서 두께가 0.06in인 금속판재를 굽힘 반지름 0.135in으로 하여 90°로 굽힐 때 세트백은 몇 in인가?

① 0.195
② 0.125
③ 0.051
④ 0.017

**해설**
세트백(SB ; Set Back)
$$SB = \tan\dfrac{\theta}{2}(R+T) = \tan\dfrac{90°}{2}(0.135+0.06) = 0.195(\text{in})$$

정답 26 ② 27 ① 28 ① 29 ① 30 ①

**31** 가스터빈기관의 점화계통에 대한 설명으로 틀린 것은?

① 시동 시에만 점화가 필요하다.
② 점화시기 조절장치가 필요치 않다.
③ 왕복기관에 비해 구조와 작동이 복잡하다.
④ 연료와 연소실 공기 흐름 특성으로 혼합가스의 점화가 어렵다.

**해설**
가스터빈 점화계통의 왕복기관과의 차이점
• 시동할 때만 점화가 필요하다.
• 점화시기 조절장치가 없어 구조와 작동이 간편하다.
• 점화기의 교환이 빈번하지 않다.
• 점화기가 기관 전체에 두 개 정도만 필요하다.
• 교류전력을 이용할 수 있다.

**32** 초음속 항공기에 사용되는 공기 흡입구(흡입덕트)의 형태는?

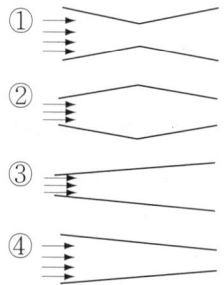

**해설**
초음속 항공기에는 수축확산형 흡입덕트를 사용한다.
① 수축확산형 흡입덕트
② 확산수축형 흡입덕트
③ 확산형 흡입덕트
④ 수축형 흡입덕트

**33** 프로펠러 회전 시 발생하는 원추각을 만드는 힘의 구성으로 옳은 것은?

① 원심력과 중력
② 중력과 항력
③ 원심력과 양력
④ 양력과 항력

**해설**
원추각(Coning Angle)은 회전 날개에 발생하는 양력과 원운동에 의한 원심력에 의해서 만들어진다.

**34** 가스터빈기관에서 배기노즐(Exhaust Nozzle)의 가장 중요한 사용 목적은?

① 터빈 냉각을 시킨다.
② 가스압력을 증가시킨다.
③ 가스속도를 증가시킨다.
④ 회전방향 흐름을 얻는다.

**해설**
배기 노즐의 주목적은 배기가스의 흐름 속도를 증가시켜 항공기 추력을 증가시키는 것이다.

**35** 다음 중 6기통 왕복엔진의 점화 작동순서가 맞는 것은?

① 1-2-3-4-5-6
② 1-3-5-2-4-6
③ 1-6-2-5-3-4
④ 1-6-3-2-5-4

정답 31 ③ 32 ① 33 ③ 34 ③ 35 ④

**36** 축류형 압축기를 가진 고성능 가스터빈기관에서 압축기 내부의 실속을 방지하는 것은?

① 실속 조절기
② 서비스 블리드 밸브
③ 압력조절 밸브
④ 가변 스테이터 베인

**해설**
가변 스테이터 베인은 압축기 앞쪽에 위치하고 있으며, 받음각을 고정하여 실속을 방지하는 역할을 한다.

**37** 다음 제트기관의 명칭은?

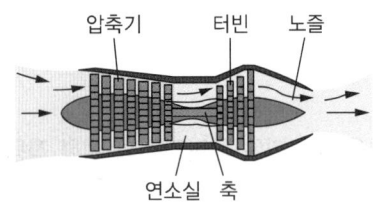

① 터보 팬
② 터보 프롭
③ 터보 제트
④ 터보 샤프트

**38** 엔탈피와 물리적 성질이 가장 유사한 것은?

① 힘
② 에너지
③ 운동량
④ 엔트로피

**해설**
엔탈피($H$)는 내부 에너지($U$)와 유동일($PV$)의 합으로 정의된다. 즉, $H = U + PV$(kg·m)

**39** 가스터빈기관에 사용되는 원심식 압축기의 주요 구성품이 아닌 것은?

① 회전자(Rotor)
② 디퓨저(Diffuser)
③ 매니폴드(Manifold)
④ 임펠러(Impeller)

**해설**
압축기 회전자(Rotor)는 축류식 압축기의 구성품이다.

**40** 일반적으로 왕복기관의 크랭크핀을 속이 비어있는 상태로 제작하는 이유가 아닌 것은?

① 윤활유의 통로 역할을 한다.
② 크랭크축 전체의 무게를 줄여준다.
③ 회전하는 크랭크의 진동을 감소시킨다.
④ 탄소 침전물, 찌꺼기 등을 모으는 방 역할을 한다.

**해설**
크랭크축의 진동을 감소시키는 역할을 하는 것은 다이내믹 댐퍼이다.

**41** 다음 중 대형 가스터빈기관의 시동기로 가장 적합한 것은?

① 전동기식 시동기
② 공기터빈식 시동기
③ 가스터빈식 시동기
④ 시동-발전기식 시동기

해설
소형기에서는 전동기식 시동기를 주로 사용하고, 대형 가스터빈기관의 시동기로는 공기터빈식 시동기가 주로 사용된다.

**42** 다음 중 배기가스온도(EGT)는 어느 부분에서 측정된 온도를 나타내는가?

① 연소실
② 터빈 입구
③ 압축기 출구
④ 터빈 출구

**43** 밸브개폐시기의 피스톤 위치에 대한 약어 중 "상사점 후"를 뜻하는 것은?

① ABC
② BBC
③ ATC
④ BTC

해설
- 상사점(Top Dead Center) : TC, TDC
- 전(Before) : B
- 후(After) : A
따라서 상사점 후는 ATC

**44** 항공용 왕복기관에 사용되는 계기가 아닌 것은?

① 실린더 헤드 온도계
② $N_1$ 회전계
③ 연료 압력계
④ 윤활유 온도계

해설
$N_1$ 회전계는 가스터빈 기관에서 사용되는 계기로서 저압 압축기의 회전수를 지시한다.

**45** 가스터빈기관의 연소실 형식 중 애뉼러형 연소실의 특징이 아닌 것은?

① 정비가 용이하다.
② 연소실의 길이가 짧다.
③ 출구 온도 분포가 균일하다.
④ 연소실의 전체 표면적이 작다.

해설
정비가 용이한 것은 캔형 연소실이다.

정답  41 ②  42 ④  43 ③  44 ②  45 ①

**46** 알루미늄합금에 대한 특성이 아닌 것은?

① 가공성이 좋다.
② 상온에서 기계적 성질이 좋다.
③ 시효경화가 없어 전연성이 좋다.
④ 적절히 처리하면 내식성이 좋다.

**해설**
알루미늄 합금은 시간이 지남에 따라 경도가 증가하는(단단해지는) 시효경화 현상이 발생하는 특징이 있다.

**47** 다음 중 튜브 성형 공구가 아닌 것은?

① 가스 토치
② 튜브 커터
③ 튜브 벤더
④ 디버링 공구

**해설**
② 튜브 커터 : 튜브 절단 공구 중 가장 많이 사용된다.
③ 튜브 벤더 : 튜브 굽힘 공구 중 하나로, 지름이 1/4~1/2in일 경우에 사용한다.
④ 디버링 공구 : 공구를 회전시키면서 버(Burr)를 제거한다.

**48** 다음 리벳의 식별방법을 설명한 것 중에서 가장 올바른 것은?

MS 20470 D - 6 - 16

① 20470 : 리벳의 재질을 표시
② D : 리벳의 머리를 표시
③ 6 : 리벳의 지름으로 6/32in
④ 16 : 리벳의 길이로 16/8in

**해설**
리벳의 식별방법
MS 20470 D-6-16
• MS : Military Standard 미국 군용 항공기관에 의해 주어진 표준 부품 기호
• 20470 : 계열번호로 유니버설 헤드 리벳
• D : 리벳의 재질로 알루미늄 합금
• 6 : 리벳의 지름으로 6/32in
• 16 : 리벳의 길이로 16/16in

**49** 항공기 조종계통 케이블에 설치된 턴버클 작업에 사용되지 않는 것은?

① 딤플링    ② 배럴
③ 케이블아이    ④ 포크

**해설**
딤플링은 0.040in 이하의 얇은 판재에 접시머리 리벳의 머리 부분이 판재의 접합부와 꼭 들어맞도록 판재의 구멍 주위를 움푹 파는 작업이다.

**50** 항공기 구조 중 하중의 일부만을 스킨이 담당하며 세로대(Longeron)와 가로대(Frame), 스트링어(Stringer) 등의 부재로 구성되어 있는 구조는?

① 트러스 구조
② 모노코크 구조
③ 허니콤 구조
④ 세미모노코크 구조

**51** 호스를 장착할 때 고려할 사항으로 틀린 것은?

① 호스의 경화 날짜를 확인하여 사용한다.
② 호스는 액체의 특성에 따라 재질이 변하므로 규정된 규격품을 사용한다.
③ 호스에 압력이 걸리면 수축되기 때문에 길이에 여유를 주어 약간 처지도록 장착한다.
④ 스웨이징된 접합 기구에 의하여 장착된 호스에서 누설이 있을 경우 누설된 일부분을 교환한다.

**해설**
호스 장착 시 주의사항
- 교환하고자 하는 부분과 같은 형태, 크기, 길이의 호스를 이용한다.
- 호스의 직선 띠로 바르게 장착한다(비틀리면 압력 형성 시 결함 발생).
- 호스의 길이는 5~8% 여유길이를 고려한다(압력 형성 시 바깥지름이 커지고 길이가 수축).
- 호스가 길 때는 60cm마다 클램프하여 지지한다.

**52** 다음 케이블의 이음방법은?

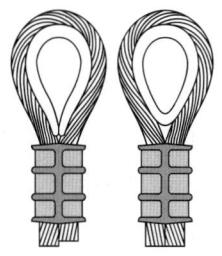

① 납땜 이음
② 스웨이징 이음
③ 니코프레스 이음
④ 5단 엮기 케이블 이음

**53** 기체구조의 형식에 대한 설명으로 틀린 것은?

① 모노코크 구조형식은 응력외피 구조형식에 속한다.
② 외피가 얇고 동체의 길이 방향으로 보강재가 적용된 것은 세미모노코크 구조 형식이다.
③ 기체의 무게를 감소시켜 무게 대비 높은 강도를 유지할 수 있는 형식은 트러스 구조 형식이다.
④ 트러스 구조, 응력외피 구조, 샌드위치 구조 등의 형식이 있다.

**해설**
트러스 구조는 유효 공간이 적고, 기체의 무게가 증가되는 단점이 있다.

**54** 브레이크에서 블리드 밸브(Bleed Valve)의 주된 역할은?

① 비상시 비상 브레이크 작동을 위해 사용된다.
② 계류 브레이크로 가는 유로를 차단하기 위해 사용된다.
③ 브레이크 유압계통에 섞여 있는 공기를 빼낼 때 사용된다.
④ 브레이크 유압계통의 과도한 압력을 제거할 때 사용된다.

**55** 비행 중 항공기의 자세를 조종하기도 하며 착륙 활주 중에는 활주거리를 짧게 하는 브레이크 역할을 하는 날개에 부착된 장치는?

① 플랩
② 도움날개
③ 슬롯
④ 스포일러

**해설**
스포일러는 착륙 시 항력을 증가시켜 착륙 활주거리를 줄일 수 있으며, 비행 중에는 도움날개와 연동해서 비대칭으로 작동함으로써 옆놀이 보조장치로 사용된다.

정답 51 ④ 52 ③ 53 ③ 54 ③ 55 ④

**56** 날개의 단면이 공기역학적인 날개골을 유지할 수 있도록 날개의 모양을 형성해 주는 구조부재는?

① Skin
② Rib
③ Spar
④ Stiffener

**해설**
① Skin : 외피
③ Spar : 날개보
④ Stiffener : 보강재

**57** 앞착륙장치에서 불안전한 진동현상을 방지하는 장치는?

① 시미댐퍼
② 센터링 캠
③ 바이패스 밸브
④ 안전 스위치

**해설**
항공기 활주 중에 지면과 타이어 밑면의 가로축 변형과 바퀴 선회축 둘레의 진동이 합쳐져서 좌우 방향의 진동이 발생하는데 이것을 시미현상이라고 하고, 이 현상을 방지하기 위해 시미댐퍼(Shimmy Damper)를 부착한다.

**58** 조종케이블의 방향을 바꿀 때 사용되는 구성품은?

① 턴버클
② 풀리
③ 페어리드
④ 케이블 커넥터

**해설**
풀리는 조종케이블의 방향을 바꿀 때 사용되며, 페어리드는 케이블이 처지지 않게 지탱해줌으로써 케이블의 진동을 줄이고 직선운동을 돕는다. 한편 턴버클은 케이블의 장력을 조절해주는 역할을 한다.

**59** 날개의 단면을 공기역학적인 날개골로 유지해주고 외피에 작용하는 하중을 날개보에 전달하는 부재는?

① 외피
② 날개보
③ 리브
④ 스트링어

**해설**
날개보는 스파(Spar)라고 하며 날개에 작용하는 전단력과 휨하중을 담당하고, 외피는 비틀림하중을 담당한다. 리브(Rib)는 날개의 모양을 형성해주며 외피에 작용하는 하중을 날개보에 전달한다.

**60** 다음 그림과 같은 부재들의 명칭은?

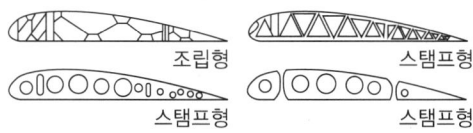

① 리브(Rib)
② 스트링어(Stringer)
③ 프레임(Frame)
④ 벌크헤드(Bulkhead)

**해설**
리브는 날개 단면이 공기 역학적인 날개골을 유지하도록 날개의 모양을 형성하고 있으며, 종류에는 트러스 형태의 조립형 리브와 판을 찍어낸 스탬프형 리브 등이 있다.

# 2025년 제1회 최근 기출복원문제

**01** 비행기의 받음각이 일정 각도 이상되어 최대 양력값을 얻었을 때에 대한 설명으로 틀린 것은?

① 이때의 고도를 최고고도라 한다.
② 이때의 받음각을 실속받음각이라 한다.
③ 이때의 비행기 속도를 실속속도라 한다.
④ 이때의 양력계수값을 최대양력계수라 한다.

**해설**
받음각이 증가하면 양력도 따라서 증가하지만, 어느 각도 이상에서는 양력이 갑자기 감소하면서 항력이 증가하는데 이 현상을 실속(Stall)이라 하고 이때의 받음각을 실속각이라고 하며, 이때의 속도를 실속속도라고 한다. 또한 실속각에서 최대양력계수를 가진다.

**02** 항공기 조종성 요소와 주된 조종장치의 연결이 틀린 것은?

① 롤링 조종성 : 에일러론(Aileron)
② 방향 조종성 : 러더(Rudder)
③ 세로 조종성 : 엘리베이터(Elevator)
④ 피칭 조종성 : 스로틀(Throttle)

**해설**
피칭(Pitching)은 키놀이 운동으로서 승강키의 작동과 관계있다.

**03** 비행기 날개의 양력을 구하는 식 $\frac{1}{2}\rho V^2 S C_L$ 에서 $S$가 의미하는 것은?(단, $\rho$ : 밀도, $V$ : 속도, $C_L$ : 양력계수이다)

① 날개의 속도
② 날개의 면적
③ 날개 주변의 공기속도
④ 날개의 형상계수

**해설**
양력과 항력의 크기는 둘 다 날개 면적($S$)에 비례한다.

**04** 해면고도의 기온이 15℃, 항공기의 비행고도가 8,000m 일 때 외기온도는 몇 ℃인가?(단, 대류권에서는 고도가 1,000m씩 증가할 때마다 6.5℃가 감소한다)

① -37
② -15
③ 0
④ 15

**해설**
1,000m 올라갈수록 6.5℃씩 기온이 낮아지므로, 8,000m 고도에서는 52℃가 낮아진다. 따라서 15℃ - 52℃ = -37℃

**05** 공기의 동점성계수를 구하는 식으로 옳은 것은? (단, $\rho$는 공기밀도, $\mu$는 절대점성계수이다)

① $\rho \cdot \mu$
② $\mu/\rho$
③ $\rho + \mu$
④ $\rho/\mu$

**해설**
동점성계수는 점성계수를 밀도로 나눈 값으로 레이놀즈수($Re$)를 계산하는 데 있어 중요한 요소이며, 단위는 $cm^2/s$로 나타낸다.

정답 1 ① 2 ④ 3 ② 4 ① 5 ②

**06** 비행기가 그림과 같이 θ만큼 경사진 직선 비행경로를 따라 등속도로 상승할 때 비행기에 작용하는 비행 방향의 추력을 옳게 나타낸 것은?

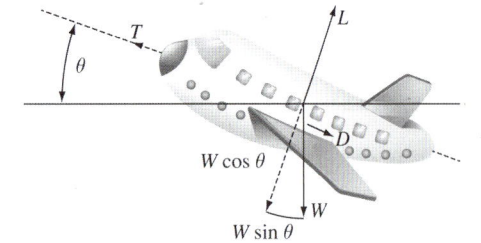

① 직선 비행경로의 수평 중력 성분
② 직선 비행경로의 수직 중력 성분
③ 항력 + 직선 비행경로의 중력 성분
④ 양력 + 직선 비행경로의 중력 성분

**해설**
경사진 비행 방향으로 등속도 운동을 하기 위해서 항력과 중력에 의해 발생되는 비행 방향의 성분의 합은 추력과 같아야 한다. 즉, $T = D + W\sin\theta$

**07** 흐름이 없는, 즉 정지된 유체에 대한 설명으로 옳은 것은?

① 정압과 동압의 크기가 같다.
② 전압의 크기는 영(0)이 된다.
③ 동압의 크기는 영(0)이 된다.
④ 정압의 크기는 영(0)이 된다.

**해설**
동압은 다음 식에서 보는 바와 같이 속도의 제곱에 비례한다. 따라서 정지된 유체는 속도가 없으므로, 동압 또한 영(0)이 된다.
동압 $q = \frac{1}{2}\rho V^2$

**08** 다음 중 비행기의 실속(Stall)에 대한 설명으로 옳은 것은?

① 양력을 증가시킨다.
② 항력을 감소시킨다.
③ 버핏현상이 시작되면 실속의 발생을 예측할 수 있다.
④ 승강키에 작용하는 과다한 힘으로 비행기가 급상승한다.

**해설**
실속이 발생하면 항공기의 항력은 증가하고, 양력은 감소하게 되며, 실속 전에 일반적으로 버핏현상(흐름의 떨어짐으로 인한 후류에 의해 날개나 꼬리날개가 떨리는 현상)이 발생한다.

**09** 프로펠러 항공기의 감속도 전진 비행의 조건은? (단, $T$는 추력, $D$는 항력이다)

① $T > D$  ② $T = D$
③ $T < D$  ④ $T = 2D$

**해설**
항공기가 감속도 비행을 하기 위해서는 항력이 추력보다 커야 한다. 즉, $T < D$

| | | | |
|---|---|---|---|
| $L = W$ | 수평비행 | $T = D$ | 등속도 비행 |
| $L > W$ | 상승비행 | $T > D$ | 가속도 비행 |
| $L < W$ | 하강비행 | $T < D$ | 감속도 비행 |

**10** 비행기 날개에서 영양력 받음각(Zero Lift Angle of Attack)이란?

① 양력계수가 0(Zero)일 때의 받음각
② 항력계수가 0(Zero)일 때의 받음각
③ 항력계수가 0이고, 양력계수가 0보다 작을 때의 받음각
④ 항력계수와 양력계수가 모두 0보다 작을 때의 받음각

**11** 헬리콥터에서 주 회전날개의 회전에 의해 발생되는 토크를 상쇄하고 방향을 조종하는 것은?

① 허브(Hub)
② 꼬리회전날개
③ 플래핑 힌지
④ 리드 래그 힌지

**해설**
헬리콥터의 방향페달을 밟으면 꼬리회전날개(Tail Rotor)의 피치가 변하면서 주 회전날개에 의해 발생되는 토크가 조절이 되어 헬리콥터의 방향을 전환할 수 있다.

**12** 다음 중 도움날개(Aileron)에 대한 설명으로 옳은 것은?

① 정속 비행 시 추진력을 증가시켜 주며 비상사태 시 비상 추진날개로 사용된다.
② 비행기의 가로축(Lateral Axis)을 중심으로 한 운동을 조종하는 데 주로 사용되는 조종면이다.
③ 비행기의 세로축(Longitudinal Axis)을 중심으로 한 운동을 조종하는 데 주로 사용되는 조종면이다.
④ 수직축(Vertical Axis)을 중심으로 한 비행기의 운동, 즉 좌우 방향전환에 사용하는 것이다.

**해설**
항공기의 3축 운동(모멘트)은 다음과 같다.

| 기준축 | $x$(세로축) | $y$(가로축) | $z$(수직축) |
|---|---|---|---|
| 운동(모멘트) | 옆놀이 | 키놀이 | 빗놀이 |
| 조종면 | 도움날개 | 승강키 | 방향키 |

**13** 고속에서 날개의 뒤젖힘 각을 크게하여 가로세로비를 줄이고, 저속에서는 뒤젖힘 각을 작게하여 가로세로비를 크게 할 수 있는 날개의 종류는?

① 삼각날개
② 오지날개
③ 타원형 날개
④ 가변날개

**해설**
가변날개의 형태

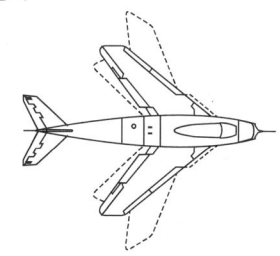

**14** 헬리콥터의 전진비행 시 양력의 비대칭 현상을 제거해주는 주회전날개 깃의 운동을 무엇이라 하는가?

① 페더링 운동
② 플래핑 운동
③ 주기 피치 운동
④ 동시 피치 운동

**해설**
헬리콥터 주회전날개가 전진을 할 때는 양력이 증가하여 깃이 상승하고, 반대로 후진을 할 때는 양력이 감소하여 하강을 하게 되는데 이것을 플래핑(Flapping)이라고 한다.

**15** 비행기가 평형 상태를 유지하기 위한 조건으로 옳은 것은?

① 양력이 비행기 무게보다 커야 한다.
② 반드시 지상에 정지하고 있는 상태이어야 한다.
③ 비행기 진행 방향으로 작용하는 가속도가 일정한 상태이어야 한다.
④ 비행기에 작용하는 모든 힘의 합과 모멘트의 합이 각각 0(Zero)이어야 한다.

**16** 비행기에 작용하는 항력의 종류가 아닌 것은?

① 마찰항력
② 추력항력
③ 유도항력
④ 조파항력

**해설**
항공기에 작용하는 항력에는 유도항력과 형상항력이 있으며 형상항력은 마찰항력과 압력항력으로 나뉜다. 또한 조파항력은 초음속 흐름일 때 발생하는 항력이다.

**17** 여러 개의 얇은 금속편으로 이루어진 측정 기기로, 접점 또는 작은 홈의 간극 등을 측정하는 데 사용되는 것은?

① 피치 게이지
② 센터 게이지
③ 두께 게이지
④ 나사 게이지

**해설**
두께 게이지

**18** 항공기 급유 및 배유 시에는 반드시 3점 접지를 하는데 다음 중 3점 접지에 해당되지 않는 것은?

① 항공기와 연료차
② 항공기와 지면
③ 연료차와 지면
④ 항공기와 작업자

**해설**
3점 접지는 항공기, 급유차량, 지면 등 세 곳에 한다.

**19** 항공기 또는 그 부품 및 장비의 손상이나 기능불량 등을 원래의 상태로 회복시키는 작업에 해당되는 것은?

① 항공기 수리
② 항공기 검사
③ 항공기 개조
④ 항공기 점검

**20** 다음 중 항공기용 소화제의 구비 조건으로 틀린 것은?

① 충분한 방출 압력이 있어야 한다.
② 장기간 안정되고 저장이 쉬워야 한다.
③ 높은 소화능력보다는 무게가 가벼워야 한다.
④ 항공기의 기체 구조물을 부식시키지 않아야 한다.

**해설**
소화기 무게보다 더 중요한 요소는 소화기의 소화 능력이다.

**21** 쇠톱(Hack Saw) 사용법에 대한 설명으로 틀린 것은?

① 쇠톱을 당길 때 절삭되도록 한다.
② 절단 시 잇날이 가공물에 적절한 수가 접하도록 한다.
③ 얇은 판재 절단 시 판재를 목재 사이에 끼워 판재에 손상이 가지 않도록 한다.
④ 작업이 끝난 후 톱날의 장력을 느슨하게 한 후 보관한다.

**해설**
쇠톱은 밀 때 힘을 주어야 하며 이때 절삭이 되게 한다.

**22** 한국산업표준에서 정의한 안전색채에서 경고, 주의, 장애물, 위험물, 감전주의 등을 의미하며 어떤 조명하에서도 눈에 잘 띄는 가시도가 높은 표준 안전색채는?

① 파란색(Blue)
② 노란색(Yellow)
③ 녹색(Green)
④ 주황색(Orange)

**해설**
안전색채
- 빨간색 : 위험물 또는 위험상태 표시
- 주황색 : 기계 또는 전기설비의 위험 위치 식별
- 녹색 : 안전에 관련된 설비 및 구급용 치료시설 식별
- 노란색 : 사고의 위험이 있는 장비나 시설물에 표시

**23** 다음 중 항공기의 세척에 사용되는 안전 솔벤트는?

① 케로신(Kerosine)
② 방향족 나프타(Aromatic Naphtha)
③ 메틸에틸케톤(Methyl Ethyl Ketone)
④ 메틸클로로폼(Methyl Chloroform)

**해설**
안전 솔벤트는 메틸클로로폼을 말하며 주로 일반세척과 그리스 세척에 사용한다.

**24** 좁은 지점까지 도달할 수 있는 긴 물림 턱을 가지고 있으며 손가락으로 접근할 수 없는 좁은 장소의 부품을 잡거나 구부리는 데 적절한 그림과 같은 공구는?

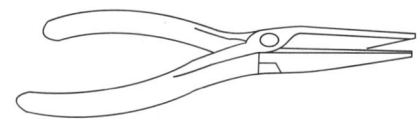

① 커넥터 플라이어(Connector Plier)
② 롱노즈 플라이어(Long Nose Plier)
③ 바이스 그립 플라이어(Vise Grip Plier)
④ 콤비네이션 플라이어(Combination Plier)

**25** 헬리콥터의 지상 정비지원에 포함되지 않는 것은?

① 지상취급
② 보급
③ 기체수리작업
④ 세척 및 작동점검

**26** 항공기나 장비 및 부품에 대한 원래의 설계를 설명하거나 새로운 부품을 추가로 장착하는 작업에 해당되는 것은?

① 항공기 개조
② 항공기 검사
③ 항공기 보수
④ 항공기 수리

**27** 가요성 호스의 치수를 표시하는 방법으로 옳은 것은?

① 안지름으로 표시하며 1in의 16분 비로 표시한다.
② 안지름으로 표시하며 1in의 8분 비로 표시한다.
③ 바깥지름으로 표시하며 1in의 16분 비로 표시한다.
④ 바깥지름으로 표시하며 1in의 8분 비로 표시한다.

**해설**
가요성 호스의 크기 표시 방법
예 No.7 호스 : 안지름이 7/16in인 호스

**28** 마이크로미터를 좋은 상태로 유지하고 측정값의 정확도를 높이고자 하는 방법으로 틀린 것은?

① 심블을 잡고 프레임을 돌리면 스크루가 마멸되므로 주의한다.
② 부식 방지를 위하여 마이크로미터 앤빌과 스핀들을 깨끗한 오일로 윤활하여 보관한다.
③ 마이크로미터 기구에 이물질이 끼어 원활하지 못할 때는 이를 닦아낸다.
④ 마이크로미터를 보관할 때 앤빌과 스핀들이 서로 맞닿지 않게 작은 간격을 유지한다.

**29** 정시 점검으로 제한된 범위 내에서 구조, 모든 계통 및 장비품의 작동 점검, 계획된 부품의 교환, 서비스 등을 실시하는 점검은?

① A 점검
② B 점검
③ C 점검
④ D 점검

**해설**
③ C 점검 : 항공기 운항을 2~3일 동안 중지시켜 놓고 실시하는 정비로서 항공기 각 계토의 배관, 배선, 엔진, 착륙장치 등에 대한 세부점검과 기체구조에 대한 외부로부터의 점검, 각 부분의 급유, 장비나 부품의 시간 교환 등을 실시
① A 점검 : 항공기가 출발지 공항이나 목적지 공항에 머무는 동안 항공기의 오일, 작동유, 산소 등을 보충하거나, 항공기가 이착륙할 때나 비행 중에 고장이 나기 쉬운 부분을 중심으로 실시하는 점검
② B 점검 : 필요시 A 점검에 추가하여 실시하는 점검
④ D 점검 : 2주 내지 3주 동안 도크(Dock)에 넣고 기체를 분해하여 실시하는 중정비

**30** 다음 중 부식성이 높은 환경에서 사용이 가장 적절한 안전결선의 재질은?

① 열처리한 것
② 아연도금을 한 것
③ 내식강 또는 모넬로 만들어진 것
④ 일반적인 안전결선에 부식방지 처리한 것

**해설**
모넬은 주로 니켈과 구리의 합금으로 내식성이 강한 성질을 가지고 있다.

**31** 너트의 식별 기호 AN 310 D-3R에서 3은 무엇을 의미하는가?

① 나사산이 3개 있다.
② 볼트의 길이에 맞는 너트의 높이를 의미한다.
③ AN 3 볼트에 맞는 너트를 말하며, 즉 지름이 3/8in 볼트에 맞는 너트이다.
④ AN 3 볼트에 맞는 너트를 말하며, 즉 지름이 3/16in 볼트에 맞는 너트이다.

**해설**
- AN 310 : 캐슬 너트
- D : 재질 알루미늄합금(2017-T)
- 3 : 사용 볼트지름 3/16in
- R : 오른나사

**32** 다이얼 게이지의 용도로 옳은 것은?

① 원통의 진원 상태 측정
② 원통의 안지름, 바깥지름, 깊이 등을 측정
③ 지시계기의 기준을 설정하고 가공상태를 측정
④ 정확한 피치의 나사를 이용하여 실제 길이를 측정

**해설**
① 다이얼 게이지
② 버니어 캘리퍼스
③ 블록 게이지(게이지 블록)
④ 마이크로미터

**33** 공장정비의 작업 순서가 옳게 나열된 것은?

① 검사 → 분해 → 세척 → 수리 → 조립 → 시험/조정 → 보존 및 방부처리
② 분해 → 검사 → 세척 → 수리 → 조립 → 시험/조정 → 보존 및 방부처리
③ 수리 → 세척 → 검사 → 분해 → 조립 → 시험/조정 → 보존 및 방부처리
④ 분해 → 세척 → 검사 → 수리 → 조립 → 시험/조정 → 보존 및 방부처리

**34** 항공기가 지상활주 시 타이어의 과도한 온도 상승을 방지할 수 있는 좋은 방법이 아닌 것은?

① 빠른 지상 활주    ② 적절한 타이어의 압력
③ 최소한도의 제동   ④ 짧은 거리의 지상활주

**해설**
빠른 지상활주는 오히려 타이어의 온도 상승을 가져온다.

**35** 비행장에 설치된 시설물, 장비 및 각종 기기 등에 색채를 이용하여 작업자로 하여금 사고를 미연에 방지할 수 있도록 하는데 파란색의 안전색채가 의미하는 것은?

① 방사능 유출위험이 있는 것을 의미한다.
② 수리 및 조절 검사 중인 장비를 의미한다.
③ 기계 또는 전기 설비의 위험 위치를 의미한다.
④ 충돌, 추락, 전복 등의 위험 장비를 의미한다.

**해설**
**안전색채**
- 빨간색 : 위험물 또는 위험상태 표시
- 주황색 : 기계 또는 전기설비의 위험 위치 식별
- 녹색 : 안전에 관련된 설비 및 구급용 치료시설 식별
- 노란색 : 사고의 위험이 있는 장비나 시설물에 표시
- 파란색 : 장비 및 기기가 수리, 조절 또는 검사 중일 때에 이들 장비의 작동을 방지하기 위해 표시

정답 31 ④ 32 ① 33 ④ 34 ① 35 ②

**36** 작업 중에 반드시 접지를 하지 않아도 되는 것은?

① 항공기 시운전
② 연료의 배유 작업
③ 항공기 정비 작업
④ 연료의 급유 작업

**37** 가스터빈기관의 연소실 구성품 중 스월 가이드 베인(Swirl Guide Vane)이 하는 역할과 가장 유사한 기능을 하는 후기 연소기의 구성품은?

① 디퓨저
② 불꽃 홀더
③ 테일 콘
④ 가변 면적 배기노즐

> **해설**
> 불꽃 홀더(Flame Holder)의 역할은 스월 가이드 베인의 역할과 같다.

**38** 가스터빈기관의 윤활유 냉각 방식 중 윤활유가 갖고 있는 열을 연료에 전달시켜 윤활유를 냉각시키는 동시에 연료를 가열하여 연료의 연소효율을 증가시키는 방식은?

① By-pass 냉각 방식
② 공랭식 냉각 방식
③ 오일-오일 열교환 냉각 방식
④ 연료-오일 열교환 냉각 방식

**39** 항공기용 기관 중 왕복기관의 종류로 나열된 것은?

① 성형기관, 대향형기관
② 로켓기관, 터보샤프트기관
③ 터보팬기관, 터보프롭기관
④ 터보프롭기관, 터보샤프트기관

**40** 가스터빈기관의 구성품에 속하지 않는 것은?

① 실린더
② 터빈
③ 연소실
④ 압축기

> **해설**
> 실린더는 왕복기관의 구성품에 속한다.

정답  36 ①  37 ②  38 ④  39 ①  40 ①

## 41 항공용 왕복기관의 일반적인 흡입계통을 공기 유입 순서대로 나열한 것은?

① 공기 여과기 → 공기 스쿠프 → 기화기 → 알터네이트 공기 밸브 → 흡기 밸브 → 매니폴드
② 기화기 → 공기 여과기 → 공기 스쿠프 → 알터네이트 공기 밸브 → 매니폴드 → 흡기 밸브
③ 매니폴드 → 공기 여과기 → 공기 스쿠프 → 알터네이트 공기 밸브 → 기화기 → 흡기 밸브
④ 공기 여과기 → 공기 스쿠프 → 알터네이트 공기 밸브 → 기화기 → 매니폴드 → 흡기 밸브

**해설**
알터네이트 공기 밸브는 실린더로 흡입되는 공기를 기관 열에 의해 덥혀진 공기를 흡입할 것인지, 아니면 바깥의 대기를 흡입할 것인지를 선택하는 밸브이다.

## 42 윤활유 계통의 점검에서 윤활유 압력이 높은 결함이 발생했을 때 원인과 가장 관계가 먼 것은?

① 점도가 너무 높은 윤활유
② 장시간 수행된 난기 운전
③ 윤활유 압력(Oil Pressure)계의 결함
④ 윤활유 릴리프 밸브(Oil Relief Valve)의 결함

## 43 축류 압축기와 비교하여 원심 압축기의 장점이 아닌 것은?

① 시동 파워가 높다.
② 회전속도 범위가 넓다.
③ FOD에 대한 저항력이 있다.
④ 제작이 간단하고 무게가 가볍다.

**해설**
시동 파워가 높은 압축기 형식은 축류형 압축기이다.

## 44 왕복기관 작동 시 윤활유 압력계가 정상 압력보다 낮게 지시되고 있다면 그 원인으로 틀린 것은?

① 윤활유 펌프가 멈추었다.
② 윤활유의 양이 부족하다.
③ 릴리프밸브에 이물질이 끼어있다.
④ 윤활유 여과기에 이물질이 끼어있다.

## 45 다음 중 가스터빈기관의 종류에 대한 설명으로 옳은 것은?

① 터보프롭기관은 헬리콥터에 사용되며 바이패스(By-pass)되어 분사되는 배기가스의 양이 많아서 배기 소음이 증가한다.
② 터보제트기관은 고고도, 저속상태에서 효율이 가장 좋기 때문에 상업용으로 상용이 증가하고 있다.
③ 터보샤프트기관은 가스터빈기관에 프로펠러를 적용한 것으로서 감속기어장치가 흡입구에 위치한다는 특징이 있다.
④ 터보팬기관은 많은 깃을 갖는 덕트로 싸여 있는 일종의 프로펠러 기관으로 볼 수 있다.

**해설**
① 헬리콥터에 사용되는 기관은 터보샤프트기관
② 고속에서 효율이 좋고 군용기에 사용되는 기관은 터보제트기관
③ 터보프롭기관에 대한 설명이다.

정답 41 ④ 42 ② 43 ① 44 ① 45 ④

**46** 다음 중 왕복기관에 사용되는 피스톤 핀의 종류가 아닌 것은?

① 고정식　　② 반부동식
③ 평형식　　④ 전부동식

**해설**
왕복기관에 사용되는 피스톤 핀의 종류
- 고정식
- 반부동식
- 전부동식

**47** 가스터빈기관에서 연료 여과기(Fuel Filter)가 막히면 연료 흐름은?

① 연료 흐름이 정지하게 된다.
② 바이패스 밸브(By-pass Valve)를 통하여 여과되지 않은 연료가 정상적으로 공급된다.
③ 바이패스 밸브(By-pass Valve)를 통하여 여과되지 않은 연료가 최소 연료만 공급된다.
④ 바이패스 밸브(By-pass Valve)를 통하여 여과된 연료가 최소 연료만 공급된다.

**해설**
연료과기가 막히면 연료압력이 증가하고 이 증가된 압력으로 인해 바이패스 밸브가 열리면서 연료펌프에서 공급된 연료가 계통으로 직접 공급된다.

**48** 가스터빈기관에서 공기가 라이너 위를 지나 뒤로 들어가게 되어 연소실 입구에서 출구까지 전체적인 가스의 흐름은 "S"자 형이며 전체 길이가 짧으면서 가벼운 기관으로 제작할 수 있는 그림과 같은 연소실은?

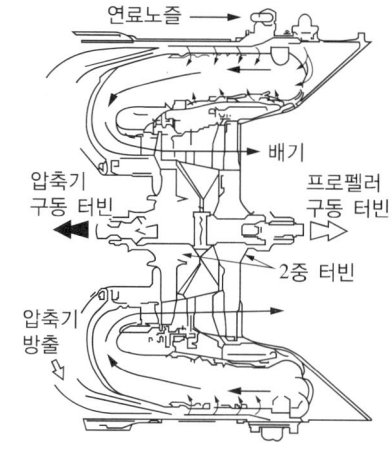

① 캔형 연소실　　② 캔 애뉼러형 연소실
③ 애뉼러형 연소실　　④ 애뉼러 역류형 연소실

**49** 왕복기관에서 매니폴드 압력계의 수감부는 어디에 설치하는가?

① 매니폴드　　② 기화기 출구
③ 흡기밸브 입구　　④ 기화기 입구

**50** 항공기가 고고도로 상승할 때 배전기 내에서 고전압으로 인해 불꽃이 튀는 현상을 무엇이라 하는가?

① 조기점화　　② 역화
③ 플래시오버　　④ 후화

**해설**
플래시오버(Flash Over)는 항공기가 높은 고도에서 운용될 때, 배전기 내부에서 전이 불꽃이 일어나는 것으로, 작은 공기 밀도 때문에 공기 절연율이 좋지 않아서 일어난다.

**51** 이상기체 상태방정식 $PV=nRT$ 에서 $R$이 의미하는 것은?(단, $P$ : 압력, $V$ : 체적, $n$ : 기체의 몰수, $T$ : 온도이다)

① 비열
② 열량
③ 밀도
④ 기체상수

**52** 가스터빈기관의 기본 구성품만으로 나열한 것은?

① 팬, 프로펠러, 과급기
② 압축기, 연소실, 터빈
③ 임펠러, 매니폴더, 디퓨저
④ 감속기, 후기연소기, 고항력장치

**해설**
가스터빈기관의 기본 구성품은 압축기, 연소실, 터빈이며 이를 가스발생기(Gas Generator)라고 한다.

**53** 리벳 작업 시 리벳 지름을 결정하는 설명으로 옳은 것은?

① 접합하여야 할 판 전체 두께의 3배 정도로 한다.
② 접합하여야 할 판재 중 두꺼운 판 두께의 3배 정도로 한다.
③ 접합하여야 할 판재들의 평균 두께의 3배 정도로 한다.
④ 접합하여야 할 판재 중 얇은 판 두께의 3배 정도로 한다.

**해설**
리벳의 치수
- 리벳의 지름 : 결합되는 판재 중에서 가장 두꺼운 판재의 3배
- 리벳의 길이 : 결합되는 판재의 두께와 리벳 지름의 1.5배를 합한 길이
- 성형머리 폭은 리벳 지름의 1.5배, 높이는 0.5배

**54** 다음과 같은 너트의 식별표기에서 재질을 의미하는 것은?

AN 310 D-5R

① AN
② 310
③ D
④ R

**해설**
AN 310 : 캐슬 너트
D : 재질 알루미늄합금(2017-T)
5 : 사용 볼트지름 5/16in
R : 오른나사

**55** 다음 중 와셔(Washer)의 종류에 따른 주된 역할을 설명한 것으로 틀린 것은?

① 고정(Lock)와셔는 볼트, 너트의 풀림을 방지한다.
② 고정(Lock)와셔는 부품의 장착위치를 결정하는 데 사용한다.
③ 평(Flat)와셔는 볼트나 스크루의 그립 길이를 조정하는 데 사용한다.
④ 평(Flat)와셔는 구조물과 장착 부품을 충격과 부식으로부터 보호한다.

**해설**
고정와셔는 볼트나 너트의 풀림을 방지하는 역할을 한다.

정답 51 ④ 52 ② 53 ② 54 ③ 55 ②

**56** 기체구조의 형식에 대한 설명으로 틀린 것은?

① 모노코크 구조형식은 응력외피 구조형식에 속한다.
② 외피가 얇고 동체의 길이 방향으로 보강재가 적용된 것은 세미모노코크구조 형식이다.
③ 기체의 무게를 감소시켜 무게 대비 높은 강도를 유지할 수 있는 형식은 트러스구조 형식이다.
④ 트러스구조, 응력외피구조, 샌드위치구조 등의 형식이 있다.

**해설**
트러스구조는 유효 공간이 적고, 기체의 무게가 증가되는 단점이 있다.

**57** 항공기 출입문 중 도체 외벽의 안으로 여는 형식은?

① 티형(T Type)
② 팽창형(Expand Type)
③ 밀폐형(Seal Type)
④ 플러그형(Plug Type)

**58** 복합 구조재 수리 시 외피세척, 루터작업(Routing), 코어 플러그(Core Plug) 제작, 패치 교체가 필요한 작업은?

① 단면 수리
② 적층분리 수리
③ 양면 수리
④ 구멍뚫림 수리

**해설**
샌드위치 구조재의 구멍뚫림 수리 절차
외피표면 세척-루터작업에 의해 코어제거-손상외피 적층판 자름-진공압으로 손상부위 청소-코어플러그 제작-코어플러그 장착-연마 부위에 패치 부착-가압하면서 경화-표면처리

**59** 수직구조부재와 수평구조부재로 이루어진 구조에 외피를 부착한 구조를 이루며 대부분의 헬리콥터 동체 구조로 사용되는 구조 형식은?

① 일체형
② 트러스형
③ 모노코크형
④ 세미모노코크형

**해설**
세미모노코크 구조는 응력외피형 구조로서 수직구조부재와 수평구조부재에 외피가 덧씌워진 구조를 말하며 구조재에 작용하는 응력을 외피로 전달한다.

**60** 다음 중 나셀의 구성요소에 해당하지 않는 것은?

① 방화벽
② 스킨
③ 카울링
④ 쇼크 스트럿

**해설**
완충 버팀대(Shock Strut)는 착륙장치의 구성품에 속한다.

# 2025년 제2회 최근 기출복원문제

**01** 대기권에 대한 설명으로 옳은 것은?
① 중간권과 열권의 경계를 대류권계면이라 한다.
② 성층권에서는 온도, 날씨, 기상변화가 일어난다.
③ 대기권은 고도에 따라 대류권, 성층권, 중간권, 열권, 극외권으로 구분된다.
④ 중간권에서는 기체가 이온화되어 전리현상이 일어나는 전리층이 존재한다.

**02** 충격파의 강도를 가장 옳게 나타낸 것은?
① 충격파 전·후의 속도 차
② 충격파 전·후의 온도 차
③ 충격파 전·후의 압력 차
④ 충격파 전·후의 유량 차

**해설**
초음속 흐름에서 흐름 방향의 급격한 변화로 인하여 압력이 급격히 증가하고, 밀도와 온도 역시 불연속적으로 증가하게 되는데 이 불연속면을 충격파(Shock Wave)라고 한다.

**03** 날개의 양력은 받음각이 커지면서 함께 증가하는데 이렇게 증가를 하다가 급격히 감소하게 되는 받음각을 무엇이라 하는가?
① 항각
② 실속각
③ 쳐든각
④ 영각

**해설**
실속각보다 큰 받음각에서는 날개 윗면을 흐르는 공기가 날개로부터 떨어져 나오면서 양력은 급격히 감소하고 항력은 급격히 증가한다.

**04** 프로펠러 비행기에서 제동마력이 300HP이고, 프로펠러의 효율이 0.8이면 이용마력은 몇 HP인가?
① 120
② 240
③ 360
④ 480

**해설**
$P_a = \eta \times bHP = 0.8 \times 300 = 240(HP)$
여기서, $P_a$ : 이용마력
$\eta$ : 프로펠러 효율
$bHP$ : 제동마력

**05** 헬리콥터의 조종에서 회전날개의 피치를 동시에 증가 또는 감소하도록 조작하는 장치는?
① 페달
② 주기적피치제어간
③ 리드래그힌지
④ 동시피치제어간

**해설**
헬리콥터의 조종 장치
• 주기적피치제어간 : 헬리콥터의 회전면을 전후좌우로 기울여서 헬리콥터의 비행 방향을 조절
• 동시피치제어간 : 피치를 동시에 증가 또는 감소시켜 양력을 조절하는 장치
• 방향조절페달 : 꼬리회전날개의 토크를 조절함으로써 헬리콥터의 기수방향을 좌우로 조절

정답 1 ③ 2 ③ 3 ② 4 ② 5 ④

**06** 720km/h의 속도로 고도 10km 상공을 비행하는 비행기의 속도측정 피토관 입구에 작용하는 동압은 몇 kg/m·s²인가?(단, 고도 10km에서 공기의 밀도는 0.5kg/m³이다)

① 10,000  ② 20,000
③ 40,000  ④ 72,000

**해설**
동압($q$)의 크기는
$$q = \frac{1}{2}\rho V^2 = \frac{1}{2} \times 0.5 \times \left(\frac{720,000}{3,600}\right)^2 = 10,000$$
(단위를 통일하기 위해 720km는 m단위로, 1시간은 초단위로 바꾼다)

**07** 다음 중 정상비행 중인 비행기가 의도하지 않은 스핀(Spin) 상태를 만드는 원인은?

① 등속  ② 감속
③ 돌풍  ④ 급상승

**해설**
스핀현상은 수직강하와 자전현상(회전)이 합쳐진 현상으로 돌풍과 같은 외부 요인에 의해서도 발행할 수 있다.

**08** 헬리콥터가 정지비행 시 회전날개를 지나는 공기의 일반적인 흐름을 옳게 나타낸 것은?

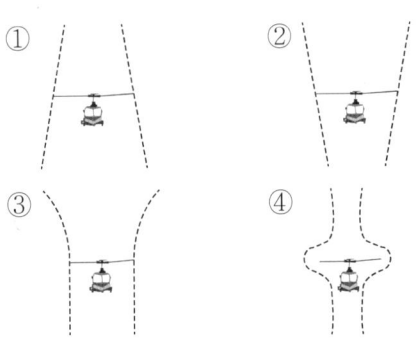

**09** 스포일러(Spoiler)의 기능에 대한 설명으로 틀린 것은?

① 착륙 시 항력을 증가시켜 착륙거리를 단축시킨다.
② 고속 비행 중 대칭적으로 작동하여 에어브레이크의 기능을 한다.
③ 보조날개와 연동하여 작동하면서 보조날개의 역할을 보조한다.
④ 항공기 주변의 공기흐름을 유지하여 양력을 증가시키는 역할을 한다.

**해설**
스포일러는 항력을 증가시켜주는 고항력 장치에 속한다.

**10** 해면에서의 대기온도가 15℃일 때 그 지역의 해면 고도 2,000m에서의 대기온도는 약 몇 ℃인가?

① 2   ② 4
③ 13  ④ 15

**해설**
일반적으로 고도가 100m 높아짐에 따라 대기온도는 0.65℃씩 낮아진다. 따라서 고도 2,000m에서는 해면 기온보다 13℃가 낮아진다.

**11** 공기 흐름 중에 전파되는 파동의 일종으로 음속보다도 빨리 전파되어 압력, 밀도, 온도 등이 급격히 변화하는 파는?

① 전파  ② 충격파
③ 압축파  ④ 대기파

**해설**
초음속 흐름에서 흐름 방향의 급격한 변화로 인하여 압력이 급격히 증가하고, 밀도와 온도 역시 불연속적으로 증가하게 되는데 이 불연속면을 충격파(Shock Wave)라고 한다.

**12** 비행기의 기준축과 각 축에 대한 회전각운동이 옳게 연결된 것은?

① 세로축 – $x$축 – 키놀이(Pitching Moment)
② 세로축 – $z$축 – 빗놀이(Yawing Moment)
③ 수직축 – $y$축 – 키놀이(Pitching Moment)
④ 수직축 – $z$축 – 빗놀이(Yawing Moment)

**해설**
비행기의 3축 운동

| 세로축 | $x$축 | 옆놀이(Rolling) |
|---|---|---|
| 가로축 | $y$축 | 키놀이(Pitching) |
| 수직축 | $z$축 | 빗놀이(Yawing) |

**13** 날개의 시위 길이가 2m, 공기의 흐름속도가 720 km/h, 공기의 동점성계수가 0.2cm²/s일 때 레이놀즈수는 약 얼마인가?

① $2 \times 10^6$  ② $4 \times 10^6$
③ $2 \times 10^7$  ④ $4 \times 10^7$

**해설**
레이놀즈수 $Re = \frac{Vd}{v}$에서
$V = 720$km/h $= 200$m/s $= 20,000$cm/s, $d = 2$m $= 200$cm, $v = 0.2$cm²/s를 대입하면 $Re = 2 \times 10^7$이 된다.

**14** 비행기의 날개에 작용하는 양력의 크기에 대한 설명으로 틀린 것은?

① 양력계수에 비례한다.
② 비행속도에 반비례한다.
③ 날개의 면적에 비례한다.
④ 공기의 밀도의 크기에 비례한다.

**해설**
양력 $L = \frac{1}{2}C_L \rho V^2 S$이므로, 양력은 비행속도의 제곱에 비례한다.

**15** 헬리콥터의 깃끝의 선속도($v$)와 각속도($\omega$)의 관계가 옳은 것은?(단, 헬리콥터 깃의 반지름은 $r$이다)

① $v = r\omega$  ② $v = r^2\omega$
③ $v = \frac{\omega}{r}$  ④ $v = \frac{\omega}{r^2}$

**해설**
선속도($v$) = 거리/시간, 헬리콥터 깃의 이동거리 $\Delta s = r\Delta\theta$, 각속도($\omega$) = $\Delta\theta/\Delta t$
따라서 $v = \frac{\Delta s}{\Delta t} = \frac{r\Delta\theta}{\Delta t} = r\omega$

**정답** 11 ② 12 ④ 13 ③ 14 ② 15 ①

16 헬리콥터 로터조종기구인 사이클릭(Cyclic) 조종간과 컬렉티브(Collective) 조종간에 연결되어 로터 깃각을 변경시키는 장치는?

① 댐퍼(Damper)
② 에일러론(Aileron)
③ 회전 경사판(Swash Plate)
④ 수직 안정판(Vertical Stabilizer)

**해설**
회전 경사판은 두 개의 판으로 되어 있으며 위쪽의 회전 경사판은 회전 날개 깃과 같이 회전하도록 되어 있고, 아래쪽 회전 경사판은 정지되어 있다.

17 볼트나 너트를 죌 때 먼저 개구부위로 조이고 마무리는 박스부분으로 조이도록 된 공구는?

① 박스 렌치
② 소켓 렌치
③ 조합 렌치
④ 오픈 엔드 렌치

**해설**
조합 렌치(Combination Wrench)

18 높이게이지에서 금긋기를 하거나 높이 측정 시 측정 표면을 지시 또는 접촉하도록 하여 사용되는 부분은?

① 앤빌
② 스크라이버
③ 측정바
④ 테이퍼 너트

**해설**
다음 높이게이지(Height Gage) 그림에서 뾰족한 부분이 스크라이버(Scriber)이다.

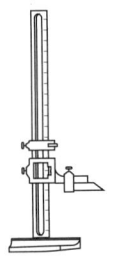

19 인화성 액체나 고체의 유지류 등의 화재는?

① A급 화재
② B급 화재
③ C급 화재
④ D급 화재

**해설**
- A급 화재 : 일반 화재
- B급 화재 : 유류, 가스화재
- C급 화재 : 전기 화재
- D급 화재 : 금속 화재

20 스트링어(Stringer)가 절단되어 수리를 할 경우 수리방법에 대한 설명으로 틀린 것은?

① 장착할 리벳의 수는 경우에 따라 다르다.
② 스트링어의 보강 방식은 형태에 따라 적정하게 결정한다.
③ 손상길이는 각각 플랜지 길이를 고려하여 계산한다.
④ 보강하는 재료의 단면적이 스트링어의 단면적보다 작아야 한다.

**해설**
스트링어 수리 시, 보강재의 단면적이 스트링어의 단면적보다 작아서는 안 된다.

**21** 계기계통의 배관을 식별하게 위하여 일정한 간격을 두고 색깔로 구분된 테이프를 감아두는 데 이때 붉은 갈색은 어떤 계통의 배관을 나타내는가?

① 윤활계통  ② 압축공기계통
③ 연료계통  ④ 화재방지계통

**해설**
① 윤활계통 : 노란색
② 압축공기계통 : 주황색
③ 연료계통 : 빨간색
④ 화재방지계통 : 갈색

**22** 항공기의 부식 방지 방법이 아닌 것은?

① 세척 작업  ② 방식 작업
③ 도장 작업  ④ 용접 작업

**해설**
방식 작업은 부식 방지 작업을 말하며, 도장 작업은 페인팅 작업을 뜻한다.

**23** 강제의 얇은 편으로 되어 있으며, 접점 또는 작은 홈의 간극 등의 점검과 측정에 사용되는 측정기는?

① 필러게이지
② 버니어캘리퍼스
③ 단체형 내측 마이크로미터
④ 캘리퍼형 내측 마이크로미터

**해설**
필러게이지(Feeler Gage)

**24** 다음 중 항공기 공장정비에 속하지 않는 것은?

① 항공기 기체 오버홀
② 항공기 원동기 정비
③ 항공기 기체 정시점검
④ 항공기 장비품 정비

**해설**
항공기 기체 정시점검은 운항정비에 속한다.

**25** 볼트나 너트의 육면 중 2면만이 공구의 개구 부분에 걸려 장·탈착하는 데 쓰이는 공구는?

① 박스 렌치
② 스트랩 렌치
③ 소켓 렌치
④ 오픈엔드 렌치

**해설**
오픈엔드 렌치(Open End Wrench)

**26** 다음 중 항공기 정비의 목적으로 틀린 것은?

① 청결과 미관상의 상태를 개선함으로써 승객에게 쾌적성을 제공해 줄 수 있어야 한다.
② 항공정비 인력의 탄력적인 운용을 할 수 있도록 한다.
③ 운항에 저해가 되는 고장의 원인을 미리 제거함으로써 정시성을 확보한다.
④ 항공기의 강도, 구조, 성능에 관한 안정성이 확보되도록 한다.

**해설**
정비의 목적
- 감항성(안전성)
- 정시성
- 쾌적성

**27** 항공기 정비를 위한 전기 장비에 화재가 발생하였을 경우 소화기로 가장 적합한 것은?

① 건조사          ② 물펌프 소화기
③ 포 소화기      ④ 이산화탄소 소화기

**해설**
④ 이산화탄소 소화기 : 전기화재(C급 화재)
① 건조사 : 금속화재(D급 화재)
② 물펌프 소화기 : 일반화재(A급 화재)
③ 포 소화기 : 유류화재(B급 화재)

**28** 마이크로미터에 대한 설명으로 틀린 것은?

① 측정물과 직접 닿은 부분은 앤빌과 스핀들이다.
② 보통 0.01mm와 0.001mm까지 측정할 수 있다.
③ 하나의 측정기로 외측, 내측, 깊이 및 단차를 모두 측정할 수 있다.
④ 심블과 슬리브라는 명칭이 사용되는 구조부분이 있다.

**해설**
하나의 측정기로 외측, 내측 및 깊이를 측정할 수 있는 측정기기는 버니어캘리퍼스이다.

**29** 물림 턱에 로크(Lock) 장치가 되어 있어 한 번 조절되어 로크되면 작은 바이스처럼 잡아주는 공구는?

① 롱로즈 플라이어(Long Nose Plier)
② 워터 펌프 플라이어(Water Pump Plier)
③ 바이스 그립 플라이어(Vise Grip Plier)
④ 콤비네이션 플라이어(Combination Plier)

**해설**
바이스 그립 플라이어

**30** 다음 중 안전결선 작업에 대한 내용으로 틀린 것은?

① 안전결선의 절단은 직각이 되도록 자른다.
② 와이어를 꼴 때에는 팽팽한 상태가 되도록 한다.
③ 안전결선은 한 번 사용한 것은 다시 사용하지 못한다.
④ 안전결선을 신속하고 일관성있게 하기 위해서는 티 핸들을 사용한다.

**해설**
안전결선 작업은 트위스팅 플라이어(Twisting-plier)를 사용하여 신속하고 일관성있게 작업한다.

**정답** 26 ② 27 ④ 28 ③ 29 ③ 30 ④

**31** 화재를 A, B, C, D로 분류하는 기준은?

① 진화하는 방법
② 화재의 위치
③ 가연물의 성질
④ 연기의 종류

> **해설**
> 화재는 가연성 물질에 따라 분류한다.
> • A급 화재 : 일반화재
> • B급 화재 : 유류, 가스화재
> • C급 화재 : 전기화재
> • D급 화재 : 금속화재

**32** 경질의 너트를 볼트에 장착할 때 볼트의 나사끝 부분은 너트면에서 최소 몇 개 이상의 나사산이 나와야 하는가?

① 3   ② 2
③ 1.5  ④ 1

**33** 항공기의 지상취급 시 작업자가 취해야 할 안전사항으로 적절하지 않은 것은?

① 작업 시 반드시 규정과 절차를 준수해야 한다.
② 가스터빈기관 작동 중 지정된 위치에 안전요원을 배치해야 한다.
③ 작업장의 상태를 청결히 하고 정리, 정돈하여 사고의 잠재 요인을 제거하도록 노력한다.
④ 가스터빈기관 작동 중 기관배기부의 위험구역보다 기관흡입구의 위험구역이 더 크다.

> **해설**
> 가스터빈기관이 작동할 때, 기관 배기부의 위험구역이 기관 흡입구의 위험구역보다 더 크다.

**34** 금속 표면상의 손상 중 날카로운 물체와 접촉되어 발생하는 결함으로 길이, 깊이를 가지며 단면적의 변화를 초래한 선 모양의 자국을 무엇이라 하는가?

① 찍힘(Nick)
② 긁힘(Scratch)
③ 균열(Crack)
④ 패임(Pitting)

**35** 다음 중 수요에 대해 정비 능력을 계산하고, 수익차원에서 무슨 정비를 언제, 어떻게, 얼마나 수행할 것인가를 계획하고, 조정하고, 통제하기 위한 목적의 정비관리 업무는?

① 정비 생산관리
② 정비 기술관리
③ 정비 훈련관리
④ 정비 자재관리

**36** M1형 버니어캘리퍼스를 활용하여 내부가 비어있는 육면체를 측정할 경우 측정 영역으로 적절하지 않은 것은?

① 깊이  ② 바깥 치수
③ 편평도  ④ 안쪽 치수

**해설**
편평도 측정에는 다이얼 게이지를 사용한다.

**37** 가스터빈기관의 점화계통에 높은 에너지가 필요한 가장 큰 이유는?

① 높은 온도의 주위환경 속에서 점화하기 위해
② 고고도와 저온에서 점화할 수 있게 하기 위해
③ 습도가 낮은 곳에서도 점화할 수 있게 하기 위해
④ 고온지대와 저고도에서도 점화할 수 있게 하기 위해

**38** 공랭식 왕복기관에 공급되는 냉각공기의 공급원이 아닌 것은?

① 프로펠러 후류 공기
② 압축기 블리드 공기
③ 비행 중 발생하는 램 공기
④ 냉각 팬에 의해 발생된 공기

**해설**
압축기 블리드 공기는 가스터빈기관에서 생성되며 가스터빈기관의 냉각에 이용된다.

**39** 항공용 왕복기관의 밸브 간극은 어떤 곳에 여유를 두는 것인가?

① 푸시로드와 캠
② 로커암과 밸브팁
③ 밸브시트와 캠로브
④ 유압밸브리프트와 로커암

**해설**
밸브팁(Valve Tip)

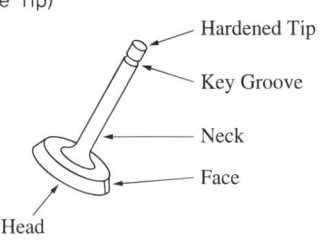

**40** 다음 중 가스터빈기관에서 바이브레이터에 의해 직류를 교류로 바꾸어 사용하는 점화장치는?

① 직류 저전압 용량형 점화장치
② 교류 저전압 용량형 점화장치
③ 교류 고전압 용량형 점화장치
④ 직류 고전압 용량형 점화장치

**해설**
가스터빈기관의 점화 계통은 이그나이터의 넓은 간극을 뛰어넘을 수 있는 높은 전압뿐만 아니라, 가혹한 조건에서도 점화가 되도록 높은 에너지의 전기 불꽃을 발생시켜야 한다. 오늘날의 항공기에서는 이러한 조건을 만족시키기 위하여 대부분 용량형 점화 계통이 사용된다. 이것은 강한 점화 불꽃을 얻기 위해 큰 전류를 짧은 시간에 흐르도록 한다. 직류 고전압 용량형 점화 장치는 바이브레이터에 의해 직류를 교류로 바꾸어 사용한다.

**41** 가스터빈기관에서 직류 고전압 용량형 점화계통에 입력되는 직류가 필터를 거쳐 공급되는데 이 필터의 기능이 아닌 것은?

① 통신 잡음을 없앤다.
② 점화계통으로 공급되는 직류를 잘 흐르게 한다.
③ 점화계통에 의해서 발생된 교류를 약화시킨다.
④ 점화장치에 의해서 발생된 맥류를 증가시킨다.

**42** 2중 스풀 압축기(Dual Spool Compressor)에서 더 높은 출력을 얻기 위해 조절하는 것은?

① 온도비
② 밀도비
③ 압력비
④ 바이패스비

**해설**
가스터빈기관의 출력과 관계 깊은 요소는 압축기의 압력비(압축기 입구압력과 출구압력과의 비)이다.

**43** 이륙이나 상승할 때와 같이 최대출력을 낼 때 카울플랩은 어떻게 하는 것이 가장 좋은가?

① $\frac{1}{2}$ 정도 열어준다.
② $\frac{1}{3}$ 정도 열어준다.
③ 완전히 닫아준다.
④ 완전히 열어준다.

**해설**
최대 출력을 낼 때는 엔진 냉각 효과를 극대화하기 위해 카울플랩을 최대한 열어놓는 것이 좋다.

**44** 마그네토 배전기 블록에 표시된 숫자의 의미는?

① 기관의 점화순서
② 마그네토 점화순서
③ 점화플러그 점검 순서
④ 마그네토를 떼어내는 순서

**45** 항공기 왕복기관에 사용되는 윤활유에 요구되는 특성으로 틀린 것은?

① 유성이 좋아야 한다.
② 산화에 대한 저항이 적어야 한다.
③ 저온에서 최대의 유동성을 갖추어야 한다.
④ 온도변화에 따른 점도의 변화가 최소이어야 한다.

**해설**
산화에 대한 저항성이 커야 한다.

정답 41 ④ 42 ③ 43 ④ 44 ② 45 ②

**46** 이상기체(완전가스)로 채워진 체적이 변하지 않는 밀폐용기를 외부에서 가열했을 때 상태량 변화는?

① 내부 압력이 증가한다.
② 기체의 체적이 증가한다.
③ 내부 압력이 감소한다.
④ 기체의 체적이 감소한다.

**해설**
가열 시 기체는 팽창하려는 성질이 있는데 체적이 일정한 공간에서는 팽창하지 못하므로 대신 압력이 증가한다.

**47** 왕복기관에서 피스톤 링의 기능이 아닌 것은?

① 충격흡수작용
② 열전도작용
③ 누설방지작용
④ 윤활유 조절 작용

**48** 왕복기관 연료의 옥탄값이 91/96이라고 표시되었을 경우 96이 의미하는 것은?

① 옥탄가의 최대 범위를 의미한다.
② 농후 혼합비의 옥탄가를 의미한다.
③ 96%의 노멀헵탄이 함유된 것을 의미한다.
④ 기관이 고온 작동할 때의 옥탄가를 의미한다.

**해설**
옥탄가 91/96이라고 표시되어 있을 때 앞의 숫자 91은 희박 혼합비의 옥탄가를 나타내고 뒤의 숫자 96은 농후 혼합비의 옥탄가를 의미한다.

**49** 반동터빈에 대한 설명으로 틀린 것은?

① 고정자 깃의 통로는 수축통로이다.
② 회전자 깃의 통로는 수축통로이다.
③ 회전자 깃의 통로는 확산통로이다.
④ 반동도는 일반적으로 50% 정도이다.

**해설**
터빈의 구분
• 반동터빈 : 고정자 및 회전자 깃에서 동시에 연소가스가 팽창하여 압력의 감소가 이루어진다.
• 충동터빈 : 반동도가 0인 터빈으로서, 가스의 팽창은 터빈 고정자에서만 이루어지고, 회전자 깃에서는 전혀 팽창이 이루어지지 않는다. 다만 회전자 깃에서는 상대 속도의 방향 변화로 인한 반작용력으로 터빈이 회전력을 얻는다.

**50** 가스터빈기관의 주 연료 펌프(Main Fuel Pump)의 구성으로 옳게 짝지어진 것은?

① 원심펌프, 기어펌프
② 피스톤펌프, 기어펌프
③ 원심펌프, 베인펌프
④ 부스터펌프, 베인펌프

**해설**
가스터빈기관 주연료 펌프는 하나 또는 이중의 평기어(Spur Gear) 형태이고 종종 원심 부스터를 갖고 있다.

46 ① 47 ① 48 ② 49 ③ 50 ①

**51** 그림과 같은 구조의 기관은?

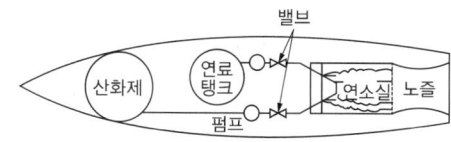

① 로켓기관
② 터보제트기관
③ 수평대향형기관
④ 가스터빈기관

**해설**
공기 흡입구가 없고 산화제가 담겨져 있는 탱크가 있으므로 로켓기관의 구조이다.

**52** 가스의 누설방지를 위한 피스톤 링 조인트의 위치를 결정하는 방법으로 옳은 것은?

① 90° ÷ 링의 수
② 180° ÷ 링의 수
③ 270° ÷ 링의 수
④ 360° ÷ 링의 수

**해설**
예를 들어 피스톤 링이 3개 있다면 피스톤 링을 120° 간격으로 배치한다.

**53** 고정형 프로펠러가 장착된 항공기에서 4행정 6실린더왕복기관의 각 실린더 연소실에서 초당 10회의 점화가 이루어졌다면 이 기관의 크랭크샤프트의 rpm은?

① 600
② 1,200
③ 2,400
④ 3,600

**해설**
각 실린더가 1초당 10회의 점화가 이루어졌다면 1분 동안에는 600회의 점화가 이루어진 셈이고, 크랭크축 2회전당 1번의 점화가 이루어지므로 크랭크축은 1,200회 회전해야 한다.

**54** 모노코크형(Monocoque Type) 동체의 구성요소로 가장 올바른 것은?

① 외피(Skin), 정형재(Former), 튜브(Tube)
② 외피(Skin), 정형재(Former), 벌크헤드(Bulkhead)
③ 외피(Skin), 론저론(Longeron), 스트링어(Stringer)
④ 프레임(Frame), 론저론(Longeron), 스트링어(Stringer)

**해설**
모노코크 동체 구조
론저론이나 스트링어는 세미모노코크형 동체의 구성요소에 속한다.

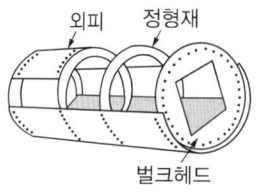

**55** 항공기의 구조 무게를 가볍게 하기 위한 소재로 제작하였을 때 설명으로 틀린 것은?

① 많은 화물을 수용할 수 있다.
② 많은 승객을 수용할 수 있다.
③ 경제적인 동력장치의 선정이 가능하다.
④ 연료소비 효율이 감소하여 운항경비가 감소한다.

**해설**
항공기 무게가 감소하면 연료 소비 효율이 증가하여 운항경비가 감소한다.

정답 51 ① 52 ④ 53 ② 54 ② 55 ④

**56** 항공기의 위치표시 방식 중 동체 버턱선을 나타내는 것은?

① BBL  ② BWL
③ FS   ④ WS

> **해설**
> 항공기 위치표시 방식
> • 동체 위치선(BSTA ; Body Station) : 기준이 되는 0점 또는 기준선으로부터의 거리
> • 동체 수위선(BWL ; Body Water Line) : 기준으로 정한 특정 수평면으로부터의 높이를 측정한 수직 거리
> • 버턱선(Buttock Line) : 동체 버턱선(BBL)과 날개 버턱선(WBL)으로 구분하며 동체 중심선을 기준으로 오른쪽과 왼쪽으로 평행한 너비를 나타내는 선

**57** 그림과 같은 도면에서 부식이 발생한 곳은?

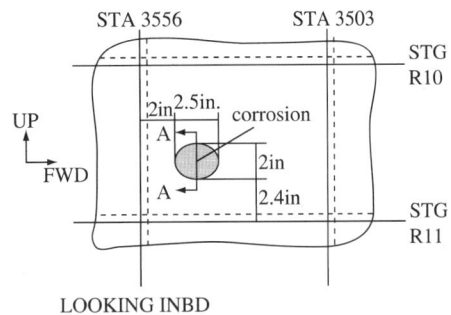

① 리브(Rib)와 근접한 부분
② 날개골(Airfoil)과 근접한 부분
③ 세로대(Longeron)와 근접한 부분
④ 스트링어(Stringer)와 근접한 부분

> **해설**
> 도면에서 빗금친 타원형 부분이 부식(Corrosion)이 발생한 곳이며, STG(스트링어) 10번과 11번 사이에 위치함을 알 수 있다.

**58** 두 가지 이상의 서로 다른 섬유를 수직 교차시켜 바둑판 모양으로 혼합하여 한 겹(Ply)의 천 소재를 구성한 혼합 복합 재료를 무엇이라고 하는가?

① 인터플라이 혼합재
② 인트라플라이 혼합재
③ 선택적 배치 재료
④ 샌드위치 구조재

**59** 항공기 수평 꼬리날개에 대한 설명으로 틀린 것은?

① 승강키가 부착된다.
② 키놀이 운동을 담당한다.
③ 주날개와 구조가 비슷하다.
④ 항공기의 방향 안정성을 담당한다.

> **해설**
> 꼬리날개 중에 방향 안정성을 담당하는 것은 수직 꼬리날개이고 수평 꼬리날개는 세로 안정을 담당한다.

**60** 횡방향 및 길이 방향부재가 없는 간단한 금속튜브 또는 콘(Cone)으로 구성되어 있는 구조를 무엇이라 하는가?

① 트러스트형   ② 모노코크형
③ 세이프티형   ④ 세미모노코크형

> **해설**
> 모노코크 구조는 정형재와 벌크헤드 및 외피로 구성되며 대부분의 하중을 외피가 담당한다. 따라서 세로대(Longeron)나 스트링어(Stringer) 등이 없다.

정답  56 ①  57 ④  58 ②  59 ④  60 ②

우리 인생의 가장 큰 영광은 결코 넘어지지 않는 데 있는 것이 아니라
넘어질 때마다 일어서는 데 있다.

- 넬슨 만델라 -

# 참/고/문/헌 및 자/료

- 교육부(2018). **항공기 가스터빈엔진 정비(NCS 학습모듈)**. 한국직업능력개발원.
- 교육부(2018). **항공기 기체 정비(NCS 학습모듈)**. 한국직업능력개발원.
- 교육부(2018). **항공기 왕복엔진 정비(NCS 학습모듈)**. 한국직업능력개발원.
- 국토교통부 항공안전정책과(2020). **항공기 기체 제1권(기체구조/판금)**. 국토교통부.
- 국토교통부 항공안전정책과(2020). **항공기 엔진 제1권 왕복엔진**. 국토교통부.
- 국토교통부 항공안전정책과(2020). **항공기 엔진 제2권 가스터빈엔진**. 국토교통부.
- 국토교통부 항공안전정책과(2020). **항공기정비일반**. 국토교통부.
- 위용철·이부일·이상원·정영호(2023). **항공기 실무 기초**. 경상남도 교육청.
- 이한상·윤재영(2025). **2025 시대에듀 Win-Q 항공산업기사 필기 단기합격**. 시대고시기획.
- 정영호·김진한·위용철·윤현호·이현경(2023). **항공기 일반**. 경상남도 교육청.

## Win-Q 항공기정비기능사 필기

| 개정2판1쇄 발행 | 2026년 01월 05일 (인쇄 2025년 07월 07일) |
|---|---|
| 초 판 발 행 | 2024년 05월 10일 (인쇄 2024년 03월 14일) |
| 발 행 인 | 박영일 |
| 책 임 편 집 | 이해욱 |
| 편       저 | 윤재영 |
| 편 집 진 행 | 윤진영 · 김경숙 |
| 표지디자인 | 권은경 · 길전홍선 |
| 편집디자인 | 정경일 · 박동진 |
| 발 행 처 | (주)시대고시기획 |
| 출 판 등 록 | 제10-1521호 |
| 주       소 | 서울시 마포구 큰우물로 75 [도화동 538 성지 B/D] 9F |
| 전       화 | 1600-3600 |
| 팩       스 | 02-701-8823 |
| 홈 페 이 지 | www.sdedu.co.kr |
| I S B N | 979-11-383-9608-0(13550) |
| 정       가 | 29,000원 |

※ 저자와의 협의에 의해 인지를 생략합니다.
※ 이 책은 저작권법의 보호를 받는 저작물이므로 동영상 제작 및 무단전재와 배포를 금합니다.
※ 잘못된 책은 구입하신 서점에서 바꾸어 드립니다.

기능사 / 기사·산업기사 / 기능장 / 기술사

# 단기합격을 위한 완전 학습서

# Win-Q
## 윙크시리즈
WIN QUALIFICATION

Win-Q
승강기기능사
필기+실기

Win-Q
전기기능사
필기

Win-Q
피복아크용접기능사
필기

Win-Q
컴퓨터응용선반·밀링기능사
필기

Win-Q
설비보전기능사
필기+실기

Win-Q
자동화설비기능사
필기

Win-Q
전산응용기계제도기능사
필기

Win-Q
화학분석기능사
필기+실기

자격증 취득에 승리할 수 있도록 **Win-Q**시리즈가 완벽하게 준비하였습니다.

| Win-Q 위험물기능사 필기 | Win-Q 환경기능사 필기+실기 | Win-Q 화훼장식기능사 필기 | Win-Q 원예기능사 필기+실기 |

Win-Q 공조냉동기계산업기사 필기 | Win-Q 화학분석기사 필기 | Win-Q 위험물산업기사 필기 | Win-Q 소방설비기사[전기편] 필기

Win-Q 설비보전산업기사 필기+실기 | Win-Q 가스산업기사 필기 | Win-Q 에너지관리기사 필기 | Win-Q 실내건축산업기사 필기

※ 도서의 이미지 및 구성은 변경될 수 있습니다.

기출분석에 집중하여
합격을 현실로!

# 무조건 단기에 뽀개기

## 이런 분들에게 추천해요!

| 이론도, 문제 풀이도 막막해서 책 한 권으로 해결하고 싶은 분들 | 노베이스에 혼자 공부하기 어려워 동영상 강의 도움이 필요하신 분들 | CBT 시험이 처음이라 시험 전 실전처럼 온라인 모의고사를 경험해 보고 싶은 분들 |

**무단뽀 한권으로 한번에! 초단기 합격전략!**
**무단뽀가 곧 합격이다!**